国家科学技术学术著作出版基金资助项目

混沌动力学基础及其在大脑功能方面的应用

刘宗华 著

科学出版社
北京

内 容 简 介

混沌动力学已发展成相对完备的体系，并在众多应用领域显示出强大的生命力。本书系统地介绍了有关混沌动力学的基础知识与研究现状，对典型的分立与连续混沌系统作了较详细的讲述，并结合部分前沿课题特别是与脑功能有关的前沿领域详细展示了混沌动力学的应用及潜在应用。全书共 11 章，内容由浅入深、循序渐进。前 4 章主要介绍混沌的基本概念、能出混沌的典型的分立与连续动力系统及刻画混沌的常用手段；后 7 章则着重介绍混沌理论的纵深发展及其在与脑功能有关方面的应用，包括耦合混沌系统同步化的基本概念与理论、混沌动力学的初步应用、复杂网络的同步化、爆炸性同步、耦合系统中的奇异态、大脑网络上的认知与信号传递等。为方便读者更好地掌握混沌研究的基本概念与方法，本书特地为混沌动力学的基础内容部分——第 1 至第 4 章，配备了适量的习题，以供读者练习。

本书能帮助研究生与本科高年级的学生迅速进入混沌领域的前沿课题，特别是同大脑的认知与记忆的微观机制有关的前沿课题，并找到合适的切入点。对从事非线性科学与复杂网络研究的工作者、理工科大学的教师，以及与非线性科学研究有关的交叉领域的研究人员也有较大的参考价值。

图书在版编目(CIP)数据

混沌动力学基础及其在大脑功能方面的应用/刘宗华著. —北京：科学出版社, 2018.2

ISBN 978-7-03-056362-0

Ⅰ.①混… Ⅱ.①刘… Ⅲ.①混沌理论-动力学 ②脑-机能 Ⅳ.①O415.5 ②Q426

中国版本图书馆 CIP 数据核字(2018) 第 012488 号

责任编辑：刘凤娟／责任校对：杨 然
责任印制：吴兆东 ／封面设计：无极书装

科学出版社出版
北京东黄城根北街 16 号
邮政编码：100717
http://www.sciencep.com

北京虎彩文化传播有限公司 印刷
科学出版社发行 各地新华书店经销
*
2018 年 2 月第 一 版 开本: 720 × 1000 1/16
2022 年 7 月第四次印刷 印张: 24 1/2
字数: 480 0000

定价: 189.00 元

(如有印装质量问题，我社负责调换)

前　言

人类的好奇与探究精神与生俱来，古已有之。对自然的好奇产生了以物理学为代表的现代科学，对自身的好奇则产生了以脑科学为代表的生命科学。传统上，我们对力、热、电、光及原子物理的知识构成了物理学的基本大厦，其中关于热的讨论与其他四者有很大的不同，它是由三个否定式的表述——热力学第一、第二与第三定律构成。热力学描述的是宏观现象，对其微观机制的研究导致了一个非确定论的——概率论的描述框架：统计物理学。与其他物理学惯用的简化模型方法不同，统计物理学反其道而行之，通过引入相点与统计系综等概念，将低维系统的集体动力学转化为高维空间中的相点动力学来进行刻画，在构建宏观动力学与微观机制之间的桥梁方面，取得了巨大的成功。

统计物理学的另一个特征是其发展的快速性。建立于平衡态的统计物理学被迅速拓展到非平衡态统计物理，紧接着是耗散结构论与协同学的提出，然后是混沌动力学与耦合振子理论的建立，直至近年来复杂网络科学的兴起。这些新学科的建立，标志着统计物理学旺盛的生命力与广袤的发展前景，同时也为它的进一步发展指明了前进的道路与方向。越来越多的证据表明，统计物理学的这些发展正在和具体应用发生着密切的联系，特别是在脑功能微观机制的理解与应用方面正孕育着巨大的潜力，它们之中以同步化最为凸显。可以预见，统计物理的下一个发展方向将是与耦合振子理论及复杂网络都密切相关的脑功能的物理机制。读者诸君，身逢盛世，又恰巧读到了这本拙著，可谓是“在正确的时间遇到了钟意的对象”，在此，希望它能为你未来的科研之路带来些许的曙光!

混沌动力学与混沌同步化的兴起曾为我们带来了巨大的惊喜，它揭示出自然界中存在的第三种状态：既不是完全确定的，也不是完全随机的，而是确定论系统中的内在随机性——这样就将统计物理的概率论描述与其他学科的确定论描述有机地统一起来，为牛顿力学和统计力学架起了相互沟通的桥梁。混沌动力学告诉我们，貌似随机的动力学行为中存在着关联、自相似以及内部统计规律，这与随机生长的因特网中存在着的统计特征不谋而合，标志着随机性与确定论作为统一体的共性。混沌对初值的敏感依赖性与物理量可观测的鲁棒性形成了鲜明对比，让我们认识到真实系统中可能存在的不确定性，而混沌同步化的实现则标志着混沌不确定性从理论走向应用的开端。

大脑神经元的集体行为可看作是一个混沌系统，其正常状态时处于自组织临界状态。正常脑功能的发挥主要是由相关区域神经元的同步化来实现，没有同步化就没有脑功能；但太强的同步化又会诱发癫痫等疾病的发生，从而导致脑功能的丧失。尽管人们对大脑的好奇与探索已经历了漫长的阶段，但今天它依然是最迷人、最具挑战的领域。目前关于脑功能研究的进展主要集中在实验科学方面，比如，通过功能磁共振成像等手段对与认知、记忆及情感等对应的脑功能网络结构进行了探测，而对其微观机制的理论探索还相当贫乏。本质上，脑功能是神经元个体按网络连接的方式相互耦合，从而导致的一种群体行为或宏观涌现。只是我们不明白这些具有多样性的集体行为是如何涌现的，在什么条件下涌现出的是正常的脑功能，疾病态是否就是这些条件被破坏的结果等。这就为统计物理，特别是混沌同步化与复杂网络科学，在脑功能科学方面的应用留下了足够的发展空间。为了给有志于脑功能科学理论研究的初学者提供快速入门的读物，作为本领域的先行者之一，笔者觉得有必要，也有责任整理一本混沌动力学基础及其在大脑功能应用方面的前沿教材或读物。这正是本拙著的目的，即旨在对与脑功能应用密切相关的同步化理论进行较为详细的阐述。以混沌动力学为基础，从基本概念、刻画方法、理论框架到具体应用进行全方位的展示，以期为进入最持久、最迷人的黑箱——脑功能科学理论研究的初学者打下坚实的理论基础，并指明前行的可能方向。

本书是笔者 2006 年 11 月出版的教材《混沌动力学基础及其应用》的修改版。当时的那本书，起因于 2004 年春，笔者从美国亚利桑那州立大学回国，到上海华东师范大学后所开设的研究生选修课程。经过这些年的讲解后，发现了其中存在的一些问题，需要进行一次全面的修订。同时，混沌同步化在近些年内有了长足的发展，特别是基于复杂网络的同步化以及以同步化为基础的脑功能的深层次理解等方面，它们开启了我们对一些全新的、可能是正确途径的思考。比如，我们人体自身的生老病死，特别是与脑有关的疾病，是否也可以从网络的角度得到新的理解？如果可以，是否表明在不远的将来，我们可以用人造网络来取代或修复部分生病的脑功能局部网络？另外，参与人脑记忆与认知功能的神经元与突触连接都是物质的，但它们通过一定的网络作用却产生了意识，是否表明我们需要对传统的物质与意识的关系重新思考？目前看来，复杂网络科学可看成是统计物理学的发展，但它们在具体问题中的应用又离不开传统的统计物理与概率论的一些研究方法，如统计平均、主方程、反应-扩散方程、涨落耗散等。这种相互碰撞带来了我们对一些传统问题的全新认识，如渗流的一级与二级相变争论等，也促成了统计物理在复杂网络这个全新领域中的青春焕发，因此有必要将它们介绍给读者。这些因素直接导致了本书的产生，也使得原书从 7 章扩展为现在的 11 章。唯一不变的是当时的初衷，即希望本书既可作为研究生及本科高年级学生的专业课选修教材，又是以后科研工作中可随时查找资料的工具书。为此，本书用前面 4 章集中讲解关于混沌的基础知识，并配备了适量的习题，使之适合于作为研究生及本科高年级学生的教材；后面 7 章主要对混沌动力学领域中目前还在发展的前沿课题进行介绍，并重点关注混沌同步化在脑功能科学方面的应用，以使初入门的研究生能迅速进入课题，找到合适的切入点。

本书共 11 章。第 1 章主要介绍混沌的发展历史，基本概念及内在的数学基础。第 2 章与第 3 章详细介绍典型的分立与连续混沌动力学系统，并通过它们来展示混沌的丰富内涵。这些系统是混沌研究中比较公认与常用的系统，适合于在以后的研究或应用中用作范例模型，以便增加结果的普适性。第 4 章给出了刻画混沌的常用手段：功率谱分析、李雅普诺夫指数、分数维数、吸引子重构等，并给出了随机微分方程积分的数值算法。第 5 章介绍耦合混沌系统同步化的概念与理论。这里的许多特点，如簇团形成与锁相等，是单个混沌系统所不具备的，是混沌理论的发展，亦是后面几章的基础。第 6 章主要介绍混沌动力系统中的噪声效应，内容包括间歇性混沌、噪声诱导混沌的统计特性、混沌系统中的相关共振及无序抑制混沌等。第 7 章讨论混沌动力学的初步应用，内容涉及混沌控制、保密通信及癫痫病的预言与模拟等。第 8 章介绍复杂网络上的混沌同步化，内容涉及复杂网络的基本概念、判定复杂网络同步化的主稳定函数方法、网络结构对同步化的影响及谱分析等。第 9 章讨论近几年非常活跃的爆炸性同步。这方面的结果拓展了我们对统计物理的基本问题之一——相变的认识，并对电网的级联效应与癫痫病的快速爆发机制提供了新的认识。第 10 章介绍耦合振子系统中的奇异态形成的条件及多奇异态吸引子等新的集体行为的涌现。重点关注神经元系统中的奇异态及其实验验证。第 11 章探讨脑功能网络的同步机制以及在认知与信号传递方面的理论研究，内容包括典型的神经元模型、海扁学习法、联想记忆、大脑上的信息探测与传播、脑功能的实验进展、自持振荡的建模、认知与记忆等斑图间的内在关系，以及听力与生物节律的动力学机制等。

由于笔者的水平所限，本书的许多内容带有自己研究足迹的烙印，错误亦在所难免，热诚地期待读者们批评指正。除了前版中已经感谢过的人外，借此机会，本次还要特别感谢华东师范大学理论物理研究所的研究生们，这些年来在使用本教材的过程中提出了宝贵意见；特别感谢我的学生王建雄、马如宝、梁晓明、顾长贵、徐克生、张希昀、王朝清、王振华、田昌海等，这些年来与我一起学习与工作，我们相互促进、共同成长并取得了一些新的认识，它们构成了本书中部分新添加的内容；以及特别感谢我的合作者管曙光、邹勇、周杰与胡岗老师，在合作研究中带给我的快乐与帮助。还有许多对我提供过帮助的老师与同学，无法一一列出，在此对他们一并致以感谢！

刘宗华

2017 年春于上海

华东师范大学理论物理研究所

目　　录

第1章 混沌概论

1.1 混沌的发展史

现代科学始于牛顿于 1686 年提出的三大定律。加上万有引力定律，牛顿便可以推导开普勒总结的行星运动的经验定律及解释诸多的自然现象，像月亮的椭圆运动、海水的潮起潮落、自由落体等。根据牛顿力学，人们还发现了海王星与冥王星、预测了彗星的出现和其他天体的运动、设计了各种火箭把航天器送到外太空。牛顿定律的一个直接推论就是，给定初始条件及相互作用力，物体以后的运动就完全确定了。即使初始条件有一定的误差，只要误差足够小，我们也可以基本准确地给出未来的所有发展情况。于是拉普拉斯于 1951 年断言：如果有一位智慧之神在某一时刻能获知自然界一切物体的位置及相互作用力，那么他就可以预测宇宙的未来状况 (*Philosophical Essay on Probabilities* "Given for one instant an intelligence which could comprehend all the forces by which nature is animated and the respective situation of the beings who compose it—an intelligence sufficiently vast to submit these data to analysis—it would embrace in the same formula the movements of the greatest bodies of the universe and those of the lightest atom; for it, nothing would be uncertain and the future, as the past, would be present before its eyes.")。

对天体轨道的预言是牛顿力学成功的典范，然而牛顿定律只能精确地描述单体与二体问题，对稍微复杂的三体问题便无法求得精确解。19 世纪末 20 世纪初，庞加莱 (Poincaré) 在研究限制性三体问题时遇到了混沌问题，发现三体引力相互作用能产生出惊人的复杂性。限制性三体问题是指所讨论的三个天体中，有一个天体的质量与其他两个天体的质量相比，小到可以忽略，即可以不考虑它对另外两者的吸引。庞加莱发现，这样一个限制性三体问题的相对运动，与单体问题及二体问题不同，它是无法求出精确解的。图 1.1 是简单的二体与三体示意图，其中二体系统是稳定的，而三体问题通常是不稳定的、不可解的。庞加莱把动力系统和拓扑学有机地结合起来，指出，三体问题中，在一定范围内，其解是随机的，即在确定论系统中，相空间轨道有可能呈现高度不稳定性，初始条件的任何微小扰动都会在未来的发展中引起完全不同的后果。这是科学家第一次指出确定论系统中的内在随机性——混沌。图 1.2 是限制性三体问题中那个可忽略质量的天体的运动轨道。

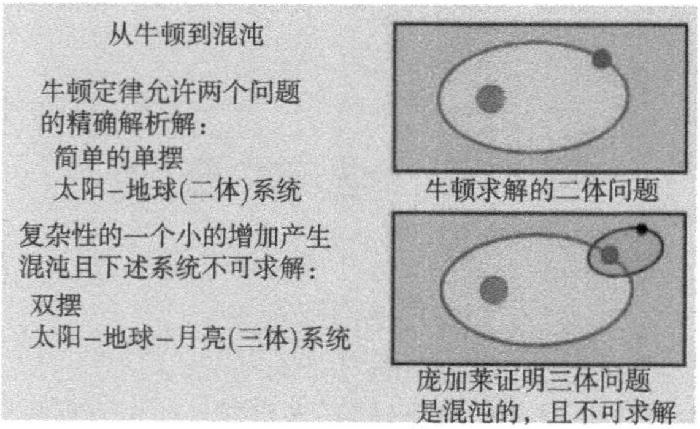

图 1.1　从二体到三体的牛顿力学 [1]

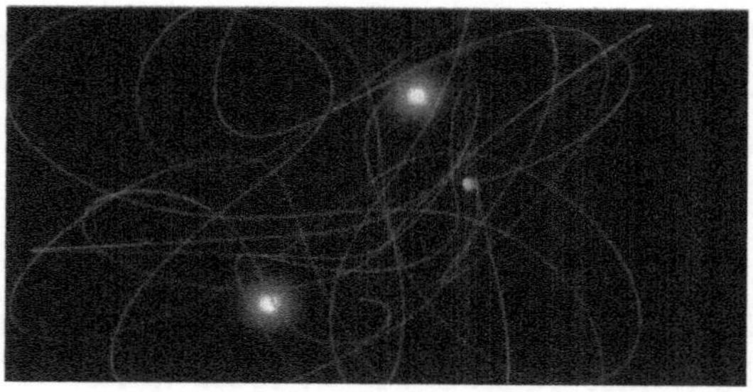

图 1.2　限制性三体问题的解

可近似看成是限制性三体问题的一个例子是太阳系中“翻筋斗”的土卫七，它是土星的一颗卫星。图 1.3(C) 显示了它的混沌轨道。土卫七是一个密度较低、形状不规则的天体，其平均直径为 270km，当它沿土星的椭圆轨道运行时，其行为表现为混沌状的“翻筋斗”。图 1.3 给出的是按轨道周期频闪采样的庞加莱截面上旋转角与旋转速度之间的关系，这些点来自于 17 条轨道，其中 4 条是混沌的。这种复杂行为产生于土卫七的不规则形状与其轨道椭圆偏心率之间的相互作用 [1, 2]。

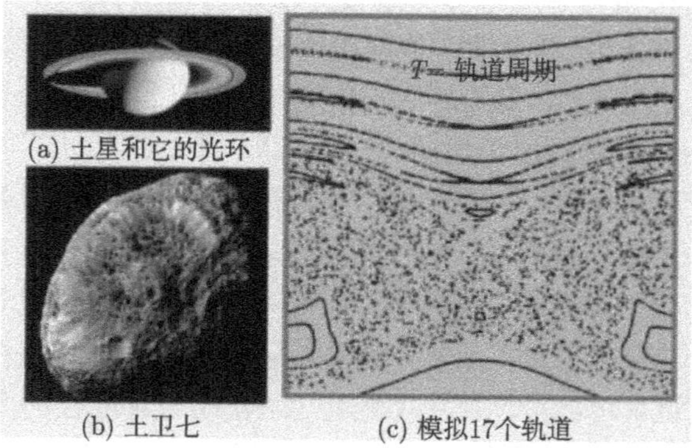

图 1.3　土卫七“翻筋斗”的混沌轨道 [1]

庞加莱的发现回答了瑞典国王奥斯卡二世 (Oscar II) 的问题 —— 太阳系是否稳定，因而获得了其悬赏。这个例子及随后的研究表明，牛顿力学不仅对研究宇观天体与微观粒子不能适用，而且对研究由多个要素构成的复杂系统也存在困难。即使对于宏观的保守系统，牛顿力学也仅能解决少数可积系统的问题，而大量的实际问题仍无法用牛顿力学来求解。当然，可积系统的研究本身就是一个十分重要的问题。我们知道，许多自然系统可由偏微分方程描述，其存在一些守恒量，如能量与动量等，通常由于其非线性而无法求解；然而，当其存在无穷多或足够的守恒量，而成为可积系统时，则可精确求解；虽然可积系统很少，却可用来作为解决非可积系统的基石。可积性是混沌的对立面。可积的轨道就是规则的轨道，相邻的轨道的动力学行为相似，即可积的轨道就是周围的轨道都有相似的行为，比如都在一个环面或扭曲的柱面内运动。过去，随机性只是和不可逆性联系在一起。而现在，在确定性的、可逆的牛顿方程内部出现了内在的随机性。然而非常遗憾的是，庞加莱没有沿着这条路继续走下去，在遇到了复杂的栅栏结构时却步了。他说“这些东西太稀奇古怪了，我没有耐心去仔细考虑它们”。图 1.4 是这种栅栏结构的示意图。

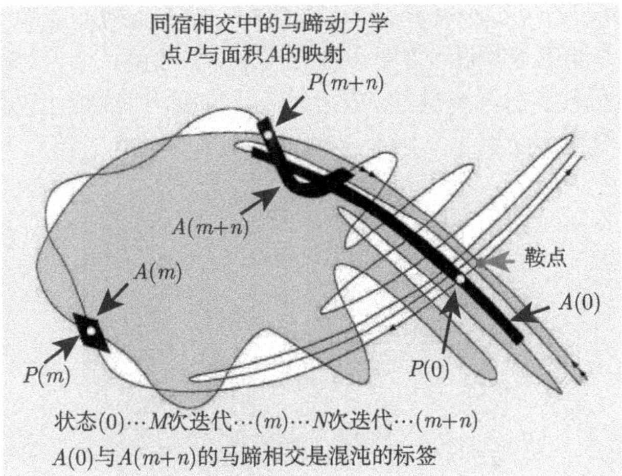

图 1.4 同宿相交如何产生马蹄 (horseshoe) 的示意图 [1]

1954 年，苏联数学家柯尔莫哥洛夫 (Kolmogorov) 提出一个定理；1963 年，他的学生阿诺德 (Arnold) 给出定理的严格证明，瑞士数学家莫西 (Moser) 给出一个改进的证明。因此，这个定理叫做 KAM 定理，即用这三位发现者的名字命名的定理。定理的内容可以粗略地叙述如下：对 N 个自由度的哈密顿系统，若哈密顿函数可以表示为

$$H = H_0 + V \tag{1.1}$$

其中，H_0 表示一个可积系统的哈密顿量，V 表示一个小扰动 (弱非线性)，则在足够阶数的可微及非退化条件下，H 的绝大多数解，仍然停留在一个 N 维环面上，此环面与可积系统的 H_0 环面同胚。可积系统指存在 N 个运动积分的系统，此时系统的解位于 N 维环面上并可以用这 N 个运动积分表示出来。不可积系统指不存在 N 个运动积分的系统，其系统的解将不再限制在 N 维环面上。KAM 定理表明，在小扰动下，近可积系统的绝大多数解仍限制在稍有变形的 N 维环面上。这些环面称为 KAM 环面。因此，KAM 定理为揭示哈密顿系统中 KAM 环面的破坏以及混沌运动奠定了基础。KAM 定理表征了小扰动不能导致复杂的运动，规则运动具有稳定性，贯穿相空间的无理环面将混沌区与规则区完全隔开。例如，我们考虑一个小行星围绕太阳的运动，它们的运动受到木星的扰动，因此是一个不可积的三体问题。稳定的小行星轨道的存在可以被看作是对 KAM 定理的一个证明。1963 年，洛伦茨在著名论文“决定论非周期流”中讨论了天气预报的困难和大气湍流现象，给出了耗散系统中第一个确定论方程导出混沌解的实例，这个模型表明长期天气预报的不可能性。洛伦茨提出了一个形象的比喻：“巴西的一只蝴蝶扇动几下翅膀，可能会改变一个月后美国得克萨斯州的气候” (The “butterfly effect”: Does the flap of a butterfly’s wings in Brazil set off a tornado in Texas?)，即“蝴蝶效应”，见图 1.5。(我国苏轼也曾写过“竹中一滴曹溪水，涨起西江十八滩”。) 洛伦茨系统作为第一个物理和数学的混沌模型，成为后人研究混沌理论的出发点和基石，洛伦茨因而被誉为“混沌之父”。

图 1.5　美国得克萨斯州的飓风 [3]

1964 年，法国天文学家埃农 (Hénon) 从研究球状星团以及洛伦茨吸引子中得到启发，得到了一个二维不可积哈密顿系统中的确定性随机行为，即埃农映射。1971 年，法国物理学家吕埃勒 (Ruelle) 和荷兰数学家塔肯斯 (Takens) 证明朗道 (Landau) 的湍流理论是不正确的，为耗散系统引入“奇怪吸引子”概念，提出用混沌来说明湍流的形成。

1975 年，美国数学家约克 (Yorke) 和他的学生李天岩在美国《数学月刊》发表了题为《周期 3 意味着混沌》(*Period three implies chaos*) 的著名文章 [4]，被认为是混沌的第一次正式表述，混沌一词从此被正式使用。这篇文章指出，如果一个连续映射 f 有一个周期 3 点，则它必定具有任意周期 k 的点。此文发表后，约克被邀请到处演讲。一次在东柏林演讲后，约克去玩游艇，碰到一位名叫萨柯夫斯基 (Oleksandr M. Sharkovsky) 的乌克兰数学教授，并且无比吃惊地得知，这位教授比他早十来年 (1964 年) 就证明了与他们的“李–约克定理”类似的定理 [5]。此定理的重新发现，使得萨柯夫斯基定理也广为人知。

1976 年，美国生态学家梅 (May) 在《自然》杂志上发表题为《具有极复杂的动力学的简单数学模型》的文章。文中指出，逻辑斯谛 (logistic) 映射中存在着丰富的内容。在这个基础上，美国物理学家费根鲍姆 (Feigenbaum) 于 1978 年发现了倍周期分岔通向混沌的两个普适常数，并引入了重整化群的思想。

20 世纪 70 年代中期，实验物理学家也加入了混沌学的研究行列。1974 年，美国物理学家斯温尼 (Swinney) 和格鲁布 (Gollub) 用实验间接地证实了吕埃勒–塔肯斯理论；1984 年，美国物理学家肖 (Shaw) 和他的同事用水龙头进行混沌实验，并由实验数据重建了奇怪吸引子 [6]。肖的实验如下：一只自来水龙头如果在将闭未闭之际，即漏水口很小，而水压恒定的时候，水滴积累重力超过了表面张力，水滴就下落，新的一滴水又开始积累。则每次形成一滴水而落下的时间是一个常数，即滴水是一个周期性的状态。试将漏水口放大一点点，周期将缩短，反之将延长。加大到一个临界值，这周期就发生忽长忽短的不规则状态了。一长一短，这是倍周期。再加大漏水口，可见四周期。继续加大，可出现完全不恒定的周期，即混沌。图 1.6 是肖的滴水龙头实验图。

自此以后，混沌学进入了蓬勃发展的阶段。近 30 多年来，非线性科学成为科学研究的热点之一。尤其是在 20 世纪 70 年代末 80 年代初，非线性科学的研究热潮就像当年量子力学、相对论刚问世一样，导致了整个科学界的震撼。非线性科学宣布了几百年来主导科学界的经典决定论的局限性。它指出，即使对于通常的宏观尺度和一般物体的运动速度，经典决定论也不符合对非线性系统中混沌轨道行为分析得出的客观结论。非线性科学涵盖各种各样尺度的系统，可包括从非常基本到最先进及从非常数学化到最定向的应用，涉及以任意速率运动的对象，具有广泛的应用性。对作为非线性科学的一个主要分支的混沌的研究不仅推动了其他学科的发展，而且其他学科的发展又促进了对混沌的深入研究。因此，混沌学的应用已经涉及了几乎所有的学科 [7, 8]。有鉴于此，物理学家福特 (Ford) 认为混沌引起的影响与相对论及量子力学相似，并得出结论:“相对论消除了关于绝对空间与时间的幻想；量子力学消除了关于可控测量过程的牛顿式的梦；而混沌则消除了拉普拉斯关于决定论式可预测性的幻想。”

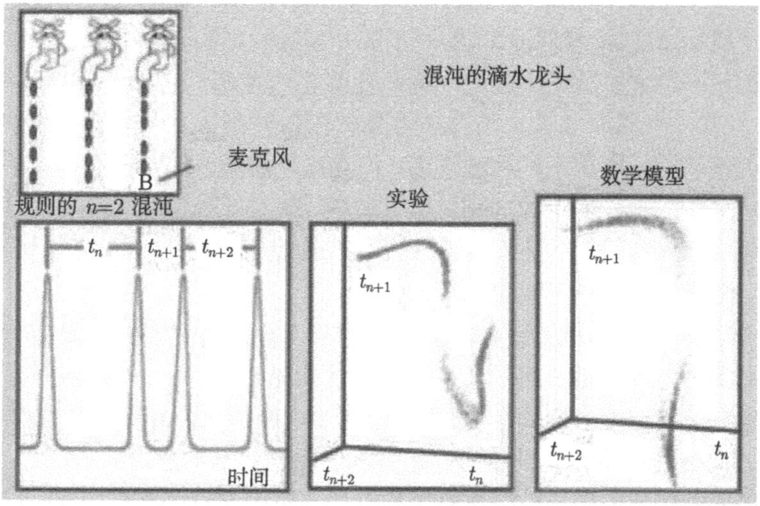

图 1.6　肖的滴水龙头实验图 [1]

混沌研究能有如此迅速的发展，除了物理思想的更新外，主要得力于计算机技术的长足进展。计算机是研究混沌科学的必备工具，没有计算机就没有混沌学的今天，正如没有显微镜就看不见细菌，没有望远镜就分不清遥远的星星，没有高能加速器就看不见微观粒子一样。有了计算机的武装，我们就可以在混沌学领域里自由地飞翔了。

1.2　混沌的特征

混沌现象普遍存在于自然界中，并与我们的日常生活息息相关。大家都有过或看到过别人吸烟的经历：一支燃着的香烟，烟雾在平稳的气流中冉冉升起，突然卷曲成一团剧烈扰动的烟雾，四处飘散。仔细观察烟雾的上升过程可以发现，在烟雾上升的初始，是一种较平稳的层流状态气流；而上升到某些高度后，开始在烟雾边界出现一些极小的振动图案；然后，这些振动图案迅速增大，并开始出现一些卷曲结构；再向上走，这些卷曲就扰乱了整个烟雾。这个系统很明显对初始的微小扰动非常敏感，卷曲后形成的空间图案依赖于微小的扰动。这是热气流在加速上升的过程中，层流变湍流的绝妙演示，见图 1.7。

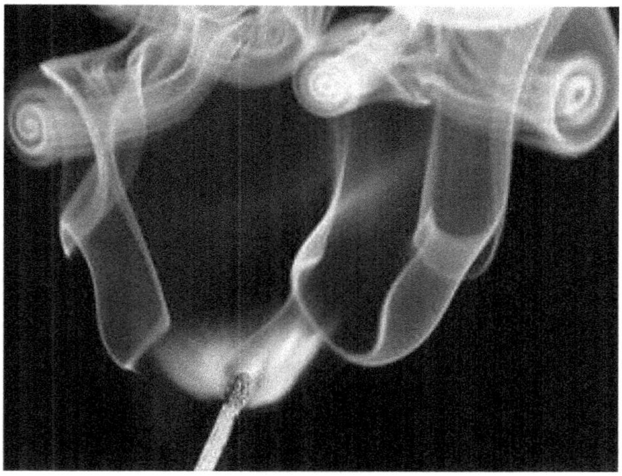

图 1.7 一只燃着的香烟 (引自网络)

再举一个例子，相信大家都有过看到流星的经历。在太阳系内火星和木星之间有一个小行星带，其中的小行星的直径大多数在 1km 和 1000km 之间，它们都围绕太阳运动。太阳系的小行星大部分存在于这个带内，因此地球上的流星也起源于这个小行星带 [9]。但是这个小行星带离地球很远，只有偏心率达到 57% 的小行星的轨道才能与地球轨道相交。威斯多姆 (Wisdom) 在平面与小偏心率近似下，把微分方程化为映射问题，并以木星周期采样。计算发现，在开始 20 万年内没有出现什么反常现象，小行星的偏心率通常在 10% 内振动。是什么原因促使它们出现大的反常偏心率？威斯多姆发现，由于它们离木星很近，而木星是最大的行星，所以木星对它们的引力不能忽略，即小行星的运动属于三体运动。人们发现，当小行星的运动频率和木星的运动频率之比为有理数时，木星对小行星有强的扰动作用。长期的扰动使小行星作混沌运动。混沌运动可导致小行星的运动反常偏心率达 60%，其后果是小行星被从原来的轨道中甩出，从而导致其周期与木星周期之比为简单有理数的小行星的数目很少，这就是柯克伍德 (Kirkwood) 间隙，见图 1.8。它们中的部分小行星最终被抛入地球大气层中成为流星。威斯多姆还用数值积分方法求解微分方程，对单个试验行星积分到 10^6 年，证实了偏心率确实可以超过 57%。他的计算还能够解释“下午效应”，即下午观察到的流星是上午的两倍 [9]。在威斯多姆的研究工作之前，曾做过的最长的数值计算也不到 10^5 年。采用映射的办法把计算时间缩短为千分之一，即成千倍地缩短，就发现了混沌运动。

混沌不是破坏的代名词，有时候混沌是正常功能所必需的。比如图 1.9 的数据表明混沌有益于人们的健康，其上部显示的是三个人在 15 分钟内的心跳频率。第一个人是健康者，其节律为混沌吸引子；另外两个人是不健康者，其中第二个为近似常数心跳 (像个不动点)，第三个看起来像周期吸引子。混沌的好处似乎在于它能很容易地被控制到不同的响应与动作上。图 1.9 的下部显示的是一个脑神经元的混沌发放行为，其受到了具有可控高度、宽度及频率的规则脉冲的激发。混沌是它们的共同结果。

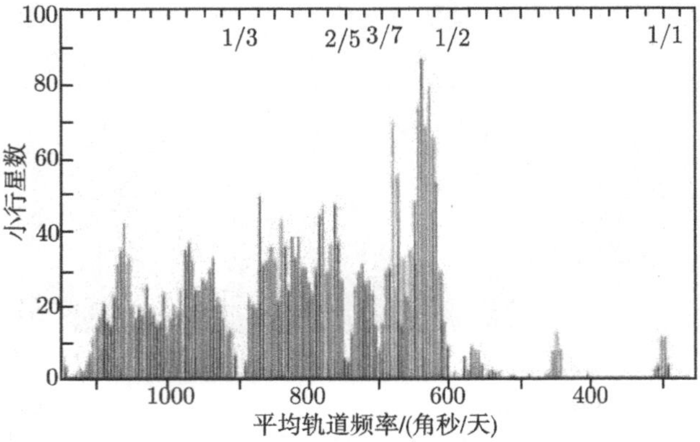

图 1.8　小行星数随平均轨道频率的变化 [10]

这里的“1/3”指轨道周期为木星轨道周期 11.9 年的 1/3，即“1/3 柯克伍德间隙”

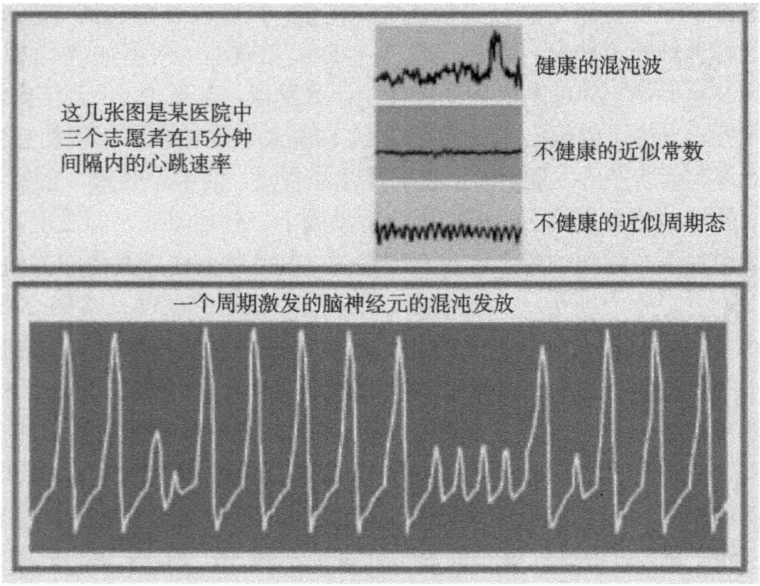

图 1.9　心脏与大脑中的混沌对你有益 [1]

像这样典型的混沌现象，还有风中的旗帜、滴水的水龙头、湍流、天体运动、气象变化、股票市场的波动、种群的演化、贝纳 (Benard) 热对流、旋转圆柱、激光器中随机单膜脉冲尖峰、地壳运动与地震、脑电波、疾病的蔓延等例子。混沌现象是非线性系统的普遍属性，它包含着极其丰富的信息，其图样华美多彩、巧夺天工，不是艺术胜似艺术。这些互不相同的现象却有着相同的特征。

(1) 对初态的敏感依赖性

混沌系统的研究始于庞加莱、伯克霍夫 (Birkhoff) 与冯 · 诺伊曼 (von Neumann)，而“混沌”变得时髦则归功于李–约克定理。混沌系统具有对初值的高度敏感性，不在混沌区时则无此特征。换句话说，初值上非常小的变化 (如由于测量中的截断误差及噪声等) 会导致完全不同的结果。这与经典物理中的“误差范围内的等同或一致性”相矛盾。比如考虑逻辑斯谛映射 $x_{n+1}=4x_n(1-x_n)$。取 $x_0=0.2$ 可得 $x_1=0.64$，$x_2=0.9216$，$x_3=0.28901376$，$x_4=0.821939226$，$x_5=0.585420539$，$x_6=0.970813326$，$x_7=0.113339247$，$x_8=0.401973849$，$x_9=0.961563495$，$x_{10}=0.14783656$。若取 $x_0=0.201$ 则有 $x_1=0.642396$，$x_2=0.918893517$，$x_3=0.298112887$，$x_4=0.836966374$，$x_5=0.545814652$，$x_6=0.991604071$，$x_7=0.0333017509$，$x_8=0.128770977$，$x_9=0.448756051$，$x_{10}=0.989496231$。图 1.10(a) 给出了它们随时间演化的图示，图 1.10(b) 为它们之间的差值 Δx 随时间的演化。可见初值的微小差别，导致结果的巨大不同，即“差之毫厘，失之千里”。如果我们画 lg $|\Delta x|$ 随时间的演化的图像，则会发现它是一条近似的直线，表明 $|\Delta x|$ 随时间指数分离，故系统行为的长期预报是不可能的。实际上，人们只能使初始条件达到有限的精度，而不能消除误差；误差按指数增长。这就是洛伦茨“蝴蝶效应”的根由：长期天气预报的不可能性。

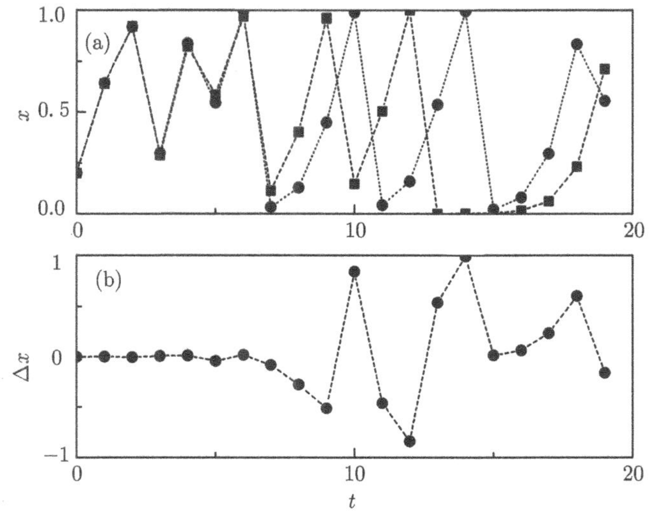

图 1.10 混沌系统对初值的敏感依赖性

(a) 不同初值 $x_0=0.2$ 与 0.201 导致的 x 随时间的演化；(b) 图 (a) 中两条曲线的差值 Δx 随时间的演化

(2) 确定论系统中的内在随机性：有序与无序的统一

确定论的轨道代表有序，随机性代表无序，混沌则是有序与无序的统一。这种内在的随机性与通常讲的噪声有着本质的区别。噪声可以通过过滤、重组等手段而除去，而内在随机性与系统同在。我们知道有序与对称性有着密切的关系，如一个圆有无穷多的对称轴。当变化为正方形时，对称轴减少至 5；变为长方形时，对称轴减少至 3；变为无规则图形时，对称轴减少至 0。因此对称轴减小意味着有序性的增加。与此同时，从一个对称轴到下一个对称轴的时间间隔却在增加，即有序性亦可用间隔的增加来表征。在混沌系统的倍周期分岔中，从周期 1 变为周期 2，然后周期 3……，直至无穷，即周期间隔逐步增加至无穷，故混沌最为有序。但通过对混沌的时间序列进行功率谱分析，我们发现其具有宽带功率谱，即表现出随机性的一面，是混乱的。因此混沌是确定论系统中的内在随机性，是有序与无序的统一。这种有序与无序的关系在远古的中国已为人们所察觉。《庄子》中有如下论述：“南海之帝为儵，北海之帝为忽，中央之帝为混沌，儵与忽时相与遇于混沌之地，混沌待之甚善，儵与忽谋报混沌之德，曰：‘人皆有七窍，以视听食息，此独无有，尝试凿之。’日凿一窍，七日而混沌死。”在庄子看来，混沌为中央之帝，是浑然一体的，是没有区分的天神。一旦开了窍，有了差异，就破坏了有序与无序的统一，混沌也就死了。

在混沌理论发现之前，物理学中有两套描述体系，即确定论和概率论的描述。描述少体运动的牛顿力学属于前者，而描述多体运动的热力学与流体力学则属于后者。牛顿力学是“一一对应”的关系，即初值决定轨道，须用确定论的方程来描述；而热力学是“多一对应”的关系，即一个平衡态对应瞬息万变的诸多微观状态，须用统计物理的方法来描述。混沌正好是这两者的统一。它的轨道服从确定论方程，而系统上的物理观测值因其各态历经，可用长时间平均或统计方法得出。一个混沌系统既具有单个牛顿系统的行为——确定论轨道，又具有多个粒子的各态历经与统计规律性，是确定论与概率论的统一。混沌学使人们开始认识到确定论与概率论并非是相互排斥、截然对立的。牛顿力学既是确定论的，又是概率论的，混沌学为牛顿力学和统计力学架起了相互沟通的桥梁。

(3) 局部不稳定而整体稳定

混沌系统相邻轨道的指数分离，导致混沌系统的局部不稳定性或发散。但是在耗散系统中由于系统在演化过程中的能量耗散，运动轨迹将向吸引子收缩。要同时满足这二者，只有通过拉伸与折叠变换，才能使指数型发散的轨迹族维持在有限范围的吸引子上。同理，在保守系统中，由于 KAM 环面的存在，发散的轨迹亦将被限制在局部。拉伸使初始条件的微小差异放大，折叠使系统丧失初始条件所包含的关于系统的信息。这种拉伸与折叠的混沌操作保证了系统整体的稳定性，即无处安家却又跑不出去。揉面团的过程就是典型的拉伸与折叠的过程：经过多次的拉伸与折叠后，面团中的碱粉和面团就会充分地混合，从而导致碱粉的轨道非常混乱。

(4) 奇怪吸引子

通常将渐近稳定不动点或极限环称为吸引子。这个名字来源于轨道附近的点均趋于吸引子。设想一下，如果把一个足球抛进波涛汹涌的大海，无论你是从空中向下丢球，还是从水下让球向上浮，球都会向海面运动。一旦到了海面之后，它就在起伏的波涛中经历一个很复杂的运动路径。但不管这路径多么复杂，球仍然留在海面上或至少接近海面。在这一图景里，海面是吸引子 [11]。混沌系统中也存在着吸引子，吸引子附近的点最终会跑到混沌吸引子上，并停留在那里直到永远。此吸引子不再是不动点或极限环，而是有着特殊结构的点集。无论是零维、一维、二维，还是高维，都有一个共同的特点：它们的相空间维数都是整数维。混沌吸引子则是其他类型的吸引子，具有非整数维。一方面，在整体上相空间收缩使轨道出现汇聚和归并；另一方面，在局部相互靠近的两条轨道又将指数分离、发散，为了使这两方面得到统一，唯一的办法就是让轨道无限地“弯曲、折叠”起来。所有趋向于吸引子的点集构成吸引子的吸引域。若用李雅普诺夫指数来区分吸引子的类型，则不动点吸引子具有负的李雅普诺夫指数，周期或极限环吸引子具有非正的李雅普诺夫指数，而混沌吸引子却具有正的李雅普诺夫指数，故历史上称其为奇怪吸引子。奇怪吸引子的存在表明，虽然混沌轨道的具体位置具有对初值的敏感依赖性，但混沌轨道的大体位置还是可以知道的，那就是在吸引子上。

(5) 分形结构与无限自相似

拉伸变换使诸轨线在相空间中密集和遍历，折叠变换使吸引子具有层次结构。由于确定论系统轨道方向导数的唯一性，相邻轨道不会相交。因此吸引子的层次结构为分形，混沌系统的维数为分维。混沌轨道遍历系统的每一个角落，但轨道间总还有空洞的存在。对它的局部进行放大，便可得到整体的框架，即具有结构的自相似性。

(6) 连续功率谱

功率谱是分析时间序列与信号的常用方法之一，它描述的是傅里叶变换后的振幅分布。功率谱的宽度代表信号中分频的范围。周期吸引子因其周期性具有分立的功率谱，噪声则因其无规性而具有连续功率谱。混沌信号也具有连续谱，即在混沌区内，确定性系统的行为表现为随机性。但混沌信号的连续谱与噪声的功率谱还是有些区别的，即前者的谱宽范围较窄，而后者的谱宽范围较宽。

(7) 系统的混沌运动来自于非线性

线性微分方程或差分方程可以用傅里叶变换求解，因此不会产生混沌。非线性则是产生混沌的必要条件。具有少数自由度的非线性系统可以产生混沌并表现出复杂性。这个发现表明：许多复杂系统中观察到的复杂行为很可能源于简单的起源，并可用简单的方程来进行分析。

综上所述，混沌是一个貌似无规则的运动，是指在确定的非线性系统中，不需要附加任何随机因素就可以表现出类似随机的行为 (内在随机性)。混沌系统最大的特点在于系统的演化对初始条件的十分敏感性，因此从长期意义上讲，系统的未来行为是不可预测的。

1.3　通向混沌之路

动力系统的分岔现象指的是随着某些参数的变化，系统的动态行为发生质的改变，特别是系统的平衡状态发生稳定性改变或出现方程解的轨道分岔。失稳是发生分岔的物理前提。分岔是把平衡点、周期解的稳定性和混沌联系起来的一种机制。运动稳定性是一个经典的课题，而混沌是一个现代的课题，揭示二者间联系的机理就是分岔理论 [12]。分岔可来自于由常微分方程所定义的连续系统的分岔，由映射所定义的分立动力系统的分岔以及函数方程的零解随参数变化而产生的分岔。常见的分岔有跨临界分岔、树枝分岔、霍普夫 (Hopf) 分岔和鞍–结分岔。当系统的参数发生变化时，混沌可以通过分岔分出来。

1.3.1　倍周期分岔通向混沌

费根鲍姆发现，一个系统一旦发生倍周期分岔，则必导致混沌。系统经过倍周期分岔进入混沌时，其数量关系会呈现某种规律性，即存在费根鲍姆常数 δ 和 α。这两个常数为一切倍周期分岔所共有，反映了倍周期分岔通向混沌的规律性。以逻辑斯谛映射 $x_{n+1}=f(\mu,x_n)=\mu x_n(1-x_n)$ 为例，其导数 $f'(\mu,x)=\mu(1-2x)$ 有且仅有一个极值点 $x=1/2$ 使得 $f'=0$。对于区间 $0\leqslant x<1/2$, 有 $f'>0$，而在区间 $1/2\leqslant x<1$, 则有 $f'<0$，因此逻辑斯谛映射为单峰映射，极大值在 $x=1/2$ 处，见图 1.11。

逻辑斯谛映射的不动点 $x^*=f(\mu,x^*)$ 为非线性方程 $x-f(\mu,x)=0$ 的解: $x^*_{01}=0$, $x^*_{02}=(\mu-1)/\mu$。为判断不动点的稳定性，令 $x=x^*+\epsilon_n$ 则有

$$x^*+\epsilon_{n+1}=f(\mu,x^*+\epsilon_n)=f(\mu,x^*)+\left.\frac{\partial f(\mu,x)}{\partial x}\right|_{x=x^*}\epsilon_n+\cdots \tag{1.2}$$

当 ϵ_n 为无穷小量时有

$$\frac{\epsilon_{n+1}}{\epsilon_n}=\left.\frac{\partial f(\mu,x)}{\partial x}\right|_{x=x^*} \tag{1.3}$$

为使 x_n 逐渐靠近不动点 x^*，ϵ_n 需满足 $|\epsilon_{n+1}/\epsilon_n|<1$，即不动点的稳定性条件为

$$S=\left|\frac{\partial f(\mu,x)}{\partial x}\right|_{x=x^*}\leqslant 1 \tag{1.4}$$

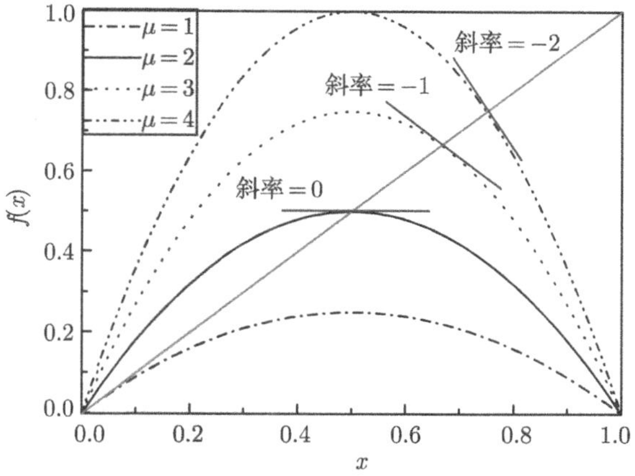

图 1.11 逻辑斯谛映射的不动点及其斜率

其中这四条曲线分别代表 μ =1, 2, 3, 4 的情形，对角线代表斜率为 1 的参考线

当分岔参数 μ 增加时，S 将从 <1 变为 $\geqslant 1$，从而导致不动点失稳，系统进入周期 2 区域。因此 $S=1$ 是稳定边界，对应的 μ 值称为分岔点，包含 $f'(\mu,x^*)=1$ 和 $f'(\mu,x^*)=-1$ 两种情形。前者给出切分岔，见图 1.14；后者给出倍周期分岔，见图 1.11。

若将逐次分岔的分岔点参数值记为 u_n，则 u_n 满足下面的关系式：

$$\mu_n=\mu_\infty-\frac{A}{\delta_n} \tag{1.5}$$

其中，μ_∞ 为从周期转变为混沌的参数值，A 为常数，δ_n 为

$$\delta_n=\frac{\mu_n-\mu_{n+1}}{\mu_{n+1}-\mu_{n+2}} \tag{1.6}$$

费根鲍姆发现 δ_n 随 n 的增加而逐步趋于某一固定值，其极限为

$$\delta=4.669201609102990671853203 8\cdots \tag{1.7}$$

称为费根鲍姆常数。

另一费根鲍姆常数 α 则与超稳定不动点 $S=\left|\dfrac{\partial f(\mu,x)}{\partial x}\right|_{x=x^*}=0$ 有关 [13]，因此只发生在特定的参数值 $\tilde{\mu}$ 处。对于周期 1，单峰映射的极值点只出现在 $x^*=1/2$ 处，其对应的 μ 值为 $\tilde{\mu}=2$。图 1.11 给出了不同情形下单峰映射的形状，其中各曲线与对角线的交点即为不动点。可见，$\mu=1$ 情形只有平凡不动点 $x=0$，而另外三种情形都有非平凡不动点 $x^*=(\mu-1)/\mu=1/2,2/3,3/4$，且它们的斜率分别为 0，$-1$ 及 -2，证实 $\mu=2$ 情形为超稳定不动点，$\mu=3$ 情形为分岔点，$\mu=4$ 情形为失稳不动点。

对周期 p，超稳定周期点发生在 $\Pi_{i=1}^{p} f'(\mu, x_i) = 0$ 的参数值 $\tilde{\mu}$ 处，因为周期 p 可看成是 p 次迭代映射的周期 1，而此周期 1 的求导可通过 p 个中间变量来获得，这就是 $\Pi_{i=1}^{p} f'(\mu, x_i)$。假定在超稳定周期 2 处，两个周期点间的距离为 l_1，在超稳定周期 4 处，4 个周期点的上下两对之间的距离为 l_{21} 与 l_{22}，在超稳定周期 8 处，从上到下的 4 对周期点间的距离为 l_{41}, l_{42}, l_{43} 与 l_{44} 等，见图 1.12，则 $l_1/l_{22}, l_{22}/l_{21}, l_{21}/l_{42}, l_{41}/l_{42}, \cdots$ 的数值大致在 2.50 附近 [13]，其极限值为 α：

$$\alpha = \lim_{n\to\infty} \frac{l_n}{l_{n+1}} = 2.502907875095892822283902 87\cdots \tag{1.8}$$

也称为费根鲍姆常数。

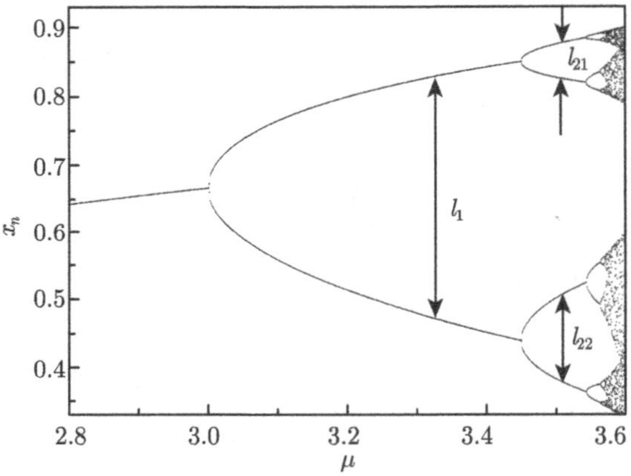

图 1.12　逻辑斯谛映射分岔图

其中箭头所指之处为超稳定周期点

δ 与 α 这两个常数虽然来自于逻辑斯谛映射，但也可用埃农映射及达芬方程等验证，是普适常数。

1.3.2　阵发性通向混沌

这是由玻木 (Pomeau) 与曼维尔 (Manneville) 于 1980 年所提出的一种途径。阵发性是指随时间作规则 (或层流) 运动的信号中夹杂着统计分布的不规则运动的成分 (间歇性的突发)。这种突发的平均次数随着某个外部控制参数的变化而增加，直到变成完全混沌的运动，因此是一种经由间歇性的状态转变为混沌的途径。现以逻辑斯谛映射为例做图像说明：

$$x_{n+1} = f(x_n) = \mu x_n(1 - x_n) \tag{1.9}$$

在 $\mu = \mu_c = 1 + \sqrt{8}$ 时出现周期 3 窗口，见图 1.13。从图 1.13 可见，在出现周期 3 之前的那些 μ 处，点集的分布并不是均匀的。而是一些 μ 处的点集比较分散，另一些 μ 处的点集则相对集中在周期 3 附近，形成了近似周期 3 与混沌的交替出现，这是由于我们对于每个 μ 值记录了 100 次迭代的结果。如果记录足够多次迭代的点集，就会发现这种近似周期 3 与混沌交替的现象将消失，见下一章的图 2.2。由此可以推断，对于 μ_c 附近的某一固定的 μ，其迭代的时间序列将会是近似周期 3 与混沌的交替阵发。当取一个较短的时间序列时，通常会落在近似周期 3 或混沌的演化区域，从而造成我们观察到的图 1.13。下面对此进一步的说明。

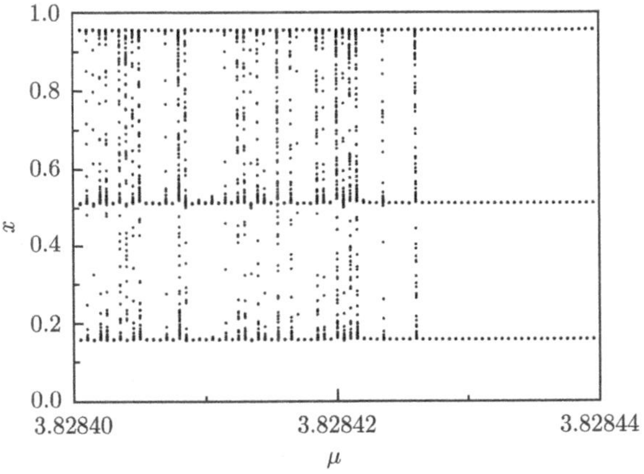

图 1.13 周期 3 窗口 $\mu_c = 1 + \sqrt{8}$ 附近的阵发性通向混沌

其中每个 μ 处取了 100 次迭代的点集

周期 3 意味着迭代 3 次就复原，因此 $f(x)$ 的周期 3 就等价于 $f^3(x)$ 的周期 1。此处发生的分岔为切分岔 (鞍–结分岔)，$f^3(x)$ 与其对角线有 3 个切点，其斜率为 $+1$，见图 1.14。当 $\mu > \mu_c$ 时每个切点变成与对角线有两个交点，其中一个为

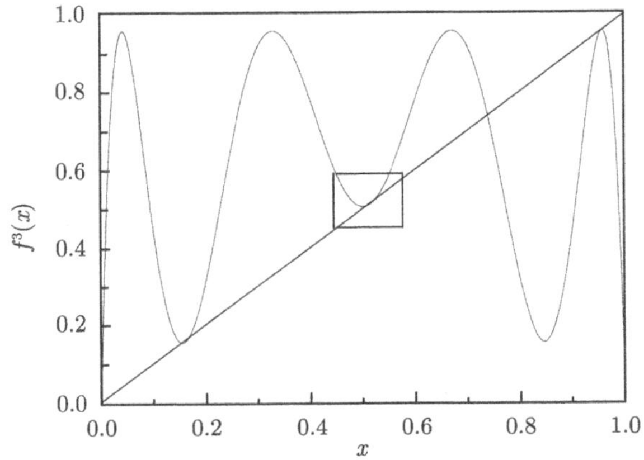

图 1.14 逻辑斯谛映射的切分岔

稳定的，另一个为不稳定的，因此切分岔是一种从没有不动点到有不动点，即从无到有的分岔。当 $\mu < \mu_c$ 且接近 μ_c 时，3 个切点处变为 3 个很狭窄的沟道，见图 1.15。沟道内的运动非常接近周期 3 运动，而沟道外的运动表现为混沌性，即不同沟道间的跳跃对应于混沌运动，沟道中的运动对应于“层流”，其轨道演化图形为图 1.16。这是一种不同于倍周期分岔通向混沌的道路，称为阵发性通向混沌。

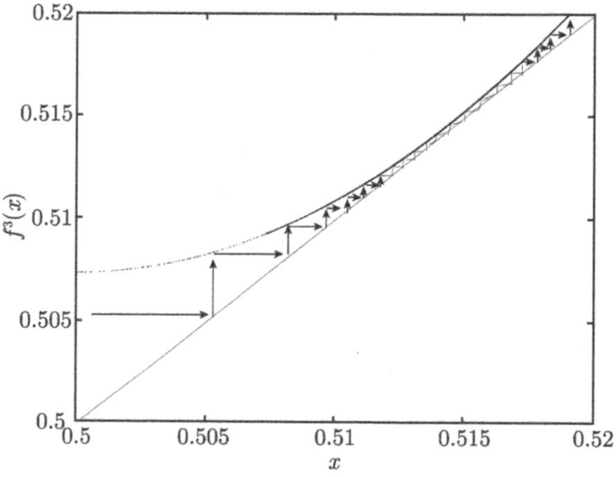

图 1.15　图 1.14 的局部放大

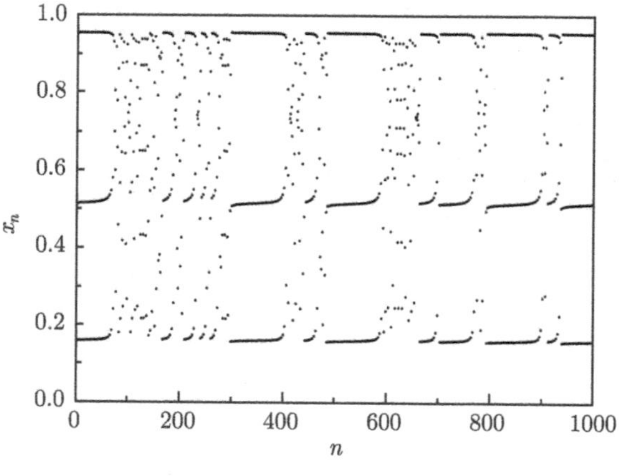

图 1.16　逻辑斯谛映射中的阵发性混沌

1.3.3　霍普夫分岔通向混沌

霍普夫分岔通向混沌亦称吕埃勒–塔肯斯–纽豪斯 (Newhouse) 方案。它是由吕埃勒和塔肯斯等为了取代朗道和霍普夫关于湍流的假设而于 1971 年提出的，并于 1978 年由纽豪斯做了进一步的改进。当系统内有不同的频率的振荡互相耦合时，系统就会产生一系列新的耦合频率的运动。按照朗道与霍普夫关于湍流发生机制的假设，湍流的行为是由许许多多互相竞争的节奏聚在一起形成的。当雷诺数增大时，会不断有新的振动模式被激发，并加入系统的行为，即湍流的发生是经过无穷多准周期分岔来实现的。具体来说，假定参数 μ 超过临界值 μ_c 时，激发一个振动频率 w_1。进一步增加 μ 到第二个临界值 μ_2 时，产生第二个频率 w_2，同时第一个频率仍然保持。μ 的持续增加就不断地产生新的模式 w_i 且各 w_i 间无相互作用或相互作用非常微弱。对大 μ 值，则有许许多多不同特征频率的 w_i，导致其时间与空间的依赖性变得极其复杂与非周期性 → 湍流。朗道的这种湍流图景可由图 1.17 描绘 [14]。

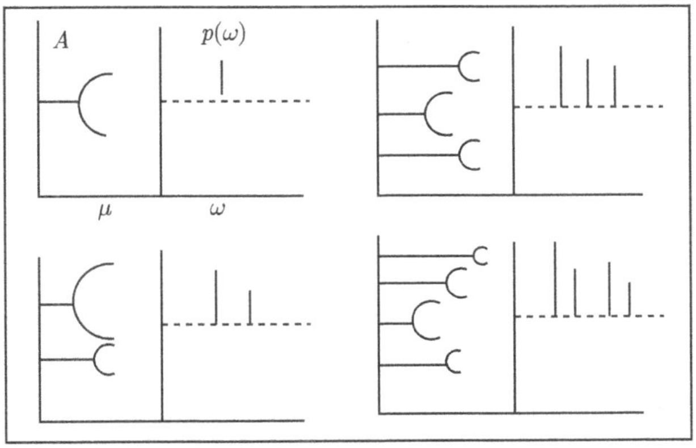

图 1.17 朗道湍流图景中的分岔图及其对应的功率谱

准周期分岔可以用环面分岔来描述，将不动点、极限环分别看作 0 环面、1 环面，表示为 T^0,T^1，则上述通往混沌 (湍流) 的转变则可以表示为 $T^1 \to \cdots T^n \to \cdots \to$ 混沌。并且每一次分岔可看作是一次霍普夫分岔，分岔出一个新的不可约的频率。基于这一假设，混沌可视为无穷多的频率耦合的振荡现象。但是这个假设最终仅停留在对湍流图像性的解释上，无法解决流体在何时出现湍流行为，以及无法解释一系列流体向湍流的突然转变的现象。后来吕埃勒和塔肯斯等发表了对湍流现象的新看法，认为根本不需要出现无穷多个频率的耦合现象，甚至只要出现 3 个互相不可公约的频率，系统就会出现混沌 (湍流)。吕埃勒和塔肯斯提出 4 环面具有 4 个不可约的频率的准周期运动一般是不稳定的，经扰动而转变为奇怪吸引子 ($T^4 \to$ 混沌)，并以此来代替朗道–霍普夫道路。后来纽豪斯进一步把结果改为 3 环面上准周期运动不稳定而导致混沌 ($T^3 \to$ 混沌)，具体的途径可由图 1.18 给出。由此就可以容易地明白低维系统中的混沌现象，即湍流产生于非常简单的耦合非线性微分方程，如洛伦茨系统等。吕埃勒和塔肯斯证明这种洛伦茨式的混沌是最普遍的混沌出现方式。

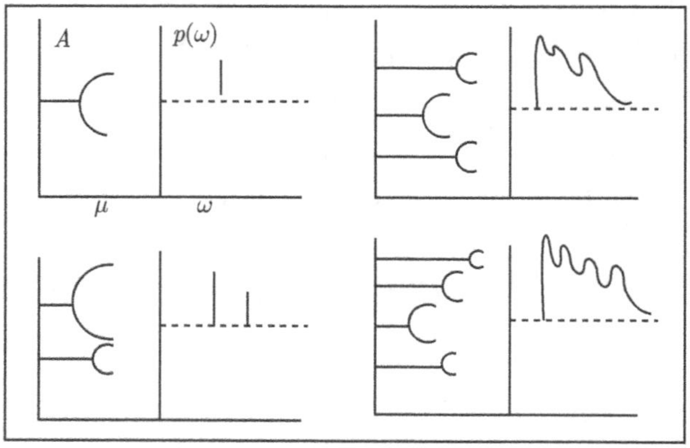

图 1.18 吕埃勒和塔肯斯湍流图景中的分岔图及其对应的功率谱

简单地说，霍普夫分岔是一种由不动点到极限环的动力学分岔。例如 Stuart-Landau 振子：

$$\dot{z} = (\alpha + \mathrm{i}\Omega - |z|^2)z \tag{1.10}$$

其中，α 为分岔参数，$z = r\mathrm{e}^{\mathrm{i}\theta}$ 是一个复数，Ω 是运动频率。在极坐标中可写为

$$\begin{aligned} \dot{r} &= r(\alpha - r^2) \\ \dot{\theta} &= \Omega \end{aligned} \tag{1.11}$$

不动点为 $z_0 = (0,0)$。当 $\alpha < 0$ 时，$\dot{r} < 0$，不动点 z_0 是稳定的。当 $\alpha > 0$ 时，如果 $r < \sqrt{\alpha}$，则 $\dot{r} > 0$，r 将逐渐增大，使原点 z_0 不再稳定。如果 $r > \sqrt{\alpha}$，则 $\dot{r} < 0$，r 又要缩小，使得 r 趋向于 $\sqrt{\alpha}$。因此 $r = \sqrt{\alpha}$ 是系统的一个稳定的极限环。当 α 从小于零到大于零变化时，系统将发生一个由稳定不动点到极限环的霍普夫分岔，分岔点为 $\alpha = 0$，见 1.6 节的图 1.26。

除了上述三种典型的通向混沌的道路外，还有许多其他的途径，如“激变”(crisis) 进入混沌等 [15]。科学家甚至提出“条条道路通混沌”的结论 [8]。

1.3.4 哈密顿系统的 KAM 环面通向混沌

对于近哈密顿系统，如前所述，有一个著名的 KAM 理论。近哈密顿系统的轨线分布在一些环面 (称为 KAM 环面) 上，它们一个套在另一个外面，而两个环面间充满着混沌区。它在法向平面上的截线都为 KAM 曲线。可积哈密顿系统如单摆的相图是中心 (椭圆点) 与鞍点双曲点交替出现，见图 1.19。相平面被鞍点连续分割，相空间中各部分的运动互不相混。在小扰动的情况下 (接近于哈密顿系统)，只

在鞍点附近发生一些变化，鞍点连线破断并在鞍点附近产生剧烈振荡，从而引起混沌运动，相应的区域称为混沌层。即近可积的哈密顿系统中会出现混沌运动。

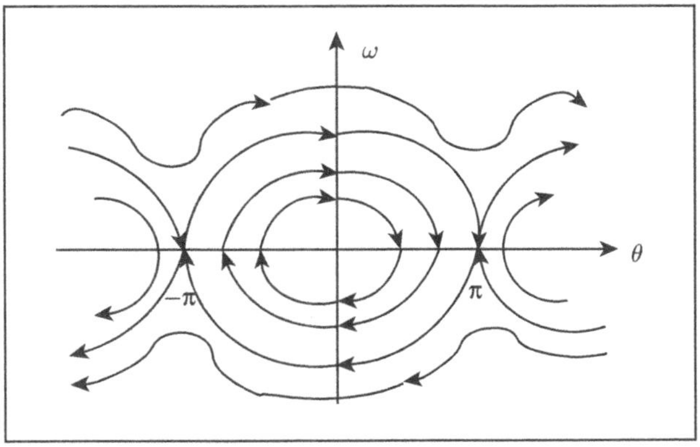

图 1.19　单摆的相图

1.4　混沌的测度与各态历经性

由于混沌对初值的敏感依赖性，我们无法对其混沌行为进行长期的预测。任何测量都不是无限精确的，从而在确定论系统中产生内在随机性。这种随机性就使得我们必须描述大量的可能状态的系统演化而非单一的确定轨道的演化，即借助于统计物理的方法。在此基础上我们才能进一步刻画系统的平均量，如李雅普诺夫指数等。

假定连续变量 x 在某处的相对概率由概率密度函数 $P(x)$ 描述，则在某特定区域 D 内发现 x 的概率就是 D 的测度 $\mu(D)$[16]：

$$\mu(D) = \int_D P(x)\mathrm{d}x \tag{1.12}$$

有了测度定义后，函数 $f(x)$ 的加权平均值就可表示为

$$\langle f(x)\rangle = \int f(x)P(x)\mathrm{d}x = \int f(x)\mathrm{d}\mu(x) \tag{1.13}$$

若积分变量为“体积”时，就是勒贝格 (Lebesgue) 测度 $\mu_{\mathrm{L}}(x)$。例如，单位间隔为长度 s 的线段 S 的勒贝格测度为 $\mu_{\mathrm{L}}(S) = s$。勒贝格测度通常表示为“$\mathrm{d}x$”。线段上的单个点具有 0 的勒贝格测度。若某测度 $\mu(S) > 0$ 而 $\mu_{\mathrm{L}}(S) = 0$，则 μ 为奇异的，且其概率密度函数为非连续的，如果某一测度在映射 F 的变换下保持不变，则称为不变测度，即 $\mu(S) = \mu(F^{-1}(S))$ 对任何闭集 S 成立。因此对不变测度，与一给

定集联系的总概率就等于那些进入到它之中的集的概率。一个动力系统可能具有多个不变测度，若对时间的平均等于对其测度的平均，则此测度为各态历经测度：

$$\langle f[x(t)]\rangle = \lim_{T\to\infty}\frac{1}{T}\int_0^T f[x(t)]\mathrm{d}t = \int f(x)\mathrm{d}\mu(x) \tag{1.14}$$

在统计物理中，各态历经假设表明在能量表面取勒贝格测度的系综平均就等于时间平均。通常情况下，各态历经假设并不满足，比如有限维的哈密顿系统的混沌轨道就不是各态历经的。由于混沌吸引子包含着无穷多的失稳周期轨道——无穷多的不变测度，这些勒贝格测度为 0 的集在实际系统中或时间平均值的测量中无法观察到。因此有必要引入基于勒贝格测度的自然测度 (natural measure)：在吸引子的吸引域中除了那些测度为 0 的点集外的所有其他初始条件构成的各态历经测度。一个典型的体积 C_i 的自然测度为

$$\mu_i = \lim_{T\to\infty}\frac{\eta(C_i, x_0, T)}{T} \tag{1.15}$$

其中，x_0 为 C_i 中的典型点，$\eta(C_i, x_0, T)$ 为起源于 x_0 的轨道在时间间隔 $0\leqslant t\leqslant T$ 内在 C_i 中所花的时间。自然测度可用数值方法按照轨道访问不同态空间的频率来估算。有了自然测度后，我们就可以讨论混沌系统中的统计平均量了。如无特别要求，通常的计算都是基于自然测度的。

对于某些简单的系统，如逻辑斯谛映射，其不变测度可解析地求得。由式 (1.12) 可知，求不变测度的关键在于不变分布——概率密度 $P(x)$ 的确定。考虑单峰映射 $x_{n+1} = f(x_n) = 1-2x_n^2$，$x_n$ 落在 $(x, x+\Delta x)$ 之间的概率为

$$P(x) = \lim_{\Delta x\to 0}\lim_{n\to\infty}\frac{\displaystyle\sum_i h(x, x+\Delta x, x_i)}{n} \tag{1.16}$$

其中，若迭代点 x_i 落在范围 $(x, x+\Delta x)$ 内，则 $h(x, x+\Delta x, x_i) = 1$；若 x_i 取其他的值，则 $h(x, x+\Delta x, x_i) = 0$。通过对映射函数作变换 $x\to -\cos\theta$，可得 $-\cos\theta_{n+1} = 1-2\cos^2\theta_n = -\cos(2\theta_n)$。因此，$\theta_{n+1}$ 与 θ_n 之间存在着线性关系：

$$\theta_{n+1} = 2\theta_n, \qquad \mathrm{mod}\ (2\pi) \tag{1.17}$$

这样的概率分布是 $(0, 2\pi)$ 间的均匀分布。因此，我们求得均匀不变分布 $P(\theta) = (2\pi)^{-1}$。由 $P(x)\mathrm{d}x\sim P(\theta)\mathrm{d}\theta$，通过反变换得

$$P(x)\sim P(\theta)\frac{\mathrm{d}\theta}{\mathrm{d}x}\sim\frac{1}{\sin\theta}\sim\frac{1}{\sqrt{1-x^2}} \tag{1.18}$$

归一化后有

$$P(x) = \frac{1}{\pi\sqrt{1-x^2}} \tag{1.19}$$

其中 π^{-1} 来自于归一化条件 $\int P(x)\mathrm{d}x = 1$。同理，可通过变换 $x \to [1-\cos(2\pi\theta)]/2$ 求得逻辑斯谛映射 $x_{n+1} = 4x_n(1-x_n)$ 的不变分布为

$$P(x) = \frac{1}{\pi\sqrt{x(1-x)}} \tag{1.20}$$

如图 1.20 所示。

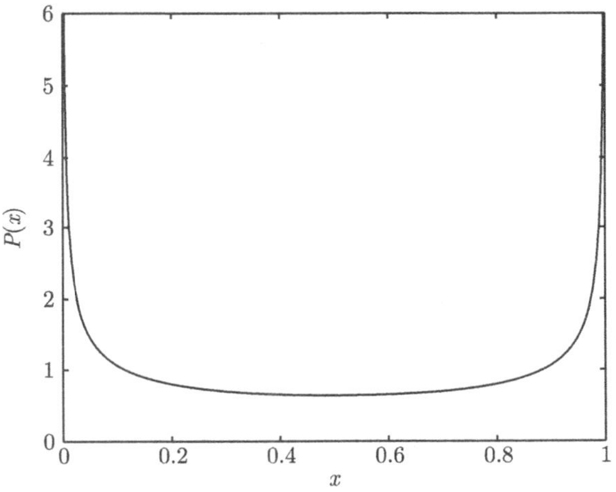

图 1.20 逻辑斯谛映射 $x_{n+1} = 4x_n(1-x_n)$ 的不变分布

1.5 非线性动力系统的稳定性分析

研究非线性动力学方程的一般方法是，首先找到系统的平衡点吸引子，然后在平衡点附近研究系统的演化情况 [17]。若系统有一平衡点且为稳定的，则系统演化至此平衡点。若无平衡点，则系统总在跑，系统的吸引子为极限环或准周期、混沌等。若有平衡点，但平衡点不稳定，则系统也可出混沌，因此平衡点的性质将决定系统的吸引子。不论初值在何处，系统都会走向稳定的吸引子，所以吸引子的稳定性就是系统的稳定性。因此我们这里主要讨论平衡点的稳定性。由非线性动力学理论可知，动力学系统在平衡点附近的局域特性可以由非线性方程在平衡点附近的线性化矩阵的本征值确定。考虑一阶微分方程：

$$\dot{x} = f(x) \tag{1.21}$$

其平衡点由 $\dot{x} = 0$ 确定，即

$$f(x_0) = 0 \tag{1.22}$$

为了研究非线性动力学系统在平衡点 $x = x_0$ 处的动力学特性，我们在平衡点 x_0 附近把函数 $f(x)$ 做泰勒展开并保留至一阶项。这样就把非线性的动力学方程转化为线性的动力学方程了。根据非线性动力学理论，在平衡点附近的线性化方程的动力学性质和非线性动力学方程的动力学性质是等效的，这就是“线性化方法”的出发点。

比如考虑一个具有两个空间自由度的一阶微分方程组：

$$\begin{aligned}\dot{x} &= f(x, y)\\ \dot{y} &= g(x, y)\end{aligned} \tag{1.23}$$

其中，f 和 g 为变量 x, y 的非线性函数。由上式可得

$$\frac{\mathrm{d}y}{\mathrm{d}x} = \frac{g(x, y)}{f(x, y)} \tag{1.24}$$

方程 (1.24) 给出了相平面上除平衡点外的相迹上各点切线的斜率，即方向场。在平衡点处，由于同时存在有 $\dot{x} = 0$ 和 $\dot{y} = 0$，因此在经过平衡位置时其积分曲线切线的斜率具有不定值。所以在相平面上，除了平衡点外不存在有任意两条积分曲线相交的点。相平面上的平衡点由 $f(x_0, y_0) = 0$ 和 $g(x_0, y_0) = 0$ 决定。在平衡点附近引入两个小量 η、ξ，并令 $x = x_0 + \eta$，$y = y_0 + \xi$，则有 $\dot{\eta} = \dfrac{\partial f}{\partial x}\eta + \dfrac{\partial f}{\partial y}\xi, \dot{\xi} = \dfrac{\partial g}{\partial x}\eta + \dfrac{\partial g}{\partial y}\xi$，写成矩阵的形式为

$$\begin{pmatrix} \dot{\eta} \\ \dot{\xi} \end{pmatrix} = \begin{pmatrix} \dfrac{\partial f}{\partial x} & \dfrac{\partial f}{\partial y} \\ \dfrac{\partial g}{\partial x} & \dfrac{\partial g}{\partial y} \end{pmatrix} \begin{pmatrix} \eta \\ \xi \end{pmatrix} = \boldsymbol{M} \begin{pmatrix} \eta \\ \xi \end{pmatrix} \tag{1.25}$$

其中，矩阵 $\boldsymbol{M}$ 为线性化矩阵，矩阵中的偏导数在平衡点 (x_0, y_0) 处取值。

为了求方程 (1.25) 的解，采用变换

$$\begin{pmatrix} \eta \\ \xi \end{pmatrix} = \boldsymbol{B} \begin{pmatrix} u_1 \\ u_2 \end{pmatrix} \tag{1.26}$$

其中，$\boldsymbol{B}$ 为一非奇异常数矩阵 (即 $|\boldsymbol{B}| \neq 0$)。将方程 (1.26) 代入方程 (1.25) 有

$$\boldsymbol{B} \begin{pmatrix} \dot{u}_1 \\ \dot{u}_2 \end{pmatrix} = \boldsymbol{MB} \begin{pmatrix} u_1 \\ u_2 \end{pmatrix} \tag{1.27}$$

进而得

$$\begin{pmatrix} \dot{u}_1 \\ \dot{u}_2 \end{pmatrix} = \boldsymbol{B}^{-1}\boldsymbol{MB} \begin{pmatrix} u_1 \\ u_2 \end{pmatrix} \tag{1.28}$$

令 $\boldsymbol{C}=\boldsymbol{B}^{-1}\boldsymbol{M}\boldsymbol{B}$，我们得到

$$\begin{pmatrix}\dot{u}_1\\ \dot{u}_2\end{pmatrix}=\boldsymbol{C}\begin{pmatrix}u_1\\ u_2\end{pmatrix} \tag{1.29}$$

若我们能找出一个矩阵 $\boldsymbol{B}$ 使矩阵 $\boldsymbol{C}$ 成为对角矩阵，其矩阵元为 λ_1 与 λ_2，则非线性动力学系统在平衡点附近演化的稳定性由矩阵 $\boldsymbol{M}$ 的本征值 λ_1 与 λ_2 决定，并满足方程：

$$\lambda^2-(f_x+g_y)\lambda+f_xg_y-f_yg_x=0 \tag{1.30}$$

令 $T=f_x+g_y$ 代表矩阵 $\boldsymbol{M}$ 的迹 (trace)，$\Delta=f_xg_y-f_yg_x$ 代表矩阵的行列式 $||\boldsymbol{M}||$，则有

$$\lambda^2-T\lambda+\Delta=0 \tag{1.31}$$

其中，Δ 和 T 又可分别表示为 $\Delta=\lambda_1\lambda_2$ 和 $T=\lambda_1+\lambda_2$。方程 (1.31) 的两个特征值是

$$\lambda_{1,2}=\frac{T\pm\sqrt{T^2-4\Delta}}{2} \tag{1.32}$$

其对应的解可写为

$$\dot{u}_1=\lambda_1u_1,\quad \dot{u}_2=\lambda_2u_2 \tag{1.33}$$

可见当 $\lambda_{1,2}$ 取不同的值时，平衡点的性质也不同，它们可以分为如下类型。

(1)$\Delta>0$，$T^2-4\Delta\geqslant 0$：这时两个特征根 $\lambda_{1,2}$ 都是实数，且符号相同。此时的解以指数形式发展。$T>0$ 时远离平衡点，$T<0$ 时趋向平衡点，这样的平衡点称节点，见图 1.21，其中 (a) 与 (c) 为稳定节点，(b) 与 (d) 为不稳定节点。

(2)$\Delta>0$，$T^2-4\Delta<0$：这时两个特征根 $\lambda_{1,2}$ 都是复数，其解为振荡的。$T>0$ 时解的振幅按指数方式增长，$T<0$ 时扰动的振幅以指数方式衰减，这样的平衡点称为焦点，见图 1.22(a) 与 (b)，其中 (a) 为稳定焦点，(b) 为不稳定焦点。

(3)$\Delta>0$，$T=0$：这时两个特征根 $\lambda_{1,2}$ 为纯虚数，解为振荡的，它们在相平面上的轨道是一些封闭的曲线，这时的平衡点叫中心，见图 1.22(c)。

(4)$\Delta<0$：这时两个特征根 $\lambda_{1,2}$ 都是实数，但其中一个为正，另一个为负。此时一个解随时间的变化趋于 0，而另一个解则趋于无穷大，即平衡点一定是不稳定的，这样的平衡点称为鞍点，见图 1.22(d)。

由此可知，若线性化矩阵的本征值中有正的实部时，则平衡点不稳定，以此可判断平衡点的稳定性。

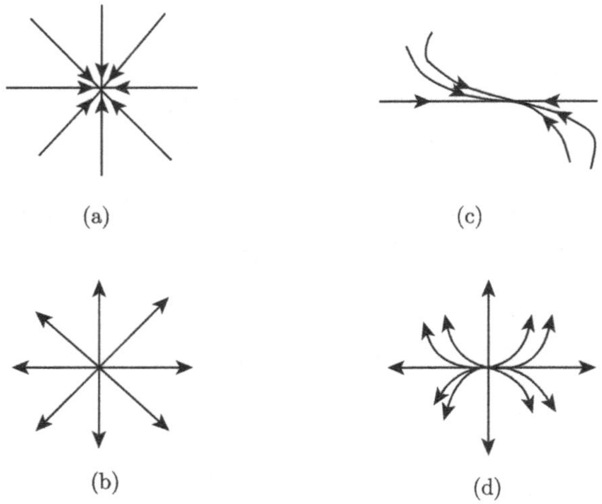

图 1.21　节点的类型

(a)(c) 为稳定节点；(b)(d) 为不稳定节点；(a)$T<0, \lambda_1=\lambda_2<0$；(b)$T>0, \lambda_1=\lambda_2>0$；(c)$T<0, \lambda_1\neq\lambda_2<0$；(d)$T>0, \lambda_1\neq\lambda_2>0$

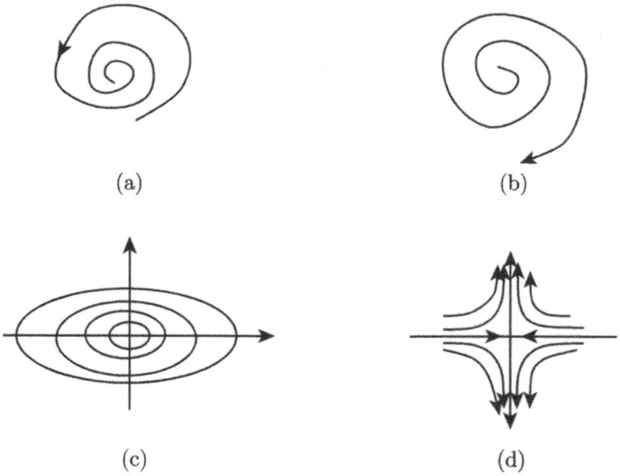

图 1.22　其他类型的平衡点

(a) 稳定焦点：$T<0$；(b) 不稳定焦点：$T>0$；(c) 中心点；(d) 鞍点

1.6　动力系统的三种典型分岔

粗略地讲，分岔指参数变化时系统展示新动力学行为的现象。考虑一个函数 $y=f(\mu,x)$，其周期解 $x=g(\mu)$。若 $|f'(\mu,x)|_{x=x^*}<1$ 则不动点稳定，当 $|f'(\mu,x)|_{x=x^*}=1$

时，周期解失稳发生分岔。发生倍周期分岔时，其斜率总是为 -1，而鞍–结分岔或切分岔则与斜率 $+1$ 相连。为了清楚地表示分岔情况，常画分岔图。分岔图就是极限集 (如平衡点，极限环等) 随参数变化的图形。

最简单的分岔为跨临界分岔 (transcritical bifurcation)。考虑非线性方程：

$$\dot{x} = f(x) = \mu x - x^2 \tag{1.34}$$

方程有两个定态解 $x_0 = 0$ 和 $x_0 = \mu$。当 $\mu < 0$ 时定态解 $x_0 = 0$ 是稳定的，$x_0 = \mu$ 是不稳定的；当 $\mu > 0$ 时，解 $x_0 = 0$ 是不稳定的，$x_0 = \mu$ 是稳定的。两个定态解的性质在 $\mu = 0$ 时都发生了突变，见图 1.23。形如方程 (1.34) 的不同解的稳定性在临界点两侧发生交叉互换的分岔就叫做跨临界分岔。

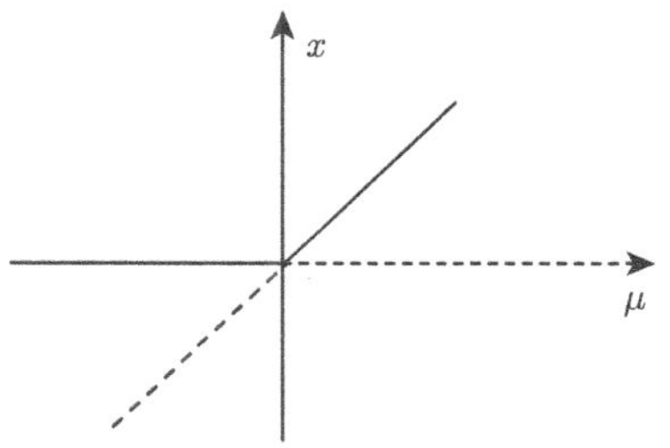

图 1.23 跨临界分岔

常见的分岔有三种：树枝分岔、霍普夫分岔与鞍–结 (saddle-node) 分岔。树枝分岔就是在分岔图上一变为二的分岔。其典型的方程为

$$\dot{x} = f(x) = \mu x - x^3 \tag{1.35}$$

由平衡点方程 $\dot{x} = 0$ 可得平衡点 $x = 0$ 与 $x = \pm\sqrt{\mu}$。当 $\mu < 0$ 时，平衡点 $x = \pm\sqrt{\mu}$ 不存在。对平衡点 $x = 0$，我们有 $f'_{x=0} = \mu < 0$，因此其为唯一的稳定平衡点。当 $\mu > 0$ 时，对平衡点 $x = 0$，我们有 $f'_{x=0} = \mu > 0$，表明其已变为不稳定的。而对平衡点 $x = \pm\sqrt{\mu}$，我们有 $f'_{x=\pm\sqrt{\mu}} = \mu - 3\mu = -2\mu < 0$，故其为稳定平衡点。分岔点为 $\mu = 0$，其分岔图见图 1.24。

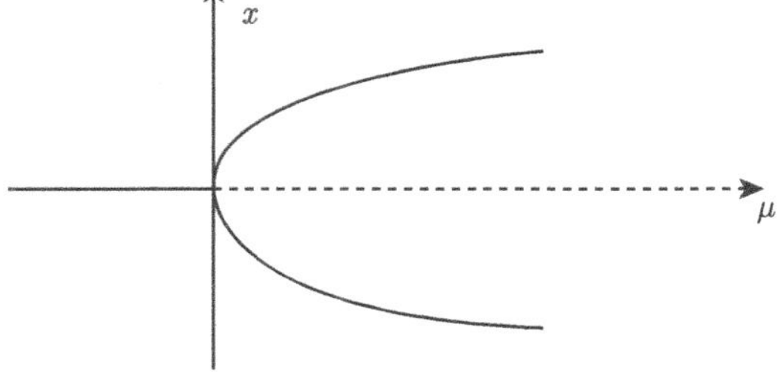

图 1.24 树枝分岔

为了形象地显示分岔图中各点对应的行为，可将式 (1.35) 写成位势的形式：

$$\dot{x} = \mu x - x^3 = -\frac{\partial V}{\partial x}, \tag{1.36}$$

其中位势为

$$V = \frac{1}{4}x^4 - \frac{\mu}{2}x^2. \tag{1.37}$$

见示意图 1.25，其中 (a) 代表 $\mu < 0$ 的情形，(b) 代表 $\mu > 0$ 的情形。将图 1.25 与图 1.24 比较可见，位势 $V(x)$ 的极小值对应于稳定的平衡点，而位势 $V(x)$ 的极大值则对应于不稳定的平衡点。

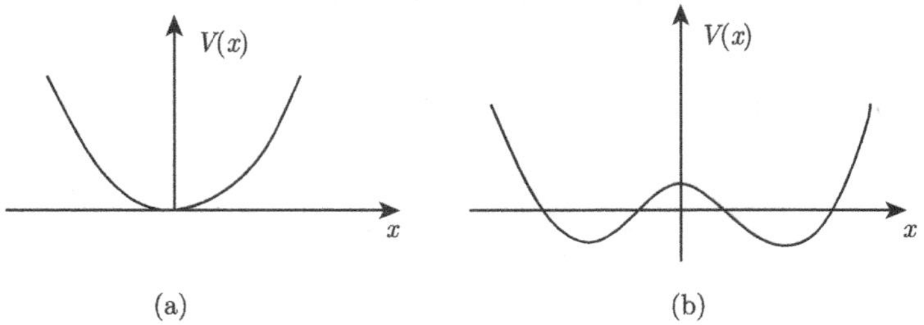

图 1.25　位势 V 的示意图

其中 (a) 代表 $\mu < 0$ 的情形；(b) 代表 $\mu > 0$ 的情形

有时又将方程 (1.35) 描述的树枝分岔称为超临界 (supercritical) 树枝分岔，相应地将 $\dot{x} = f(x) = \mu x + x^3$ 描述的树枝分岔称为亚临界 (subcritical) 树枝分岔。此时，在 $\mu < 0$ 时存在着稳定的不动点 $x = 0$ 及失稳不动点 $x = \pm\sqrt{-\mu}$。而在 $\mu > 0$ 后只存在 $x = 0$ 的失稳不动点。

如果不动点失稳后不是变为两个稳定的分支，而是变为一个极限环，则叫霍普夫分岔。其典型方程为 Stuart-Landau 振子：

$$\dot{z} = (\mu + \mathrm{i}\Omega - |z|^2)z \tag{1.38}$$

其中，μ 为分岔参数，z 是一个复数，Ω 为运动频率。在直角坐标系中可表示为

$$\begin{aligned}\dot{x} &= -\Omega y + x(\mu - x^2 - y^2)\\ \dot{y} &= \Omega x + y(\mu - x^2 - y^2)\end{aligned} \tag{1.39}$$

令 $x = r\cos\theta$，$y = r\sin\theta$，则此方程在极坐标形式下可表示为

$$\begin{aligned}\dot{r} &= r(\mu - r^2)\\ \dot{\theta} &= \Omega\end{aligned} \tag{1.40}$$

不动点为 $z_0=(0,0)$。当 $\mu<0$ 时，$\dot{r}<0$，不动点 z_0 是稳定的。当 $\mu>0$ 时，如果 $r<\sqrt{\mu}$，则 $\dot{r}>0$，r 将逐渐增大，使原点 z_0 不再稳定；如果 $r>\sqrt{\mu}$，则 $\dot{r}<0$，r 又要变小，使得趋向于 $\sqrt{\mu}$。因此 $r=\sqrt{\mu}$ 是系统的一个稳定的极限环。当 μ 从小于 0 到大于 0 变化时，系统将发生一个由稳定的不动点到极限环的霍普夫分岔，分岔点为 $\mu=0$。其分岔图见图 1.26。

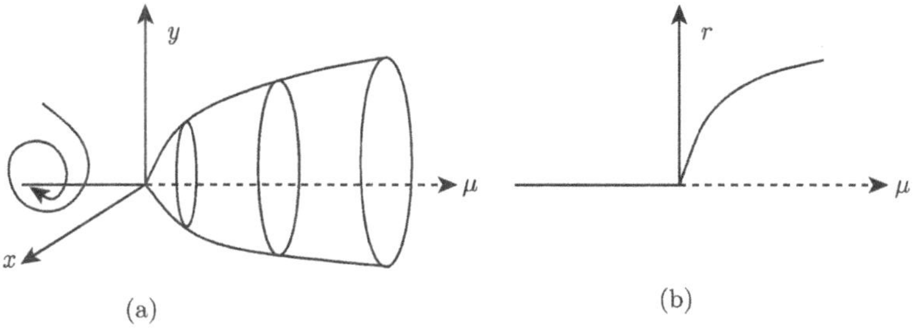

图 1.26 霍普夫分岔

这种霍普夫分岔有时又称为超临界 (supercritical) 霍普夫分岔，主要特征为相空间中原稳定的焦点变为被极限环包围的不稳定焦点。还存在另一种霍普夫分岔，称为亚临界 (subcritical) 霍普夫分岔，指原稳定焦点外的不稳定极限环逐渐变小，最后消失。分岔点后，原稳定焦点亦失稳，迹线进入远处吸引子的范围。这样的一个典型的例子可通过将方程 (1.38) 改变为 $\dot{z}=(\mu+\mathrm{i}\Omega+|z|^2)z$ 来实现。此时，在 $\mu<0$ 时存在着稳定的焦点 $r=0$ 及不稳定极限环 $r=\sqrt{-\mu}$，而在 $\mu>0$ 后只存在 $r=0$ 的不稳定焦点，即原先的不稳定极限环消失了，见图 1.27(a)。还存在另一种亚临界霍普夫分岔，其在 $\mu<0$ 时存在着一个稳定的焦点 $r=0$，一个不稳定极限环及一个更大的稳定极限环 [18]。不稳定极限环内的点将逐步演化到稳定的焦点上，成为此焦点的吸引域。而不稳定极限环外的点将逐步演化到那个更大的稳定极限环上，成为它的吸引域。随着分岔参数从 $\mu<0$ 增加到 $\mu=0$，稳定的那个大极限环保持大小不变，而不稳定的那个小极限环的大小则逐渐减小到 0。在 $\mu>0$ 后，$r=0$ 的焦点失稳，而原先的不稳定极限环消失，稳定的那个大极限环则继续保留，因此所有的迹线都会进入那个稳定的大极限环，见图 1.27(b)。

第三种典型的分岔为切分岔。考虑族 $E_\mu(x)=\mu\mathrm{e}^x$，$\mu>0$。该族当 $\mu=1/\mathrm{e}$ 时经历切分岔。当 $\mu>1/\mathrm{e}$ 时，E_μ 的图像与对角线不相交，因此 E_μ 没有不动点，见图 1.28(a)。当 $\mu=1/\mathrm{e}$ 时，图像在 $x=1,y=1$ 与对角线相切，见图 1.28(b)。对 $\mu<1/\mathrm{e}$，图像和对角线交于两点，在 q 点 $E'_\mu(q)<1$，在 p 点 $E'_\mu(p)>1$，见图 1.28(c)。其分岔图见图 1.28(d)，实线表示稳定的 q 点，虚线表示不稳定的 p 点。这种分岔也能发生在封闭的曲线上，见图 1.29。由图 1.28(d) 与图 1.29 可知，切分岔是从没有不动点到鞍–节点然后再到鞍点与节点的分岔，有时又称鞍–结分岔。

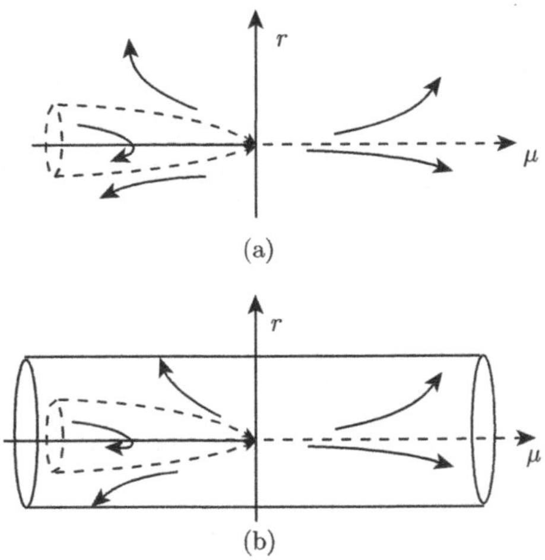

图 1.27　两种典型的亚临界霍普夫分岔

其中虚线表示不稳定的极限环或不稳定的焦点，实线表示稳定的焦点或稳定的极限环。(a) 情形 I：没有稳定的极限环；(b) 情形II：有稳定的极限环

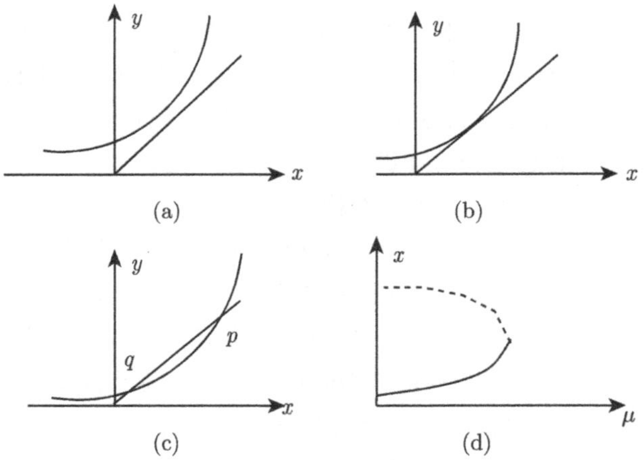

图 1.28　$E_\mu(x)=\mu e^x$ 的各种情形

(a) $\mu>1/e$; (b) $\mu=1/e$; (c) $0<\mu<1/e$; (d) 切分岔图

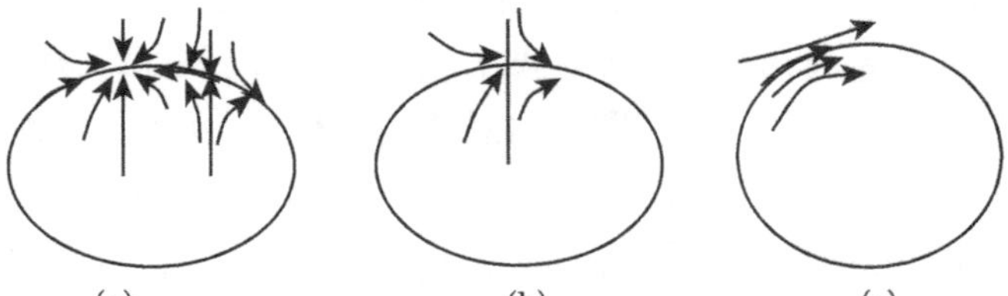

图 1.29　封闭曲线上的鞍–结分岔

树枝分岔与鞍–结分岔为实分岔，而霍普夫分岔为复分岔。不论哪种分岔，它

们在分岔点均满足

$$\frac{\mathrm{d}[\mathrm{Re}\lambda(\mu)]}{\mathrm{d}\mu} \neq 0 \tag{1.41}$$

因此，本征值在分岔点是运动的。

将这三种典型的分岔放在一起可有下面的分岔 (图 1.30)，其中费根鲍姆分岔或倍周期分岔可归于连续的树枝分岔。

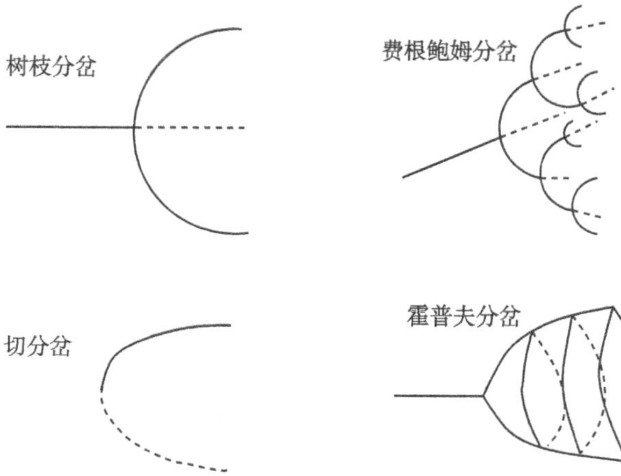

图 1.30　三种典型的分岔图

1.7 习　　题

1.1 什么是混沌？它有那些特征？混沌到底是有序还是无序的？

1.2 简述混沌理论的发展史。

1.3 何为奇怪吸引子？它奇怪在哪里？

1.4 什么是哈密顿系统？什么是可积系统？证明达芬方程是哈密顿系统。

1.5 找出映射 $f(x)=5-6/x$ 的平衡点并确定其稳定性。

1.6 确定下列差分方程不动点的稳定性

(a) $x(n+1)=0.5\sin(\pi x(n))$;

(b) $x(n+1)=x(n)+\sin(2\pi x(n))/\pi$;

(c) $x(n+1)=2x(n)\exp(-x(n))$.

1.7 确定系统 $\dot{x}=x^2-y, \dot{y}=x-y$ 的奇点以及它们的类型。

1.8 确定下列方程的奇点以及类型

(a) $\ddot{u}+2a\dot{u}+u+u^3=0$;

(b) $\ddot{u}+2a\dot{u}+u-u^3=0$;

(c) $\ddot{u}+2a\dot{u}-u+u^3=0$;

(d) $\ddot{u}+2a\dot{u}+u^3=0$。

1.9 找出 $f_a(x)=a\sin x$ 的鞍–结分岔与倍周期分岔。

1.10 找出下列映射不动点的所有鞍–结分岔与倍周期分岔。

(a) $f_a(x)=a+\ln x,\quad x>0$;

(b) $f_a(x)=a-\ln x,\quad x>0$;

(c) $f_a(x)=a\ln x,\quad x>0$;

(d) $f_a(x)=a+x-\mathrm{e}^x$。

第 2 章　一些典型迭代系统中的混沌

映射指从空间中的一个区域到自身的连续函数。在一维情形，区域可以是一段实数线段 (包括或不包括端点)，或甚至整条线。映射又可以叫做一级差分方程。一级差分方程可产生于许多领域，比如生物、经济甚至社会科学。这样的方程尽管是简单而确定性的，但可产生令人惊奇的丰富的动力学行为，如从稳定点到稳定极限环的分岔序列，再到混沌行为。

考虑一个映射 $f:\Re\to\Re$，这里 $\Re$ 为实数。点 $x_0\in\Re$ 的轨道 $O(x_0)$ 可以定义为如下的一套点：

$$O(x_0)=\{x_0,f(x_0),f^2(x_0),f^3(x_0),\cdots\}$$

如果令 $x(n)\equiv f^n(x_0)$，则得到一级差分方程：

$$x(n+1)=f[x(n)] \tag{2.1}$$

其中，$x(0)=x_0$。

在人口生物学中，$x(n)$ 可代表第 n 代的人口大小。于是式 (2.1) 描述了一个具有季节性生产的简单人口系统，且其各代间没有重复。它只不过表明第 $n+1$ 代的人口大小 $x(n+1)$ 与前一代第 n 代的人口大小 $x(n)$ 的关系由函数 f 确定。在传染病学中，$x(n)$ 代表在时间 n 时感染的人口部分。在经济学中，$x(n)$ 代表某产品在时间 n 内的单位价格。在社会学中，$x(n)$ 可代表在一个周期 n 后可被记住的信息比特数。

当 f 取不同的函数形式时，式 (2.1) 就代表不同的映射。本章我们仅介绍一些常用的、典型的映射。

2.1　逻辑斯谛映射

考虑一个简单的生态学问题：昆虫数目演化的数学模型 [13]。假定有一种昆虫，每年春天孵化出来，然后成长，繁殖并死去。如果每年的气候条件是一样的，则第 n 年的虫口数目就唯一确定了第 $n+1$ 年的数目。因此可以用一维映射来描述。比如，第 n 年孵出的昆虫数目为 z_n，每个昆虫平均产 r 个卵，这些卵在来年孵化成昆虫，则第 $n+1$ 年的虫口数目为 $z_{n+1}=rz_n$。如果初值为 z_0，则其解为 $z_n=r^nz_0$。若 $r>1$，则虫口数目呈指数增长；$r=1$，则虫口数目保持不变；$r<1$，则虫口数目最

终变为零，即灭绝。然而，我们观察到实际存在的大多数种类都不属于上述情形。在这些情形中，虫口数目会增加，然后维持在特定的数目附近。原因是当虫口数目太大时，食物及疾病都会成为问题，导致实际的增长率 r 变为 $r[1-z_n/\bar{z}]$，其中 $\bar{z}$ 为其最大值，于是给出一维映射 $z_{n+1}=rz_n[1-z_n/\bar{z}]$。两边除以 $\bar{z}$ 并令 $x=z/\bar{z}$，便得逻辑斯谛 (logistic) 映射：

$$x_{n+1}=rx_n(1-x_n),\quad r\in[0,4],x_n\in[0,1] \tag{2.2}$$

这个映射亦可以写为 $x_{n+1}=1-\mu x_n^2$ 形式，$\mu\in[0,2],x_n\in[-1,1]$ 或 $x_{n+1}=\mu-x_n^2$，$\mu\in[0,2],x_n\in[-\mu,\mu]$。

与线性方程的解可以被明显地表达出来不同，非线性方程的解非常复杂，很难找到一个一般的解析形式。其解的具体形式强烈地依赖于可调参数 r 的取值，其中特别重要的是不动点，即那些重复自身的轨道。

由式 (2.2) 的不动点方程 $y=f(x)=rx(1-x)=x$ 可得

$$\begin{aligned} x_1^*&=0\\ x_2^*&=\frac{r-1}{r} \end{aligned} \tag{2.3}$$

可见不动点 x_1^* 与 r 无关，称为平庸不动点。不动点 x_2^* 与 r 有关，称为特征不动点。因为 $x\in[0,1]$，故当 $r<1$ 时 x_2^* 不存在。

不动点的稳定性

对于平庸不动点

$$f_x|_{x=0}=r-2rx|_{x=0}=r \tag{2.4}$$

当 $r<1$ 时，$x_1^*=0$ 为稳定不动点；当 $r>1$ 时，$x_1^*=0$ 为失稳不动点。

对于特征不动点

$$f_x|_{x=\frac{r-1}{r}}=r-2rx|_{x=\frac{r-1}{r}}=2-r \tag{2.5}$$

当 $r<1$ 时，x_2^* 不存在；当 $1<r<3$ 时，$-1<f_x|_{x=x_2^*}<1$，x_2^* 是稳定的。当 $r>3$ 后，$f_x|_{x=x_2^*}<-1$，x_2^* 失稳，系统进入周期 2 区域。

周期性是动力系统中第二重要的量，其重要性来自于如下的事实：许多物理现象具有特定的重复自身的斑图 (pattern)。这些斑图产生一些周期性的圈，每个圈都称为周期点的轨道。如果存在一些特定的正数 k，使得 $f^k(\bar{x})=\bar{x}$，则 $\bar{x}$ 叫做周期 k。随着参数 r 的变化，解可从周期 k 变为周期 k'。使解发生突变的参数值成为分岔点。在周期 2，我们有 $x_2=rx_1(1-x_1),x_1=rx_2(1-x_2)$，其解满足方程 $x_2=r^2x_2(1-x_2)[1-rx_2(1-x_2)]$，即

$$x[r^3x^3-2r^3x^2+r^2(1+r)x+1-r^2]=0 \tag{2.6}$$

进行因式分解可得 $x(rx+1-r)[r^2x^2-r(r+1)x+r+1]=0$，其中因子 $x=0$ 与 $rx+1-r=0$ 给出失稳周期 1 不动点 $x^*=0$ 与 $x^*=(r-1)/r$。只有因子

$$r^2x^2-r(r+1)x+r+1=0 \tag{2.7}$$

才是周期 2 满足的方程，求解可得

$$x_{1,2}^*=\frac{1+r\pm\sqrt{(r+1)(r-3)}}{2r} \tag{2.8}$$

显然，只有 $r>3$ 才有实数解，即这个周期 2 轨道在 $r>3$ 时存在。

周期 2 的稳定性条件

由 $|f'(x_1)f'(x_2)|<1$ 可得

$$-1<r^2(1-2x_1)(1-2x_2)<1 \tag{2.9}$$

将式 (2.8) 代入此式可解得 $3<r<1+\sqrt{6}\approx 3.44941$。在 $r=1+\sqrt{6}$ 处，我们有 $f'(x_1)f'(x_2)=-1$，因此周期 2 在此处失稳然后进入周期 4 区域。作与周期 2 类似的分析可知，稳定的周期 4 只存在于区间 $1+\sqrt{6}<r<3.54409$，然后系统进入周期 8 区域。依次进行下去可得倍周期分岔的分岔图。当 $r\geqslant 3.5699$ 时出现混沌，见图 2.1。由各分岔点的参数值可验证费根鲍姆常数 δ，表 2.1 给出了各分岔点处的参数值 r_n 及间距比 δ_n。

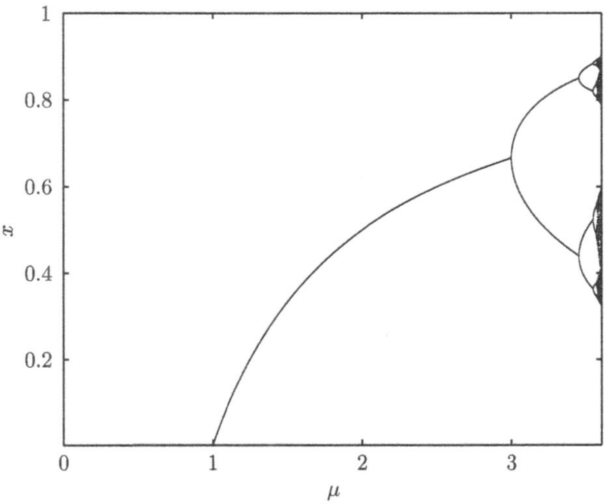

图 2.1 逻辑斯谛映射的倍周期分岔图

表 2.1　倍周期分岔的参数值

n	分岔	分岔值 r_n	$r_n - r_{n-1}$	间距比值 δ_n
1	1 分为 2	3		
2	2 分为 4	3.449489743	0.449489	4.751466
3	4 分为 8	3.544090359	0.094601	4.656251
4	8 分为 16	3.564407266	0.020317	4.668242
5	16 分为 32	3.568759420	0.0043521	4.66874
6	32 分为 64	3.56961610	0.00093219	4.6691
⋮	⋮	⋮	⋮	⋮
∞	周期 → 混沌	3.569945972	0	4.669201690

其中，间距比值

$$\delta_n = (r_n - r_{n-1})/(r_{n+1} - r_n) \tag{2.10}$$

仔细观察此序列可发现：(1) 序列 $\{r_n\}$ 似乎趋向于一个特殊的数 $r_\infty \approx 3.570$；(2) 在两个连续 r_i 间的窗口大小 $(r_n - r_{n-1})$ 变得越来越窄，最终趋向于 0；(3) 当 $n \to \infty$ 时，间距比值 δ_n 趋于一固定的常数 4.669201690——费根鲍姆常数。费根鲍姆发现此常数后，继续考察三角函数 $x_{n+1} = r\sin\pi x_n$ 的倍周期分岔过程，发现其收敛速率也为 $4.6692\cdots$，然后做超越函数 $x_{n+1} = x_n \exp[\mu(1-x_n)]$ 的倍周期分岔过程，也得到同一数值。因此，δ 并不依赖于映射的具体形式，对一大类单峰映射是同一值，是一个普适的常数。有趣的是，此普适常数可反过来用于估算分岔值 r_n。由 δ 的表达式可得

$$r_{n+1} \approx r_n + (r_n - r_{n-1})/\delta \tag{2.11}$$

例如，给定 $r_1 = 3$ 和 $r_2 = 1+\sqrt{6}$，则 $r_3 = 1+\sqrt{6}+(1+\sqrt{6}-3)/4.6692 \approx 3.54575671$ 为真实 r_3 的近似值。然而应该指出，费根鲍姆常数的普适性是相对的，而不是绝对的。对于一维单峰映射，$\delta \approx 4.669, \alpha \approx 2.502$。对于显著不同的峰形 (如扁平峰或尖峰) 和多峰映射来说，δ 和 α 就不是这两个数值了 [13]。对于保守系统，与一维单峰映射对应的普适常数为 $\delta = 8.721097, \alpha = 4.018076$。不过，多种多样的映射可以归于各个普适类，每一类内的普适常数值总是相同的。

当系统进入到混沌区域后 $(r > r_\infty)$，系统的混沌就变得非常复杂。由 $r_\infty < r < 4$ 的分岔图可知，系统的混沌区并非总是混沌一片，而是在混沌区中也还存在着不少的周期窗口 (见图 2.2)。最明显的为周期 $P = 3, 5, 6$ 的窗口。这些周期窗口又不断地进行倍周期分岔 $P\cdot 2^1, P\cdot 2^2, \cdots$。其中周期 3 是最宽的窗口，它出现时的参数值为 $\mu = 1+\sqrt{8} = 3.828\cdots$。此后此周期 3 窗口内又出现倍周期分岔，各分岔带在 $r \approx 3.8415\cdots$ 处再次进入混沌。窗口区内还有混沌，窗口的混沌区内还有窗口。这种结构将无穷地重复，往往有无穷多的层次，而且每一层次又都是上一层次的重复，即为一种自相似的结构。正所谓“庄生晓梦迷蝴蝶”，分不清究竟是庄生还是蝴蝶了。除此之外，混沌区中还存在着不同混沌带的混合问题。这种混合有

来自混沌带变大过程中的自然混合 (如 $\mu = 3.6$ 附近的两带混合)，也有来自于混沌与失稳周期轨道碰撞而产生的激变混合 (如 $\mu = 3.85$ 附近的多带混合)。解释混合问题最好的方式是从 $r = 4$ 开始向后递减至 r_∞。在 $r = 4$ 处，我们只能看到一个混沌带，其覆盖 $[0, 1]$ 整个区间。这个混沌带随 r 的减少而慢慢变窄，在 $r = \lambda_1$ 处变为两带混沌。然后在 $r = \lambda_2$ 处它再次分岔成为 4 带。这种分岔继续下去，在 λ_k 处有 2^k 带。这个递减序列 $\{\lambda_n\}$ 收敛于 $\lambda_\infty = r_\infty$。此外，$(\lambda_n - \lambda_{n-1})/(\lambda_{n+1} - \lambda_n)$ 也趋向于费根鲍姆常数 $\delta \approx 4.6692\cdots$。因此逻辑斯谛映射是研究混沌的各种特性的范例。

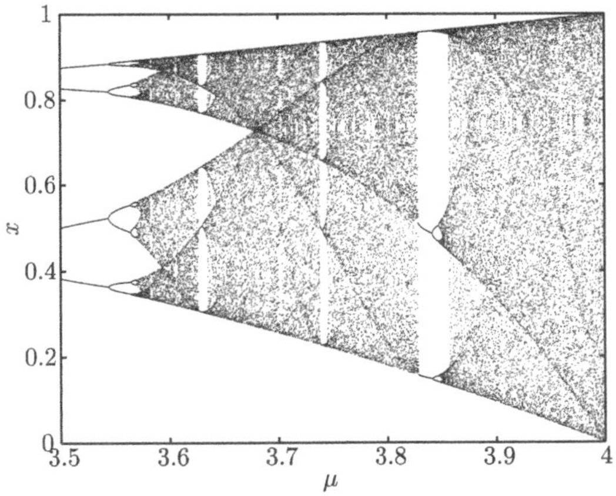

图 2.2 逻辑斯谛映射的混沌区结构

有了逻辑斯谛映射的知识后，现在我们可以简单地讨论一下李–约克定理与萨柯夫斯基定理之间的关系。李–约克定理 [4, 19]：设 $f(x)$ 是 $[a, b]$ 上的连续自映射 (即 $f(x)$ 是 $[a, b]$ 上的连续函数，且它的阈值不超出 $[a, b]$)，若 f 有 3 周期点，则对一切正整数 n，f 有 n 周期点。李和约克在论文中还证明了，若函数 $f(x)$ 有 3 周期点，则它一定有混沌运动。因此混沌存在的简单判据——在任何一维系统中，只要出现规则的周期 3，同一系统必定存在其他任意长的周期以及混沌行为。现在我们来看看萨柯夫斯基定理与李–约克定理之间的关系。我们知道，自然数是按 $1, 2, 3, 4, 5, \cdots$ 这样一个由小到大的顺序排列的。然而，萨柯夫斯基把自然数作了非常奇特的排列：

$$\begin{array}{llllll}
3, & 5, & 7, & 9, & 11, & \cdots; \\
3\times 2, & 5\times 2, & 7\times 2, & 9\times 2, & 11\times 2, & \cdots; \\
3\times 2^2, & 5\times 2^2, & 7\times 2^2, & 9\times 2^2, & 11\times 2^2, & \cdots; \\
3\times 2^3, & 5\times 2^3, & 7\times 2^3, & 9\times 2^3, & 11\times 2^3, & \cdots; \\
\cdots, & \cdots, & \cdots, & \cdots, & \cdots, & \cdots; \\
\cdots, & 2^4, & 2^3, & 2^2, & 2^1, & 2^0;
\end{array}$$

并给出了萨柯夫斯基定理：设 $f(x)$ 是区间自身的连续映射，如果 $f(x)$ 有 p 周期点，q 在上述序列中位于 p 之后，则 $f(x)$ 一定还存在 q 周期点。例如，$11 \times 2^2 = 44$ 在 $3 \times 2^3 = 24, 9 \times 2^3 = 72, 3 \times 2^{16} = 196608, 2^4 = 16, 2^1 = 2$ 这些数的前面。如果 $f(x)$ 在某个区间的映射中有 44 周期点，那么它一定还有 $24, 72, 196608, 16, 2$ 等周期点。

在萨柯夫斯基序列中，3 在所有自然数的前面。根据萨柯夫斯基定理，如果某个具体区间到自身的映射有周期 3 轨道，它就一定有周期为任意自然数的轨道。可见，由萨柯夫斯基定理可以推出“周期 3 意味着混沌”的部分结论。然而，萨柯夫斯基并没有发现混沌，是李–约克定理首次引入了混沌的概念。

2.2 埃 农 映 射

法国天文学家埃农 (Hénon) 从研究球状星团以及洛伦茨吸引子中得到启发，于 1976 年提出一个简单的二维平方映射 [20]：

$$\begin{aligned} x_{n+1} &= y_n + 1 - a x_n^2 \\ y_{n+1} &= b x_n \end{aligned} \tag{2.12}$$

或 $f(x, y) = (1.4 - x^2 + 0.3y, x)$。当 $b = 0$ 时，埃农映射退化为平方映射 $x_{n+1} = 1 - a x_n^2$。近年来，埃农映射已变为混沌理论的记号，没有它，动力系统的处理就会显得不完备。此映射是不可逆的，可看成是某些三维流的庞加莱截面。对 $|b| < 1$，埃农映射具有收缩的面积。经过一次迭代，面积收缩到原来的 $|\det \boldsymbol{M}|$ 倍：

$$\det \boldsymbol{M} = \frac{\partial(x_{n+1}, y_{n+1})}{\partial(x_n, y_n)} = -b \tag{2.13}$$

即系统的雅可比 (Jacobian) 行列式的值为 $-b$，负号说明面积边界的指向在迭代过程中改变方向。此映射为具有常数雅可比的最一般的平方映射。埃农映射可分解为三个简单的映射 T_1, T_2 与 T_3 的连续变换：

$$T_1 \begin{pmatrix} x \\ y \end{pmatrix} = \begin{pmatrix} x \\ 1 - ax^2 + y \end{pmatrix}$$

$$T_2 \begin{pmatrix} x \\ y \end{pmatrix} = \begin{pmatrix} bx \\ y \end{pmatrix}$$

$$T_3 \begin{pmatrix} x \\ y \end{pmatrix} = \begin{pmatrix} y \\ x \end{pmatrix}$$

合并起来就有

$$T_3T_2T_1\begin{pmatrix} x \\ y \end{pmatrix} = \begin{pmatrix} 1-ax^2+y \\ bx \end{pmatrix}$$

可见，T_1 为保面积弯曲映射 (其行列式 $||\boldsymbol{M}|| = \lambda_1\lambda_2 = 1$)，$T_2$ 在 x 方向收缩，T_3 则旋转 90°。图 2.3 给出了以一条直线段 $x \in (-1,1), y \in (0,0.1)$ 为例进行这些操作的示意图，其中，虚线代表操作前的系统，实线为操作后的系统。

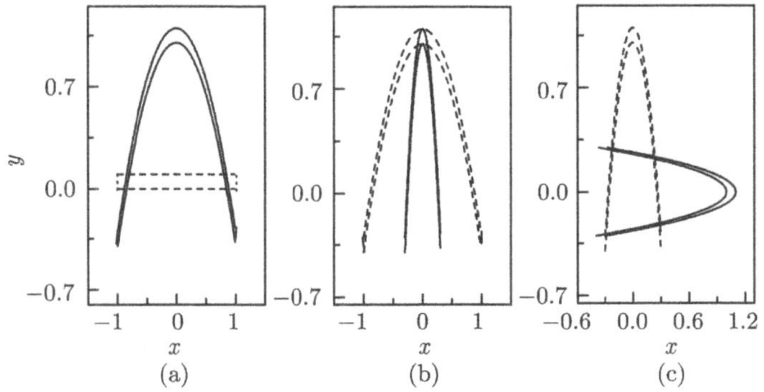

图 2.3 埃农映射的三个分解操作示意图

(a) 保面积弯曲；(b)x 方向收缩；(c) 旋转 90°

如果 $a \neq 0$，对于靠近原点的特定区域内初值 (x_0, y_0)，其解收敛到一个奇怪吸引子上。令 $x_{n+1} = x_n$，$y_{n+1} = y_n$，可得埃农映射的不动点。简单计算后可发现，此映射当 $a > a_0 = -(1-b)^2/4$ 时有两个不动点：

$$\begin{aligned} x_{0,1} &= \frac{1}{2a}\{-(1-b) \pm [(1-b)^2 + 4a]^{1/2}\}, \\ y_{0,1} &= bx_{0,1} \end{aligned} \tag{2.14}$$

令 $x = x_{0,1} + \Delta x$，$y = y_{0,1} + \Delta y$，代入式 (2.12) 可发现，在 $a \in (-(1-b)^2/4, 3(1-b)^2/4)$ 时，x_0 渐近稳定而 x_1 为鞍点，即 x_1 总是线性不稳定的。这个结论也可由线性化矩阵的本征值来得出。只是，与一阶微分方程平衡点的稳定性判据不同的是，对映射而言，不再用 $\lambda > 0$ 来判断，而改为用 $|\lambda| > 1$ 来判断。当 $|\lambda| < 1$ 时不动点稳定，而当 $|\lambda| > 1$ 时不动点失稳。由式 (2.12) 的线性化矩阵的本征值 λ 满足：

$$\begin{pmatrix} -2ax_{0,1} - \lambda & 1 \\ b & -\lambda \end{pmatrix} = 0$$

可得 $\lambda_{1,2} = -ax_{0,1} \pm \sqrt{a^2x_{0,1}^2 + b}$。由 $\lambda_{1,2} = \pm 1$ 可得其稳定区域的边界为

$$\pm 2ax_{0,1} = b - 1 \tag{2.15}$$

将 x_0 代入式 (2.15) 并取“$-$”号得 $a=3(1-b)^2/4$，取“$+$”号得 $a=-(1-b)^2/4$，因此 x_0 的稳定区域为 $a\in(-(1-b)^2/4,3(1-b)^2/4)$。将 x_1 代入式 (2.15) 并取“$-$”号有 $2(1-b)=-\sqrt{(1-b)^2+4a}$。其在 $b<1$ 时无解。而当 $b>1$ 时，行列式 $\det M=-b<-1$，系统发散。因此，x_1 无稳定区域。而 x_0 在 $a>a_1=3(1-b)^2/4$ 时也失稳并进入周期 2 区域。当 a 增加至超过 a_1 时，点吸引子 x_0 经历倍周期分岔至混沌的转变，在 $a=a_2$ 处出现混沌。当 $a_2<a<a_3$ 时，在大多数 a 值处可观察到奇怪吸引子。此时存在着一个区域 R，映射的迭代限制在 R 内且其面积以 b 的因子收缩，这个区域称为捕获区，为四边形。捕获区的历次迭代可导致面积为零的点集——埃农吸引子。而一旦 $a>a_3$，大多数初值最后都会跑向无穷。埃农取 $b=0.3$，发现 $a_0\approx-0.1225$，$a_1\approx0.3675$，$a_2\approx1.06$，$a_3\approx1.55$。取 $a=1.45$ 及初值 (x_0,y_0) 时的奇怪吸引子如图 2.4 所示。其中，(b) 为 (a) 中小方块的放大，(c) 为 (b) 中小方块的放大，(d) 为 (c) 中小方块的放大。由此可见，吸引子具有不变结构的特点，即自相似特性。

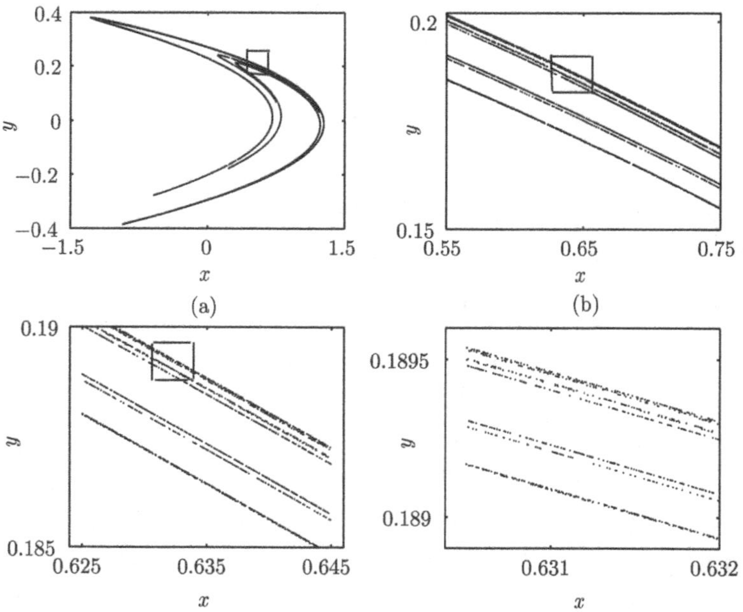

图 2.4　埃农映射的自相似结构

(a) 10^4 迭代的吸引子点集；(b) 为 (a) 中小方块部分的放大 (10^5 迭代)；(c) 为 (b) 中小方块部分的放大 (10^6 迭代)；(d) 为 (c) 中小方块部分的放大 (5×10^6 迭代)

在 $a_2<a<a_3$ 间除了奇怪吸引子外，也存在着许多的周期窗口，其具有周期 $3,4,5,\cdots$。各周期窗口中又可见到倍周期分岔，即有与逻辑斯谛映射类似的结构。

2.3 标准映射

标准 (standard) 映射是研究保守系统的一个最简单的动力学模型，包含了不可积保守系统的许多典型和复杂的特征 [21]。考虑一个被踢 (kicked) 转子如下 (图 2.5)：假定棒子固定在无摩擦的轴上，转动惯量为 I，长度为 l。棒子的另一端受到垂直的周期脉冲状的踢力，其强度为 k/l，作用瞬间为 $t=0,\tau,2\tau,\cdots$。忽略重力，则棒子在水平面内转圈。用 θ 表示棒与垂直位置间的夹角，p_θ 表示角动量，则其哈密顿量为

$$H(p_\theta,\theta,t)=\frac{p_\theta^2}{2I}+k\cos\theta\sum_n\delta(t-n\tau) \tag{2.16}$$

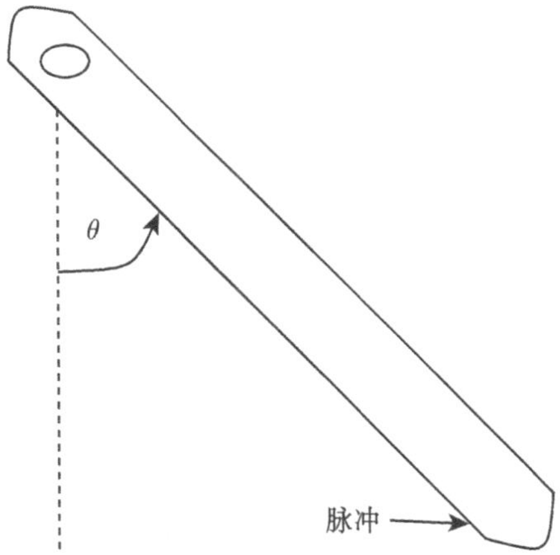

图 2.5　周期脉冲作用力下的转子

无重力影响时，棒子在水平面内转圈

对应的运动方程为

$$\begin{aligned}\dot{p}_\theta&=-\frac{\partial H}{\partial\theta}=k\sin\theta\sum_n\delta(t-n\tau),\\\dot{\theta}&=\frac{\partial H}{\partial p_\theta}=\frac{p_\theta}{I}\end{aligned} \tag{2.17}$$

可见，p_θ 在连续两次被踢之间为常数，而在每次被踢时有不连续的变化。角度 θ 则在两次被踢之间线性地变化，并在每次被踢时保持连续。现考虑每次被踢前的 p_θ

与 θ。令 p_n 与 θ_n 代表 $t=n\tau-0^+$ 时 p_θ 和 θ 的值，对式 (2.17) 积分可得

$$\begin{aligned}
p_{n+1}-p_n &= \int_{(n\tau)^-}^{((n+1)\tau)^-} \dot{p}_\theta \mathrm{d}t \\
&= \int_{(n\tau)^-}^{((n+1)\tau)^-} k\sin\theta\delta(t-n\tau)\mathrm{d}t = k\sin\theta_n, \\
\theta_{n+1}-\theta_n &= \int_{(n\tau)^-}^{((n+1)\tau)^-} \dot{\theta}\mathrm{d}t = \int_{(n\tau)^-}^{((n+1)\tau)^-} \frac{p_{n+1}}{I}\mathrm{d}t = \frac{p_{n+1}\tau}{I}
\end{aligned} \tag{2.18}$$

令 $I=1,\tau=1$，可得

$$\begin{aligned}
p_{n+1} &= p_n + k\sin\theta_n, \\
\theta_{n+1} &= \theta_n + p_{n+1}
\end{aligned} \tag{2.19}$$

作变换 $p_n \to 2\pi p_n, \theta_n \to 2\pi x_n$，可得标准映射的一般形式：

$$\begin{pmatrix} p_{n+1} \\ x_{n+1} \end{pmatrix} = T_k \begin{pmatrix} p_n \\ x_n \end{pmatrix} = \begin{pmatrix} p_n + \dfrac{k}{2\pi}\sin(2\pi x_n) \\ x_n + p_{n+1} \end{pmatrix} \tag{2.20}$$

其雅可比行列式的值为

$$\det\begin{bmatrix} \dfrac{\partial p_{n+1}}{\partial p_n} & \dfrac{\partial p_{n+1}}{\partial x_n} \\ \dfrac{x_{n+1}}{p_n} & \dfrac{\partial x_{n+1}}{\partial x_n} \end{bmatrix} = \det\begin{bmatrix} 1 & k\cos(2\pi x_n) \\ 1 & 1+k\cos(2\pi x_n) \end{bmatrix} = 1$$

故此映射在 (p,x) 相平面上保面积。

当 $k=0$ 时，

$$\begin{pmatrix} p_{n+1} \\ x_{n+1} \end{pmatrix} = \boldsymbol{T}_0 \begin{pmatrix} p_n \\ x_n \end{pmatrix} = \begin{pmatrix} p_n \\ x_n + p_{n+1} \end{pmatrix} \tag{2.21}$$

我们有 $p_n = p_0$ 为常数。不同 p_0 对应 x 轴上的有理数与无理数。如果 $p_0 = N/M$，则轨道为周期 M 的周期轨道，即 $x_M = x_0 + \dfrac{N}{M}M = x_0 + N = x_0(\mod 1)$。如果 p_0 为无理数，则 x_n 永不重复，其旋转数 (winding number) 为 $\omega(p_0) = p_0$。当 $k \neq 0$ 时，旋转数可定义为

$$\omega(p_0) = \lim_{n\to\infty} \frac{x_n - x_0}{n} \tag{2.22}$$

并可用来刻画周期及 KAM 轨道。周期轨道具有有理的旋转数，而 KAM 轨道则具有无理的旋转数。最无理的旋转数称作黄金数 (golden number)，其值 $\omega(p_0) = (1+\sqrt{5})/2$，其倒数：

$$\omega_{\mathrm{IG}} = (\sqrt{5}-1)/2 \approx 0.618034 \tag{2.23}$$

为通常所说的黄金分割数，是指将整体一分为二，较大部分与整体部分的比值等于较小部分与较大部分的比值，其比值约为 0.618。这个比例被公认为是最能引起美感的比例。用 $\varPhi$ 表示此比值的倒数，则有

$$\varPhi = 1 + \cfrac{1}{1 + \cfrac{1}{1 + \cfrac{1}{1 + \cfrac{1}{1 + \cdots}}}}$$

即 $\varPhi$ 可以表示为简捷的无穷连分数，给人美感。标准映射的一些典型的相图见图 2.6：(a) 代表 $k = 0.7716354$ 的情形，显示相空间中的混沌及规则运动，其分隔线为 KAM 环/曲线，此时的混沌运动为局域混沌，而规则运动仍可看作是符合 KAM 定理的小扰动系统；(b) 代表 $k = 1.1716354$ 的情形，显示出所有局域混沌区已连成一个混沌海。

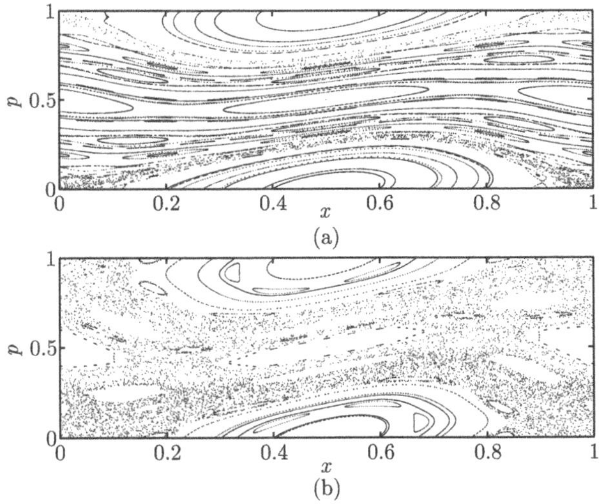

图 2.6 标准映射的相图

2.4 帐篷映射

帐篷 (tent) 映射是一个分段线性的一维映射，是最简单的出混沌的分段线性映射。其形式为 $x_{n+1} = T(x_n)$，其中 $T(x_n)$ 为 [22]

$$T(x_n) = \begin{cases} rx_n, & 0 \leqslant x_n \leqslant 1/2 \\ r(1 - x_n), & 1/2 < x_n \leqslant 1 \end{cases} \tag{2.24}$$

r 为分岔参数，在 $1 \leqslant r \leqslant 2$ 有意义。图 2.7 给出其分岔图。

这个映射在 $r = 2$ 时充满 $x \in (0, 1)$ 的区域 (图 2.7)，因此通常取 $r = 2$ 来讨论其混沌特性。当取 $r = 2$ 时，帐篷映射可写为

$$
\begin{aligned}
x_{n+1} &= 1-2|x_n-1/2| \\
&= \begin{cases} 2x_n, & 0 \leqslant x_n \leqslant 1/2 \\ 2(1-x_n), & 1/2 < x_n \leqslant 1 \end{cases}
\end{aligned}
\tag{2.25}
$$

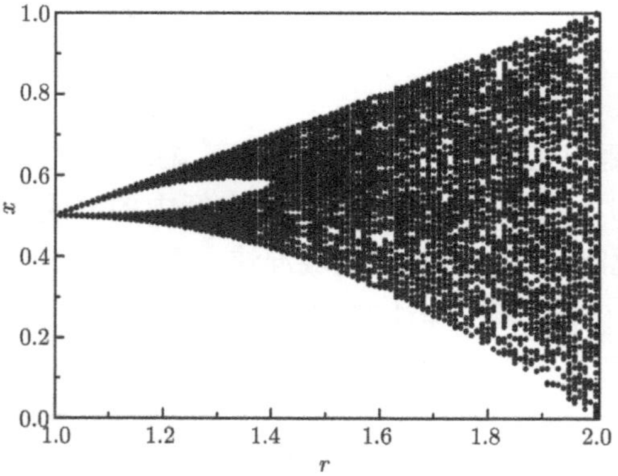

图 2.7　帐篷映射的分岔图

这就是通常所说的帐篷映射。当 $x_n < 1/2$ 时，简化为 $x_{n+1} = 2x_n$，因此负的初值条件就会保持为负，且最终跑到 $-\infty$。当 $x_n > 1/2$ 时，其简化为 $x_{n+1} = 2(1-x_n)$。此时如果 $x_0 > 1$，则 $x_1 < 0$，然后 x_n 逐步跑到 $-\infty$。因此，只有当初值条件取在 $[0,1]$ 间隔，随后的 x_n 才会被限制在 $[0,1]$，即有趣的动力学处在 $[0,1]$ 范围，见图 2.8(a)。令 $T(x_n) = x_n$，这个映射有两个不动点：0 和 2/3。由于每一点的斜率 $|f'(x)| = 2 > 1$，故这两个不动点均为不稳定的。当在式 (2.24) 中取 $x_n = 0$、$1/2$ 和 1 时，x_{n+1} 分别为 0、1 和 0。这表明，原来 x_n 的取值范围是从 0 到 1/2 和从 1/2 到 1 的两个区间，通过一次迭代后就相当于拉长了映射，使得 x_{n+1} 取值范围变为从 0 到 1 的同一区间。用图 2.8(b) 来说明，可以将映射看成是由两步完成：第一步将间隔 $[0,1]$ 均匀伸长为两倍，第二步将伸长的间隔再折叠起来成原间隔 $[0,1]$。这种迭代过程不断地进行下去，即不断地拉伸和折叠。其伸长特性最终导致相邻点

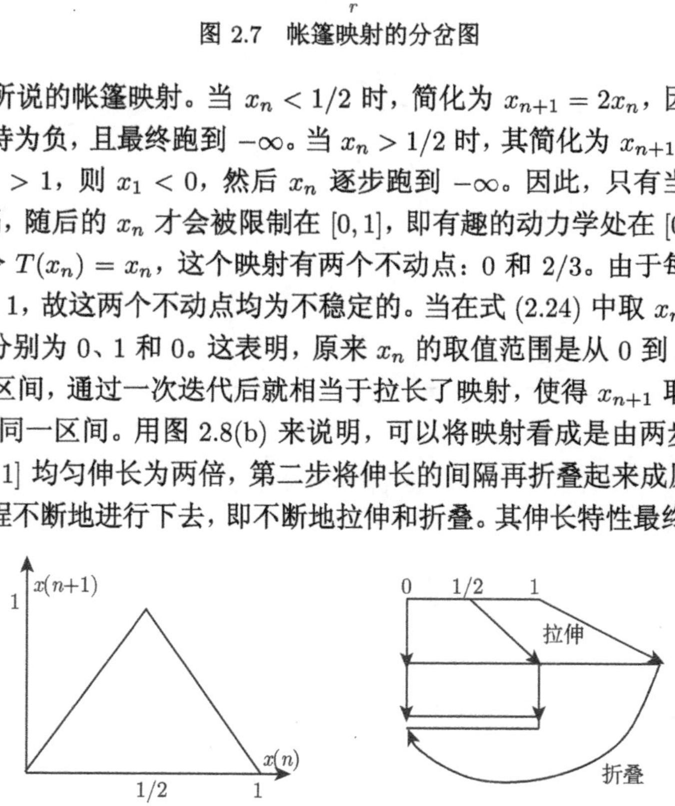

(a)　　(b)

图 2.8　帐篷映射的拉伸与折叠过程

(a) 帐篷映射的吸引子形状；(b) 拉伸操作与折叠操作

的指数分离，即对初值的敏感依赖性；其折叠过程保持轨道有界。由于折叠让两个 x_n 对应相同的 x_{n+1}，故折叠使得映象不可逆转。这个现象说明，为了出混沌，映射必须被拉伸；同时，为了保持有界，映射又必须被折叠。因此一维映射出混沌的条件是其必须为不可逆的。

帐篷映射的周期 2 轨道可通过计算 $T^2(x_n) = x_n$ 而得。先考虑区域 $0 \leqslant x_n < 1/4$，此区域中的点一次迭代后落在 $(0, 1/2)$ 区间，即仍然服从 $T(x) = 2x$。因而两次迭代均服从相同的形式，故有 $T^2(x) = 4x$；对 $1/4 < x_n < 1/2$，一次迭代后变为 $(1/2, 1)$，故第二次迭代时取 $2(1 - x_n')$ 的形式。将 x_n' 用前一步的 $2x_n$ 取代，可得其表达式为 $2(1 - 2x_n)$；对 $1/2 \leqslant x_n < 3/4$，第一次迭代的形式为 $2(1 - x_n)$，一次迭代后落在 $(1/2, 1)$ 的区域，故第二次迭代仍有相同的形式 $2(1 - x_n')$，将 x_n' 用前一步的 $2(1 - x_n)$ 取代后可得 $4(x_n - 1/2)$；最后对 $3/4 \leqslant x_n < 1$，第一次迭代的形式为 $2(1 - x_n)$，一次迭代后落在 $(0, 1/2)$ 区域，故第二次迭代取形式 $2x_n'$，将 x_n' 用前一步的 $2(1 - x_n)$ 取代后有 $4(1 - x_n)$。综合起来有

$$T^2(x_n) = \begin{cases} 4x_n, & 0 \leqslant x_n < 1/4 \\ 2(1 - 2x_n), & 1/4 \leqslant x_n < 1/2 \\ 4(x_n - 1/2), & 1/2 \leqslant x_n < 3/4 \\ 4(1 - x_n), & 3/4 \leqslant x_n < 1 \end{cases} \tag{2.26}$$

令 $T^2(x_n) = x_n$，T^2 有 4 个不动点：$0, 2/5, 2/3, 4/5$，其中的两个 $(0, 2/3)$ 为 T 的不动点。因此只有 $(2/5, 4/5)$ 是周期 2 的不动点，见图 2.9(a)。由于 $|T'(2/5)T'(4/5)| = 16 > 1$，此周期 2 为不稳定的。同理，通过 $T^3(x_n) = x_n$ 可找到 T 的周期 3 轨道，见图 2.9(b)。很容易发现有两个周期 3 轨道：$C_1 = \{2/7, 4/7, 6/7\}$ 与 $C_2 = \{2/9, 4/9, 8/9\}$。这两者都是不稳定的。

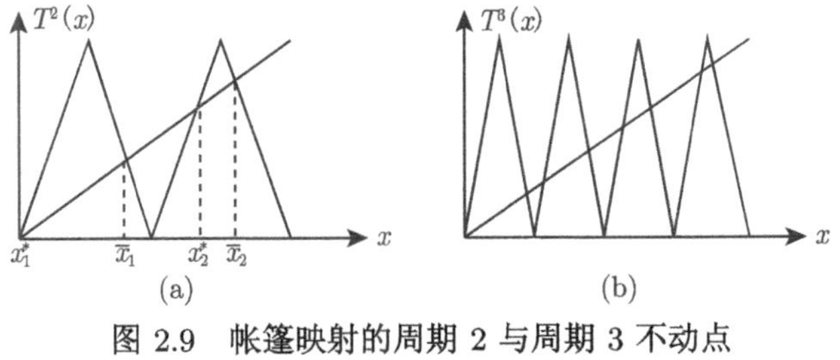

图 2.9 帐篷映射的周期 2 与周期 3 不动点

(a) 周期 2 不动点；(b) 周期 3 不动点

2.5 圆 映 射

阿诺德在 1965 年为考虑非线性耦合振子的锁频的影响引入了映射：

$$\theta_{n+1}=\theta_n+\omega-\frac{k}{2\pi}\sin(2\pi\theta_n) \qquad \bmod 1 \tag{2.27}$$

称为正弦圆映射 [23]。此映射亦可以从标准映射导出。由于标准映射可以认为是一个受扰环面运动的庞加莱映射，因此可以改写为

$$\begin{aligned} p_{n+1}&=p_n-\epsilon p_n(\theta),\\ \theta_{n+1}&=\theta_n+p_n-\frac{k}{2\pi}\sin(2\pi\theta_n) \end{aligned} \tag{2.28}$$

如将相应的庞加莱截面拓扑等价地转换为一个圆，可引入条件 $p_{n+1}=p_n=\omega$，即有 $\epsilon=0$，则标准映射化为圆映射。定义转数：

$$\rho=\lim_{n\to\infty}\frac{f^n(\theta_0)-\theta_0}{n} \tag{2.29}$$

ρ 与初值无关。当 ρ 为有理数时，系统作周期运动；ρ 为无理数时，系统作准周期运动。当 f 由单调变为非单调时，准周期运动首先变为混沌运动，因此圆映射被作为准周期向混沌转变的典型系统来研究。

对圆映射来说，随参数 k 值的增加 (在 $k\leqslant 1$ 条件下)，ω 轴上有理转数 $\rho(\omega,k)=p/q$ 所占的区间越来越大。而且 q 越小，区间越大。圆映射的 p/q 周期轨道 θ_1，$\theta_2,\cdots,\theta_q=\theta_1+p$ 的稳定性条件是

$$\left|\frac{\mathrm{d}f^{(q)}_{\omega,k}(\theta_i)}{\mathrm{d}\theta_i}\right|=\left|\frac{\mathrm{d}f}{\mathrm{d}\theta_q}\frac{\mathrm{d}\theta_q}{\mathrm{d}\theta_{q-1}}\frac{\mathrm{d}\theta_{q-1}}{\mathrm{d}\theta_{q-2}}\cdots\right|=\left|\prod_{i=1}^{q}f'_{\omega,k}(\theta_i)\right|<1 \tag{2.30}$$

稳定区的边界决定于

$$\left|\frac{\mathrm{d}f^{(q)}_{\omega,k}(\theta_i)}{\mathrm{d}\theta_i}\right|=1 \tag{2.31}$$

为了求解稳定区边界，还需利用周期轨道条件：

$$f^{(q)}_{\omega,k}(\theta_i)=\theta_i+p \tag{2.32}$$

对给定的 k，ω 轴上 p/q 轨道的稳定区边界决定于 $f^{(q)}_{\omega,k}(\theta_i)-\theta_i-p=0$ 及 $|\mathrm{d}f^{(q)}_{\omega,k}(\theta_i)/\mathrm{d}\theta_i|=1$。这个方程可用牛顿迭代法求解：$\mathrm{d}f^q/\mathrm{d}\theta=\pm\mathrm{d}f^q/\mathrm{d}\theta$，其中 $\pm$ 号对应 ω 轴上 p/q 区间的两个端点，以 $\Delta\omega(p/q)$ 表示这区间。下面以 0/1 轨道为例，计算其稳定区边界与超稳定轨道。这个例子可以解析地求解：

$$\begin{aligned} \theta_1+0&=\theta_1+\omega-\frac{k}{2\pi}\sin(2\pi\theta_1)\\ 1&=|1-k\cos(2\pi\theta_1)| \end{aligned} \tag{2.33}$$

求解并消去 θ_1 得

$$1-\sqrt{k^2-(2\pi\omega)^2}=\pm 1 \tag{2.34}$$

右端取 $+1$，得 $\omega = \pm k/2\pi$，对 $k < 2$ 的情形成立；右端取 -1，得 $\omega = \pm\sqrt{(k/2\pi)^2-(1/\pi)^2}$，对 $k > 2$ 的情形成立。故当 $k < 2$ 时，$\Delta\omega(0/1) = (-k/2\pi, k/2\pi)$，称为转数为 0/1 的阿诺德舌头。类似的可求出其他的舌头，见图 2.10。

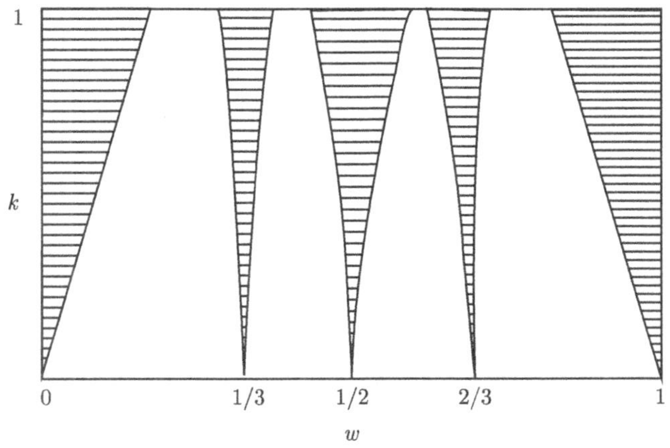

图 2.10 阿诺德舌头

各锁相区的水平宽度 $\Delta\omega(k)$ 在 $k<1$ 时随 k 的增加而单调增加，ω 在 $\Delta\omega$ 内变化时，转数 ρ 锁定在相应的 p/q 有理值上。正因为存在锁相，实际系统中的振荡才可能有稳定范围，才可以被观测。在 $k<1$ 时，各舌头之间存在空位。这些空位对应无理转数 ρ，即准周期运动。在 $k=1$ 的水平线上，舌头之间的空位集合的测度为零，而锁相台阶构成一个具有无穷自相似结构的“完备魔梯”(devil's staircase)，见图 2.11。

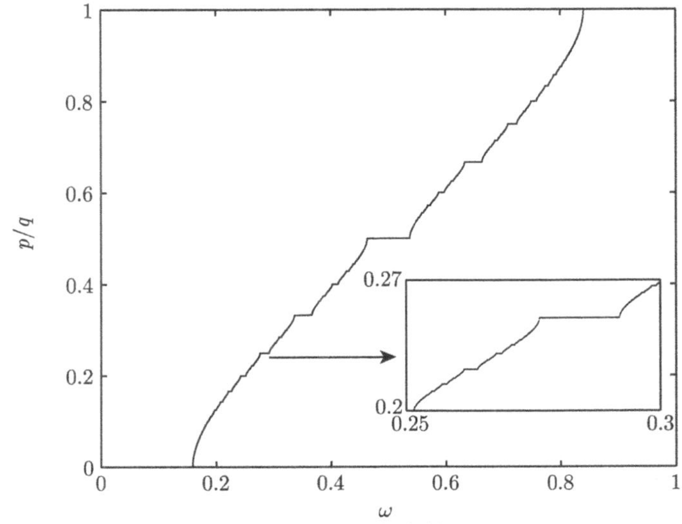

图 2.11 “完备魔梯”

$k > 1$ 后，各个阿诺德舌头发生突变。每个舌头会发生倍周期分岔，因此 $k = 1$ 是准周期向混沌转变的临界点。

2.6 艾克达映射

这个映射是为描述光学计算机的单元类型而提出的模型 [16, 24]。此映射的特点是当参数连续变化时，吸引子可突然变大——激变。其形式为

$$z_{n+1} = a + bz_n \exp\left(\mathrm{i}k - \frac{\mathrm{i}\eta}{1+|z_n|^2}\right) \tag{2.35}$$

其中，$z = x + \mathrm{i}y$。由 $\mathrm{e}^{\mathrm{i}\theta} = \cos\theta + \mathrm{i}\sin\theta$，式 (2.35) 又可写为二维形式

$$\begin{aligned} x_{n+1} &= R + C_2(x_n \cos\tau_n - y_n \sin\tau_n) \\ y_{n+1} &= C_2(x_n \sin\tau_n + y_n \cos\tau_n) \end{aligned} \tag{2.36}$$

其中，$R = a$，$C_2 = b$，$C_1 = k$，$C_3 = \eta$，$\tau_n = C_1 - C_3/(1 + x_n^2 + y_n^2)$。这个映射是不可逆的，其雅可比行列式为 $\boldsymbol{C}_2^2$。在特定的参数范围内，有两个不动点，对应单元中的两个稳定光频。取 $R = 0.84, C_1 = 0.4, C_2 = 0.9$ 时，式 (2.35) 变为单参数艾克达 (Ikeda) 簇：

$$z_{n+1} = 0.84 + 0.9z_n \exp\left[\mathrm{i}\left(0.4 - \frac{C_3}{1+|z_n|^2}\right)\right] \tag{2.37}$$

在参数 $7.1 < C_3 \leqslant 7.24$ 范围内，吸引子的形状变化很小。然后当 $C_3 > 7.24$ 后，吸引子会突然变大，见图 2.12，其中 (a) 为 $C_3 = 7.1$ 的情形，(b) 为 $C_3 = 7.3$ 的情形。其原因是当 C_3 通过 7.24 时，吸引子与鞍点或周期点碰撞，并与其不稳定流形外向分支合并而成。

从艾克达映射在临界点的行为可看出，激变是指动力学系统中混沌吸引子的突变，包括混沌吸引子的突然产生 (消失)、突然扩张 (收缩) 或突然合并 (分裂)。传统激变主要分成三种，是由格锐柏基 (Grebogi)、奥特 (Ott)、约克等首先发现的 [15, 24]。其中第一种传统激变是由于混沌吸引子与其吸引域边界上的一个不稳定周期轨道碰撞而导致其突然消失 (产生)，称为边界激变。第二种传统激变是由于一个混沌吸引子与它吸引域内部的一个不稳定周期轨道碰撞而引起的混沌吸引子突然扩张或突然压缩，称为内禀激变。第三种传统激变是两个局域混沌吸引子碰撞 (通常同时碰撞它们吸引域边界上的一个不稳定不动点) 而突然融汇为一体，这个突变以及与之相反的突变均称为循环激变。

艾克达映射的一个重要应用是用来模拟癫痫病的发作过程， 具体内容见 7.4 节。

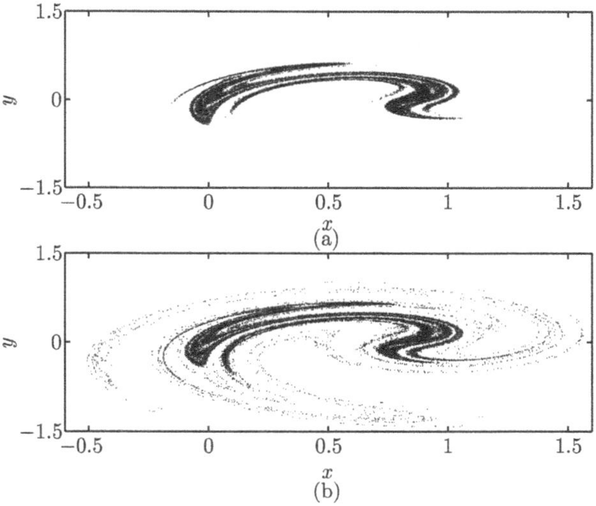

图 2.12 艾克达吸引子的形状变化

(a) $C_3 = 7.1$; (b)$C_3 = 7.3$

2.7 双转子映射

非线性动力学的一个典型特点是多吸引子的共存，不同的初值条件可以走到不同的吸引子上。走到同一吸引子的初值条件的集合就是此吸引子的吸引域。吸引域的交界可以是分形边界。为说明此问题，现在来介绍双转子 (double-rotor) 映射。这个映射因其存在不稳定维数可变性，是讨论数值计算有效性或覆盖 (shadowing) 的范例 [25]。我们知道，混沌轨道对初值有敏感依赖性，微小的误差会导致巨大的偏离。尤其是当系统中含有一些不同不稳定维数的点时，这种对真实轨道的偏差就更加明显。然而，覆盖理论告诉我们，即使真实的轨道不可在实验中观测到，但由于每个数值轨道的覆盖中都包含有真实轨道，当覆盖足够大时，在各态历经及自然测度的范畴内，数值轨道可以反映混沌吸引子的特征。

类似于前面讨论的二维被踢转子模型，双转子映射是一个模拟更复杂系统的四维映射 [26]。两根细的无质量的棒子按图 2.13 的方式连接，忽略重力及空气阻力。第一根棒子的一端连到固定轴上，可绕 P_1 转动，其转动惯量为 I_1。棒子的另一端连着第二根棒子的中点，其转动惯量为 I_2。第二根棒子可绕 P_2 转动。$\theta_1(t)$ 与 $\theta_2(t)$ 表示 P_1 与 P_2 处的转角。质量 m_1 粘在第一根棒子的端点 P_2，在第二根棒子的两端各粘上质量 $m_2/2$。P_1 处的摩擦以正比于角速度 $\dot{\theta}_1$ 的速率减慢第一根棒子，而 P_2 处的摩擦以正比于 $\dot{\theta}_2 - \dot{\theta}_1$ 的速率减慢第二根棒子。在第二根棒子的端

点 P_3 处有周期性的脉冲踢力 $f(t)=\sum_{k} f_0\delta(t-k\tau)$ 作用于同一方向。因此这个系统的势能为

$$V(t)=(l_1\cos\theta_1+l_2\cos\theta_2)f(t) \tag{2.38}$$

动能为

$$K(t)=\frac{1}{2}(I_1\dot{\theta}_1^2+I_2\dot{\theta}_2^2) \tag{2.39}$$

其中，$I_1=(m_1+m_2)l_1^2$，$I_2=m_2l_2^2$。

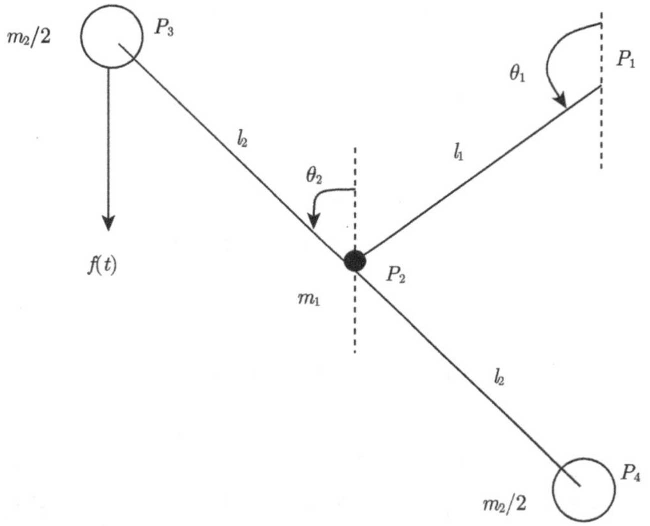

图 2.13　双转子模型

假定 P_1 与 P_2 处的摩擦系数为 ν_1 与 ν_2，则摩擦系数的瑞利 (Rayleigh) 耗散函数为

$$F(\dot{\theta}_1,\dot{\theta}_2)=\frac{1}{2}\nu_1I_1\dot{\theta}_1^2+\frac{1}{2}\nu_2I_2(\dot{\theta}_2-\dot{\theta}_1)^2 \tag{2.40}$$

因此被踢双转子的运动方程为

$$\frac{\mathrm{d}}{\mathrm{d}t}\left(\frac{\partial L}{\partial\dot{\theta}_j}\right)-\frac{\partial L}{\partial\theta_j}=-\frac{\partial F}{\partial\dot{\theta}_j},\quad j=1,2 \tag{2.41}$$

其中拉格朗日 (Lagrangian) 函数 $L=K-V$。化简上式可得

$$\frac{\mathrm{d}}{\mathrm{d}t}\begin{pmatrix}\dot{\theta}_1\\ \dot{\theta}_2\end{pmatrix}=\begin{pmatrix}-(\nu_1+\nu_2I_2/I_1) & \nu_2I_2/I_1\\ \nu_2 & -\nu_2\end{pmatrix}\begin{pmatrix}\dot{\theta}_1\\ \dot{\theta}_2\end{pmatrix}+f(t)\begin{pmatrix}(l_1/I_1)\sin\theta_1\\ (l_2/I_2)\sin\theta_2\end{pmatrix} \tag{2.42}$$

为简单起见，取 $I_1 = I_2 = I$。上式在连续两次被踢间为线性的，当 $0 < t < \tau$ 时，上式变为

$$\frac{\mathrm{d}}{\mathrm{d}t}\begin{pmatrix}\dot{\theta}_1\\ \dot{\theta}_2\end{pmatrix} = \boldsymbol{A}_v\begin{pmatrix}\dot{\theta}_1\\ \dot{\theta}_2\end{pmatrix},\quad \boldsymbol{A}_v = \begin{pmatrix}-(\nu_1+\nu_2) & \nu_2\\ \nu_2 & -\nu_2\end{pmatrix} \tag{2.43}$$

方程 (2.43) 为齐次线性微分方程组。根据齐次线性微分方程组的一般解法，在初值条件 $\dot{\theta}_1(0)$ 及 $\dot{\theta}_2(0)$ 下积分上式得

$$\begin{pmatrix}\dot{\theta}_1(t)\\ \dot{\theta}_2(t)\end{pmatrix} = \boldsymbol{L}(t)\begin{pmatrix}\dot{\theta}_1(0)\\ \dot{\theta}_2(0)\end{pmatrix} \tag{2.44}$$

其中，$\boldsymbol{L}(t) = \sum_{j=1}^{2}\boldsymbol{w}_j \mathrm{e}^{\lambda_j t}$，$\lambda_1$ 与 λ_2 为矩阵 $\boldsymbol{A}_v$ 的本征值，$\lambda_{1,2} = -\frac{1}{2}(\nu_1 + 2\nu_2 \pm \Delta)$，$\Delta = ((\nu_1+2\nu_2)^2 + 4\nu_2^2)^{1/2}$。$\boldsymbol{w}_{1,2}$ 为常数矩阵

$$\boldsymbol{w}_1 = \begin{pmatrix}a & b\\ b & d\end{pmatrix},\quad \boldsymbol{w}_2 = \begin{pmatrix}d & -b\\ -b & a\end{pmatrix} \tag{2.45}$$

其中，$a = \frac{1}{2}(1+\nu_1/\Delta)$，$b = -\nu_2/\Delta$，$d = \frac{1}{2}(1-\nu_1/\Delta)$。对式 (2.44) 积分可得棒的位置 $\theta_{1,2}$：

$$\begin{pmatrix}\theta_1(t)\\ \theta_2(t)\end{pmatrix} = \boldsymbol{M}(t)\begin{pmatrix}\dot{\theta}_1(0)\\ \dot{\theta}_2(0)\end{pmatrix} + \begin{pmatrix}\theta_1(0)\\ \theta_2(0)\end{pmatrix} \tag{2.46}$$

其中，$\theta_1(0)$ 与 $\theta_2(0)$ 为初始位置，$\boldsymbol{M}(t) = \int_0^t \boldsymbol{L}(\xi)\mathrm{d}\xi = \sum_{j=1}^{2}\boldsymbol{w}_j(\mathrm{e}^{\lambda_j t}-1)/\lambda_j$。因此式 (2.44) 与式 (2.46) 就完全描述了转子在 $0 < t < T$ 之间的运动。

在 $t = \tau$ 时，踢力瞬时地改变了每个棒的角速度，但没有改变其位置。因此角速度在 $t = \tau$ 时不连续，而位置连续。用 $\theta_j(\tau^{\pm})$，$\dot{\theta}_j(\tau^{\pm}), j = 1,2$ 表示在 $t = \tau$ 时被踢前后的值，则

$$\begin{aligned}&\theta_j(\tau^-) = \theta_j(\tau^+) = \theta_j(\tau),\quad j = 1,2\\ &\dot{\theta}_j(\tau^+) - \dot{\theta}_j(\tau^-) = \frac{f_0 l_j}{I}\sin\theta_j(\tau)\end{aligned} \tag{2.47}$$

当 $\tau < t < 2\tau$ 时，除了初值条件 $\theta_j(0)$ 与 $\dot{\theta}_j(0)$ 由 $\theta_j(\tau)$ 与 $\dot{\theta}_j(\tau^+)$ 取代外，其运动方式与 $0 < t < \tau$ 完全一样。为了研究转子的动力学，我们只考虑每次踢后的状态。

于是可得双转子映射：

$$\begin{pmatrix} \theta_1^{(k+1)} \\ \theta_2^{(k+1)} \end{pmatrix} = \boldsymbol{M}(\tau) \begin{pmatrix} \dot{\theta}_1^{(k)} \\ \dot{\theta}_2^{(k)} \end{pmatrix} + \begin{pmatrix} \theta_1^{(k)} \\ \theta_2^{(k)} \end{pmatrix}$$

$$\begin{pmatrix} \dot{\theta}_1^{(k+1)} \\ \dot{\theta}_2^{(k+1)} \end{pmatrix} = \boldsymbol{L}(\tau) \begin{pmatrix} \dot{\theta}_1^{(k)} \\ \dot{\theta}_2^{(k)} \end{pmatrix} + \frac{f_0}{I} \begin{pmatrix} l_1 \sin\theta_1^{(k+1)} \\ l_2 \sin\theta_2^{(k+1)} \end{pmatrix} \tag{2.48}$$

其中，$\theta_j(k) = \theta_j(k\tau)$，$\dot{\theta}_j^{(k)} = \dot{\theta}_j(k\tau^+), j = 1, 2$。

若取参数 $\tau = m_1 = m_2 = l_2 = \nu = 1, l_1 = 1/\sqrt{2}$，则 $\boldsymbol{L} = \boldsymbol{w}_1 \mathrm{e}^{-s_1} + \boldsymbol{w}_2 \mathrm{e}^{-s_2}$，$\boldsymbol{M} = \boldsymbol{w}_1 \mathrm{e}^{-s_1}/s_1 + \boldsymbol{w}_2 \mathrm{e}^{-s_2}/s_2$，$s_{1,2} = \nu(3 \pm \sqrt{5})/2$，$\boldsymbol{w}_i = u_i^{\mathrm{T}} u_i, i = 1, 2$，列矢量 $u_i = [(\nu - s_i), \nu]/[\nu^2 + (\nu - s_i)^2]^{1/2}$，$u_i^{\mathrm{T}}$ 为其转置。对于每个 f_0，双转子映射具有多个不动点，将这些不动点及其不变吸引子画出来可得如图 2.14 所示的倍周期分岔图，其中，初值 θ_1, θ_2 均分布在 $[0, 2\pi]$，$\dot{\theta}_1(0) = \dot{\theta}_2(0) = 0$。

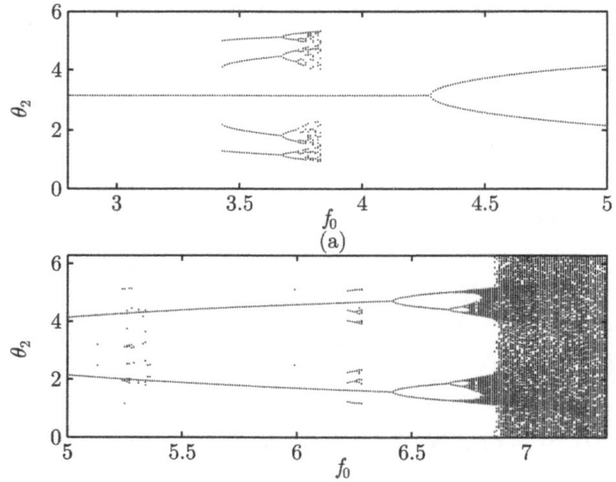

图 2.14　双转子模型的分岔图

与双转子类似的装置是双摆，图 2.15 是其运动图像 [1]，其中，x, y 是与垂直方向所成的角度，x', y' 代表角速度。在四维相空间 x, y, x', y' 中，大的角度使得装置具有非线性的运动。在无阻力情形下，系统的能量守恒，因此系统的动力学行为可压缩至三维相空间中。若考虑庞加莱截面 $x' = 0$，则系统的行为可在 xy 平面显示。从图 2.15 中可见，对于某些初值点，庞加莱截面上将形成一个或多个封闭环，对应于规则运动；而对于其他的初值点，庞加莱截面上将形成云状的团，没有明显的结构，对应于混沌运动。

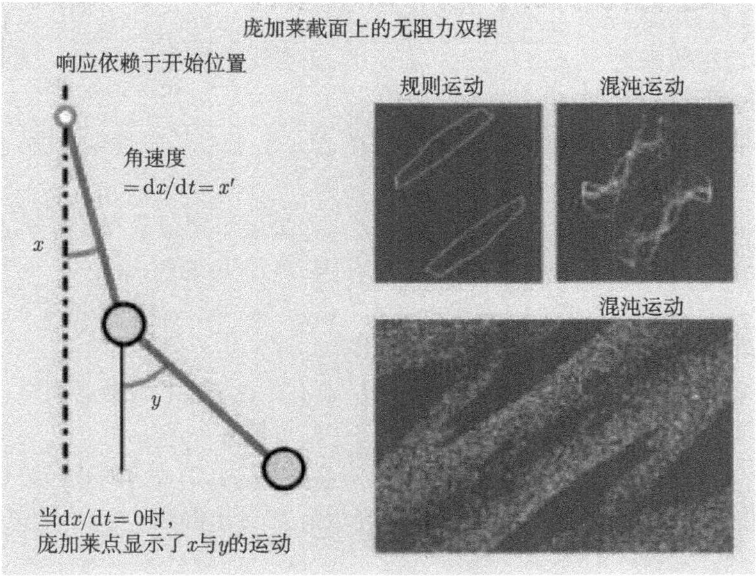

图 2.15　无阻力的双摆运动图 [1]

2.8 习　题

2.1 一种药物每隔 6 小时吃一次。用 $D(n)$ 代表第 n 次迭代时血液系统中的药物量。每个时间间隔内身体消耗药物的百分比为 p。如果每次吃进的药物量为 D_0，试找出 $D(n)$ 与 $\lim_{n\to\infty} D(n)$。

2.2 找出差分方程 $x(n+1)-x(n)/2=2$ 的解，其中 $x(0)=c$。

2.3 找出差分方程 $x(n+1)+2x(n)=3$，$x(0)=1$ 的解。

2.4 区间 $[0,1]$ 间的面包师变换由如下形式给出：

$$B(x)=\begin{cases}2x, & 0\leqslant x\leqslant 1/2\\ 2x-1, & 1/2<x\leqslant 1\end{cases}$$

(a) 找出 B 的周期 2 并确定其稳定性；

(b) 找出 B 的所有周期 k 点，包括那些假周期 k 点；

(c) 验证如果 m 是一个奇数，则 $\bar{x}=k/m$ 是 $k=1,2,\cdots,m-1$ 为周期的点。

2.5 某物种的人口演化由方程 $x(n+1)=\mu x(n)\mathrm{e}^{-x(n)}$，$x(n)>0$，$\mu>0$ 描述，问 μ 取何值时其具有周期 2?

2.6 画出下列映射的分岔图

(a) $P_\mu(x)=1-\mu x^2$，$\mu\in(0,2]$，$x\in[-1,1]$；

(b) $Q_\mu(x)=x^2+\mu$，$\mu\in[-2,0]$，$x\in[-2,2]$；

(c) $G_\mu(x)=\mu\sin\pi x$，$\mu\in(0,1]$，$x\in[0,1]$。

2.7 考虑指数映射 $E_\mu(x)=\mu e^x$，$\mu>0$。证实此映射在 $\mu^*=1/e$ 处经历切分岔，并画分岔图。

2.8 证实映射 $G_\mu(x)=-(1+\mu)x+x^3$ 在 $\mu^*=0$ 处经历倍周期分岔，并画分岔图。

2.9 证实映射 $H_\mu(x)=\mu+x+x^2$ 在 $\mu^*=0$ 处展示切分岔，并画分岔图。

2.10 (a) 证实埃农映射中定义的 T_1，T_2，与 T_3 为可逆的；

(b) 证实对固定 $b\in(0,1)$，如果 $a>3(1-b)^2/4$，则 $DH(x_1^*)$ 的本征值中必有一个小于 -1；

(c) 证实如果 $a\in((1-b)^2/4,3(1-b)^2/4)$，$a\neq0$，则 x_1^* 为渐近稳定，而 x_2^* 为鞍点。

2.11 证实映射 $x_{n+1}=\mu-x^2$ 在 $(x,\mu)=(-1/2,-1/4)$ 处展示鞍–结分岔。

2.12 下列系统 (1) 是保守还是耗散系统? (2) 能否出混沌? (3) 用数值模拟验算你的答案。

(a) $\theta_{n+1}=[\theta_n+\Omega+1.5\sin\theta_n]$,　　mod $(2/\pi)$；

(b) $\theta_{n+1}=[\theta_n+\Omega+0.5\sin\theta_n]$,　　mod $(2/\pi)$；

(c) $x_{n+1}=[2x_n-x_{n-1}+k\sin x_n]$,　　mod $(2/\pi)$；

(d) $x_{n+1}=x_n+k(x_n-y_n)^2, y_{n+1}=y_n+k(x_n-y_n)^2$.

2.13 为埃农映射编一程序。取 $A=1.4$，$B=0.3$，初值为 $(x_0,y_0)=(0,0)$，丢掉 20 次迭代后，画随后 1000 次的吸引子。

2.14 对逻辑斯谛映射找出超稳周期 1 及超稳周期 2 处的 μ 值。

2.15 编一程序计算圆映射在 $k=0.4,0.8,1.0$ 等处 ρ 与 ω 的关系图。

2.16 假定 R^m 上映射 f 有常数雅可比行列式 $Df(x)=D$，试解释为什么所有 m 个李雅普诺夫数的乘积是 D(或等价地，李雅普诺夫指数的和是 $\ln D$)。

2.17 Fibonacci 数满足下列映射：$x_{n+2}=x_{n+1}+x_n$，$x_0=0$，$x_1=1$。试证明 $y_n=x_n/x_{n+1}$ 满足方程 $y_{n+1}=1/(1+y_n^2)$，且当 $n\to\infty$ 时，$y_n\to(\sqrt{5}-1)/2\approx0.618$。

2.18 映射 $y_{n+1}=1-by_n^2$ 在变换 $x_n=(\mu/4-1/2)y_n$，$b=\mu^2/4-\mu/2$ 时，则化为逻辑斯谛映射 $x_{n+1}=\mu x_n(1-x_n)$，试说明之。

第3章 一些典型的连续动力系统中的混沌

3.1 流与映射的关系

考虑一个一般的微分方程：

$$\dot{x}(t)=g(x(t)),x(0)=x_0 \tag{3.1}$$

由于 $g(x)$ 为 x 的非线性函数，通常很难直接求得方程 (3.1) 的解析解。在这种情形下，我们需求助于数值方法来得到其近似解。比如，我们开始于一套分立的点 $t_0,t_1,\cdots,t_n,\cdots$，其步长为 $h=t_{n+1}-t_n$。则对于 $t_n<t<t_{n+1}$，我们用 $x(t_n)$ 近似代表 $x(t)$，$(x(t_{n+1})-x(t_n))/h$ 近似代表 $\dot{x}(t)$。方程 (3.1) 于是变为差分方程：

$$x(t_{n+1})=x(t_n)+hg(x(t_n)) \tag{3.2}$$

令 $x(n)=x(t_n)$，上式可改写为

$$x(n+1)=x(n)+hg(x(n)) \tag{3.3}$$

若进一步化为差分方程的标准形式：

$$x(n+1)=f(x(n)) \tag{3.4}$$

则有 $f(x)=x+hg(x)$，即微分方程的近似解就是差分方程。但这种差分方程具有对积分步长 h 的依赖性，去除这种依赖性的方法之一是庞加莱映射或庞加莱截面。

如果我们考虑 m 维自治系统，我们会发现与流相切的方向并没有携带多少有用的信息，只是表示时间的均匀流失。沿此方向的相空间位置可通过对时间的重新参数化来改变。其与吸引子的几何没有什么关系且不能为动力学提供进一步的信息。我们可以用这个观察来将相空间的维数减少 1，同时将连续的时间流变为分立的映射。这正是庞加莱的贡献。庞加莱最重大的发明之一就是找到了一种将复杂的连续轨道简化的方法，从而代替研究来自于微分方程的整个轨道，他发现许多重要的信息包含在轨道穿过两维平面的点中，即通过一个截面可把一个非线性连续动力学系统化为一个离散动力系统，而又保留它的最主要特征。轨道与截面的连续两次交点间可定义一个映射：

$$\boldsymbol{x}_{n+1}=\phi_\tau(\boldsymbol{x}_n) \tag{3.5}$$

其中，$\tau=\tau(\boldsymbol{x})$ 为轨道 $\boldsymbol{x}(t)$ 第一次返回到截面 $\sum$ 时的时间。因此式 (3.5) 就称为第一回归映射或庞加莱映象，而截面 $\sum$ 就称为庞加莱截面，见图 3.1。按此方式，亦可定义 n 次回归映射。比如对三维系统

$$\begin{aligned}\dot{x}&=f_1(x,y,z)\\ \dot{y}&=f_2(x,y,z)\\ \dot{z}&=f_3(x,y,z)\end{aligned}\tag{3.6}$$

我们可取 $z=z_0$ 作为庞加莱截面。具体做法为，由数值积分 $z_{n+1}=z_n=z_0$ 定出：

$$\tau=\int_{z_n}^{z_{n+1}}\frac{\mathrm{d}z}{f_3(x,y,z)}\tag{3.7}$$

然后由式 (3.6) 定出：

$$\begin{aligned}x_{n+1}&=x_n+\int_0^{\tau}f_1(x,y,z)\mathrm{d}t\\ y_{n+1}&=y_n+\int_0^{\tau}f_2(x,y,z)\mathrm{d}t\end{aligned}\tag{3.8}$$

式 (3.8) 就是庞加莱截面上的映射。这里需要指出的是，在对式 (3.7) 作数值模拟时，由于积分步长为 h，z_{n+1} 不一定正好落在 z_0 平面上。此时可取穿过 z_0 平面后的第一个点，然后退回 $\Delta t=(z_{n+1}-z_0)/f_3(x_{n+1},y_{n+1},z_{n+1})$，同时，在式 (3.8) 中扣除 Δt 带来的增量即可，即，令 $t=t-\Delta t$，然后得 $x=x_n-f_1\Delta t,y=y_n-f_2\Delta t,z=z_0$。

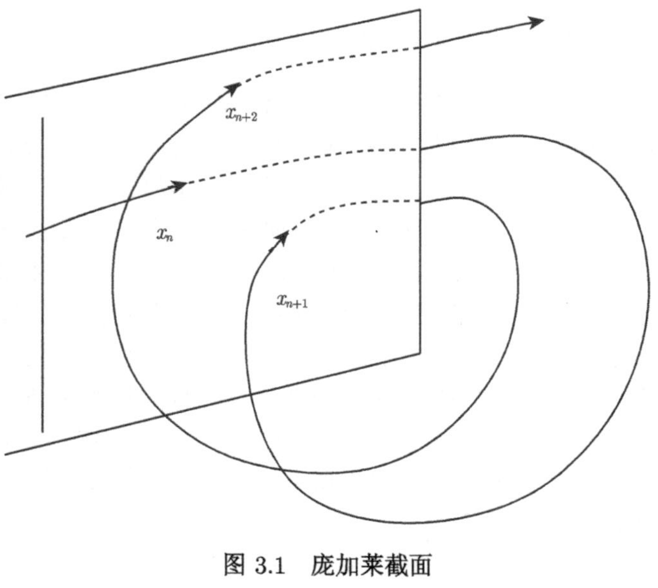

图 3.1　庞加莱截面

庞加莱截面的选取不是任意的，对截面的选取要求有利于观察系统的运动特征和变化，且不能与轨道相切，更不能包含轨道。若轨道的运动是周期的，则穿过截面得到的一定是有限个不变的点；若轨道运动为准周期的，则轨道穿过截面得到无限个点，且所有的点形成一个闭环；若轨道的运动是混沌的，则庞加莱截面上是一条线段或一曲线弧分布的点集，而且具有自相似的分形结构。可见，在判断系统的周期性行为及是否为混沌的问题上，庞加莱映射和流的效果是一样的，因此关于映射的一些结果同样适用于流。由于大多数非线性连续动力系统的解析和数值计算都十分困难，而离散动力系统的讨论要容易得多，因此庞加莱映射为我们的研究带来了极大的方便。

3.2 洛伦茨方程

在 20 世纪 50 年代末期，麻省理工学院 (Massachusetts Institute of Technology, MIT) 的气象学家洛伦茨 (Lorenz) 用一台 Royal Mcbee Lap-300 型的真空管计算机 (其速度大约每秒能做一次迭代) 近似计算 12 个微分方程的解，这些方程模拟小型气候 [17, 27]。那时的统计天气预报社团正在发展复杂的线性预言方法。洛伦茨有一种预感：线性模型的预言准确性是无法提高的。因此他尽力地去寻找他的小型气候模型的解——非周期或非渐近周期，来证实他的推断。大气模型包含着许多未知参数，使得以往的人们无法处理，现在有了计算机，洛伦茨可以进行探索了。1961 年冬的一天，为了加快产出，洛伦茨只记录了近似解中的头三位数，在看到一些有趣的计算机轨道后，他决定重复计算以便更详细地观察。为了节约时间，他将打印出的初值再次放到计算机中重新计算，然后到大厅里去喝上一杯咖啡。当他回来时，发现新轨道完全走到了别的地方，并且这种行为对其他的初值也成立。洛伦茨于是得出结论，他看到了对初值的敏感依赖性。在做了进一步研究后，洛伦茨于 1963 年提出了如下的著名方程：

$$
\begin{aligned}
\dot{x} &= \sigma(y-x) \\
\dot{y} &= \gamma x - y - xz \\
\dot{z} &= -bz + xy
\end{aligned}
\tag{3.9}
$$

其中，σ 为普朗特 (Prandtl) 数，γ 为瑞利数，b 为几何因子。

洛伦茨模型有一个简单的物理实现：垂直环中的对流，如图 3.2。从底部加热环中的流体，当热足够时，对流形成。对流刚形成时，运动是稳定的，其速度 v 为常数。显然，由于对称性，运动在顺时针及逆时针方向都有可能。如果继续加热，稳定旋转变得失稳，可观察到逆向流动。此外，这些反向事件是不规则的——并不重复自身的运动，即运动是混沌的而非周期的。模型中的 x 正比于水平温度差

$T_3 - T_1$，y 正比于流速 v，z 正比于垂直温度差 $T_4 - T_2$。

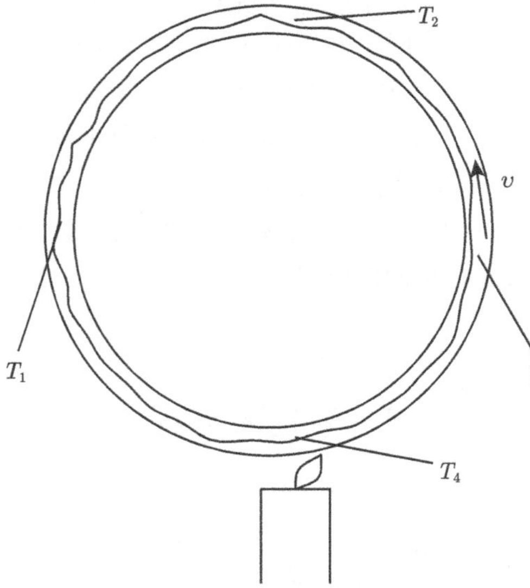

图 3.2　洛伦茨模型的物理实现

洛伦茨方程也可由瑞利–贝纳对流得出。图 3.3 表示重力场中垂直放置的两块刚性板间的流体的运动情形。下板保持在较高的温度 $T_0 + \delta T$，而上板为温度 T_0。靠近底部的热流体膨胀并上升，而上面的冷流体下沉，建立起一种顺时针或逆时针的流。当流体处于静态时系统达到平衡，热不断地向上传递。如果温差超过临界值，则平衡态失稳，对流圈出现。

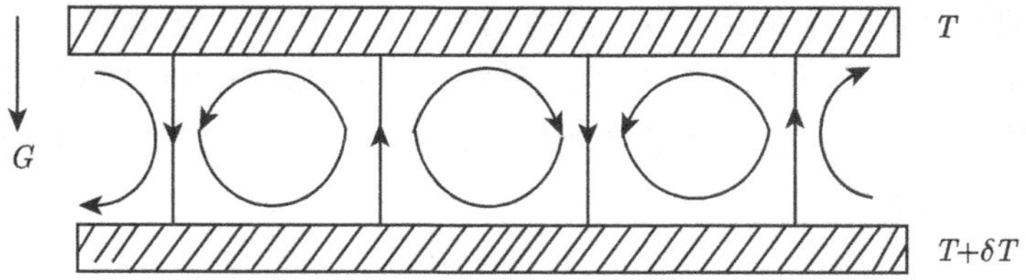

图 3.3　瑞利–贝纳对流

洛伦茨方程在演化过程中体积会发生变化。由 $\delta\dot{\boldsymbol{x}} = \boldsymbol{M}\delta\boldsymbol{x}$ 我们有 $\delta\boldsymbol{x} = \mathrm{e}^{\boldsymbol{M}t}\delta\boldsymbol{x}(0)$。做幺正变换，使 $\boldsymbol{M}$ 成为对角矩阵，则有 $\delta x_1 = \mathrm{e}^{\lambda_1 t}\delta x_1(0), \delta x_2 = \mathrm{e}^{\lambda_2 t}\delta x_2(0), \delta x_3 = \mathrm{e}^{\lambda_3 t}\delta x_3(0)$。放大倍数为 $(\delta x_1\delta x_2\delta x_3)/(\delta x_1(0)\delta x_2(0)\delta x_3(0)) = \mathrm{e}^{(\lambda_1+\lambda_2+\lambda_3)t}$，因此，由 $\lambda_1 + \lambda_2 + \lambda_3$ 的符号决定体积的放大或缩小，即正号放大，负号缩小。事实上，$\lambda_1 + \lambda_2 + \lambda_3$ 正是矩阵 $\boldsymbol{M}$ 的迹。由式 (3.9)，雅可比行列式的迹为

$$\frac{\partial}{\partial x}[\sigma(y-x)] + \frac{\partial}{\partial y}(\gamma x - y - xz) + \frac{\partial}{\partial z}(-bz + xy) = -(\sigma + 1 + b)$$

此迹为相体积的收缩率 $\mathrm{d}V/\mathrm{d}t$。若初始相体积为 $V(0)$，则 t 时刻的相体积为 $V(t) =$

$V(0)\exp[-(\sigma+1+b)t]$。可见，当 $\sigma>0$，$b>0$ 时，迹为负数，相体积是不断收缩的。因此洛伦茨系统为耗散系统，且其相体积逐渐收缩，最后吸引子具有 0 体积。此系统有三个不动点 $(0,0,0)$ 及 $(\pm\sqrt{b(\gamma-1)},\pm\sqrt{b(\gamma-1)},\gamma-1)$。对于不动点 $(0,0,0)$，由

$$\begin{pmatrix} -\sigma-\lambda & \sigma & 0 \\ \gamma & -1-\lambda & 0 \\ 0 & 0 & -b-\lambda \end{pmatrix}=0$$

可得 $\lambda_1=-b$，$\lambda_{2,3}=[-(1+\sigma)\pm\sqrt{(1+\sigma)^2-4\sigma(1-\gamma)}]/2$。当 $\gamma<1$ 时，$\lambda_{2,3}<0$，$(0,0,0)$ 为稳定不动点。对于不动点 $(\pm\sqrt{b(\gamma-1)},\pm\sqrt{b(\gamma-1)},\gamma-1)$，由

$$\begin{pmatrix} -\sigma-\lambda & \sigma & 0 \\ 1 & -1-\lambda & \mp\sqrt{b(\gamma-1)} \\ \pm\sqrt{b(\gamma-1)} & \pm\sqrt{b(\gamma-1)} & -b-\lambda \end{pmatrix}=0$$

可得 $\lambda^3+(1+\sigma+b)\lambda^2+b(\sigma+\gamma)\lambda+2\sigma b(\gamma-1)=0$。令 $\lambda=y-(1+\sigma+b)/3$，可化为 $y^3+py+q=0$ 形式。由 $\lambda_{1,2,3}$ 及判别式 $\Delta=(q/2)^2+(p/3)^3$ 可知，$\gamma<1$ 时，原点为唯一的吸引子；$\gamma=1$ 时，发生分岔；$\gamma>1$ 后，原点失稳变成具有一维不稳定流形的鞍点。当 $\gamma\in(1,\sigma(\sigma+b+3)/(\sigma-b-1))$ 时，另外两个不动点 (非平凡不动点) 为吸引子。在 $\gamma=\gamma_h=\sigma(\sigma+b+3)/(\sigma-b-1)$ 处发生霍普夫分岔，其本征值为 $\lambda=-(\sigma+b+1)$ 及 $\lambda=\pm\mathrm{i}\sqrt{2\sigma(\sigma+1)/(\sigma-b-1)}$。当 $\gamma>\gamma_h$ 后，非平凡不动点变成具有两维不稳定流形的鞍点。因此，三个不动点都失稳了，系统进入混沌。取 $\sigma=10$，$b=8/3$ 时，$\gamma_h\approx24.74$，其混沌时间序列如图 3.4 所示，混沌吸引子在 xy,xz 平面的投影如图 3.5 所示。

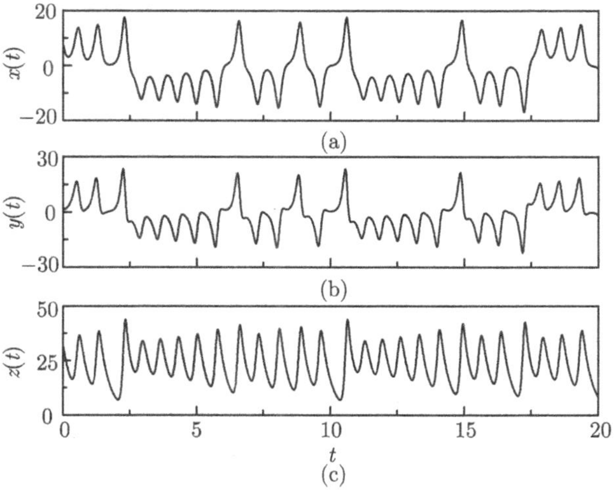

图 3.4 洛伦茨混沌吸引子的混沌时间序列

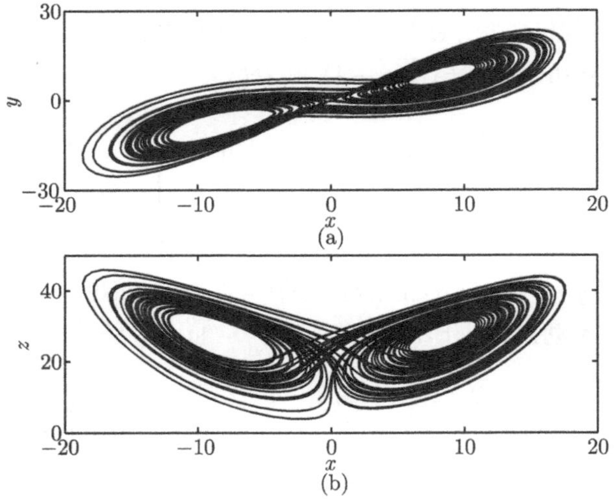

图 3.5　洛伦茨混沌吸引子

(a) 在 xy 平面的投影；(b) 在 xz 平面的投影

洛伦茨 (1963) 发现了一个巧妙的方法来研究他的模型：即仅使用一维映射。考虑 $\dot{z}=0$ 的截面，由 $xy-bz=0$ 给出。每个轨道的最大 z 值都位于这个平面。洛伦茨首先观察到了变量 $z_{\max}$ 随时间的变化表现出混沌性。为了作深入的研究，他记录如图 3.6 所示的回归映射，其中 z_n 表示函数 $z(t)$ 的逐次极大值。它们清晰地倾向于落在近似的一维映射函数上，其形状非常类似于帐篷映射，图中各点处的斜率均大于 1，表明附近的轨道指数分离。

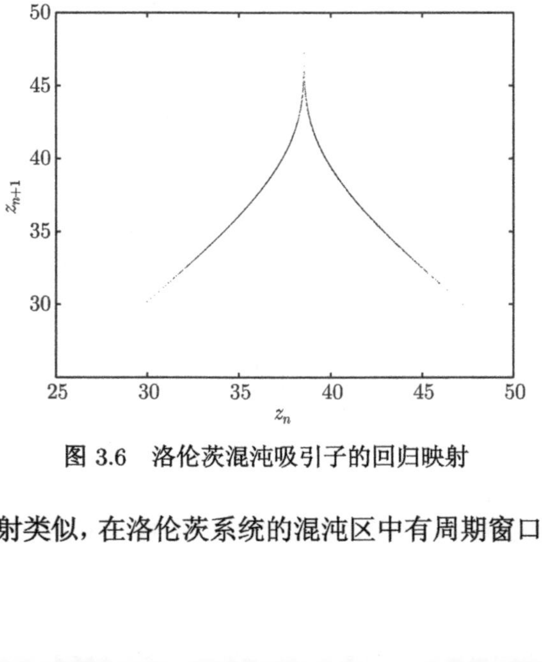

图 3.6　洛伦茨混沌吸引子的回归映射

与逻辑斯谛映射类似，在洛伦茨系统的混沌区中有周期窗口，周期窗口又经过倍周期分岔到达混沌。画分岔图时洛伦茨系统的庞加莱截面通常取 $z_0=\gamma-1$，用截面上的点来表示吸引子的行为。图 3.7 给出了洛伦茨系统的部分分岔图，其中 x_p 表示截面上点的 x 坐标，γ 为分岔参数。

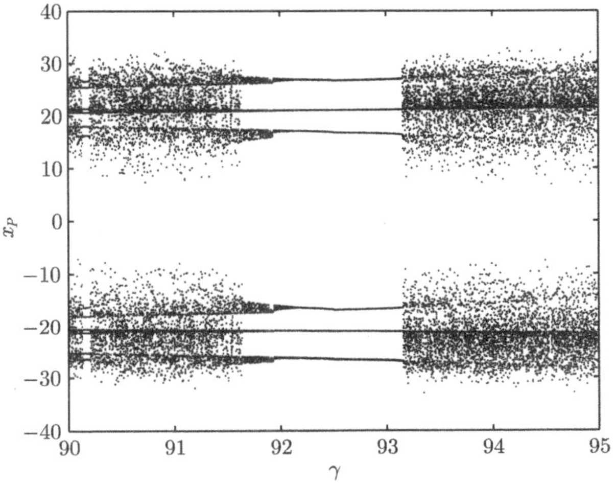

图 3.7 洛伦茨系统的部分分岔图

3.3 洛斯勒系统

洛伦茨系统是第一个被广泛研究的来自于微分方程的混沌系统。在洛伦茨吸引子中有一个关于 z 轴的对称性，即将 (x,y,z) 改为 $(-x,-y,z)$ 时方程不变，因此如果 $(x(t),y(t),z(t))$ 是系统的解，则 $(-x(t),-y(t),z(t))$ 亦是系统的解。正是这种对称性产生了洛伦茨吸引子的美，然而这种对称性并不是必须的。德国科学家洛斯勒 (Rössler) 在研究洛伦茨系统时发现了另一种途径：从更简单的非线性微分方程中产生混沌吸引子 [16, 28]。按此方式可构造各种平方非线性的混沌系统 [29]。

洛斯勒于 1976 年给出如下的洛斯勒方程：

$$
\begin{aligned}
\dot{x}&=-(y+z)\\
\dot{y}&=x+ay\\
\dot{z}&=b+z(x-c)
\end{aligned}
\tag{3.10}
$$

其中，x 与 y 方程等价于一个线性阻尼谐振子，所有的非线性项来自于第三个方程中的 xz 项。很显然，此方程关于 $\dot{x}$ 与 $\dot{y}$ 方程有对称性，而关于 $\dot{z}$ 方程无对称性。洛斯勒方程有两个不动点：$\left(\dfrac{c\mp\sqrt{c^2-4ab}}{2},\dfrac{-c\pm\sqrt{c^2-4ab}}{2a},\dfrac{c\mp\sqrt{c^2-4ab}}{2a}\right)$。方程中的参数 a,b,c 通常可取如下三组值 $(0.1,0.1,14)$，$(0.2,0.2,5.7)$ 及 $(0.15,0.2,10)$。取

$(0.2, 0.2, 5.7)$ 时，洛斯勒吸引子的形状为图 3.8(a)；若取别的参数值如 $(0.2, 0.2, 10.7)$ 时，洛斯勒混沌吸引子的形状亦可表现为漏斗形，见图 3.8(b)。图 3.9 给出了其三维空间中的混沌吸引子。

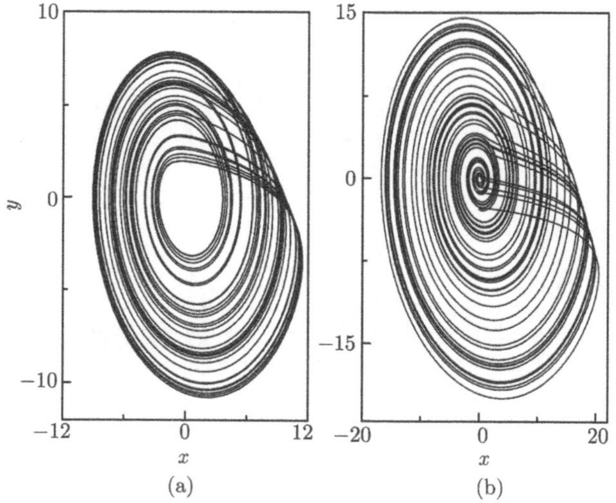

图 3.8　洛斯勒混沌吸引子在 xy 平面的投影

(a) 参数 a, b, c 分别取为 $(0.2, 0.2, 5.7)$；(b) 参数 a, b, c 分别取为 $(0.2, 0.2, 10.7)$

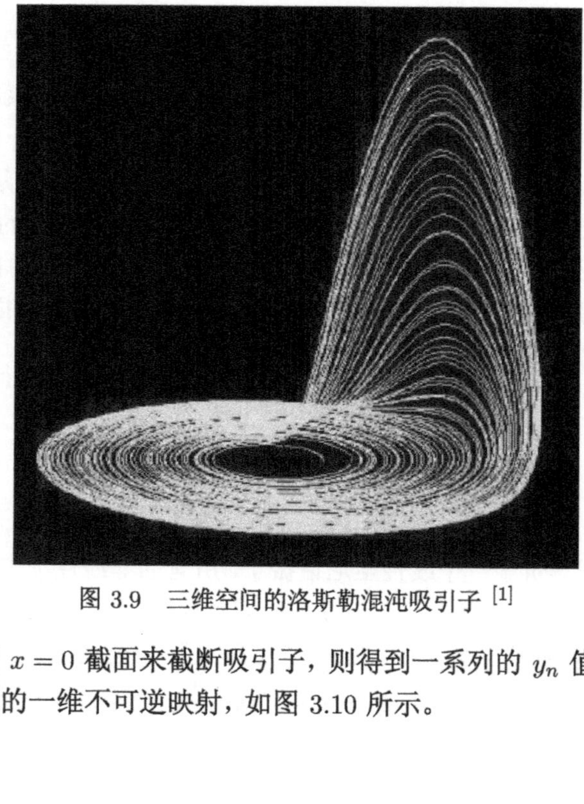

图 3.9　三维空间的洛斯勒混沌吸引子 [1]

如果我们用 $x = 0$ 截面来截断吸引子，则得到一系列的 y_n 值，用它们画回归映射可得到近似的一维不可逆映射，如图 3.10 所示。

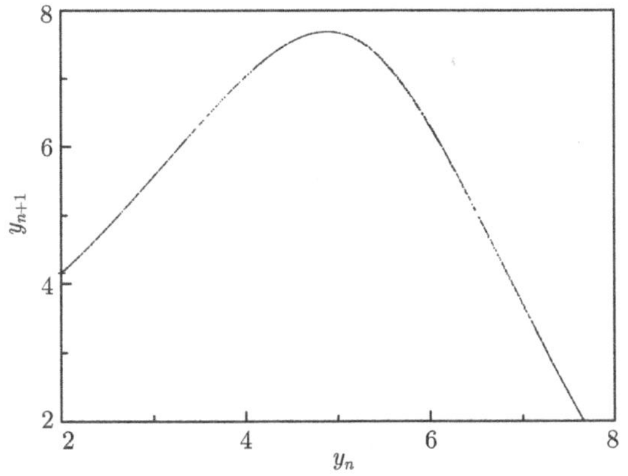

图 3.10 对应图 3.8(a) 的 $x=0$ 截面上的回归映射

洛斯勒吸引子的混沌运动可近似地由映射 y_n 的动力学来描述。若固定参数 a,b 并连续调节参数 c 时，洛斯勒系统可经历一系列的周期分岔到混沌的转变。对每个 c 值，丢掉暂态后，将庞加莱截面 $x=0$ 上的 y_p 值保留下来可得洛斯勒系统的分岔图，见图 3.11。

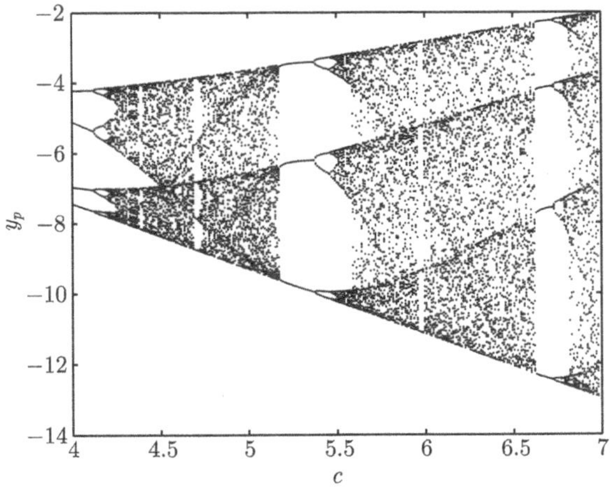

图 3.11 洛斯勒系统的分岔图

3.4 蔡氏电路

既然混沌无所不在，就应该能在实验室里再现。一个简单的方式就是通过电路实现，这正是最擅长捣鼓电子线路的日本早稻田大学松本实验室的学者们所想到的。然而，实验结果很令人沮丧，他们搭建了一个“洛伦茨”电路，又经过几年的不断改进，线路越来越复杂，使用了几十个集成电路，尽管能调节各个参数，理论上好像已经在不断地靠近洛伦茨系统，可就是观察不到混沌。直到 1983 年 10 月，加州大学伯克利分校的蔡少棠访问松本实验室时才解决了这个问题。蔡少棠的想法非常简单，就是利用非线性元件，给电路提供两个不稳定的平衡点，使得它们相互推动和制约，以便产生拉伸和折叠的效应，这样就可以观察到混沌了。根据这个想法，松本马上做出了图 3.12 所示的混沌电路 [16]，这是第一个混沌电路，后来称之为蔡氏 (Chua) 电路。几乎所有的计算机模拟中看到的行为均可在这个电路中实现，像倍周期分岔及激变等。它是一个 RLC 电路，由两个电容、一个电阻、一个电感及一个非线性二极管组成。这个非线性二极管现在被称为“蔡氏二极管”。

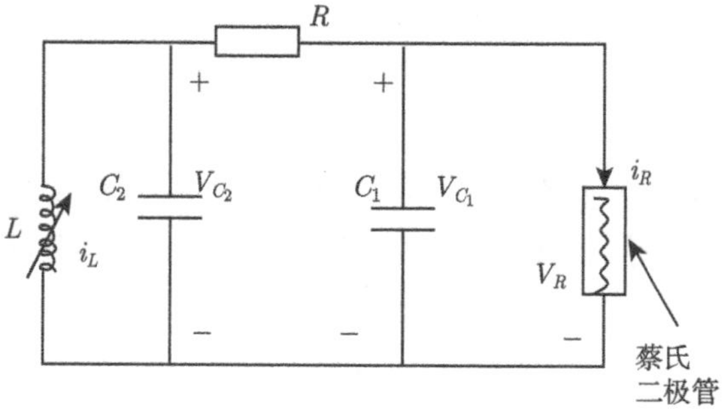

图 3.12　蔡氏电路

根据基尔霍夫定律，蔡氏电路的行为可由三个微分方程来描写：

$$
\begin{aligned}
C_1\frac{\mathrm{d}V_{C_1}}{\mathrm{d}t} &= \frac{V_{C_2}-V_{C_1}}{R}-i_R\\
C_2\frac{\mathrm{d}V_{C_2}}{\mathrm{d}t} &= i_L-\frac{V_{C_2}-V_{C_1}}{R}\\
L\frac{\mathrm{d}i_L}{\mathrm{d}t} &= -V_{C_2}
\end{aligned}
\tag{3.11}
$$

这个方程的第二及第三个方程具有对称性，而第一个方程无对称性。令 $V_{C_1}=x, V_{C_2}=y, 1/C_1R=a, i_RR=g(x), i_LR=z, 1/C_2R=b$ 及 $R/L=c$，可得

$$
\begin{aligned}
\dot{x} &= a(y-x-g(x))\\
\dot{y} &= b(x-y+z)\\
\dot{z} &= -cy
\end{aligned}
\tag{3.12}
$$

其中，$g(x)=m_1x+\dfrac{m_0-m_1}{2}(|x+1|-|x-1|)$，或写为

$$
g(x)=\begin{cases}
m_1x+m_1-m_0, & x\leqslant -1\\
m_0x, & -1\leqslant x\leqslant 1\\
m_1x+m_0-m_1, & 1\leqslant x.
\end{cases}
$$

这三个分段线性部分描述了二极管的三个不同的电压–电流区域，见图 3.13。为什么要用三段直线段？因为如此得到的振荡线路将会具有三个平衡点。当我们调节线路的参数时，比如线性电阻 R 的数值的大小时，可以使得三个平衡点中的两个变成不稳定的平衡点，从而出现洛伦茨形状的吸引子。

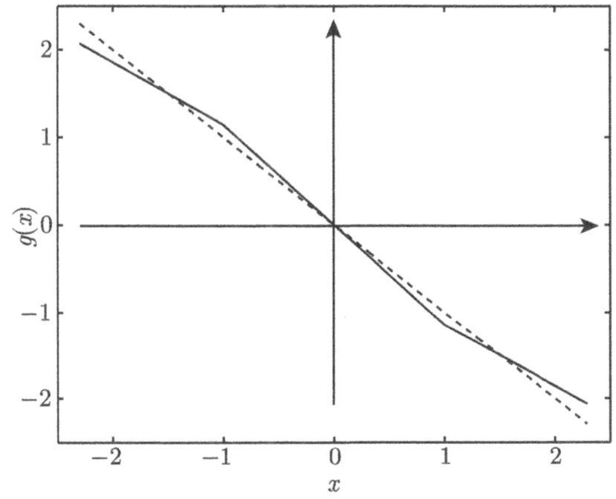

图 3.13 分段线性函数

这个分段线性函数是电路及模拟方程中唯一的非线性。通常取 $m_0 < -1 < m_1$。若固定 $a = 15.6$，$b = 1$，$m_0 = -8/7$，$m_1 = -5/7$ 时，c 为分岔参数。当 $c = 25.58$ 时，蔡氏电路的双圈混沌吸引子如图 3.14 所示。

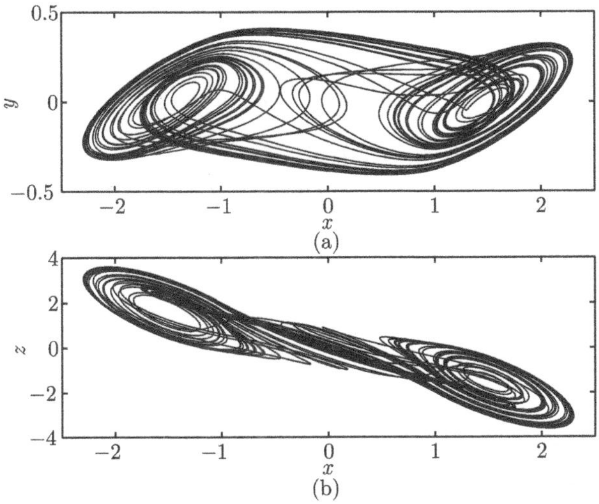

图 3.14 蔡氏电路混沌吸引子

(a) 在 xy 平面的投影；(b) 在 xz 平面的投影

3.5 达芬方程

达芬 (Duffing) 于 1918 年，引入了一个具有立方项的非线性振子来描述许多机械问题中的硬弹簧效应。1979 年，牧恩 (Moon) 和霍尔姆斯 (Holmes) 将其修改为描述处在两个永久磁铁的非均匀场中的支架梁的强迫振动。这种非线性振动问题可看成一个两端固定的铁片在外力驱动下的振动，或考虑一端固定，另一端自由的铁片处于两块磁铁之间及在外力驱动下的运动等。可得如下的达芬方程 [16]：

$$\ddot{x}+\delta\dot{x}+f(x)=e(t) \tag{3.13}$$

其中，δ 为阻尼系数，$f(x)$ 是一个非线性函数，$e(t)$ 是周期为 T 的驱动项。当 $f(x)$ 和 $e(t)$ 取不同的形式时，便可得不同形式的达芬方程。当取 $f(x)=Ex+x^3$ 与 $e(t)=\gamma\cos t$ 时，达芬方程化为

$$\ddot{x}+\delta\dot{x}+Ex+x^3=\gamma\cos t \tag{3.14}$$

其中，γ 为周期强迫力的振幅，E 为决定非线性系统的吸引域结构系数。一些最早的混沌观察是在这个模型上完成的。此方程可看成一个质点在双势阱中非线性振动行为的简单数学模型。它包含线性问题中的共振现象、调和振动，还有非线性特有的次调和振动、周期振动、准周期振动、奇异吸引子和混沌现象。令 $\dot{x}=v$，这个方程可改写为二阶方程组：

$$\begin{aligned}\dot{x}&=v\\ \dot{v}&=-Ex-x^3-\delta v+\gamma\cos t\end{aligned} \tag{3.15}$$

进一步令 $w=t$，则可化为三阶形式的自治系统：

$$\begin{aligned}\dot{x}&=v\\ \dot{v}&=-Ex-x^3-\delta v+\gamma\cos w\\ \dot{w}&=1\end{aligned} \tag{3.16}$$

此系统在变换 S：$(x,v,t)\rightarrow(-x,-v,t+\pi)$ 下具有对称性，即如果 ψ 是式 (3.15) 的解，则 $S\psi$ 也是式 (3.15) 的解。为便于用几何特性来描述分岔结构，引入符号 $P_s(m,n),P_a^{\pm}(m,n)$ 和 B，分别表示对称单周期轨道、非对称单周期轨道以及分岔区，其中，m 表示单周期轨道从正 v 到负 v 穿过负 x 轴的次数，n 表示单周期轨道从负 v 到正 v 穿过正 x 轴的次数，“±” 表示由变换 S 相联的一对解。若取 $\delta=0.3$，$E=-1$，则 $\gamma=30$ 对应周期 1 解，$\gamma=34.0$ 对应周期 4 解，$\gamma=36.0$ 对应

混沌解。即随着 γ 的增加，系统从单周期经倍周期分岔直到混沌运动。图 3.15 为两个典型参数下的吸引子，其中 (a) 为 $\gamma=30$ 时的单周期解 $P_a(2,3)$，(b) 为 $\gamma=36.0$ 时的混沌解 [30]。

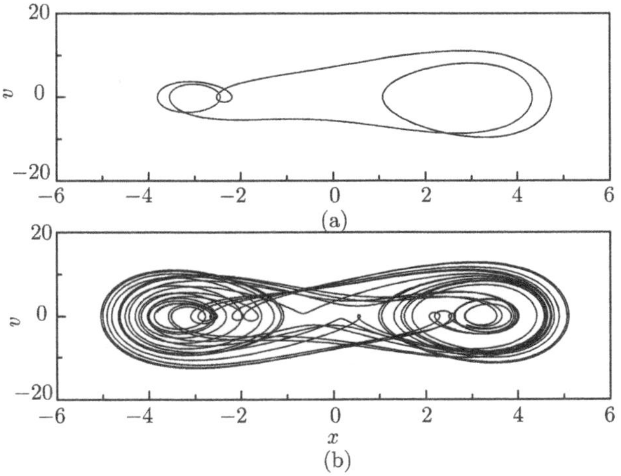

图 3.15 达芬方程的周期及混沌吸引子

无阻尼下 ($\delta=0$) 的势函数可由 $\ddot{x}=F(x)=-\dfrac{\partial V(x)}{\partial x}$ 得到。其中，$V(x)=x^4/4-x^2/2$ 为双势阱形式。非扰动时系统变为哈密顿系统，其哈密顿量为

$$H_0=\frac{1}{2}v^2-\frac{1}{2}x^2+\frac{1}{4}x^4 \tag{3.17}$$

运动方程为

$$\begin{aligned}\dot{x}&=v\\ \dot{v}&=x-x^3\end{aligned} \tag{3.18}$$

令 $\dot{x}=0,\dot{v}=0$，这个系统有三个不动点 $(0,0),(1,0)$ 及 $(-1,0)$。其本征值满足方程

$$\lambda^2-1+3x^2=0 \tag{3.19}$$

对于不动点 $(0,0)$，我们有 $\lambda_1=1>0,\lambda_2=-1<0$，因此为不稳定的鞍点。而对于不动点 $(1,0)$ 及 $(-1,0)$，我们有 $\lambda_{1,2}=\pm\sqrt{2}\mathrm{i}$，为中心点。令 $H_0=0$ 可得

$$\frac{\mathrm{d}x}{\mathrm{d}t}=\pm x(1-\frac{x^2}{2})^{1/2} \tag{3.20}$$

其解为 $x_0(t)=\sqrt{2}\mathrm{sech}(t),v_0(t)=-\sqrt{2}\mathrm{sech}(t)\tanh(t)$。其等能面 ($H_0=$ 常数) 上的相图见图 3.16。

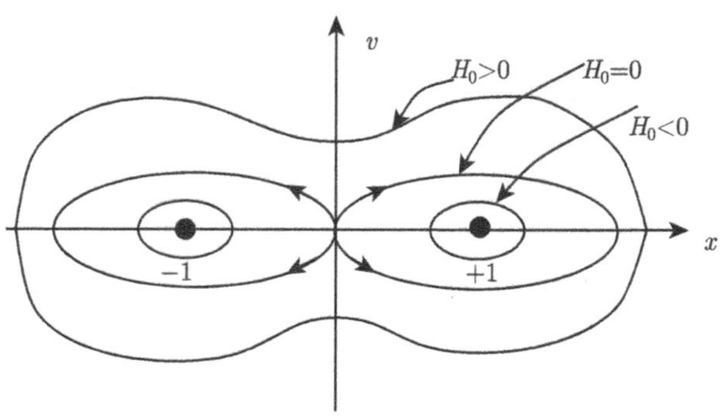

图 3.16　等能面上的相图

值得指出的是，这种多吸引子系统可导致一种有趣的分形边界现象，即非混沌吸引子的吸引域之间为分形边界，无限靠近的两个初值点可能出现一个走向吸引子 1，而另一个则走向吸引子 2 [31]。比如 Moon 与 Li 将式 (3.13) 写成如下的形式：

$$\ddot{x}+\gamma\dot{x}-\frac{1}{2}x(1-x^2)=f\cos\omega t \tag{3.21}$$

此方程存在一个临界的 $f_{\rm c}=(\gamma\sqrt{2}/3\pi\omega)\cosh(\pi\omega/\sqrt{2})$。当 $f>f_{\rm c}$ 时，式 (3.21) 为混沌的 [31]。

取 $\omega=0.833,\gamma=0.15$，系统在 $f>0.159$ 时表现为混沌，现在关注非混沌区域 $0.05<f<0.1$。对于稳定不动点 $x=\pm1$，我们研究初始条件空间 $(x_0,\dot{x}_0=v_0)$ 中这两个吸引子的吸引域。如果轨道最终走向右边的吸引子，我们画一个符号；如果走向左边的吸引子，则留一个空白。数值模拟显示，当 f 较低时，比如 $f=0.05$，这两个吸引子的边界似乎是光滑的，见图 3.17。

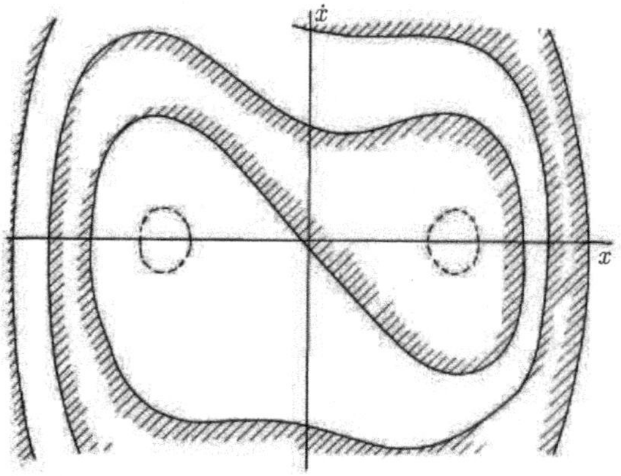

图 3.17　光滑吸引域边界 (实线) 与关于平衡点 $x=\pm1,\dot{x}=0$ 的周期运动 (点线)[31]

参数为 $f=0.05,\omega=0.833,\gamma=0.15$

然而，当 $f = 0.1$ 时，这两个吸引子的边界变成分形状的。图 3.18 给出了 400×400 个初始条件的情形。

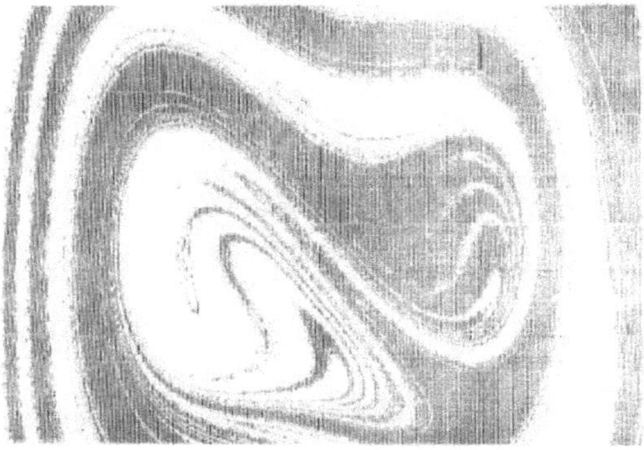

图 3.18 分形状吸引域边界 [31]

初始条件为选自区域 $-2.4 \leqslant x_0 \leqslant 2.4, -1.2 \leqslant v_0 \leqslant 1.2$ 中的 $160 \times 10^3 (400 \times 400)$ 个初始条件，参数为 $f = 0.1, \omega = 0.833, \gamma = 0.15$

3.6 斯普罗特系统

除了以上介绍的这些典型的混沌系统外，还发现了大量能出混沌的其他实际系统，通过一定的简化步骤也能给出它们对应的数学模型。将这些数学模型进行归类是有意义的，因为可以按它们的类型先大致了解它们的一些共性。更进一步，可否先不考虑对应的实际系统，而是直接对所有可能出混沌的数学模型进行分类，然后弄清楚它们各自的混沌性质。据此，则可按照特定的混沌性质设计出相应的实验系统，以便满足特定的需要，如保密通信等；或对新出现的系统，根据它们的归类，迅速判断它们各自的基本特性，这无疑也是有意义的。正是根据这个精神，斯普罗特 (Sprott) 花了很长的时间来进行较全面的态空间与参数空间搜索。他首先对含平方非线性的三维自治微分方程系统进行了系统的检验，最终找到了 19 个简单的混沌流例子。它们或者是带两个非线性项的五项系统，或者是带一个非线性项的六项系统，即总项数少于七项且只含一到两个非线性项的混沌系统。这些系统有可能比洛伦茨及洛斯勒混沌系统在形式上更简单。为此，他考察一般的带有平方非线性的三维微分动力系统 [29]：

$$\dot{\boldsymbol{x}} = \boldsymbol{a} + \sum_{i=1}^{3} \boldsymbol{b}_i \boldsymbol{x}_i + \sum_{i=1}^{3} \sum_{j=1}^{3} \boldsymbol{c}_{i,j} \boldsymbol{x}_i \boldsymbol{x}_j \tag{3.22}$$

其中，$\boldsymbol{x} = (x, y, z)$ 是三维空间的变量，$\boldsymbol{a}, \boldsymbol{b}$ 与 $\boldsymbol{c}$ 为三维系数矢量。用龙格–库塔方

法对式 (3.22) 进行数值积分，取积分步长为 0.01。通过在 30 维控制系数空间中搜索混沌解，即李雅普诺夫指数大于零的区域，斯普罗特找到了 19 个最简单的混沌系统，其结果见表 3.1，其中，c 代表实部为零的复本征值，即中心点；f 代表实部为非零的复本征值，即焦点；n 代表鞍点；下标数字代表具有正实部的本征值个数。表中情形 A~E 有五项，其中含两个非线性项；情形 F~S 有六项，其中含一个非线性项。事实上，还有更多的具有六项，其中含两个非线性项的系统，但因其更复杂而没有在此表中给出。表中情形 A 为保体积系统，其他的情形为耗散系统。这些系统的具体性质这里不做详细介绍，有兴趣的读者请参考文献 [29] 及斯普罗特后续的系列工作 [32,37]。

表 3.1　具有混沌解的简单三维常微分方程系统

情形	方程	临界点	李雅普诺夫指数	维数
A	$\dot{x}=y$ $\dot{y}=-x+yz$ $\dot{z}=1-y^2$	none	0.014 0 −0.014	3.000
B	$\dot{x}=yz$ $\dot{y}=x-y$ $\dot{z}=1-xy$	$f_2(1,1,0)$ $f_2(-1,-1,0)$	0.210 0 −1.210	2.174
C	$\dot{x}=yz$ $\dot{y}=x-y$ $\dot{z}=1-x^2$	$c_0(1,1,0)$ $c_0(-1,-1,0)$	0.163 0 −1.163	2.140
D	$\dot{x}=-y$ $\dot{y}=x+z$ $\dot{z}=xz+3y^2$	$c_0(0,0,0)$	0.103 0 −1.320	2.078
E	$\dot{x}=yz$ $\dot{y}=x^2-y$ $\dot{z}=1-4x$	$c_0(0.25,0.063,0)$	0.078 0 −1.078	2.072
F	$\dot{x}=y+z$ $\dot{y}=-x+0.5y$ $\dot{z}=x^2-z$	$f_2(0,0,0)$ $f_1(-2,-4,4)$	0.117 0 −0.617	2.190
G	$\dot{x}=0.4x+z$ $\dot{y}=xz-y$ $\dot{z}=-x+y$	$f_2(0,0,0)$ $f_1(-2.5,-2.5,1)$	0.034 0 −0.634	2.054
H	$\dot{x}=-y+z^2$ $\dot{y}=x+0.5y$ $\dot{z}=x-z$	$f_2(0,0,0)$ $f_2(-2,4,-2)$	0.117 0 −0.617	2.190
I	$\dot{x}=-0.2y$ $\dot{y}=x+z$ $\dot{z}=x+y^2-z$	$f_2(0,0,0)$	0.012 0 −1.012	2.012

续表

情形	方程	临界点	李雅普诺夫指数	维数
J	$\dot{x}=2x$ $\dot{y}=-2y+z$ $\dot{z}=-x+y+y^2$	f_2(0,0,0)	0.076 0 −2.076	2.037
K	$\dot{x}=xy-z$ $\dot{y}=x-y$ $\dot{z}=x+0.3z$	f_2(0,0,0) f_1(−3.333,−3.333,11.111)	0.038 0 −0.890	2.042
L	$\dot{x}=y+3.9z$ $\dot{y}=0.9x^2-y$ $\dot{z}=1-x$	n_1(1,1.111,−0.231)	0.061 0 −1.061	2.057
M	$\dot{x}=-z$ $\dot{y}=-x^2-y$ $\dot{z}=1.7+1.7x+y$	f_1(2.406,−5.791,0) f_2(−0.706,−0.499,0)	0.044 0 −1.044	2.042
N	$\dot{x}=-2y$ $\dot{y}=x+z^2$ $\dot{z}=1+y-2z$	f_2(−0.25,0,0.5)	0.076 0 −2.076	2.037
O	$\dot{x}=y$ $\dot{y}=x-z$ $\dot{z}=x+xz+2.7y$	f_1(0,0,0) f_0(−1,0,−1)	0.049 0 −0.319	2.154
P	$\dot{x}=2.7y+z$ $\dot{y}=-x+y^2$ $\dot{z}=x+y$	f_2(0,0,0) f_2(1,−1,2.7)	0.087 0 −0.481	2.181
Q	$\dot{x}=-z$ $\dot{y}=x-y$ $\dot{z}=3.1x+y^2+0.5z$	f_2(0,0,0) f_1(−3.1,−3.1,0)	0.109 0 −0.609	2.179
R	$\dot{x}=0.9-y$ $\dot{y}=0.4+z$ $\dot{z}=xy-z$	f_2(−0.444,1.111,−0.4)	0.062 0 −1.062	2.058
S	$\dot{x}=-x-4y$ $\dot{y}=x+z^2$ $\dot{z}=1+x$	f_2+(−1,0.25,1) f_1(−1,0.25,−1)	0.188 0 −1.188	2.151

如果将三维自治混沌系统限制为 $\mathrm{d}^3x/\mathrm{d}t^3=f(x,\dot{x},\ddot{x})$ 的形式，则最简单的耗散混沌系统为 [32]

$$\mathrm{d}^3x/\mathrm{d}t^3+A\mathrm{d}^2x/\mathrm{d}t^2-(\mathrm{d}x/\mathrm{d}t)^2+x=0 \tag{3.23}$$

其中，$f(x,\dot{x},\ddot{x})$ 被称为 Jerk 函数 [33]。这个系统在 $A\in(2,2.1)$ 的范围内可经历与逻辑斯谛平方映射非常类似的倍周期分岔，混沌区则发生在 $A\in(2.0168,2.0577)$ 的范围。式 (3.23) 的一个等价形式为

$$\mathrm{d}^3x/\mathrm{d}t^3+A\mathrm{d}^2x/\mathrm{d}t^2-x\mathrm{d}x/\mathrm{d}t+x=0 \tag{3.24}$$

更进一步，式 (3.23) 中的非线性项 $\dot{x}^2$ 还可以用分段线性函数、取模或符号函数 $\mathrm{sgn}[x(t)]$ 取代 [33]，比如：

$$\mathrm{d}^3x/\mathrm{d}t^3 + A\mathrm{d}^2x/\mathrm{d}t^2 - |\mathrm{d}x/\mathrm{d}t| + 1 = 0 \tag{3.25}$$

此系统在 $A \in (0.5, 0.8)$ 的范围内表现出倍周期分岔通向混沌的行为。

斯普罗特近期讨论了这种简单混沌流系统中的对称性 [34, 35]，这里的对称性指系统中的某些变量改变符号时方程的形式不变。这样的系统往往能显示对称破缺，从而将共存的两个吸引子通过吸引子——融合分岔变为单一的吸引子。具有三变量的对称系统只能含有奇次项。因为线性系统没有混沌，因此最简单的对称系统必须含有线性项与立方项。第一个这样的系统是由 Moore 和 Spiegel 提出的 [38]，用于描述星星的光亮度，其模型方程如下：

$$\begin{aligned}\dot{x} &= y\\ \dot{y} &= z\\ \dot{z} &= -z + ay - x^2y - bx\end{aligned} \tag{3.26}$$

这个系统在 $a = 9, b = 5$ 时显示混沌。有趣的是这个系统可以写为 Jerk 方程的形式：

$$\mathrm{d}^3x/\mathrm{d}t^3 = -\mathrm{d}^2x/\mathrm{d}t^2 + (a - x^2)\mathrm{d}x/\mathrm{d}t - bx \tag{3.27}$$

对此方程稍作变形有

$$\begin{aligned}\dot{x} &= y\\ \dot{y} &= z\\ \dot{z} &= -z - ay - x^3 + bx\end{aligned} \tag{3.28}$$

此方程在固定参数 $b = 2$ 时，将参数 a 从 1.4 变化到 2.3 可清晰地展现吸引子——融合分岔的过程，具体见文献 [34]。

若将对称性降低到两个变量，则称为旋转对称性。典型的例子为洛伦茨系统，具有 $(x, y, z) \longrightarrow (-x, -y, z)$ 的 180° 的旋转对称性。而最简单的则是无扩散的洛伦茨系统 [34]：

$$\begin{aligned}\dot{x} &= y - x\\ \dot{y} &= -xz\\ \dot{z} &= xy - R\end{aligned} \tag{3.29}$$

若将对称性进一步降低到只有单个变量，则称为反射对称性，具有 $(x, y, z) \longrightarrow$

$(-x, y, z)$ 的形式。这样的一个典型例子为 [34]

$$\begin{aligned}\dot{x} &= x - xy \\ \dot{y} &= z \\ \dot{z} &= -y - az + x^2\end{aligned} \tag{3.30}$$

还有一种对称性是时间可逆对称性，即进行变换 $(x, y, z, t) \longrightarrow (-x, -y, -z, -t)$ 时方程的形式不变 [35]。当这个对称性破缺时，可导致向前时间的吸引子及向后时间的排斥子。这种对称性最简单的例子是

$$\begin{aligned}\dot{x} &= 1 + yz \\ \dot{y} &= -xz \\ \dot{z} &= y^2 + ayz\end{aligned} \tag{3.31}$$

当 $a = 2$ 时，此系统具有对称的吸引子/排斥子。此种对称性也可降低到两个变量来得到旋转对称性，如 $(x, y, z, t) \longrightarrow (x, -y, -z, -t)$，其最简单的例子为 [35]

$$\begin{aligned}\dot{x} &= y + z \\ \dot{y} &= -x \\ \dot{z} &= ax^2 + yz\end{aligned} \tag{3.32}$$

这就是表 3.1 中的情形 D。当 $a = 3$ 时，此系统具有对称的吸引子/排斥子。而其反射对称性 $(x, y, z, t) \longrightarrow (x, y, -z, -t)$ 可由如下例子给出 [35]：

$$\begin{aligned}\dot{x} &= -yz \\ \dot{y} &= (ax + y + z^2)z \\ \dot{z} &= x - x^3\end{aligned} \tag{3.33}$$

当 $a = 2$ 时，此系统具有沿 $z = 0$ 平面对称的吸引子/排斥子。

更进一步、更全面的搜索见文献 [36]。

3.7 习　　题

3.1 试确定系统：$\dot{x} = a - (\mu + 1)x + x^2 y$，$\dot{y} = \mu x - x^2 y$ $(a > 0)$ 平衡点的稳定性和分岔。

3.2 下列系统 (1) 是保守还是耗散系统？(2) 能否出混沌？(3) 用数值模拟验算你的答案。

(a) $\mathrm{d}x/\mathrm{d}t = v, \mathrm{d}v/\mathrm{d}t = -\alpha v + C\sin(\omega t - kx)$；

(b) $\mathrm{d}x/\mathrm{d}t = B\cos y + C\sin z, \mathrm{d}y/\mathrm{d}t = C\cos z + A\sin x, \mathrm{d}z/\mathrm{d}t = A\cos x + B\sin y$。

3.3 考虑二阶微分方程 $\ddot{x} + 3\dot{x} - 4x = 0$

(a) 将其转换为一阶微分方程；

(b) 画相图。

3.4 令 $\ddot{x} + \dot{x} + x + x^3 = 0$，证明平衡点 $(0, 0)$ 是全局渐近稳定的。

3.5 在 $(x, \dot{x})$ 平面画系统 $\ddot{x} = x - ax^3$ 在不同 a 值处的相图，并找出所有的稳定与不稳定平衡点。

3.6 找出如初值取在 z 轴上时洛伦茨方程的轨迹。

3.7 找出蔡氏电路系统的所有平衡点。并证明当 $m_0 < -1 < m_1$ 时其存在 3 个平衡点，而如果 $m_0 = -1$ 则有无穷多的平衡点。

3.8 对于给定的常数 c，微分方程 $\dot{v} = f(v)$ 的李雅普诺夫指数与方程 $\dot{v} = cf(v)$ 的李雅普诺夫指数有什么关系？

3.9 考虑非强迫非阻力的摆方程 $\ddot{x} + \sin x = 0$

(a) 按 x 与 $y = \dot{x}$ 写出其一阶系统，并找出其沿平衡点 $(x, y) = (0, 0)$ 的变分方程；

(b) 找出摆的每个束缚轨道的李雅普诺夫指数。

3.10 证明 $r = 1$ 为矢量场 $\dot{r} = r - r^3$，$\dot{\theta} = 1 - \cos 2\theta$ 的吸引集，并说明环 $r = 1$ 内外的行为。

3.11 分别画出摆 $\ddot{\theta} + \sin\theta = \beta$，$\beta > 0$，与阻力摆 $\ddot{\theta} + 2\alpha\dot{\theta} + \sin\theta = 0$，$0 \leqslant \alpha \leqslant 1$ 的相图。

3.12 研究系统 $\dot{x} = f_\mu(x)$ 当 μ 在 $\mu = 0$ 附近变化时的平衡点的分岔图

(a) $f_\mu = \mu - x^2$；

(b) $f_\mu = \mu x - x^2$；

(c) $f_\mu = \mu^2 x - x^3$；

(d) $f_\mu = \mu^2 + x^3$；

(e) $f_\mu = \mu^2 \alpha x + 2\mu x^3 - x^5$ 对不同的 α。

3.13 解析求出小摆幅单摆方程：$\dot{x}_1 = x_2$，$\dot{x}_2 = -\omega_0^2 x_1$ 的相轨和时间序列的表达式。

3.14 证明洛伦茨方程组 (3.9) 在 $\sigma = 10$，$\gamma = 28$，$b = -8/3$ 时存在吸引子。

3.15 洛伦茨方程描写的运动如何会产生帐篷映射那样的混沌运动？

第4章　混沌的刻画

4.1　映射轨道的图像描述：蜘蛛网图

对于一个映射，其轨道的一种粗糙画法叫蜘蛛网图 (cobweb plot)，可用如下的画图技巧来完成 [16]：将函数 $f(x)$ 的图像与对角线 $y=x$ 画在一起。因为纵坐标为下一步迭代的横坐标，故可在 $f(x)$ 处画一水平线与 $y=x$ 相交，然后接着在交点处画一垂直线与 $y=f(x)$ 相交，依次进行下去就可得 $y=f(x)$ 的轨道。这种画法的优点是很容易确定 f 的不动点，在 $y=f(x)$ 与线 $y=x$ 的任何交点处，输入值 x 与输出的函数 $f(x)$ 是全同的，因此交点就是不动点。若交点处的斜率 <1，此不动点为稳定的；反之，若交点处的斜率 >1，则此不动点为不稳定的。取 $f=2x(1-x)$ 为例，即考虑映射 $x_{n+1}=2x_n(1-x_n)$。对于给定初值的轨道可按如下方式完成。例如取 $x_0=0.1$ 为初值，第一次迭代为 $x_1=f(x_0)=0.18$。注意到点 (x_0,x_1) 位于函数图上，而点 (x_1,x_1) 位于对角线上。用水平虚线将这些点连起来作为一个路径，然后找到 $x_2=f(x_1)=0.2952$，用垂直虚线连到 (x_1,x_2)，并用水平虚线连到 (x_2,x_2)。如此进行下去可得整条轨道，如图 4.1(a) 所示。$y=f(x)$ 与直线 $y=x$ 有两个交点，其中原点处为不稳定不动点。相同的作法可得周期 2、周期 4 及混沌的情形，见图 4.1(b)~(d)。

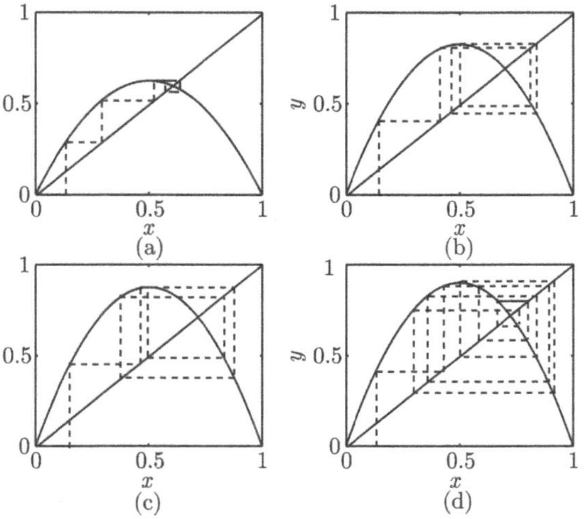

图 4.1　逻辑斯谛映射的蜘蛛网图

(a)$\mu=2.5$：周期 1；(b)$\mu=3.3$：周期 2；(c) $\mu=3.5$：周期 4；(d) $\mu=3.6$：混沌

第二个例子：考虑迭代映射 $f(x) = (3x - x^3)/2$。取 $x_0 = 1.6$ 及 1.8，可发现前者收敛到点 $x = 1$，而后者收敛到 $x = -1$。即如果图形在对角线 $y = x$ 以上，则轨道运动到右边；反之，如果图形在对角线 $y = x$ 以下，则轨道走到左边，见图 4.2。

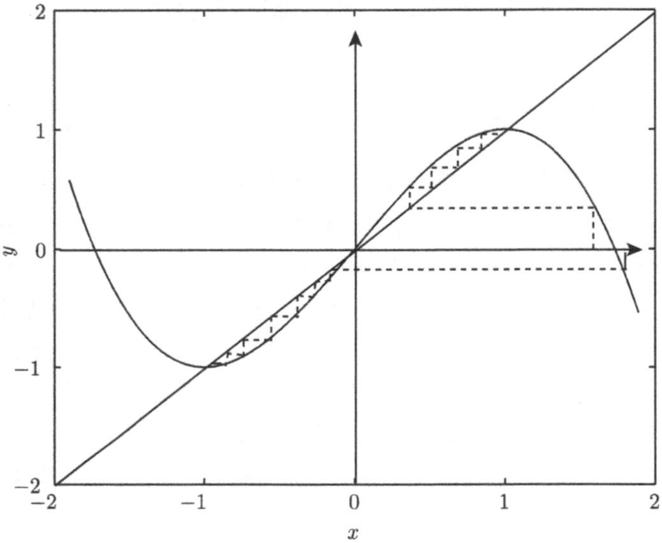

图 4.2 函数 $f(x) = (3x - x^3)/2$ 的蜘蛛网图

第三个例子为帐篷映射 (式 (2.24))，其固定点可由 $2x = x$ 与 $2(1 - x) = x$ 来得到。从第一个等式可得 $x_1^* = 0$，而从第二个等式有 $x_2^* = 2/3$。从蜘蛛网图可知，这两个不动点都是不稳定的，见图 4.3。

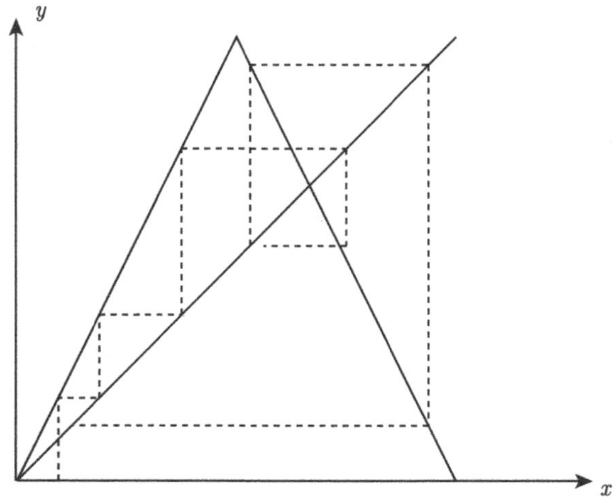

图 4.3 帐篷映射的蜘蛛网图

4.2 功率谱分析

我们日常看到的世界大多是时间序列，如生活的轨迹、音乐的起伏、股票的走势以及人的身高变化等。这种以时间作为参照来观察动态世界的方法，我们称其为时域分析。时间序列千变万化、貌似无规，但我们却能感觉到它包含的潜在规律。比如，一个好的歌唱家所唱的歌曲往往带有其独特的烙印，使人一听往往就能猜出是谁所唱。同样，一个好的老师或演讲者也往往具有自己独特的抑扬顿挫。这种隐含的本质的东西就是特征频率。以频率作为参照来观察世界的方法，我们称其为频域分析。如果把时域看成动态的，则频域就是静止的，即动态的时间序列具有不变的特征频率。考虑到它们实质上描述的是同一件事，因此它们之间应该存在某种函数关系。找出这个关系的是法国学者约瑟夫 • 傅里叶，其给出的方法称为傅里叶分析，是通过将时域空间转化为频率空间来阐明时间信号的频率结构。傅里叶分析是一种分析信号的方法，它可分析信号的成分，也可用这些成分合成信号，称为傅里叶逆变换。许多波形可作为信号的成分，比如正弦波、方波、锯齿波等，傅里叶变换用正弦波作为信号的成分。

傅里叶分析可分为傅里叶级数 (Fourier series) 和傅里叶变换 (Fourier transformation)，最初是研究周期性现象，即傅里叶级数的，后来通过傅里叶变换将其推广到了非周期性现象。它能将满足一定条件的某个函数表示成正弦基函数的线性组合或者积分。在不同的研究领域，傅里叶变换具有多种不同的变体形式，如连续傅里叶变换和离散傅里叶变换，前者其实是傅里叶级数的推广。1965 年，由 J.W. 库利和 T.W. 图基提出了快速傅里叶变换，将计算机计算离散傅里叶变换所需要的乘法次数大为减少，使得傅里叶变换在物理学和工程学中获得了广泛的应用。

先看傅里叶级数。傅里叶在 1807 年 12 月 21 日向权威的法国科学院宣告：周期为 $2l$ 的任意的周期函数 $f(x)$ 都能展开成正弦及余弦的无穷级数，即

$$f(x)=\frac{a_0}{2}+\sum_{k=1}^{\infty}\left(a_k\cos\frac{k\pi}{l}x+b_k\sin\frac{k\pi}{l}x\right) \tag{4.1}$$

其中，系数

$$a_k=\frac{1}{l}\int_{-l}^{l}f(x)\cos\frac{k\pi x}{l}\mathrm{d}x \quad (k=0,1,2,\cdots) \tag{4.2}$$

$$b_k=\frac{1}{l}\int_{-l}^{l}f(x)\sin\frac{k\pi x}{l}\mathrm{d}x \quad (k=1,2,3,\cdots)$$

方程 (4.1) 可以转换为

$$f(x)=\frac{a_0}{2}+\sum_{k=1}^{\infty}A_k\cos\left(\frac{k\pi}{l}x+\phi_k\right) \tag{4.3}$$

其中，$A_k^2=a_k^2+b_k^2, \phi_k=\arctan\left(-\frac{b_k}{a_k}\right)$。系数 A_k^2 又称功率谱，它明确地与 k 有关，并且在相角 ϕ_k 改变之后，并不变化。谱分布就是 A_k^2 随 k 的变化关系。傅里叶级数也可按指数形式进行展开。将欧拉公式：

$$\begin{aligned}\sin\frac{k\pi x}{l}&=\frac{1}{2\mathrm{i}}\left(\mathrm{e}^{\mathrm{i}\frac{k\pi x}{l}}-\mathrm{e}^{-\mathrm{i}\frac{k\pi x}{l}}\right)\\ \cos\frac{k\pi x}{l}&=\frac{1}{2}\left(\mathrm{e}^{\mathrm{i}\frac{k\pi x}{l}}+\mathrm{e}^{-\mathrm{i}\frac{k\pi x}{l}}\right)\end{aligned} \tag{4.4}$$

代入到式 (4.1) 中的三角型傅里叶级数中，可得到傅里叶级数的指数形式：

$$f(x)=\sum_{k=-\infty}^{\infty}c_k\mathrm{e}^{\mathrm{i}\frac{k\pi}{l}x} \tag{4.5}$$

其中

$$c_k=\frac{1}{2l}\int_{-l}^{l}f(t)\mathrm{e}^{-\mathrm{i}\frac{k\pi}{l}t}\mathrm{d}t \tag{4.6}$$

c_k 表示傅里叶级数的系数，对应频域的各幅度。由式 (4.5) 展开式可得，连续周期函数对应的频谱是非周期离散的。

傅里叶变换主要讨论的是连续非周期信号的情形。当连续周期信号 $f(x)$ 的周期 $2l$ 趋近于无穷大的时候，连续周期信号就变成了连续非周期信号。实际中，我们得到的数据往往是 $[-L,L]$ 区间的非周期信号。现定义一个以 $2L$ 为周期延拓到整个区间 $(-\infty,\infty)$ 上的函数 $g_L(x)$，则可对 $g_L(x)$ 作傅里叶级数展开：

$$g_L(x)=\frac{a_0}{2}+\sum_{k=1}^{\infty}(a_k\cos\frac{k\pi}{L}x+b_k\sin\frac{k\pi}{L}x) \tag{4.7}$$

其中系数

$$\begin{aligned}a_k&=\frac{1}{L}\int_{-L}^{L}f(x)\cos\frac{k\pi x}{L}\mathrm{d}x \quad (k=0,1,2,\cdots)\\ b_k&=\frac{1}{L}\int_{-L}^{L}f(x)\sin\frac{k\pi x}{L}\mathrm{d}x \quad (k=1,2,3,\cdots)\end{aligned} \tag{4.8}$$

令 $\omega_k=\frac{k\pi}{L}, \Delta_\omega=\omega_{k+1}-\omega_k=\frac{\pi}{L}$，当 $L\to\infty$ 时，求和变成积分：

$$\lim_{L\to\infty}g_L(x)=\frac{1}{\pi}\int_0^{\infty}\mathrm{d}\omega\int_{-\infty}^{\infty}f(t)\cos\omega(x-t)\mathrm{d}t \tag{4.9}$$

因 $L \to \infty$ 时，$g_L(x)$ 平均收敛到 $f(x)$，因此有

$$f(x)=\frac{1}{\pi}\int_0^{\infty}\mathrm{d}\omega\int_{-\infty}^{\infty}f(t)\cos\omega(x-t)\mathrm{d}t \tag{4.10}$$

利用欧拉公式 $\cos\omega(x-t)=\frac{1}{2}[\mathrm{e}^{\mathrm{i}\omega(x-t)}+\mathrm{e}^{-\mathrm{i}\omega(x-t)}]$，可以把式 (4.10) 的傅里叶积分表示为复数形式：

$$f(x)=\frac{1}{\sqrt{2\pi}}\int_{-\infty}^{\infty}\left[\frac{1}{\sqrt{2\pi}}\int_{-\infty}^{\infty}f(t)\mathrm{e}^{-\mathrm{i}\omega t}\mathrm{d}t\right]\mathrm{e}^{-\mathrm{i}\omega x}\mathrm{d}\omega \tag{4.11}$$

现在我们定义一函数 $F(\omega)$：

$$F(\omega)=\frac{1}{\sqrt{2\pi}}\int_{-\infty}^{\infty}f(t)\mathrm{e}^{-\mathrm{i}\omega t}\mathrm{d}t \tag{4.12}$$

称它为 $f(x)$ 的傅里叶变换。而其逆变换为

$$f(x)=\frac{1}{\sqrt{2\pi}}\int_{-\infty}^{\infty}F(\omega)\mathrm{e}^{-\mathrm{i}\omega x}\mathrm{d}\omega \tag{4.13}$$

式 (4.12) 和式 (4.13) 又叫对称型的傅里叶变换。

傅里叶变换是一种线性的积分变换，满足线性性质：两函数之和的傅里叶变换等于各自的变换之和。数学描述：若函数 $f(x)$ 和 $g(x)$ 的傅里叶变换 $F[f]$ 和 $F[g]$ 都存在，α 和 β 为任意常系数，则 $F[\alpha f+\beta g]=\alpha F[f]+\beta F[g]$。平移性质：若函数 $f(x)$ 存在傅里叶变换，则对任意实数 ω_0，函数 $f(x)\mathrm{e}^{\mathrm{i}\omega_0 x}$ 也存在傅里叶变换，且有 $F[f(x)\mathrm{e}^{\mathrm{i}\omega_0 x}]=F(\omega-\omega_0)$。傅里叶变换常用于将信号在时域 (或空域) 和频域之间进行转换。函数在时 (频) 域的离散对应于其像函数在频 (时) 域的周期性。反之连续则意味着在对应域的信号的非周期性。功率谱分析实际上是傅里叶变换分析，是通过将时间空间转化为频率空间来阐明时间信号的频率结构。

在科学计算和数字信号处理等领域，我们得到的往往是有限的离散时间序列 $x(n)$，即 n 是定义在离散点而非连续域内。这种情况下，使用计算机进行离散傅里叶变换：

$$\left.\begin{aligned}X(\mathrm{e}^{\mathrm{i}\omega})&=\sum_{n=-\infty}^{\infty}x(n)\mathrm{e}^{-\mathrm{i}\omega n}\\x(n)&=\frac{1}{2\pi}\int_{-\pi}^{\pi}X(\mathrm{e}^{\mathrm{i}\omega})\mathrm{e}^{\mathrm{i}\omega n}\mathrm{d}\omega\end{aligned}\right\} \tag{4.14}$$

当只有 N 个数据时，式 (4.15) 化为

$$\left.\begin{aligned} X(k) &= \sum_{n=0}^{N-1} x(n)\mathrm{e}^{-\mathrm{i}\frac{2\pi}{N}kn} \\ x(n) &= \frac{1}{N}\sum_{k=0}^{N-1} X(k)\mathrm{e}^{\mathrm{i}\frac{2\pi}{N}kn} \end{aligned}\right\} \tag{4.15}$$

为了有效地使用快速傅里叶变换算法，时间序列的长度 N 应取 2 的幂次，如 $N = 2^{13} = 8192$。

一个时间序列通常包含两个“时间常数”：采样间隔 τ 和总采样时间 $N\tau$。这两个时间常数的倒数，分别决定两个特征频率：

$$f_{\max} = \frac{1}{2\tau} \tag{4.16}$$

和

$$f_{\min} = \Delta f = \frac{1}{N\tau} \tag{4.17}$$

这里 $f_{\max}$ 是采样参数所能观测的最高频率。为了反映高频成分，就必须缩短采样间隔。$f_{\min} = \Delta f$ 是两个相邻傅里叶系数的频率差 (分辨率)。若 N 点用周期边界，则构成一个周期，其周期为 $N\tau$，频率为 $\dfrac{1}{N\tau}$，这就是可分辨的最小频率。若两个频率间有这样小的差别都还可以区分，即分辨率。频率为 f 的周期系统的功率谱在频率 f 及其高次谐波 $2f, 3f, \cdots$ 处有 δ 函数形式的尖峰。每个尖峰的高度表示了相应频率的振动强度。基频为 $f_1, f_2, \cdots, f_k$ 的周期系统的功率谱在 $f_1, f_2, \cdots, f_k$ 及其线性组合处有 δ 函数形式的尖峰。对于混沌系统，尽管其功率谱仍可能有尖峰，但它们多少会增宽一些，而且功率谱上会出现宽带的噪声背景。

功率谱分析是研究时间序列所遵从的统计规律的方法之一。一个时间序列可看作各种周期运动的叠加，确定各周期的振动能量的分配就叫做功率谱。鉴定一个系统的混沌行为，常用功率谱。正如我们在“混沌的特征”一节 (1.2 节) 中提到的，混沌信号具有连续的功率谱。非随机的运动都具有一定的特征时间尺度或频率结构，而纯随机性的运动包含一切可能的频率成分。功率谱分析在混沌的发展过程中曾起过重要的作用，揭示出了确定论系统内部的随机性。然而，这种内在随机性不能完全等同于噪声。混沌功率谱具有有限的带宽，而噪声功率谱的带宽要比混沌功率谱的带宽宽得多，白噪声情形下应包含各种频率。实际测量中往往得到的是时间序列，此时功率谱分析就是一个非常方便的工具。

用功率谱描述倍周期分岔时，则可看成每一次分岔产生一个新的频率。当频率数达到无穷多时，就达到混沌态，即有点类似于朗道湍流理论。实际应用中有时也将 k 记为 ω，A_k^2 记为 $p(\omega)$，此时倍周期分岔的功率谱如图 4.4 所示 [14]。

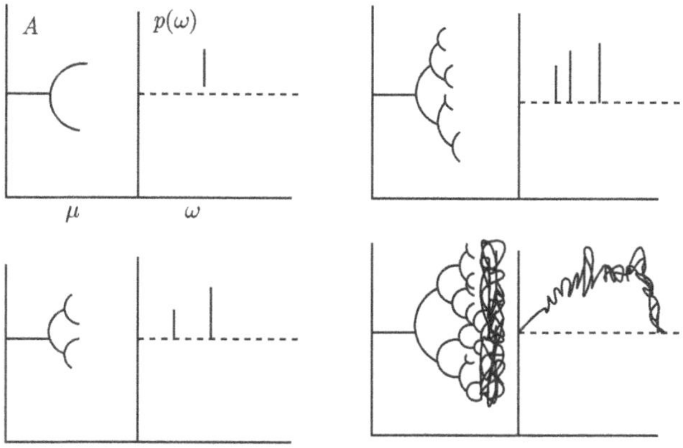

图 4.4 倍周期序列的分岔图与功率谱

4.3 李雅普诺夫指数

4.3.1 李雅普诺夫指数的定义

李雅普诺夫指数在保守及耗散系统的动力学理论中起着十分重要的作用[8,16,24]。粗略地讲，一条给定轨道的李雅普诺夫指数刻画包围它的轨道的平均指数发散率。李雅普诺夫指数理论是由李雅普诺夫于 1907 年提出的，其与指数发散性的联系则是在 20 世纪 70 年代由拜利亭 (Benettin)(1976) 和培津 (Pesin)(1977) 建立的。在混沌学中，李雅普诺夫指数刻画混沌吸引子对小扰动或初值条件的敏感依赖性。对于一维映射 $x_{n+1}=f(x_n)$，由于只有一个拉伸或折叠的方向，因此可用初值 x_0 及其近邻值 $x_0+\delta x_0$ 来估算其指数分离。作一次迭代后，它们之间的距离为

$$\delta x_1=f(x_0+\delta x_0)-f(x_0)\approx\frac{\mathrm{d}f(x_0)}{\mathrm{d}x}\delta x_0 \tag{4.18}$$

其中，$\mathrm{d}f(x_0)/\mathrm{d}x$ 在相空间中各点不同。只有对运动轨道各点的拉伸或压缩速率进行长时间平均，才能刻画动力学的整体效果。进行 n 次迭代后有

$$\delta x_n\approx\Pi_{i=0}^{n-1}f'(x_i)\delta x_0\equiv\mathrm{e}^{\lambda n}\delta x_0 \tag{4.19}$$

因此李雅普诺夫指数 λ 被定义为

$$\lambda=\lim_{n\to\infty}\frac{1}{n}\sum_{i=0}^{n-1}\ln\ |f'(x_i)| \tag{4.20}$$

自然测度的存在告诉我们，式 (4.20) 中对时间的平均，对于除了那些勒贝格测度为 0 的点集外的所有吸引域中的轨道 x_n 都是相同的。一个正的李雅普诺夫指数 $\lambda>0$

就表明附近轨道的指数分离，即对初值的敏感性，从而代表混沌。因此，$\lambda > 0$ 可以作为混沌行为的判据。负的 λ 表明轨道在局部是稳定的，对应周期运动。λ 由负变正，表明运动向混沌的转变。将式 (4.20) 中的求和改为积分有

$$\lambda = \int \ln\ |f'(x)| \mathrm{d}u(x) \tag{4.21}$$

比如，帐篷映射的 $\lambda = \ln 2$，而逻辑斯谛映射的李雅普诺夫指数随 μ 而变化，如图 4.5 所示，其周期轨道在 $\lambda = 0$ 处失稳。

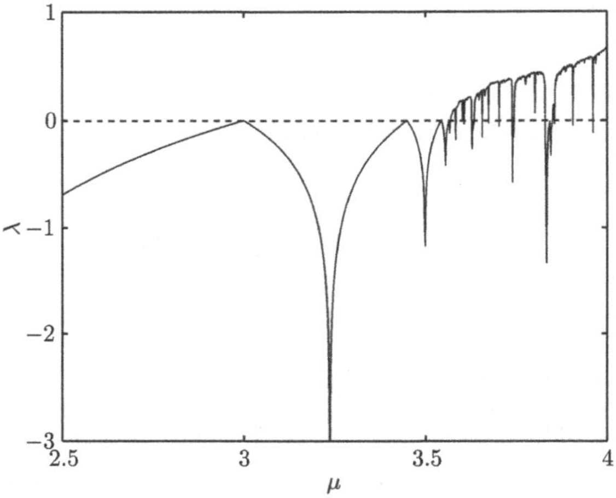

图 4.5　逻辑斯谛映射的李雅普诺夫指数

对于 m 维映射，系统的演化由 $m \times m$ 阶的雅可比行列式决定：

$$\begin{pmatrix} \delta x_1 \\ \delta y_1 \\ \delta z_1 \\ \cdots \end{pmatrix} = \begin{pmatrix} \dfrac{\partial f_1}{\partial x} & \dfrac{\partial f_1}{\partial y} & \dfrac{\partial f_1}{\partial z} & \cdots \\ \dfrac{\partial f_2}{\partial x} & \dfrac{\partial f_2}{\partial y} & \dfrac{\partial f_2}{\partial z} & \cdots \\ \dfrac{\partial f_3}{\partial x} & \dfrac{\partial f_3}{\partial y} & \dfrac{\partial f_3}{\partial z} & \cdots \\ \cdots & \cdots & \cdots & \cdots \end{pmatrix} \begin{pmatrix} \delta x_0 \\ \delta y_0 \\ \delta z_0 \\ \cdots \end{pmatrix} = \boldsymbol{J}_0 \begin{pmatrix} \delta x_0 \\ \delta y_0 \\ \delta z_0 \\ \cdots \end{pmatrix}$$

设第 i 步的雅可比为 $\boldsymbol{J}_i$，则

$$\begin{pmatrix} \delta x_n \\ \delta y_n \\ \delta z_n \\ \cdots \end{pmatrix} = \boldsymbol{J}_{n-1}\boldsymbol{J}_{n-2}\cdots\boldsymbol{J}_0 \begin{pmatrix} \delta x_0 \\ \delta y_0 \\ \delta z_0 \\ \cdots \end{pmatrix} \equiv \boldsymbol{J} \begin{pmatrix} \delta x_0 \\ \delta y_0 \\ \delta z_0 \\ \cdots \end{pmatrix}$$

即 $\boldsymbol{J} = \boldsymbol{J}_{n-1}\boldsymbol{J}_{n-2}\cdots\boldsymbol{J}_0$。将 $\boldsymbol{J}$ 的 m 个复特征值取模后，依从大到小的顺序排列为

$$|\alpha_1| \geqslant |\alpha_2| \geqslant \cdots \geqslant |\alpha_m|, \tag{4.22}$$

则可定义 m 个李雅普诺夫指数 λ_i:

$$\lambda_i = \lim_{n\to\infty} \frac{1}{n} \ln\ |\alpha_i|, \quad i = 1, \cdots, m \tag{4.23}$$

这 m 个数 λ_i 量度轨道沿 m 个正交方向的分离速率。第一个描述相邻点的最大分离速度方向，第二个为所有与第一个正交的方向中最大的方向，第三个则为所有与头两个方向构成的平面正交的方向中的最大分离方向。以此类推，可得所有的 λ_i 描述的方向。

类似地可定义流的李雅普诺夫指数。对一维系统有

$$\lambda = \lim_{t\to\infty} \frac{1}{t} \ln \left|\frac{\delta x(t)}{\delta x(0)}\right| \tag{4.24}$$

在高维情形 ($D \geqslant 2$)，式 (4.24) 给出的是最大李雅普诺夫指数；对于其他的李雅普诺夫指数，可仿照映射的情形类似求出。考虑一个 N 维流 $\boldsymbol{x}(x_1, x_2, \cdots, x_m)$，其切空间由 N 维矢量 $\delta\boldsymbol{x}(\delta x_1, \delta x_2, \cdots, \delta x_m)$ 构成，每一个分量对应一个李雅普诺夫指数。当 $\delta\boldsymbol{x}$ 足够小时，其演化应满足线性微分方程:

$$\delta\dot{\boldsymbol{x}}(t) = \boldsymbol{J}\delta\boldsymbol{x}(0) \tag{4.25}$$

求出 $\boldsymbol{J}$ 的 N 个特征值，其长时间平均就给出系统流的 N 个李雅普诺夫指数值。具体地，可将演化时间 t 等间隔地分为 n 段，第 j 段的 $\boldsymbol{J}$ 的本征值记为 $\alpha_1(j), \alpha_2(j), \cdots, \alpha_m(j)$ 且令它们满足:

$$\alpha_1(j) \geqslant \alpha_2(j) \geqslant \cdots \geqslant \alpha_m(j) \tag{4.26}$$

则有

$$\lambda_i = \lim_{n\to\infty} \frac{1}{n} \sum_{j=0}^{n-1} \alpha_i(j), \quad i = 1, \cdots, m \tag{4.27}$$

这样求出的流的李雅普诺夫指数与映射的李雅普诺夫指数间存在着必然的联系。如果用庞加莱截面将流变为映射，且庞加莱截面上两次连续迭代间的平均时间为 τ_p，则映射的李雅普诺夫指数通过下列关系与流的李雅普诺夫指数相联系:

$$\lambda_{\text{map}} = \lambda_{\text{flow}} \tau_p \tag{4.28}$$

通过李雅普诺夫指数谱的正负号可以给吸引子分类。区分不同类型的吸引子的重要标志就在于混沌具有正的李雅普诺夫指数。在三维耗散系统中，对平衡态吸引子而言，它在三个方向均要收缩，因而有 $\lambda_1 < 0$，$\lambda_2 < 0$，$\lambda_3 < 0$，可表示为 $(-, -, -)$。对于周期吸引子或极限环，在极限环切线方向上，它既不增大也不收

缩，$\lambda_1 = 0$；而在其他两个方向上均要收缩，可表示为 $(0, -, -)$。同样对于二维环面上的准周期吸引子，在环面上两个方向 (一个方向相当于自转，另一个方向相当于公转) 上不增大、不收缩，因此 $\lambda_1 = \lambda_2 = 0$。只有在环面外，所有轨道都要向环面收缩，故可表示为 $(0, 0, -)$。只有混沌吸引子，沿轨道方向 $\lambda_2 = 0$，伸长方向 $\lambda_1 > 0$，收缩方向 $\lambda_3 < 0$，且 $\lambda_1 + \lambda_2 + \lambda_3 < 0$，即可表示为 $(+, 0, -)$。这四种吸引子的李雅普诺夫指数谱见图 4.6。

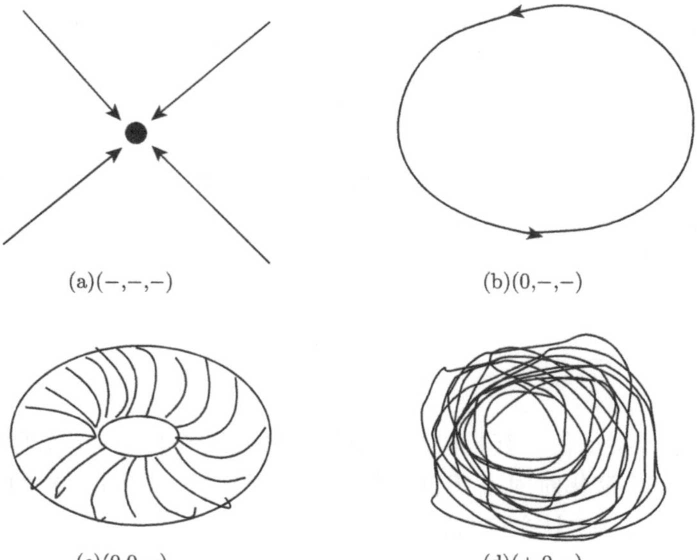

图 4.6　四种吸引子的李雅普诺夫指数谱

4.3.2　李雅普诺夫指数的数值计算

对于大多数系统，没有直接从系统及其雅克比矩阵来确定李雅普诺夫指数的方法。通常当 n 很大时，矩阵 $\boldsymbol{J}_n = D\boldsymbol{f}^n(\boldsymbol{v}_0)$ 是很难求得的。我们只能用数值计算来近似获得。

李雅普诺夫指数的数值计算通常有两种方法。

其一为计算最大李雅普诺夫指数的方法。这个方法可分别用于数值模拟及信号处理中。在数值模拟中的做法如下：选取两个很靠近的初始点，令其间距为 $d_0 \ll 1$。积分一个小的间隔 τ 后，其距离变为 d_i。然后在一个点末端处选取另一个新点并使得其间距为 d_0，再积分一个间隔 τ 可得另一距离 d_i，如此进行下去可得

$$\lambda_{\max} = \lim_{n\to\infty} \frac{1}{n\tau} \sum_{i=1}^{n} \ln \frac{d_i}{d_0} \tag{4.29}$$

其原理图为图 4.7。

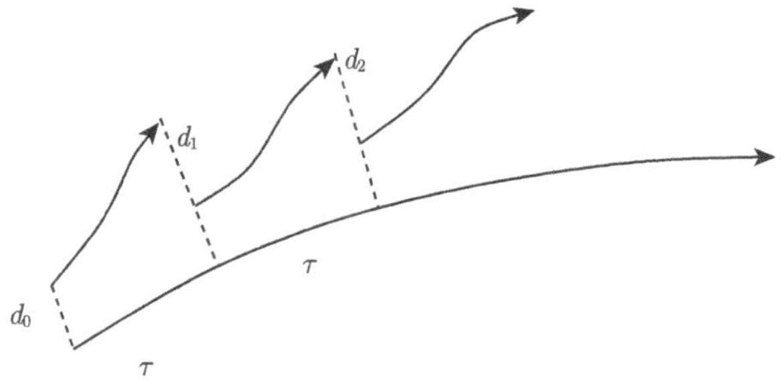

图 4.7　求最大李雅普诺夫指数的算法

在信号处理中的做法如下：由测得的实验数据的时间序列 $x(t)$，利用时间延迟法 (见下节) 构造 m 维相空间，空间中每一点由 $\{x(t), x(t+\tau)\cdots x(t+(m-1)\tau)\}$ 给出。由于轨道的回归性 (有界)，总可在初始点 $\{x(t_0), x(t_0+\tau)\cdots x(t_0+(m-1)\tau)\}$ 附近找到一最近邻点，用 $d_0(t_0)$ 表示这两点间距离，到 t_1 时刻其距离演化为 $d_1(t_1)$。这时再按以下两原则寻找一个新的数据点：① 它与演化后基准点的距离 $d_0(t_1)$ 很小；② $d_0(t_1)$ 与 $d_1(t_1)$ 的夹角很小。这个过程重复进行，如图 4.8 所示。则 $\lambda_{\max}$ 为

$$\lambda_{\max}=\frac{1}{t_N-t_0}\sum_{k=1}^{N}\ln\ \frac{d_1(t_k)}{d_0(t_{k-1})} \tag{4.30}$$

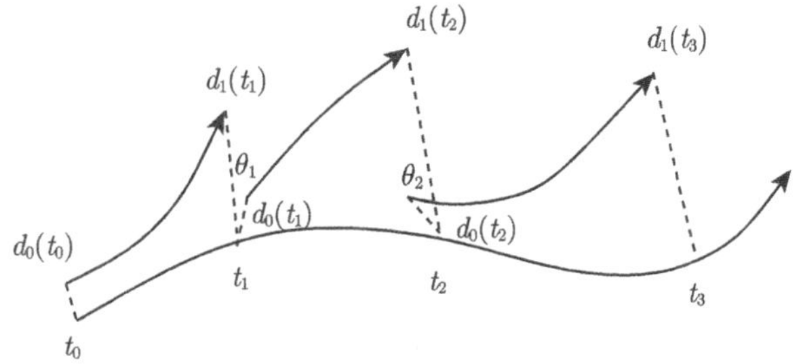

图 4.8　求时间序列的最大李雅普诺夫指数的算法

这种做法的潜在原因是混沌系统存在着膨胀及收缩方向，轨道向前的演化会自动跑到膨胀方向，而向后的演化 ($\to -t$) 则会自动跑到收缩方向。比如考虑一套分布在圆上的初值条件，让它们同时向前演化。在三维情形下，混沌系统有一个正的及一个负的李雅普诺夫指数，其本征方向分别对应于圆的两个轴方向。沿正指数方向的演化就会逐步拉伸，沿负指数方向的演化就会逐步压缩，其结果是这个圆将会逐步变为椭圆，并最终变为沿膨胀方向的一条线。同样的道理，若作时间反演，则沿正指数方向的演化就会逐步压缩，而沿负指数方向的演化就会逐步拉伸，见图 4.9。

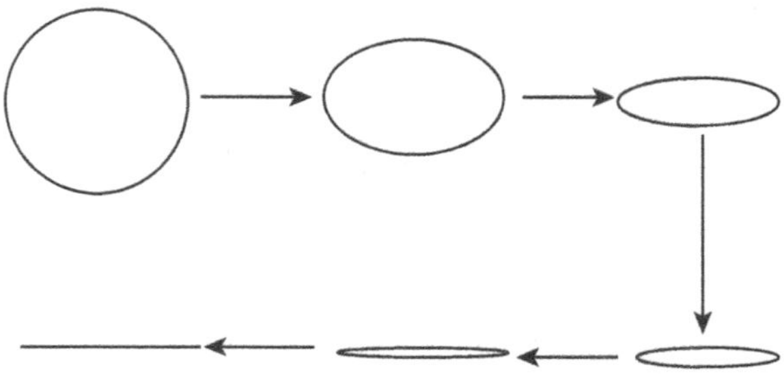

图 4.9　混沌轨道的演化

这个方法也可用于分立系统中。考虑 m 维映射 $x(i), i=1,2,\cdots,m$，对其在 l 时刻的状态 $\{x_l(i)\}$ 加上一个无穷小的任意微扰 $\{\mathrm{d}\boldsymbol{x}(i)\}$，构成一个新状态 $\{x'_l(i)\}$：

$$x'_l(i) = x_l(i) + \mathrm{d}x(i) \tag{4.31}$$

对此迭代映射系统，可以得到 $\{x_{l+n}(i)\},\{x'_{l+n}(i)\}$ 和它们的差 $\{\mathrm{d}x_n(i)\}$。则最大李雅普诺夫指数可由下式给出：

$$\lambda_{\max} = \lim_{N\to\infty}\frac{1}{N}\sum_{n=1}^{N}\ln\frac{||\mathrm{d}x_n||}{||\mathrm{d}x_{n-1}||} \tag{4.32}$$

其中 $||\mathrm{d}x_n|| = \sqrt{\sum\limits_{i=1}^{m}[\mathrm{d}x_n(i)]^2}$。

计算李雅普诺夫指数的第二种方法为格拉姆–施密特 (Gram-Schmit) 正交化方法或线性化矩阵法。这个方法可求得所有的李雅普诺夫指数谱。考虑一个无限小的圆盘，几次迭代后就变成椭圆，进一步迭代，椭圆就会变得越来越瘦，从而给出最大膨胀方向，如图 4.9。根据这个特点，可由系统的线性化矩阵即雅可比矩阵求李雅普诺夫指数谱。由于 $\boldsymbol{J}_nU = D\boldsymbol{f}(v_{n-1})\cdots D\boldsymbol{f}(v_0)U$，我们可每次做一步迭代。具体做法如下：取一套正交基矢 $\{\boldsymbol{w}_1^0,\cdots,\boldsymbol{w}_m^0\}$，并计算矢量 $\boldsymbol{z}_1,\cdots,\boldsymbol{z}_m$。

$$\boldsymbol{z}_1 = D\boldsymbol{f}(v_0)\boldsymbol{w}_1^0,\cdots,\boldsymbol{z}_m = D\boldsymbol{f}(v_0)\boldsymbol{w}_m^0$$

其中，v_0 为初值条件。这里是将各矢量 $\boldsymbol{w}_i^0$ 分别代入求矢量 $\boldsymbol{z}_i$，而不是求 $D\boldsymbol{f}$ 的 m 个本征值。这里 $\boldsymbol{w}_1^0$ 为 m 维矢量，其自由演化必将达到最大 λ 方向。$\boldsymbol{w}_2^0$ 也为 m 维矢量，因其总是与 $\boldsymbol{w}_1^0$ 正交，故其演化将自动走到 λ_2 方向。以此类推，$\boldsymbol{w}_i^0$ 自动走到 λ_i 方向。这种做法是直接基于映射来说的，其原理是直接从定义 $\lambda = \lim_{t\to\infty}\dfrac{1}{t}\ln\dfrac{\delta x(t)}{\delta x(0)}$ 而得，而并不计算矩阵 $D\boldsymbol{f}$ 的本征值，而是让其自动对角化而得到。

这些矢量 $\boldsymbol{z}_i$ 位于单位球的新椭圆 $D\boldsymbol{f}(v_0)U$ 上，U 为单位球，但它们不必正交。我们现在创建一套新的正交矢量 $\{\boldsymbol{w}_1^1,\cdots,\boldsymbol{w}_m^1\}$ 来补救这种情形，要求 $\{\boldsymbol{w}_1^1,\cdots,\boldsymbol{w}_m^1\}$ 将产生与 $D\boldsymbol{f}(v_0)U$ 相同体积的椭圆。格拉姆–施密特正交化步骤为首先令 $\boldsymbol{y}_1=\boldsymbol{z}_1$，然后定义：

$$\boldsymbol{y}_2=\boldsymbol{z}_2-c\boldsymbol{y}_1 \tag{4.33}$$

并要求 $\boldsymbol{y}_2$ 与 $\boldsymbol{y}_1$ 正交，即 $\boldsymbol{y}_2{\cdot}\boldsymbol{y}_1=0=\boldsymbol{z}_2{\cdot}\boldsymbol{y}_1-c||\boldsymbol{y}_1||^2$，得 $c=\boldsymbol{z}_2{\cdot}\boldsymbol{y}_1/||\boldsymbol{y}_1||^2$。从而有

$$\boldsymbol{y}_2=\boldsymbol{z}_2-\frac{\boldsymbol{z}_2{\cdot}\boldsymbol{y}_1}{||\boldsymbol{y}_1||^2}\boldsymbol{y}_1 \tag{4.34}$$

再定义

$$\boldsymbol{y}_3=\boldsymbol{z}_3-c_1\boldsymbol{y}_1-c_2\boldsymbol{y}_2 \tag{4.35}$$

并要求 $\boldsymbol{y}_3$ 与 $\boldsymbol{y}_1$ 及 $\boldsymbol{y}_2$ 正交，即 $\boldsymbol{y}_3{\cdot}\boldsymbol{y}_1=0=\boldsymbol{z}_3{\cdot}\boldsymbol{y}_1-c_1||\boldsymbol{y}_1||^2$，得 $c_1=\boldsymbol{z}_3{\cdot}\boldsymbol{y}_1/||\boldsymbol{y}_1||^2$，及 $\boldsymbol{y}_3{\cdot}\boldsymbol{y}_2=0=\boldsymbol{z}_3{\cdot}\boldsymbol{y}_2-c_2||\boldsymbol{y}_2||^2$，得 $c_2=\boldsymbol{z}_3{\cdot}\boldsymbol{y}_2/||\boldsymbol{y}_2||^2$。从而有

$$\boldsymbol{y}_3=\boldsymbol{z}_3-\frac{\boldsymbol{z}_3{\cdot}\boldsymbol{y}_1}{||\boldsymbol{y}_1||^2}\boldsymbol{y}_1-\frac{\boldsymbol{z}_3{\cdot}\boldsymbol{y}_2}{||\boldsymbol{y}_2||^2}\boldsymbol{y}_2 \tag{4.36}$$

按此方式，同理可得

$$\begin{aligned}
\boldsymbol{y}_1&=\boldsymbol{z}_1,\\
\boldsymbol{y}_2&=\boldsymbol{z}_2-\frac{\boldsymbol{z}_2{\cdot}\boldsymbol{y}_1}{||\boldsymbol{y}_1||^2}\boldsymbol{y}_1,\\
\boldsymbol{y}_3&=\boldsymbol{z}_3-\frac{\boldsymbol{z}_3{\cdot}\boldsymbol{y}_1}{||\boldsymbol{y}_1||^2}\boldsymbol{y}_1-\frac{\boldsymbol{z}_3{\cdot}\boldsymbol{y}_2}{||\boldsymbol{y}_2||^2}\boldsymbol{y}_2,\\
&\vdots\\
\boldsymbol{y}_m&=\boldsymbol{z}_m-\frac{\boldsymbol{z}_m{\cdot}\boldsymbol{y}_1}{||\boldsymbol{y}_1||^2}\boldsymbol{y}_1-\cdots-\frac{\boldsymbol{z}_m{\cdot}\boldsymbol{y}_{m-1}}{||\boldsymbol{y}_{m-1}||^2}\boldsymbol{y}_{m-1}
\end{aligned} \tag{4.37}$$

可见，在新的正交矢量中，$\boldsymbol{z}_1$ 保持不变，$\boldsymbol{z}_2$ 中与 $\boldsymbol{z}_1$ 垂直的部分保留为 $\boldsymbol{y}_2$，而与 $\boldsymbol{z}_1$ 平行的部分则被减去，$\boldsymbol{y}_3$ 为 $\boldsymbol{z}_3$ 中与 $\boldsymbol{z}_1$ 和 $\boldsymbol{z}_2$ 张成的平面垂直的部分等。式 (4.37) 可改写为 $\boldsymbol{z}=\boldsymbol{R}\boldsymbol{y}$，其中 y 列为 $\{\boldsymbol{y}_1,\cdots,\boldsymbol{y}_m\}^{\mathrm{T}}$，$z$ 列为 $\{\boldsymbol{z}_1,\cdots,\boldsymbol{z}_m\}^{\mathrm{T}}$，$\boldsymbol{R}$ 为下三角形矩阵，即

$$\begin{pmatrix}\boldsymbol{z}_1\\ \boldsymbol{z}_2\\ \vdots\\ \boldsymbol{z}_m\end{pmatrix}=\begin{pmatrix}1&0&\cdots&0\\ a_{21}&1&\cdots&0\\ &&\vdots&\\ a_{m1}&a_{m2}&\cdots&1\end{pmatrix}\begin{pmatrix}\boldsymbol{y}_1\\ \boldsymbol{y}_2\\ \vdots\\ \boldsymbol{y}_m\end{pmatrix} \tag{4.38}$$

由于 $\det(\boldsymbol{R})=1$，所以 $\det(\boldsymbol{y})=\det(\boldsymbol{z})$，即 $\boldsymbol{y}U$ 与 $\boldsymbol{z}U$ 有相同的 m 维体积。如果我们让 $\boldsymbol{w}_1^1=\boldsymbol{y}_1,\cdots,\boldsymbol{w}_m^1=\boldsymbol{y}_m$ 为新的正交基，它们就会张成与 $D\boldsymbol{f}(\boldsymbol{v}_0)$ 相同体积的椭

球。然后将雅可比 $D\boldsymbol{f}(\boldsymbol{v}_1)$ 应用到轨道的下一点，并将 $D\boldsymbol{f}(\boldsymbol{v}_1)\boldsymbol{w}_1^1,\cdots,D\boldsymbol{f}(\boldsymbol{v}_1)\boldsymbol{w}_m^1$ 重新正交化来产生新的正交矢量集 $\{\boldsymbol{w}_1^2,\cdots,\boldsymbol{w}_m^2\}$。重复这个过程 n 步后，就得到最后的矢量集 $\{\boldsymbol{w}_1^n,\cdots,\boldsymbol{w}_m^n\}$，其为椭球 $\boldsymbol{J}_nU=D\boldsymbol{f}(\boldsymbol{v}_{n-1})\cdots D\boldsymbol{f}(\boldsymbol{v}_0)U$ 的 m 个特征矢量。n 次迭代后第 i 方向上的膨胀率 r_i^n 就是矢量 $\boldsymbol{w}_i^n$ 的近似长度。将从格拉姆–施密特正交化 $D\boldsymbol{f}(\boldsymbol{v}_j)\boldsymbol{w}_1^j,\cdots,D\boldsymbol{f}(\boldsymbol{v}_j)\boldsymbol{w}_m^j$ 得到的矢量 $\boldsymbol{y}$ 表示为 $\boldsymbol{y}_1^{j+1},\cdots,\boldsymbol{y}_m^{j+1}$，令 $\boldsymbol{w}_i^{j+1}=\boldsymbol{y}_i^{j+1}/||\boldsymbol{y}_i^{j+1}||$，使 $\boldsymbol{w}_i^{j+1}$ 为单位矢量，则 $||\boldsymbol{y}_i^{j+1}||$ 给出方向 i 上每步的伸长率。由于 $r_i^n\approx||\boldsymbol{y}_i^n||\cdots||\boldsymbol{y}_i^1||$，因此 n 步后第 i 个最大李雅普诺夫指数可方便地由如下表达式求得

$$\lambda_i=\frac{1}{n}\sum_{j=1}^{n}\ln||\boldsymbol{y}_i^j|| \tag{4.39}$$

数值计算中，线性化方程的初值可取为 $(1,0,0),(0,1,0),(0,0,1)$。在去掉暂态后，这三个矢量自动正交。去掉暂态的目的是为了加快计算或收敛。这样得到的 m 个 λ_i 就是按从大到小排列的所有李雅普诺夫指数 $\lambda_1\geqslant\lambda_2\geqslant\cdots\geqslant\lambda_m$。

对流 $\dot{x}=f(x)$，其变分方程为 $\delta\dot{x}=Df\delta x$。积分出 $\delta x(t)$，则有 $\lambda_1=\lim\limits_{t\to\infty}\dfrac{1}{t}\ln\dfrac{\delta x(t)}{\delta x(0)}$。然后再取一个 $\delta x'$，令其与 δx 正交，可得 $\lambda_2=\lim\limits_{t\to\infty}\dfrac{1}{t}\ln\dfrac{\delta x'(t)}{\delta x(0)}$。同理可得 λ_i。这种做法的格拉姆–施密特正交化步骤与式 (4.39) 的推导过程完全一致。需要注意的是，数值计算时应将线性化方程与原系统方程联立求解，总数值积分方程的维数为 $m(m+1)$。

4.3.3　噪声时间序列中的最大李雅普诺夫指数的检测

对于一个真实的时间序列，由于噪声的掺杂，用前述的方法则会给出一个不真实的最大李雅普诺夫指数，有时甚至给出一个无限或无穷大的值。由于最大的正李雅普诺夫指数是混沌的标签，此时我们往往只对最大李雅普诺夫指数感兴趣。去除噪声影响的一个有效办法是对附近轨道的发散率进行平均 [39]。为了得到平均的指数增长率，我们进行下列操作：在嵌入空间选取时间序列的一点 B_{n_0} 为参考点，并挑选出距离小于 ϵ 的所有邻域点，这里 n_0 为参考点上的采样序号。计算所有邻域点对参考点的距离作为相对时间的平均值，平均距离在时间 Δn 内的对数则为时间跨度 Δn 的有效膨胀率。将这个过程对各不同的 n_0 重复，有效膨胀率的涨落就会被平均掉。因此我们需计算：

$$S(\Delta n)=\frac{1}{N}\sum_{n_0=1}^{N}\ln\Big(\frac{1}{|u(B_{n_0})|}\sum_{B_n\in u(B_{n_0})}|S_{n_0+\Delta n}-S_{n+\Delta n}|\Big)$$

参考点 B_{n_0} 为通常的嵌入矢量，$u(B_{n_0})$ 为具有直径 ϵ 的 B_{n_0} 的邻域，$S_{n_0+\Delta n}$ 居于延迟矢量 B_{n_0} 的时间跨度的外面。由于我们可能既不知道最小的嵌入维数 m，

也不知道最优距离 ϵ，那么应计算不同的 m 与 ϵ 下的 $S(\Delta n)$。邻域的大小应尽可能的小，但又必须至少包括几个邻近点。对 Δn 的选取则遵从如下规则：计算不同的 Δn 下的 $S(\Delta n)$。如果对某些 Δn 范围函数 $S(\Delta n)$ 显示一个鲁棒式的线性增加，则其斜率为每单位时间步最大李雅普诺夫指数 λ 的估值，即 $\lambda = S(\Delta n)/\Delta n$。这里“鲁棒”指线性并非仅对特定的 m 与 ϵ 成立，而是应对不同的 m 均成立。图 4.10 给出了核磁共振激光数据中的最大李雅普诺夫指数估计，其中纵坐标 $\exp(S)$ 的对数尺度等价于 $S(\Delta n)$ 的线性尺度。图 4.10 中的虚线部分给出的就是鲁棒性部分，超出此范围的 Δn 无法提供正确的计算。(a) 中各 ϵ 曲线的分开表示 $m=2$ 过小；(b) 中各 m 处的 5 条曲线重合，表明 $m=3,4,5$ 是合适的。曲线的线性部分可以由指数 $\propto \exp(0.3\Delta n)$ 很好地描述，据此可估计出最大为 $\lambda = 0.3 \pm 0.01$。

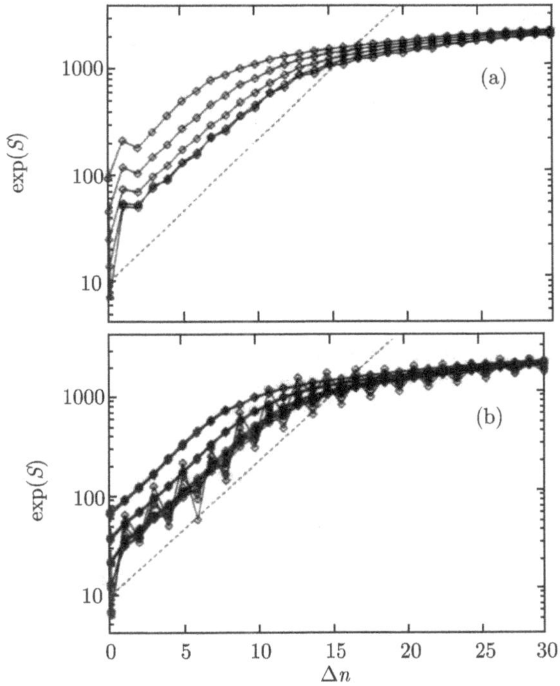

图 4.10 核磁共振激光数据中的最大李雅普诺夫指数的估计 [39]

其中 $\epsilon = 15, 30, 60, 120, 240$。(a) 代表 $m=2$ 的情形，此时对应 $\epsilon = 15, 30, 60, 120, 240$ 的曲线很明显的分开；(b) 代表 $m=3,4,5$ 的情形，此时每条 m 曲线对应的 $\epsilon = 15, 30, 60, 120, 240$ 的重合

4.4 分 数 维 数

维数是任何几何物体最基本的量之一。要确定物体或几何图形中任意一点的

位置，所需要的独立坐标数目，就是该物体或几何图形的维数。由于这个维数是独立的坐标数，因而它必须是整数。这就为实际应用带来了很大的局限性。由于复杂系统，如烟圈、漩涡、树枝、雪花、云彩以及混沌吸引子等通常难以用整数维数描述，它们中间充满着“空洞”。正所谓“一沙一世界，一花一天国；袖里有乾坤，壶中有日月”。为了描述这样的系统，人们引入了分数维数的概念。奇怪吸引子具有的特点正是典型的分数维，即小于相空间的维数，故奇怪吸引子的几何性质可以通过研究它的空间维数来确定。一些常用的分数维数如下所示 [8, 24, 40]。

4.4.1　豪斯多夫维数

这是豪斯多夫 (Hausdorff) 于 1918 年引入的概念。为定义此维数，首先我们需要引入豪斯多夫测度。令 A 为 N 维直角坐标空间中的集，$|A|$ 为 A 中任意两点 x 与 y 间的最大距离，称为 A 的直径：$|A| = \sup_{x,y\in A}|x-y|$。让 S_i 为可数子集且其直径 ϵ_i 均小于或等于 δ，即 $0<\epsilon_i\leqslant\delta$。并且 S_i 可以覆盖 A，$A\subset U_iS_i$，即一个大体积等于许多小体积之和。则可定义量：

$$\gamma_{\mathrm{H}}^d(\delta) = \inf_{S_i}\sum_i \epsilon_i^d \tag{4.40}$$

即寻找直径小于 δ 的覆盖集 S_i，其满足使式 (4.40) 中的求和最小。豪斯多夫测度于是可定义为

$$\gamma_{\mathrm{H}}^d = \lim_{\delta\to 0}\gamma_{\mathrm{H}}^d(\delta) \tag{4.41}$$

豪斯多夫测度推广了通常的长度、面积以及体积的表示。例如，如果集 A 为三维直角坐标空间中有限面积的光滑表面，则 γ_{H}^2 就是集的面积，而 $d<2$ 的 γ_{H}^d 是 ∞，$d>2$ 的 γ_{H}^d 为 0。一般来说，存在某临界值 D_{H}，当 $d<D_{\mathrm{H}}$ 时，γ_{H}^d 是 ∞；$d>D_{\mathrm{H}}$ 时，γ_{H}^d 为 0，则 D_{H} 就是豪斯多夫维数。

豪斯多夫维数亦可按如下方式求得：对于某客体，沿其每个独立方向皆放大 L 倍，若新客体为原来客体的 k 倍，则必有 $k=L^{D_{\mathrm{H}}}$。于是该客体的豪斯多夫维数 D_{H} 为

$$D_{\mathrm{H}} = \frac{\ln k}{\ln L} \tag{4.42}$$

用此定义可以方便地验证一维、二维及三维的情形。比如，对二维正方形面积，若用 L 量度时，k 为 1。则用 $L/2$ 量度可得 $k=4$，用 $L/3$ 量度则 $k=9$，于是 $D_{\mathrm{H}}=\ln 9/\ln 3=\ln 4/\ln 2=2$。同理，对三维立方体，若用 L 量度时，k 为 1。则用 $L/2$ 量度可得 $k=8$，用 $L/3$ 量度则 $k=27$，于是 $D_{\mathrm{H}}=\ln 27/\ln 3=\ln 8/\ln 2=3$。

这个维数定义直观，但不实用，特别是对分数维数情形不好应用。

4.4.2 计盒维数

假定 N 维直角坐标空间中有一个集。于是我们就可以想象用边长为 ϵ 的 N 维立方盒来覆盖这个空间 ($N=2$ 时,“盒子”为正方形; $N=1$ 时,“盒子”是长度为 ϵ 的间隔)。由于分形内部有各种层次的空洞和缝隙，有些盒子是非空的，而另外的盒子是空的。数数有多少盒子是非空的，即数出需要覆盖的盒子的数目 $\tilde{N}(\epsilon)$。当 ϵ 充分小时，计盒 (box-counting) 维数可表示为

$$D_0=\lim_{\epsilon\to 0}\frac{\ln \tilde{N}(\epsilon)}{\ln(1/\epsilon)} \tag{4.43}$$

此维数定义可方便地用于计算低维系统的分维。作为例子，我们先考虑康托尔三分集 (Cantor set)：取 [0, 1] 线段，三等分之后舍去中段；再三等分剩下的两段，同样舍去相应的中段；如此无穷重复下去，最终剩下的点的集合称为康托尔集合，见图 4.11。因此康托尔集合包含 2^n 段，每段的长度为 $1/3^n$。故 $D_0=\lim_{n\to\infty}\ln 2^n/\ln 3^n=\ln 2/\ln 3\approx 0.6309$。

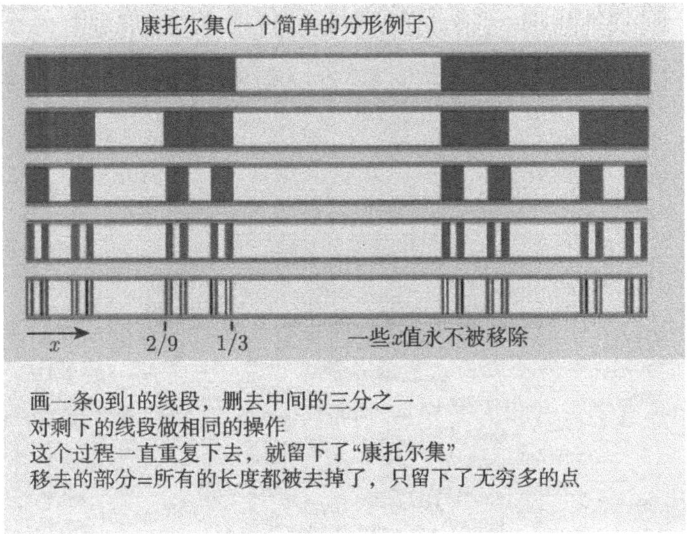

图 4.11 康托尔三分集 [1]

对于更复杂的例子，比如埃农映射，没有精确的公式来得到计盒维数，但可用数值方法来获得。我们将埃农吸引子所在的区域划分成网格，如图 4.12(a)，并数出含有数据点的盒子的数目。然后我们将网格的长度减半，再数出含数据点盒子的数目。重复此过程若干次后，画出 $\log_1\ \tilde{N}(\epsilon)$ 对 $\log_2\ 1/\epsilon$ 的图，见图 4.12(b)。则其直线部分的斜率就是计盒维数。用此种方法得到的埃农映射的计盒维数为 1.27。

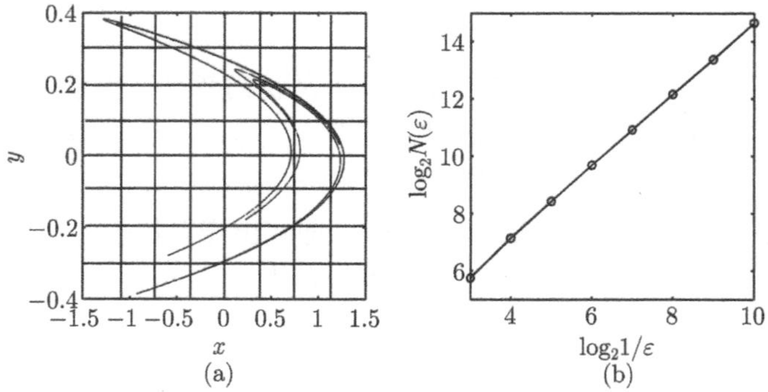

图 4.12　埃农映射计盒维数的求法

4.4.3　信息维数

计盒维数的主要缺点是没有反映几何对象的不均匀性：含有一个点和众多点的盒子在式 (4.43) 中均具有同样的权重，不能完全反映分形内部的不均匀性。修正的办法是把计盒维数做得更细一些，数清每个盒子中的点数，算出分形中的点落入第 i 只盒子的概率 P_i，就可以写出用尺寸为 ϵ 的盒子进行测度所得出的信息量：

$$I(\epsilon) = -\sum_{i=1}^{N(\epsilon)} P_i(\epsilon) \ln P_i(\epsilon) \tag{4.44}$$

信息 (information) 维数则定义为

$$D_1 = \lim_{\epsilon\to 0} \frac{I(\epsilon)}{\ln(\epsilon)} \tag{4.45}$$

数值模拟中，P_i 可按如下方式求得：让系统运行足够长的时间后统计其轨道落在每个盒子中的点数 n_i，然后除以总点数就是第 i 只盒子的概率 P_i，即 $P_i = n_i/\sum_i n_i$。不难看出，当各盒子具有相同的权重，即 $P_i(\epsilon) = 1/\tilde{N}(\epsilon)$ 时，信息维数等于计盒维数。

4.4.4　关联维数

计盒维数及信息维数概念清楚，但是实用有局限。因此在实际计算中，只有当分维小于二维或在二维附近，且相空间维数也不高时，它才是可行的。然而，当维数增高时，计算量迅速上升，以致很难得到收敛的结果。因此，目前实践中使用最多的是简便易算的关联 (correlation) 维数。

关联维数是格拉斯伯格 (Grassberger) 与普罗卡西 (Procaccia) 于 1983 年提出的一种易于从实验数据中提取分数维数的算法。具体做法如下：先由实验数据进行相空间重构，支起一个 m 维的空间，并得到这个 m 维“嵌入空间”的轨道 x。将

轨道中任意两点间差的绝对值记为 $r_{ij}=|x_i-x_j|$。任意给出一个实数 r，然后检查一遍有多少对点 (x_i,x_j) 之间的距离 r_{ij} 小于 r。这些点对占总点对的百分比即为关联积分：

$$C(r)=\frac{1}{M^2}\sum_{i,j=1}^{M}H(r-|x_i-x_j|) \tag{4.46}$$

其中，M 为轨道 x 中的点数，H 为阶跃函数：

$$H(x)=\begin{cases}0, & x\leqslant 0\\ 1, & x>0\end{cases} \tag{4.47}$$

r 取适当的值时，$C(r)$ 会随 r 的增大而指数地增加。于是可定义关联维数：

$$D_2=\lim_{r\to 0}\frac{\ln C(r)}{\ln r} \tag{4.48}$$

实际应用中，将不同 r 得到的 $C(r)$ 在双对数图 $\ln C(r)\sim\ln(r)$ 中画出，其中直线部分的斜率就是 D_2。

这种关联维数的计算可以直接推广到复杂网络的情形 [41]。

4.4.5 李雅普诺夫维数

一般说来，具有正和零的李雅普诺夫指数的方向，都对支撑起吸引子起作用，而负李雅普诺夫指数对应的收缩方向，在抵消膨胀方向的作用后，贡献吸引子维数的分数部分。将所有的李雅普诺夫指数从大到小排序 $\lambda_1\geqslant\lambda_2\geqslant\cdots$，然后从最大的 λ_1 开始，把后继的指数一个个加起来。假设加到 λ_k 时，总和为正，而加到下一个 λ_{k+1} 时，总和为负数。卡普兰 (Kaplan) 与约克曾建议如下的李雅普诺夫维数：

$$D_{\mathrm{L}}=k+\frac{\sum\limits_{i=1}^{k}\lambda_i}{|\lambda_{k+1}|} \tag{4.49}$$

其中，k 是能使 $\sum\limits_{i=1}^{k}\lambda_i>0$ 的最大 k 值。在实际计算中，D_{L} 比计盒维数 D_0 收敛快得多。卡普兰与约克曾猜测，李雅普诺夫维数与 D_0 相等。事实上，对不少系统，确有 $D_{\mathrm{L}}=D_0$。

4.4.6 广义维数

根据所讨论对象的不同及实际需要，除了上面的常用维数定义外还可以采取其他形式的分形维数定义。这就是所谓的广义维数 [42]：

$$D_q=\frac{1}{q-1}\lim_{r\to 0}\frac{\ln\sum_i P_i^q}{\ln r} \tag{4.50}$$

其中，$q=-\infty,\cdots,-1,0,1,\cdots,+\infty$，即 q 可以为任意整数。当 $q=0,1,2$ 时，D_q 分别等于计盒维数 D_0、信息维数 D_1 和关联维数 D_2。

4.5　时间序列的吸引子重构

实际问题中，我们通常得到一些等时间间隔的单变量时间序列而不知道系统的方程，例如地震时间序列及脑电波序列等。为了从这些时间序列中得到有用的信息，即透过现象看本质，我们需要进行相空间重构 [43]。塔肯斯等于 1981 年提出的嵌入定理，回答了如何从时间序列中得到多变量相空间的问题。塔肯斯定理告诉我们，如果我们能够观察到某动力学变量的一个标量序列 $S(n)$，则多变量动力学的几何结构可通过将这套标量 $S(n)$ 转化为矢量 $\boldsymbol{y}(n)$ 而得出：

$$\boldsymbol{y}(n)=[S(n),S(n+\tau),S(n+2\tau),\cdots,S(n+(d-1)\tau)] \tag{4.51}$$

其中，τ 为采样间隔，d 为嵌入维数。选择合适的 τ 与 d 是重构吸引子成败的关键。

嵌入定理所提出的相空间重构法是基于拓扑嵌入理论的。为了对真实系统进行可靠的描述，嵌入维数 d 必须足够大。塔肯斯定理给出了 d 的下限。假如动力学不变集位于相空间中的 d_A 维流形上，则当 $d>2d_A$ 时，d 维的重构矢量 $\boldsymbol{y}(n)$ 有与真实系统动力学的一一对应关系。这可由如下的简单的数学表述来表明。考虑 M 维空间中两个光滑的维数为 d 的表面，并检查它们的相交集。一个自然的方法是看相交集的维数 d_I。基本的数学知识告诉我们，$d_I=d_1+d_2-M$。如果 $d_I\geqslant 0$，相交是必然的。例如考虑两个一维曲线在一个二维平面的相交：$d_1=d_2=1, M=2$，可得到 $d_I=0$，即相交集由点组成，并且这种相交不能由小的扰动移除。例如图 4.13(a) 中，平面上两曲线的交点。然而，当 $M=3$ 时，$d_I<0$，即两个一维的曲线在三维空间中一般不会相交，见 (b)。如果 $M=3$，而 $d_1=1, d_2=2$ 时，则又会发生相交，即三维空间中线与面很容易相交，见 (c)。若取 $d_1=d_2=d$，则为保证 $d_I<0$，M 必须大于 $2d$。故嵌入定理表明，如果运动位于 d_A 维的集合上，这里 d_A 可以是分维，则嵌入维数 d 必须满足 $d>2d_A$ 才能保证轨道不自交。因此，嵌入空间的维数通常应选为

$$d=2d_A+1 \tag{4.52}$$

即嵌入空间的维数至少是吸引子维数的两倍，才能保证吸引子的正确恢复。选择大的嵌入维数，除了增加计算量外，还要求更多的测量数据。在混沌运动特征的计算中，一般地讲，所需的嵌入空间最小维数取决于我们要从时间序列中提取什么样的物理量。在计算李雅普诺夫指数、分数维数时，只是计及沿轨道的平均性质，这时

取 $d_A < d < 2d_A$ 就可以了。实际中，d 的选取应通过反复试算来确定。可让 d 值逐次增加 1，直到相图上没有附加的结构出现。

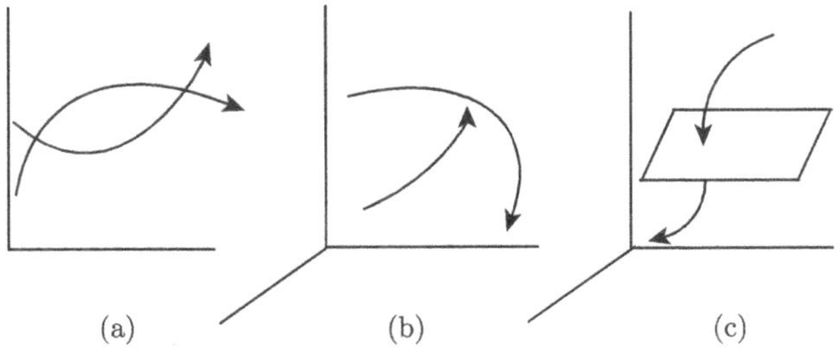

图 4.13 嵌入空间的选取

相空间重构方法对时间延迟间隔 τ 的选取是高度敏感的 [44~46]。如果 τ 太小，则所构造的吸引子挤压在坐标系的对角线附近；反之，τ 值过大，会使数据点集中在相空间的一个小区域内，即出现前后两点的不相关。这两种现象都将导致原系统的信息丢失，因此合适的 τ 的选取是重构吸引子的关键之一。选择 τ 的方法有很多种，但比较倾向于用互信息函数的第一极小值来确定 τ 值。对于一个长度为 N 的时间序列，令 $S = \{S_i\} = \{x_i\}$，$Q = \{q_i\} = \{x_{i+\tau}\}$。在 S-Q 序列上用“数盒子”的方法我们可以得到概率分布 $P_s(s_i)$，$P_q(q_i)$ 及联合概率分布 $P_{sq}(s_i, q_i)$。于是信息熵为

$$H(S) = -\sum_{i=1}^{N} P(s_i) \log\ P(s_i) \tag{4.53}$$

假定 s 已知为 s_i，则 q 的不确定性为

$$\begin{aligned} H(Q|s_i) &= -\sum_j P_{q|s}(q_j|s_i) \log\ P_{q|s}(q_j|s_i) \\ &= -\sum_j \frac{P_{sq}(s_i, q_j)}{P_s(s_i)} \log\ \frac{P_{sq}(s_i, q_j)}{P_s(s_i)} \end{aligned} \tag{4.54}$$

其中利用了条件概率 $P_{q|s}(q_j|s_i) = P_{sq}(s_i, q_j)/P_s(s_i)$。设在 t 时刻 s 已知，则在 $t+\tau$ 时刻的 s 平均不确定性为

$$\begin{aligned} H(Q|S) &= \sum_i P_s(s_i) H(Q|s_i) \\ &= -\sum_{i,j} P_{sq}(s_i, q_j) \log\ \frac{P_{sq}(s_i, q_j)}{P_s(s_i)} \\ &= H(S, Q) - H(S) \end{aligned} \tag{4.55}$$

这里

$$H(S,Q) = -\sum_{i,j} P_{sq}(s_i,q_j)\log\ P_{sq}(s_i,q_j) \tag{4.56}$$

其中，$H(S,Q)$ 是孤立的 q 的不确定性，$H(Q|S)$ 是已知 s 的 q 的不确定性。所以，s 的已知减少了 q 的不确定性，即互信息为

$$I(Q,S) = H(Q) - H(Q|S) = H(Q) + H(S) - H(S,Q) \tag{4.57}$$

或

$$I(\tau) = 2\sum_{i} P_i \log\ P_i - \sum_{i,j} P_{ij}(\tau)\log\ P_{ij}(\tau) \tag{4.58}$$

当 $\tau = 0$ 时，联合概率 $P_{ij} = P_i\delta_{ij}$，此时 $-I(\tau)$ 为数据分布的香农 (Shannon) 熵。时间延迟间隔可以选取为互信息函数的第一极小值。此处互信息量较小，折叠的部分能够比较清楚地区分，因而能够通过重构相空间来定量和定性地分析吸引子的动力学特征。图 4.14 为洛伦茨系统在参数 $\sigma = 16$，$\gamma = 45.92$，$b = 4$ 时的吸引子重构，其中 (a) 为洛伦茨系统的互信息函数随 τ 的变化 [43]；(b) 为取 $\tau = 1$ 时得到的重构图；(c) 为取 $\tau = 10$ 时得到的重构图；(d) 为取 $\tau = 20$ 时得到的重构图。可见用互信息函数的极小值 $\tau = 10$ 时的重构图要比 $\tau = 1$ 及 $\tau = 20$ 时更能反映洛伦茨系统的双圈拓扑结构。

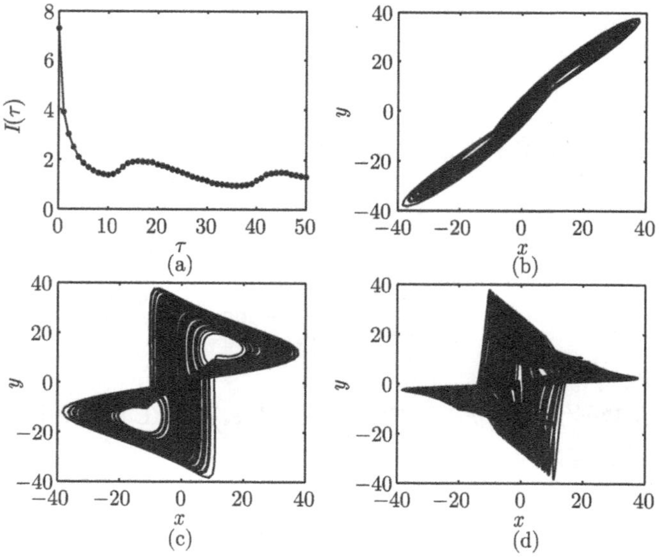

图 4.14　洛伦茨系统混沌吸引子的相空间重构

根据文献 [44]，洛斯勒系统在参数 $a = 0.15$，$b = 0.2$，$c = 10$ 时互信息随函数的第一个极小值为 $\tau = 0.23$ 个轨道或 $\tau = 1.3$ 个时间单位。图 4.15 为洛斯勒系统

在不同 τ 时的吸引子重构。显然，$\tau = 1.3$ 的重构图 (b) 最能反映洛斯勒吸引子的单圈结构。

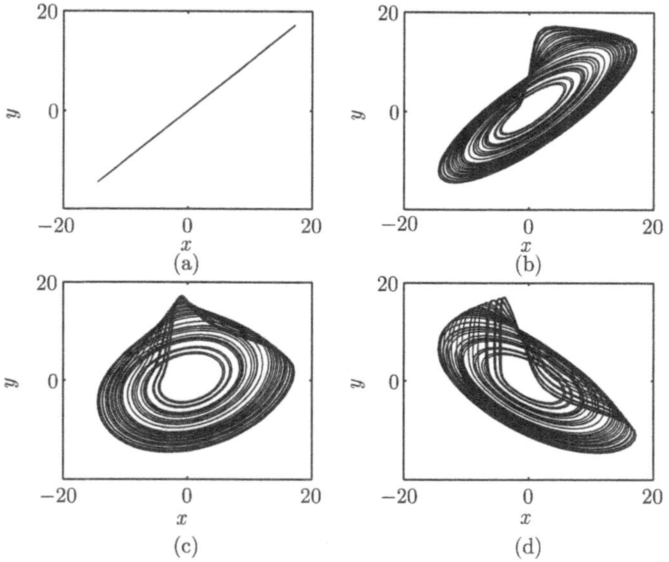

图 4.15 洛斯勒系统混沌吸引子的相空间重构

(a)$\tau = 0$；(b)$\tau = 0.6$；(c)$\tau = 1.3$；(d)$\tau = 2.2$

除了用互信息函数的第一极小值来确定 τ 外，还可用其他的方法确定延迟时间 τ，如自关联函数法及 C-C 法等，有兴趣的读者可参阅文献 [39] 及 [47]。

4.6 数值计算方法

前已述及，对于强非线性系统，解析或近似解析方法已不适用，因此常用数值方法来解决，即将微分方程转换为差分方程来求解。就目前而言，这是一种实用而有效的方法。对于不同的系统，如保守系统、耗散系统、刚性方程等，需采用不同的数值积分方法。各种具体方法可参考文献 [48]。这里主要介绍解常微分方程的龙格–库塔 (Runge-Kutta) 方法及噪声环境下的休恩 (Heun) 方法。

4.6.1 龙格–库塔方法

将一阶常微分方程初值问题写成如下形式：

$$\begin{cases} \dot{y} = f(x, y) \\ y(x_0) = y_0 \end{cases} \tag{4.59}$$

式中，$y = y(x)$ 是未知函数，$y(x_0) = y_0$ 是初值条件，而 $f(x, y)$ 是给定的二元函

数。式 (4.59) 的数值解，就是要寻找函数 $y(x)$ 在一系列离散点

$$x_1 < x_2 < \cdots < x_n < x_{n+1} < \cdots$$

上的近似值 $y_1, y_2, \cdots, y_n, y_{n+1}, \cdots$。为了计算方便，可取 $x_n = x_0 + nh (n = 0, 1, 2, \cdots)$，称 h 为积分步长。

(1) 二阶龙格–库塔公式

求解常微分方程初值问题 (4.59) 的最简单方法是 Euler 方法：

$$y_{n+1} = y_n + hf(x_n, y_n) \tag{4.60}$$

然后令 $x_{n+1} = x_n + h$ 作为新的起点去继续进行。这种方法用端点上的值 $f(x_n, y_n)$ 作为时间间隔 $n \to n+1$ 的近似值，其精度为一阶 ($O(h)$)。Euler 方法的优点是速度快，缺点是精度太低。如果用时间间隔 $n \to n+1$ 的中点来代替 $f(x_n, y_n)$，则其精度可达到二阶 ($O(h^2)$)。此时有

$$\begin{aligned} k_1 &= hf(x_n, y_n), \\ k_2 &= hf\left(x_n + \frac{1}{2}h, y_n + \frac{1}{2}k_1\right), \\ y_{n+1} &= y_n + k_2 + O(h^3) \end{aligned} \tag{4.61}$$

这就是二阶龙格–库塔公式。

(2) 四阶龙格–库塔公式

类似上面二阶龙格–库塔公式的推导，利用二元函数的泰勒展开式，可以得出任意阶的龙格–库塔公式。但科学计算中最常用的是四阶龙格–库塔公式：

$$\begin{aligned} k_1 &= hf(x_n, y_n), \\ k_2 &= hf\left(x_n + \frac{1}{2}h, y_n + \frac{1}{2}k_1\right), \\ k_3 &= hf\left(x_n + \frac{1}{2}h, y_n + \frac{1}{2}k_2\right), \\ k_4 &= hf(x_n + h, y_n + k_3), \\ \boldsymbol{y}_{n+1} &= y_n + \frac{k_1}{6} + \frac{k_2}{3} + \frac{k_3}{3} + \frac{k_4}{6} + O(h^5) \end{aligned} \tag{4.62}$$

用右边函数的四个估算值来做每一步的积分，其精度远高于基于中点方法的二阶龙格–库塔方法。二阶与四阶龙格–库塔公式是常用于求解常微分方程初值问题 (4.59) 的计算公式。

4.6.2 噪声环境下的休恩方法

考虑随机微分方程：

$$\frac{\mathrm{d}x_i}{\mathrm{d}t} = F_i(x) + G_i(x)\xi_i(t), \quad i = 1, \cdots, N \tag{4.63}$$

其中，$\xi_i(t)$ 代表高斯白噪声，并满足

$$\begin{aligned}\langle\xi(t)\rangle &= 0,\\ \langle\xi(t)\xi(t')\rangle &= \sigma^2\delta(t-t')\end{aligned}\tag{4.64}$$

这个随机微分方程组可用两种算法来积分：米尔斯屯 (Milshtein) 方法与休恩方法 [49]。

米尔斯屯方法积分的递推公式为

$$x_i(t+\delta t)=x_i(t)+[F_i(x(t))+\frac{\sigma^2}{2}G_i(x(t))\frac{\mathrm{d}G_i(x(t))}{\mathrm{d}x_i}]\mathrm{d}t+G_i(x(t))\sqrt{\sigma^2\delta t}\eta_i(t)\tag{4.65}$$

其中，$\eta_i(t)$ 代表具有零平均与均方差为 1 的高斯随机变量。米尔斯屯方法为一阶精度，因此只适合于小的步长与小的 σ。对于大的 σ，涨落会非常大。通常要求 $\sigma^2<2$。

当 $\sigma^2>2$ 时，比较适用的方法是基于二阶龙格–库塔算法的休恩方法。其积分的递推公式为

$$x_i(t+\delta t)=x_i(t)+\frac{\delta t}{2}[F_i(x(t))+F_i(y(t))]+\frac{\sqrt{\sigma^2\delta t}}{2}[G_i(x(t))+G_i(y(t))]\eta_i(t)\tag{4.66}$$

其中，$y_i(t)=x_i(t)+F(x_i(t))\delta t+G(x_i(t))\eta_i(t)\sqrt{\sigma^2\delta t}$。

若需要更高精度的随机微分算法时，请参考文献 [50] ~ [53]。

将白噪声 $\xi(t)$ 的关联函数进行傅里叶展开：$S(\omega)=\int \mathrm{e}^{-\mathrm{i}\omega\tau}2D\delta(\tau)\mathrm{d}\tau=2D$，可见其功率谱 $S(\omega)$ 与 ω 无关，即谱为白谱。又因 $\xi(t)$ 为高斯分布形式，又称高斯白噪声。这只是一种近似，实际上，真正的白噪声是没有的，因为它需要无穷大的功率才能产生 ($W\sim\int S(\omega)\mathrm{d}\omega=\infty$)。自然界广泛存在的是色噪声，其中典型的为 O-U 噪声：$\langle\eta(t)\eta(t')\rangle=\frac{D}{\tau_0}\mathrm{e}^{-|t-t'|/\tau_0}$，$\tau_0$ 为关联时间。当 $\tau_0\to 0$ 时就回到白噪声。功率谱为 $S(\omega)=\int \mathrm{e}^{-\mathrm{i}\omega\tau}\frac{D}{\tau_0}\mathrm{e}^{-|t-t'|/\tau_0}\mathrm{d}\tau=\frac{D}{1+\tau_0^2\omega^2}$，它和 ω 的关系是洛伦茨函数关系。

4.7 习　题

4.1 用蜘蛛网图找出平方映射 $Q_c(x)=x^2-c$ 在间隔 $[-2,2]$ 内的固定点并确定所有固定点的稳定性，其中 $c\in[0,2]$。

4.2 考虑平方映射 $Q_c(x)=x^2+c$，其中 c 为参数

(a) 画 $c>1/4$，$c=1/4$ 及 $c<1/4$ 的蜘蛛网图；

(b) 确定 (a) 中固定点的稳定性。

4.3 (康托尔五分集)。令 $S_0=[0,1]$，移去其中间的 1/5，即 (2/5, 3/5)，剩下的集用 S_1 表示，因此 $S_1=[0,2/5]U[3/5,1]$。然后移去 S_1 的两段中每段的中间 1/5 得 $S_2=[0,4/25]\ U[6/25,2/5]\ U[3/5,19/25]\ U[21/25,1]$。按此方式定义 S_n。证明集 $K=\cap_{n=0}^{\infty}S_n$ 是一个康托尔集。

4.4 映射 f 的李雅普诺夫指数 $\lambda(x_0)$ 的粗略估算可由下列公式得到：$\lambda(x_0)\approx\dfrac{1}{n}\ln|\dfrac{e_n}{e_0}|$，其中 e_0 为 x_0 上的初始误差，$e_n=|f^n(x_0+e_0)-f^n(x_0)|$ 为 n 次迭代后的误差。用此公式估计下列情形下的李雅普诺夫指数

(a) $f(x)=4x^3-3x,\quad x\in[-1,1]$，$n=5,6,7\quad x_0=0.1$，$\quad e_0=0.01$；

(b) $f(x)=4x(1-x),\quad x\in[0,1]$，$n=5,6,7\quad x_0=0.1$，$\quad e_0=0.01$；

(c) $f(x)=8x^4-8x^2,\quad x\in[-1,1]$，$n=5,6,7\quad x_0=0.1$，$\quad e_0=0.01$；

(d) $f(x)=\sin x,\quad x\in[0,2\pi]$，$n=5,6,7\quad x_0=0.3$，$\quad e_0=0.01$。

4.5 求康托尔三分集与康托尔五分集的计盒维数。

4.6 考虑二维映射 $x_{n+1}=3x_n \mod 1$，$\boldsymbol{y}_{n+1}=\lambda\boldsymbol{y}_n+2\cos(2\pi x_n)$。

(a) 求其李雅普诺夫指数；

(b) 求 $\lambda=1/4$ 与 $\lambda=1/2$ 时的李雅普诺夫维数；

(c) 证明 $|\lambda|<1$ 时，此映射有一吸引子且位于 $|y|\leqslant 2/(1-|\lambda|)$。

4.7 编一程序计算埃农映射的最大李雅普诺夫指数 λ_1。对 $A=1.4$，$0\leqslant B\leqslant 0.3$，给出 λ_1 与 B 的关系图，并用关系 $\lambda_1+\lambda_2=\ln|B|$ 给出此范围内的李雅普诺夫维数。

4.8 你如何理解“海岸线有多长？”这种提法不正确？

第 5 章　耦合混沌系统的集体行为——混沌同步化

5.1　同步化现象

我们的周围充满着振荡式的现象：无线通信、小提琴演奏、秋蝉与蟋蟀的鸣叫、萤火虫的闪闪发光、飞鸟拍打翅膀、化学反应浓度的振荡行为、人体心脏收缩、癫痫病颤抖等，所有这些现象以及它们的系统具有一个共同的特征：它们均产生节律。通常情况下这些系统并不孤立于环境，而是与其他物体相互作用，即它们为开放系统。支配日常循环的生物钟受白天、黑夜及季节变化的影响，小提琴家会很容易地听到近邻弹奏的音乐，萤火虫会受到整体发光的影响，节律脑活动的不同中心可以相互影响等。这些相互作用可能非常微弱，有些甚至难以觉察。然而它却通常产生定性的转变：物体会调节自身的节律来适应其他的物体。其结果是小提琴家们按照统一的步调演奏、昆虫以相同的速率发光或发声、小鸟们同时扇动翅膀等。这些行为就是同步化 [54]。

同步化现象是由荷兰科学家惠更斯 (Huygens) 于 1665 年发现的。他当时在从事天文学方面的工作，这方面工作中的一个问题是如何提高计时的准确性。这个问题萌发了惠更斯要设计一个摆钟来极大地提高时间测量精度的想法。在发明了摆钟后，他发现挂在同一支持物上的一对摆钟达到了同步化，即它们的振荡精确地一致且摆总是在相反的方向上移动。这个发现是在一次航海中完成的，当时惠更斯生病了，躺在床上无事可干，只好看他的钟。然后他注意到，不管他把它们的初始位置放在何处，这两个钟最后都会归于同步。惠更斯于是怀疑这两个钟必定是在相互影响着。为确定此影响是否来自于同一支持物，他将它们分别挂在相对的墙上。然后他发现钟之间的同步化逐渐失去，一天之内的时差达 5s。惠更斯的发现属于两个系统间的同步，而 1680 年荷兰物理学家肯木佛 (Kaempfer) 在探险中的发现则属于多个系统间的同步。他发现：在东南亚地区，一些停在红杉树上的萤火虫可以同时发光并同时熄灭，发光时照耀数里，而熄灭时则漆黑一片，即表现出非常高的同步化效应 (The glowworms ··· represent another shew, which settle on some trees, like a fiery cloud, with this surprising circumstance, that a swarm of these insects, having taken possession of one tree ··· sometimes hide their light all at once, and a moment after make it appear again with the utmost regularity and exactness ···.)。当时，并不知道为什么会发生这种行为，现在，有了混沌同步化理论就可以很方便地理解了。

随后，周期系统或极限环振子中的同步化现象得到了广泛的研究，像月亮绕着地球的旋转及地球绕太阳的旋转等。甚至日常生活中玩的游戏：说大时做一个小圈动作，说小时做一个大圈动作，这也是同步化的过程。最近，同步化的研究已经移到了混沌系统。我们知道，混沌系统最基本的特点就是轨道对初值的敏感依赖性或相邻轨道的指数分离，这个特点决定了混沌系统本质上是拒绝同步化的。由于实验上不可能精确地探测初始条件，因此混沌同步化的实现对追踪混沌轨道就具有特别重要的意义。

现已发现，对两个耦合混沌系统，随着耦合强度的变化，其耦合行为可以表现出不同形式及不同程度的同步化，如完全同步化、相同步化、延迟同步化及广义同步化等。本章将对它们逐一进行介绍。

5.2　完全同步化

混沌同步化是指两个混沌系统由于耦合的作用而各自调节其运动到一个共同行为的过程。主要有两种耦合方式可达到同步化：单向耦合及双向耦合。对于前者，耦合系统由两个子系统组成，它们构成驱动–响应方式。驱动系统自由地运动，而响应系统受驱动系统支配并追踪驱动系统的行为，即响应系统受到了外部驱动的混沌力的作用，从而达到与外部混沌信号一致的状态，比如混沌通信。对于后者，两个子系统相互耦合并各自调节其节律到共同的同步化流形，从而诱导出相互同步化的行为，比如心脏与呼吸系统、具有反馈的耦合激光系统等。不管是那种耦合方式，只要最后两个子系统的行为完全一样就称为完全同步化 (identical synchronization)[55]。

实现完全同步化的耦合方式可以有很多种，像单向耦合、双向耦合、扩散耦合、脉冲耦合以及负反馈等。但检验完全同步化的方式只有一个，即同步化误差必须渐近趋于零。考虑两个全同的混沌系统：

$$\begin{aligned}\dot{\boldsymbol{x}} &= f(\boldsymbol{x}) + k_1(\boldsymbol{y} - \boldsymbol{x})\\ \dot{\boldsymbol{y}} &= f(\boldsymbol{y}) + k_2(\boldsymbol{x} - \boldsymbol{y})\end{aligned} \tag{5.1}$$

其中，k_1, k_2 为耦合矩阵。当 $k_1 = 0, k_2 \neq 0$ 时，就是单向耦合，而 $k_1 \neq 0, k_2 \neq 0$ 时为双向耦合。同步化误差可以定义为 $e(t) = ||\boldsymbol{x} - \boldsymbol{y}||$。如果 $\lim_{t\to\infty} e(t) = 0$，我们就说 $\boldsymbol{x}$ 与 $\boldsymbol{y}$ 达到了完全同步化。现取洛伦茨系统为例：

$$\begin{aligned}\dot{x}_{1,2} &= \sigma(y_{1,2} - x_{1,2}) + k(x_{2,1} - x_{1,2})\\ \dot{y}_{1,2} &= \gamma x_{1,2} - y_{1,2} - x_{1,2}z_{1,2}\\ \dot{z}_{1,2} &= -bz_{1,2} + x_{1,2}y_{1,2}\end{aligned} \tag{5.2}$$

其中，$\sigma = 10$，$\gamma = 28$，$b = 8/3$。图 5.1 给出了不同耦合强度下的同步化过程，其中 $e = \sqrt{(x_1 - x_2)^2 + (y_1 - y_2)^2 + (z_1 - z_2)^2}$。可见，当 $k < k_c$ 时确实有 $\lim_{t\to\infty} e(t) \neq 0$；而当 $k \geqslant k_c$ 时，我们有 $\lim_{t\to\infty} e(t) \to 0$。

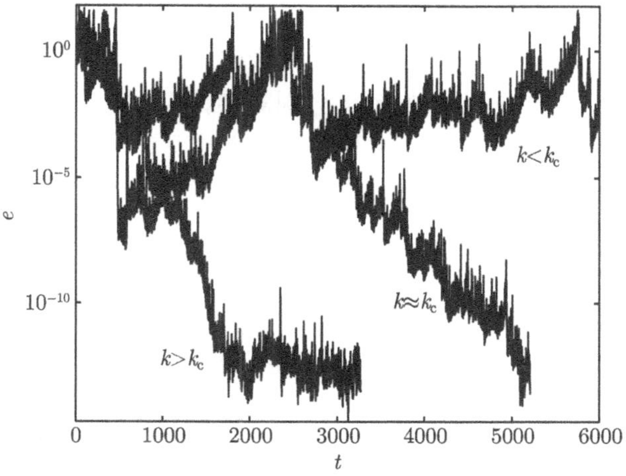

图 5.1 不同耦合强度下同步化误差的演化

同步化建立的临界耦合 k_c 可通过实验上的反复试验而得，亦可通过稳定性条件的分析而得到。由于全同系统的耦合系统是对称的，在交换变量 $\boldsymbol{x}, \boldsymbol{y}$ 时其形式保持不变，因此同步化态 $\boldsymbol{x}(t) = \boldsymbol{y}(t)$ 对所有的耦合常数 k 均为式 (5.1) 的解。即如果初始条件是对称的 $(\boldsymbol{x}(0) = \boldsymbol{y}(0))$，此对称性将会永远保持。如果我们希望不仅是在特殊的初始值下，而是对一般的初值条件均能观察到同步化态，则必须施加稳定性条件，即完全同步化态应为稳定的吸引子。为实现此条件，现对式 (5.1) 作变换。考虑 $k_1 = k_2 = k$ 的情形并令

$$\begin{aligned} \boldsymbol{u} &= \frac{\boldsymbol{x} + \boldsymbol{y}}{2} \\ \boldsymbol{v} &= \frac{\boldsymbol{x} - \boldsymbol{y}}{2} \end{aligned} \tag{5.3}$$

则有

$$\begin{aligned} \dot{\boldsymbol{u}} &= \frac{1}{2}[f(\boldsymbol{u} + \boldsymbol{v}) + f(\boldsymbol{u} - \boldsymbol{v})] \\ \dot{\boldsymbol{v}} &= \frac{1}{2}[f(\boldsymbol{u} + \boldsymbol{v}) - f(\boldsymbol{u} - \boldsymbol{v})] - 2k\boldsymbol{v} \end{aligned} \tag{5.4}$$

相应地，我们有 $\boldsymbol{x} = \boldsymbol{u} + \boldsymbol{v}, \boldsymbol{y} = \boldsymbol{u} - \boldsymbol{v}$。$\boldsymbol{u}$ 代表系统的轨道方向或纵向，$\boldsymbol{v}$ 则代表与系统的轨道方向垂直的横向方向。若两耦合系统之间的横向距离越来越近，则它们趋于同步化。当横向距离为 0 时，就达到了完全同步化。完全同步化态 $\boldsymbol{x} - \boldsymbol{y} = 0$

的稳定性由其线性化方程

$$\delta\dot{\boldsymbol{u}} = f'(\boldsymbol{u})\delta\boldsymbol{u}$$
$$\delta\dot{\boldsymbol{v}} = (f'(\boldsymbol{u}) - 2k)\delta\boldsymbol{v} \tag{5.5}$$

决定。由于线性化近似下扰动 $\delta\boldsymbol{u}$ 与 $\delta\boldsymbol{v}$ 可看作为相互独立的，因此纵向 (对称的，$\delta\boldsymbol{u}$) 及横向 (非对称的，$\delta\boldsymbol{v}$) 扰动可分别对待。这种处理的关键在于线性方程支配着混沌态扰动的增长与衰减。这种增长与衰减可定量地由李雅普诺夫指数来测量。对应 $\delta\boldsymbol{v}$ 的李雅普诺夫指数称为横向李雅普诺夫指数，它们描述同步化流形 $\boldsymbol{x} = \boldsymbol{y}$ 的横向稳定性。对于 m 维的耦合系统，横向李雅普诺夫指数有 m 个。当最大的横向李雅普诺夫指数为负时，所有的横向李雅普诺夫指数就都为负，此时系统处于稳定的同步化状态。最大横向李雅普诺夫指数 $\lambda_{\perp}^{\max}$ 对应于横向子空间的最大发散方向，即横向距离的自由行走方向，可定义为

$$\lambda_{\perp}^{\max} = \lim_{t\to\infty} \frac{1}{t} \ln\left(\frac{|\delta\boldsymbol{v}(\boldsymbol{t})|}{|\delta\boldsymbol{v}(0)|}\right) \tag{5.6}$$

大多数情况下，此计算公式无法解析求解，因此需数值计算。在计算时应注意的一点是由于变分方程 (5.5) 不是完全独立的，因此需要将变分方程 (5.5) 与原方程 (5.1) 放在一起同时积分。对于同步化流形 $\boldsymbol{x} = \boldsymbol{y}$ 的稳定性问题，只需要计算最大的横向李雅普诺夫指数 $\lambda_{\perp}^{\max}$ 即可。同步化态的稳定性判据为

$\lambda_{\perp}^{\max} > 0$：同步化流形 $\boldsymbol{x} = \boldsymbol{y}$ 是不稳定的；

$\lambda_{\perp}^{\max} < 0$：同步化流形 $\boldsymbol{x} = \boldsymbol{y}$ 是稳定的。

因此同步化建立的临界耦合 $k_{\rm c}$ 可由 $\lambda_{\perp}^{\max} = 0$ 给出。比如对上面的耦合洛伦茨系统 (5.2)，这样给出的 $k_{\rm c} \approx 3.92$，见图 5.2。

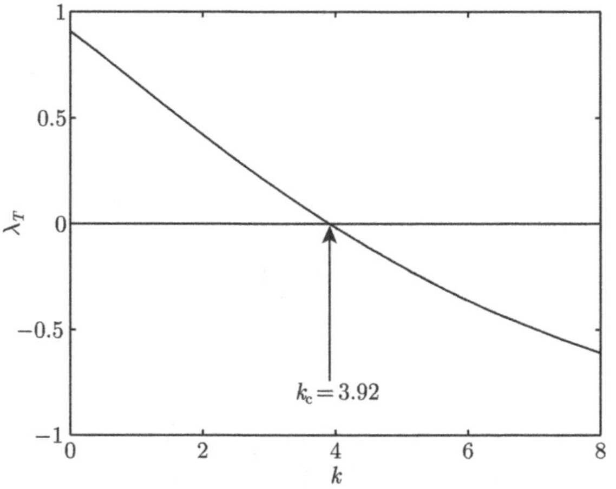

图 5.2　耦合洛伦茨系统的最大横向李雅普诺夫指数

5.3 相同步化

完全同步化只适用于全同的混沌系统，而实验及真实系统通常并不是全同的，其参数会有适当程度的不匹配，因此不存在不变流形 $\boldsymbol{x}=\boldsymbol{y}$。对于非全同的耦合混沌系统，随着耦合强度的增加，系统将首先出现一种弱同步化的行为，即相同步化。此时混沌振子的相是锁住的，而其振幅保持着高度的非相关性。当耦合强度进一步增加时，系统就会进入一个较强的同步化区域，其振幅变得相关。此时若作一合适的时间平移，则两个混沌振子的状态就会变得有些相同，此种关系称为延迟同步化。在更强的耦合强度处，时间延迟会趋于零，两个非全同的系统会变得几乎完全同步。当不同的混沌系统 $\boldsymbol{x}=f_1(\boldsymbol{x})$ 与 $\boldsymbol{y}=f_2(\boldsymbol{y})$ 受到了足够强的耦合时，其动力学可限制在系统 $(\boldsymbol{x},\boldsymbol{y})$ 的整个相空间中的某一子空间。由于非全同性，此子空间不是 $\boldsymbol{x}=\boldsymbol{y}$，而是一个更复杂的函数关系 $\boldsymbol{y}=h(\boldsymbol{x})$。此种关系称为广义同步化。这种隐藏的同步化行为可看成完全同步化的推广，这里函数 $h(\boldsymbol{x})$ 取代了全同函数的特殊形式。本节先讨论相同步化的刻画。

相同步化中最重要的就是相的定义。什么是相呢？对于一些简单的混沌行为，如图 5.3(a)，可仿照周期振子的极限环行为来定义相 $\phi=\arctan(y/x)$。这种相就是角度 [56]，相的变化就是角度的变化。如果混沌振子的流具有沿某一特定参考点的合适旋转，则相可按周期振子的情形来定义，这种相可称为平面相。平面相在特定的情形下可用于高维系统，比如对三维的情形，我们可将其投影到二维平面上。如果在平面上的投影有较好的旋转性 (都围绕一个中心旋转)，则可用上述定义。

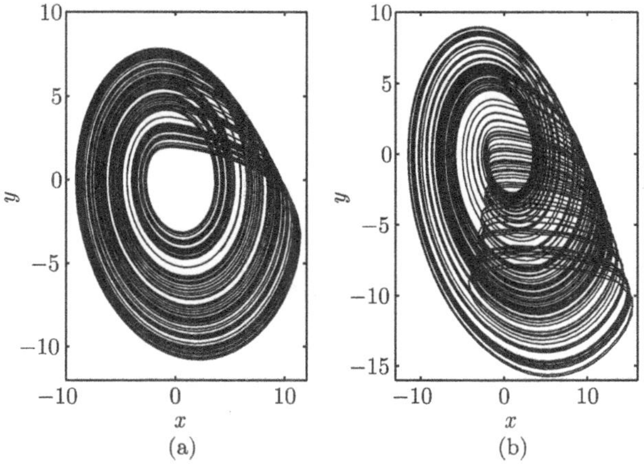

图 5.3 两个典型的洛斯勒混沌吸引子

(a) 正常相吸引子；(b) 漏斗吸引子

如果两个混沌振子的相 $\phi_{1,2}$ 具有固定的比率 $n:m$，或 $|n\phi_1 - m\phi_2| <$ 常数，则称其为锁相。由于频率 $\omega_i = \dot{\phi}_i$，因此这种锁相的结果亦导致锁频。这种具有单一旋转中心的混沌流也可用一合适的庞加莱截面来定义其相。两次连续穿过庞加莱截面等价于 2π 的相增量，而两次相交之间的相可用线性插入法获得

$$\phi(t) = 2\pi k + 2\pi \frac{t - \tau_k}{\tau_{k+1} - \tau_k} \quad (\tau_k < t < \tau_{k+1}) \tag{5.7}$$

其中，τ_k 为第 k 次穿过庞加莱截面的时间。庞加莱截面的取法可以有很多种，比如图 5.3(a) 中，除了可取 $x = 0$ 或 $y = 0$ 外，时间序列的逐次最大或最小值就对应于一个特殊的庞加莱截面，于是相可通过检查标量混沌时间序列的最大或最小值来等价地定义，而无需重构高维相空间中的动力学与寻找庞加莱截面。这种定义得到的相是分段线性的，它不考虑相邻极大值之间的相位涨落。

有的系统虽不能表示为单一的旋转中心，但若能通过某种变换而表示为单一的旋转中心时，以上方法也可使用。例如，具有两个旋转中心的洛伦茨系统。若进行变换 $u = \sqrt{x^2 + y^2}$，则平面 (u, z) 上的轨道就变为单旋转中心。变换后的轨道如图 5.4 所示，其中心位于 $u \approx 12$，$z \approx 27$。这种单旋转中心的相动力学可解释为两个过程的叠加：具有平均频率的旋转及扩散 (无规行走)。需要指出的是，这种由双圈变换为单圈的操作来自于洛伦茨系统的对称性，对其他的系统则不一定成立。

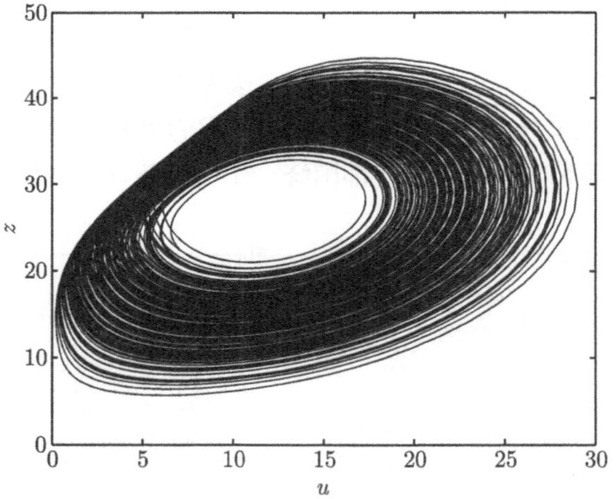

图 5.4　变换后的洛伦茨吸引子

对于比较复杂的混沌系统，若其不能表示或转化成单一的旋转中心时，以上方法失效。比如图 5.3(b) 中的漏斗状混沌洛斯勒吸引子，此时可用一种基于曲率的方法来检测相同步化 [57]。对于任意两维曲线 $r = (x, y)$，每点的角速度为 $\omega = \frac{1}{R}\mathrm{d}s/\mathrm{d}t$，其中，$\mathrm{d}s/\mathrm{d}t = \sqrt{\dot{x}^2 + \dot{y}^2}$ 为沿曲线的速度，$R = (\dot{x}^2 + \dot{y}^2)^{3/2}/\sqrt{\dot{y}\ddot{x} - \ddot{y}\dot{x}}$ 为曲率半径。如果各点均有 $R > 0$，则 $\omega = \mathrm{d}\phi/\mathrm{d}t = (\dot{y}\ddot{x} - \ddot{y}\dot{x})/(\dot{x}^2 + \dot{y}^2)$ 为正的。因此

$\phi = \int \omega \mathrm{d}t = \arctan(\dot{y}/\dot{x})$ 为时间的单调增加角函数，可当作此种情形下的相定义。直观上，$\tan\phi = \dot{y}/\dot{x} = \mathrm{d}y/\mathrm{d}x$ 可看成曲线的斜率或切线。

更一般地，我们可使用分析信号方法或局部旋转一致性方法来检测相同步化 [58, 59]。在分析信号方法中，对于观察到的标量时间序列 $S(t)$ 进行希尔伯特 (Hilbert) 变换得

$$\tilde{S}(t) = \frac{1}{\pi}\mathrm{P.V.}\int_{-\infty}^{\infty} \frac{S(\tau)}{t-\tau}\mathrm{d}\tau \tag{5.8}$$

这里 P.V. 代表积分中的柯西 (Cauchy) 主值。然后构造分析信号 $\psi(t) = S(t) + \mathrm{i}\tilde{S}(t) = A(t)\mathrm{e}^{\mathrm{i}\phi(t)}$，从而有相 $\phi(t) = \arctan(\tilde{S}(t)/S(t))$。数值模拟中 $\tilde{S}(t)$ 可通过傅里叶变换求出：首先将 $S(\tau)$ 作快速傅里叶变换，然后将变换后的序列平移 $\pi/2$ 相位并进行逆傅里叶变换即可得 $\tilde{S}(t)$。这种方法对单一旋转中心的系统有比较好的效果，但对多旋转中心 (如两旋转中心的洛伦茨系统) 及无固定旋转中心 (如漏斗洛斯勒系统) 的系统不太适用。

在局部旋转一致性方法中我们无须定义相，而是通过比较局部的旋转速度。此方法基于一切混沌时间序列均可看成某种方式的旋转。具体做法如下：取一时间序列，将其等分为长度为 τ 的时间序列段，数出每段中所转的圈数，可得圈数随段变化的关系。若有另一时间序列，其对应序列段中的圈数具有相同或相近的增加或降低的趋势，则它们之间为相同步化，如图 5.5 所示，其中 $n_1(\tau)$ 与 $n_2(\tau)$ 为时间间隔 τ 内的旋转圈数。

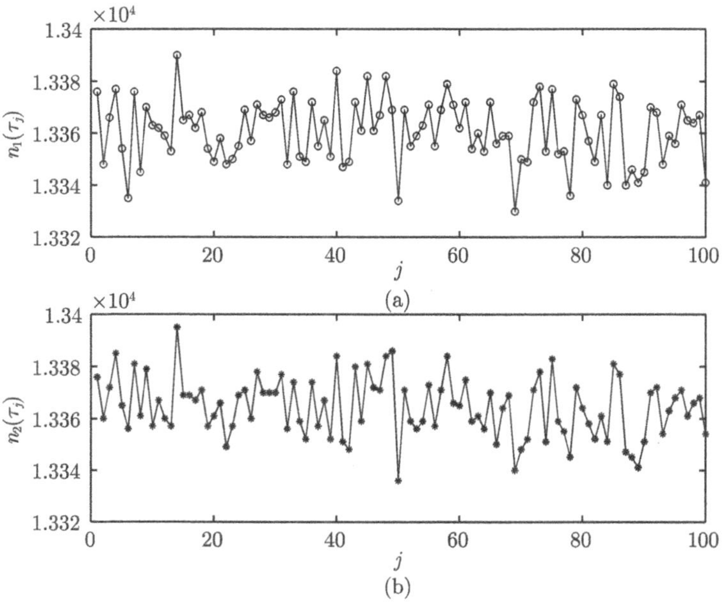

图 5.5 同步化时间序列间的旋转一致性

定量地可取 $S_{1,2}(\tau_j) = 1$ 表示 $n_{1,2}(\tau_j) > n_{1,2}(\tau_{j-1})$，$S_{1,2}(\tau_j) = -1$ 表示 $n_{1,2}(\tau_j) < n_{1,2}(\tau_{j-1})$，则 $S_1(\tau_j)$ 与 $S_2(\tau_j)$ 间的关联 $\beta = \langle S_1(\tau_j)S_2(\tau_j)\rangle$ 就量度了相同步化的程度。$\beta = 0$ 表示没有相同步化，$\beta = 1$ 表示锁相。比如，考虑噪声环境下的耦合洛伦茨系统：

$$\begin{aligned}\dot{x}_{1,2} &= \sigma_{1,2}(y_{1,2} - x_{1,2}) + k(x_{2,1} - x_{1,2}) + D\xi^x_{1,2}(t)\\ \dot{y}_{1,2} &= 28x_{1,2} - y_{1,2} - x_{1,2}z_{1,2} + D\xi^y_{1,2}(t)\\ \dot{z}_{1,2} &= -8/3z_{1,2} + x_{1,2}y_{1,2} + D\xi^z_{1,2}(t)\end{aligned} \tag{5.9}$$

其中 $D = 0.01$。数值模拟发现，当耦合强度 $k \approx 4.0$ 时出现相同步化，此时横向李雅普诺夫指数变负，同时 β 有明显的跳跃。图 5.6(a)(c)(e) 给出了 $\sigma_1 = \sigma_2 = 10$ 的情形，(b)(d)(f) 给出了 $\sigma_1 = 10$，$\sigma_2 = 11$ 的情形。

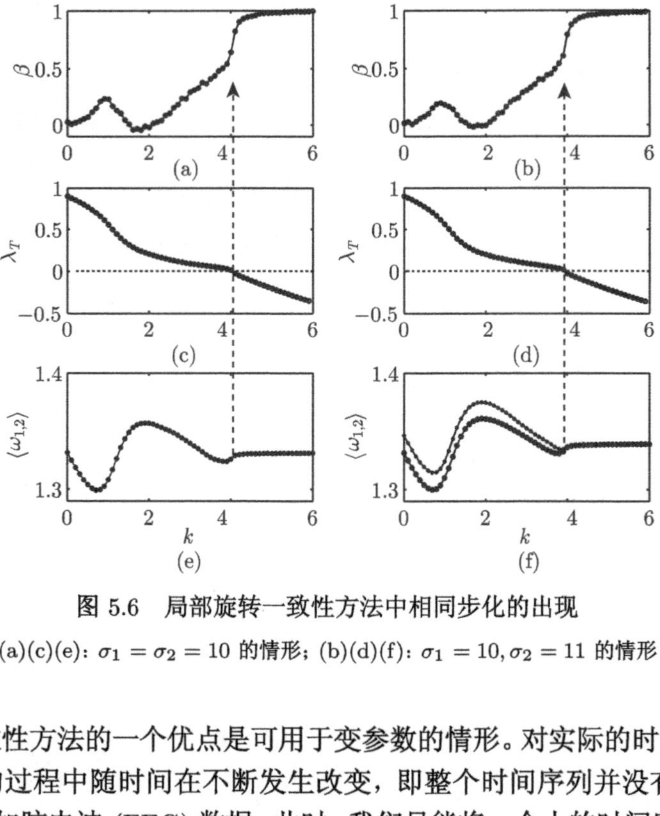

图 5.6 局部旋转一致性方法中相同步化的出现

(a)(c)(e)：$\sigma_1 = \sigma_2 = 10$ 的情形；(b)(d)(f)：$\sigma_1 = 10, \sigma_2 = 11$ 的情形

旋转一致性方法的一个优点是可用于变参数的情形。对实际的时间序列，耦合强度在演化的过程中随时间在不断发生改变，即整个时间序列并没有一个固定的耦合强度，比如脑电波 (EEG) 数据。此时，我们只能将一个小的时间序列段的耦合近似看作为常数，然后借助于滑移窗口技术来求出各小段的 β_s，详情见文献 [58], [59]。图 5.7(a)~(c) 给出了耦合强度随时间变化较慢的情形，(d)~(f) 给出了耦合强度随时间变化较快的情形。

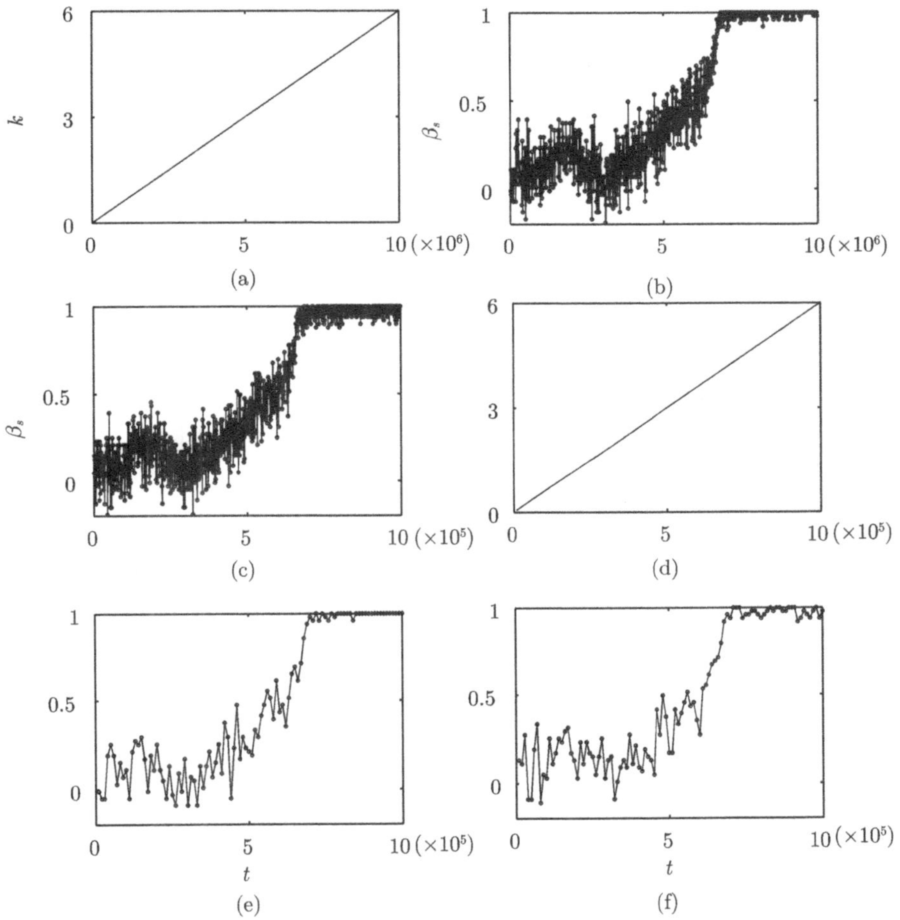

图 5.7 耦合强度随时间变化的情形

(a)~(c)：耦合强度变化慢的情形；(d)~(f)：耦合强度变化快的情形

除了两个混沌系统间的耦合相同步化外，相同步化的另一表现形式为振子与周期驱动间的锁频 [60]。比如考虑如下周期驱动的洛斯勒振子：

$$\begin{aligned}\dot{x} &= -\omega y - z + E\sin\Omega_e t\\ \dot{y} &= \omega x + ay\\ \dot{z} &= f + z(x - c)\end{aligned} \tag{5.10}$$

取 $\omega = 0.97$，$f = 0.2$，$c = 10$，$a = 0.04$ 时，自由的洛斯勒振子 ($E = 0$) 显示频率为 $\Omega = 0.981$ 的周期运动。当有外部驱动时 ($E \neq 0$)，此频率将会改变。当 $E > E_c$ 后频率 Ω 将变得与外部驱动频率一样，且在一定范围内随驱动频率的变化而变化，即出现 $1:1$ 的锁频。比如取 $\Omega_e = 1$ 时，当 $E \geqslant 0.4$ 后就会出现 $1:1$ 的锁频，而

当 $\Omega_e = 0.981$ 时，锁频的范围随外部驱动强度 E 的增加而增加。图 5.8 显示了各不同驱动频率 Ω_e 下的锁频范围，其构成一个阿诺德舌头。

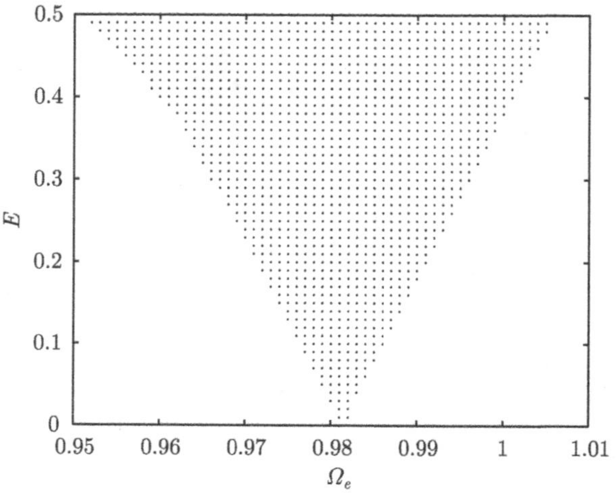

图 5.8　外部驱动下的锁频

5.4　延迟同步化

延迟同步化要求的耦合强度比相同步化更强，此时系统的振幅间已建立了固定的关系。除了时间延迟外，两个振子的状态几乎一样，即 $x_2(t+\tau_0) \approx x_1(t)$，$y_2(t+\tau_0) \approx y_1(t)$，$z_2(t+\tau_0) \approx z_1(t)$。延迟同步化可用相似函数 $S(\tau)$ 来刻画[56]：

$$S^2(\tau) = \frac{\langle (x_2(t+\tau) - x_1(t))^2 \rangle}{\sqrt{\langle x_1^2(t) \rangle \langle x_2^2(t) \rangle}} \tag{5.11}$$

通过改变 τ 可搜寻其最小值 $\sigma = \min_\tau S(\tau) = S(\tau = \tau_0)$。这个方法与交叉关联函数 $\langle (x_2(t+\tau)x_1(t))^2 \rangle$ 比较相似，但 S 特别适用于测量两个时间序列间的延迟同步比，此时某非零 τ_0 处的 $S = 0$ 表征延迟同步化。

取两个耦合混沌洛斯勒振子为例：

$$\begin{aligned} \dot{x}_{1,2} &= -\omega_{1,2} y_{1,2} - z_{1,2} + k(x_{2,1} - x_{1,2}) \\ \dot{y}_{1,2} &= \omega_{1,2} x_{1,2} + a y_{1,2} \\ \dot{z}_{1,2} &= -b + z_{1,2}(x_{1,2} - c) \end{aligned} \tag{5.12}$$

其中 $\omega_{1,2} = 0.97 \pm 0.02$, $a = 0.165$, $b = 0.2$, $c = 10$。其相似性函数如图 5.9 所示，可见 $k = 0.15$ 时，$S(\tau)$ 变为零，表示延迟同步化的建立。延迟同步化建立后，对应变量间的关系可通过时间平移而化为直线，如图 5.10 所示，其中 (a) 表示正常相空间中的延迟同步化情形，(b) 表示在延迟相空间中的延迟同步化情形。在有噪声的实际系统情形，只要能得到近似的斜率为 1 的直线就可算作延迟同步化的建立。

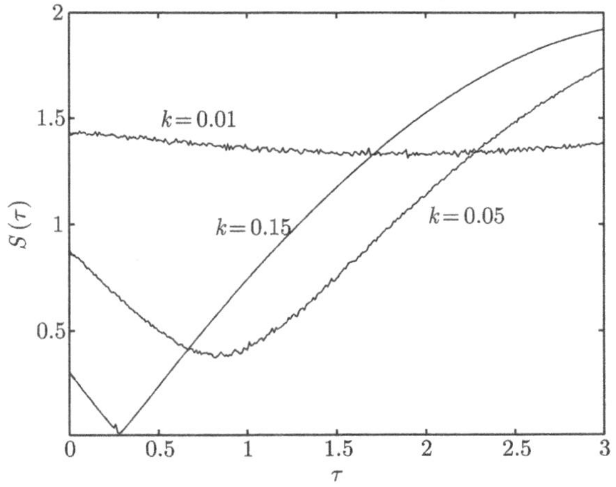

图 5.9　不同耦合强度下相似性函数随延迟时间的变化关系

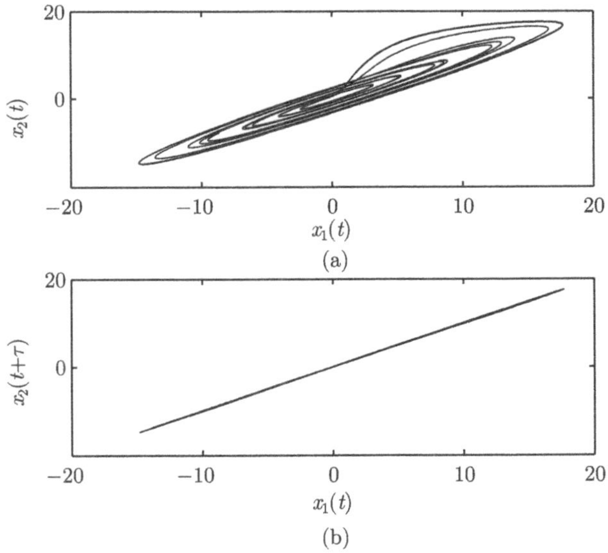

图 5.10　$k=0.2, \tau_0=0.21$ 时的延迟同步化

5.5　广义同步化

当两个耦合系统间存在着本质的区别时，相空间中不可能有吸引系统轨道的平凡同步化流形，因此，此时的同步化概念需要推广。假定有两个不同的混沌系统 $\boldsymbol{x}$ 与 $\boldsymbol{y}$，如果它们之间存在着函数关系 $\boldsymbol{y}(t)=\psi(\boldsymbol{x}(t))$，则称它们间的关系为广义

同步化。如果函数 ψ 为光滑可微的，则叫强同步化，否则为弱同步化 [61]。考虑单向耦合的混沌系统:

$$\begin{aligned}\dot{\boldsymbol{x}} &= \boldsymbol{F}(\boldsymbol{x})\\ \dot{\boldsymbol{y}} &= \boldsymbol{G}(\boldsymbol{y}, \boldsymbol{h}(\boldsymbol{x}))\end{aligned} \tag{5.13}$$

与完全同步化的情形一样，广义同步化等价于响应系统的渐近稳定性，即如果 $\lim_{t\to\infty} ||\boldsymbol{y}(t,\boldsymbol{x}(0),\boldsymbol{y}_1(0)) - \boldsymbol{y}(t,\boldsymbol{x}(0),\boldsymbol{y}_2(0))|| = 0$，则响应系统是渐近稳定的，这里 $(\boldsymbol{x}(0),\boldsymbol{y}_1(0))$ 与 $(\boldsymbol{x}(0),\boldsymbol{y}_2(0))$ 为同步化吸引域中的两个一般的初始条件。换句话说，当驱动的效果导致响应系统忘记其初始条件或对初值条件不敏感时，函数 $\boldsymbol{y} = \psi(\boldsymbol{x})$ 就存在。与完全同步化情形比较可发现，那里的同步化流形 $\boldsymbol{y} = \boldsymbol{x}$ 为新的广义同步化流形 $\boldsymbol{y} = \psi(\boldsymbol{x})$ 所取代。

条件李雅普诺夫指数指在以 $\boldsymbol{x}$ 为驱动变量的条件下，$\boldsymbol{y}$ 系统的李雅普诺夫指数。可按如下方式求得: 对 $\boldsymbol{y}$ 系统求变分 $\delta\dot{\boldsymbol{y}}$ 时，将 $\boldsymbol{x}$ 考虑为常数，即有 $\delta\dot{\boldsymbol{y}} = \dfrac{\partial \boldsymbol{G}}{\partial \boldsymbol{y}}\delta\boldsymbol{y}$，从而得出受 $\boldsymbol{x}$ 驱动的 $\boldsymbol{y}$ 系统的条件李雅普诺夫指数 λ_{con}。当最大条件李雅普诺夫指数 $\lambda_{\text{con}}^{\max}$ 为负时，$\boldsymbol{y}$ 系统对初始条件不敏感。

广义同步化的稳定性判据为: 如果响应系统的最大条件李雅普诺夫指数为负，则 $\boldsymbol{y} = \psi(\boldsymbol{x})$ 是稳定的。据此，除了响应系统外，可构造一辅助系统 $\boldsymbol{y}'$，其由相同的驱动系统 $\boldsymbol{x}$ 驱动，即

$$\dot{\boldsymbol{y}}' = \boldsymbol{G}(\boldsymbol{y}', \boldsymbol{h}(\boldsymbol{x})) \tag{5.14}$$

如果 $\lim_{t\to\infty} ||y'(t) - y(t)|| = 0$，则存在广义同步化 $\boldsymbol{y} = \psi(\boldsymbol{x})$。此即为检测广义同步化的辅助系统方法。下面讨论一个广义同步化的例子，耦合的洛斯勒与洛伦茨系统:

$$\text{驱动系统}\begin{cases}\dot{x}_1 = -\alpha(x_2 + x_3)\\ \dot{x}_2 = \alpha(x_1 + 0.2x_2)\\ \dot{x}_3 = \alpha(0.2 + x_3(x_1 - 5.7))\end{cases}$$

$$\text{响应系统}\begin{cases}\dot{y}_1 = 10(-y_1 + y_2)\\ \dot{y}_2 = 28y_1 - y_2 - y_1y_3 + kx_2\\ \dot{y}_3 = y_1y_2 - 8/3y_3\end{cases}$$

$$\text{辅助系统}\begin{cases}\dot{y}'_1 = 10(-y'_1 + y'_2)\\ \dot{y}'_2 = 28y'_1 - y'_2 - y'_1y'_3 + kx_2\\ \dot{y}'_3 = y'_1y'_2 - 8/3y'_3\end{cases}$$

这里洛斯勒为驱动系统，而洛伦茨为响应系统。这种取法的潜在原因是洛伦茨系统具有强的鲁棒性，而洛斯勒系统则较柔软，易随外界扰动而变化。若以洛斯勒系统为响应系统时，其达到广义同步化时的吸引子形状会被彻底地破坏。参数 α 调节驱动的特征时间尺度。取 $\alpha = 6.0$ 时，驱动系统与响应系统有近似相同的周期。此时同步化后的系统可近似保持原吸引子的形状，取 α 为其他值时则无法保证这一点。广义同步化在耦合强度 $k \approx 6.66$ 时建立，图 5.11(a) 表示最大条件李雅普诺夫指数，其在 $k \approx 6.66$ 时穿零；(b) 为 y_2 与 y_2' 之差，显然，其也在 $k \approx 6.66$ 时变为零，这说明辅助系统方法与条件李雅普诺夫指数判据等效。

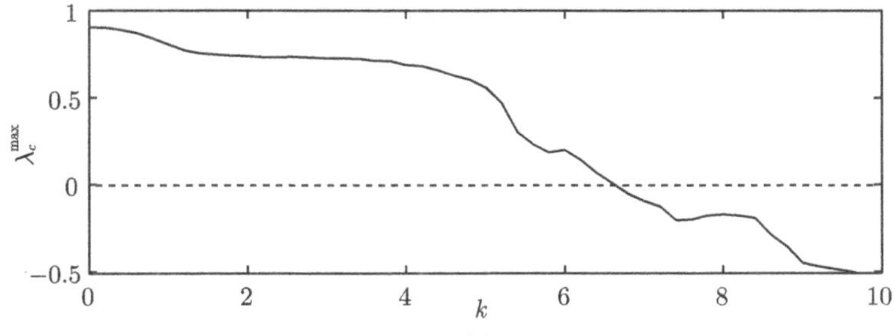

(a)

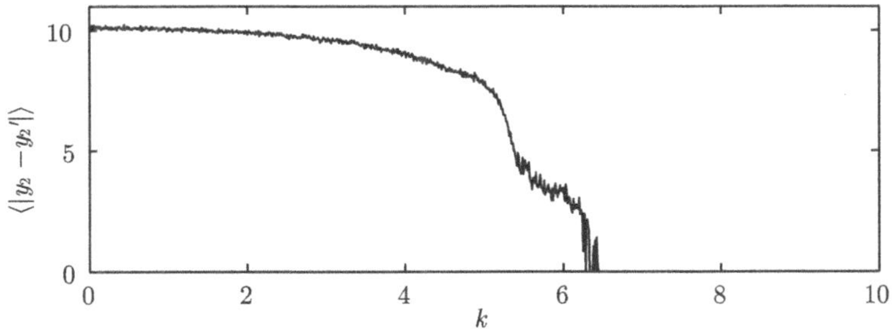

(b)

图 5.11 广义同步化的建立

广义同步化概念亦可用来分析强同步化与弱同步化，同步化的程度可由函数 $\psi(\boldsymbol{x})$ 的光滑程度来决定。下面我们用例子来说明这个特点，首先看两个耦合全同的一维映射：

$$\begin{aligned} x(i+1) &= f(x(i)) \\ y(i+1) &= f(y(i)) + k[f(x(i)) - f(y(i))] \end{aligned} \tag{5.15}$$

辅助系统为

$$y'(i+1) = f(y'(i)) + k[f(x(i)) - f(y'(i))] \tag{5.16}$$

在任何耦合强度 k 处，式 (5.15) 都有不变流形 $y = x$，因此允许完全同步化的存在。此时的完全同步化就等同于强同步化。取 $f(x) = 4x(1-x)$ 为逻辑斯谛映射，

则随着 k 的增加，同步化首先发生在 y 与 y' 之间，然后发生在 x 与 y 之间。因此即使对全同系统亦可观察到弱同步化，且其发生在强同步化之前，图 5.12 为不同耦合强度下的相图。

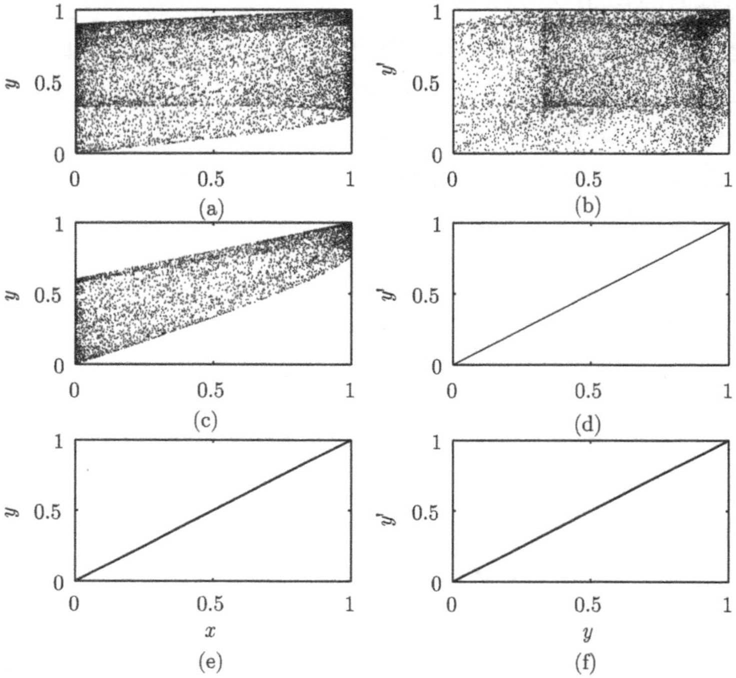

图 5.12　耦合逻辑斯谛映射在 x-y 及 y-y' 平面上的相图

(a)(b)$k = 0.1$：非同步化；(c)(d)$k = 0.4$：弱同步化；(e)(f)$k = 0.6$：强同步化

发生弱同步化与强同步化的阈值可分别由两个不同的李雅普诺夫指数来确定，即确定不变流形 $y' = y$ 的稳定性的条件李雅普诺夫指数 λ^R 及不变流形 $y = x$ 的稳定性的横向李雅普诺夫指数 λ_0。由 $\delta y(i+1) = (1-k)f'(i)\delta y(i) = (1-k)^2 f'(i)f'(i-1)\delta y(i-1) = \cdots = (1-k)^n f'(i)\cdots f'(i-n+1)\delta y(i-n+1)$ 可得

$$\lambda^R = \ln\left\langle \frac{\delta y(i+1)}{\delta y(i)} \right\rangle = \ln(1-k) + \lim_{n\to\infty} \frac{1}{n}\sum_{i=1}^{n} \ln|f'(y'(i))| \tag{5.17}$$

及

$$\lambda_0 = \ln(1-k) + \lim_{n\to\infty} \frac{1}{n}\sum_{i=1}^{n} \ln|f'(x(i))| \tag{5.18}$$

其中，已分别将 $y(i)$ 用不变流形 $y'(i)$ 与 $x(i)$ 取代。图 5.13 显示了这些指数对 k 的依赖性。由此图可见 $\lambda^R(k)$ 在两个特征值 k_w 及 k_s 处变为 0，对应弱同步化及

强同步化的阈值。当 $k > k_s$ 后，这两个指数重合，$\lambda_0(k) = \lambda^R(k)$。对逻辑斯谛映射，$\lambda_0(k) = \ln(1-k) + \lambda^D$，其中 $\lambda^D = \ln 2$ 为驱动系统的李雅普诺夫指数。由 $\lambda_0(k)$ 可得 $k_s = 1 - \mathrm{e}^{-\lambda^D} = 0.5$，即理论与数值模拟相符。

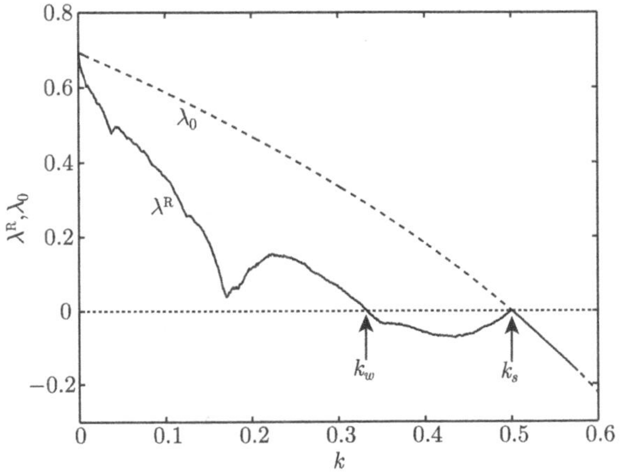

图 5.13 李雅普诺夫指数随 k 的变化

一般来说，广义同步化的程度与函数 $\psi(x)$ 的光滑程度有关，即与光滑 $\psi(x)$ 联系的广义同步化的程度应该比非光滑 $\psi(x)$ 联系的广义同步化的程度高。

5.6 大量耦合振子的锁相

除了两个振子间的耦合同步化外，自然界中更广泛存在的是大量振子间的同步化效应，比如大量萤火虫间的同步化发光。美国生物学家史密斯 (Smith) 曾有报道:“想象一棵 35 到 40 英尺高且枝叶茂盛的树，此树上停靠有许多萤火虫，它们以每两秒闪三次的速率同时发光。在两次发光之间树处于完全黑暗的状态 ……。”这是曾经在东南亚的河边观察到的红树林上的大量萤火虫间的同步化发光的生动描述。类似的现象还有大量听众间的同步化拍掌、激光簇间的锁相等。在这里，每个萤火虫都会受到其他的萤火虫所产生的光场的影响，每个鼓掌者都会听到其他鼓掌人所发出的掌声，而激光簇中的激光是通过与最近邻或全部的激光间的耦合来产生高强度的辐射源。这样的自然系统可看成是具有某种空间结构。最简单的模型是将它们放在一个链上，每个振子与其最近邻发生作用。当第一个与最后一个振子间也有耦合时，就形成一个闭合的链。更一般的是将它们考虑成具有最近邻相互作用的两维格子。由于自然界中的个体不可能完全一样，它们之间或多或少地存在着一些差异，因此，在构造模型时可假定振子具有稍微不同的频率，这些频率可满足某种分布 [62]。这里，我们比较关心的问题是，同步化是怎样出现的？有哪些可期待的集体行为?

作为例子，我们首先考虑如下的 Kuramoto 模型[63~65]:

$$\dot{\theta}_i = \omega_i + \frac{k}{3}[\sin(\theta_{i+1} - \theta_i) + \sin(\theta_{i-1} - \theta_i)], \quad i = 1, \cdots, N \tag{5.19}$$

其中，耦合为最近邻型，ω_i 是各个振子的自然频率。若耦合为全局型时，Kuramoto 模型描述通过平均场耦合的大量周期振子的动力学，为来自于神经科学的模型。这里我们取 ω_i 为沿平均值为 5.0，均方差为 1 的高斯分布。图 5.14(a) 显示了 $N = 5$ 时的各频率随耦合强度 k 的变化，(b) 为 $N = 15$ 时的情形。可见当 k 较弱时，各振子独立地运动。随耦合强度的增加，它们的频率逐渐结合成对，因而独立频率数逐渐减少，最终所有的振子都会锁频到一个共同的频率上，即实现了同步化。每一次不同频率的融合对应于系统的独立自由度减少一个，在李雅普诺夫指数谱上则对应一个李雅普诺夫指数的变负。图 (c) 为对应图 (a) 的李雅普诺夫指数谱，很显然，频率的融合与李雅普诺夫指数变负间有一一对应的关系。

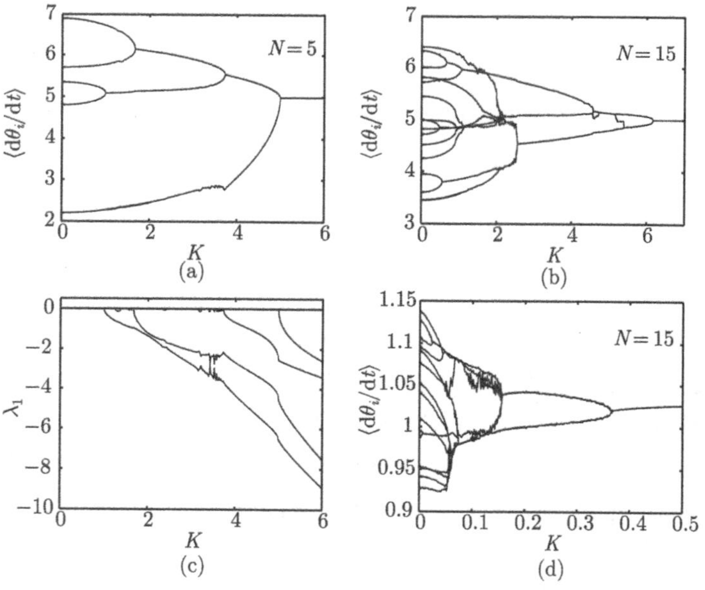

图 5.14　簇团的形成过程

(a)$N = 5$ 时的 Kuramoto 模型; (b)$N = 15$ 时的 Kuramoto 模型; (c) 对应图 (a) 的李雅普诺夫指数谱变化; (d) $N = 15$ 时的耦合洛斯勒模型

作为第二个例子，我们讨论节点为三维混沌振子的情形: N 个局部耦合的混沌洛斯勒振子 $\dot{x}_i = -y_i - z_i$，$\dot{y}_i = x_i + 0.15y_i$，$\dot{z}_i = 0.2 + z_i(x_i - 10)$。若考虑扩散型耦合，则第 i 个振子上的耦合在直角坐标系中取形式 $k(x_{i+1} - 2x_i + x_{i-1})$，此时的振子方程变为 $\dot{x}_i = -y_i - z_i + k(x_{i+1} - 2x_i + x_{i-1})$，$\dot{y}_i = x_i + 0.15y_i$，$\dot{z}_i = 0.2 + z_i(x_i - 10)$。

在柱坐标 (r,θ,z) 中，其形式可写为

$$\begin{aligned}\dot{r}_i &= 0.15r_i\sin^2\theta_i+\cos\theta_i[k(r_{i+1}\cos\theta_{i+1}+r_{i-1}\cos\theta_{i-1}-2r_i\cos\theta_i)-z_i]\\ \dot{\theta}_i &= \omega_i+0.15\sin\theta_i\cos\theta_i\\ &\quad -\sin\theta_i[k(r_{i+1}\cos\theta_{i+1}+r_{i-1}\cos\theta_{i-1}-2r_i\cos\theta_i)-z_i]/r_i\\ \dot{z}_i &= 0.2+z_i(r_i\cos\theta_i-10)\end{aligned}\tag{5.20}$$

其中，$i=1,2,\cdots,N$。无耦合时各个振子的自然旋转频率为 ω_i。若随机地从 $[0.9,1.1]$ 中选取 ω_i，即 $\omega_i\in[0.9,1.1]$，则随着耦合强度的增加，此系统亦会出现锁频行为。图 5.14(d) 给出了 15 个耦合洛斯勒振子的分岔图，其分岔参数为耦合强度 k。当 $k=0$ 时，有 15 个不同的平均频率。随着 k 的增加，不同平均频率的数目减少，同时频率相近的振子开始形成簇团。分岔过程表现为一种树状结构，其分岔点为不同相簇团的融合点。这种相簇团的消失或合并行为亦可从零李雅普诺夫指数的行为来得到理解。没有耦合时，有 N 个零李雅普诺夫指数，对应各个振子沿流的本征方向，每一个簇团的形成或变大对应于一个零李雅普诺夫指数的变负或穿零。

为了对相簇团进行可靠的物理分析，我们来研究相变量 θ_i。通常情况下，位相及幅值的微分方程是按非线性方式耦合的，这些变量的时间尺度是不同的。尤其是对典型的混沌旋转，比如由洛斯勒混沌振子产生的信号，幅值变量为“慢”变量而位相变量为“快”变量 [66] 。因此在相变量的变化尺度内，比如从 0 到 2π，幅值变量可粗略地当作常数。在这个近似下，耦合混沌振子的相变量遵从如下形式的正则方程：$\dot{\theta}_i\approx\omega_i+G_1(\theta_i)+kG_2(\theta_{i-1},\theta_i,\theta_{i+1})$，其中，$G_1,G_2$ 为非线性函数。当简单地取 G_1 与 G_2 为正弦或余弦函数时，这个正则形式就可简化为前述的 Kuramoto 模型。令 $k_{\rm c}^0$ 为式 (5.20) 中实现相同步化的临界耦合参数，则振子数 N 越大，所需的背景耦合强度 $k_{\rm c}^0$ 就越大。当 ω_i 为某一范围的随机分布时，取各种实现的 $k_{\rm c}^0$ 的平均值，可发现其随 N 以幂指数的形式增加，即 $\ln\langle k_{\rm c}^0\rangle\sim\ln N$ 或 $k_{\rm c}^0\sim N^{\alpha}$ [63]，图 5.15 给出了洛斯勒情形下这种关系的数值验证。更一般的情形是二维耦合映射格子模型及复杂网络的同步化行为。

这种大量耦合振子的系统通常又称为时空系统，而时空系统的动力学行为通常由偏微分方程描述。数值上可将偏微分方程离散化为常微分方程来研究其动力学演化，即时空系统的动力学行为等价于大量耦合振子的集体行为。例如，考虑描述空间广延介质在强迫力作用下的非线性波传播的一维偏微分方程：

$$\frac{\partial^2\Phi}{\partial t^2}=-\gamma\frac{\partial\Phi}{\partial t}-\sigma_1\Phi^3+\sigma_2\Phi+\epsilon\frac{\partial^2\Phi}{\partial z^2}+f\sin\omega t\tag{5.21}$$

其中，$\Phi(z,t)$ 为介质的局部位移，σ_1,σ_2 刻画介质的色散，ϵ 与波的群速度有关，f 与 ω 分别为外力的振幅与频率。为了数值求解方程 (5.21)，对其空间进行离

散化 [67]：

$$
\begin{aligned}
z &\rightarrow i \\
\Phi(z,t) &\rightarrow x_i(t) \\
\frac{\partial^2 \Phi}{\partial z^2} &\rightarrow D_2(x_i) = x_{i+1} - 2x_i + x_{i-1}
\end{aligned}
\tag{5.22}
$$

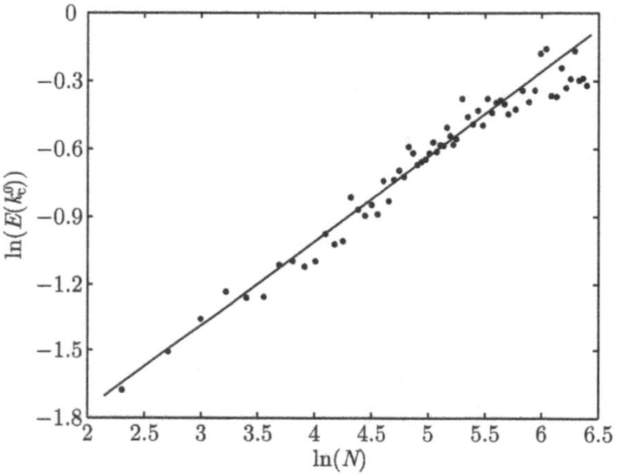

图 5.15　洛斯勒情形下临界合强度 k_c^0 随 N 的变化

其中，i 为代表空间位置的整数，x_i 为位置 i 上的介质位移，D_2 为分立的二级微分算子。方程 (5.21) 因而变为下列耦合常微分方程组：

$$
\frac{\partial^2 x_i(t)}{\partial t^2} = -\gamma \frac{\partial x_i(t)}{\partial t} - \sigma_1 (x_i(t))^3 + \sigma_2 x_i(t) + \epsilon D_2[x_i(t)] + f \sin \omega t \tag{5.23}
$$

其中，$i = 1, \cdots, N$。令 $y_i(t) = \mathrm{d}x_i(t)/\mathrm{d}t$，$z_i(t) = \omega t$，我们可将方程 (5.23) 转化为一套一阶微分方程组。考虑力与介质的空间非均匀性可得

$$
\begin{aligned}
\dot{x}_i(t) &= y_i(t) \\
\dot{y}_i(t) &= -\gamma \dot{x}_i(t) - \sigma_1 (x_i(t))^3 + \sigma_2 x_i(t) + \epsilon D_2[x_i(t)] + f_i \sin z_i \\
\dot{z}_i(t) &= \omega_i, \quad i = 1, \cdots, N
\end{aligned}
\tag{5.24}
$$

这是一套耦合达芬方程组。用类似的方法可将其他的偏微分方程离散化。

5.7　耦合振子中的阵发及其机制

在第 1 章中我们曾介绍过，阵发是通向混沌的道路之一。阵发描述了系统的行为在两种状态 On 态及 Off 态间的变化，Off 态是近似不变的并可持续相当长的时

间间隔，而 On 态是一种爆发，其迅速地偏离 Off 态并又迅速地回归 Off 态。那里的 On 态及 Off 态均为静态的，可称为静态阵发。本节我们讨论另一种阵发：动态阵发。其 Off 态为一个动力学的不变流形，On 态则为偏离此不变流形的爆发 [68]。

许多具有物理兴趣的混沌动力系统具有对称性，这些系统有嵌入在相空间中的不变流形。由于与整个系统具有相同对称性的任意初始态演化后仍然保持此对称性，这样的对称初始点集形成一个不变流形。这些不变流形可具有如下特点：限制在流形上的动力学是混沌的。即对称的初始点可被吸引到不变流形的混沌集上。比如，在全同混沌振子的同步化情形中，所有同步化态的点集就是一个不变流形，图 5.16 为两个全同耦合振子的示意图。其中，$\boldsymbol{u},\boldsymbol{v}$ 为混沌振子。当这两个振子在某一时刻同步化后，它们间的耦合就会变为 0，且同步化态将会被持续下去，表明同步化点集为不变流形，称为同步化流形。在同步化流形上，系统的动力学与单个自由振子的行为相同，因此限制在同步化流形上的动力学为混沌吸引子，见图 5.17。

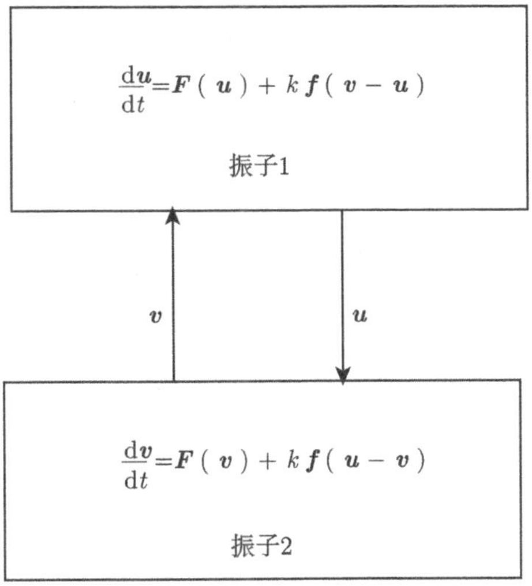

图 5.16 耦合振子示意图

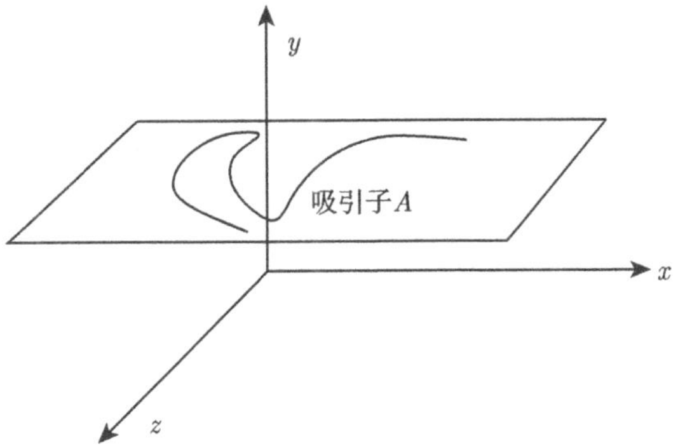

图 5.17 同步化流形

如果系统的全局动力学是有界的并且除了 A 外没有其他的吸引子，则从 A 上排斥的轨道将最终返回到不变流形的附近，并待在那儿直至下一次爆发。这正是 On-Off 阵发。比如考虑耦合的洛伦茨系统：$\dot{x}_{1,2} = 10(y_{1,2} - x_{1,2}) + k(x_{2,1} - x_{1,2})$，$\dot{y}_{1,2} = 28x_{1,2} - y_{1,2} - x_{1,2}z_{1,2}, \dot{z}_{1,2} = x_{1,2}y_{1,2} - 8/3z_{1,2}$，同步化建立的 k_c 为 3.92，图 5.18 为 $k = 3.8 < k_c$ 时的阵发行为。

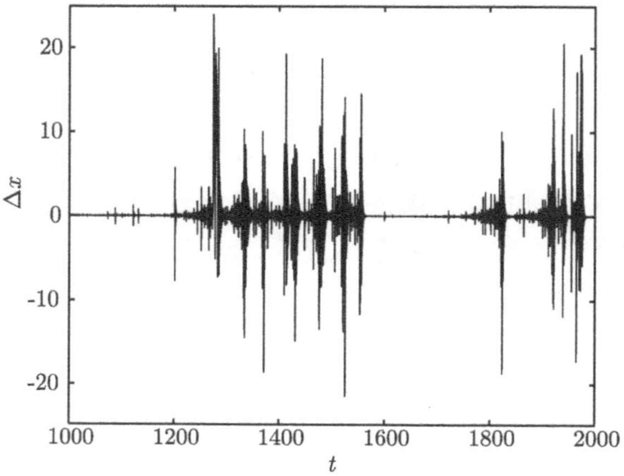

图 5.18 $k = 3.8 < k_c$ 时耦合全同洛伦茨系统中的阵发行为

这里不变流形存在的关键是耦合系统具有空间对称性，即 $\boldsymbol{u}$ 与 $\boldsymbol{v}$ 互换时方程不变，而耦合本身并不是必须的。现在来看一个具有空间对称性的非耦合系统的情形。考虑 XY 平面上单位质量的粒子在下面的势场中的两维运动：

$$V(x,y) = (1-x^2)^2 + y^2(x-p) + ky^4 \tag{5.25}$$

若粒子受到沿 x 方向的正弦力，且具有摩擦系数 ν，则运动方程为

$$\begin{aligned}\dot{x} &= v_x\\ \dot{v}_x &= -\nu v_x + 4x(1-x^2) - y^2 + f_0\sin\omega t\\ \dot{y} &= v_y\\ \dot{v}_y &= -\nu v_y - 2y(x-p) - 4ky^3\end{aligned} \tag{5.26}$$

其中，$4x(1-x^2)-y^2$ 来自于 $-\dfrac{\partial V(x,y)}{\partial x}$，$-2y(x-p)$ 来自于 $-\dfrac{\partial V(x,y)}{\partial y}$。这是一个 5 维相空间中的动力系统。由于势能关于 $y=0$ 为反射对称性，$y = v_y = 0$ 为动力系统的不变流形。不变流形上的运动由方程

$$\frac{\mathrm{d}^2x}{\mathrm{d}t^2} + \nu\frac{\mathrm{d}x}{\mathrm{d}t} - 4x(1-x^2) = f_0\sin\omega t \tag{5.27}$$

支配。取 $\nu = 0.05, f_0 = 2.3, \omega = 3.5$ 时，不变流形上的运动为混沌吸引子。当 $v_x \neq 0, y \neq 0$ 时，不变流形上的运动受到破坏，因此不变流形的稳定性由 y 与 v_y 的方向决定。对于 v_y 的运动，$2yp$ 起作正反馈的作用，其稳定性由 $2yp$ 与其他项的竞争来控制，因此 p 为控制参数。当 $p > p_c \approx -1.7887$ 时，y 与 v_y 偏离零，系统表现阵发 [69]。

这里的间歇性阵发发生在 $k < k_c$ 时。然而对某些特殊的系统而言，甚至当 $k > k_c$ 时亦能出现间歇性爆发 [70]。此时最大横向李雅普诺夫指数为负并不能保证高质量的同步化行为，即最大横向李雅普诺夫指数为负对同步化而言是必要的而非充分的。佩考拉 (Pecora) 等 [70] 曾给出一个例子来说明，即使最大条件李雅普诺夫指数为负，仍可观测到同步化的间歇性爆发。此时，嵌入在同步化混沌吸引子中的不稳定周期轨道在爆发事件中起着关键作用。由于在混沌吸引子中存在着一些不变集，像不动点、周期轨道、不变流形、不变康托尔 (Cantor) 集等。即使当作为一个整体的吸引子的最大横向李雅普诺夫指数为负时，这些不变集的最大横向李雅普诺夫指数仍然为正。比如，取周期 5 为例，可以首先用牛顿求根法找出周期 5 的轨道，然后构造此周期 5 轨道的横向变分方程，并找出其佛罗开特 (Floquet) 矩阵及其本征值，如果横向佛罗开特乘子为 α_i，则周期轨道的最大横向李雅普诺夫指数为 $\lambda_1' = \ln|\alpha_1|/T$，$T$ 为轨道周期。对大多数不稳定周期轨道而言，λ_1' 变负所需的临界耦合强度要比混沌吸引子的临界耦合强度 k_c 大。因此，在混沌吸引子的最大横向李雅普诺夫指数为负时，如果轨道因为截断误差等原因走到这些不稳定周期轨道上，就会因其横向李雅普诺夫指数依然为正而引起非同步化的爆发，即间歇性地破坏混沌同步化。

在实际系统中，这种具有不变流形的动力系统并不具有普遍性，一个小的非对称性或噪声就能毁坏不变流形，因此更普遍的情形是非全同耦合混沌系统中的阵发现象。此时严格地说，不存在同步化流形。但当横向李雅普诺夫指数为负时，我们可观察到近似的同步化状态，原来同步化流形上的 $\Delta x = 0$ 由近似同步化态上的 $\Delta x \leqslant \delta$ 取代。另一特点是，由于小的参数失配或噪声的存在，即使系统处于近似同步化态上，系统仍会短时间内偏离近似同步化态，即阵发。图 5.19 所示为考虑耦合洛伦茨系统中的 $\dot{y}_{1,2} = \gamma_{1,2}x_{1,2} - y_{1,2} - x_{1,2}z_{1,2}$，$\gamma_1 = 28$，$\gamma_2 = 28.1$ 时的阵发，其中 $k = 4.2 > k_c$。

各种情形的阵发现象服从相同的机制，并可由简单的映射来刻画。产生 On-Off 阵发的最基本的机制是一个动力学变量穿过另一个动力学变量的分岔点后的重复变化。第一个变量表现为时变参数，而第二个变量的响应组成了阵发信号。这种 On-Off 阵发的机制可用如下的简单映射来刻画 [71]：

$$y_{n+1} = z_n f(y_n) \tag{5.28}$$

其中，$f(0)=0, \dfrac{\partial f(y)}{\partial y}|_{y=0}\neq 0$ 代表不变流形，z_n 来自于混沌或无规过程，为第一个变量，y_n 为第二个变量。函数 f 满足使 y_n 的行为有界。因此这个简单的模型反映了阵发最本质的特征，现在用它来找出关于阵发的一般结论。

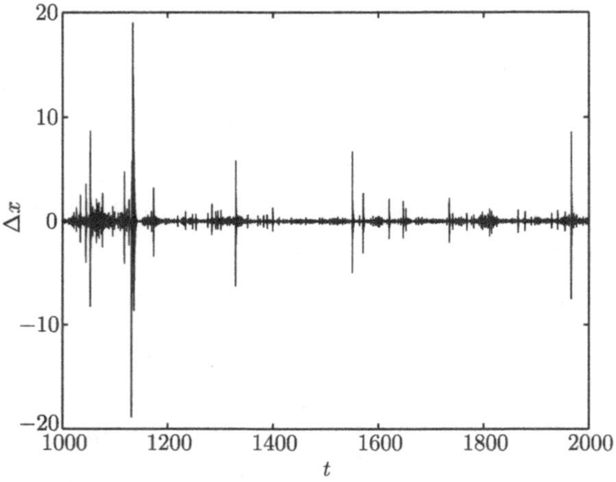

图 5.19　$k=4.2>k_{\rm c}$ 时耦合非全同洛伦茨系统中的阵发行为

首先取 $f(y_n)=y_n(1-y_n)$ 及 $z_n=ax_n$，x_n 为 $[0,1]$ 间均匀分布的无规变量且 $a>1$。现在来看出现阵发的条件：将 $f(y)$ 在 $y=0$ 处展开有

$$y_{n+1}=z_n(y_n+o(y_n^2)) \tag{5.29}$$

阵发现象由不动点 $y=0$ 处的稳定性决定。下面我们仅保持第一项，非线性项的作用是保持系统行为的有界或将其拉回到小 y 值。因此非线性是维持阵发的基本因素，而不是用来开启阵发的。保留 y_n 的线性项时方程 (5.29) 的解为

$$y_n=\prod_{j=0}^{n-1}z_jy_0 \tag{5.30}$$

y_n 的长期行为由无规积 $p_n=\prod_{j=0}^{n-1}z_j$ 的渐近行为决定。取对数有 $\ln p_n=\sum_{j=0}^{n-1}\ln z_j\sim n\langle\ln z\rangle$。若 z_n 的密度函数为 $\rho_z(z)$，则 $\langle\ln z\rangle=\displaystyle\int_{z_l}^{z_u}\rho_z(z)\ln z\mathrm{d}z$，其中，$z_l$ 与 z_u 为 z 的上下界，y_n 的渐近解为 $y_n\sim\exp(n\langle\ln z\rangle)y_0$。所以发生阵发行为的条件为 $\langle\ln z\rangle=0$。当 $\langle\ln z\rangle>0$ 时，$y=0$ 为指数不稳定的。这个不稳定性是阵发的根源。考虑特殊情形 $\rho(z)=1/a$，有 $\langle\ln z\rangle=\ln a-1$，$y_n\sim(a/\mathrm{e})^ny_0$，故建立阵发行为的临界值为 $a_{\rm c}=\mathrm{e}=2.71828\cdots$。取 $a=2.8$ 时的阵发行为如图 5.20 所示。

其次考虑 x_n 来自于混沌驱动信号，比如 $x_{n+1}=2x_n,\quad \mathrm{mod}\ 1$。除了一套测度为 0 的初始条件外，变量 x_n 在 $(0,1)$ 间均匀分布，其阵发的建立条件与无规驱动

相同，为 $a_c = \mathrm{e}$。也可取 x_n 来自于帐篷映射 $x_{n+1} = T(x_n)$。当 $0 \leqslant x_n \leqslant 1/2$ 时有 $x_{n+1} = 2x_n$，当 $1/2 \leqslant x_n \leqslant 1$ 时有 $x_{n+1} = 2 - 2x_n$，此时亦有 $a_c = \mathrm{e}$。

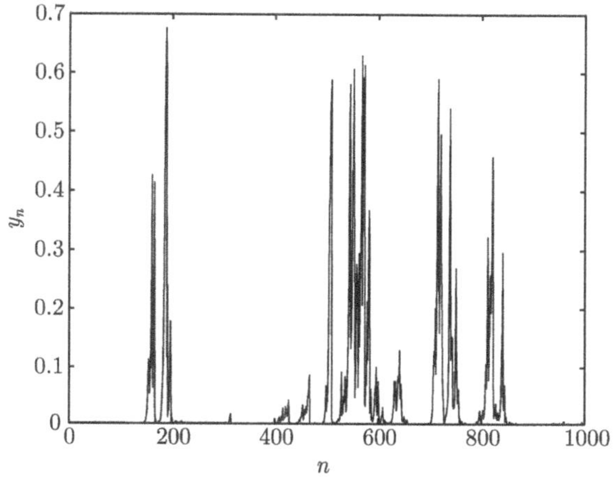

图 5.20 阵发的机制

5.8 分立系统的相刻画

过去人们总是试图将复杂现象分解或分离成许多简单系统的问题，期望通过简单系统结果的组合来理解复杂现象的本质。但通过这种方法理解的复杂现象相当有限，复杂性包含的内容是很广泛的。除了系统行为随时间变化的复杂性外，还有随着空间位置变化而形成非常复杂图案的空间变化复杂性等，即时空混沌行为。在低维动力系统中，可以把时间混沌定义为系统状态具有初始条件的敏感性，把空间混沌定义为系统状态具有边界条件敏感性。为了描述不同自然特性的广延系统中的复杂动力学及混沌，如湍流、非线性光学、化学反应–扩散系统、生物群体等，人们提出了一大堆模型：如偏微分方程、振子链、耦合映射格子、元胞自动机等。如果我们仅要求复杂的时空动力学的定性理解，则合适的模型应为耦合映射格子模型而非连续介质。

考虑一个包含时间空间的系统，也就是讨论空间所有的状态随时间的变化行为。因为单点的状态时间变化会受到邻近点状态的影响，为了准确地描述这个系统，我们可以一般地写出偏微分方程 [72]：

$$\partial_t \boldsymbol{u} = \boldsymbol{F}(\boldsymbol{u}, \partial_{\boldsymbol{x}} \boldsymbol{u}) \tag{5.31}$$

其中，$\boldsymbol{u}$ 为状态矢量，$\boldsymbol{x}$ 为空间矢量，t 为时间。比如反应扩散方程：

$$\partial_t \boldsymbol{u} = \boldsymbol{F}(\boldsymbol{u}) + \epsilon \boldsymbol{\Delta}^2 \boldsymbol{u} \tag{5.32}$$

我们可以将其分解为局部反应过程和扩散过程两个分量。为简单起见，首先讨论一维空间及周期性边界条件。局部反应过程可以通过一个非线性映射来表述，即 $x(i) \to x'(i) = f(x(i))$，其中 x 为系统状态，i 为格点坐标 $(i = 1, 2, \cdots, L)$，L 为系统大小。关于扩散过程的表述，可以通过将拉普拉斯算子离散化得到，即 $x'(i) \to (1-\epsilon)x'(i) + \epsilon/2[x'(i+1) + x'(i-1)]$。最后得到一个耦合映射格子模型：

$$x_{n+1}(i) = (1-\epsilon)f(x_n(i)) + \frac{\epsilon}{2}[f(x_n(i-1)) + f(x_n(i+1))] \tag{5.33}$$

其中，n 表示离散化后的时间。可见耦合映射格子系统是一个将时间空间离散化，但状态变量仍保持连续的动力系统。

耦合映射格子模型是 20 世纪 80 年代由金子邦彦 (Kaneko)，卡普瑞 (Kapral) 及库茨乃次 (Kuznetsov) 引入的。其一般的构造途径如下：先设计一个一维或两维的格子，并假定在每一个格点处放置一个分立的时间系统，比如平方映射。然后假定每个映射与其近邻发生耦合，因此其下一步的状态会受到周围近邻的影响。有时格子的使用可当作描述连续介质的近似方法，因此随着空间步长的减少，其方程应该有一个合理的连续极限，如分立的弗仑克尔–康托若娃 (Frenkel-Kontorova) 链模型对应的连续情形为正弦–戈登 (Sine-Gorden) 方程。而在另外一些情形，格子模型可适当地阐述问题的本质特性。例如固体物理中，由于晶格的存在可导致自然的分立化。可通过人工构造格子系统来实现具有新的操作可能性的装置。事实上，建立格子模型的第一个工作就来自于电延迟反馈产生器的分析。一个典型的例子是由 6 个 LR 二极管电路组成的链，共同受到周期外部振子的作用，且具有周期边界条件，如图 5.21 所示。在这个电路中可观察到多稳性及具有不同空间区域结构的各种区域，在这里我们感兴趣的是每个格子上放置的映射可显示倍周期分岔到混沌的转变。

在具有耗散全局耦合的模型中，金子邦彦发现了一种称作“簇团化”的现象。其由自发形成的细胞单元组构成，同一簇团中的各单元状态完全一样。随着耦合强度的变化，簇团的数目可发生变化。耦合映射格子系统存在三类吸引子：第一类吸引子为单簇团吸引子或相关相，此时所有格点的行为与单个映射时相同，即为空间均匀解。当单簇团吸引子失稳后，系统被划分成 k 个簇团。当 k 很小时 $(k \ll L)$，系统状态被称为第二类吸引子或部分有序相。如果 $k \sim L$，系统状态被称为第三类吸引子或湍流相。可见第二类吸引子为有序行为，第三类吸引子为无序行为。当系统落入 k 个簇团的吸引子时，系统的行为可以用以下的 k 维耦合映射决定：

$$x_{n+1}^{v} = (1-\epsilon)f(x_n^{v}) + \sum_{u=1}^{k} \epsilon_u f(x_N^{u}) \tag{5.34}$$

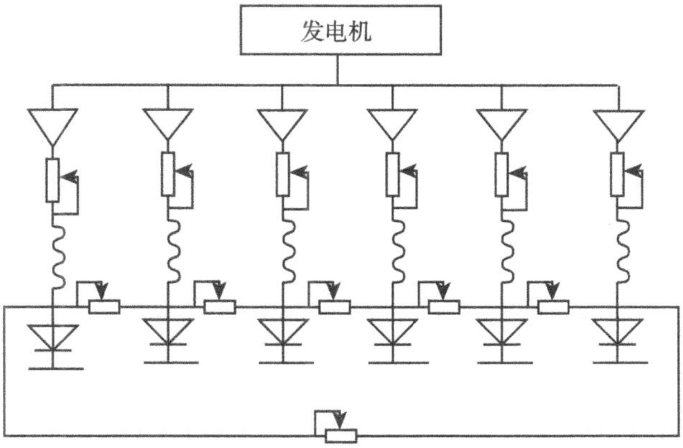

图 5.21 耦合映射格子

其中，x_n^v 表示第 v 个集团的状态值 x_n^v，而“有效耦合” $\epsilon_u=\epsilon N_u/L$，$N_u$ 为第 u 个簇团中格点的个数。这种簇团化的行为在最近邻耦合中同样可以出现 [73, 74]。

一般的情形则可由二维耦合映射格子模型描述，我们将以此模型为例，来讨论分立系统的相同步化行为。考虑二维耦合映射格子：

$$
\begin{aligned}
y_{n+1}(i,j)=&f(x_n(i,j))+k[f(x_n(i+1,j))+f(x_n(i-1,j))\\
&+f(x_n(i,j+1))+f(x_n(i,j-1))-4f(x_n(i,j))]/4
\end{aligned}
\tag{5.35}
$$

其中，$f(x)=\mu x(1-x)$，k 为耦合强度。格子系统包含 100×100 个逻辑斯谛映射。这种耦合方式为最近邻的扩散型耦合。非常有趣的是，当耦合强度超过一定阈值后，相邻格子间的行为变得协调起来，即簇团化。图 5.22 所示为两个相邻格子间的状态随时间 n 的变化，这种一致性行为与连续流中的相同步化过程十分相似。我们知道映射可看成流在庞加莱截面上的投影，流中的相对应于轨道的旋转，而映射中并没有连续轨道，因此映射中难以定义相。但是为了方便描述这种一致性行为，可通过类比引入“向上相”与“向下相”。当 $x_{n+1}/x_n>1$ 时为向上相，而 $x_{n+1}/x_n<1$ 时为向下相。用 $S(n)=1$ 表示向上相，$S(n)=-1$ 表示向下相，则簇团化的行为可简单地在二维平面上反映出来。图 5.23 为不同耦合情况下 ($\mu=3.755$) 的典型行为，其中 (a) 代表 $k=0$ 的情形；(b) 代表 $k=0.3$ 的情形；(c) 代表 $k=0.6$ 的情形；(d) 代表 $k=1$ 的情形，这里黑点代表向上相，空白为向下相。可见，随着耦合强度的增加，具有向上相的点的数目也在增加，即相同步化的程度被加强。另一方面，由图 (d) 可见，即使 $k=1$ 时仍不能让所有的振子实现完全同步化。什么原因呢？仔细地考察不同参数 μ 处的单个逻辑斯谛振子的行为就会发现：当 $\mu<\mu_0$ 时，系统的行为为“简单混沌”，而当 $\mu>\mu_0$ 时，系统的行为为“复杂混沌”。这里简单混沌指单个映射的连续两次迭代间的行为为上下、上下的有规律的变化，而复杂混沌则指系统行为在上下、上下的过程中还掺杂着有上上下及下下上的不规则行为。为区别这两种行为，我们引入净指向相：

$$M(\mu)=\frac{1}{T}\sum_{n=1}^{T}S(n) \tag{5.36}$$

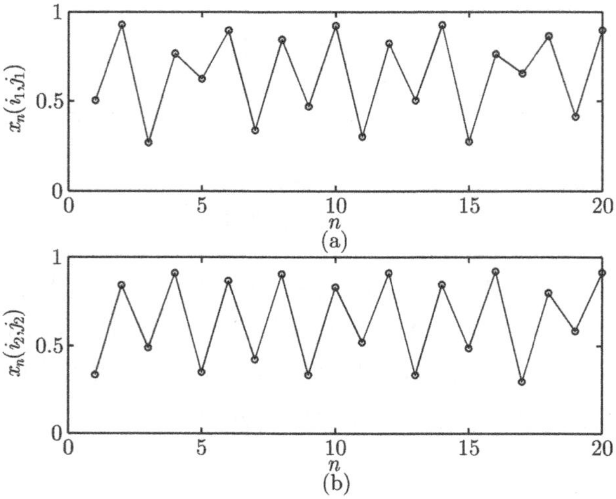

图 5.22　不同格点间的一致性行为

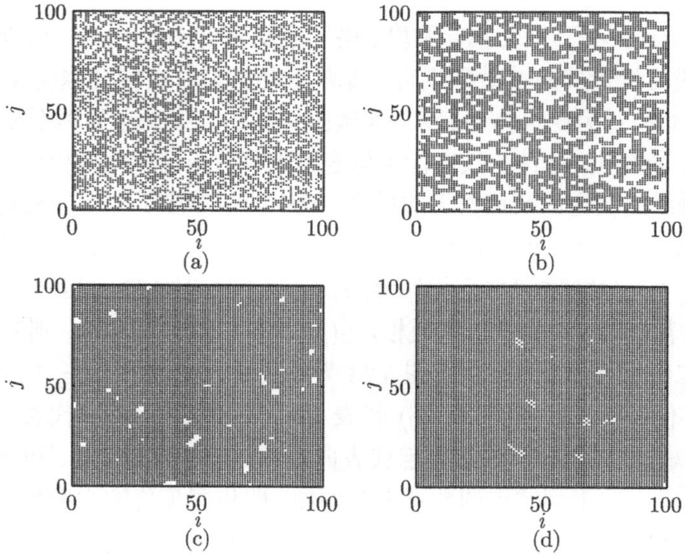

图 5.23　簇团化过程

(a)$k=0$ 的情形；(b)$k=0.3$ 的情形；(c)$k=0.6$ 的情形；(d)$k=1$ 的情形

则对于简单混沌，$M=0$，而复杂混沌，$M\neq 0$。考察逻辑斯谛映射的分岔图 (图 5.24(a))，这种复杂性来自于激变 (失稳周期轨道与混沌吸引子的碰撞而引起) 导致的混沌轨道的对称性破缺。整个混沌在 μ_0 处发生激变导致两片混沌带的混合，因此，此处是简单与复杂混沌的分界处。图 5.24(b) 给出了净指向相在此处由 0 变为非 0。图中的附加小插图表明净指向相是以幂律的形式依赖于分岔参数 μ 的。这种标度律对各周期窗口处的倍周期分岔均存在，即具有普适性 [74]。

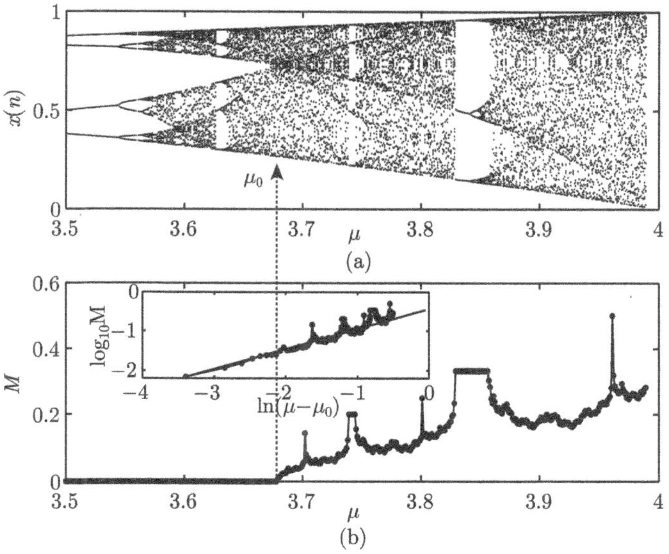

图 5.24 分立系统的相序

(a) 逻辑斯谛映射的分岔图；(b) 对应于 (a) 的相序图

第 6 章　混沌动力系统中的噪声效应

噪声对混沌系统的作用因系统所处的不同参数区域而有所不同，其研究历史可追溯到克鲁切菲尔德 (Crutchfield) 对分岔区的探讨 [75]。克鲁切菲尔德发现，当参数从分岔区过渡到混沌区时，噪声可将混沌轨道抹平，从而使高周期轨道难于被发现。比如，对有噪声的逻辑斯谛映射：

$$x_{n+1} = \mu x_n(1 - x_n) + D\xi_n \tag{6.1}$$

其分岔图为图 6.1。即在噪声强度为 $D = 0.001$ 时，我们在分岔区内只能观察到周期 4，更高的周期就没有了。我们知道，在实际系统中噪声是不可避免的，因此实际测量时是无法测出高周期态的。本章将对外噪声对混沌系统的主要影响作简单介绍。

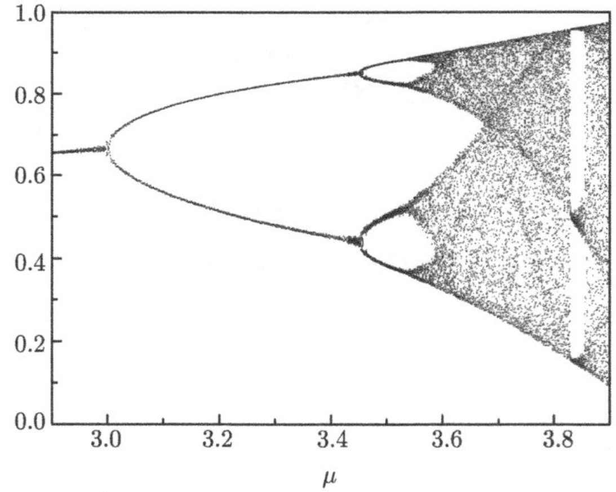

图 6.1　逻辑斯谛映射在外噪声下的分岔图

其中噪声强度为 $D = 0.001$

6.1　外噪声作用下的阵发效应

前面曾论及混沌吸引子中的不稳定周期轨道是破坏高质量同步化的直接原因，其表现形式为同步化的混沌行为被间谐性的非同步行为所打断。这种破坏行为在噪声存在时就变得更加明显、持续且可观测。此时噪声就极易将混沌轨道踢到这些不变集上 (不动点、周期轨道、不变流形、不变康托尔集等)，从而诱发 On-Off 间谐性。

另一方面，间谐性是通向混沌的主要道路之一，常伴随在倍周期分岔、准周期及激变中。按照混沌流局部庞加莱映射的结构，玻木与曼维尔将阵发分为三种类型 [76]。类型 I 由 $x_{n+1}=x_n+ax_n^2+\epsilon\ (a,\epsilon>0)$ 描述，类型 II 由 $x_{n+1}=(1+\epsilon)x_n+ax_n^3$ $(a,\epsilon>0,x_n>0)$ 描述，类型III则由 $x_{n+1}=-(1+\epsilon)x_n-ax_n^3\ (a,\epsilon>0)$ 描述 [77]。这里类型 I 中的参数 ϵ 为对角线与局部庞加莱映射间的频道宽度，而类型 II 与III中的 $1+\epsilon$ 为沿切点的局部庞加莱映射的斜率。何大韧等曾发现一类新型的 V 型阵发 [22]：如果在边界碰撞分岔后失稳的周期轨道的鬼魂 (ghost) 仍然存在，则刚出现的混沌时间序列会呈现类似周期的层流相和混沌脉冲的无规律的交替，因而可以被称为一种新型的阵发——V 型阵发。现以类型 I 为例来研究层状相 (laminar phase) 的平均长度[78~81]，类型 II 、III的分析可参阅文献 [82],[83]。

将差分方程 $x_{n+1}=x_n+ax_n^2+\epsilon$ 转化为微分方程可得

$$\frac{\mathrm{d}y}{\mathrm{d}t}=ay^2+\epsilon \tag{6.2}$$

假定一个过程从 y_{in} 处开始到边界 y_0 处终止，则所需的时间为

$$l(y_{\text{in}})\equiv\Delta t=\int_{y_{\text{in}}}^{y_0}\frac{\mathrm{d}y}{ay^2+\epsilon}=\frac{1}{\sqrt{a\epsilon}}\left[\arctan\left(\frac{y_0}{\sqrt{\epsilon/a}}\right)-\arctan\left(\frac{y_{\text{in}}}{\sqrt{\epsilon/a}}\right)\right] \tag{6.3}$$

当 $y_{\text{in}}<0$ 时，在小 ϵ 极限下，$l(y_{\text{in}})$ 以 $1/\sqrt{\epsilon}$ 速率发散。通过此通道的平均时间可由式 (6.3) 对 y_{in} 的概率分布求平均而得。对于特殊选取的 y_{in} 可得

$$\langle l\rangle=\frac{1}{\sqrt{a\epsilon}}\arctan(\frac{y_0}{\sqrt{\epsilon/a}}) \tag{6.4}$$

在极限 $\sqrt{\epsilon/a}\ll y_0$ 下有

$$\langle l\rangle=\frac{\pi}{2}\frac{1}{\sqrt{a\epsilon}}\sim\epsilon^{-1/2} \tag{6.5}$$

当存在外噪声时，差分方程变为

$$x_{n+1}=x_n+ax_n^2+\epsilon+\sqrt{2D}\xi_n \tag{6.6}$$

在长的层状相区域，此方程可转化为微分方程：

$$\dot{x}=-V'(x)+\sqrt{2D}\xi(t) \tag{6.7}$$

其中，势函数 $V(x)=-1/3ax^3-\epsilon x+c$。此方程可看成点粒子在势场 $V(x)$ 及无规扰动 $\xi(t)$ 作用下的运动。回归映射与势函数间的关系可由图 6.2 给出，其中，s 与

u 分别为稳定及不稳定不动点，x_l 与 x_u 分别为层状相的下边界及上边界，x_- 与 x_+ 分别为势函数的极值点，即稳定与不稳定不动点对应于势函数的极值点。

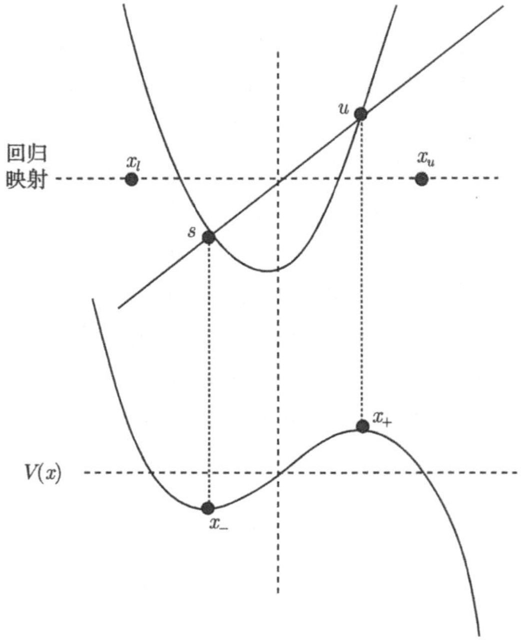

图 6.2　$\epsilon < 0$ 时, 不动点与极值点间的关系 [79]

由随机微分方程 (6.7) 可得对应的福克–普朗克 (Fokker-Planck) 方程[79]：

$$\frac{\partial P(x,t)}{\partial t} = -V'(x)\frac{\partial P(x,t)}{\partial x} + D\frac{\partial^2 P(x,t)}{\partial x^2} \tag{6.8}$$

其中，$P(x,t)$ 为粒子处于 $\{x,t\}$ 的概率密度。则在势函数 $V(x)$ 及无规扰动下，粒子从层状相的下限 x_l 到目的地 x 的平均首通时间为 [84]

$$T(x) = c\int_{x_l}^{x} \mathrm{d}x' \exp\{\frac{1}{D}V(x')\} - \frac{1}{D}\int_{x_l}^{x}\mathrm{d}x'\int_{x_l}^{x'}\mathrm{d}x''\exp\{\frac{1}{D}[V(x') - V(x'')]\} \tag{6.9}$$

当噪声足够小时，$D \ll 1$，上式中的第一项被因子 $1/D$ 所抑制，而第二项变为主要的。第二项无法解析求解，因此我们在极值点 $x_\pm$ 处对势函数作近似展开：

$$V(x) \approx V(x_\pm) + [V''(x_\pm)/2](x - x_\pm)^2 + o(x - x_\pm)^3 \tag{6.10}$$

于是 $T(x)$ 近似变为

$$\begin{aligned} T(x) \approx & -\frac{1}{D}\exp\{\frac{1}{D}[V(x_+) - V(x_-)]\}\int_{x_l}^{x}\mathrm{d}x'\int_{x_l}^{x'}\mathrm{d}x'' \\ & \times\exp\{\frac{1}{2D}[V''(x_+)(x' - x_+)^2 - V''(x_-)(x'' - x_-)^2]\} \end{aligned} \tag{6.11}$$

取极值点 $x_{\pm}=\pm\sqrt{-\epsilon/a}$，在极限 $x\to\infty$，$x_l<<x_-$ 时，可得

$$|T|=\frac{\pi}{\sqrt{a/\epsilon}}\exp\{\frac{4}{3D\sqrt{a}}|\epsilon|^{3/2}\},\quad \epsilon<0 \tag{6.12}$$

若取对数，可有

$$\ln T\sim-\frac{1}{2}\ln|\epsilon|+\frac{1}{D}|\epsilon|^{3/2}\sim\frac{1}{D}|\epsilon|^{3/2},\quad \epsilon>>0 \tag{6.13}$$

当取极限 $D\to 0$ 时，有 $T\to\infty$，粒子会陷在阱中而无法逃出，即层状相无穷长。

现将此分析结论用到两个耦合的洛斯勒振子中 [79]。这种耦合振子与外噪声下类型 I 间谐性的对应，对于探索近同步化的起因有非常积极的作用。两个耦合的洛斯勒振子由如下方程描述：

$$\begin{aligned}\dot{x}_{1,2}&=\omega_{1,2}(y_{1,2}-z_{1,2})+\epsilon(x_{2,1}-x_{1,2})\\ \dot{y}_{1,2}&=\omega_{1,2}x_{1,2}+0.15y_{1,2}\\ \dot{z}_{1,2}&=0.2+z_{1,2}(x_{1,2}-10)\end{aligned} \tag{6.14}$$

其中，$\omega_{1,2}=1.0\pm 0.015$。两个振子间的相差可表示为

$$\frac{\mathrm{d}\theta}{\mathrm{d}t}=F(\theta,\epsilon)+G(\phi_1,\phi_2) \tag{6.15}$$

其中，$F(\theta,\epsilon)=\omega_1-\omega_2-\epsilon/2[A_2/A_1+A_1/A_2]\sin\theta$，$G(\phi_1,\phi_2)=0.15(\sin\phi_1\cos\phi_1-\sin\phi_2\cos\phi_2)+[z_1\sin\phi_1/A_1-z_2\sin\phi_2/A_2]$，$\theta=\phi_1-\phi_2$，$A_{1,2}=\sqrt{x_{1,2}+y_{1,2}}$，且 $\phi_{1,2}=\arctan(y_{1,2}/x_{1,2})$。这个系统的势能 $V(\theta)=-\int F(\theta,\epsilon)$ 在 $\epsilon=\epsilon_t=0.0276$ 处给出鞍–结分岔。如果把 $G(\phi_1,\phi_2)$ 当作无规扰动，则在近同步化区域的同步化长度的标度关系就应与外噪声下的类型 I 间谐性类似，因此层状相长度的标度律在 $\epsilon=\epsilon_t$ 附近就可分为两种情形：$\langle l\rangle\sim\exp(|\epsilon_t-\epsilon|^{3/2})$ 对 $\epsilon>\epsilon_t$，及 $\langle l\rangle\sim|\epsilon_t-\epsilon|^{1/2}$ 对 $\epsilon<\epsilon_t$。数值模拟很好地证实了这种结果 [79]，见图 6.3。

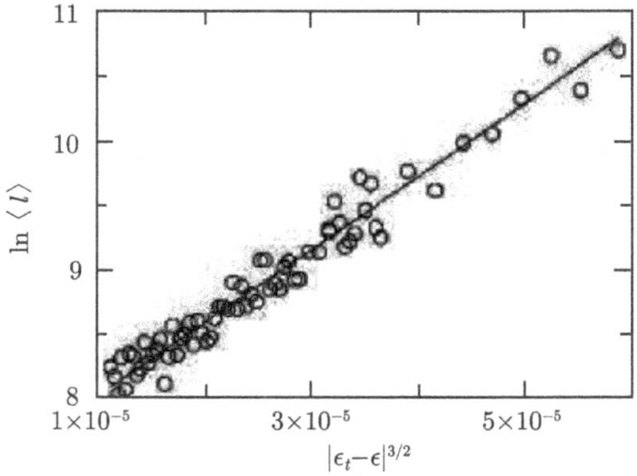

(a)

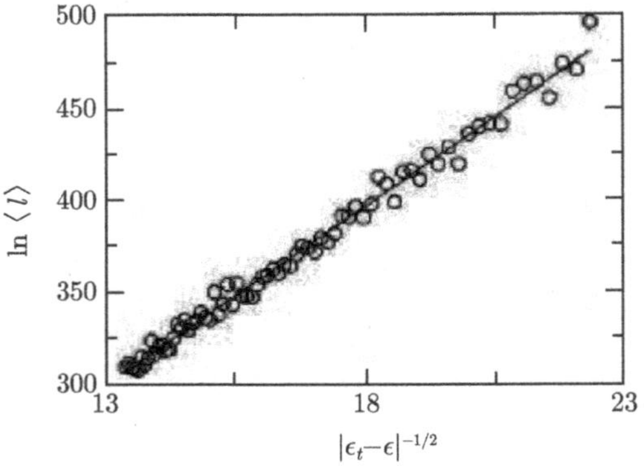

(b)

图 6.3　两个耦合洛斯勒振子中的层状相标度 [79]

(a) $\epsilon > \epsilon_t$; (b) $\epsilon < \epsilon_t$

6.2　噪声诱导混沌及统计平均量的观测

在非线性动力学中，噪声可诱导各种有趣的现象，如噪声诱导混沌、噪声诱导不稳定性及噪声诱导有序等。克鲁切菲尔德 [75] 等曾发现在通常的倍周期分岔向混沌的转变过程中，噪声可以抹平这种转变，即无噪声时具有高周期的周期运动为有噪声时的混沌状的运动所取代，因此实验中高周期轨道是不可观测的。后来发现，这种噪声诱导混沌现象实际上发生在与周期 3 及周期 5 等窗口联系的倍周期分岔过程中，而不发生在逻辑斯谛映射主倍周期分岔过程 [85]。发生这种现象需要三个条件：①噪声强度必须是在某窄带范围内，低于这个级别的噪声不足以诱导混沌，而高于这个范围的噪声会破坏诱导的混沌；②当噪声强度满足在这个范围内时，邻近的混沌态必须仍然保持着某种尺度的混沌行为；③最重要的是，当满足弱噪声时，周期态本身必须经历一个过程，其扩散过程必须比布朗运动强。当没有诱导出混沌时，倍周期分岔序列只不过是被噪声所罩住；而噪声真正诱导出混沌时，完全的倍周期分岔将被禁止。刘宗华与来颖诚等发现了微分方程描述的系统中的噪声诱导混沌行为及其伴随的阵发效应，揭示出噪声可以诱导出混沌的条件是周期窗口内必须存在着混沌鞍点 [86]。

首先看映射中的情形。取噪声作用下的逻辑斯谛映射如下：

$$x_{n+1} = \mu x_n(1 - x_n) + D\xi_n \tag{6.16}$$

其中，D 为噪声强度，ξ_n 为具有零平均及单位方差的高斯白噪声。取 $\mu = 3.8008$，

当 $D=0$ 时逻辑斯谛映射处于周期 8 窗口。当 $D>0$ 时，系统的行为表现为一种阵发混沌。图 6.4 为 $D=1.6\times10^{-5}$ 的情形，其中，(a) 代表噪声混沌吸引子，(b) 代表阵发混沌。由图 6.4(a) 可见，无噪声时的 8 点周期已为有噪声时的光滑曲线所取代。

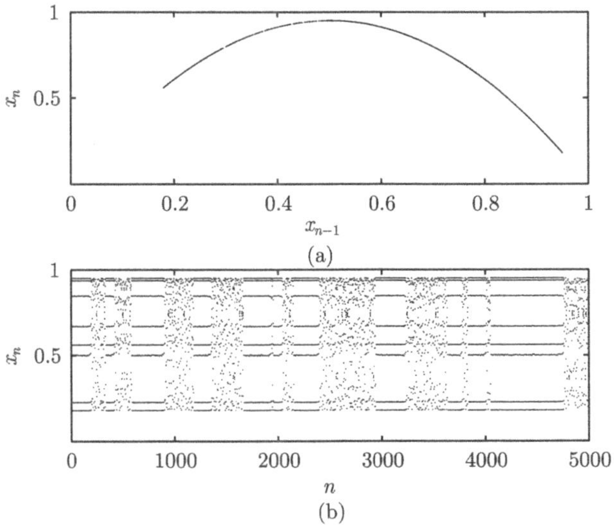

图 6.4 周期 8 窗口中阵发混沌

现在我们再来看外噪声下的洛斯勒系统，其方程为

$$\begin{aligned}
\dot{x} &= -y - z + D\xi_x(t) \\
\dot{y} &= x + 0.2y + D\xi_y(t) \\
\dot{z} &= 0.2 + z(x-c) + D\xi_z(t)
\end{aligned} \tag{6.17}$$

其中，c 为分岔参数，$\xi_{x,y,z}$ 为相互独立的高斯白噪声。取 $c=5.3$ 时为周期 3 窗口。$D=0$ 时的周期轨道在 x-y 平面的投影如图 6.5(a) 所示。当 $D>0$ 但较小时，系统的渐近轨道大部分时间内限制在周期 3 吸引子的附近，图 6.5(b) 为 $D=0.01$ 时的情形。当 D 近一步增大时，系统就会有更多的时间偏离周期 3 轨道，从而使系统的行为与混沌区内的吸引子一样，图 6.5(c) 为 $D=0.02$ 时的情形。

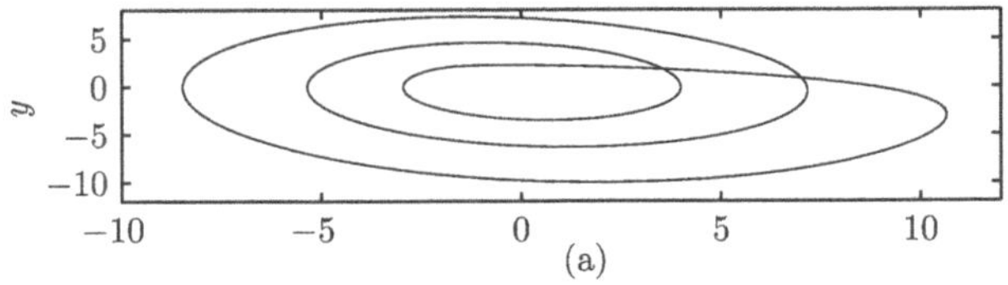

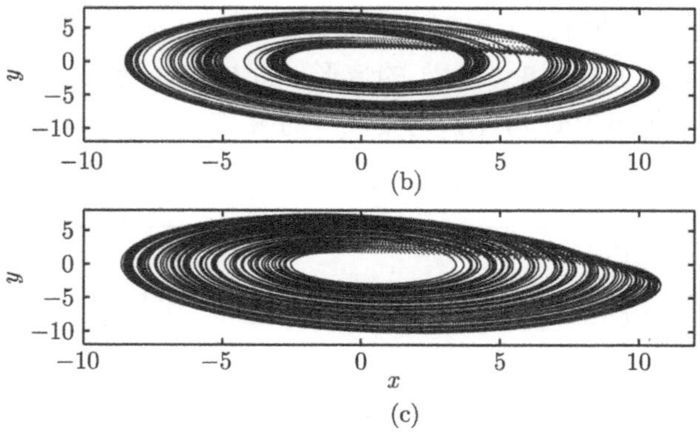

图 6.5　周期 3 窗口中的轨道在不同噪声强度下的行为

(a)$D = 0$；(b)$D = 0.01$；(c)$D = 0.02$

为了明白噪声诱导混沌的机制，让我们来看与三维自治系统的流的方向垂直的庞加莱截面上的行为，如图 6.6 所示。其由相空间中的周期吸引子及共存的非吸引的混沌鞍点组成。包围周期吸引子的圆形区域表示强度为 D 的噪声的有效作用范围，可称为吸引子的噪声域。为清楚起见，带箭头的实线分别表示混沌鞍点的稳定及不稳定流形。当 $D < D_{\mathrm{c}}$ 时，在混沌鞍点的稳定流形与周期吸引子的噪声域间没有重叠区，见图 6.6(a)。在这种情况下，随机初始条件导致的轨道就会限制在周期吸引子的附近。当 $D > D_{\mathrm{c}}$ 时，混沌鞍点的稳定流形的一个子集就会落在周期吸引子的噪声域内，见图 6.6(b)。其结果是，一旦轨道被噪声踢到重叠区后，轨道就会沿混沌鞍点的稳定流形跑到混沌鞍点。由于鞍点的非吸引自然特性，轨道会在那里呆上有限的时间后沿其不稳定流形方向离开，并再次进入周期吸引子的噪声域。如此进行下去，就是我们看到的阵发混沌效应。

混沌的最基本特征是其最大李雅普诺夫指数为正。为了证实噪声诱导的行为是真的混沌，现在来讨论其李雅普诺夫指数的变化。令 $\lambda_3^A \leqslant \lambda_2^A < \lambda_1^A = 0$ 与 $\lambda_3^S < \lambda_2^S = 0 < \lambda_1^S$ 分别为周期吸引子与混沌鞍点在 $D = 0$ 时的李雅普诺夫指数谱；令 $\lambda_3 < \lambda_2 < \lambda_1$ 为噪声吸引子的李雅普诺夫指数谱。当 $D < D_{\mathrm{c}}$ 时，噪声吸引子只是原周期吸引子的变胖版本，因此有 $\lambda_i = \lambda_i^A (i = 1, 2, 3)$。特别是，尽管存在噪声，此时仍然有零李雅普诺夫指数，表明流的拓扑结构没有受到破坏。然而当 $D > D_{\mathrm{c}}$ 时，存在着周期吸引子与混沌鞍点间的阵发跳跃。令 f_A 与 f_S 表示轨道花在相应区域内的频率 $(f_A + f_S = 1)$，则有

$$\left.\begin{aligned} \lambda_1 &\approx f_A\lambda_1^A + f_S\lambda_1^S = f_S\lambda_1^S > 0 \\ \lambda_2 &\approx f_A\lambda_2^A + f_S\lambda_2^S = f_A\lambda_2^A < 0 \\ \lambda_3 &\approx f_A\lambda_3^A + f_S\lambda_3^S < 0 \end{aligned}\right\} \tag{6.18}$$

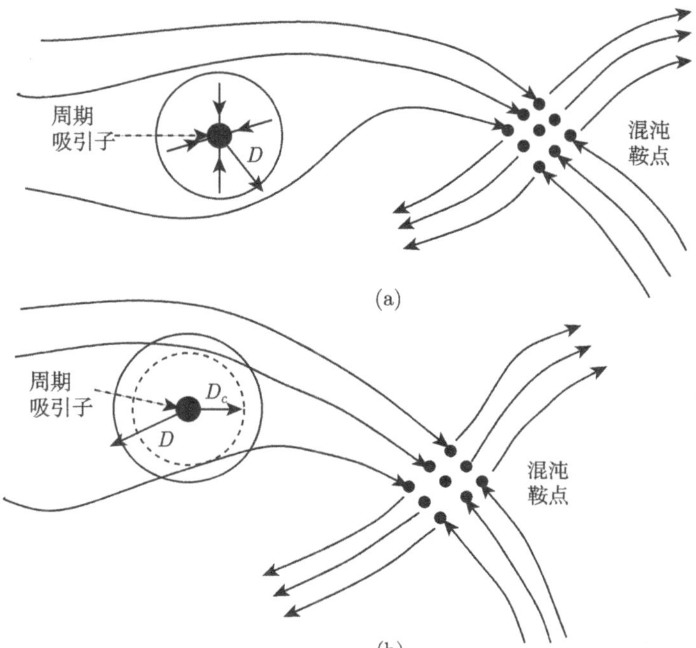

图 6.6 噪声诱导混沌的机制

(a)$D < D_c$ 的情形; (b)$D > D_c$ 的情形

其显著特点是噪声吸引子的李雅普诺夫指数谱中没有零指数及最大李雅普诺夫指数为正，因此当 $D > D_c$ 时的噪声吸引子为混沌吸引子。这种混沌吸引子与任何确定论混沌吸引子有着本质的不同——它不再保持有中性方向，下面对此作进一步的解释。

伴随着噪声混沌建立的中性方向的破坏，可理解为其具有不稳定维数可变性。我们知道，原始的周期轨道不包含不稳定方向，而混沌鞍点包含一个不稳定方向：一个不稳定维数。当噪声较大时 ($D > D_c$)，就会将这两个具有不同不稳定维数的动力学不变集联系起来。为了明白不稳定维数可变性怎样破坏中性方向，我们来考察包含中性方向的局部本征平面，如图 6.7。在局部本征平面上，周期吸引子有一个稳定方向及一个中性方向。令 $\boldsymbol{v}$ 为沿中性方向的本征矢。在混沌鞍点的本征平面上，有一个不稳定方向及一个中性方向。在噪声驱动下，轨道沿鞍点的稳定流形方向从周期吸引子过渡到鞍点时，本征矢 $\boldsymbol{v}$ 就变为 $\boldsymbol{v}'$，且 $\boldsymbol{v}'$ 可位于局部本征平面的任意位置。经过一段时间后，由于混沌鞍点的膨胀动力学效应，矢量就会沿不稳定方向排列。沿原周期点的中性方向的距离就不再能够保持。一般来说，当矢量在具有不同不稳定方向数的不变集间移动时，中性方向是不能被保持的。因此，不稳定维数可变性在确定流的拓扑方面起着基本的作用。

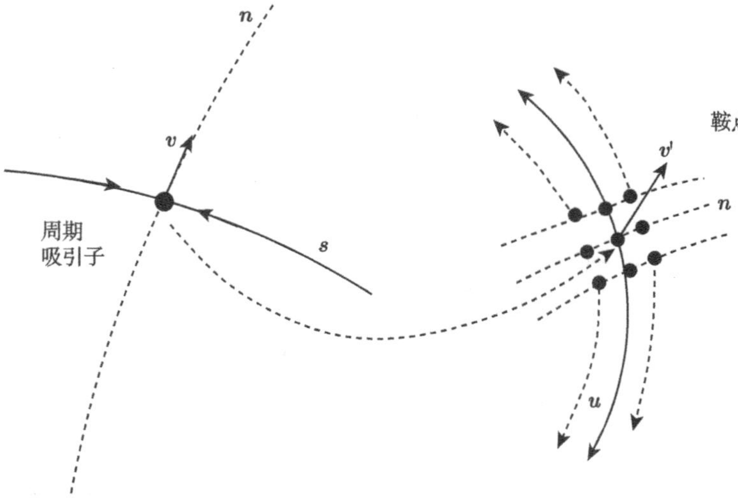

图 6.7　中性方向被破坏的示意图

另一方面，λ_1 与轨道被踢到重叠区的概率 f_S 成正比。这个概率又与重叠区中混沌鞍点的稳定流形的自然测度成正比。对于庞加莱截面上半径为 ϵ 的二维球面，稳定流形的自然测度正比于 $\epsilon^{D_S}=(\epsilon^2)^{D_S/2}$，其中，$\epsilon^2$ 为面积，$D_S=2-1/(\lambda_1^S\tau)$，$\tau$ 为混沌鞍点的生命时间 (life time)。又因为重叠的面积正比于 $D^2-D_c^2$，故

$$f_S \sim (D^2-D_c^2)^{D_S/2} \sim (D-D_c)^{\alpha} \tag{6.19}$$

其中，$\alpha=1-1/(\lambda_1^S\tau)$。这个结果很容易为数值模拟所验证，图 6.8(a) 为洛斯勒噪声系统中的 $\lambda_{1,2}$ 随 D 的变化行为，图 (b) 给出的为其标度，其中虚线代表式 (6.19) 中的理论值 α，可见数值实验很好地验证了理论预言的标度。

这个结果可有进一步的意义。我们知道，统计物理与非线性物理中的一个重要问题是统计平均值是否可以可靠地计算或测量。这个问题在显示混沌的物理系统中尤其有趣。对于混沌系统，数值轨道并不总是可由真实轨道覆盖的 (shadowable)。尤其是对典型的低维系统，稳定流形与不稳定流形的相切可导致数值轨道偏离真实轨道并进而导致发散。对于统计平均，人们通常认为由于混沌的各态历经性，计算误差或噪声的效果可以被平均掉，因此长时间的统计平均值是可靠的。然而，这种看法在噪声诱导混沌中是不正确的 [87]。令 $G(x)$ 为描述某物理量的连续函数，在分立时间系统中，求平均可由如下公式给出：

$$\bar{G}=\lim_{T\to\infty}\frac{1}{T}\sum_{i=0}^{T-1}G(x_i,p) \tag{6.20}$$

其中 $\{x_i\}_0^{T-1}$ 为一套典型的从任意初始条件产生的轨道。在连续时间系统中，求平均由下式给出：

$$\bar{G}=\lim_{T\to\infty}\frac{1}{T}\int_0^T G[x(t),p]\mathrm{d}t \tag{6.21}$$

对各态历经不变集上的轨道，上述平均值等价于系综平均，而在实际情形中，可用大量的短时间序列来估算。

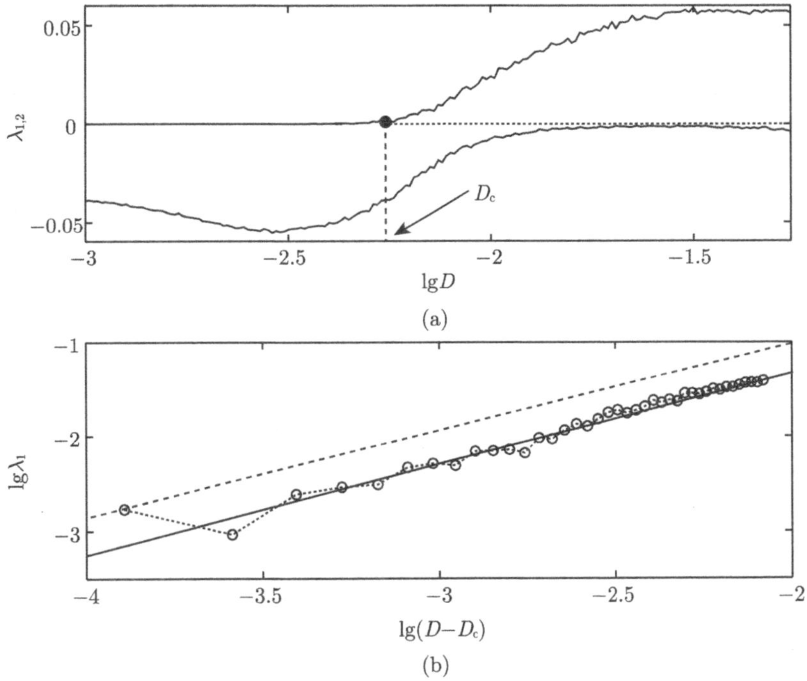

图 6.8 噪声对李雅普诺夫指数的影响

(a) $\lambda_{1,2}$ 随 D 的变化行为；(b) 标度律

令 $\bar{G}^A(0)$ 与 $\bar{G}^S(0)$ 为物理函数 $G(x)$ 在周期吸引子与混沌鞍点上的平均，则有 $\bar{G}^A(0)=\dfrac{1}{p}\sum_{i=1}^{p}G(x_i^A)$，$p$ 为周期数；$\bar{G}^S(0)=\dfrac{1}{L}\sum_{i=1}^{L}G(x_i^S)$。作与上面计算李雅普诺夫指数谱类似的推导可得 [87]

$$\begin{aligned}\bar{G}(D)&=\bar{G}^A(0),\quad D<D_c\\ \Delta G(D)&=\bar{G}(D)-\bar{G}^A(0)\approx f^S(D)G^S(0)\\ &\sim(D-D_c)^{\alpha},\quad D\geqslant D_c\end{aligned}\tag{6.22}$$

图 6.9 显示洛斯勒系统的数值模拟对上述公式的证实，其中，(a) 为物理函数 $\sin x$ 的平均值随噪声强度的变化行为，(b) 为噪声引起的函数增量服从的幂律，其中虚

线为式 (6.22) 中的理论值 α。可见数值实验再次证实了理论预言。

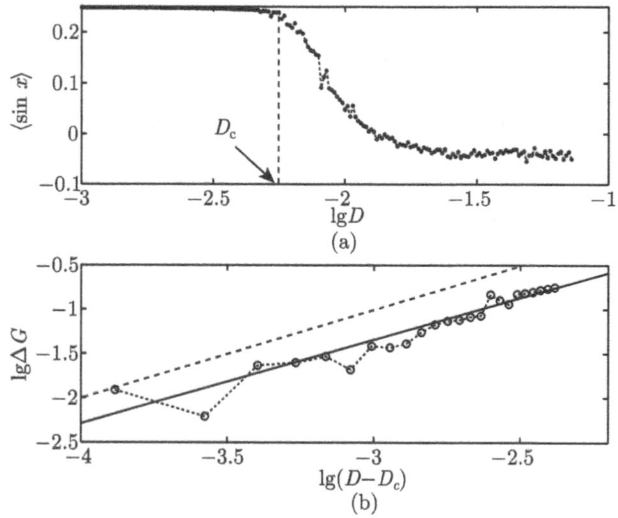

图 6.9 噪声对物理量观测值的影响

(a) 物理函数 $G(x)$ 随 D 的变化行为；(b) 标度律

6.3 噪声对混沌吸引子中性方向的影响

耦合振子的集体行为依赖于耦合强度的大小及耦合振子的固有持性。若振子为极限环行为的周期振子，如前面讨论过的 Kuramoto 模型，则随着耦合强度的逐渐增强，不同的振子会变得同步从而形成簇团，然后簇团与簇团间进一步结合成较大的簇团，最后达到全局同步化。在这个过程中，随着每一个簇团的形成或变大，都会有一个对应的零李雅普诺夫指数变负，即零李雅普诺夫指数个数的减少表征系统的维数的降低。若振子为具有混沌行为的振子时，可观察到相似的行为。当耦合强度为零时，各个振子是相互独立的，整个系统的集体行为可认为是“复杂的”。随着耦合强度的增加，振子间会出现相关行为，从而使整个系统的集体行为变得不那么“复杂”。这种相关行为正是耦合混沌系统的相同步化与完全同步化。以两个振子为例，在三维情形每个振子具有一个正的、一个零及一个负的李雅普诺夫指数。耦合强度 $k=0$ 时整个系统为具有两个正的、两个零及两个负的李雅普诺夫指数的六维系统。随着耦合强度的增加，在相同步化临界点处，一个零李雅普诺夫指数将变为负；而在完全同步化处，一个正的李雅普诺夫指数将穿零变负。若将两个耦合混沌振子的情形推广到多个耦合混沌振子的情形，则不难发现随着耦合强度的增加，将不断地有零和正的李雅普诺夫指数变负。因此，耦合使得系统的集体行为的“复杂度”降低了。这种结论是普适的吗？在噪声的作用下又会如何？

我们来首先讨论其普适性的问题。上述耦合振子中正和零的李雅普诺夫指数变负的图像已经被证实广泛地存在于单中心的混沌系统中，比如耦合洛斯勒系统。然而若耦合的混沌振子具有多中心结构时，这种图像不再成立。比如考虑 N 个耦合的洛伦茨系统，则在弱耦合区域会出现一种奇异的现象：$k=0$ 时的一套零李雅普诺夫指数在 $k>0$ 时不是变负而是变正！变正的零李雅普诺夫指数的个数为 M，满足当 N 为偶数时，$M=N/2$，当 N 为奇数时，$M=(N+1)/2$。令 $\lambda_1 \geqslant \lambda_2 \geqslant \cdots \geqslant \lambda_N > \lambda_{N+1} > \cdots > \lambda_{N+M}$ 代表系统的正的李雅普诺夫指数，则新增加的正的李雅普诺夫指数满足如下的标度律[88]：

$$\lambda_j \sim k^{\alpha}, \quad \text{for} \quad j=N+1,\cdots,N+M \tag{6.23}$$

考虑 N 个耦合系统的洛伦茨方程如下:

$$\begin{aligned}
\dot{x}_i &= \sigma_i(y_i - x_i) + \sum_{j\neq i} k_{ij}(x_j - x_i)\\
\dot{y}_i &= 28x_i - y_i - x_i z_i\\
\dot{z}_i &= -8/3z_i + x_i y_i
\end{aligned} \tag{6.24}$$

其中，参数 σ_i 可取相同值或稍微有点不同的值，以使振子具有全同与非全同的吸引子。这里我们集中研究耦合强度达到相同步化之前的情形。首先以两个振子 $(N=2)$ 为例，来看其李雅普诺夫指数的变化行为。由于 $k=0$ 时有两个正的、两个零及两个负的李雅普诺夫指数。在弱耦合下，那两个正的及两个负的李雅普诺夫指数没有定性的变化，而其中的一个零李雅普诺夫指数却有反常的变化。不管我们取单向还是双向耦合，它都会首先变正，然后再变为负，如图 6.10(a) 与 (b) 所示。也就是说此时两个耦合的洛伦茨系统具有了三个正的李雅普诺夫指数！从具有更多的正的李雅普诺夫指数这方面，我们可以说耦合使集体行为变得更复杂了。当 N 增大时我们有类似的结论，图 6.10(c) 与 (d) 给出了 $N=4,7$ 时的情形。这就与前面在 Kuramoto 模型及洛斯勒等系统上得出的结论相矛盾。其原因在于那里考虑的系统都是单中心的系统，而这里的洛伦茨系统为双圈系统。当一条轨道沿洛伦茨吸引子移动并在两个圈间来回交换 (switch) 时，实际的轨道必须遵守一个基本的一致性。而耦合则会破坏这种一致性并引起零李雅普诺夫指数变正。

为详细说明这种一致性的破坏，图 6.11 给出了混沌洛伦茨吸引子的拓扑示意图。其中 $A \sim H$ 为与连续轨道相连的代表点，箭头代表对应的局域本征空间。左右两个圈分别表示为“L”与“R”。一条典型的轨道将交替间谐地访问这两个圈，即沿一个圈转几转后就移到另一个圈上，依次重复下去。包围 S 点的区域就是发生轨道切换的地方。为了从“L”圈到“R”圈，轨道必须遵从那些从 D 点到 C 点的轨迹。无扰动时，A 点处的轨道是不太可能直接从“L”圈到“R”圈的。类似地，为了从“R”圈到“L”圈，轨道也必须遵从那些穿过从 B 点到 A 点的路径。当轨道靠近 C 点时，它也不可能直接到“L”圈而不在“R”圈处至少转一圈。这种动力学一致性保证了零李雅普诺夫指数的存在，即保持着中性方向。然而，不规则扰动的存在却可能破坏这种一致性。

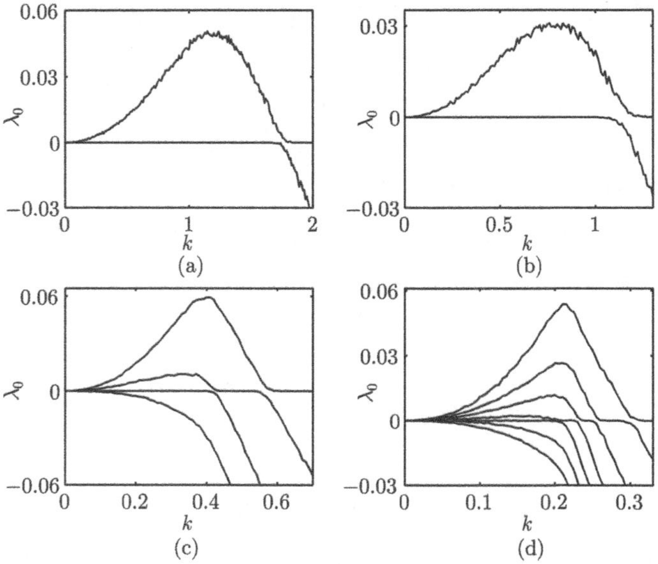

图 6.10　弱耦合洛伦茨系统中零李雅普诺夫指数的变化行为

(a)$N = 2$ 单向耦合的情形；(b)$N = 2$ 双向耦合的情形；(c)$N = 4$ 双向耦合的情形；(d)$N = 7$ 双向耦合的情形

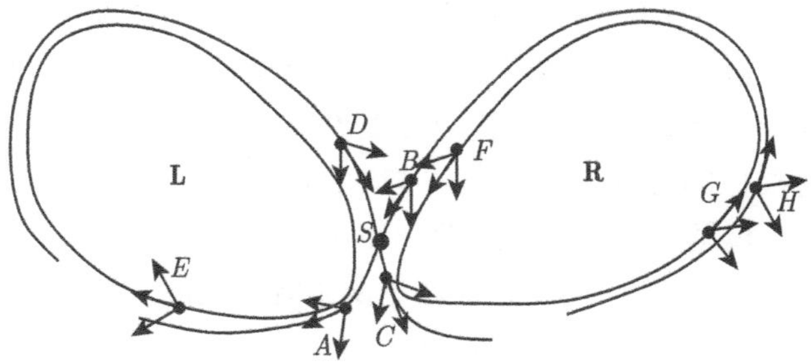

图 6.11　轨道的局域本征空间

对于耦合系统，由于其由确定论的方程描述，必有一个零李雅普诺夫指数描述轨道的方向。而第二个零李雅普诺夫指数可通过将线性耦合项当作对洛伦茨吸引子的随机的时变扰动来估算。当耦合很小而流为混沌流时，这种做法是可信赖的。依赖于扰动在相空间中所应用的位置，可将它们分为两种类型，其对流的作用效果是截然不同的。第一种扰动可发生在吸引子的任何地方，它们作用的效果等同于无扰动时的动力学行为。例如，扰动可引起轨道从 B 点移动到 F 点或从 G 点到 H 点等。由于它们附近点的本征结构是一致的，这种扰动对流的本征方向只有很小的效果。长时间极限下，这种一致性效果将会被平均掉，不会产生对李雅普诺夫指数谱的影响，这就是为什么在小耦合时零李雅普诺夫指数可以在像洛斯勒这样的系统中被保持的原因。第二种类型的扰动发生在 S 点的附近，它们与无扰动时的动力学是不一致的。例如，这种扰动可引起轨道从 B 点到 D 点或从 A 点到 C 点等。与这些点相连的局部本征空间是非常不一样的，见图 6.11。尤其是，与 B 和 D 两点联系的中性方向是十分不同的。沿 B 点的无穷小距离的中性方向，当由于扰动而移动到 D 点时，就不再能保持。由于混沌动力学，这种在 D 点的不稳定方向的分量就会被放大，从而导致中性方向的破坏，与之相连的李雅普诺夫指数就会随扰动的增加而变正，见图 6.10(a)~(d)，这种类型扰动的后果是轨道访问“L”圈与“R”圈的相对频率发生了变化，这已在数值实验中得到了证实。

解决了零李雅普诺夫指数变正的问题后，现在来看与变正相联系的标度律。对于三维相空间中的双圈混沌吸引子，令 $\lambda_i^{\rm L}$ 与 $\lambda_i^{\rm R}(i=1,2,3)$ 分别表示轨道在“L”圈与“R”圈的沿三个本征方向的无穷小距离平均指数发散率。于是有 $\lambda_1^{\rm L}>0=\lambda_2^{\rm L}>\lambda_3^{\rm L}$ 与 $\lambda_1^{\rm R}>0=\lambda_2^{\rm R}>\lambda_3^{\rm R}$。无扰动时，零李雅普诺夫指数可表示为 $0=\lambda_2=f^{\rm L}\lambda_2^{\rm L}+f^{\rm R}\lambda_2^{\rm R}$，其中 $f^{\rm L}$ 与 $f^{\rm R}(f^{\rm L}+f^{\rm R}=1)$ 分别为访问“L”圈与“R”圈的频率。存在小耦合强度时，频率 $f^{\rm L}$ 与 $f^{\rm R}$ 就会由于扰动而发生变化。近似地可将 $\lambda_2(k)$ 表示为

$$\lambda_2(k)\approx f^{\rm L}(k)\lambda_2^{\rm L}+f^{\rm R}(k)\lambda_2^{\rm R}+f^{\rm S}(k)\bar{\lambda}=f^{\rm S}(k)\bar{\lambda} \tag{6.25}$$

其中，$f^{\rm S}(k)$ 为扰动引起的反常切换频率 $[f^{\rm L}(k)+f^{\rm R}(k)+f^{\rm S}(k)=1]$，$\bar{\lambda}>0$ 为切换点 S 附近的无穷小矢量的平均指数发散率。可见 $\lambda_2(k)$ 对 k 的依赖性由 $f^{\rm S}(k)$ 决定。对于 S 点附近半径正比于 k 的球体，其不稳定态的稳定流形为二，因此 $f^{\rm S}(k)\sim k^2$，即

$$\lambda_2(k)\sim k^2 \tag{6.26}$$

用系统 (6.24) 进行的数值模拟证实了上述标度律，图 6.12 为对应图 6.10 的结果，显然所有的变正李雅普诺夫指数都具有相同的斜率 2。

如果只考虑耦合中的一个振子，则可将其看作为一个独立的混沌振子受到了外部噪声的作用。由于物理系统中不可避免地存在噪声，因此噪声下零李雅普诺夫指数的变化就非常重要 [89]。仍然以洛伦茨方程为例，噪声作用下的振子为

$$\begin{aligned}\dot{x}&=10(y-x)+D\xi_1(t)\\ \dot{y}&=28x-y-xz+D\xi_2(t)\\ \dot{z}&=-8/3z+xy+D\xi_3(t)\end{aligned} \tag{6.27}$$

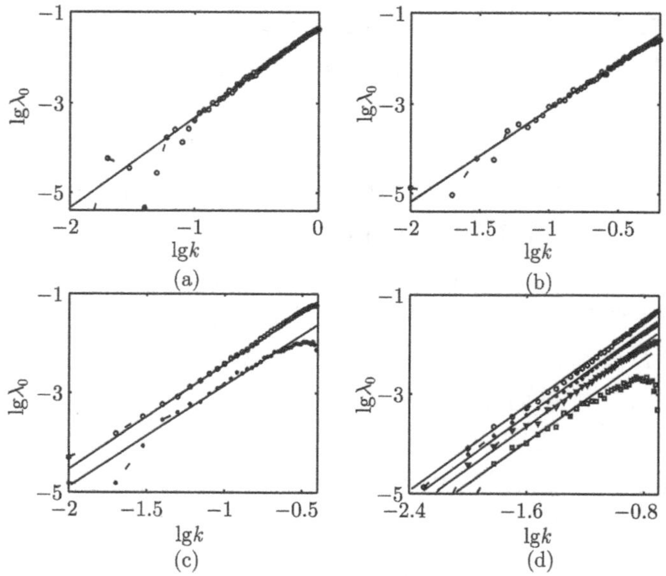

图 6.12　零李雅普诺夫指数变正的标度律

(a)$N = 2$ 单向耦合的情形；(b)$N = 2$ 双向耦合的情形；(c)$N = 4$ 双向耦合的情形；(d)$N = 7$ 双向耦合的情形

其中，$\xi_i(t)(i = 1, 2, 3)$ 为具有零平均及单位均方差的高斯无规变量。由于噪声的作用与前面讨论的小耦合扰动类似，因此耦合情形下 $A \sim H$ 及 S 点附近的扰动的分析完全适用于噪声作用下的动力学效应。据此我们令 $f^{\rm L}(D)$，$f^{\rm R}(D)$ 及 $f^{\rm S}(D)$ 分别表示一条典型的轨道访问“L”圈、“R”圈及 S 点附近区域的频率，则有 $f^{\rm L}(D) + f^{\rm R}(D) + f^{\rm S}(D) = 1$。与耦合情形类似，我们有

$$\lambda_2(D) \approx f^{\rm L}(D)\lambda_2^{\rm L} + f^{\rm R}(D)\lambda_2^{\rm R} + f^{\rm S}(D)\bar{\lambda} \approx f^{\rm S}(D)\bar{\lambda} \sim D^2 \tag{6.28}$$

图 6.13 为数值模拟，可见数值模拟很好地验证了理论结果。

由于 $f^{\rm S}(D)$ 为扰动引起的反常跃迁概率。扰动引起了轨道访问“L”圈及“R”圈相对频率的变化，因此应能看到对应的轨道在“L”圈与“R”圈间切换频率的变化。具体计算时，切换频率可用如下方法获得：构造一个庞加莱截面，并用符号 l 与 r 代表截面上轨道点在“L”圈及“R”圈的位置。于是对一条轨道可产生长度为 N 的符号串：$\sigma_1\sigma_2\cdots\sigma_N$，其中，$\sigma_i$ 为 l 或 r。用 N_s 代表此符号串中两个不同的符号对 (lr 或 rl) 的数目，则可用 $\beta_s(D) = \lim_{N\to\infty} N_s/N$ 代表切换频率 [89]。根据式 (6.28) 可得噪声诱导的切换频率的变化为

$$\Delta\beta_s(D) \equiv \beta_s(D) - \beta_s(0) \sim f^s(D) \sim D^2 \tag{6.29}$$

即切换频率的变化与零李雅普诺夫指数的变正遵循相同的标度律。数值模拟证实了这种推断，图 6.14 为数值实验的结果，其斜率为 2。

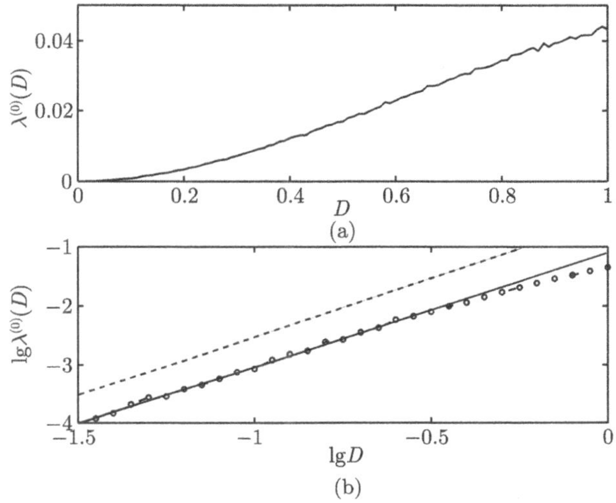

图 6.13 单个洛伦茨系统在噪声下的零李雅普诺夫指数的变化行为

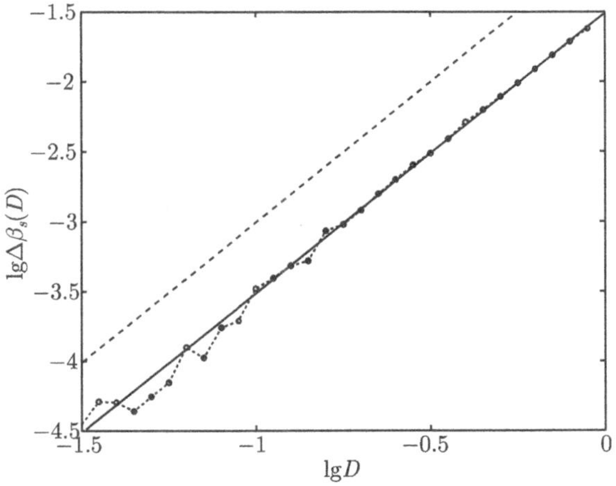

图 6.14 单个洛伦茨系统在噪声下的零李雅普诺夫指数的标度律

6.4 混沌系统中的相关共振

在可激系统中，动力学变量的时间序列是由一系列以无规时间间隔发生的爆发 (bursting) 所组成的。相关共振是指向噪声可被用来改善这种具有爆发特征的时间序列的时间规则度。具体来说，在小与大的噪声级别处，时间序列表现为无规，其傅里叶功率谱为宽带状且没有明显的尖峰。而在中等噪声级别处，时间序列中的爆发表现出某种规则性，其傅里叶功率谱上有一套明显的峰。相关共振概念来自于随机共振，可看成是没有外部驱动信号下的随机共振。

随机共振起源于本兹 (Benzi) 等的工作，是为了描述 10^5 年的周期内地球气候在冰期与暖期间的交替变化而引入的术语 [90]。地球轨道在那个周期内的变化非常反常，按照现代理论，这种变化不足以引起突然的气候变化。通过引入双稳“气候势”，本兹等认为，一种缘于反常中的弱周期变化（“信号”）与其他的随机涨落间的合作现象可能是导致所观察到的强周期性的原因，从而将这种现象称为随机共振。随机共振的机制可由图 6.15 中的卡通得到说明 [91]。考虑一个过阻尼的粒子在对称双阱势 $V(x) = bx^4/4 - ax^2/2$ 中的运动，见图 6.15(a)。粒子受到来自于热缸的随机涨落力的作用，从而在极值 $\pm x_m$ 间来回跳跃，这里 $x_m = (a/b)^{1/2}$。离子跳跃所需越过的高度为 $\Delta V = a^2/(4b)$，势垒的顶部在 $x_b = 0$。当存在周期驱动力时，双阱势变为 $V(x,t) = V(x) - A_0 \cos\omega t$，这个势的来回倾斜，从而依次地抬高或降低左右阱的势垒高度并导致非对称性。这种周期性的变化可由图 6.15(b) 演示。尽

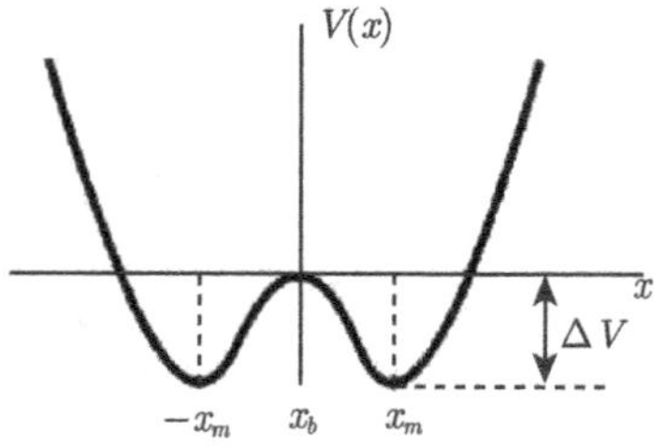

(a)

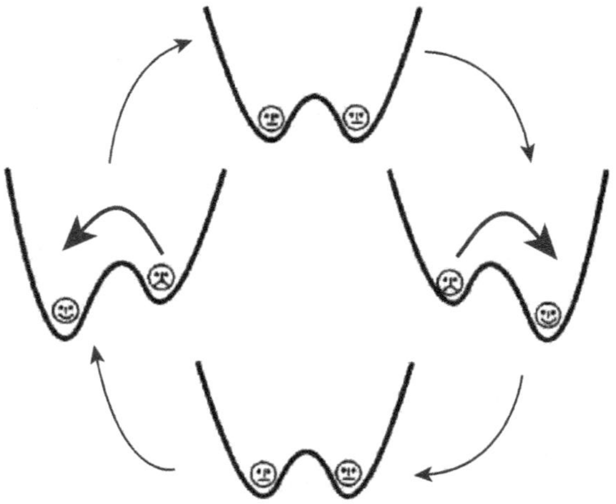
(b)

图 6.15　卡通演示周期驱动力下的双阱势的变化 [91]

管周期力很弱，不足以推动粒子周期性地从一个阱移动到另一个阱，但是噪声诱导的阱间跳跃可变得与弱周期力同步。这种同步化发生在当噪声诱导转变的等待时间等于外力周期的一半时，促成这种转变的途径可通过调节噪声强度来实现，满足此条件的噪声强度为最优噪声强度，此时图 (b) 中的“哭丧脸”就会高兴起来。

与这种共振跳跃类似的现象也可在其他的系统中观察到，比如极限环系统 [92] 与可激系统 [93]。此时，一个关键的不同之处在于没有外部周期驱动力，因此相关共振表现为纯粹的噪声激励的非线性响应。描述相关共振的一个简单的并具有代表性的例子是菲兹 · 休–纳古莫 (FitzHugh-Nagumo，FHN) 模型，该可激系统描述从化学反应与固态物理到生物过程的不同应用领域的动力学。它最初是为描述神经元的脉冲发放而引入的，也可用来模拟二维可激介质中的旋转波，其方程的形式如下：

$$\begin{aligned}\epsilon\dot{x} &= x - \frac{x^3}{3} - y \\ \dot{y} &= x + a + D\xi(t)\end{aligned} \tag{6.30}$$

其中，参数 $\epsilon \ll 1$，x 为快变量，y 为慢变量。参数 a 支配着解的特征，$|a| > 1$ 时只有稳定的不动点吸引子，而 $|a| < 1$ 时可出现极限环，其由两片与快速跳跃相连的慢运动组成。当 $|a|$ 稍微大于 1 时系统为可激的，即对不动点小的且有限的偏离可产生大的脉冲。当微扰将系统带到慢分支的边缘时，它就会跃到另一个慢分支上，并在漫游一段时间后将系统送回到不动点。这种对扰动的强非线性响应使得系统的动力学非常有意思。现已发现，随着外噪声强度 D 的变化，噪声激励的震荡行为在中等噪声强度处表现出某种相关性或规则性，而在小的或大的噪声强度处表现为无规性 [93]。这种规则度可由类似于随机共振信号检测中的信噪比的量 β 来测量。在时间序列中，β 可由如下定义给出 [93]：

$$\beta_T = \frac{\langle T\rangle}{\sqrt{\mathrm{Var}(T)}} \tag{6.31}$$

其中，T 为爆发间的间隔，$\langle T\rangle$ 与 $\mathrm{Var}(T)$ 分别为 T 的平均值及均方差。而在频谱描述中，β 变为 [92]

$$\beta_s = \frac{H\omega_p}{\Delta\omega} \tag{6.32}$$

其中，H 为谱峰的高度，ω_p 为峰处的频率，$\Delta\omega$ 为在 $H/2$ 处的峰宽。由于一个物理过程既可以在时间序列中描述为 $f(t)$，又可以由傅里叶变换转换为频谱 $F(\omega)$，因此，我们可以视问题的方便用 β_T 与 β_s 中的任意一个，来描述噪声诱导的时间规则度。实际上，这两种描述是等价的。比如，当 $f(t)$ 为近似周期函数时，其傅里叶谱在 $\omega_p = 1/\langle T\rangle$ 处显示一个具有宽度为 $\Delta\omega$ 的峰值。由于 $T \sim 1/\omega$，我

们有 $\langle T\rangle + \Delta T \sim 1/(\omega_p + \Delta\omega) = 1/\omega_p - \Delta\omega/\omega_p^2$，因此 $\Delta T \sim \Delta\omega/\omega_p^2$。由此可知，$\beta_T \approx \langle T\rangle/\Delta T \sim \omega_p/\Delta\omega \sim \beta_s$。

这种极限环系统中发现的相关共振也可以在耦合混沌振子中出现 [94]。当全同或稍微非全同的混沌振子耦合在一起时，刻画振子间同步化程度的时间序列的时间规则度，可由外噪声进行调节并表现出相关共振。这样的时间序列可以简单地取为耦合振子的对应变量差或对应变量的函数差。现以耦合洛伦茨系统为例来进行具体的分析：

$$
\begin{aligned}
\dot{x}_{1,2} &= \sigma_{1,2}(y_{1,2} - x_{1,2}) + k(x_{2,1} - x_{1,2}) + D\xi_x(t) \\
\dot{y}_{1,2} &= 28x_{1,2} - y_{1,2} - x_{1,2}z_{1,2} + D\xi_y(t) \\
\dot{z}_{1,2} &= -8/3z_{1,2} + x_{1,2}y_{1,2} + D\xi_z(t)
\end{aligned} \tag{6.33}
$$

若取 $\sigma_1 = \sigma_2 = 10$ 时，其为全同系统，无噪声时在 $k_c \approx 3.92$ 处实现完全同步化。现取 $k = 4.0 > k_c$，则由于噪声的存在就会在同步化流形 $\boldsymbol{x}_1 = \boldsymbol{x}_2$ 上激发出爆发，图 6.16 为不同噪声强度下的爆发行为。由于这些间隔 T 不容易精确地测量，将其转化为傅里叶功率谱，见图 6.17。由此图可见，在噪声强度较小 (图 (a)) 与较大 (图 (c)) 时，功率谱上都没有峰，只有中等噪声处 (图 (b)) 有峰值。因此中等噪声诱导出了时间序列中较强的时间周期性。现在我们用 β_s 来计算不同噪声处的相关共振，得到的结果如图 6.18，其中，(a) 表示 $k > k_c$ 的情形，(b) 表示 $k < k_c$ 的情形。可见 (a) 与 (b) 都给出了钟形的曲线——相关共振。这种行为在非全同的耦合振子比如 $\sigma_1 = 10$，$\sigma_2 = 11$ 时仍可观察到。

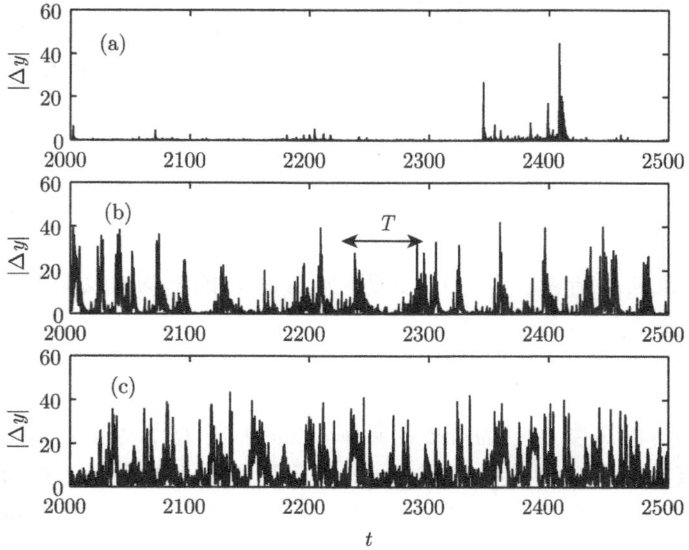

图 6.16　不同噪声强度下偏离同步化流形的爆发行为

(a)$D = 0.001$ 的情形；(b)$D = 0.03$ 的情形；(c)$D = 0.3$ 的情形

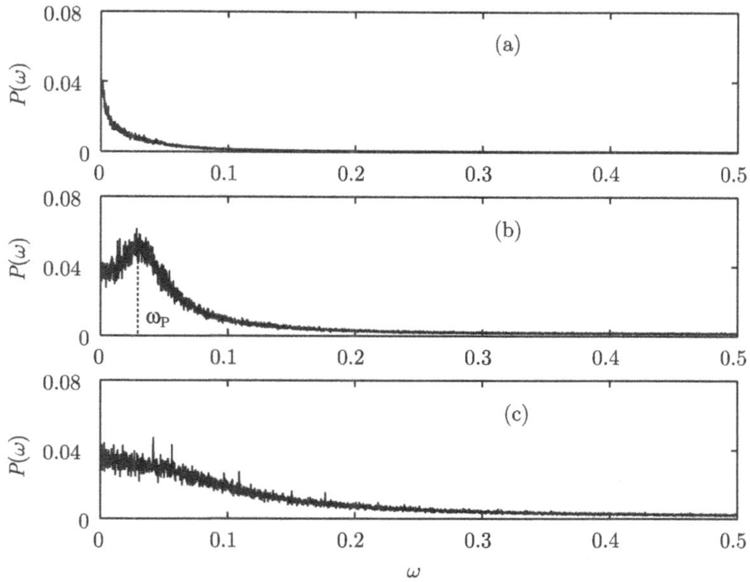

图 6.17 不同噪声强度下爆发行为的功率谱

(a)$D = 0.001$ 的情形；(b)$D = 0.03$ 的情形；(c)$D = 0.3$ 的情形

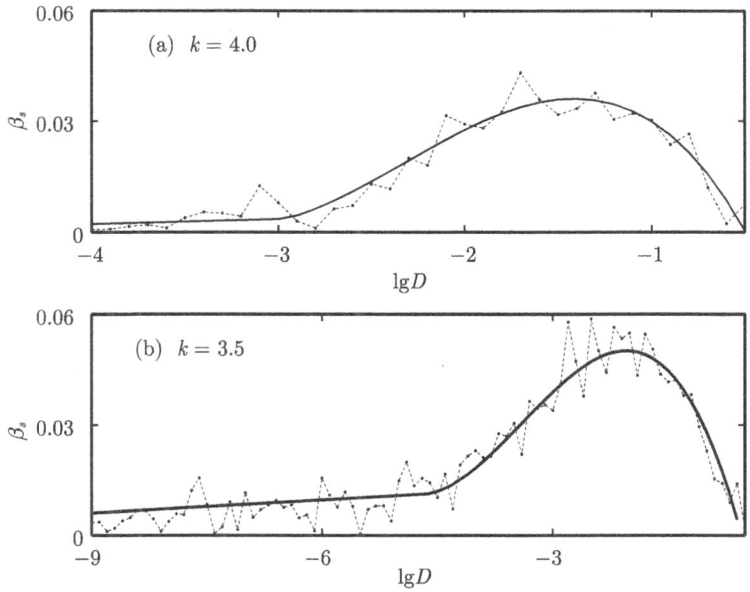

图 6.18 噪声诱导相关共振

(a)$k > k_c$ 的情形；(b)$k < k_c$ 的情形

耦合系统为什么会在噪声作用下表现出这种相关共振呢？我们来看其对应变量差的演化方程。由 $\dot{\boldsymbol{x}}_{1,2} = \boldsymbol{f}_{1,2}(\boldsymbol{x}_{1,2}) + \boldsymbol{k}(\boldsymbol{x}_{2,1} - \boldsymbol{x}_{1,2}) + \xi_e(t)$，令 $\boldsymbol{u} = (\boldsymbol{x}_1 + \boldsymbol{x}_2)/2$

与 $\boldsymbol{v}=(\boldsymbol{x}_1-\boldsymbol{x}_2)/2$，可得在近似同步化流形 $\boldsymbol{v}\approx 0$ 附近的方程为

$$\dot{\boldsymbol{u}}\approx\frac{1}{2}[\boldsymbol{f}_1(\boldsymbol{u})+\boldsymbol{f}_2(\boldsymbol{u})]+\frac{1}{2}\left(\frac{\partial \boldsymbol{f}_1}{\partial \boldsymbol{u}}-\frac{\partial \boldsymbol{f}_2}{\partial \boldsymbol{u}}\right)\boldsymbol{v}+\xi_e(t)$$

$$\dot{\boldsymbol{v}}\approx\frac{1}{2}[\boldsymbol{f}_1(\boldsymbol{u})-\boldsymbol{f}_2(\boldsymbol{u})]+\left[\frac{1}{2}\left(\frac{\partial \boldsymbol{f}_1}{\partial \boldsymbol{u}}+\frac{\partial \boldsymbol{f}_2}{\partial \boldsymbol{u}}\right)-2k\right]\boldsymbol{v}+\xi_e(t)$$

$$\equiv[-\boldsymbol{A}+\boldsymbol{N}(\boldsymbol{t})]\boldsymbol{v}+\xi_i(t)+\xi_e(t) \tag{6.34}$$

其中，$\boldsymbol{A}$ 为一矩阵，其矩阵元为 $\boldsymbol{v}$ 前面部分的平均值，$\boldsymbol{N}(\boldsymbol{t})$ 为零平均的无规矩阵，$\xi_i(t)=1/2[\boldsymbol{f}_1(\boldsymbol{u})-\boldsymbol{f}_2(\boldsymbol{u})]$ 代表小的混沌调制。$\boldsymbol{v}$ 方程的一维形式可写为

$$\dot{v}=[-\lambda+N(t)]v+\xi(t) \tag{6.35}$$

其中，$\xi(t)$ 代表内部混沌调制与外部噪声的结合，这正是可显示 On-Off 间谐性的典型方程。$v(t)$ 的时间规则度可由 β_T 来测量。为了得到 $\langle T\rangle$ 与 $\mathrm{Var}(T)$，我们将式 (6.35) 转化为福克–普朗克方程：

$$\frac{\partial P}{\partial t}=-\frac{\partial}{\partial v}\left[\left(-\lambda v+\frac{1}{2}\epsilon v\right)P\right]+\frac{1}{2}\frac{\partial^2}{\partial v^2}\left[\left(\epsilon v^2+D\right)P\right] \tag{6.36}$$

这里，$P(v,t)$ 为无规变量 $v(t)$ 的概率分布函数，D 为噪声 $\xi(t)$ 的强度，ϵ 为 $N(t)$ 的强度。注意到阵发间隔 T 实际上为首通时间 (the first-passage time)，在满足吸收边界 $v=a$ 及反射边界 $v=b$ 的条件下可得

$$\langle T(v_0)\rangle=2\int_{v_0}^{a}\mathrm{d}y(\epsilon y^2+D)^{\lambda/\epsilon-1/2}\int_b^y(\epsilon z^2+D)^{-1/2-\lambda/\epsilon}\mathrm{d}z \tag{6.37}$$

$$\langle T^2\rangle=4\int_{v_0}^{a}\mathrm{d}y(\epsilon y^2+D)^{\lambda/\epsilon-1/2}\int_b^y(\epsilon z^2+D)^{-1/2-\lambda/\epsilon}\langle T(z)\rangle\mathrm{d}z$$

其中，v_0 为 $v(t)$ 的初始条件。将 $\langle T(v_0)\rangle$ 与 $\langle T^2\rangle$ 代入 β_T 可得 β_T 随 D 演化的行为如图 6.19，可见这个钟形正是我们在数值模拟中所观察到的。

由于耦合混沌振子发生在许多不同的自然系统中，我们期待相关共振的发现会有所应用。比如，设想一个由两个耦合的混沌行为的神经元组成的生物系统。如果期望得到规则行为，而通过调节系统的内部参数来让系统进入规则区域是不可能时，用噪声诱导相关共振就变得很有用了。进一步，若耦合的振子多于两个时，其间的相关共振就有可能使它们成为在外噪声作用下信号调制与处理的可能装置。例如，考虑 N 个耦合的、近全同的混沌振子如图 6.20，其中每个振子由 $\mathrm{d}\boldsymbol{x}/\mathrm{d}\boldsymbol{t}=\boldsymbol{F}(\boldsymbol{x})$ 描述 [95, 96]。假定信号 $x_i(i=1,\cdots,N)$ 来自于每个振子而由处理器 U 进一步结合而产生输出信号 $U(t)=U(\boldsymbol{x}_1,\boldsymbol{x}_2,\cdots,\boldsymbol{x}_{\boldsymbol{N}})$。由于每个振子的混沌特性，输出信号

$U(t)$ 就将是无规的。然而若每个振子输入噪声，则在最优噪声处，$U(t)$ 就会表现出规则的周期行为。比如，神经网络的输出通常就是规则的。

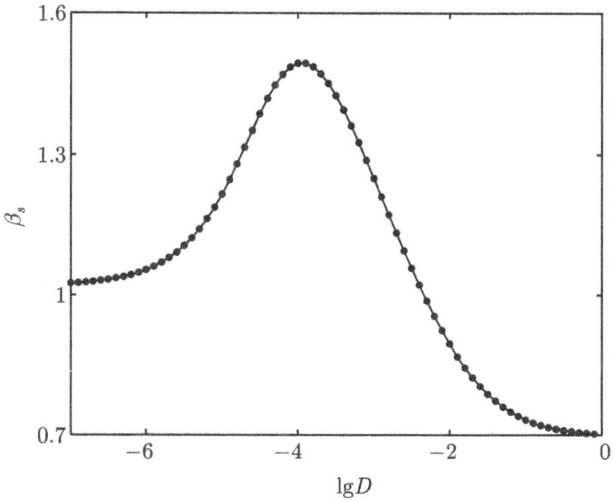

图 6.19 噪声诱导相关共振的理论验证

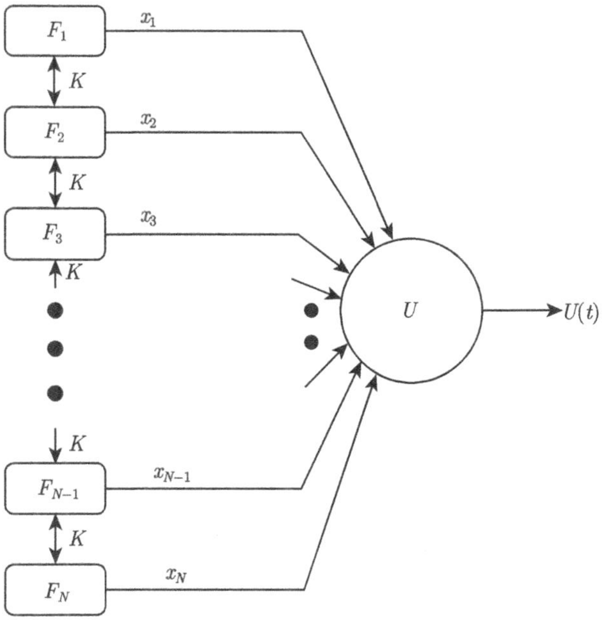

图 6.20 信号调制与处理的可能装置

这种相关共振效应还可用来解释一些自然界发生的现象，比如非线性流中的化学反应 [97]。在一些山谷区域，如美国亚利桑那州 (Arizona) 的凤凰城 (Phoenix)，人们经常可闻到一种季节性的臭氧味道。这个问题的物理–化学背景如下：当陈腐的燃料燃烧后，各种污染物被送到地球的对流层，即从地面到 15km 高空处。这些污染物包括两类：未燃烧的碳氢化合物与氮氧化合物。氧化氮主要来源于路面交通，其浓度在都市区相当高。当这些污染物的浓度达到一定值时，与阳光的相互作用形成反应链，产生光化学污染物 (如臭氧)。臭氧是一种强力氧化剂，且为有毒气体，并可自动光解导致自催化反应。因此在热的、静的、阳光充足的夏季，在那些空气中含有高浓度碳氢化合物与氮氧化合物的局部地区，就容易观察到高浓度的臭氧。由于化学反应所需要的时间，臭氧倾向于在污染中心的顺风处形成。这样形成的臭氧污染或夏季雾可持续数天并传播很长的距离。这个化学反应过程可用混沌流来描述，其混沌吸引子如图 6.21 所示。现已发现适当的噪声可增强此反应中的反应物的生成 [97]。

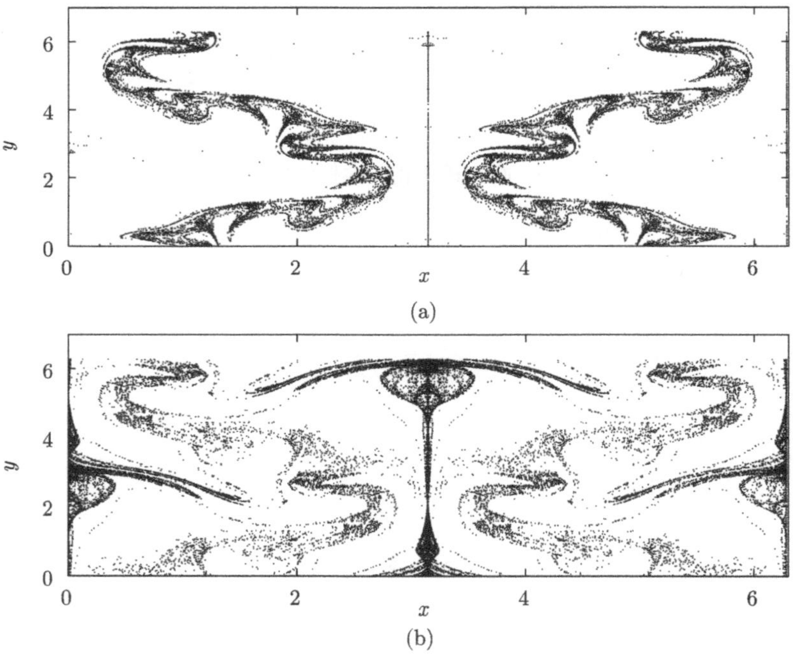

图 6.21　某时刻的臭氧自催化反应混沌吸引子

6.5　无序抑制混沌

无序与噪声在物理系统中通常意味着破坏空间及时间规则性。然而，近来的研究表明，无序可抑制混沌并诱导出有序来。对于一个扩散型耦合的非线性阻力摆链，布瑞曼 (Braiman) 等发现，等长的摆链通常表现出混沌行为，而摆长的无序可增强锁相 [98] 及抑制其时空混沌 [99]。伽夫瑞利德 (Gavrielides) 等指出，对某处摆长的掺杂可控制混沌并引发完全同步化 [100]。由于摆链的动力学方程为许多系统所共有，这种无序诱导效应同样可以在电荷–密度波、约瑟夫森 (Josephson) 结及描述原子相互作用的阻力弗仑克尔–康托若娃 (Frenkel-Kontorova) 模型中观察到 [101, 102]。

考虑一个外电场 E 中的阻力摆链，每个带有电荷 e 的振子与其近邻进行扩散耦合。此模型可在实验上很容易实现，其动力学方程如下：

$$ml\ddot{\theta}_i + l\gamma\dot{\theta}_i = -(mg + eE\sin\omega_1 t)\sin\theta_i + \tau' + \tau\sin\omega t + D(\theta_{i+1} - 2\theta_i + \theta_{j-1}) \quad (6.38)$$

其中，g 为重力加速度、m 为质量、l 为摆长、γ 为阻力系数、ω 为驱动频率、ω_1 为电场频率、τ' 为直流力矩、τ 为交流力矩、D 为耦合强度。我们将这些参数取为 $i = (1, 2, \cdots, N)$，$l = g = m = 1$，$\tau' = 0.7155$，$\tau = 0.4$，$\gamma = 0.75$，$\omega = 0.25$，$D = 0.5$ 及 $N = 100$。稍作变形，此方程可改写为

$$\begin{aligned}
\dot{\theta}_i &= \phi_i \\
\dot{\phi}_i &= -\gamma\phi_i - (1 + \alpha\sin\omega_1 t)\sin\theta_i + \tau' + \tau\sin\omega t + D(\theta_{i+1} - 2\theta_i + \theta_{j-1})
\end{aligned} \quad (6.39)$$

其中，α 与 ω_1 为可调节的外电场参数，为简单起见我们取 $\omega_1 = \omega = 0.25$ 并取周期边界条件 $\theta_0 = \theta_1$，$\theta_N = \theta_{N+1}$，$\phi_0 = \phi_1$，$\phi_N = \phi_{N+1}$。因此 α 为唯一的可调参数，若让 α 连续变化就可以得到反映系统行为的分岔图。当 $\alpha = 0$ 时，每个振子都处于混沌态，且整个链表现出一种时空混沌的斑图。而 $\alpha > 0$ 时，系统将给出一些宏观集体行为。由于方程 (6.39) 为微分方程，我们需要借助于庞加莱截面来得出其分岔图。一个比较方便的方法是取庞加莱截面为 $t = jT$，其中，$T = 2\pi/\omega$。然后在此截面上我们引入宏观变量：

$$\sigma(jT) = \frac{1}{N}\sum_{i=1}^{N}\phi_i(jT) \quad (6.40)$$

为方便起见，我们用 $\sigma(jT)$ 来描述系统的集体行为。图 6.22(a) 给出了全同振子情形下的结果：分岔图。可见，当 $\alpha > 0.001$ 后系统的宏观行为被抑制，而表现出一种逆倍周期分岔的行为。

在实际情形中很难做到摆长一样，其等价于在摆长中引进无序。典型的无序有三种：无规无序、交替二元无序及线性无序。无规无序指每个摆长随机地从均匀分布 $[1-\delta, 1+\delta]$ 中选取，交替二元无序指摆长在两点 $(1-\delta)$ 与 $(1+\delta)$ 中交替选取，而线性无序指链的摆长从 $(1-\delta)$ 线性地增加到 $(1+\delta)$。在每种情形，其平均摆长保持与全同时一致。这里我们仅考虑无规无序，此时方程 (6.39) 变为

$$\begin{aligned}
\dot{\theta}_i &= \phi_i \\
\dot{\phi}_i &= -\gamma\phi_i - \beta_i(1 + \alpha\sin\omega_1 t)\sin\theta_i + \tau' + \tau\sin\omega t + D(\theta_{i+1} - 2\theta_i + \theta_{j-1})
\end{aligned} \quad (6.41)$$

其中，$\beta_i=(1+a\xi_i)$，$\xi_i\in[-1,1]$。图 6.22(b) 给出了 $a=1$ 的情形。将图 6.22(b) 与图 6.22(a) 比较可见，摆长的无序给出了完全不同的分岔图，即在不同的分岔区域抑制或诱导了混沌！这种情形也可在掺杂中观察到。所谓掺杂指保持所有的摆长等长，而将其中的一个摆长稍作改变。图 6.22(c) 给出了 $\beta_{50}=0.8$ 而其他的 $\beta_i=1$ 的情形。

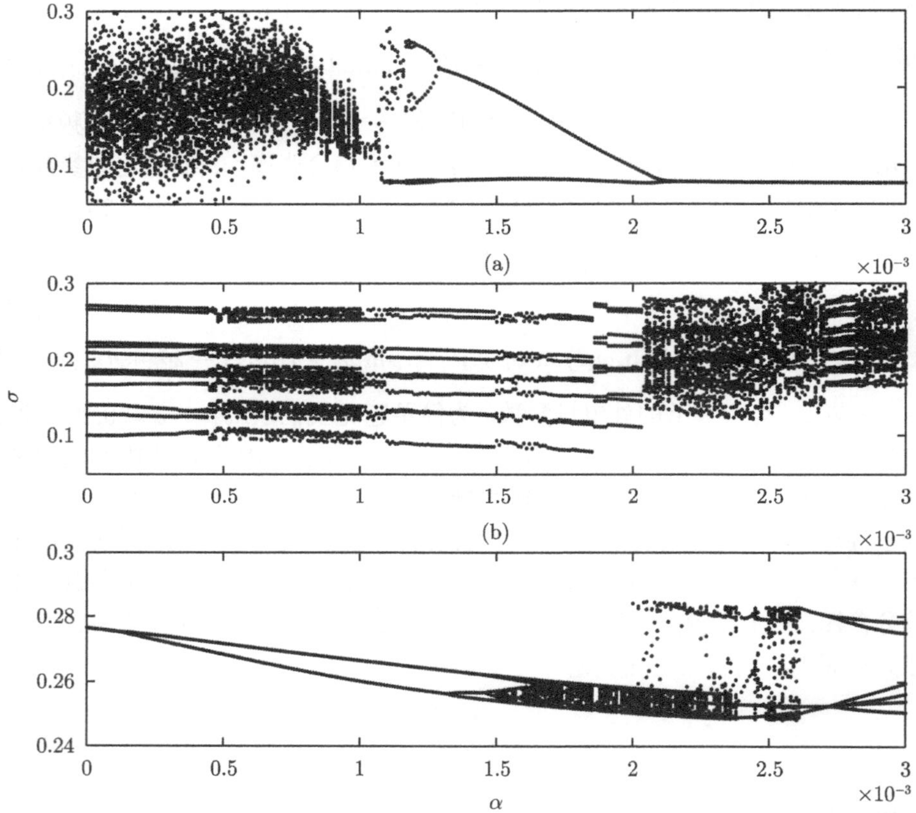

(c)

图 6.22　耦合摆链的分岔图

(a) 全同振子情形；(b) 摆长按自然分布情形；(c) 增加单个杂质情形

除了摆长的无序可以抑制混沌外，交流力矩相位的无序也能抑制混沌 [103]。考虑如下无外电场的情形

$$\dot{\theta}_i=\phi_i \tag{6.42}$$
$$\dot{\phi}_i=-\gamma\phi_i-\sin\theta_i+\tau'+\tau\sin(\omega t+\varphi_n)+D(\theta_{i+1}-2\theta_i+\theta_{j-1})$$

其中，φ_n 为无序相，均匀无规地从 $[-k\pi,+k\pi]$ 间取值。有趣的是，当无序范围 k

充分大时，系统的混沌也能被抑制。图 6.23 给出了其宏观行为，(a) 代表一维链的情形，(b) 代表二维格子的情形。

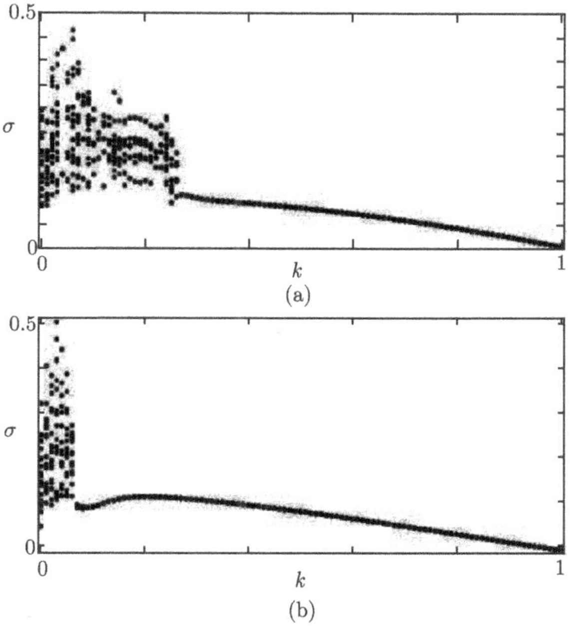

图 6.23 相位无序抑制混沌 [103]

(a) 一维情形：$N = 50$；(b) 二维情形：$N = 16 \times 16$

第 7 章　混沌动力学的初步应用

7.1 控制混沌

控制混沌的含义非常广泛。一般而言，是指改变系统的混沌性态使之呈现或接近周期性动力学行为。具体而言，控制混沌有三方面含义，其一是混沌的抑制，即消除系统的混沌运动，而无需考虑所产生运动的具体形式；其二是混沌轨道的引导，即在相空间中将混沌轨线引入事先指定的点或周期性轨道的小邻域内；其三是混沌的控制，即通过施加控制使混沌系统呈现事先要求的周期性动力学行为。

混沌的一个主要特点是对初值的敏感依赖性。如果两条轨道的初始条件稍微有点不同，它们就会变得完全无关，其后果是不断地失去系统动力学行为的信息。随着物理系统中广泛存在的混沌证据的增加，人们已从最初的好奇性，转而进一步研究如何在实际中尽量地避免这一特征或为了方便使用而创造出这一特征。现已知道，确定论的混沌可能导致机械系统中的不可控制的振荡从而引起疲劳碎裂及电子系统中的超过安全边缘的温度振荡与电压跳跃，更一般的是这些系统中的故障及不可预测的行为。为了避免这种有害的行为而使系统的行为得到改善，奥特、格锐柏基与约克 (Ott-Grebogi-Yorke，OGY)[104] 于 1990 年提出了控制混沌的途径。利用混沌轨道对初值的敏感依赖性，他们使用一个小的含时扰动来将混沌系统变成规则的轨道。这种控制混沌的想法完全改变了混沌是有害的名声；与之相反，混沌不再是缺点而变成了一个优点。在经典线性控制理论中，为了使系统的行为有大的变化，需要对系统施以大的扰动。虽然 OGY 方法也使用了这种扰动的思想，但是由于奇怪吸引子中存在着大量的目标周期轨道，用来稳定周期轨道的扰动非常小，因此 OGY 方法更有效。此外，人们也可选择不同的周期行为并实现它们之间的转换，即控制混沌是非常灵活的。这些尝试有助于解释许多生物系统的行为，如果将它们当作自调节的非线性系统，则它们对环境的自适应性及其演化就不难理解了。

实际应用中，OGY 方法的一个主要缺点是它需要知道所研究系统的非常详细的信息，比如需要知道目标失稳周期轨道的位置信息。第二个潜在的问题是源于方法本身的分立特性：扰动只是应用在当流穿过合适的庞加莱截面时。为了克服这些缺陷，人们又陆续提出了一些其他的方法 [105]。下面就这些方法作一简单的介绍。

(1) OGY 方法 [104]：参数微扰法

在实际中，人们往往希望避免混沌达到改善系统行为的目的。然而，对于给定的混沌吸引子，有时通过对系统做大的改变来达到所希望的结果是不现实的。因此对于给定的混沌系统，怎样通过对系统的可调节参数作小的扰动来改善系统的行为从而取得期望的周期轨道呢？OGY 方法注意到混沌吸引子中包含有无穷多的失稳周期轨道。由于我们希望只对系统做小的扰动，因此我们并不设想创造不同于系统已有轨道的新轨道，即控制的目标轨道就是那些已存在的失稳周期轨道。其做法如下：首先确定一些嵌入在混沌吸引子中的失稳低周期轨道，然后检查这些轨道并挑出一个可改善系统行为的轨道，最后调节小参数扰动以便稳定这个挑选的失稳周期轨道。

这个方法只对实际中存在混沌的系统特别有用。如果吸引子是非混沌的，如周期轨道，则小的参数扰动只能稍微地改变轨道，而无法产生实质性的大的改变。另一方面，我们可能期望系统在不同的时间、不同的条件下被用于不同的目的。如果系统是混沌的，这种多用途的情形就可以实现而无需改变原系统的结构。尤其是，依赖于期望的用途，系统的行为可在不同的稳定化轨道间进行切换。相反，如果没有混沌，每个用途都可能需要完全不同的系统。因此，在设计多用途的系统时，应该有目的地将混沌动力学设计进系统。这种多目的灵活性对高级生命形式是非常必需的，即在其大脑的调节过程中，混沌可能是一个必需的因素。

具体做法为考虑一个三维流混沌系统 $\mathrm{d}\boldsymbol{x}/\mathrm{d}t = F(\boldsymbol{x}, p)$，$p$ 为外部可调参数。假定 p 在 p_0 附近可进行小的调节，$p_0 \equiv 0$，$p^* > p > -p^*$。如果动力学方程未知，则用相空间重构方法构造延迟坐标矢量 $\boldsymbol{X}(t) = [z(t), z(t-\tau), z(t-2\tau), \cdots, z(t-M\tau)]$。用 $\boldsymbol{X}(t)$ 得到一庞加莱截面，在此截面上，系统化为分立的点 $\boldsymbol{\xi}_1, \boldsymbol{\xi}_2, \cdots, \boldsymbol{\xi}_k$。由此时间序列可确定混沌吸引子上大量的失稳周期轨道，检查这些失稳周期轨道并挑出一个。为简单起见，假定这个轨道为庞加莱截面上的不动点。令 λ_s 与 λ_u 为庞加莱截面上的不动点的稳定与不稳定本征值 ($|\lambda_u| > 1 > |\lambda_s|$)，$\boldsymbol{e_s}$ 与 $\boldsymbol{e_u}$ 代表稳定与不稳定的单位矢量，$\boldsymbol{\xi} = \boldsymbol{\xi_F} \equiv 0$ 为期望的不动点。然后稍微将 p 从 $p = 0$ 改变到 $p = \bar{p}$，不动点就会从 0 变到附近的 $\boldsymbol{\xi}_F(\bar{p})$。对于小 $\bar{p}$，有 $\boldsymbol{g} \equiv \partial\boldsymbol{\xi}_F(p)/\partial p|_{p=0} \approx \bar{p}^{-1}\boldsymbol{\xi}_F(\bar{p})$。在 $\boldsymbol{\xi} = 0$ 附近，由线性化近似可得

$$\boldsymbol{\xi}_{n+1} - \boldsymbol{\xi}_F(p) \approx \boldsymbol{M}[\boldsymbol{\xi}_n - \boldsymbol{\xi}_F(p)], \tag{7.1}$$

其中，$\boldsymbol{M}$ 为 2×2 矩阵。由 $\boldsymbol{\xi}_F(p) \approx p\boldsymbol{g}$ 得

$$\boldsymbol{\xi}_{n+1} = p_n\boldsymbol{g} + [\lambda_u \boldsymbol{e_u}\boldsymbol{f_u} + \lambda_s \boldsymbol{e_s}\boldsymbol{f_s}][\boldsymbol{\xi}_n - p_n\boldsymbol{g}], \tag{7.2}$$

其中，$\boldsymbol{f_u}, \boldsymbol{f_s}, \boldsymbol{e_u}, \boldsymbol{e_s}$ 满足下列关系：

$$\begin{aligned} \boldsymbol{f_s}\cdot\boldsymbol{e_s} &= \boldsymbol{f_u}\cdot\boldsymbol{e_u} = 1, \\ \boldsymbol{f_s}\cdot\boldsymbol{e_u} &= \boldsymbol{f_u}\cdot\boldsymbol{e_s} = 0. \end{aligned} \tag{7.3}$$

假定 $\boldsymbol{\xi}_n$ 落在目标点 $\boldsymbol{\xi}=0$ 附近，此时挑选 p_n 以使 $\boldsymbol{\xi}_{n+1}$ 落在 $\boldsymbol{\xi}=0$ 的稳定流形上，即 $\boldsymbol{f_u}\cdot\boldsymbol{\xi}_{n+1}=0$。当 $\boldsymbol{\xi}_{n+1}$ 落在了 $\boldsymbol{\xi}=0$ 的稳定流形上后，令参数扰动恢复为 0，轨道就会自然地走到不动点。由此有

$$p_n=\lambda_u(\lambda_u-1)^{-1}(\boldsymbol{\xi_n}\cdot\boldsymbol{f_u})/(\boldsymbol{g}\cdot\boldsymbol{f_u}), \tag{7.4}$$

由于 p_n 与 $\boldsymbol{\xi}_n$ 有关，每步迭代要计算 p_n，控制由调节 p_n 的值来实现，使混沌系统的状态稳定到不动点 $\boldsymbol{\xi}_F=0$。为使式 (7.4) 成立，p_n 需充分小并满足 $|p_n|<p^*$。当 $|p_n|>p^*$ 时，令 $p=0$，这时系统再次进入混沌运动状态。由于混沌的遍历性，系统的状态将再次回到 $\boldsymbol{\xi}_F=0$ 的邻域，此时控制系统重新启动。图 7.1 为 OGY 方法的实现过程。基于此方法的一些修改方法可参阅文献 [106],[107],[108]。

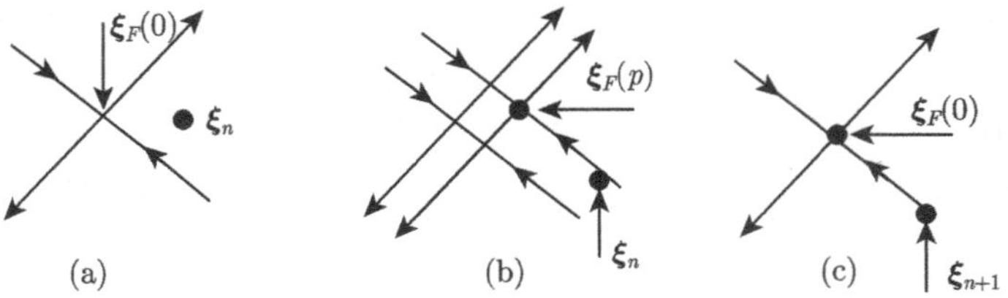

图 7.1 OGY 方法的原理图

(a) 第 n 次迭代 $\boldsymbol{\xi}_n$ 落在不动点 $\boldsymbol{\xi}_F$ 附近；(b) 扰动 p 将不动点 $\boldsymbol{\xi}_F(0)$ 移到 $\boldsymbol{\xi}_F(p)$；(c) 第 $n+1$ 次迭代落到不动点 $\boldsymbol{\xi}_F(0)$ 的稳定流形上

人体的自动免疫反应可看作为控制混沌的例子。人体的这种反应是要对付各种各样的微生物病菌和病毒。现有理论认为，如果为此要建立一个确定的程序，那就要不断地把现有的各种病菌和病毒都编入打击目标，而且还要列上将来可能出现的病菌和病毒的名字。这种包揽无余的确定程序是不可能建立的。自然界采取了以毒攻毒的办法，利用混沌为人体设计了一种十分经济的程序。在任何一种病菌或病毒入侵后，体内的生产器官就开始制造形状各种各样的分子并把它们运送到病菌或病毒入侵处。当发现某一号分子能完全包围入侵者时，就向生产器官发出一个反馈信息，于是生产器官就立即停止生产其他型号的分子而只大量生产这种对路的特定型号的分子。很快，所有入侵者都被这种分子所包围，并通过循环系统把它们带到排泄器官而被排出体外。最后，生产器官被通知关闭，一切又恢复正常。

(2) 延迟反馈控制法

OGY 方法以分立的方式工作。此方法利用失稳周期轨道的鞍点特性，选择必要的参数小扰动来使系统停留在周期轨道的稳定流形上。由皮拉格斯 (Pyragas) 提出的连续控制技术克服了 OGY 方法中的缺陷 [109]。其思想是基于目标轨道与系统自身产生的时间序列间的同步化，因此目标轨道可以是周期的或非周期的。

延迟反馈控制法的做法是，利用系统输出信号的一部分经过延迟时间反馈到

系统中去。当延迟时间选为所需的周期时，通过反馈强度就可将系统控制到周期轨道。即利用周期信号的特点，将延迟误差作为控制信号来实现失稳周期轨道的控制。具体做法如下，考虑 m 维混沌流系统：

$$\begin{aligned}\dot{x} &= p(x,y)\\ \dot{y} &= q(x,y) + k[y(t-\tau) - y(t)]\end{aligned} \tag{7.5}$$

其中，y 为某一可观测的量，k 为反馈强度，τ 为滞后时间长度。如果 τ 恰为某一不稳定周期轨道 T_i，当系统状态沿着这条轨道运行时，$y(t-\tau) = y(t)$，此时有 $k[y(t-\tau) - y(t)] = 0$。当 $y(t)$ 刚离开这条轨道时，$y(t-\tau)$ 还在这条轨道上，反馈项对系统进行控制，调节 $y(t)$ 回到这条轨道。

(3) 周期脉冲控制法

此方法通过将周期脉冲式的扰动应用到系统的变量上来实现混沌控制。与其他的非 OGY 方法一样，周期脉冲法的优点之一是它不需要系统动力学行为的先验知识。这种通过将扰动施加在变量上而非系统参数上的特征使得周期脉冲控制法特别适用于化学与生物系统，因为那里很难找到合适的可调节参数。具体做法是在两次连续穿过庞加莱截面的间隔内使用若干次脉冲，其强度正比于当时的变量值，并取如下的形式 [110]：

$$x_i = x_i[1 + \gamma_i \delta(t - j\tau)] \tag{7.6}$$

其中，x_i 代表在给定时间 t 时系统的第 i 个变量，γ_i 为扰动的强度，j 按自然数方式增加，表明脉冲踢力是均匀地应用在分立间隔 τ 处。这种方法的结果是可产生不同的动力学系统，由其稳定出的周期轨道不再完全对应于嵌在奇怪吸引子中的失稳周期轨道。然而这些稳定化的轨道非常接近未扰动系统附近参数处的周期轨道。这个方法的一个好处是可应用到保守系统 [111]，那里其他的方法会破坏系统的保守性而在控制过程中将系统变成了耗散系统。

作为应用，考虑系统：

$$\begin{aligned}\dot{x} &= y\\ \dot{y} &= -x + yz\\ \dot{z} &= 1 - y^2\end{aligned} \tag{7.7}$$

此系统具有对 x, y 的对称性，其三个李雅普诺夫指数分别为 0.014, 0 及 −0.014，即这三个李雅普诺夫指数的和为 0。由李雅普诺夫指数的和代表相体积的收缩率可知，此系统为保守系统。进一步可计算流的瞬时发散率，其为雅可比矩阵的迹

$$\frac{1}{V}\frac{\mathrm{d}V}{\mathrm{d}t} = \mathrm{tr}\boldsymbol{J} = \frac{\partial \dot{x}}{\partial x} + \frac{\partial \dot{y}}{\partial y} + \frac{\partial \dot{z}}{\partial z} = z \tag{7.8}$$

显然，迹依赖于变量 z。选取不同的初值条件 (原点除外)，并观察变量 z 的演化可发现变量 z 最后落在原点附近的小区域内振荡，且其平均值为 0，再次证实其为保守系统，图 7.2 显示了其轨道及其在庞加莱截面 $z=0$ 上的交点。

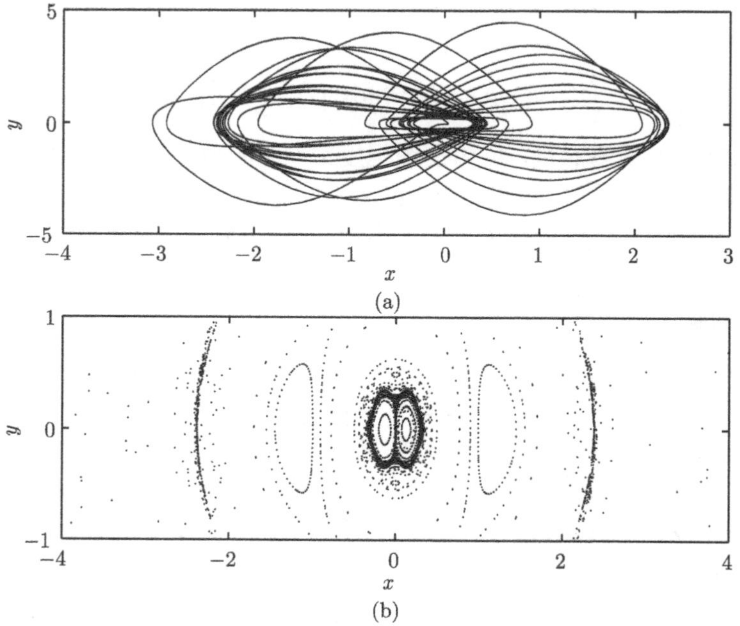

图 7.2　一个保守系统的相平面

(a) 庞加莱截面 $z=0$；(b) 初值为 $(0,5,0)$ 的一条轨道

现施加周期脉冲 $x_i'=x_i+\gamma_i$，则系统的方程 (7.7) 变为

$$\begin{aligned}\dot{x}&=y+\gamma_1\delta(z)\dot{z}\theta(\dot{z})\\ \dot{y}&=-x+yz+\gamma_2\delta(z)\dot{z}\theta(\dot{z})\\ \dot{z}&=1-y^2\end{aligned}\tag{7.9}$$

其中，$\theta(\dot{z})$ 代表穿过庞加莱截面的方向。为了避免穿过平面 $z=0$ 的两个方向，我们定义庞加莱截面为 $z=0$ 且 $\dot{z}>0$，即当 $\dot{z}>0$ 时，$\theta(\dot{z})=1$，当 $\dot{z}<0$ 时，$\theta(\dot{z})=0$。图 7.3 给出了 $\gamma_1=0.3$，$\gamma_2=-0.3$ 时的稳定化的周期 1 轨道。由此图可见，稳定轨道在截面上的非连续性是非常明显的。

周期脉冲方法亦可由下列的乘法形式出现：$x_i'=x_i(1+\gamma_i)$，即正比反馈被用到庞加莱截面上。在这种方式下，方程 (7.9) 变为

$$\begin{aligned}\dot{x}&=y+\gamma x\delta(z)\dot{z}\theta(\dot{z})\\ \dot{y}&=-x+yz\\ \dot{z}&=1-y^2\end{aligned}\tag{7.10}$$

取 $\gamma = 0.3$ 可稳定出周期 2 轨道，见图 7.4。

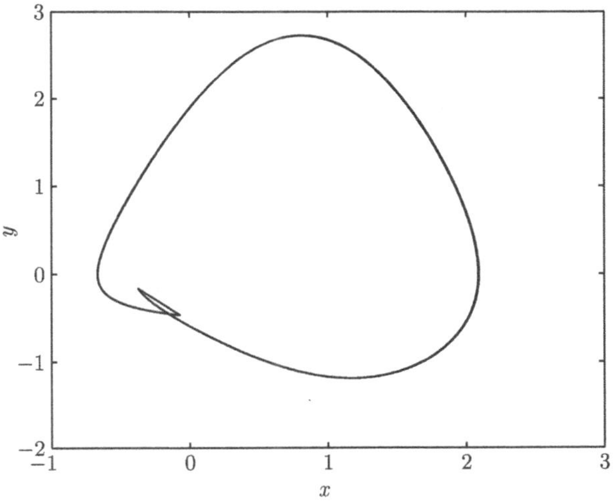

图 7.3 加法形式的周期脉冲：稳定化的周期 1 轨道

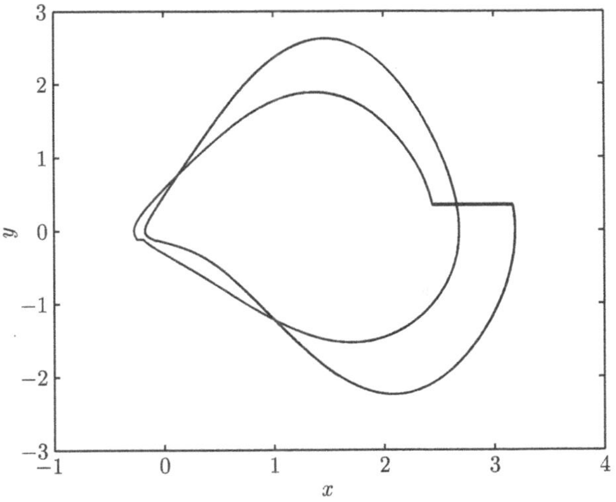

图 7.4 乘法形式的周期脉冲：稳定化的周期 2 轨道

除了以上所介绍的混沌控制方法外，还有许多其他的方法，比如混沌的传递与转移控制等[112~114]。这些方法的一个共同特点就是利用混沌系统的各态历经性及对初值的敏感依赖性来实现控制，使原来正的李雅普诺夫指数变为负值，从而实现从不稳定到稳定的转变。一个成功的例子是，美国国家航空和宇宙航行局的科学家们只用了少量的剩余肼燃料，在实现其主要任务后把太空船 ISEE-3I/C 送到了距太阳 8 千万英里 (mile, 1mile=1.609344km) 的地方，首次实现了与彗星的碰撞，这是由于天体力学的三体问题对扰动敏感性的结果。在非混沌的系统中这是不可能的。

7.2 保密通信

混沌在通信上的应用主要就是将同步混沌电路应用到保密通信中。对于一个混沌系统，如果能保证其长期稳定同步，则可以把信息隐蔽在混沌信号中，使窃听者无法发现和识别，而接收端由于恢复了与发射端同步的混沌信号，则可以解调出信号，这样便实现了对信息的加密传输。由于混沌系统具有内禀的不可预言性及宽带谱的特征，混沌系统同步化的实现就使得人们相信混沌系统可提供比加密途径更好的保密通信。自从这种可能性第一次在电路上变为现实后，混沌保密通信得到了广泛的研究并提出了各种加密信息的方法。这里信息信号是被加到混沌信号上来进行传输的，即混沌信号为宽带载体，同步化为在接收端恢复信息的必要条件。下面对其基本原理作一简单介绍。

混沌同步化是首先由佩考拉与卡罗尔 (Carroll) 提出的 [55]，其基本思想是将一个给定的混沌系统分成主动与被动的部分，由于同一主动分量的驱动，就可在不同的被动部分的复制件之间实现同步化，因此这种方法被称为主动–被动分解法。具体做法如下。

考虑一个动力学系统：

$$\dot{\boldsymbol{u}} = \boldsymbol{g}(\boldsymbol{u}) \tag{7.11}$$

将其分为两个子系统：

$$\begin{aligned} \text{驱动：}\quad & \dot{\boldsymbol{v}} = \boldsymbol{g}_v(v, w) \\ \text{响应：}\quad & \dot{\boldsymbol{w}} = \boldsymbol{g}_w(v, w) \end{aligned} \tag{7.12}$$

其中，$\boldsymbol{v} = (u_1, \cdots, u_k)$，$\boldsymbol{w} = (u_{k+1}, \cdots, u_N)$。

现复制一个响应子系统：

$$\dot{\boldsymbol{w}}' = \boldsymbol{g}_w(v, w') \tag{7.13}$$

其具有相同的矢量场 $\boldsymbol{g}_w$ 及驱动 $\boldsymbol{v}$。当 w 系统的条件李雅普诺夫指数为负时，不同的变量 $\boldsymbol{w}$ 与 $\boldsymbol{w}'$ 间就可以实现同步化 ($||\boldsymbol{w}' - \boldsymbol{w}|| \to 0$)。比如在洛斯勒系统中，若考虑驱动系统为

$$\dot{y} = x + 0.2y \tag{7.14}$$

而响应系统取为

$$\begin{aligned} \dot{x} &= -y - z \\ \dot{z} &= 0.2 + z(x - 9.0) \end{aligned} \tag{7.15}$$

则可导致响应系统间的同步化。此时若将信号加到驱动变量 x 上，组成 $s=x+i$ 送到响应系统，利用同步化可得 $i=s-y$，即恢复信号，如图 7.5。另一方面，若作其他形式的主动–被动分解时，很难实现响应系统间的同步化，从而无法实现信号的传输。因此这种分解方法有很大的局限性。

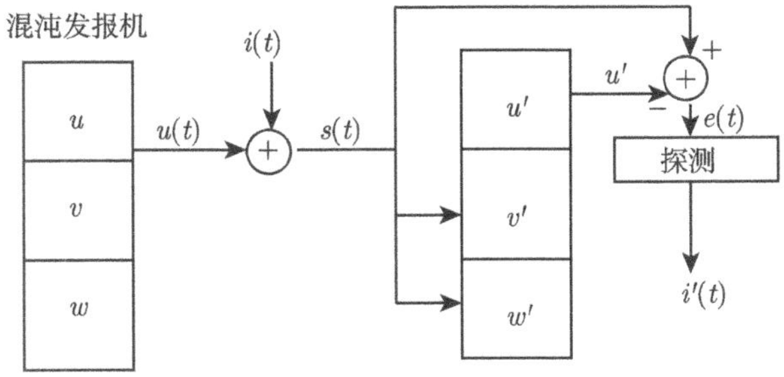

图 7.5 主动–被动分解下的保密通信

为克服上述局限性，帕利兹 (Parlitz) 等提出可将驱动信号设计为变量的各种组合方式 [115]，从而为选择混沌载体提供了较大的灵活性。这种做法的另一特点是信号不仅仅是只加到混沌载体上，而是也起着驱动动力系统的作用。现仍然以洛斯勒系统为例来进行说明。系统 1 为

$$
\begin{aligned}
\dot{x}_1 &= 2-4x_1+x_2^2-sx_2 \\
\dot{x}_2 &= -x_2-x_3+s \\
\dot{x}_3 &= x_2+0.45x_3
\end{aligned}
\tag{7.16}
$$

其中

$$
s=x_2-x_1 \tag{7.17}
$$

系统 2 为

$$
\begin{aligned}
\dot{y}_1 &= 2-4y_1+y_2^2-sy_2 \\
\dot{y}_2 &= -y_2-y_3+s \\
\dot{y}_3 &= y_2+0.45y_3
\end{aligned}
\tag{7.18}
$$

在这种情形下，误差 $e=y-x$ 的演化方程为

$$
\begin{aligned}
\dot{e}_1 &= -4e_1+e_2(x_2+y_2-s) \\
\dot{e}_2 &= -e_2-e_3 \\
\dot{e}_3 &= e_2+0.45e_3
\end{aligned}
\tag{7.19}
$$

显然，e_2 与 e_3 为独立的子流形，其本征值为 $-0.275 \pm i\sqrt{0.474375}$。因此，$e_2 - e_3$ 子系统为稳定的。在极限下 e_1 可表示为 $\dot{e}_1 = -4e_1$，即 e_1 将逐渐变为 0，从而导致 x 与 y 系统间的同步化。类似地，可进行其他形式的驱动信号组合如下：

$\dot{x}_1 = 2 - 4x_1 + 3(x_2 + x_3) + s$		$\lambda_1 = -0.08$
$\dot{x}_2 = -x_1 - x_3$	$s = x_1x_2 - 3(x_2 + x_3)$	$\lambda_2 = -0.08$
$\dot{x}_3 = x_2 + 0.45x_3$		$\lambda_3 = -3.39$
$\dot{x}_1 = 2 + x_1(x_2 - 4)$		$\lambda_1 = -0.43$
$\dot{x}_2 = -2x_1 - 2x_3 + s$	$s = x_1 + x_2 + x_3$	$\lambda_2 = -0.52$
$\dot{x}_3 = x_2 + 0.45x_3$		$\lambda_3 = -3.15$
$\dot{x}_1 = 2 + x_1(x_2 - 4)$		$\lambda_1 = -0.12$
$\dot{x}_2 = -x_1 - x_3$	$s = x_3$	$\lambda_2 = -0.22$
$\dot{x}_3 = x_2 + 0.45s$		$\lambda_3 = -3.20$

为了显示如何具体地传输信号，下面以一个计算机上已实现了的洛斯勒系统的主动–被动分解方式为例。发送系统为

$$\begin{aligned}\dot{x}_1 &= 2 + x_1(x_2 - 4)\\ \dot{x}_2 &= -x_1 - x_3\\ \dot{x}_3 &= x_2 - x_3 + s\end{aligned} \tag{7.20}$$

其中，传输信号为 $s = 1.45x_3 + i$，x_3 为载体，i 为信息信号。通常要求信息信号 i 远小于载体 x_3，即 i 隐藏在 x_3 中而不易被人检测。接收系统为

$$\begin{aligned}\dot{y}_1 &= 2 + y_1(y_2 - 4)\\ \dot{y}_2 &= -y_1 - y_3\\ \dot{y}_3 &= y_2 - y_3 + s\end{aligned} \tag{7.21}$$

没有信息信号时 $(i = 0)$，在 s 的作用下，这两个系统可取得完全同步化。有信息信号时，信号可恢复为

$$i_R(t) = s(t) - 1.45y_3(t) \tag{7.22}$$

信号的传输也可以用分立系统来实现。比如考虑发送系统为

$$x_m(n+1) = \alpha_m x_m(n) + \beta_m s(n) \pmod 1, \quad m = 1, \cdots, N \tag{7.23}$$

其中，$|\alpha_m| < 1$，$\beta_m > 1$，且

$$s(n+1) = s(n) + \sum_{m=1}^{N} x_m(n) + i(n) \pmod 1 \tag{7.24}$$

$|\alpha_m| < 1$ 保持了发射系统与接收系统间的同步化，$\beta_m > 1$ 构造了超混沌的分立动力系统。接收系统为

$$y_m(n+1) = \alpha_m y_m(n) + \beta_m s(n) \pmod 1 \tag{7.25}$$

误差 $e = x - y$ 的动力学方程为

$$e_m(n+1) = \alpha_m[x_m(n) - y_m(n)] = \alpha_m e_m(n) \pmod 1 \tag{7.26}$$

由于 $|\alpha_m| < 1$，$e_m \to 0$，因此对任意的初始条件均可实现发射系统与接收系统间的同步化。当 $n \to \infty$ 时，信号可恢复为

$$i_R = s(n+1) - s(n) - \sum_{m=1}^{N} y_m(n) \pmod 1 \tag{7.27}$$

可见帕利兹等的信号传输方式可归结为如图 7.6 所示的原理图。对于有兴趣了解混沌通信的电路实现的读者，可参阅文献 [116]。

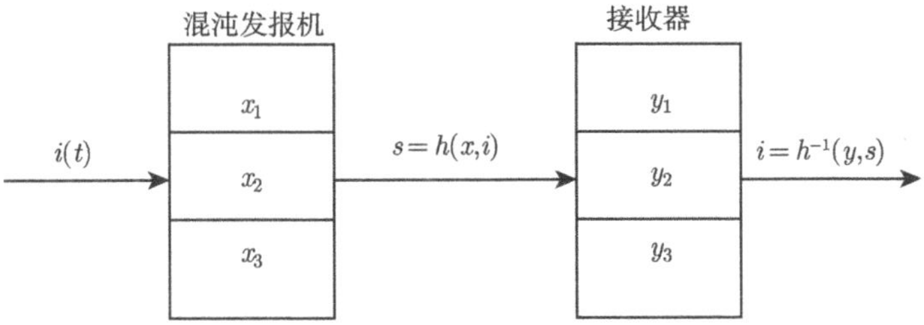

图 7.6 组合方式下的保密通信

然而，"道高一尺，魔高一丈"，这种基于混沌的保密通信并不是绝对的"保密"。当佩考拉与卡罗尔提出混沌同步化后，保密通信正被研究得热火朝天时，就有人指出，根本无需复制响应系统就可截取信号 [117]。进一步，人们发现即使信息包含在超混沌信号中，也可以用非线性动力学预言方法进行截取 [118]。克服此弱点的一个补救办法是使用时间延迟系统的同步化。尽管延迟时间系统的物理自由度小，它却具有高维超混沌的优点且可容易地用电路实现，这个特点再次激起了人们的兴趣。然而不幸的是，人们再次发现可通过分析发射信号来检测延迟时间 τ，此时重构的延迟时间相空间塌缩进低维流形。基于这个发现，由延迟系统的信号罩住的信息也能被截取 [119]。目前人们依然在进一步发展新的方法，然而可以预见，加密与截取这对矛盾将会长期存在。

7.3 耦合强度及方向性检测

耦合振子普遍存在于科学、自然、工程及社会生活中，比如摆钟、神经发放、

激光、蟋蟀鸣叫等。非线性动力学与耦合振子理论已经为复杂的实验数据的分析提供了基本的思想与工具。这些工具的重要应用是研究神经组织在不同级别的脑活动，包括从细胞层次到大规模的神经网。为了揭示大量神经元间的相关的、有节律的行为的耦合机制，人们已进行了大量的理论研究。这方面的知识可用来说明脑信息处理过程中大量单元间的相互作用，包括正常与病态的条件。这个领域的最终目的是将理论知识转化为诊断工具与治疗方法。

脑的电活动的节律现象可在耦合振子的框架下得到理解。这个形式为神经元系统中观察到的大量的同步化现象与相关行为提供了解释。脑信号为典型的多频道电信号 (EEG) 或磁信号 (MEG)，对这些多频道信号的分析可归结为两个任务：第一个是揭示不同振源间的相互作用；第二个是辨认这些振源间的方向性。这实际上是耦合导致同步化的逆问题。这个逆问题并不简单，比如，我们很难从观察到的同步化问题中确定耦合的方向，因为双向与单向的耦合都能导致同步化。

确定耦合方向的一个潜在应用是希望对癫痫病的预诊提供帮助。在生命系统中，同步化常常是正常功能所必需的，而反常同步化可以导致严重的无序。同步化现象有助于在脑的不同区域间建立通信，而病态的反常同步化则导致癫痫颤抖。对癫痫病人的 EEG 数据进行分析的一个主要目的是确定癫痫发作的区域，因为这个部位的信号传出导致了其他部位功能的瘫痪，可见此处耦合方向的确定非常关键。现已知道，全世界大约有 6000 万人在遭受癫痫病的折磨，也就是 1% 的世界人口。长期以来，人们一直认为癫痫病是无法预诊的，医疗控制手段适用于三分之二的病人，另有 7% ~ 8% 的病人可通过外科手术治愈。其结果是有 25% 的病人，也就是 1500 万病人的症状是不能通过任何疗法控制的 [120]，这就为耦合振子理论留下了应用空间。

除了 EEG 信号的分析外，耦合振子的耦合方向确认已被成功地应用到了心脏–呼吸系统的相互作用及快速打手指实验中。在心脏–呼吸系统中，辐射理论认为心脏血管与呼吸系统间的耦合是单向的，即呼吸节律通过迷走神经的激励来影响心跳速率，指导原始的心脏起搏器的机械行为。然而一些证据表明中心神经系统中的节律振荡并不总是占支配地位的，即心脏–呼吸耦合是双向的。为了得到进一步的证据，罗森布鲁门 (Rosenblum) 等研究了正常婴儿的心脏–呼吸相互作用的方向性及其对年龄的依赖 [121]。他们发现，在头 6 个月内，有一种从粗略的对称相互作用转变到近似的单向作用的倾向。在快速敲打手指的实验中，测试者被首先要求敲击手指的速率与外部周期音律同步。断开音律后，测试者会继续周期性的手指敲击运动。通过对这两个阶段的功能磁共振图像仪记录数据进行分析，罗森布鲁门等发现，其中存在着非对称的相互作用的变化。

耦合方向的检测经历了一个从线性关联到非线性相互依赖性再到弱耦合下耦合方向的制定的发展过程。下面分别对它们作一简单介绍。

(1) 交叉关联函数

假定有两个同时测量的时间序列 x_n 与 y_n，$n=1,\cdots,N$。由于来自于不同系统的时间序列通常并不包含相同的取值范围，每个序列可被归一化为

$$x_i'=\frac{x_i-\langle x\rangle}{\sigma_{x_i}},\quad y_i'=\frac{y_i-\langle y\rangle}{\sigma_{y_i}} \tag{7.28}$$

其中，$\langle\cdot\rangle$ 代表对 i 求平均，σ_{x_i} 与 σ_{y_i} 分别为 x_i 与 y_i 的均方差。交叉关联函数为

$$C_{xy}(\tau)=\frac{1}{N-t}\sum_{i=1}^{N-\tau}(\frac{x_i-\langle x\rangle}{\sigma_x})(\frac{y_{i+\tau}-\langle y\rangle}{\sigma_y}) \tag{7.29}$$

其中，τ 为时间延迟。交叉关联给出了 x 与 y 间的线性同步化的测量。因果关系可通过时间延迟来检测，即通过比较 $\langle x_m y_n\rangle$ 与 $\langle x_n y_m\rangle$。对非同步化的关系，C_{xy} 为 0；而对同步化的关系，C_{xy} 为 1。当时间序列间没有延迟时，此方法对因果性的检测失效。

(2) 态空间方法

这是一种非线性的预言方法 [122, 123]。对于已归一化的时间序列 x_i 与 y_i，使用时间延迟坐标重构法可得轨道$X_n=(x_n,\cdots,x_{n-(m-1)\tau})$与$Y_n=(y_n,\cdots,y_{n-(m-1)\tau})$，这里时间延迟 τ 可取为 $C_{XX}(\tau)=C_{XX}(0)/e$ 时的值。现在的关键问题是怎样确定 X 与 Y 之间是否存在着函数关系。

令 $r_{n,j}$ 与 $s_{n,j}(j=1,\cdots,k)$，分别代表 X_n 与 Y_n 的 k 个最近邻点的角标。对每个 X_n，其到 k 个最近邻点间的平方距离定义为

$$R_n^{(k)}(X)=\frac{1}{k}\sum_{j=1}^{k}(X_n-X_{r_{n,j}})^2 \tag{7.30}$$

而条件平方距离定义为

$$R_n^{(k)}(X|Y)=\frac{1}{k}\sum_{j=1}^{k}(X_n-X_{s_{n,j}})^2 \tag{7.31}$$

即以时间序列 Y 的最近邻角标为条件。$R_n^{(k)}(X)$ 与 $R_n^{(k)}(X|Y)$ 间的唯一区别是角标 $s_{n,j}$ 取代 $r_{n,j}$，即代替对 X_n 的最近邻求和而改用 Y_n 的最近邻的等时点。类似地可定义：

$$R_n^{(k)}(Y)=\frac{1}{k}\sum_{j=1}^{k}(Y_n-Y_{s_{n,j}})^2$$

$$R_n^{(k)}(Y|X)=\frac{1}{k}\sum_{j=1}^{k}(Y_n-Y_{r_{n,j}})^2$$

引入局域与全局独立测量 $S_n^{(k)}(X|Y)$ 与 $S^{(k)}(X|Y)$:

$$S_n^{(k)}(X|Y)=\frac{R_n^{(k)}(X)}{R_n^{(k)}(X|Y)} \tag{7.32}$$

$$S^{(k)}(X|Y)=\frac{1}{N}\sum_{n=1}^{N}S_n^{(k)}(X|Y)=\frac{1}{N}\sum_{n=1}^{N}\frac{R_n^{(k)}(X)}{R_n^{(k)}(X|Y)} \tag{7.33}$$

由于 $R_n^{(k)}(X|Y)>R_n^{(k)}(X)$，可知 $0<S^{(k)}(X|Y)\leqslant 1$。显然小 $S^{(k)}(X|Y)$ 值代表 X 与 Y 间相互独立，而高 $S^{(k)}(X|Y)$ 值则代表同步化。完全类似地，我们可定义相反的依赖性 $S_n^{(k)}(Y|X)$ 与 $S^{(k)}(Y|X)$。一般来说，它们不等于 $S_n^{(k)}(X|Y)$ 与 $S^{(k)}(X|Y)$。$S^{(k)}(X|Y)$ 与 $S^{(k)}(Y|X)$ 都有可能达到 1 的数量级。因此，X 可能依赖于 Y，同时 Y 也可以依赖 X。如果 $S^{(k)}(X|Y)>S^{(k)}(Y|X)$，则 X 更依赖于 Y 或 Y 比 X 更主动。这并不意味它们之间的任何因果关系，但在特定的环境下，这种主动–被动的关系可代表因果关系。

这种独立性的检测也可以用另一种形式来完成，即将最近邻距离换为随机点间的平均平方距离 $R_n(X)=(N-1)^{-1}\sum_{j\neq n}(X_n-X_j)^2$。在各态历经理论里，几何平均比算术平均更容易理解，因此我们引入一个几何平均量:

$$H^{(k)}(X|Y)=\frac{1}{N}\sum_{n=1}^{N}\ln\frac{R_n(X)}{R_n^{(k)}(X|Y)} \tag{7.34}$$

如果 X 与 Y 完全独立，则 $H^{(k)}(X|Y)$ 为 0。

(3) 相动力学方法

这个方法利用耦合振子理论的主要思想之一，即弱耦合首先影响振子的相动力学，而非它们的幅值。在弱耦合下，耦合振子可简化为相模型:

$$\dot{\phi}_{1,2}=\omega_{1,2}+\epsilon_{1,2}f_{1,2}(\phi_{1,2},\phi_{2,1})+\xi_{1,2}(t) \tag{7.35}$$

其中，$\phi_{1,2}$ 代表连续相变量 (而非 $[0,2\pi]$ 区间)，$f_{1,2}$ 代表振子间的耦合，耦合强度由参数 $\epsilon_{1,2}\ll\omega_{1,2}$ 给出，$\xi_{1,2}$ 代表混沌振子的幅度涨落。显然，如 $\epsilon_{1,2}$ 中有一个为 0，则耦合为单向的。然而当 $\epsilon_{1,2}\neq 0$ 时，非对称的确定就变得模糊了。定义系统 2 对系统 1 的影响为系数 [124]

$$C_1^2=\left\langle\left(\frac{\partial\dot{\phi}_1}{\partial\phi_2}\right)^2\right\rangle=\epsilon_1^2\left\langle\left(\frac{\partial f_1}{\partial\phi_2}\right)^2\right\rangle \tag{7.36}$$

其中，$\langle(\cdot)\rangle=\iint_0^{2\pi}(\cdot)\mathrm{d}\phi_1\mathrm{d}\phi_2$ 代表对 $\phi_{1,2}$ 的平均。因此 C_1 量度振子 1 被驱动的程度及它对驱动的敏感性。以同样的方式算出 C_2，则相互作用的非对称性可由 $d^{(1,2)}$

来量度：

$$d^{(1,2)} = \frac{C_2 - C_1}{C_1 + C_2} \tag{7.37}$$

即 $d^{(1,2)}$ 为指向因子，对单向耦合 $(1 \to 2)$ 取值为 1，而对相反的情形 $(2 \to 1)$ 取为 -1，介于这两者之间的值则代表双向耦合。如果两个振子结构一样，仅自然频率不同，则 $f_1(\cdot) = f_2(\cdot)$ 且

$$d^{(1,2)} = \frac{\epsilon_2 - \epsilon_1}{\epsilon_1 + \epsilon_2} \tag{7.38}$$

实际中，可按如下方式进行。通过相 $\phi_{1,2}$ 的时间序列可构造新的时间序列：

$$\Delta_{1,2}(k) = \phi_{1,2}(t_k + \tau) - \phi_{1,2}(t_k) \tag{7.39}$$

其中，τ 为唯一的参数。相增量 $\Delta_{1,2}$ 可看作是由未知的二维噪声映射生成的：

$$\Delta_{1,2}(k) = F_{1,2}[\phi_{1,2}(t_k), \phi_{2,1}(t_k)] + \eta_{1,2}(t_k) \tag{7.40}$$

其中，$F_{1,2}$ 为相 $\phi_{1,2}$ 的周期函数，可用低周期的傅里叶级数近似给出

$$F_{1,2} = \sum_{m,l} A_{m,l} \mathrm{e}^{\mathrm{i}m\phi_1 + \mathrm{i}l\phi_2} \tag{7.41}$$

其系数 $A_{m,l}$ 可由最小均方差确定。定出 $F_{1,2}$ 后可得解析偏导数 $\partial F_{1,2}/\partial \phi_{2,1}$。进行平均后，可得

$$C_{1,2}^2 = \left\langle \left(\frac{\partial F_{1,2}}{\partial \phi_{2,1}} \right)^2 \right\rangle \tag{7.42}$$

对于 τ 的选取，在弱耦合区内，相增长对 ωt 的偏离仅在相比于振荡周期的时间尺度上有大的效果，τ 可取为最快的振子的平均周期。这种方法已成功地应用到了心脏–呼吸系统中 [121]。

7.4 癫痫病的模拟

对癫痫病的加深理解源于人们对脑电图 (EEG) 技术的掌握。EEG 数据的采集方式如图 7.7，其中 (a) 为正面图，(b) 为侧面图，电极分别打进前脑、后脑、左脑及右脑等不同部位。这种数据采集方式通常适合于癫痫病人，对正常人的 EEG 数据采集则是将电极 (比如 32 根触头) 做成一个帽子戴在头上与头皮接触来获得数据。这里仅讨论癫痫病人的 EEG 数据，图 7.8 为癫痫病发作前一小时脑中各不同部位的 EEG 数据信号在 10.24s 内的变化情形。比较其中的各列数据容易看出，它们各自随机、相互关联程度低。

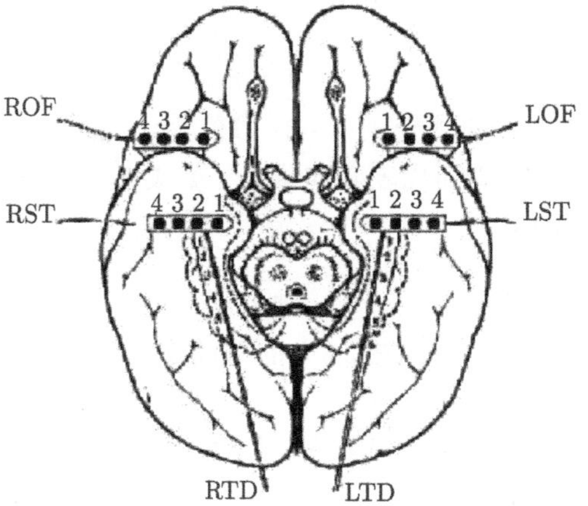

(a)

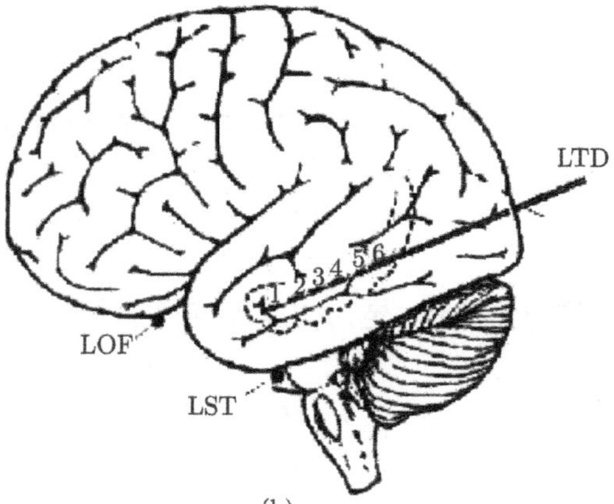

(b)

图 7.7　电极在脑中的位置图 [125]

(a) 正面图；(b) 侧面图

随着癫痫病的发生，各时间序列的振幅会变得越来越大、振荡频率也变得越来越高，图 7.9(a) 给出了电极 LTD3 上 EEG 数据在通向癫痫发作过程中的演化行为。有趣的是，当癫痫发作时各不同部位的时间序列会变得相关，图 7.9(b) 给出了电极 LST4 与 ROF2 上的时间序列。比较图 7.9(b) 中的两条时间序列可知，它们的极大值的出现有某种相关性。这种关联性可用关联积分式 (4.46) 来刻画，图 7.10 给出了癫痫发作前后电极 LTD3 与 ROF2 上的关联积分变化，其中 (b)、(d) 为 (a)、(c) 的局部放大。可见，在癫痫发作前关联积分有小的值，癫痫发作时关联积分有一大的跳跃，发作后关联积分再慢慢回归到较小的值，即有迟滞 (滞后) 现象。癫痫发作时关联积分的这种突然跳跃给癫痫病的预诊带来了极大的不便，这是目前癫痫病还没有被攻克的一个主要原因。

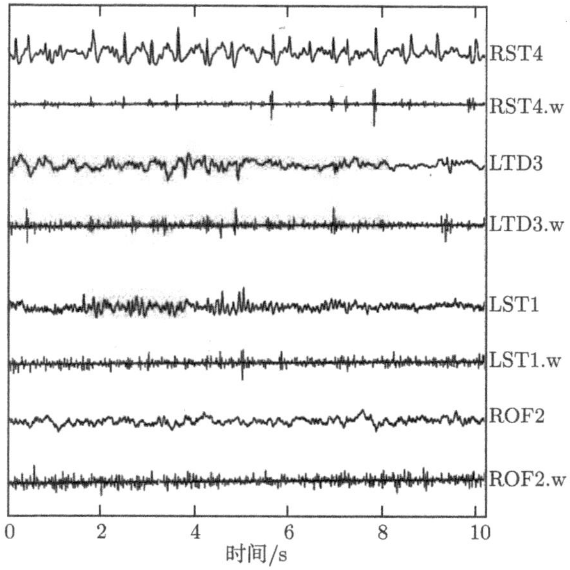

图 7.8 癫痫病发作前脑中各不同部位的 EEG 数据时间序列 [126]

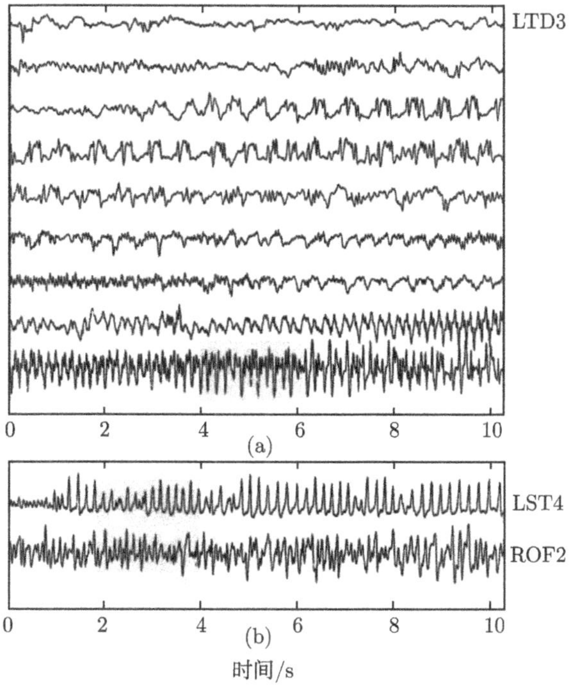

图 7.9 间隔为 10.24s 的 EEG 数据段 [126]

(a) 电极 LTD3 上通向癫痫发作过程中的演化；(b) 发作期间电极 LST4 与 ROF2 上的 EEG 数据

7.4.1　非线性探测——替代数据法

对 EEG 数据的分析曾停留于线性与非线性之争，这个矛盾可用替代数据 (surrogate data) 法 [39, 47] 来得到解决，图 7.10 中的点划线就是替代数据。线性随机过程可产生看起来非常复杂的信号，因此时间序列的无规性究竟是产生于非线性确定性还是系统的随机输入或者是参数的涨落就是一个需要首先弄清的问题。比如，考虑线性随机过程：

$$x_{n+1} = 0.99x_n + \xi_n$$

这里 ξ_n 为高斯白噪声。此过程的输出为强关联的时间序列，即其倾向于自相似，见图 7.11(a)。如果我们用如下的非线性探测函数，

$$s_n = x_n^3, x_{n+1} = 0.99x_n + \xi_n$$

则此线性随机过程的输出就变得非常复杂，见图 7.11(b)。然而，这里没有非线性动力学，整个动力学包含在线性部分，非线性是纯静态的。如果图 7.11(b) 是一个实验输出，我们就需要判断其非线性，因为只有非线性确定论信号才具有有限维吸引子、正李雅普诺夫指数及好的非线性短期预言性。

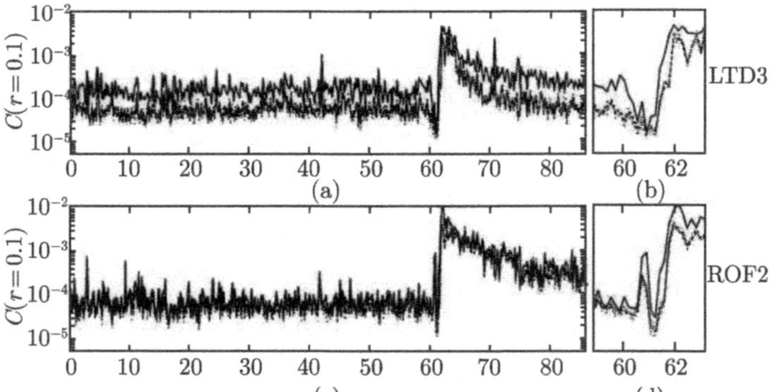

图 7.10　癫痫发作前后关联积分的变化[126]

其中 (b)(d) 分别为 (a)(c) 的局部放大，点划线为替代数据 (surrogate data) 的情形

替代数据法是以虚假设 (null hypothesis) 为基础的。所谓虚假设，就是我们假定待测数据为某类数据，则经过一定操作后它应该具有某些不变的性质。然后我们据此进行操作，如操作后的数据与期待值有较大的差异，则推翻虚假设。比如考虑如下的虚假设：测得的时间序列是线性的。现以适当的方式把数据打乱 (随机化)，但又保持与原有数据有相同的一些性质。这样经过随机化得到的数据就是原数据的替代数据。若虚假设成立，由于两数据有相同的一些性质，它们的某可观察量，如维数、预言误差等的取值应很接近。如果算出的可观察量有较大的差别，则虚假

设不成立，原数据服从确定性的非线性规律。因此只需比较原数据与替代数据的可观察量差别的大小，比如是否大于某一设定值，就可判断原数据是否服从确定性的非线性规律。

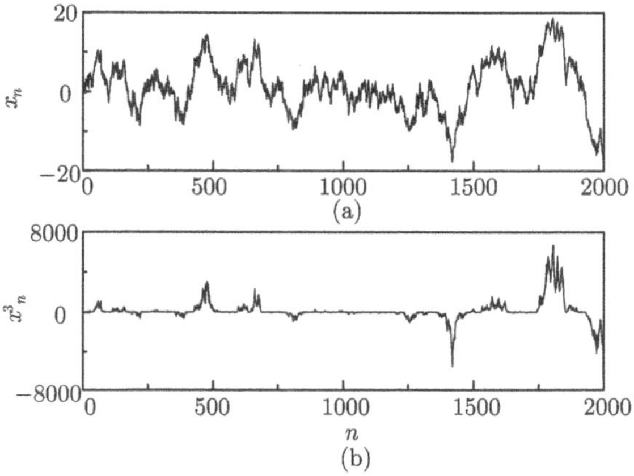

图 7.11 线性随机过程的输出

常用的替代数据有两种生成方式：随机排列法与随机相位法。所谓随机排列法就是把原数据的前后排列次序打乱，如随机地置换或将各小段 (segment) 数据进行随机交换。这样得到的替代数据的振幅概率分布和各种统计量 (均值、均方差、幅值等) 均与原数据相同。如原数据是高斯分布的，则替代数据也是高斯分布的。而随机相位法是指将待测得的时间序列进行傅里叶变换，将功率谱中各频率的位相随机地改变，然后进行傅里叶逆变换，这样得到的数据就是替代数据。比如对时间序列 s_n 施行快速傅里叶变换有

$$\tilde{s}_k = \frac{1}{\sqrt{N}} \sum_{n=1}^{N} s_n \mathrm{e}^{\mathrm{i}2\pi nk/N} \tag{7.43}$$

将复分量 $\tilde{s}_k$ 乘上随机位相得 $\tilde{s}'_k = \tilde{s}_k \mathrm{e}^{\mathrm{i}\phi_k}$，其中，$\phi_k$ 均匀分布于 $[0, 2\pi]$ 且满足 $\phi_{N-k} = -\phi_k$。然后进行 $\tilde{s}'_k$ 的傅里叶逆变换

$$s'_n = \frac{1}{\sqrt{N}} \sum_{k=1}^{N} \tilde{s}'_k \mathrm{e}^{-\mathrm{i}2\pi nk/N} \tag{7.44}$$

s'_n 就是替代数据，其包含着随机数但与原数据有相同的功率谱。不同相 ϕ_k 的实现就会产生不同的替代数据。

7.4.2 癫痫机制的动力学模型探讨

由于 EEG 数据为混沌时间序列 [120]，来自不同领域的科学家们一直试图用耦合混沌振子理论来对其发生的机制进行探讨，希望找出可借鉴的预诊与控制癫痫

病的方法。根据癫痫病发作时其时间序列的振幅会变大的特点，一个合理的模型是艾克达映射，我们将方程 (2.35) 重写如下：

$$z_{n+1} = a + bz_n\exp\left(\mathrm{i}k - \frac{\mathrm{i}p}{1+|z_n|^2}\right) \tag{7.45}$$

其中，$a = 0.85$，$b = 0.9$，$k = 0.4$，$z = x + \mathrm{i}y$，p 为可调参数。此模型在 p 从 7.25 变到 7.4 时发生危机，其混沌吸引子突然变大，见图 2.12。为了模拟 EEG 数据，让 p 在选择的时间段内经过危机区域，即 p 首先从 $p_0 = 7.25$ 变到 $p_1 = 7.55$，然后再减小到 $p_0 = 7.25$。具体的做法可由如下的方式实现 [127]：

$$p_n = \begin{cases} p_0, & n < t_i = 20000 \\ p_0 + (n-20000)(p_1 - p_0)/5000, & t_i \leqslant n < t_m = 25000 \\ p_1 - (n-25000)(p_1 - p_0)/5000, & t_m \leqslant n < t_f = 30000 \\ p_0, & n > t_f \end{cases} \tag{7.46}$$

此时参数 p 及其对应的变量 x 随时间的变化行为如图 7.12 所示。

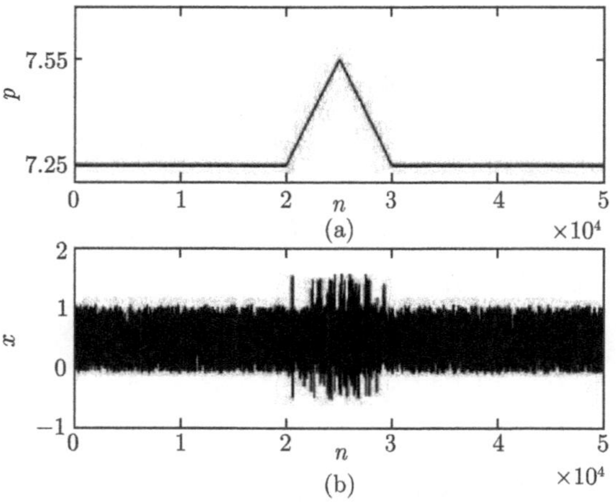

图 7.12　艾克达映射模拟癫痫病的发生过程 [127]

图 7.12 反映的是左右对称的参数变化情形，这与癫痫过程中关联积分变化的行为 (见图 7.10) 还有所区别。如果构想癫痫的建立对应于动力系统穿过临界态的相变，则为了提前预诊癫痫发作可假定在癫痫前系统的状态经历较慢的变化，发生癫痫后系统的状态经历较快的改变，且癫痫发生后控制参数的衰减要较癫痫前为慢。为实现此目的，一个合理的做法是让参数作如图 7.13 所示的变化 [127]，然后基于此模型来讨论癫痫的预诊与控制途径。这个模型的缺点之一是，艾克达映射本身也许不是一个好的能反映神经发放的基元，由此而得出的结论可能会与实际情形

有些距离。更好的模型应是以神经元模型为基元，建立特定的耦合机制以使其出现对应癫痫发作时的迟滞 (滞后) 现象。

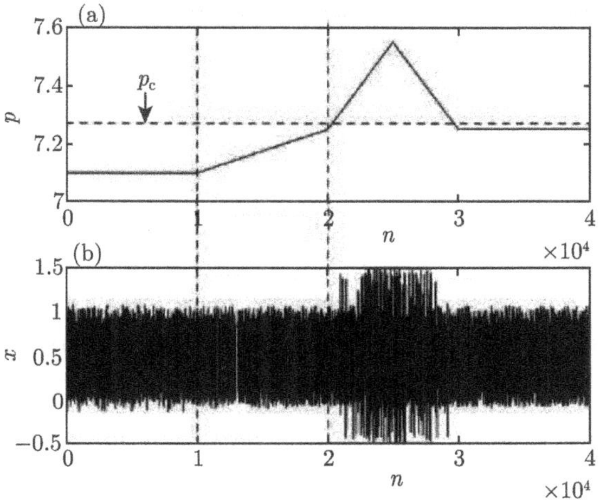

图 7.13 非对称的参数变化情形 [127]

第8章　复杂网络的同步化

8.1　引　　言

今天，越来越多的科技工作者认识到，自然界是由极其大量的网络构成的，其涵盖范围从人体自身的经络网、新陈代谢网，到周围环境中的无线电网、电力网、通信网、交通网，再到因特网、移动互联网等，很难想象如果没有了它们我们的日常生活将会是什么样子。然而，任何事情都有两个方面，网络也不例外。我们在时时刻刻享受网络给我们带来的快捷与便利时，网络也在不时地提醒我们它可能带给我们的灾难，比如电力网坍塌的雪崩效应、高速公路的拥堵效应，以及 SARS、禽流感与猪流感等流行病的传播效应等。这些正面的与负面的效应，除了它们本身提出的重要课题外，还提示我们考虑一个新的问题：我们人体自身的生老病死，特别是与脑有关的疾病，是否也可从网络的角度得到新的理解？如果可以，是否表明在不远的将来我们可以用人造网络来取代或修复部分生病的自然网络？因此，对网络的研究为我们物理学界提出了全新的挑战与应用课题。

为了刻画这些不同网络的共性，近年来一门新的学科——复杂网络科学应运而生[128~133]。复杂网络是复杂系统各组元间相互作用或相互关系的一种抽象表述，组元为节点，相互作用为连边。不同于全联通网络，复杂网络通常表现为一种稀疏连接。现已发现不同的复杂网络如生物网络、社会网络与人造网络等具有一些共同的普适结构性质，如小世界特性和无标度特性等，并据此提出了一些相关的检测手段如度分布、簇团系数、类匹配、网络距离及社区结构等。这些概念的提出发展了传统的统计物理学，但它们在具体问题中的应用又离不开传统的统计物理与概率论的一些研究方法，如统计平均、主方程、反应–扩散方程、涨落耗散等。这种相互碰撞带给我们对一些传统问题的全新认识，如渗流的一级与二级相变争论等，也促成了统计物理在复杂网络这个全新系统中的青春焕发。

复杂网络的理论研究虽然只有不到 20 年的短暂历史，但因其参与的人员广泛而发展得十分迅速。从目前所取得的成果来看，复杂网络理论的发展可大致分为三个阶段。第一阶段：各种网络结构的发现及各种网络模型的提出。这个阶段主要是对经验数据的建模，提出了无标度网、随机网、社区网及其他各种复杂网络的模型[128~137]，其标志性的成果是小世界网络与无标度网络概念的提出。第二阶段：基于复杂网络结构的各种动力学研究。这个阶段是目前研究的主流，主要探讨复杂网络的结构如何影响其上的动力学行为，如因特网上的数据传输[138~141]、电力网及数据传输网络上的级联效应、社会网络上的流行病传播[142~150] 以及基因网上的基本结构与功能间的关系等[128~133]。这个阶段一个有趣的发现是揭示了连接矩阵的本征值与网络同步化之间的关系，标志性的成果则是无标度网络上无穷小的流行病阈值的发现，从而从理论上揭示了萨斯、禽流感与猪流感等流行病可怕的原因。第三阶段：复杂网络结构与动力学之间的相互作用与演化[151~156]。这个阶段刚开始不久，是目前复杂网络研究的重要前沿和生长点。

复杂网络的重要应用领域之一是脑功能神经网络[157~161]，及其与认知、记忆等脑功能间的关系。图 8.1 是用以说明情感交流的示意图。现今有两个重要的关于信息处理的复杂网络：人脑与互联网。一个是自然的，另一个则是人造的。一方面，它们的工作方式完全不同。人脑可以在不到 1s 的时间内从拥挤的人群中识别出朋友的面孔与声音，轻松地取胜当代最好的计算机。而当代计算机也可以在不到 1s 的时间内从链接的数百万网页中找出我们需要的网页！即使有某种方式可以把这数百万网页摆在眼前，我们也是绝对无法达到此种效率的。这就告诉我们，为了有效地处理不同的信息任务就需要不同的信息处理机制或信息处理网络。另一方面，通过核磁共振及将神经元标记上荧光蛋白等手段，我们已可以部分揭示大脑——最大的黑箱的连接结构 [162]。研究发现，大脑神经网与互联网实际上具有某种共性，如都是无标度网络[157~159]，都具有小世界的特征等。这里有一个有趣的问题，这两者之间是否有某种隐含的关系或者是关于复杂网络的研究结果可否用于加深我们对脑功能网络微观机制的理解？

图 8.1　情感交流的示意图 (来自网络)

我们知道，人脑由亿万个细胞或神经元构成，是一个巨大的复杂网络，对它的研究将是一项长期的任务。细胞通常以自适应的方式来对外界扰动进行响应，细胞对外部信号的生化响应就是信号传导。神经细胞负责感知、记忆、推理等。作为对大脑神经网的初步研究，目前人们关注的是小型网络上的信号检测、信号在网络内的传输、信息传递的局域化与斑图形成间的关系，以及信息储存与记忆的微观机制等。

大脑的许多功能都是通过神经元间的相互作用来完成的，并与神经元的同步化密切相关。实验上首先发现的是耦合振子的同步化概念在脑电波时间序列中有具体的表现。神经元并不是孤立地起作用，而是嵌入在集团与网络中，可看成是耦合振子。在这里它们可以通过可激发性与抑制性突触连接来相互影响，其结果是网络中的神经元被节律性地激发或抑制。这种节律反映在细胞外的位势振荡中，记录为局部电势，并可通过脑电图进行探测。这样探测的脑电波序列包含各种频率的成分，可分为 δ 波 (0.5~3Hz)，θ 波 (4~8Hz)，α 波 (9~14Hz)，β 波 (15~30Hz) 与 γ 波 (30~80Hz) 等。在同步化的神经元网络中，振荡相位决定了神经元可激发性的程度并影响细胞在网络中的精确发放时间 [163]。相同步是一个基本的神经机制，它支持神经通信与神经可塑性，并可能与许多认知过程相关 [164]。大脑认知功能中的大多数都是基于分布在不同脑区的大量神经元的相互作用及其他们的集体行为。对于脑的不同区域而言，如果两个区域的突触被加强，则相当于耦合强度被加强。根据耦合振子同步化理论，这两个区域的相同步化可以较容易地出现，即发生交流。实验发现，α 与 β 波段中振荡响应的同步化被卷入了各种认知功能，比如工作记忆的运作、穿过各皮层网的信号路由选择、传感马达意识及知觉分类等 [165, 166]；γ 波段的相同步化则与动作电位的精准定时密切相关；而与记忆相关的相同步的增加则在 θ 与 γ 波段内被观察到[167,168]。

其次，除了这些认知功能与相同步化之间的关联外，脑电图数据还揭示出强同步，又称为反常同步，与神经功能破坏之间也存在关联，即反常同步的神经活动往往与临床无序有关，包括癫痫病、精神分裂症及帕金森病等 [169]。比如，在癫痫病发作中，特定的脑区是高度同步的，而其他的部分是非同步的 [170]；在阿尔茨海默 (AD) 中，则是突触的损失导致认知缺失 [171]；在由于大脑损伤导致的帕金森病中，同步活动在特定的脑区缺失 [172]。反常同步倾向于扩散到整个大脑皮层，导致全局同步。而这种全局同步化并不发生在正常的大脑中，比如猫与猕猴的视觉辨认系统就表现出脑区内的局部同步 [157]。因此，正是这种局域同步化在记忆过程的许多方面起着关键作用 [173]。

下面三章将先介绍与大脑同步化有关的非线性理论与复杂网络方面的研究进展，即分别阐述复杂网络上的同步化、爆炸性同步化和奇异态同步化，然后接下来的一章再重点介绍非线性理论与复杂网络知识在大脑认知与记忆方面的初步研究成果。并希望这些介绍能帮助初学者迅速进入探讨大脑功能的物理机制的研究前沿。

8.2　复杂网络的基本概念

通过近 20 年的发展，人们提出了许多指标来描述与刻画复杂网络的各个方面，这里仅介绍其中最基本的、本书用到的部分概念，更全面的介绍可参考“网络科学与工程丛书”。

邻接矩阵 (adjacency matrix)　指网络中各节点间的相互连接构成的矩阵。一个含有 N 个节点的网络的邻接矩阵为 $\boldsymbol{A}=(a_{ij})_{N\times N}$。矩阵元 a_{ij} 表示节点间的连边，若有一条从节点 i 出发指向节点 j 的权重为 w_{ij} 的边，则 $a_{ij}=w_{ij}$；若没有从节点 i 指向节点 j 的边，则 $a_{ij}=0$。如果所有连边的权重都相等，则网络为无权网络，反之则为权重网络。若网络的邻接矩阵为关于对角线对称的矩阵，则网络为无向网络，反之则为有向网络。

度 (degree) 和度分布　对于无向网络而言，一个节点的度指的是直接与这个节点相连的邻居的个数 k，而对于有向网络而言，则要把节点的入度与出度分别计算。对网络中所有节点的度做概率统计，就能得到这个网络的度分布 $P(k)$。

聚类系数 (cluster coefficient)　聚类系数衡量一个节点的邻居之间互为邻居的概率。假设节点 i 有 k_i 个邻居，即度为 k_i，在这 k_i 个邻居间最多可能存在 $k_i(k_i-1)/2$ 条连边，但是实际值可能只存在 E_i 条连边，则节点 i 的聚类系数被定义为 $C_i=\dfrac{E_i}{k_i(k_i-1)/2}$。由此，可得网络的聚类系数 $C=\dfrac{1}{N}\sum_{i=1}^{N}C_i$。聚类系数的概念在生活当中也很常见，比如你的几个朋友之间也都是朋友关系，那么此时的聚类系数就相应较大。特别地，对于全局耦合网络 (每个节点的度为 $N-1$)，聚类系数 $C=1$。

介数 (betweenness)　网络中两节点 i 和 j 之间的最短路径 (shortest path) 定义为从节点 i 到节点 j 所经过的最少连边数目。一个节点的介数指的是网络中经过这个节点的最短路径的条数，可由公式 $b_i=\sum_{i,j\in N,j\neq k}\dfrac{n_{jk}(i)}{n_{jk}}$ 来计算，其中 n_{jk} 表示从节点 j 到节点 k 的所有最短路径的总量，$n_{jk}(i)$ 表示这些最短路径中经过节点 i 的路径数量。

度相关性 (degree correlation)　如果网络中两个节点相连的概率与这两个节点的度无关，则这个网络不具有度相关性，反之则网络具有度相关性。如果度大的节点倾向于与度大的节点相连，度小的节点倾向于与度小的节点相连，则称为正相关。而度大的节点倾向于与度小的节点相连，或度小的节点倾向于与度大的节点相连，则称为负相关。若令 $P(k'|k)$ 表示度为 k 的节点连接到度为 k' 的节点的概率，则对于无关联网络，一条边连接到度为 k' 的节点的概率跟该连边另一端节点的度无关，此时有 $P(k'|k)=k'P(k')/\langle k\rangle$，其中 $P(k)$ 为网络的度分布，$\langle k\rangle$ 为平均

度。

社团 (community) 结构与模块 (cluster) 度 现实的网络中往往都具有社团结构，例如，人际关系网中往往能观察到所谓的“朋友圈”结构，大脑神经网络中也能看到不同“脑区”的区别。而模块度则是用来衡量社团划分的标准，与中心性类似，网络的模块度也有多种计算方式，并且仍然有新的方式不断被提出。

除了这些基本概念外，我们再介绍几个复杂网络中典型的、常用的网络模型。

规则网络模型 (regular network) 规则网络是最简单的一种网络结构。虽然结构简单，规则网络也仍然具有丰富的种类，例如，网络中任意两节点间都有边相连，就形成了全联通网络；排列成环的节点只与自己两边的邻居做最近邻耦合，就形成环状规则网；具有一个中心节点和 $N-1$ 个只与中心节点相连的叶子节点，就是星形网等等。虽然规则网的结构很简单，与实际系统相差很大，但因其结构有规律和易于分析、调控的特性，因此被广泛应用于理论研究之中。

随机网络模型 (random network) 随机网是一种与规则网相反的结构，最著名的随机网络模型是匈牙利数学家 Erdos 和 Renyi 于 1960 年提出的完全随机图模型 (ER 随机网)[174]。ER 随机网有以下两种常用的生成方式。

(1) 固定连边数的 ER 随机网，首先确定 N 个待连接的节点和 M 条待添加的连边，然后不断随机选取两个没有相连的节点，并用一条连边使之相连，直到所有连边都添加完成。

(2) 固定连边概率的 ER 随机网，给定 N 个待连接的节点和 0 到 1 之间的连边概率 p，然后将所有节点对都以概率 p 相连。在过去的几十年中，ER 随机网已经被研究得非常深入。一个节点数为 N，连边概率为 p 的 ER 随机网的度分布为二项分布：$P(k)=\begin{pmatrix} N-1 \\ k \end{pmatrix} p^k(1-p)^{N-1-k}$。当 N 很大，p 很小时，二项分布可以近似成泊松分布：$P(k)\approx\dfrac{\langle k\rangle^k}{k!}\mathrm{e}^{-\langle k\rangle}$，其中 $\langle k\rangle$ 为网络平均度。由于 ER 随机网中任意两个节点相连的概率都是 p，所以其聚类系数为 $C=p=\dfrac{\langle k\rangle}{N-1}$。ER 网的平均最短路径可以这样来估算：任选一个节点，则其他所有节点到该点的平均距离均为 L，又因为距离该节点 L 的节点数约为 $\langle k\rangle^L$(相距为 1 的节点数为 $\langle k\rangle$，相距为 2 的节点数为 $\langle k\rangle^2$，以此类推)，故有 $N\sim\langle k\rangle^L$，所以 $L\sim \ln N/\ln\langle k\rangle$。可以看到 ER 网络的直径随着网络规模的对数增长，说明 ER 网络具有小世界特性。

小世界网络模型 (small world network) 由于规则网和完全随机网都是理想化的模型，而现实世界中的系统往往没有这么理想化，很可能是有序与无序之间的网络，即小世界网络。小世界网络有两种常用的生成方法：在规则网基础上将每一条边以概率 p 进行断边重连后得到小世界网络的 WS(Watts-Strogatz) 模型 [175] 和在规则网基础上通过随机加边过程得到的 NW(Newman-Watts) 模型 [176]。对于

WS 模型而言，当 $p=0$ 时，模型为规则网，而 $p=1$ 时则为随机网，当 $0<p<1$ 时得到的是介于规则网与随机网的结构。对 NW 模型而言，当 $p=0$ 时，模型同样为规则网，而 $p>0$ 时则得到介于规则网与随机网之间的结构。在小世界网络结构中含有大量的局域连边，同时也有少量长程连边，而这些长程连边有效地降低了网络中任意两个节点间的距离，这正是小世界特性的来源。

无标度网络模型 (scale-free network) 前面提到的规则网络，随机网络和小世界网络，其度分布为一个钟形曲线，节点的度都是在整个网络的平均度附近很窄的范围内分布的，因此可以用平均度作为整个系统度分布的一个标度。但是现实世界中还有很多系统特别是人造系统，它们的度分布是跨越几个甚至几十个数量级的幂律分布，如互联网等。对于这些系统，找不到一特征长度来作为这些网络的度的标度，因此将这样的网络称为无标度网络。最著名的无标度网络模型就是 BA(Barabasi-Albert) 模型 [177]。其生成机制如下：首先生成一个具有 m_0 个节点的联通网络，然后每一步加入一个带 m 条边的新节点，新节点与已存在的节点 i 相连的概率与节点 i 的度 k_i 成正比，即 $p_i=k_i/\sum_j k_j$，这个连边概率与节点度成正相关的过程被称为偏好连接过程。BA 模型的度分布为幂律分布 $P(k)\sim k^{-\gamma}$，其中 $\gamma=3$。BA 网的平均最短路径长度为 $L\sim \ln N/\ln\ln N$[178]，比 ER 随机网络要小，这主要是因为 Hub 节点的存在，导致网络通行效率更好。

无关联配置模型 (uncorrelated configuration model) 在对网络的动力学进行分析时，经常需要用到无关联的条件，满足此条件的一个典型无标度网络是 UCM 网络 [179]。其生成算法有如下两种。

(1) 对每一个节点 i，事先确定好它的度 k_i，其中 k_i 是按度分布 $P(k)\sim k^{-\gamma}$ 选取的，并且满足 $m\leqslant k_i\leqslant N$ 及 $\sum_i k_i$ 为偶数的条件。

(2) 对每一个节点 i，从 N 个节点中随机选取 k_i 个节点 (不包括节点 i 本身) 与之相连，避免重连和自相连。与 BA 网络不同，UCM 网可以构造出任意幂指数的无标度网络来，并且能保证连接节点之间的度是无关联的。

社区网络模型 该模型的构造过程可概括如下 [180]：首先将 N 个节点分为 m 个组，每个组的大小是一样的，即具有相同的节点数。然后让每个组内的节点之间以概率 p_{in} 相连，而组与组之间的节点以概率 $p_{\rm out}$ 相连，并且保证 $p_{\rm in}>p_{\rm out}$。一般来说，当社区网络的大小、总边数及子社区个数固定时，度分布还与 $p_{\rm in}$ 和 $p_{\rm out}$ 有关。

一般结构的网络模型 (Liu-Lai Model) 在研究中更多的实际情况对应于一种度分布介于随机网和无标度网之间的网络结构，这就要求建立一个一般的网络模型。Liu-Lai 模型就是这样的一个代表 [181]，其构造步骤与 BA 网络类似，但引入了一个随机参数 p。具体如下：当一个新加入网络中的节点选择与哪个已存在的节点相连时，以概率 p 来进行 BA 模型的偏好连接，以 $1-p$ 的概率进行随机连接。当 $0<p<1$ 时就得到了一个介于 BA 网和随机网之间的网络结构。当 $p=0$ 时得到随机网，而 $p=1$ 时得到 BA 网。

除此之外，还有许多有用的其他网络模型，如时变网络 (temporary network)[182]、自适应网络 (adaptive network) [183] 及多层网络 (multilayer network)[184, 185] 等，这里不一一介绍。

8.3　复杂网络的谱分析

考虑自治系统 $\mathrm{d}\mathbf{x}/\mathrm{d}t=\boldsymbol{F}(\boldsymbol{x})$，其不动点的稳定性由其线性化方程决定。若线性化方程可写为常系数线性齐次微分方程组:

$$\frac{\mathrm{d}\boldsymbol{x}}{\mathrm{d}t}=\boldsymbol{M}\boldsymbol{x} \tag{8.1}$$

其中 $\boldsymbol{M}$ 为 $n\times n$ 常数矩阵，则方程 (8.1) 的零解满足如下性质：如果矩阵 $\boldsymbol{M}$ 所有特征值的实部均为负，则方程 (8.1) 的零解是全局渐近稳定的；如果矩阵 $\boldsymbol{M}$ 具有正实部的特征值，则方程 (8.1) 的零解不稳定；如果矩阵 $\boldsymbol{M}$ 没有正实部的特征值，但有零实部的特征值，则方程 (8.1) 的零解可能是稳定的；也可能是不稳定的；当零实部的特征值的重数与其特征向量空间的维数相同时，零解是稳定的，否则是不稳定的。

方程 (8.1) 的零解的稳定性亦可由 Routh-Hurwitz 定理判断 [134]：设给定常系数 n 次代数方程

$$a_0\lambda^n+a_1\lambda^{n-1}+\cdots+a_{n-1}\lambda+a_n=0 \tag{8.2}$$

其中，$a_0>0$，构成行列式

$$\boldsymbol{\Delta}_1=a_1,\quad \boldsymbol{\Delta}_2=\begin{vmatrix} a_1 & a_0\\ a_3 & a_2\end{vmatrix},\quad \boldsymbol{\Delta}_3=\begin{vmatrix} a_1 & a_0 & 0\\ a_3 & a_2 & a_1\\ a_5 & a_4 & a_3\end{vmatrix},\cdots,$$

$$\boldsymbol{\Delta}_n=\begin{vmatrix} a_1 & a_0 & 0 & \cdots\\ a_3 & a_2 & a_1 & \cdots\\ \cdots & \cdots & \cdots & \cdots\\ a_{2n-1} & a_{2n-2} & a_{2n-3} & \cdots\end{vmatrix}=a_n\boldsymbol{\Delta}_{n-1}$$

其中 $a_j=0(j>n)$，那么，n 次方程 (8.2) 的一切根均有负实部的充要条件是

$$\boldsymbol{\Delta}_1>0,\boldsymbol{\Delta}_2>0,\cdots,\boldsymbol{\Delta}_{n-1}>0,a_n>0 \tag{8.3}$$

对于复杂网络上的耦合振子，其动力学可一般地表示如下:

$$\dot{x}_i(t) = f(x_i(t)) + c\sum_{j=1}^{N} a_{ij}(H(x_j(t)) - H(x_i(t))), \quad i = 1, 2, \cdots, N \tag{8.4}$$

其中，x_i 为节点 i 的状态变量，f 为振子的动力学函数，c 为网络的耦合强度，H 为耦合函数。如果方程 (8.4) 有零解，则其稳定性可按上述方法分析。但我们通常关心的不是方程 (8.4) 的零解，而是这些耦合振子间的同步化。此时，上述方法可用于方程 (8.4) 的耦合矩阵的特征值分析，通常称为邻接矩阵，用 $\boldsymbol{A}$ 表示。$\boldsymbol{A}$ 是一个方阵，其元素为 $a_{ij} = 1$，如果节点 i 与节点 j 相连；$a_{ij} = 0$，如果节点 i 与节点 j 不相连。在有向图中，一个节点的入度是终点为该节点的边数，记为 $k_i^{(\mathrm{in})}$。一个节点的出度是始点为该节点的边数，记为 $k_i^{(\mathrm{out})}$。其邻接矩阵是非对称的，我们通常有 $k_i^{(\mathrm{in})} \neq k_i^{(\mathrm{out})}$。对于一个无向图，我们有 $k_i^{(\mathrm{in})} = k_i^{(\mathrm{out})}$，它的邻接矩阵是对称的，即对所有的 $1 \leqslant i, j \leqslant N$ 都有 $a_{ij} = a_{ji}$。

进一步，可引入拉普拉斯 (Laplacian) 矩阵来帮助分析网络结构对耦合的影响，其定义为 $\boldsymbol{L} = \boldsymbol{\Delta} - \boldsymbol{A}$，其中矩阵 $\boldsymbol{\Delta}$ 是对角元为 $k_i^{(\mathrm{in})}$，其他元素为 0 的 N 阶对角矩阵。

对于加权网，邻接矩阵 $\boldsymbol{A}^{(w)}$ 的矩阵元为 $a_{ij}^{(w)} = w_{ij}$，如果节点 i 与节点 j 相连，其中 w_{ij} 为连边 ij 上的权重；$a_{ij}^{(w)} = 0$，如果节点 i 与节点 j 不相连。引入对角矩阵 $\boldsymbol{D}^{(w)}$，其对角元为 $d_{ii}^{(w)} = \sum_{j, j\neq i} w_{ij}$，$i = 1, \cdots, N$，其他元素为 0。则加权网的拉普拉斯矩阵为 $\boldsymbol{L}^{(w)} = \boldsymbol{D}^{(w)} - \boldsymbol{A}^{(w)}$。

拉普拉斯矩阵的特征值序列简称拉普拉斯谱，有时可以用拉普拉斯谱来判断两个图是否同构。当两个图的谱不相等时，它们一定不同构，反之则不一定成立。考虑到拉普拉斯矩阵 $\boldsymbol{L} = (l_{ij})$ 可表示为

$$l_{ij} = \begin{cases} -a_{ij}, & i \neq j \\ \sum\limits_{j \neq i} a_{ij}, & i = j \end{cases} \tag{8.5}$$

网络的动力学方程 (8.4) 可改写成如下的形式：

$$\dot{x}_i(t) = f(x_i(t)) - c\sum_{j=1}^{N} l_{ij} H(x_j(t)), \quad i = 1, 2, \cdots, N \tag{8.6}$$

拉普拉斯矩阵的每行元素之和为 0，即 $\sum_{j=1}^{N} l_{ij} = 0$。这意味着当所有节点的状态相同时，方程 (8.6) 右端的耦合项自动消失。

对于无权无向的简单网络，其对应的拉普拉斯矩阵是对称且半正定的，因此其特征值均非负，按照从小到大的顺序可排列为 $\lambda_1 \leqslant \lambda_2 \leqslant \cdots \leqslant \lambda_N$。由于拉普拉斯矩阵行和为零，所以最小特征值 $\lambda_1 = 0$，其对应的特征向量为 $(1, 1, \cdots, 1)^{\mathrm{T}}$。网络

连通块的个数等于零特征值的重数。当网络全连通时，$\boldsymbol{L}$ 是一个不可约矩阵，其余的 $N-1$ 维子空间正交于零特征值的特征向量 $(1,1,\cdots,1)^{\mathrm{T}}$。例如，对于全联通网络，其拉普拉斯矩阵为

$$\boldsymbol{L}=\begin{pmatrix} N-1 & -1 & \cdots & -1 \\ -1 & N-1 & \cdots & -1 \\ \vdots & \vdots & \vdots & \vdots \\ -1 & -1 & \cdots & N-1 \end{pmatrix}$$

特征值为 $\lambda_1=0,\lambda_2=\cdots=\lambda_N=N$。对于星形网络，其拉普拉斯矩阵为

$$\boldsymbol{L}=\begin{pmatrix} N-1 & -1 & -1 & \cdots & -1 \\ -1 & 1 & 0 & \cdots & 0 \\ \vdots & \vdots & \vdots & \vdots & \vdots \\ -1 & 0 & 0 & \cdots & 1 \end{pmatrix}$$

特征值为 $\lambda_1=0,\lambda_2=\cdots=\lambda_{N-1}=1,\lambda_N=N$。对于最近邻连接网络，每个节点都与它最近的 $2K$ 个邻居相连，其拉普拉斯矩阵为

$$\boldsymbol{L}=\begin{pmatrix} 2K & -1 & \cdots & -1 & 0 & \cdots & 0 & -1 & \cdots & -1 \\ -1 & 2K & -1 & \cdots & -1 & 0 & \cdots & 0 & -1 & \cdots \\ \vdots & \vdots & \vdots & \vdots & \vdots & \vdots & \vdots & \vdots & \vdots & \vdots \\ -1 & \cdots & -1 & 0 & \cdots & 0 & -1 & \cdots & -1 & 2K \end{pmatrix}$$

特征值为 $\lambda_1=0,\lambda_i=2K-2\sum_{l=1}^{K}\cos\dfrac{2\pi il}{N}=4\sum_{l=1}^{K}\sin^2\dfrac{\pi il}{N},i=2,\cdots,N$。

若定义耦合矩阵 $\boldsymbol{A}=-\boldsymbol{L}$，则网络的动力学方程 (8.6) 也可写为

$$\dot{x}_i(t)=f(x_i(t))+c\sum_{j=1}^{N}a_{ij}H(x_j(t)),\quad i=1,2,\cdots,N \tag{8.7}$$

有的文献也使用这个模型，比如下节将要介绍的主稳定函数方法。需要注意的是，耦合矩阵 $\boldsymbol{A}$ 的本征值与拉普拉斯矩阵 $\boldsymbol{L}$ 的本征值正好符号相反。

8.4 耦合振子同步化的主稳定函数方法

大量耦合振子的同步化问题最早是由佩考拉与卡罗尔于 1998 年给出的主稳定函数方法而得到妥善解决的 [186]。他们考虑相互耦合的 N 个振子构成的网络，并假定：①耦合振子是全同的；②各耦合振子间的耦合函数是相同的；③系统的同步化流形为不变流形；④节点间以任意方式耦合，可由同步态附近的线性算子来近似。条件①和③保证在相空间存在同步化的超曲面，条件②与④方便讨论，也是耦合系统中常用的做法。这个方法的实质是基于变分方程，找出最大李雅普诺夫指数或弗罗开特指数为负的条件。具体地，令其无耦合时单个振子的动力学为 $\dot{\boldsymbol{x}}^i = \boldsymbol{F}(\boldsymbol{x}^i)$，其中 $\boldsymbol{x}^i$ 为第 i 个节点上的 m 维动力学矢量。令 $\boldsymbol{H}$ 为振子间的耦合函数，则 i 节点的动力学方程为

$$\dot{\boldsymbol{x}}^i = \boldsymbol{F}(\boldsymbol{x}^i) + \sigma \sum_j G_{ij} \boldsymbol{H}(\boldsymbol{x}^j) \tag{8.8}$$

其中，σ 为耦合强度。要求 $\sum_j G_{ij} = 0$，以便条件③得以满足。同步化流形为 $\boldsymbol{x}^1 = \boldsymbol{x}^2 = \cdots = \boldsymbol{x}^N$。

令 $\boldsymbol{x} = (\boldsymbol{x}^1, \boldsymbol{x}^2, \cdots, \boldsymbol{x}^N)$，$\boldsymbol{F}(\boldsymbol{x}) = [\boldsymbol{F}(\boldsymbol{x}^1), \boldsymbol{F}(\boldsymbol{x}^2), \cdots, \boldsymbol{F}(\boldsymbol{x}^N)]$，$\boldsymbol{H}(\boldsymbol{x}) = [\boldsymbol{H}(\boldsymbol{x}^1), \boldsymbol{H}(\boldsymbol{x}^2), \cdots, \boldsymbol{H}(\boldsymbol{x}^N)]$，且 $\boldsymbol{G}$ 为耦合矩阵，其矩阵元为 G_{ij}。则方程 (8.8) 可写为

$$\dot{\boldsymbol{x}} = \boldsymbol{F}(\boldsymbol{x}) + \sigma \boldsymbol{G} \otimes \boldsymbol{H}(\boldsymbol{x}) \tag{8.9}$$

其中，$\otimes$ 代表直乘。令 $s(t)$ 表示同步流形，即孤立节点动力学方程 $\dot{\boldsymbol{s}} = \boldsymbol{F}(\boldsymbol{s})$ 的解，$\boldsymbol{\xi}^i$ 为 i 节点上的变分，即 $\boldsymbol{\xi}^i(\boldsymbol{t}) = \boldsymbol{x}^i(\boldsymbol{t}) - \boldsymbol{s}(\boldsymbol{t})$，则方程 (8.9) 变为

$$\dot{\boldsymbol{\xi}} = [1_{\boldsymbol{N}} \otimes D\boldsymbol{F}(\boldsymbol{s}) + \sigma \boldsymbol{G} \otimes D\boldsymbol{H}(\boldsymbol{s})]\boldsymbol{\xi} \tag{8.10}$$

其中，$\boldsymbol{\xi} = (\boldsymbol{\xi}^1, \boldsymbol{\xi}^2, \cdots, \boldsymbol{\xi}^{\boldsymbol{N}})$，$D\boldsymbol{F}(\boldsymbol{s})$ 与 $D\boldsymbol{H}(\boldsymbol{s})$ 分别是 $\boldsymbol{F}(\boldsymbol{s})$ 与 $\boldsymbol{H}(\boldsymbol{s})$ 在 $\boldsymbol{s}$ 处的雅可比矩阵。对于三维系统，若节点间的耦合只通过 x 变量发生，则雅可比矩阵可表示为 $D\boldsymbol{H} = \begin{pmatrix} 1 & 0 & 0 \\ 0 & 0 & 0 \\ 0 & 0 & 0 \end{pmatrix}$。类似地，若通过 x 与 y 两者发生，则耦合矩阵可表示为 $D\boldsymbol{H} = \begin{pmatrix} 1 & 0 & 0 \\ 0 & 1 & 0 \\ 0 & 0 & 0 \end{pmatrix}$。若在 x 变量上通过 x 与 y 两者发生，则耦合矩阵可表示为 $D\boldsymbol{H} = \begin{pmatrix} 1 & 1 & 0 \\ 0 & 0 & 0 \\ 0 & 0 & 0 \end{pmatrix}$。如果我们将矩阵 $\boldsymbol{G}$ 对角化，令其特征值分别为

$\gamma_k, k = 1, 2, \cdots, N$，则方程 (8.10) 可改写为

$$\dot{\boldsymbol{\xi}}_k = [D\boldsymbol{F}(\boldsymbol{s}) + \sigma\gamma_k D\boldsymbol{H}(\boldsymbol{s})]\boldsymbol{\xi}_k \tag{8.11}$$

$k = 1$ 对应于同步化流形的变分方程，因此 $\gamma_1 = 0$。其他的 k 对应横向的本征矢，可看着为横向模。因方程 (8.11) 对不同的 k 形式一样，可将它们写成公共形式：

$$\dot{\boldsymbol{\eta}} = [D\boldsymbol{F}(\boldsymbol{s}) + (\alpha + \mathrm{i}\beta)D\boldsymbol{H}(\boldsymbol{s})]\boldsymbol{\eta} \tag{8.12}$$

这就是主稳定方程 (master stability equation)，其中复数 $\mathrm{i}\beta$ 来自于矩阵 $\boldsymbol{G}$ 的非对称性。至此，方程 (8.12) 的最大弗罗开特指数或李雅普诺夫指数 $\lambda_{\max}$ 将依赖于参数 α 与 β，并为它们的函数，称 $\lambda_{\max}(\alpha + \mathrm{i}\beta)$ 为主稳定函数 [186]。主稳定函数 $\lambda_{\max}(\alpha + \mathrm{i}\beta)$ 为负的区域为同步化区域。如果耦合强度 σ 与耦合矩阵 $\boldsymbol{G}$ 的所有特征值的乘积全都落入主稳定区域，则网络达到同步化。

以洛斯勒方程 $\dot{x} = -(y + z), \dot{y} = x + ay, \dot{z} = b + z(x - c)$ 为例。当参数 $a = b = 0.2, c = 7.0$ 时，洛斯勒方程呈现混沌行为。假设节点间只通过 x 分量耦合，则系统的主稳定函数在复平面 $\alpha \sim \beta$ 上的取值如图 8.2 所示，其中细虚线代表负的最大李雅普诺夫指数曲线，细实线代表正的最大李雅普诺夫指数曲线，粗实线代表最大李雅普诺夫指数为 0 的曲线。这些曲线关于实轴 α 基本上是对称的。在原点 $\alpha = \beta = 0$ 处，$\lambda_{\max} > 0$，系统回到孤立的洛斯勒方程情形。在水平轴上 ($\beta = 0$)，随着 α 的增加，$\lambda_{\max}$ 穿过阈值然后变负。进一步增加 α，$\lambda_{\max}$ 穿过另一个阈值然后变正。因此，对太强或太弱的 α，同步态都是不稳定的。如果我们保持 α 在稳定区间并让 β 逐渐增加，则 $\lambda_{\max}$ 也会在粗实线处穿过一个阈值然后变正，表明较大的虚耦合也能令同步态失稳。

当网络的结构为圆环时，扩散耦合矩阵为 $\boldsymbol{G} = \begin{pmatrix} -2 & 1 & 0 & \cdots & 1 \\ 1 & -2 & 1 & \cdots & 0 \\ 0 & 1 & -2 & \cdots & 0 \\ \vdots & \vdots & \vdots & \vdots & \vdots \\ 1 & 0 & \cdots & 1 & -2 \end{pmatrix}$。这是对称矩阵，无虚部 ($\beta = 0$)，其特征值为 $\gamma_1 = 0$ 与 $\gamma_k = -4\sin^2((k-1)\pi/N), k = 2, 3, \cdots, N$。图 8.2 中的黑点为 10 个洛斯勒振子的无向环网络的耦合矩阵特征值。当耦合强度 σ 从零增加时，变为稳定的第一个模是最短空间–频率模；变成稳定的最后一个模为最长空间–频率模。因此，在稳定的同步态，σ 的降低将导致长波模的失稳，即长波分岔 (LWB)。增加 σ 则导致短波模的失稳，即短波分岔 (SWB)。

当网络结构为全联通网时 (all-to-all coupling schemes)，其横向本征值全同且为

$\gamma_k=-N$。当网络结构为星形连接时 (star coupling)，只有两个横向本征值 $\gamma_k=-1$ 与 $\gamma_k=-N$，见图 8.2 中的“星形”符号 (七个振子的情形)。

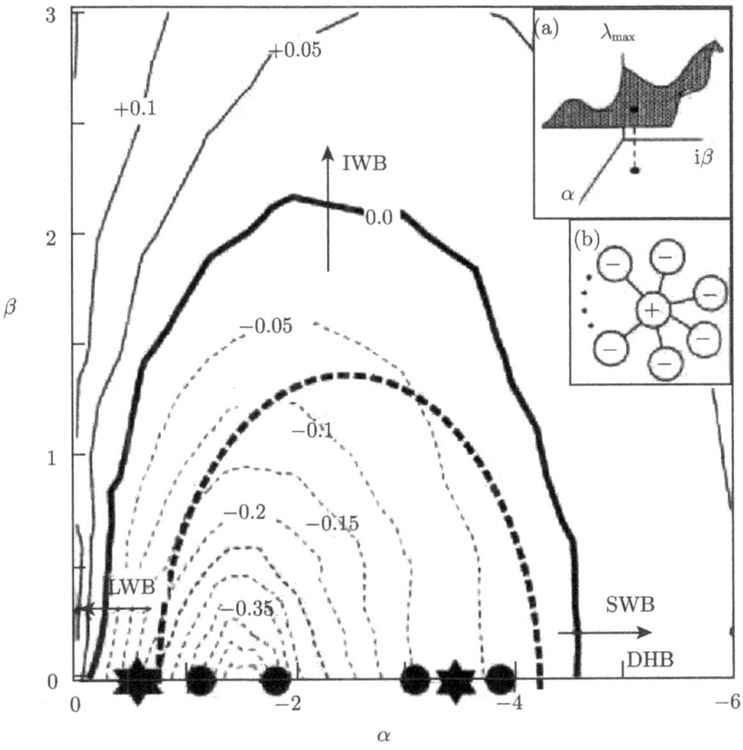

图 8.2 x 分量耦合的洛斯勒系统的主稳定函数在 α-β 复平面上的分布 [186]

8.5 几种典型网络的同步化

从上节可知，在耦合矩阵框架下，横向本征值 γ_k 及 α 的同步化取值范围全为负值。更多的文献是在拉普拉斯矩阵的框架下进行讨论的，此时横向本征值 γ_k 及 α 的同步化取值范围全为正值。若把主稳定函数为负的实数 α 的取值范围称为同步化区域，则有 $\alpha_1<\sigma\gamma_2\leqslant\sigma\gamma_3\leqslant\cdots\leqslant\sigma\gamma_N<\alpha_2$。根据 α 的边界 α_1 与 α_2 的不同取值，可分为以下四种类型 [134]。

(1) 类型 I：同步化区域 (α_1,α_2) 为有界区域。此时只要令耦合强度 σ 满足 $\alpha_1/\gamma_2<\sigma<\alpha_2/\gamma_N$，就能达到网络局部完全同步的必要条件，由此有 $\gamma_N/\gamma_2<\sigma<\alpha_2/\alpha_1$。令 $R=\gamma_N/\gamma_2$，则当耦合矩阵的最大与最小非零特征值之比越小，$R<\sigma<\alpha_2/\alpha_1$ 的条件就越容易满足，网络的同步能力也就越强。因此，常用 R 来衡量网络

的同步能力。

(2) 类型Ⅱ：同步化区域 (α_1, α_2) 为无界区域 $(\alpha_1, +\infty)$。此时只需满足 $\sigma\gamma_2 > \alpha_1$ 就能达到同步化，因此最小非零特征值 γ_2 可以用来作为衡量网络同步化能力的指标，即 γ_2 越大则网络的同步化能力越强。

(3) 类型Ⅲ：同步化区域为不连通的多区域。此时网络同步化很难达到，具体见文献 [187]。

(4) 类型Ⅳ：同步化区域为空集。此时不管耦合强度多大，网络都不能达到同步化。我们通常遇到的是前两种类型，其同步化能力有两个重要指标 [188]：①如果同步化区域为有界情形，则拉普拉斯矩阵的最大特征值与最小非零特征值之比 $R = \gamma_N/\gamma_2$ 可表征同步能力，R 越小，网络的同步能力越强；②如果同步化区域为无界情形，则拉普拉斯矩阵的最小非零特征值 γ_2 可用来表征同步能力，γ_2 越大，网络的同步能力越强。

1. 规则网络的同步化

规则网络可以有各种形式，其主要特点是每个节点的度相同或近似相同，且局部结构也相同或近似相同。最典型的规则网就是全联通网，其拉普拉斯矩阵特征值第一个为零，其余均为 N，故 $R = 1$；所以只要耦合强度 σ 满足 $\alpha_1 < \sigma N < \alpha_2$，网络就能达到同步，即使在 N 很大时也容易达到同步。另一个典型的规则网络是无向环状网络 (假设 N 为偶数)，其拉普拉斯矩阵特征值为 0 与 $4\sin^2((k-1)\pi/N)$，$k = 2, 3, \cdots, N$；由于环的周期特征，最难同步的两个振子处于相对的位置，即为距离最远的对，其特征值中的相位为 $\pi/2$，因此最大与最小非零特征值之比为 $R = \gamma_N/\gamma_2 = 1/\sin^2(\pi/N)$；$N$ 小时，网络容易同步，而当 $N \to \infty$ 时，有 $\gamma_2 \to 0$ 从而 $R \to \infty$，因此很难同步。无向链状网络也可以看作是规则网络，其拉普拉斯矩阵特征值为 0 与 $4\sin^2((k-1)\pi/2N)$，$k = 2, 3, \cdots, N$，因此最大与最小非零特征值之比为 $R = \gamma_N/\gamma_2 = \sin^2((N-1)\pi/2N)/\sin^2(\pi/2N)$；$N$ 小时，网络容易同步，而当 $N \to \infty$ 时，有 $R \to \infty$，因此很难同步。而对于有向链状网络，其拉普拉斯矩阵特征值为 0 与 1($N-1$ 重)，故 $R = 1$；可见，当 N 很大时，有向链状网络比无向链状网络要容易同步许多；特别地，对于星形网络，其拉普拉斯矩阵特征值为 0，1($N-2$ 重) 与 N，故 $R = N$；N 小时，网络容易同步，而当 $N \to \infty$ 时，有 $R \to \infty$，因此当网络规模很大时，网络很难同步。

2. 小世界网络的同步化

以 WS 小世界网络为例，进行断边重连可增强网络的同步能力，即减少最大与最小非零特征值的比值 R[189]。设断边重连的概率为 p，最近邻连边距离为 r。R 随 p 的变化关系见图 8.3，可见当 p 较小时，p 的降低可大大地增加网络的同步；

然后随着 p 的进一步增加，R 不再有明显的减小。

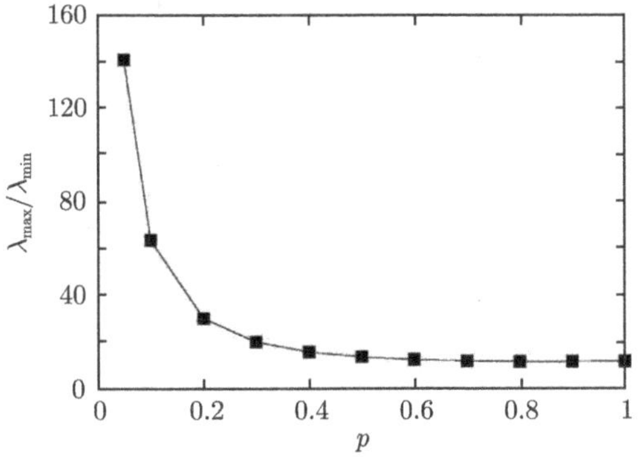

图 8.3 R 对重连概率 p 的依赖性 [189]

此结果为重复 100 个不同的网络结构的平均值，其中网络大小 $N=2000$，耦合范围 $r=3$

3. 无标度网络的同步化

考虑无标度网络，其度分布满足 $P(k)\sim k^{-\gamma}$ 且 $k>k_{\min}$。文献 [132] 指出，γ_2 对指数 γ 及网络大小 N 不敏感，而 γ_N 有较大的依赖性，从而导致比值 R 的依赖性。这是因为最大本征值 γ_N 与中心节点的度有紧密的关系，而网络的异质性越强，中心节点的度则越大。相反，γ_2 与 $k_{\min}$ 紧密相关，且随 $k_{\min}$ 的增大而增加。图 8.4 给出了 γ_2，γ_N 及 R 对 γ 与 N 的依赖关系，证实了网络越大、异质性越强，则越不容易同步化。

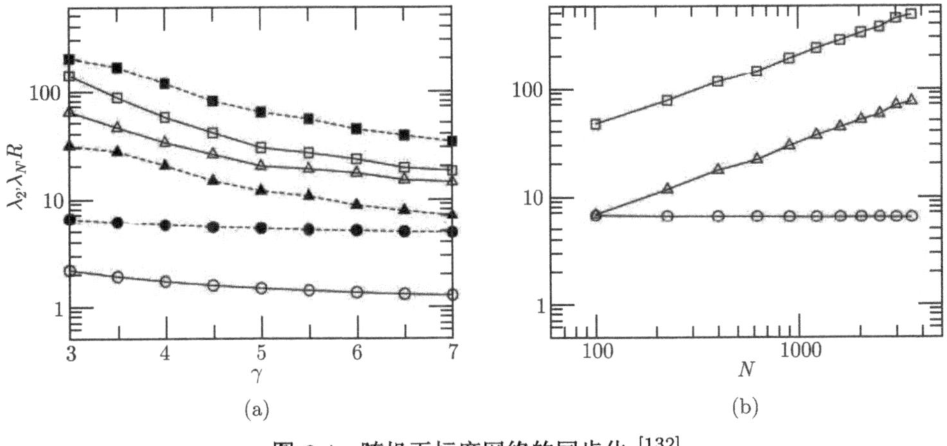

图 8.4 随机无标度网络的同步化 [132]

其中“圆圈”、“方块”及“三角形”分别代表 γ_2，γ_N 与 R; (a) 网络大小为 $N=2^{10}$，空心符号代表 $k_{\min}=5$ 的情形，实心符号代表 $k_{\min}=10$ 的情形；(b) $\gamma=3, k_{\min}=10$ 时的情形。此结果为重复 50 个不同的网络结构的平均值

8.6　两层网络之间的耦合相变

我们赖以生存的世界是由各种网络构成的，通过它们，信息、人员与货物得以流通。这些网络相互依存，从而表现出与孤立网络完全不同的结构与动力学特征。特别是在扩散、鲁棒性及竞争等方面，这种不同特征越来越多地显示出来，并逐渐被认为是理所当然，然而我们并不清楚它们是在哪儿生根的。为了找出这个答案，Radicchi 与 Arenas 给出了一种将孤立的网变成相互依存网络的途径，并发现随着网络间链接的形成，会经历结构的突然变化 [190]。依据层间与层内链接的相对重要性的不同，整体网络可在两个区域间调节：在区域 I，各网络层是结构解耦的，从而表现得相对独立；在区域 II，网络各层不再可区分，整个系统表现为单个的网络。有趣的是，在这两个区域间的转变是非连续的，这就意味着真实的世界存在着结构突然变化的巨大风险。这个变化体现出整体网络的谱与子网络的谱之间存在着必然的区别与联系。

Radicchi 与 Arenas 的做法如下 [190]：考虑子网络的大小为相同的简单情形，此时可在对应节点间加上耦合连线，其耦合强度用 p 表示，见图 8.5。整个网络的超邻接矩阵可表示为

$$\boldsymbol{G}=\begin{pmatrix} A\ p\boldsymbol{I} \\ p\boldsymbol{I}\ B \end{pmatrix}$$

其中，$\boldsymbol{I}$ 为 $N\times N$ 维的单位矩阵。其相应的拉普拉斯矩阵为

$$\boldsymbol{L}=\begin{pmatrix} \boldsymbol{L}_A+p\boldsymbol{I} & -p\boldsymbol{I} \\ -p\boldsymbol{I} & \boldsymbol{L}_B+p\boldsymbol{I} \end{pmatrix}$$

其中 $\boldsymbol{L}_A$ 与 $\boldsymbol{L}_B$ 分别为网络 A 与 B 的拉普拉斯矩阵。这里的任务是找出超拉普拉斯矩阵 $\boldsymbol{L}$ 的谱，以便阐述耦合网结构变化的起因。

考虑到任意拉普拉斯矩阵的本征值非负且最小的本征值总是 0，我们主要关注其第二小的本征值 λ_2。对于连接网来说，λ_2 总是为正，但更重要的是与 λ_2 相联系的本征矢可提供更多的关于结构的信息。因此，对于超拉普拉斯矩阵 $\boldsymbol{L}$，当单个网络的拉普拉斯矩阵 $\boldsymbol{L}_A$ 与 $\boldsymbol{L}_B$ 给定时，我们需要研究的就是其 λ_2 对参数 p 的依赖性。按照 min-max 原理 [190]，矩阵 $\boldsymbol{L}$ 的第二小本征值为

$$\lambda_2(\boldsymbol{L})=\min_{|\boldsymbol{v}\rangle\in V}\langle\boldsymbol{v}|\boldsymbol{L}|\boldsymbol{v}\rangle \tag{8.13}$$

其中，$|\boldsymbol{v}\rangle\in V$ 表示满足 $\langle\boldsymbol{v}|1\rangle=0,\langle\boldsymbol{v}|\boldsymbol{v}\rangle=1$。矢量 $|\boldsymbol{1}\rangle$ 有 $2N$ 个输入且都等于 1。方程 (8.13) 表示，对于所有可能的与矢量 $|\boldsymbol{1}\rangle$ 正交且模等于 1 的矢量 $|\boldsymbol{v}\rangle$，λ_2 是函

数 $\langle \boldsymbol{v}|\boldsymbol{L}|\boldsymbol{v}\rangle$ 的最小值。这个最小值所对应的矢量就是超拉普拉斯矩阵的特征值，即 $\boldsymbol{L}|\boldsymbol{v}\rangle=\lambda_2|\boldsymbol{v}\rangle$。

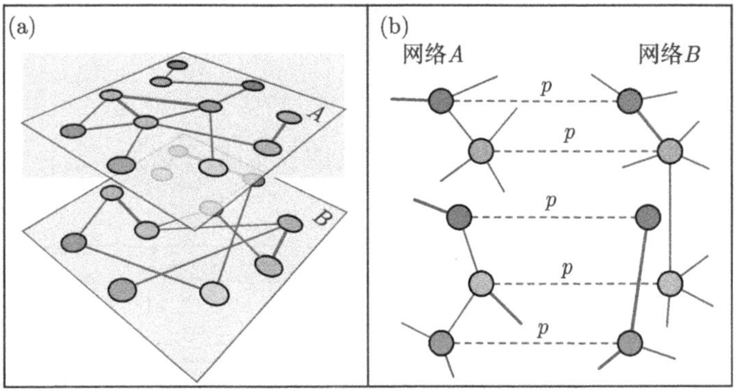

图 8.5　两个耦合网络 A 与 B 的示意图 [190](彩图见封底二维码)

其中相同颜色的节点代表一对一的相互依赖性；层间的边具有相同的权重 p

将矢量 $|\boldsymbol{v}\rangle$ 写成大小为 N 的两块，$|\boldsymbol{v}\rangle=|\boldsymbol{v}_A,\boldsymbol{v}_B\rangle$，其中，$|\boldsymbol{v}_A\rangle$ 为对应网络 A 的节点的本征矢，$|\boldsymbol{v}_B\rangle$ 为对应网络 B 的节点的本征矢。由此可得

$$\begin{aligned}\langle \boldsymbol{v}|\boldsymbol{L}|\boldsymbol{v}\rangle=\langle \boldsymbol{v}_A,\boldsymbol{v}_B|\boldsymbol{L}|\boldsymbol{v}_A,\boldsymbol{v}_B\rangle&=\langle \boldsymbol{v}_A|\boldsymbol{L}|\boldsymbol{v}_A\rangle+\langle \boldsymbol{v}_B|\boldsymbol{L}|\boldsymbol{v}_B\rangle\\&+p(\langle \boldsymbol{v}_A|\boldsymbol{v}_A\rangle+\langle \boldsymbol{v}_B|\boldsymbol{v}_B\rangle-2\langle \boldsymbol{v}_A|\boldsymbol{v}_B\rangle)\end{aligned}\tag{8.14}$$

前面的束缚条件变为 $\langle \boldsymbol{v}_A|1\rangle+\langle \boldsymbol{v}_B|1\rangle=0$ 与 $\langle \boldsymbol{v}_A|\boldsymbol{v}_A\rangle+\langle \boldsymbol{v}_B|\boldsymbol{v}_B\rangle=1$，且所有的矢量都是 N 维。根据这些束缚条件可得

$$\lambda_2(\boldsymbol{L})=p+\min_{|\boldsymbol{v}\rangle\in V}(\langle \boldsymbol{v}_A|\boldsymbol{L}_A|\boldsymbol{v}_A\rangle+\langle \boldsymbol{v}_B|\boldsymbol{L}_B|\boldsymbol{v}_B\rangle-2p\langle \boldsymbol{v}_A|\boldsymbol{v}_B\rangle)\tag{8.15}$$

由拉格朗日乘子方法，Radicchi 与 Arenas 得到

$$\lambda_2(\boldsymbol{L})=\begin{cases}2p, & p\leqslant p^*\\ \leqslant\dfrac{1}{2}\lambda_2(\boldsymbol{L}_A+\boldsymbol{L}_B), & p\geqslant p^*\end{cases}\tag{8.16}$$

这就表明网络间的代数连接满足两个不同的区域，一个是两层间的结构独立，另一个则受限于两层间的加权代数重叠即 $\dfrac{1}{2}(\boldsymbol{L}_A+\boldsymbol{L}_B)$。更重要的是 λ_2 的一阶导数在 p^* 处有突然的变化。在 $p\leqslant p^*$ 的区域内，本征值的分量为 $|\boldsymbol{v}_A\rangle=-|\boldsymbol{v}_B\rangle$，其中 $|\boldsymbol{v}_A\rangle=\pm\dfrac{1}{2N}|1\rangle$。这就表明两层网是结构上不连续且独立的；而当 $p\geqslant p^*$ 时，我们有

$$\langle \boldsymbol{v}_A|1\rangle=\langle \boldsymbol{v}_B|1\rangle=0\tag{8.17}$$

因此网络 A 与 B 中相互依存的对应节点的矢量分量有相同的符号，而同层网络中的节点具有交互的符号。在这个区域内，系统的连接是由层间连接控制的，从而使得两层网变得结构不可区分。考虑到临界点 p^* 是 λ_2 的两种行为的分界点，由方程 (8.16) 可得

$$p^* \leqslant \frac{1}{4}\lambda_2(\boldsymbol{L}_A + \boldsymbol{L}_B) \tag{8.18}$$

上式在全同网时取等号 [190]。由于层间连接的权重随 p 增加，当 $p \geqslant p^*$ 时就发生转变。图 8.6 给出了 λ_2 随 p 变化的关系。

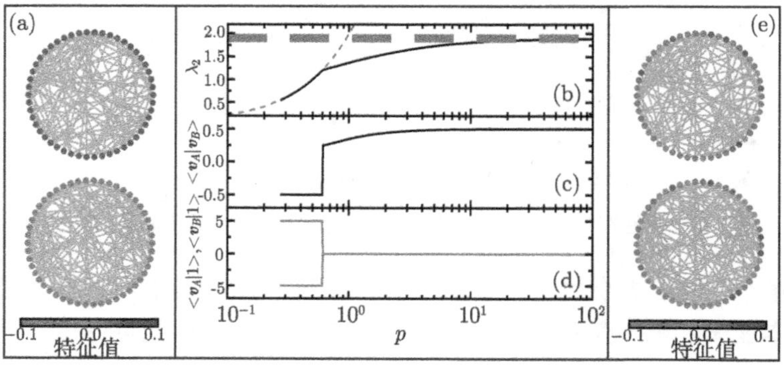

图 8.6　依存网络中的一级结构相变 [190](彩图见封底二维码)

两个耦合网络均是 ER 随机网，大小 $N = 50$，平均度 $\langle k\rangle = 5$，对于这个模型的单次实现，$p^* = 0.602(1)$；(a) $p = 0.602$ 时双层网络中节点的特征值；(b) 系统的代数连接 (黑线)：λ_2 的一阶导数非连续性非常明显，$2p$ 区域与 $\lambda_2(\boldsymbol{L}_A + \boldsymbol{L}_B)$ 区域分别由红色与蓝色的点–虚线表示；(c) 内积 $\langle \boldsymbol{v}_A|\boldsymbol{v}_B\rangle$ 对参数 p 的依赖性；(d) 内积 $\langle \boldsymbol{v}_A|1\rangle$ 与 $\langle \boldsymbol{v}_B|1\rangle$ 对参数 p 的依赖性；(e) $p = 0.603$ 时双层网络中节点的特征值

必须指出，λ_2 的一阶导数的非连续性可解释为两个不同族群间本征值交叉的后果，相同的交叉也会发生在其他本征值对的交叉中 (除了最小和最大本征值)，因此它们对应本征值的一阶偏导数也会反映出不连续。这个导数相变的物理解释也可从能量的角度来看待函数 $\langle \boldsymbol{v}|\boldsymbol{L}|\boldsymbol{v}\rangle$。从这个角度，方程 (8.13) 等价于搜索能量的基态，特征值可看成是基态位形 (configuration)。由此，依存网络的结构相变牵连能量函数一阶偏导数的不连续，按照相变的 Ehrenfest 分类，它就是非连续相变 [191]。

这个结果揭示出真实的网络系统由于结构突变导致的失效机制，从而有助于阻止这种崩溃。因此，使相互依存系统的鲁棒性更有效的办法是避免层间的重复边，将网络的重叠部分尽可能地变成均匀 (all-to-all) 拓扑。

第 9 章　爆炸性同步

9.1 引　　言

相变是自然界中普遍存在的现象，通常可分为两类：一级相变与二级相变。在热力学中，一级相变是那些包含潜热的相变，如相变过程中会吸收或释放大量的热能。正常情况下，它们在相变点存在着混合相区域，其中一部分已完成了相变，而另一部分则还没有完成，即存在两相共存区。这种相变的特征是相变点附近序参量的突变或非连续的行为，以及内禀的相变不可逆，且大多数情况下存在着迟滞回线。与此不同，二级相变 (也称连续相变) 是可逆的，其序参量在临界点处显示连续的变化。前者的例子为冰的融化与水的沸腾等；后者的例子有铁磁相变、超导与超流相变等。

上一章中，基于主稳定函数方法揭示的同步化相变是二级相变，其具体表现为最大横向李雅普诺夫指数在相变点连续或光滑地穿过零值。由于这是一个比较普适的理论，对网络结构与耦合函数没有特殊的具体要求，因此似乎告诉我们，基于复杂网络的耦合振子间的同步化都是连续的二级相变。然而，以此出发却发现有些现象难以理解，比如那些因耦合强度的微小改变而导致的宏观同步态以及那些因初始值的非均匀分布而导致的奇异同步态等，本章及下一章将对分别它们进行阐述。

与前者相连的动力学相变过程往往发生得非常迅速，是一种雪崩式的级联过程，因而被冠名为爆炸性同步，其典型的例子之一就是电网的级联失效。据报道，1996 年 8 月，在美国西北部发生的大停电事故横跨 6 个州，远达俄勒冈州与加利福尼亚州，造成 750 万人无电可用，其起因却是得克萨斯州埃尔帕索市的一个小电站的关闭引起的。同样的事故发生在 2003 年 8 月的美国俄亥俄州，一条电力输送线路的损坏引发了美国东北部与加拿大的大面积停电，分别波及 8 个州与 2 个省，影响了 5500 万人的生活。按照复杂网络的观点，这两起事故是分别由一个节点与一条边的移除引起的。

与此不同，2003 年 9 月意大利的大停电事故则由其他起因造成的 [185]，此事件造成全国范围内的停电。这个电网是由互联网控制的，而互联网又由电网提供电源，从而构成相互依赖的双层网。它的级联失效过程如下：首先，一个电站被从电网中移除，其后果是那些依赖它供电的互联网节点被移除，这个步骤导致了一些节点在下一步将与主集团 (giant cluster) 断开；依次，将那些与主集团断开的节点移除，并移除互联网中那些与之相关的节点；将此过程进行下去，就是级联爆发的过程。

除了美国与意大利之外，这种电网的级联失效在其他国家和地区也时有发生，表 9.1 是部分典型的事件。

表 9.1　世界各地的大停电事故

国家和地区	序号	日期	重大停电	损失/万千瓦
美国	1	1965.11.9	东北部纽约电网失稳瓦解	2100
美国	2	1967.6.5	东部 PJM 电网失稳瓦解	1000
美国	3	1994.12.14	西部 WSCC 电网失稳瓦解	934
美国	4	1996.7.2	西部 WSCC 电网失稳瓦解	1068
美国	5	1996.8.10	西部 WSCC 电网失稳瓦解	3060
美国	6	2003.8.14	东北部电网失稳瓦解	7000
巴西	1	1984.4.18	电网失稳瓦解	1576
巴西	2	1999.3.11	电网失稳瓦解	2490
巴西	3	2002.1.21	电网失稳瓦解	2377
巴西	4	2009.11.10	伊泰普水电站线路故障连锁	2444
巴西	5	2011.2.4	东北部电网失稳瓦解	800
欧洲	1	1978.12.19	法国电压崩溃失稳	2900
欧洲	2	1983.12.27	瑞典电压崩溃失稳	1140
欧洲	3	2003.9.28	意大利电网失稳瓦解	1421
欧洲	4	2006.11.4	欧洲电网解列	1700
加拿大	1	1977.9.30	PT 爆炸/电网失稳	1000
加拿大	2	1982.12.14	CT 爆炸/电网失稳	1547
加拿大	3	1988.4.18	大风雪故障电网失稳	1880
加拿大	4	1989.3.13	线路故障电网失稳瓦解	945
日本	1	1987.7.23	电压崩溃	817
日本	2	2011.3.11	大地震电网停运	1750
印度	1	2002.1.2	北部网过负荷失稳瓦解	1273
印度	2	2011.7.30	北部网故障失稳瓦解	3522
印度	3	2012.7.31	北部网故障失稳瓦解	4000

级联现象还发生在其他的系统中，比如大脑癫痫病的发生就是典型的级联过程 [192]。发端于病灶的病变信号通过神经元之间的突触传递给邻居神经元，然后再由它们传递给它们的邻居，如此进行下去就导致了大脑大部分皮层区域的高度同步化，进而使它们无法发挥正常的功能。甚至连以少胜多的经典战例 —— 淝水之战，也是级联过程的反映。当时号称拥有 80 万人马的前秦军将只有 8 万人马的东晋军逼到了淝水河边，但因淝水阻隔，两军只能隔岸对峙。晋军统帅谢玄就派使者去见秦军统帅苻融，用激将法对他说："君悬军深入，而置阵逼水，此乃持久之计，非欲速战者也。若移阵少却，使晋兵得渡，以决胜负，不亦善乎？"秦军诸将都表示反对，但前秦皇帝苻坚认为可以将计就计，让军队稍向后退，待晋军半渡过河时，

再以骑兵冲杀，这样就可以取得胜利。苻融对苻坚的计划也表示赞同，于是就答应了谢玄的要求，指挥秦军后撤。但秦兵本就厌战，结果一后撤就失去控制，阵势大乱。谢玄率领 8000 多骑兵，趁势抢渡淝水，向秦军猛攻。晋军将领朱序则在秦军阵后大叫："秦兵败矣！秦兵败矣！"秦兵信以为真，于是转身竞相奔逃。苻融眼见大事不妙，急忙骑马前去阻止，以图稳住阵脚，不料战马被乱兵冲倒，被晋军追兵杀死。失去主将的秦兵越发混乱，彻底崩溃。前锋的溃败，引起后续部队的惊恐，也随之溃逃，形成连锁反应，导致了全军溃败。

为什么会引起这种级联现象？这跟电网的设计有关。为了最大化地利用电网的效率，电网往往被设计成运行在饱和或亚饱和状态。当网络中的某个节点或边损坏后，电网产生电的功率还来不及做调整，因而这些多余出来的电能将被迫流向损坏处附近的节点与边，从而造成它们的超负荷运转与损坏。这就是级联失效过程。类似地，在淝水之战中，因没有现代通信手段，将令只能通过士兵间的相互传递，这就造成了错误信号的逐级传播与放大，从而导致了级联失效。

9.2 Kuramoto 模型

关于爆炸性同步的大多数研究都是使用的 Kuramoto 模型，因此本节先大致介绍一下关于 Kuramoto 模型的一些基本情况 [193~195]。这个模型的研究起因于大量不同自然频率的振子可自发地锁频到一个公共频率的集体同步化现象，比如心脏中的起搏细胞网络、大脑中视交叉上核中的节律起搏细胞、酵母细胞悬浮液中的代谢同步化、萤火虫的同步发光、及蟋蟀的同步鸣叫等。在物理与工程中也有许多类似的例子，如激光阵列、微波振子以及超导约瑟夫森结等。

历史上，Wiener 首先研究了大量振子中自发出现集体行为的问题 [196]。Wiener 当时对大脑中 α 节律的产生感兴趣，并猜测这个特殊的现象与其他生物中产生的关联现象有相同的机制。尽管 Wiener 的想法很好，但难于获得理论解。Winfree 则是第一个将集体行为用数学方法来研究的科学家，他提出了描述具有频率分布的相互作用的相振子模型 [197, 198]。Winfree 假定每个振子都与所有振子产生的集体节律发生耦合，相当于物理中的平均场。他的模型如下：

$$\dot{\theta}_i = \omega_i + Z(\theta_i)\sum_{j=1}^{N} X(\theta_j), \quad i = 1, \cdots, N \tag{9.1}$$

其中，θ_i 代表振子 i 的相，ω_i 为其自然频率。每个振子 j 施加一个依赖于相的影响 $X(\theta_j)$ 给其他振子。振子 i 则按函数 $Z(\theta_i)$ 的方式获得响应。通过模拟，Winfree 发现自发同步化可以作为阈值过程出现。如果频率分布的离散程度相对于振子间的耦合较高，则每个振子按自己的自然频率运转，造成群体间的非相关行为。但是当耦合强到足以克服频率的非均匀性时，系统会自发地锁相成同步化。

Kuramoto 于 1975 年开始研究集体同步化，将 Winfree 相模型的直觉建立在一个坚实的基础上 [199]。通过扰动平均，他发现对任意弱耦合的、近全同的极限环振子系统，其长时间动力学可由下面的普适相方程描述：

$$\dot{\theta}_i = \omega_i + \sum_{j=1}^{N} \Gamma_{ij}(\theta_j - \theta_i), \quad i = 1, \cdots, N \tag{9.2}$$

其中 Γ_{ij} 为相互作用函数。尽管这个方程极大地简化了相模型，但依然难以精确求解。Kuramoto 进一步将耦合函数简化为最简单的形式：等权重的、全局的、纯正弦的耦合：

$$\Gamma_{ij}(\theta_j - \theta_i) = \frac{\lambda}{N} \sin(\theta_j - \theta_i) \tag{9.3}$$

其中，$\lambda \geqslant 0$ 表示耦合强度，因子 $1/N$ 保证模型的行为可很好地代表 $N \to \infty$。为简化起见，Kuramoto 假定振子的自然频率分布 $g(\omega)$ 为单峰的、且沿其平均值 Ω 对称，即对所有的 ω 有 $g(\Omega + \omega) = g(\Omega - \omega)$。由此，可取平均频率 $\Omega = 0$ 并重新定义 $\theta_i \to \theta_i + \Omega t$，即引入了频率 Ω 的旋转框架。如此一来就得到了一个可解析求解的模型 ——Kuramoto 模型 [199]：

$$\dot{\theta}_i = \omega_i + \frac{\lambda}{N} \sum_{j=1}^{N} \sin(\theta_j - \theta_i), \quad i = 1, \cdots, N \tag{9.4}$$

此时有 $g(\omega) = g(-\omega)$。

为方便研究相振子的集体行为，我们引入一个序参量 r，其满足：

$$r\mathrm{e}^{\mathrm{i}\psi(t)} = \frac{1}{N} \sum_{j=1}^{N} \mathrm{e}^{\mathrm{i}\theta_j(t)} \tag{9.5}$$

其中 $\psi(t)$ 为平均相。如果将相 θ_j 画在单位圆上，图心由复数 $r\mathrm{e}^{\mathrm{i}\psi}$ 给出，则当所有振子重叠时有 $r = 1$；而当振子均匀分布在单位圆上时有 $r = 0$；其他情形则有 $0 \leqslant r \leqslant 1$。将方程 (9.5) 的两边同乘上 $\mathrm{e}^{-\mathrm{i}\theta_i}$ 可得

$$r\mathrm{e}^{\mathrm{i}(\psi - \theta_i)} = \frac{1}{N} \sum_{j=1}^{N} \mathrm{e}^{\mathrm{i}(\theta_j - \theta_i)} \tag{9.6}$$

令两边的虚部相等可得

$$r \sin(\psi - \theta_i) = \frac{1}{N} \sum_{j=1}^{N} \sin(\theta_j - \theta_i) \tag{9.7}$$

代入方程 (9.4) 得

$$\dot{\theta}_i = \omega_i + \lambda r \sin(\psi - \theta_i), \quad i = 1, \cdots, N \tag{9.8}$$

这就是 Kuramoto 模型的平均场形式，其中 r 与 ψ 为平均量。每个振子的相 θ_i 将被拉向平均相 ψ，而耦合的有效强度正比于关联 r。这就在耦合与关联间建立了一种正反馈，关联 r 的增加导致有效耦合强度 λr 的增加，反过来又导致 r 的进一步增加。

在无穷多振子的极限下，系统可由概率密度 $\rho(\theta,\omega,t)$ 表示，$\rho(\theta,\omega,t)\mathrm{d}\theta$ 给出在时间 t 频率 ω 处相在 θ 到 $\theta+\mathrm{d}\theta$ 之间的振子部分。由于 ρ 非负且为 θ 的 2π 周期函数，可令其满足归一化条件：

$$\int_{-\pi}^{\pi}\rho(\theta,\omega,t)\mathrm{d}\theta=1 \tag{9.9}$$

进一步，密度 ρ 应该满足连续性方程：

$$\frac{\partial\rho}{\partial t}+\frac{\partial}{\partial\theta}(\rho v)=0 \tag{9.10}$$

其中，$v(\theta,\omega,t)=\omega+\lambda r\sin(\psi-\theta)$ 为角速度。在连续性极限下，方程 (9.5) 化为

$$r\mathrm{e}^{\mathrm{i}\psi(t)}=\int_{-\pi}^{\pi}\int_{-\infty}^{\infty}\mathrm{e}^{\mathrm{i}\theta}\rho(\theta,\omega,t)g(\omega)\mathrm{d}\omega\mathrm{d}\theta \tag{9.11}$$

方程 (9.11) 允许平凡解 $r=0$，对应非相关态的定态分布 $\rho=1/2\pi$。对于部分同步态 $0<r<1$，连续性方程的定态区域由 $\partial\rho/\partial t=0$ 给出

$$\rho(\theta,\omega)=\begin{cases}\delta[\theta-\psi-\arcsin(\frac{\omega}{\lambda r})], & |\omega|\leqslant\lambda r\\ \frac{\sqrt{\omega^2-(\lambda r)^2}}{2\pi|\omega-\lambda r\sin(\theta-\psi)|}, & \text{其他}\end{cases} \tag{9.12}$$

因此，处于定态的振子被分成两组：频率满足 $|\omega|\leqslant\lambda r$ 的那组为同步态，其相位平均 $\psi(t)=\Omega t$；而频率满足 $|\omega|>\lambda r$ 的那组为非同步的漂移振子。若近似认为漂移振子对序参量的贡献为 0，则序参量主要由同步振子部分贡献。

在频率为 Ω 的旋转框架内，可通过选择初始条件得到 $\psi=0$，于是方程 (9.8) 变为

$$\dot{\theta}_i=\omega_i-\lambda r\sin\theta_i,\quad i=1,\cdots,N \tag{9.13}$$

定态下有

$$\omega_i=\lambda r\sin\theta_i,\quad i=1,\cdots,N \tag{9.14}$$

对于满足 $|\omega|\leqslant\lambda r$ 的同步振子部分，其 θ_i 满足 $|\theta_i|\leqslant\pi/2$，从而方程 (9.12) 变为

$$r=\int_{-\pi/2}^{\pi/2}\cos\theta g(\lambda r\sin\theta)\lambda r\cos\theta\mathrm{d}\theta=\lambda r\int_{-\pi/2}^{\pi/2}\cos^2\theta g(\lambda r\sin\theta)\mathrm{d}\theta \tag{9.15}$$

令 $r \to 0^+$ 可得

$$\lambda_c = \frac{2}{\pi g(0)} \tag{9.16}$$

这就是同步化建立的耦合阈值。对于一般的单峰、光滑密度函数 $g(\omega)$，有 $g''(0) < 0$。此时如果将方程 (9.15) 的右边按 r 的幂次展开，则分岔为超临界的。在临界点附件，序参量满足

$$r \approx \sqrt{\frac{-16(\lambda - \lambda_c)}{\pi \lambda_c^4 g''(0)}} \sim (\lambda - \lambda_c)^\beta \tag{9.17}$$

其中 $\beta = 1/2$。表明相变为二级相变。

如果将全连通网络推广到复杂网络，则方程 (9.2) 变为

$$\dot{\theta}_i = \omega_i + \frac{\sigma}{k_i} \sum_{j=1}^{k_i} \Gamma_{ij}(\theta_j - \theta_i), \quad i = 1, \cdots, N \tag{9.18}$$

对于非关联的随机网络，其临界耦合强度为 [132, 200]

$$\sigma_c = \lambda_c \frac{\langle k \rangle}{\langle k^2 \rangle} \tag{9.19}$$

而对于无标度网络，其临界耦合强度由邻接矩阵的最大本征值 λ_N 决定 [132, 200]：

$$\sigma_c = \frac{\lambda_c}{\lambda_N} \tag{9.20}$$

9.3 复杂网络中的爆炸性同步

从上述主稳定函数方法及网络化的 Kuramoto 模型，我们似乎得到一个结论：绝大多数同步化相变都是二级相变，即连续且可逆的。然而，近年来的研究指出，还存在一种迅速的、突然的一级相变 —— 爆炸性同步。这种现象实际上早在 1984 年就已为人们所注意到 [199]。文献中使用术语“first-order like”的意图说明这种爆炸式的过程满足热力学极限下一级相变的一些特性，比如不连续性与不可逆性，然而他们没有抓住真实一级相变的所有特征。类似的例子还有对称分布频率或对称平台频率的全连接振子，它们的同步化过程不是分岔树状的同步化集团逐步增大的过程，而是在临界点处所有的振子突然出现同步化 [201~206]。不幸的是，科学界对这些研究没有表现出足够的热情，使得它们沉寂了很长的时间，直到近年来爆炸性同步概念的提出。

揭示爆炸性相变的主要机制对于更好地理解网络结构与动力学非常重要。爆炸性同步的研究热点起因于爆炸性渗流，后者是如级联失效等一类现象的基础，常

常在各种环境下引起毁灭性的效应并造成巨大的经济损失，比如电力网大停电、全球金融危机以及通过 Facebook 或 Twitter 的信息与谣言传播等。另一方面，同步化在维持基本的脑功能如情感、思想、记忆、语言综合及意识等方面极其重要，而临床证据似乎表明，爆炸性同步实际上是世界上最重要的脑无序疾病之一的癫痫病发生期间，从正常到病态脑行为相变背后的机制。此外，当同步化通过不可逆相变发生时，一个有趣的结果是导致了网络振子的磁状的 (magnetic-like) 同步化：如果将耦合强度设置在磁滞区域，并通过单向的外部驱动耦合来影响相的行为，则系统会经历从非同步到锁相的转变，且锁相态在撤出驱动时依然存在，正如永久磁铁的情形一般。考虑到这些与实际应用的相关性，爆炸性同步吸引了各领域内持续且全面的热情，并引发了大量的讨论。其结果是使得许多实质性的贡献与进展 (包括实验验证) 成为可能，由此我们对一级相变的结构与动力学的关键机制有了深入的理解。

诱发爆炸性同步成为研究热点的工作是由 Gomez-Gardenes 等在 2011 年完成的 [207]。他们的初衷是动力学突变的发生来自于动力学与网络结构的局部非均匀性之间的正相关。为此，他们考虑了如下的 Kuramoto 模型：

$$\dot{\theta}_i = \omega_i + \lambda \sum_{j=1}^{N} A_{ij} \sin(\theta_j - \theta_i), \quad i = 1, \cdots, N \tag{9.21}$$

其中，$\boldsymbol{A}$ 为邻接矩阵，当节点 i 与节点 j 相连时，$A_{ij}=1$；否则 $A_{ij}=0$。网络局部结构与动力学间的正相关直接由每个节点的自然频率与其连接度相等来实现，即在方程 (9.21) 中令 $\omega_i = k_i$。这种方式导致的是 $g(\omega) = P(k)$，而不是相反的设定。这个正相关可简单地推广到 $\omega_i \sim k_i^{\alpha}$ $(\alpha > 0)$ 的情形。为了研究正相关导致的效果，考虑从随机网络到无标度网络的网络族模型 [208]。这个模型可产生一个由参数 $p \in [0,1]$ 调节的、具有相同平均度 $\langle k \rangle$ 的不同度分布的网络结构，$p=1$ 给出 ER 随机网，$p=0$ 给出 BA 无标度网，而 $p \in (0,1)$ 则给出其他的异质网络。图 9.1 给出了用这种方式构造的四种典型网络上的同步化，其中 (a) 与 (b) 分别代表极限情形的 ER 网与 BA 网。

图 9.1 中的向前与向后的序参量都是用连续变化的 λ 求得的，其增量取为 $\delta\lambda = 0.02$，即 $\lambda_0, \lambda_0 + \delta\lambda, \cdots, \lambda_0 + n\delta\lambda$。对于每一个 λ，我们计算其稳态下的序参量 r，然后用此时的状态作为下一个 λ 的初始条件。图 9.1(a)~(c) 给出的都是二级相变，其向前与向后的曲线重合。最显著的特征是图 9.1(d) 给出的剧烈的一级相变，其向前的序参量在相变点前一直保持为 $r \approx 0$，而在相变点突然跳到 $r \approx 1$，表明整个网络达到了同步化。此外，向后的序参量曲线也给出了跳变的特征，且向前与向后的相变点发生的 λ 不同，显示出一个强的迟滞回线。

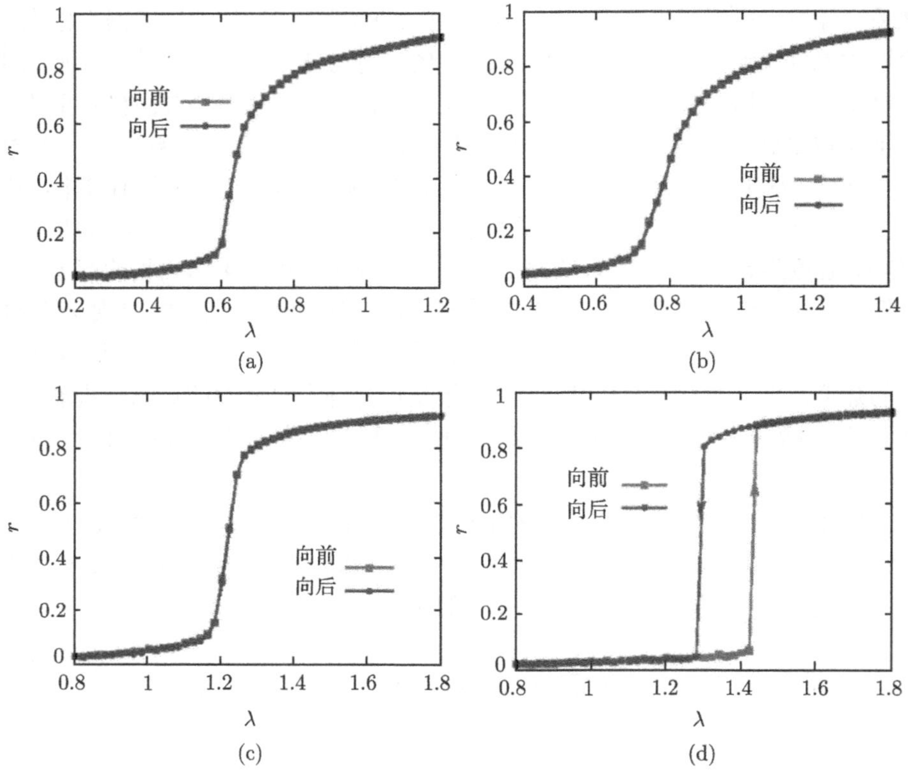

图 9.1　不同网络结构下的同步化相变 [207](彩图见封底二维码)

其中参数 p 的取值为 (a) $p=1$ (ER 网络), (b) $p=0.6$, (c) $p=0.2$ 及 (d) $p=0$ (BA 网络)；向前与向后的序参量都是用连续变化的 λ 求得的，其增量取为 $\delta\lambda=0.02$；网络大小为 $N=10^3$，平均度为 $\langle k\rangle=6$

为了深入分析同步化相变序参量的变化，定义有效频率如下：

$$\omega_i^{\text{eff}}=\frac{1}{T}\int_t^{t+T}\dot{\theta}_i(\tau)\mathrm{d}\tau \tag{9.22}$$

其中 $T\gg 1$。进一步可得到度为 k 的振子的平均频率为

$$\langle\omega\rangle_k=\frac{1}{N_k}\sum_{[i|k_i=k]}\omega_i^{\text{eff}} \tag{9.23}$$

其中 N_k 表示度为 k 的节点个数。图 9.2 中各子图给出了对应图 9.1 中各子图的 $\langle\omega\rangle_k$ 随耦合强度 λ 变化的关系。很显然，只有图 9.2(d) 中的所有 $\langle\omega\rangle_k$ 是在相变点处同时变为相同的，而其他的情形都是渐变的，因此无标度网络的结构是爆炸性同步出现的必要条件之一。系统同步化后，其同步化的平均频率为 $\varOmega=\langle k\rangle=6$。

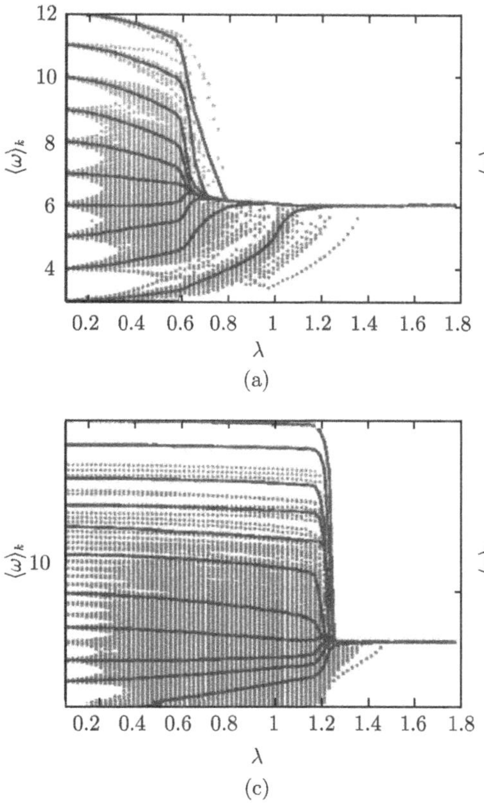

图 9.2 图 9.1 的向前过程中各种情形下有效频率的演化 [207](彩图见封底二维码)

其中灰虚线代表各节点的情况，而黑实线为同度节点的平均值

爆炸性同步的理论分析可借助星形网来实现，因为星形网抓住了无标度网络的主要特征 —— 中心节点的作用。星形网由度为 $k_h = K$ 的中心节点及 K 个度为 $k_i = 1(i = 1, \cdots, K)$ 的外围节点组成，每个外围节点只与中心节点相连。令外围节点的频率为 ω，中心节点的频率为 $\omega_h = K\omega$。在旋转频率框架内，我们有 $\psi(t) = \psi(0) + \Omega t$，其中 $\Omega = (K\omega + \omega_h)/(K+1)$ 为星形网中振子的平均频率。不失一般性，令 $\psi(0) = 0$，则对中心节点有 $\phi_h = \theta_h - \Omega t$，对外围节点有 $\phi_i = \theta_i - \Omega t(i = 1, \cdots, K)$。中心节点与外围节点的运动方程分别为

$$\dot{\phi}_h = (\omega_h - \Omega) + \lambda \sum_{j=1}^{K} \sin(\phi_j - \phi_h) \tag{9.24}$$

与

$$\dot{\phi}_i = (\omega - \Omega) + \lambda \sin(\phi_h - \phi_i), \quad i = 1, \cdots, K \tag{9.25}$$

按照序参量的定义，方程 (9.24) 可重新写为

$$\dot{\phi}_h = (\omega_h - \varOmega) + \lambda(K+1)r\sin(\phi_h) \tag{9.26}$$

考虑中心节点锁相的条件，$\dot{\phi}_h = 0$，可得

$$\sin(\phi_h) = \frac{(\omega_h - \varOmega)}{\lambda(K+1)r} \tag{9.27}$$

对于外围节点，考虑它们的锁相条件，$\dot{\phi}_i = 0$，可得

$$\cos(\phi_i) = \frac{(\varOmega - \omega)\sin(\phi_h) \pm \sqrt{[1-\sin^2(\phi_h)][\lambda^2 - (\varOmega-\omega)^2]}}{\lambda} \tag{9.28}$$

上述表达式成立的条件是 $(\varOmega - \omega) \leqslant \lambda$，因此锁相的临界耦合强度为 $\lambda_{\mathrm{c}} = \varOmega - \omega$。令 $\omega = 1$，则有 $\omega_h = K$ 与 $\varOmega = 2K/(K+1)$，从而

$$\lambda_{\mathrm{c}} = \frac{K-1}{K+1} \tag{9.29}$$

另一方面，通过方程 (9.27) 与 (9.28) 及 $r = \langle\cos(\phi)\rangle$ 我们可计算临界点处的序参量：

$$r_c = \frac{\cos(\phi_h) + K\cos(\phi_i)}{K+1}|_{\lambda_{\mathrm{c}}} = \frac{K}{K+1} \tag{9.30}$$

由于 $r_{\mathrm{c}} > 0$，临界点处序参量将有一个跳跃，标志着一级相变的发生。图 9.3 给出了 $K = 10$ 的情形，与理论结果符合得很好。

星形网向前的相变点是由邹勇等给出的 [209]，他们从同步化吸引域的特征出发来探讨了迟滞回线的起源。在临界点之前的迟滞区域内，有两个吸引子共存，耦合强度的绝热增加致使系统处于非相关态。而在临界点之后，同步态为全局稳定态。在这个框架下，向前的相变点为

$$\lambda_{\mathrm{c}}^f \approx \left(\frac{K-1}{\sqrt{K}}\frac{1}{B}\right)\omega \tag{9.31}$$

其中 B 为依赖于初始条件的常数。

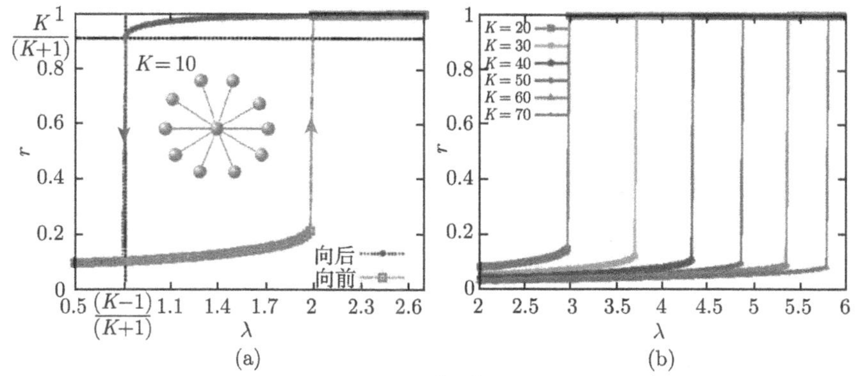

图 9.3 星形网的同步化 [207](彩图见封底二维码)

(a) $K=10$ 情形下的向前与向后序参量；(b) 不同 K 情形下的向前过程

星形网向前的相变点也可通过降维 [210] 与 Ott-Antonsen[211] 方法来实现。具体方法如下 [212, 213]：令 $\phi_j=\theta_h-\theta_j$，则方程 (9.24) 与 (9.25) 变成

$$\dot{\phi}_j=\delta\omega-\lambda\sum_{i=1}^{K}\sin(\phi_i)-\lambda\sin(\phi_j),\quad j=1,\cdots,K \tag{9.32}$$

其中 $\delta\omega$ 为中心节点与外围节点的频率差。通过 Watanabe-Strogatz 方法，可得

$$\lambda_{\mathrm{c}}^{f}=\frac{\delta\omega}{\sqrt{K}}\frac{1}{\sqrt{2+K^{-1}}} \tag{9.33}$$

除了星形网以外，对于具有 $g(\omega)=P(k)$ 的一般网络，Peron 等给出了其理论分析 [214]。在连续极限下，系统的方程为

$$\dot{\theta}=k+\lambda k\int \mathrm{d}k'\int \mathrm{d}\theta\frac{k'P(k')}{\langle k\rangle}\rho(\theta'|k)\sin(\theta'-\theta) \tag{9.34}$$

文献 [214] 给出 $\lambda_{\mathrm{c}}^{f}=\dfrac{2}{\pi\langle k\rangle P(\langle k\rangle)}$。然而此结果没有考虑度–频率间的关联，因此无法预言相变是爆炸式还是连续的。文献 [215] 考虑了这种关联并假定 $\omega_i=k_i$。文献 [215] 指出，ER 网络总是经历二级相变，而 SF 网络的相变特征依赖于度分布的指数 γ，见图 9.4。当 γ 处于 $2<\gamma<3$ 时，系统显示一级相变；$\gamma>3$ 时，系统显示二级相变。当 $\gamma=3$ 时，系统显示混合相变，表现出序参量的跳跃与临界现象的结合。这就表明，不是所有的 SF 网络都能显示二级相变，即使它们拥有频率–度关联。

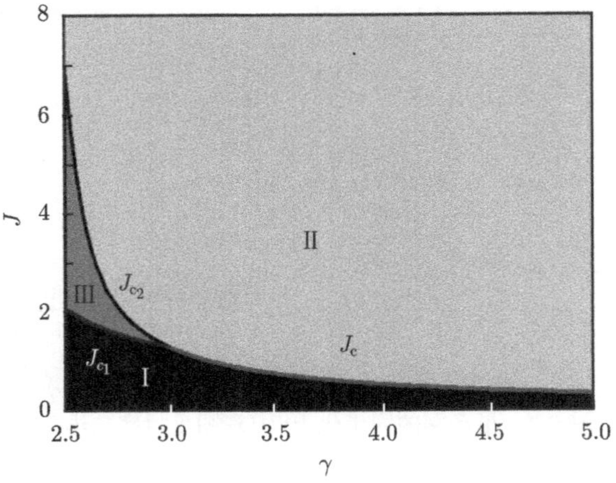

图 9.4　具有频率–度关联的 SF 网络上 Kuramoto 模型的 λ-J 相图 [215](彩图见封底二维码)

在区域 I，没有自发的同步化，序参量消失；在区域 II，同步化出现，序参量大于零；区域III为迟滞区域，有一个亚稳态与一个稳定态共存

9.4　爆炸性同步的实验证实

当爆炸性同步的开创性工作 [207] 于 2011 年发表后，紧接着于 2012 年就得到了第一个实验的证实 [152]。在验证之前，先考虑一个大小为 $N = 1000$ 的 SF 网络，每个节点代表一个分段的洛斯勒振子，其动力学方程为

$$\begin{aligned}\dot{x}_i &= -\alpha_i \left[\Gamma(x_i - d\sum_{j=1}^{N} \boldsymbol{a}_{ij}(x_j - x_i)) + \beta y_i + \lambda z_i \right] \\ \dot{y}_i &= -\alpha_i(-x_i + v y_i), \quad \dot{z}_i = -\alpha_i[-g(x_i) + z_i]\end{aligned} \tag{9.35}$$

其中分段部分为

$$g(x_i) = \begin{cases} 0, & x_i \leqslant 3 \\ \mu(x_i - 3), & x_i > 3 \end{cases} \tag{9.36}$$

参数的取值为 $\Gamma = 0.05, \beta = 0.5, \lambda = 1, \mu = 15, v = 0.02 - 10/R$，$R$ 为可调参数。当 $R \in [55, 110]$ 时，系统为混沌动力学。$\boldsymbol{a}_{ij}$ 为邻接矩阵，d 为耦合强度。振子的自然频率与连接度之间的关联通过下列方式实现：

$$\alpha_i = \alpha \left(1 + \delta\alpha \frac{k_i - 1}{N} \right) \tag{9.37}$$

其中 $\alpha = 10^4$。$\delta\alpha$ 决定关联的强度。

振子的相位由 $\phi_i(t) = \arctan[y_i(t)/x_i(t)]$ 计算，系统的同步化序参量由 $S = \left\langle \left| \frac{1}{N}\sum_{j=1}^{N} \mathrm{e}^{\mathrm{i}\phi_j(t)} \right| \right\rangle_t$ 计算。SF 网络的度分布满足 $P(k) \sim k^{-\gamma}$。图 9.5 给出了序参量随耦合强度的变化，各曲线对应的参数为 $\gamma = 2.2$ (三角形), $\gamma = 2.5$ (方块) 及 $\gamma = 3.0$ (菱形与圆圈)。圆圈代表的是二级相变，其频率与度之间的关联参数为 $\delta\alpha = 6.0, R = 70$。其他的曲线代表的是一级相变，其参数为 $\delta\alpha = 10.0, R = 100$。

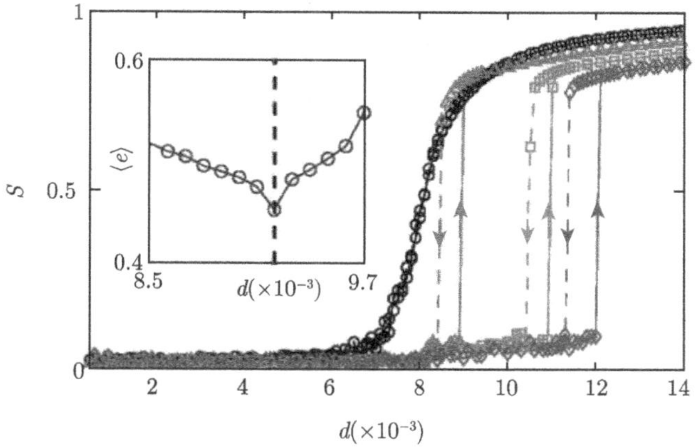

图 9.5 相同步化序参量 S 随耦合强度 d 的变化关系 [152](彩图见封底二维码)

SF 网络的大小 $N = 1000$，平均度 $\langle k \rangle = 6$；各曲线对应的参数为 $\gamma = 2.2$ (三角形), $\gamma = 2.5$ (方块) 及 $\gamma = 3.0$ (菱形与圆圈)；圆圈的关联参数为 $\delta\alpha = 6.0, R = 70$，其他的曲线的关联参数为 $\delta\alpha = 10.0, R = 100$

进一步，Leyva 等用电路实现了爆炸性同步的验证 [152]。实验装置见图 9.6，由六个分段洛斯勒振子组成，运行在混沌区，记为 $N1, N2, \cdots, N6$。电路连成星形结构，为小网络下最大的异质结构。通过仔细调节参数，中心振子 $N1$ 具有频率 3333 Hz，其他叶子节点 $N2, \cdots, N6$ 具有频率 2240 ± 200 Hz。

得到数据后，就计算其瞬时相位 $\phi_i(t) = 2\pi l_i + 2\pi \frac{t - t_{l_i}}{t_{l_i+1} - t_{l_i}}$，其中 t 处于间隔 $t_{l_i} < t < t_{l_i+1}$，t_{l_i} 为振子第 l_i 次穿过它的庞加莱截面的时间。实验结果见图 9.7，分别给出了三个不同 R 的情形，对每种情形都做了向前与向后的耦合强度的变化。与数值模拟类似，通过 R 来调节其动力学区域，从而实现一级与二级相变。前者由 S 的迟滞回线标志，后者由 S 的连续变化表征，因此实验结果很好地证实了一级相变。

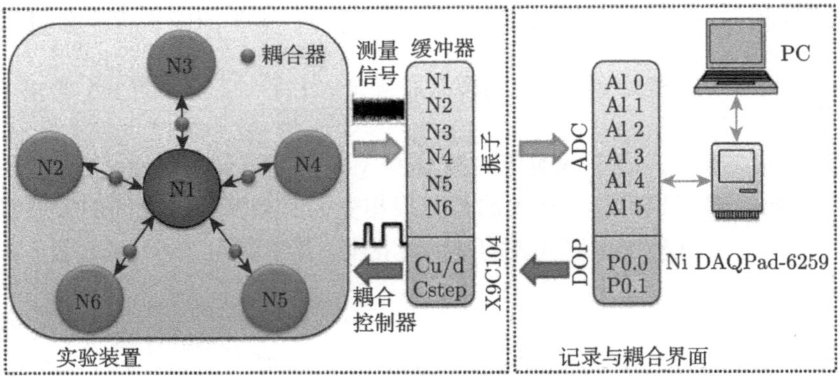

图 9.6　实验装置示意图 [152](彩图见封底二维码)

六个洛斯勒振子连成了星形结构，双向耦合可通过五个数字电位计 X9C104 来进行调节；六个振子的输出先被送到缓存区，然后被送到模拟端口；整个实验由计算机控制

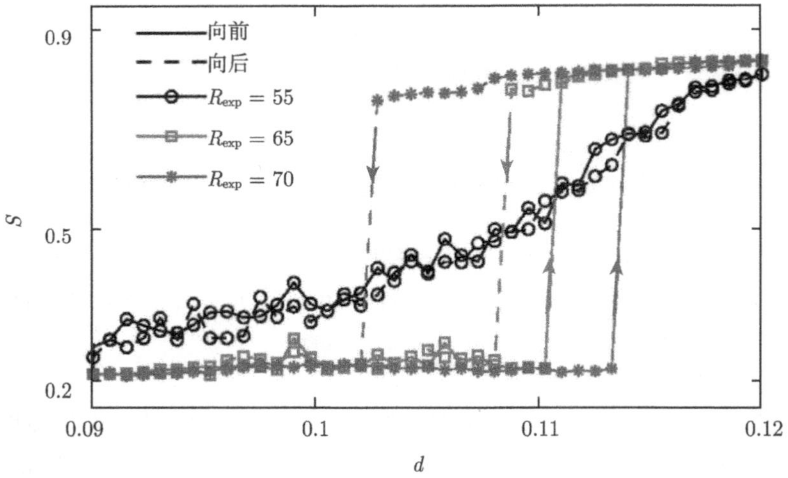

图 9.7　图 9.6 显示的星形网络的相同步化序参量 S 随耦合强度 d 的变化关系 [152](彩图见封底二维码)

参数 R 的取值为 $R=55$ (圆圈，二级相变)，$R=65$ (方块，一级相变但迟滞回线较窄)，$R=70$ (星形，一级相变且迟滞回线较宽)

Kumar 等给出了爆炸式同步的另一个实验验证——耦合的化学机械系统 [216]。他们的实验装置如图 9.8：四个 MBH(mercury beating-heart) 振子 S_1，S_2，S_3，S_4 连接成一个星形网络，其中 S_1 处于中心。通过调节各节点上化学溶剂的浓度来改变其自然频率，从而实现每个 MBH 振子的自然频率与其度之间的正相关，其结果是中心振子的自然频率为 10.90 ± 0.05 Hz，叶子节点的自然频率为 5.80±

0.08 Hz。主要测量的是 MBH 振子的氧化还原剂电压 V_1，V_2，V_3，V_4。电位计 R_1，R_2，R_3 用来改变耦合强度，并令它们为相同的值 R。

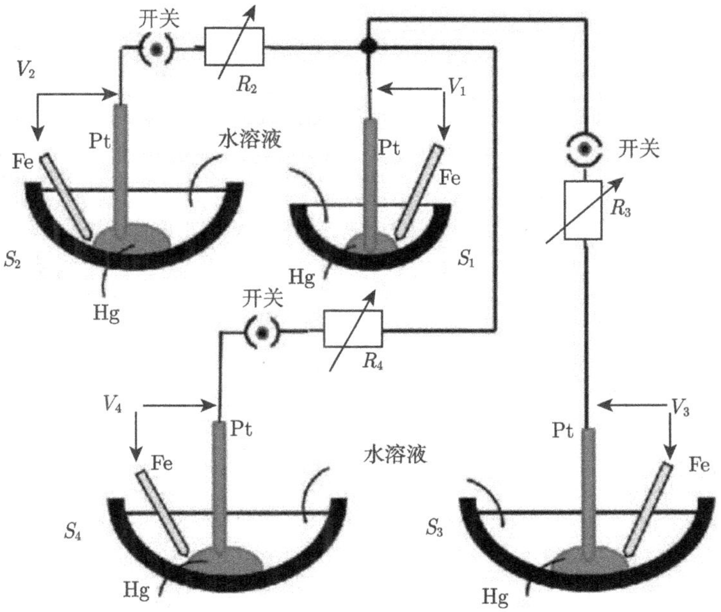

图 9.8 MBH 振子的爆炸式同步装置 [216]

S_1，S_2，S_3，S_4 四个振子连成星形结构，S_1 在中心，S_2, S_3, S_4 通过可变电阻 R_1, R_2, R_3 与 S_1 相连；这些电阻的值保持相同，即 $R_1 = R_2 = R_3 = R$；Fe 代表铁钉，是大家的公共地面；每个 MBH 振子的电势 $(V_i, i = 1, 2, 3, 4)$ 是相对于铁钉而言的

获得 V_1，V_2，V_3，V_4 的时间序列后，每个 MBH 振子的瞬时相位可如下求得。首先，计算其 Hilbert 变换：

$$H_i(V_i)(t) = \frac{1}{\pi}\text{P.V.}\int_{-\infty}^{\infty} \frac{V_i(\tau)}{t-\tau}\mathrm{d}\tau \tag{9.38}$$

其中，P.V. 代表柯西主值，$i = 1, 2, 3, 4$。瞬时相 $Z_i(t)$ 为

$$Z_i(t) = \arctan\frac{H_i(V_i)(t)}{V_i(t)} \tag{9.39}$$

序参量为

$$r(t) = \frac{1}{N}\left|\sum_{j=1}^{N} \mathrm{e}^{\mathrm{i}Z_j(t)}\right| \tag{9.40}$$

图 9.9 给出了序参量 $r = \langle r(t) \rangle_t$ 随耦合强度 $1/R$ 的变化，R 按每步 5Ω 的增量变化。可见，这两个相变具有不同的相变点，且向前与向后的路径不同，形成了迟滞回线。为了找出振子的自然频率与节点的度之间的关联所起的作用，Kumar 等还尝试了不同的实验安排，即让中心节点与外围节点具有近似相同的自然频率。其结果显示在图 9.9 的插图中。很清楚，插图给出了完全不同的情形：向前与向后的相变曲线重合，失去了迟滞回线，表明此时的同步化相变为可逆的二级相变。

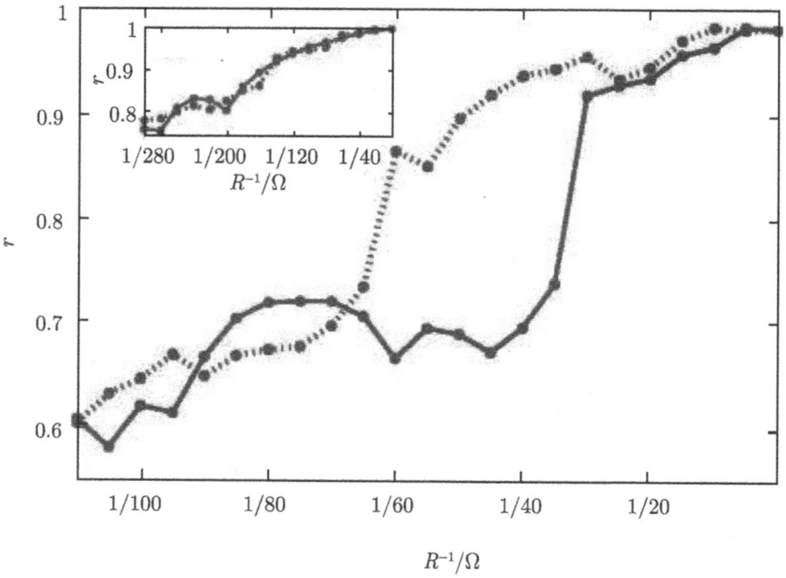

图 9.9 爆炸性相变 —— 序参量 r 与耦合强度 R^{-1} 之间的关系 [216]

实验中，R 按每步 5Ω 的增量变化；实线为向前的方向，点画线为向后的方向；为方便比较，插图给出了一个完全不同的实验安排下的向前与向后相变，其中所有振子具有近似相同的自然频率，即中心振子具有频率 7.725 Hz，而外围振子分别具有频率 7.563Hz, 7.838Hz 与 7.65 Hz；很显然，相变具有光滑、完全可逆的特征

9.5 爆炸性同步的一般框架

文献 [207] 给出的爆炸性同步出现的条件：①网络必须为无标度网络；②振子的自然频率和其度之间存在正相关，如 $\omega_i = k_i$；③耦合强度以绝热的方式增加。这些条件其实是蛮苛刻的，不免让人产生疑惑：如果不满足这些条件是否就一定不能观察到爆炸性同步？为回答这个问题，张希昀等于 2013 年考虑了如下的模

型 [217]：

$$\dot{\theta}_i = \omega_i + \frac{\lambda|\omega_i|}{\sum_{j=1}^{N} \boldsymbol{A}_{ij}} \sum_{j=1}^{N} \boldsymbol{A}_{ij} \sin(\theta_j - \theta_i), i = 1, \cdots, N \tag{9.41}$$

其中，λ 为耦合强度，$\boldsymbol{A}_{ij}$ 为邻接矩阵。这个框架不再要求网络为无标度网络，也不要求振子的自然频率和其度之间存在正相关，但它不同于一般的 Kuramoto模型中的常数耦合，而是代之以 $\lambda|\omega_i|$ 为新的耦合强度。此外，$\frac{1}{\sum_{j=1}^{N} \boldsymbol{A}_{ij}} \sum_{j=1}^{N}$ 相当于耦合项取平均场。因此，方程 (9.41) 可看成是频率加权的复杂网络，代表着一类自然与社会系统。比如在电力网中 [218]，两个振子间的耦合权重与它们的自然频率有关。在通信网中 [219]，性格外向者会比内向的人接触更多的邻居。如果将两个个体间的接触当作耦合且接触的频率当作耦合强度，则耦合强度就与个体的特征 (人类的一种自然频率) 相关。

为了检验方程 (9.41) 的相变行为，我们考虑不同的网络结构如全联通网、随机 ER 网及无标度 UCM 网等。同时，也考虑不同的频率分布如洛伦茨分布 $g(\omega) = \frac{1}{\pi}\left[\frac{\gamma}{(\omega-\omega_0)^2+\gamma^2}\right]$，其中，$\omega_0$ 为中心频率，γ 为峰值一半处的半宽，及高斯分布 $g(\omega) = \frac{1}{\sqrt{2\pi}\sigma}\exp\left(-\frac{(\omega-\mu)^2}{2\sigma^2}\right)$，其中，$\mu$ 为平均值，σ^2 为均方值。令耦合强度λ 以绝热方式增加，每次的增量为 $\delta\lambda = 0.02$。图 9.10 为序参量 R 随耦合强度 λ 变化的关系。(a) 与 (b) 描述全联通网且频率分布分别为洛伦茨分布与高斯分布的情形，其中符号“方块”与“圆圈”分别表示向前与向后的过程。(c) 与 (d) 分别描述随机 ER 网与无标度 UCM 网的情形，其中 $g(\omega)$ 均取为洛伦茨分布且平均度为 $\langle k\rangle = 6$。从图 9.10(a)~(d) 可见，每一种情形都存在两个突变点，即向前的 λ_{cF} 与向后的 λ_{cB}，他们形成了迟滞回线。因此，方程 (9.41) 给出了另一种更普遍的出爆炸性同步的方式。按这种方式，无论是随机网还是无标度网，都可以出现爆炸性同步。

为阐述框架 (9.41) 的机理，我们对它的全联通网情形做理论分析，其他情形的分析见文献 [217]。由序参量的定义 $Re^{\mathrm{i}\Psi} = \frac{1}{N}\sum_{j=1}^{N} \mathrm{e}^{\mathrm{i}\theta_j}$ 可得 $R\sin(\Psi - \theta_i) = \frac{1}{N}\sum_{j} \sin(\theta_j - \theta_i)$。将它代入方程 (9.41) 后有

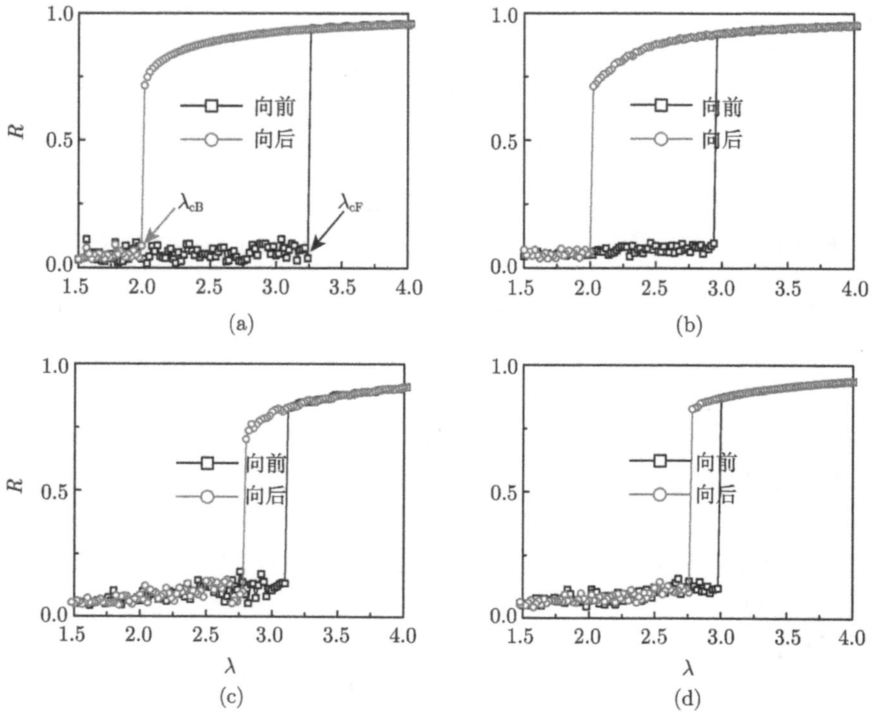

图 9.10　不同网络上的爆炸性同步 [217](彩图见封底二维码)

(a) 与 (b) 分别描述具有洛伦茨分布与高斯分布的全联通网情形，其中 (a) 中 $\omega_0 = 0$，$\gamma = 0.5$，(b) 中 $\mu = 0$，$\sigma^2 = 1$；(c) 与 (d) 分别描述具有洛伦茨分布的 ER 网与 UCM 网的情形，其中平均度为 $\langle k \rangle = 6$

$$\dot{\theta}_i = \omega_i + \lambda|\omega_i| R \sin(\Psi - \theta_i), \quad i = 1, \cdots, N \tag{9.42}$$

在旋转框架内，$\Psi(t) = \Psi(0) + \langle\omega\rangle t$，$\langle\omega\rangle$ 为振子的平均频率。对于对称分布的 $g(\omega)$ 有 $\langle\omega\rangle = 0$。令 $\Delta\theta_i \equiv \theta_i - \Psi$，方程 (9.42) 变为

$$\Delta\dot{\theta}_i = \omega_i - \lambda|\omega_i| R \sin(\Delta\theta_i), \quad i = 1, \cdots, N \tag{9.43}$$

当所有的振子都锁相时，我们有 $\Delta\dot{\theta}_i = 0$，从而有

$$\Delta\theta_i = \begin{cases} \arcsin\left(\dfrac{1}{\lambda R}\right), & \omega_i > 0 \\ \arcsin\left(-\dfrac{1}{\lambda R}\right), & \omega_i < 0 \end{cases} \tag{9.44}$$

方程 (9.44) 意味着在锁相时，振子分成了两个相等的集团，一半处于状态 $\Delta\theta_i = \arcsin(\frac{1}{\lambda R})$，另一半处于状态 $\Delta\theta_i = \arcsin\left(-\dfrac{1}{\lambda R}\right)$。随着 λ 的增加，这两个集团

都会逐渐趋于 0。这个预言已经在文献 [217] 中得到证实。由于 $\Delta\theta_i$ 并不依赖于它的 ω_i，因此所有的振子在同步态中都是等地位的，这正是爆炸性同步的特征。在这种情形下，我们有

$$R = \frac{1}{N}\sum_{j=1}^{N} e^{i\Delta\theta_j} = \frac{1}{2}(e^{i\Delta\theta_+} + e^{i\Delta\theta_-}) \tag{9.45}$$

其中 $\Delta\theta_+$ 与 $\Delta\theta_-$ 代表方程 (9.44) 的两个集团。将方程 (9.44) 代入方程 (9.45)，我们得到 $R = \frac{1}{2}(\cos\Delta\theta_+ + \cos\Delta\theta_-)$，从而有

$$R^2 = \frac{\lambda + \sqrt{\lambda^2 - 4}}{2\lambda} \tag{9.46}$$

这个结果不依赖于 $g(\omega)$ 的具体分布，只要它是对称的就成立。方程 (9.46) 表明爆炸性同步只存在于 $\lambda \geqslant 2$ 且满足 $R > \sqrt{0.5} \approx 0.707$。临界点 $\lambda_c = 2$ 已在图 9.10(a) 与 (b) 中的 $\lambda_{cB} = 2$ 得到证实。考虑到对于非同步态有 $R \approx 0$，在相变点 R 从 0.707 到 0 就有一个巨大的跳变，标志着一级相变。这个结论可推广到非全联通网，见文献 [217]。这个理论的不足之处在于它无法给出向前的相变点。

向前的相变点 λ_{cF} 可由其他的方法求出 [193]，其中星形网或小平均度的无标度网情形可由吸引域方法求出 [209]。

方程 (9.41) 的这种权重耦合方式可以进一步推广到如下的形式 [220]：

$$\dot{\theta}_i = \omega_i + \frac{\sigma}{\langle k\rangle}\sum_{j=1}^{N} \Omega_{ij}^{\alpha}\sin(\theta_j - \theta_i) \tag{9.47}$$

其中，σ 为耦合强度，$\Omega_{ij}^{\alpha} = \boldsymbol{a}_{ij}|\omega_i - \omega_j|^{\alpha}$ 为耦合强度的权重，α 为调节权重的参数，$\boldsymbol{a}_{ij}$ 为邻接矩阵。第 i 个节点的权重为 $s_i = \sum_j \Omega_{ij}^{\alpha}$。

图 9.11(a) 给出了随机 ER 网上的结果，各条曲线对应于 $[0, 1]$ 范围内的不同频率分布 $g(\omega)$。对于均匀频率分布的最简单情形，深蓝曲线显示的是 $\alpha = 0$ 的无权重情形，它是光滑的二级相变。当 $\alpha = 1$ 为线性权重时，相变为爆炸性同步，其向前 (实线) 与向后 (虚线) 的相变曲线给出了迟滞回线。重要的是这种相变的突然变化似乎独立于具体的频率分布 $g(\omega)$，图 9.11(a) 中的其他曲线给出了不同频率分布下的结果。可以看到，它们都有迟滞且迟滞回线重合。

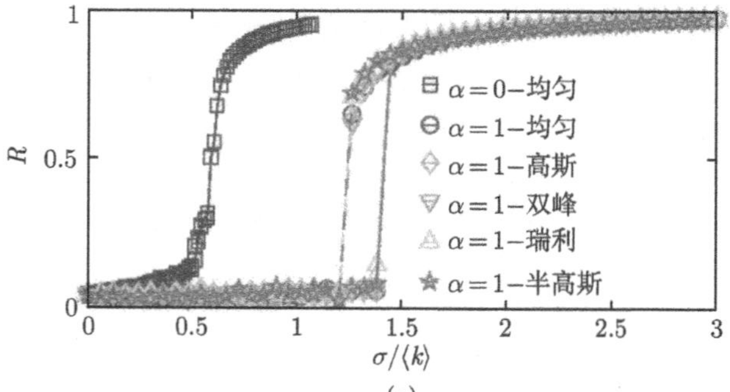

(a)

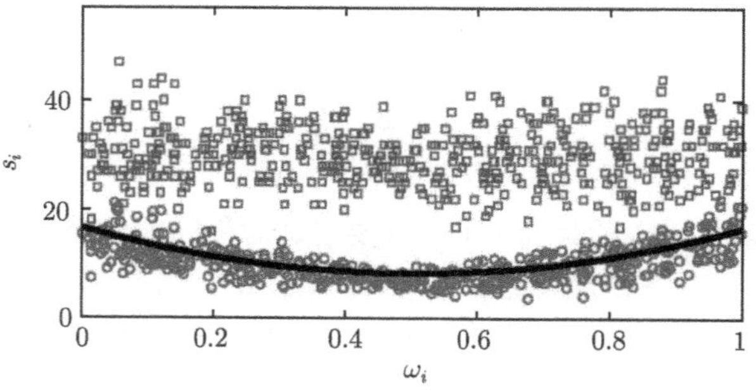

(b)

图 9.11　随机网上的爆炸性同步 [220] (彩图见封底二维码)

(a) 同步化相变，其网络为 $N = 500, \langle k\rangle = 30$ 的随机 ER 网，方块代表无权重的情形 ($\alpha = 0$)，其他的曲线表示频率范围在 [0, 1] 区间的线性加权情形 ($\alpha = 1$)：均匀分布、高斯分布、高斯导出分布、瑞利分布及半高斯分布，实线与虚线分别代表向前与向后的模拟；(b) 对于 (a) 中无权重的 (方块) 与权重网 (圆圈)，节点权重 s_i 与自然频率 ω_i 之间的关系

9.6　爆炸性同步的抑制律

基于上节的结论，爆炸性同步可以通过不同的途径在不同的网络上实现。一个有趣的问题是它们背后更深层次的原因是什么，是否是由一个共同的原理在支配？为了探讨这个问题，我们以方程 (9.41) 为例。有别于直接计算其序参量 R，我们代之以测量节点 i 与 j 之间的关联。为此，我们引入局部序参量 [221]

$$\boldsymbol{R}_{ij} = \left|\lim_{T\to\infty}\frac{1}{T}\int_t^{t+T} \mathrm{e}^{\mathrm{i}[\theta_i(t)-\theta_j(t)]}\mathrm{d}t\right| \tag{9.48}$$

其中 T 为计算关联的时间窗口。$\boldsymbol{R}_{ij}$ 介于 0 到 1 之间，$\boldsymbol{R}_{ij}$ 越大则相同步越强。图 9.12 为各对节点上 $\boldsymbol{R}_{ij}$ 随耦合强度 λ 的变化关系，其中第一排的四个子图表示的是全联通网情形，第二排是随机 ER 网情形，第三排是无标度 UCM 网情形。

图 9.12(a)~(d) 分别描述四个典型的 λ 值：(a) 中 $\lambda = 1.5$，(b) 中 $\lambda = 1.8$，(c) 中 $\lambda = 2.12$ 及 (d) 中 $\lambda = 2.14$。由于临界点为 $\lambda_c = 2.13$，因此, (c) 情形正好在临界点之前，而 (d) 情形正好在临界点之后。从这四个子图可见，在 $\lambda < \lambda_c$ 时 (图 9.12(a)~(c))，系统中存在着许多小的同步集团，但无大的集团。然而，当 λ 刚超过 λ_c 后 (图 9.12(d))，一个大的同步集团突然就出现了，表明在 λ_c 之前，小集团并没有逐渐长成大的同步集团，而是在 $\lambda = \lambda_c$ 处突然出现的。同样的过程也发生在 ER 网情形 (图 9.12(e)~(h)) 与 UCM 网情形 (图 9.12(i)~(l))。此外，这种过程也发生在向后的临界点 λ_b 处，见文献 [221]。这种情节与二级相变的过程形成了鲜明的对比，因为那里一个初始的锁相核将逐渐增长最后发展成为全局同步化。相反，这里的情节倒与爆炸性渗流中的 Achlioptas 过程有几分相似[222]，有兴趣的读者请参见文献 [193]。

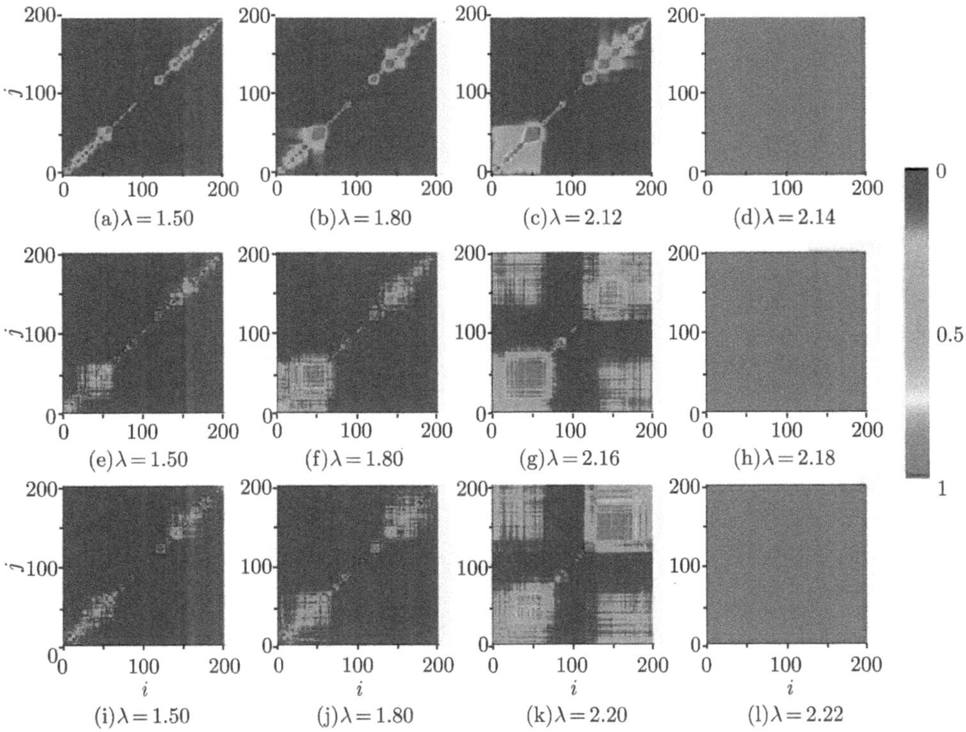

图 9.12 矩阵 $\boldsymbol{R}_{ij}$ 对网络结构与耦合强度的依赖性[221](彩图见封底二维码)

其中第一排代表全联通网的情形；第二与第三排分别代表 ER 网与 UCM 网的情形；振子 i 是按照频率 ω_i 的升序排列的；(a)~(d) 中的耦合强度分别为 $\lambda = 1.5, 1.8, 2.12$ 及 2.14 ($\lambda_c = 2.13$)；(e)~(h) 中的耦合强度分别为 $\lambda = 1.5, 1.8, 2.16$ 及 2.18 ($\lambda_c = 2.17$)；(i)~(l) 中的耦合强度分别为 $\lambda = 1.5, 1.8, 2.20$ 及 2.22 ($\lambda_c = 2.21$)

为了对图 9.12 的一级相变进行深层次的分析，我们来分析锁频的动力学。对于全联通网，其动力学由方程 (9.42) 描述。对于非全联通网，我们假设其为非关联 (uncorrelated) 网，从而可得 [221]

$$\dot{\theta}(t) = \omega + \lambda|\omega| \int \mathrm{d}k' \int \mathrm{d}\theta' \frac{k'P(k')}{\langle k \rangle} \rho(k';\theta',t) \sin(\theta' - \theta) - \lambda|\omega| h(t) \tag{9.49}$$

其中，$P(k)$、$\langle k \rangle$、$\rho(k;\theta,t)$ 分别代表度分布、平均度及对于给定的度 k 在 t 时刻具有相位 θ 的节点的密度，项 $h(t)$ 代表涨落，定义为 $h = \mathrm{Im}\left\{ \mathrm{e}^{-\mathrm{i}\theta} \sum_{j=1}^{N} \boldsymbol{A}_{ij} (\langle \mathrm{e}^{\mathrm{i}\theta_j} \rangle_t - \mathrm{e}^{\mathrm{i}\theta_j}) \right\}$，其中“Im”代表虚部。如果将 h 近似当作 k 个无关联项之和，则 h 为 $\sqrt{k}$ 的量级。在 $k \gg 1$ 及相变点之上的条件下，$h(t)$ 可被忽略。在这种情形下，序参量的方程可写为

$$R\mathrm{e}^{i\Psi} = \frac{1}{\langle k \rangle} \int \mathrm{d}k \int \mathrm{d}\theta k P(k) \rho(k;\theta,t) \mathrm{e}^{\mathrm{i}\theta} \tag{9.50}$$

这就给出 $R\sin(\Psi - \theta) = \frac{1}{\langle k \rangle} \int \mathrm{d}k \int \mathrm{d}\theta' k P(k) \rho(k;\theta',t) \sin(\theta' - \theta)$。忽略涨落$h(t)$ 并将其代回方程 (9.49)，我们得到 $\dot{\theta}(t) = \omega + \lambda|\omega| R\sin(\Psi - \theta)$，这个表达式与全联通网情形的表达式相同。

相差 $\Delta\theta_{ij} \equiv \theta_i - \theta_j$ 的演化满足：

$$\Delta\dot{\theta}_{ij} = \omega_i + \lambda|\omega_i| R\sin(\Psi - \theta_i) - \omega_j - \lambda|\omega_j| R\sin(\Psi - \theta_j) \tag{9.51}$$

当两个振子 i 与 j 锁相时，我们有 $\Delta\dot{\theta}_{ij} = 0$，从而有

$$\omega_i - \omega_j = \lambda R[|\omega_j| \sin(\Psi - \theta_j) - |\omega_i| \sin(\Psi - \theta_i)] \tag{9.52}$$

方程 (9.52) 右边的最大值为 $\lambda R(|\omega_i| + |\omega_j|)$，于是我们得到

$$\frac{|\omega_i - \omega_j|}{|\omega_i| + |\omega_j|} \leqslant \lambda R \tag{9.53}$$

这就是禁止律 (suppressive rule) [221]。从方程 (9.53) 可见，只有相对频率差 $\frac{|\omega_i - \omega_j|}{|\omega_i| + |\omega_j|}$ 比较小的振子对才能较容易地同步化，而不满足方程 (9.53) 的振子则不容易同步化。这样一来，那些不能同步的振子对就充当了“警察”，来阻止那些同步的小集团长大。这就是我们在图 9.12 中观察到的情形：在同步之前，小同步集团无法长大。只有当振子之间的耦合强大到足以对抗“警察”的束缚时，小同步集团才能够合并，导致爆炸性的同步。

根据禁止律的精神，如果我们人为地在网络上放上一些“警察”来阻止那些同步的小集团长大或合并，就应该可以观察到爆炸性同步。是这样吗？为了验证这个猜想，张希昀等提出了一个自适应网络模型如下 [223]：

$$\dot{\theta}_i = \omega_i + \lambda\alpha_i \sum_{j=1}^{N} A_{ij}\sin(\theta_j - \theta_i) \tag{9.54}$$

其中，α_i 是关键的自适应控制因子，代表“警察”的比例。为了给出 α_i，我们首先计算第 i 个振子的局域瞬时序参量，定义为 $r_i(t)\mathrm{e}^{\mathrm{i}\phi} = \frac{1}{k_i}\sum_{j=1}^{k_i} \mathrm{e}^{\mathrm{i}\theta_j}$。由此定义可知，$0 \leqslant r_i \leqslant 1$，$\phi$ 代表其近邻的相平均。然后，我们随机选取 f 比例的网络节点，令它们的 $\alpha_i = r_i$。而对剩下的 $1-f$ 比例的网络节点，令它们的 $\alpha_i = 1$。

在数值模拟中，我们考虑大小为 $N = 1000$，平均度为 $\langle k\rangle = 12$ 的随机 ER 网络。频率 $\{\omega_i\}$ 取为 $[-1, 1]$ 间随机均匀的分布。图 9.13 给出了 $f = 1$ 的情形下，序参量 R 随耦合强度 λ 的变化关系。很明显，向前与向后的相变都是突变且它们构成了迟滞回线，表明自适应网络确实出现了爆炸性同步。定义 d 为迟滞回线的宽度，我们可以计算 d 随参数 f 的变化。考虑到对固定的 f，可以有不同的方式选择“警察”，从而有不同的 d。我们计算多次实现，然后得到系综平均 $\langle d\rangle$。图 9.13 右上的插图给出了 $\langle d\rangle$ 对 f 的依赖性。由此插图可见，存在着一个临界值 f_{c}。当 $f > f_{\mathrm{c}}$ 时，$\langle d\rangle > 0$，即 $f > f_{\mathrm{c}}$ 时存在一对向前与向后的相变点 λ_{F} 与 λ_{B}，且 $d = \lambda_{\mathrm{F}} - \lambda_{\mathrm{B}}$。图 9.13 右下的插图给出了 λ_{F} 与 λ_{B} 对 f 的依赖性。这就证实了我们的猜想：自适

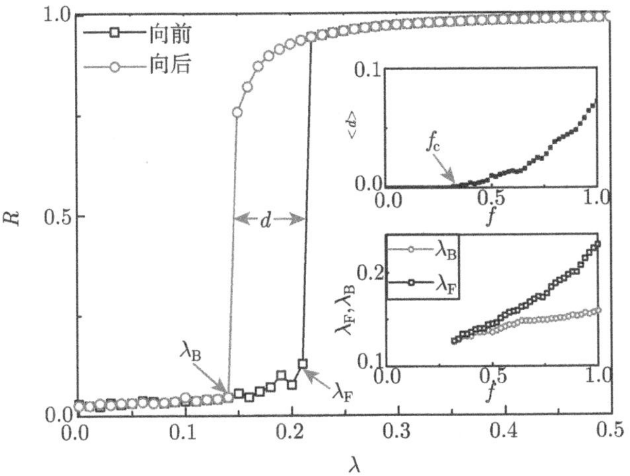

图 9.13 单个网络上的向前 (带方块的线) 与向后 (带圆圈的线) 相变 [223]

其中网络大小为 $N = 1,000$，$f = 1$；右上与右下的插图分别表示 $\langle d\rangle$ 与 λ_{F} 及 λ_{B} 对 f 的依赖性，结果是对 10 次实现求平均而得

应控制确实能导致爆炸性同步，其详细的理论解释见文献 [223]。这个通过选择部分自适应“警察”节点来控制出爆炸性同步的原理既然是更深层次的原因，当然就应该能解释以前的一些发现，比如无标度网络中频率与度成正比的情形及权重耦合网络中的情形，现在对它们进行解释。比较方程 (9.26) 与方程 (9.42) 可见，它们具有相同的形式，因此在平均场的框架下它们本质上是一样的。在这个意义上，我们这里只需对前一种情形进行说明。我们知道，在服从幂率分布的无标度网络中，如果令频率与其度相等或正相关，则度大的节点与度小的节点之间的频率差就会很大，它们组成的连接对之间就很容易违反禁止律 (9.53)，从而充当“警察”节点的角色并导致爆炸性同步。

文献 [223] 进一步指出，这种自适应途径导致的爆炸性同步可以推广到具有不同拓扑结构与频率分布的多层网络上 [224]。考虑两个相同大小 N 但相互独立的网络 I 与 II。在每一层随机选取 f 比例的网络节点，并让它们一一对应，从而形成相互依赖的连接 [225]。为方便起见，我们令耦合对具有相同的指标 i；同理，也让非耦合对具有一一对应的关系。运动方程可写为

$$\begin{aligned}\dot{\theta}_{i,1} &= \omega_{i,1} + \lambda\alpha_{i,1}\sum_{j=1}^{k_{i,1}}\sin(\theta_{j,1}-\theta_{i,1})\\ \dot{\theta}_{i,2} &= \omega_{i,2} + \lambda\alpha_{i,2}\sum_{j=1}^{k_{i,2}}\sin(\theta_{j,2}-\theta_{i,2})\end{aligned} \tag{9.55}$$

其中，$i=1,\cdots,N$，下标 1,2 分别代表层 I 与层 II。在方程 (9.55) 中，平均度为 $\langle k_1\rangle = \dfrac{1}{N}\sum_{i=1}^{N}k_{i,1}\left(\langle k_2\rangle = \dfrac{1}{N}\sum_{i=1}^{N}k_{i,2}\right)$。参数 $\alpha_{i,1}$ 与 $\alpha_{i,2}$ 代表两层间的耦合。如果节点对 i 属于耦合节点 f，我们令 $\alpha_{i,1}=r_{i,2}$ 与 $\alpha_{i,2}=r_{i,1}$，否则令$\alpha_{i,1}=\alpha_{i,2}=1$，其中 $r_{i,1}$ 与 $r_{i,2}$ 分别定义为 $r_{i,1}\mathrm{e}^{\mathrm{i}\phi_1}=\dfrac{1}{k_{i,1}}\sum_{j=1}^{k_{i,1}}\mathrm{e}^{\mathrm{i}\theta_{j,1}}$ 与 $r_{i,2}\mathrm{e}^{\mathrm{i}\phi_2}=\dfrac{1}{k_{i,2}}\sum_{j=1}^{k_{i,2}}\mathrm{e}^{\mathrm{i}\theta_{j,2}}$。换句话说，第一层的一组振子由第二层中对应振子的局部序参量所控制，反之亦然。

令 R_1 与 R_2 分别为第一层与第二层的全局序参量，定义为 $R_1\mathrm{e}^{\mathrm{i}\Psi_1}=\dfrac{1}{N}\sum_{j=1}^{N}\mathrm{e}^{\mathrm{i}\theta_{j,1}}$ 与 $R_2\mathrm{e}^{\mathrm{i}\Psi_2}=\dfrac{1}{N}\sum_{j=1}^{N}\mathrm{e}^{\mathrm{i}\theta_{j,2}}$。数值模拟中，将第一层固定为平均度为 $\langle k_1\rangle=12$ 的随机 ER 网，并让 $\{\omega_{i,1}\}$ 来自 $[-1,1]$ 之间的随机均匀分布。相应地，我们改变第二层的网络结构与频率分布 $g(\omega_{i,2})$。首先，我们让它为具有相同的平均度 $\langle k_2\rangle=12$ 但独立的随机 ER 网，且让它的频率 $\{\omega_{i,2}\}$ 也来自 $[-1,1]$ 之间的随机均匀分布。

图 9.14(a) 给出了 $f=1$ 情形下的 R_1 与 R_2 对 λ 的依赖性，可见爆炸性同步确实在两层网络中同时出现了。为了找出 $\langle d\rangle$ 对 f 的依赖性，我们取不同的自适应比例 f 并进行多次实现。图 9.14(a) 中的子图给出了 $\langle d\rangle$ 随 f 的变化关系，可见其中也存在一个临界值 f_c。当 $f>f_c$ 时，爆炸式同步出现。然后，我们让第二层网的平均度 $\langle k_2\rangle$ 从 12 降为 6 并保持其他参数不变，图 9.14(b) 给出了 $f=1$ 时的结果，其中的子图给出了 $\langle d\rangle$ 随 f 的变化关系。我们看到此时依然有爆炸性同步，只是 $\langle d\rangle$ 变小了，f_c 变大了，说明 $\langle k_2\rangle$ 的减小不利于爆炸性同步的发生。同理，图 9.14(c) 给出了频率 $g(\omega_{i,2})$ 从均匀变为洛伦茨分布 $g(\omega)=\dfrac{1}{\pi}\left[\dfrac{\gamma}{(\omega-\omega_0)^2+\gamma^2}\right]$ 的情形，图 9.14(d)给出了第二层网的结构从 ER 网变成 BA 网的情形，其他的参数都与图 9.14(a) 相同。从图 9.14(c) 与 (d) 可见，它们也都显示出了爆炸性同步，因此爆炸性同步可以在不同的多层网络中出现。这个机制有利于我们理解多层网络中的级联现象 [225]。

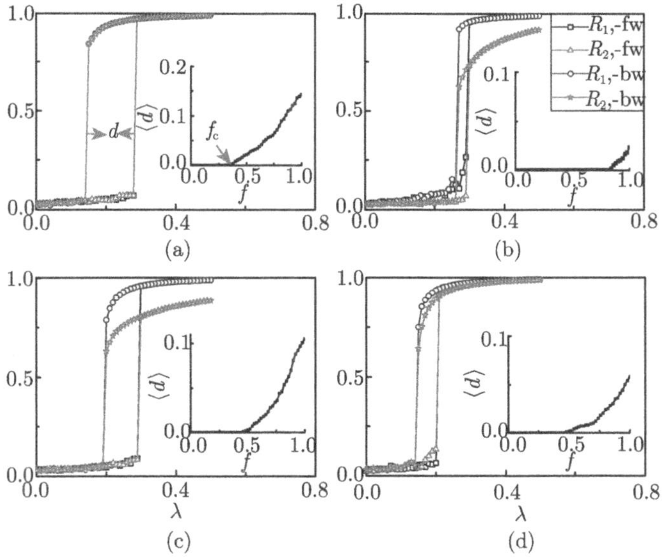

图 9.14 双层网络上的爆炸性同步 [223](彩图见封底二维码)

网络大小为 $N=1000$，$f=1$；各子图中，“方块”与“圆圈”(“三角形”与“星形”) 分别代表向前与向后的序参量 R_1 (R_2)，插图给出了 $\langle d\rangle$ 对 f 的依赖性，平均次数为 10 次；第一层网为随机 ER 网，其平均度为 $\langle k_1\rangle=12$，频率均匀分布在区间 $[-1,1]$；第二层网的信息如下：(a) 为另一个平均度为 $\langle k_2\rangle=12$ 的 ER 网，其 $g(\omega_{i,2})$ 独立分布于 $[-1,1]$；(b) 为平均度为 $\langle k_2\rangle=6$ 的 ER 网，其 $g(\omega_{i,2})$ 与 (a) 中相同；(c) 与 (a) 相同但 $g(\omega_{i,2})$ 为洛伦茨分布，其 $\omega_0=0$，$\gamma=0.5$；(d) 为平均度为 $\langle k_2\rangle=12$ 的 BA 网，其 $g(\omega_{i,2})$ 与 (a) 相同

Kim 等最近通过麻醉实验证实禁止律确实存在于大脑网络中 [226]。他们对 7 名健康者的多频道 EEG 数据构建了脑功能网，这些数据包含清醒、无意识及恢复

等状态，并首次证实爆炸性同步的网络条件，特别是文献 [221] 中的禁止律存在于脑功能网络中。我们知道，各种麻醉都可以降低网络通信与信息整合容量，但麻醉后的这个低效的、毁坏的网络如何迅速地恢复到正常状态并支持有意识的大脑却是未知的。在文献 [226] 中，Kim 等认为爆炸性同步条件存在于麻醉大脑中刚超过无意识阈值的状况，正是这些条件使得人脑可以迅速地恢复。

大量神经元的同步化是意识态的必要条件，相应地，大脑网中同步化协调的崩溃就可以反映出意识与无意识态之间的相变。实验中，让自愿者吸入七氟烷麻醉剂来逐渐调节意识的状态，从闭眼的清醒态到无意识态，然后再到恢复态。对这个过程中的 EEG 数据进行分析，主要是对 α 波进行分析，因为它的特征链接与拓扑直接反映由麻醉导致的各种意识态。在应用禁止律时，将耦合强度 λ 用麻醉剂浓度 c 表示出来，即 $\lambda = 1 - c$，其中 c 是归一到 $(0, 1)$ 区间的浓度。在麻醉过程中，如果试验者的反应不是渐变的而是突然消失，则观察到不匹配性 (disassortativity) 大量增加，且满足禁止律的部分也大量增加。通过一系列实验，Kim 等发现网络拓扑与动力学都会随麻醉剂量的不同而发生变化。具体表现为：①节点度与频率间的正相关增强了；②减弱了休眠状态中发现的度不匹配及强中心结构的毁坏；③ 耦合节点间的频率差增大了；④禁止律缺失。这些特征破坏了正常网络的同步化，为爆炸性同步创造了条件。

9.7　电力网中的爆炸性同步

在实际系统中，爆炸性同步的一个典型例子是电力网的级联失效，这已在世界范围内发生了无数次。这种大规模的故障会对现代生活的方方面面造成毁灭性的后果，甚至波及相互依存的系统如通信、燃气与水的供应、交通等。不管以何种方式发生，级联失效的迭代过程如图 9.15 所示，其中子图 (d) 中的爆发是由子图 (a) 中初始的节点失效通过几步中间步骤所诱导 [227]。

一个典型的电力网由节点与连边 (电线) 构成。节点有两种类型，发电站或用户。前者生产电能并通过高压传输线 (400 kV) 输送到用户。不同于无穷维的复杂网络，电力网是嵌入在 2D 实空间中的。为了关注网络的拓扑，我们忽略一些细节，随机地划分出 $N/2$ 发电节点 ($P_i > 0$) 与 $N/2$ 消费节点 ($P_i < 0$)。电网的稳定操作依赖于整个系统锁相态的维持，因此同步化被看作是网络保持全局的能力。这样一来，尽管各节点的本征频率不同，但它们都会以相同的有效频率 (比如 50/60 Hz) 来运行。如果负载太强且非均匀地分布，或遭遇闪电等，则节点可能失去同步化。在这种情形下，同步化的突然改变就可能导致大停电的发生。因此，电力网通常很好地设计了布局，以便可以承担特定的扰动。为了这个目的，通常需要保证下列动力学安全条件：① 当某些扰动发生时，系统应避免次生暂态并尽快恢复到稳定态；

② 在暂态过程中，没有任何母线电压超过它们的容许范围；③在这个新稳定条件下，没有任何装置或传输线超载，且没有任何母线电压超过它们的容许范围 (比如额定值的 5%)。

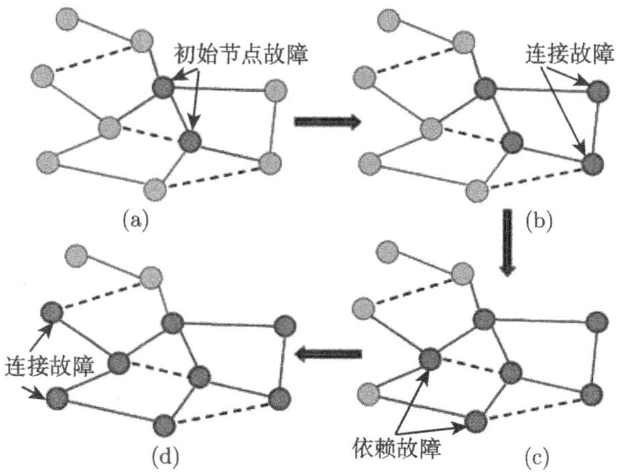

图 9.15 级联失效的迭代过程 [227](彩图见封底二维码)

网络包含两种连接：连通性连接 (实线) 与依赖性连接 (虚线)；(a) 级联过程由两个红色节点的初始失效开始，与它们相连的连线也标成了红色；(b) 渗流过程：那些与之相连但不属于巨集团 (giant cluster) 的节点也失效 (带红色标记的)；(c) 依赖过程：与失效节点通过依赖性连接的节点也失效 (带红色标记的)；(d) 那些没有与巨集团相连但通过连通性连接连到失效节点的节点继续失效

正常情况下，电力系统总是在不断地经历扰动事件如干扰中断、发生短路、突然的大负载变化，或者是这些事件的结合等。由于经济与环境的压力，电力网倾向于在系统设施被充分利用的基础上运转，从而增加了这些扰动对系统安全性的影响。例如，当几个电站崩溃时，电力系统就会非常接近稳定性的极限，然后主干电力系统出故障的概率就会大大增加 [228]。为了分析电力网的稳定性，一个简单的途径是对电力网建模 [229~234]。在这些模型中，每个节点 i 由相同的运动方程描述，其参数 P_i 用于辨别它是发电站 ($P_i > 0$) 还是用户 ($P_i < 0$)。节点的状态由其相位 $\phi_i(t)$ 与角速度 $\dot{\phi}_i(t)$ 表示。在正常运行中，发电站与用户以相同的频率 $\Omega = 2\pi \times 50$ Hz 或 $\Omega = 2\pi \times 60$ Hz 运行。节点 i 的相位可写为

$$\phi_i(t) = \Omega t + \theta_i(t) \tag{9.56}$$

其中 θ_i 代表相对于 Ωt 的相差。

为简单起见，假定节点具有相同的耗散系数 α 以及相同的惯性，且在传输期间没有能量损失。由能量守恒原理，每个节点产生的能量 P_i 必须等于传输的能量

P_i^{trans} 加累积的能量 P_i^{acc} 及消耗的能量 P_i^{diss}，即

$$P_i = P_i^{\text{trans}} + P_i^{\text{acc}} + P_i^{\text{diss}} \tag{9.57}$$

涡轮机消耗的能量正比于角速度的平方：

$$P_i^{\text{diss}} = k(\dot{\phi}_i)^2 \tag{9.58}$$

累积的能量为

$$P_i^{\text{acc}} = \frac{1}{2} I \frac{\mathrm{d}}{\mathrm{d}t}(\dot{\phi}_i)^2 \tag{9.59}$$

其中 I 为转动惯量。两个节点间发生功率传输的条件是它们的相位不同步，即存在相差 $\Delta\theta_{ij} = \theta_j - \theta_i$。传输的能量正比于它们相位差的正弦 [232]，从而有

$$P_i^{\text{trans}} = \sum_j -P_{ij}^{\max} \sin(\phi_j - \phi_i) \tag{9.60}$$

其中 $P_{ij}^{\max}$ 为一条边的传输能力的上限。将它们代入方程 (9.57) 得

$$I\Omega\ddot{\theta}_i = P_i - k\Omega^2 - 2k\Omega\dot{\theta}_i + \sum_j P_{ij}^{\max} \sin(\theta_j - \theta_i) \tag{9.61}$$

标准化后有

$$\ddot{\theta}_i = P_i' - \alpha\dot{\theta}_i + \sum_{j=1}^{n} \boldsymbol{W}_{ij} \sin(\theta_j - \theta_i) \tag{9.62}$$

其中，P_i'，α 及 $\boldsymbol{W}_{ij} = \lambda \boldsymbol{a}_{i,j}$ 为标准化后的参数，$\boldsymbol{a}_{i,j}$ 为邻接矩阵。P_i' 就与节点上产生的及耗散的功率有关，描述耦合强度的 λ 就与最大转移功率有关。方程 (9.62) 就是电力网的基本方程。

除了负载平衡外，各节点间的同步化是系统的另一个关键因素。最近，人们对方程 (9.62) 的爆炸性同步做了广泛的研究 [235~238]。电力网的稳定运行要求所有的机器有相同的频率 Ω，机器的相差应该保持不同且恒定。为研究动力学与结构对全局同步化的影响，通常假定 P_i' 一个零平均的分布。比如，P_i' 可解释为节点 i 的自然频率且具有形式 [235,237,238]：

$$P_i' = D(k_i - \langle k \rangle) \tag{9.63}$$

其中，k_i 为节点 i 的连接度，$\langle k \rangle$ 为网络平均度，D 为比例常数，即假定 P_i' 正比于 k_i。

方程 (9.63) 选择的 P_i' 表明无标度网络中，大量的节点为用户 (其 $k_i < \langle k \rangle$)，其他的节点为电站 (其 $k_i > \langle k \rangle$)。条件 $\sum_i P_i' = 0$ 意味着总消耗的能量 ($P_i' < 0$)

等于总产生的能量 ($P_i' > 0$)。在这种情形下，所有的节点将按它们自己的自然频率独立运转，而耦合 λ 将使它们同步化到一个公共的相。我们知道，对一个给定的分布 $P(k)$，其拓扑结构可以是匹配的 (assortativity) 或非匹配的。对于度–度相关的情形，Peron 等发现同步化强烈地依赖于匹配性 [235]，表明我们可以通过调节网络结构来达到控制电力网的爆炸性同步行为。

数值模拟中，我们考虑大小为 $N = 1000$，平均度为 $\langle k\rangle = 6$ 的 BA 网。通过积分方程 (9.62) 来绝热计算序参量 r 随 λ 的变化关系。图 9.16 给出了不同 α 时的向前与向后序参量 $r(\lambda)$，其中 (a)~(d) 分别描述 $\alpha = 0.2$，0.4，0.6 及 0.8 的情形。这四个子图的一个共同点是它们都有迟滞回线，表明方程 (9.62) 中确实存在爆炸性同步。从图 9.16 中我们还看到迟滞的面积及向前的临界耦合强度都随 α 的增加而减少。

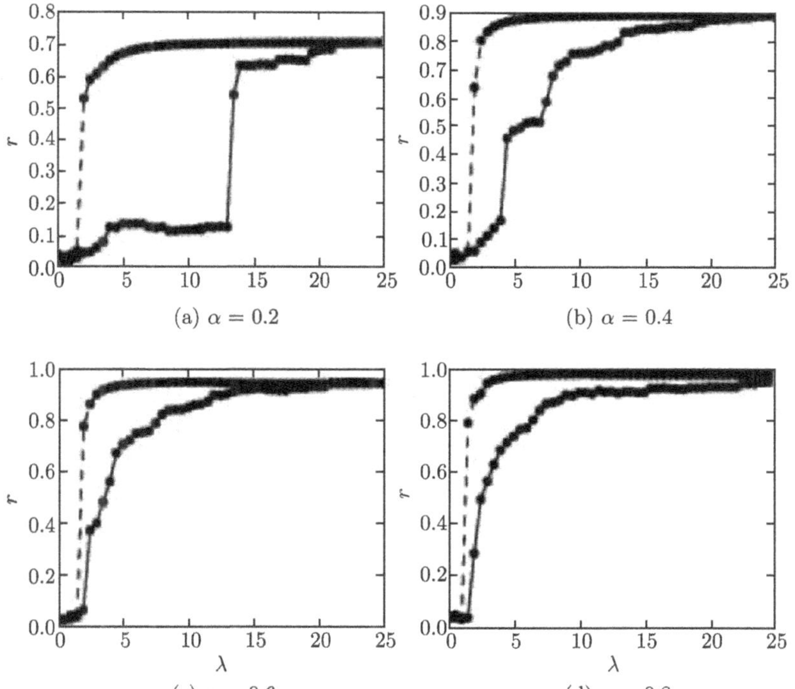

图 9.16　电力网中的爆炸性同步 [235]

网络的参数为 $N = 1000$，$\langle k\rangle = 6$，每个节点的自然频率为 $P_i' = k_i - \langle k\rangle$；网络的匹配性为 $A = -0.3$，度分布为 $P(k) \sim k^{-\gamma}$，其中 $\gamma = 3$；子图 (a)~(d) 分别描述 $\alpha = 0.2, 0.4, 0.6$ 及 0.8 的情形

我们必须指出，方程 (9.62) 中的爆炸性同步非常不同于 Kuramoto 模型的情形。纪鹏等发现在无关联的无标度网络中，从小度开始，相同度的节点逐渐形成不同的同步集团，并将其称为集团爆炸性同步 (cluster explosive synchronization)[237, 238]。

而在 Kuramoto 模型中，所有 k 的平均频率 $\langle\omega\rangle_k$ 同时跳到 $\langle k\rangle$ 上。图 9.17 给出了同步化过程，其中集团化是电力网的特征。

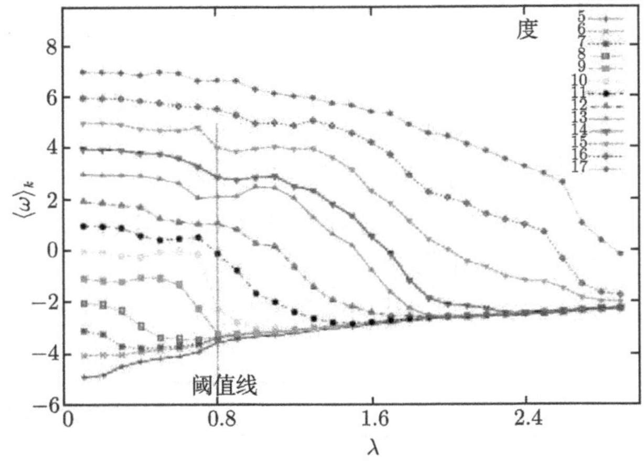

图 9.17　无关联的无标度网络中的集团爆炸性同步 [237](彩图见封底二维码)

图中各条曲线代表的是各种度的节点的平均频率随耦合强度 λ 的变化关系

现代电网通常是智能电网，与传统电网有很大的不同。我们知道，电力网的一个必要条件是其节点保持稳定。这个条件在传统电网中比较容易实现，因为它的电站主要是基于煤、天然气、石油或核电站。然而，最近几十年来，更多分布式的能源与自给自足的微电网被纳入电力网中，比如风力涡轮机、光伏阵列、沼气发电机及其他可再生的能源。这些现代电网通常由上千个子电站组成，它们横跨几千公里，比传统电网大许多。这些智能电网使用信息与通信技术来收集信息并以自动的方式采取行动，从而改善了效率和可靠性，更经济及更稳定。智能电网的一个主要问题是其稳定性。比如，任何人，只要他家里有太阳能平板，就可以成为能量贸易者，即当价格低时买进电能并储存，然后等价格升高后再卖，从而导致了新的智能电网市场。这样的市场当然是不稳定的，会对电力网的运行造成不利的影响。另一个因素来自可再生能源的涨落，比如，风力发动机就严重地依赖于环境与季节。这些因素会对电力网的运行造成新的干扰，引发电站的同步破坏。一旦发生，就可能导致级联效应，这可能是现代大停电事故频发的原因之一。其爆炸性同步的机制有待进一步研究。

9.8　与大脑有关的迟滞行为

同步化在维持大脑的基本功能如情感、思维、记忆、语言综合、意识等方面起着重要作用 [239]。比如，记忆过程中不同脑区之间的相同步化的重要性已得到证实[173]。另一方面，临床证据表明一小组神经元的反常同步化可能引起一些脑功能的损坏，导致病态行为如帕金森病、颤动及癫痫症等。以癫痫病为例，症状表现为无缘无故的发作，是世界上最严重的大脑无序疾病。在两次发作之间，癫痫病人具有正常的神经学功能。明白正常功能与癫痫发作之间的相变对于改进癫痫治疗并为病人提供早期预警具有极大的帮助。

癫痫有四个相：发作间歇期、癫痫发作、传播与终止。现已发现在发作期，不同脑区间的耦合随时间变化，依据不同情形既可增加亦可减少[240]。当发作快结束时，脑活动的耦合总是增加的。发作的开始与终止都非常快，表明在临界耦合强度处存在一个跳跃的相变。因此，癫痫的这种突然出现与终止说明爆炸性同步可能在这里起重要作用[241]。

癫痫起源于病灶区，然后传播到其他脑区。病灶区的个性化特征可由相同步化指标来刻画[242]：在发作阶段，丘脑与颞叶结构间的同步化全面地加强。癫痫病现象可用网络方法进行研究，节点可以是单个神经元，也可以是具有给定结构的一组神经元或一个脑区。现有许多证据表明，在癫痫发作期间，同步化指标极大地高于背景期间的值，这意味着一个跳跃相变[240,241,243~245]。Guye 等选择了 13 个癫痫病人进行研究，图 9.18 是他们观察到的癫痫发作过程的示意图。从图上很清楚地可以看出，癫痫开始与结束都是突变过程。

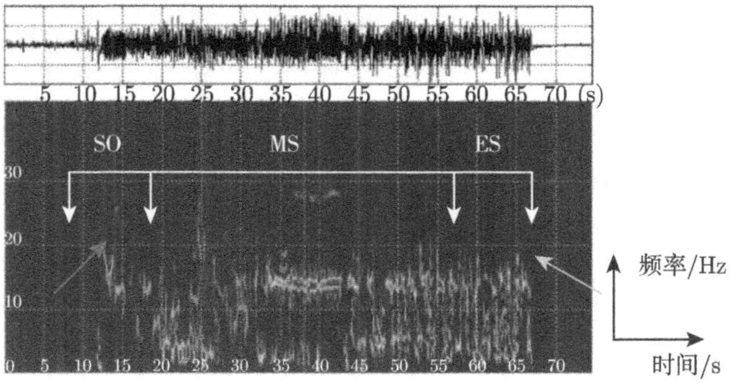

图 9.18 癫痫时间序列的时频 (TF) 描述[243](彩图见封底二维码)

TF 用来揭示癫痫开始 (红箭头) 与结束 (黄箭头) 的高频活动；癫痫开始的 SO 周期包括高频活动开始的前 5s 与后 5s，癫痫结束的 ES 周期被定义为发作的最后 10s，癫痫中间的 MS 周期连接开始与结束周期

另一个例子是麻醉诱导的知觉丧失，是由于麻醉剂同调节睡眠与觉醒的神经电路之间的相互作用导致的。人们通常认为麻醉是感应的逆过程。Friedman 等做了一个意识与无意识之间转变的实验[246]。通过产生昆虫与哺乳动物麻醉的剂量——响应数据，Friedman 等发现麻醉导致的失意与觉醒这一对向前与向后的过程是非对称的，是用药物动力学无法完全解释的。图 9.19 中的实线与虚线分别给出

了向前麻醉过程与向后的觉醒过程，其中 (a) 为路径–依赖情形 (绝热过程)，(b) 为路径–独立情形 (非绝热过程)。很显然，图 9.19(a) 中有迟滞回线，有悖于我们的传统理解。

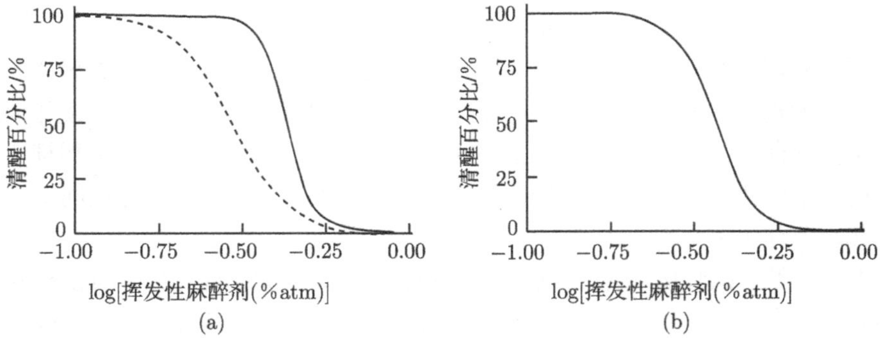

图 9.19 路径–依赖与路径–独立情形的状态变化 [246]

(a) 绝热过程情形，其中实线代表随着麻醉剂量的增加导致的意识丧失，虚线为其逆过程；

(b) 非绝热过程情形，其中实线与虚线重合

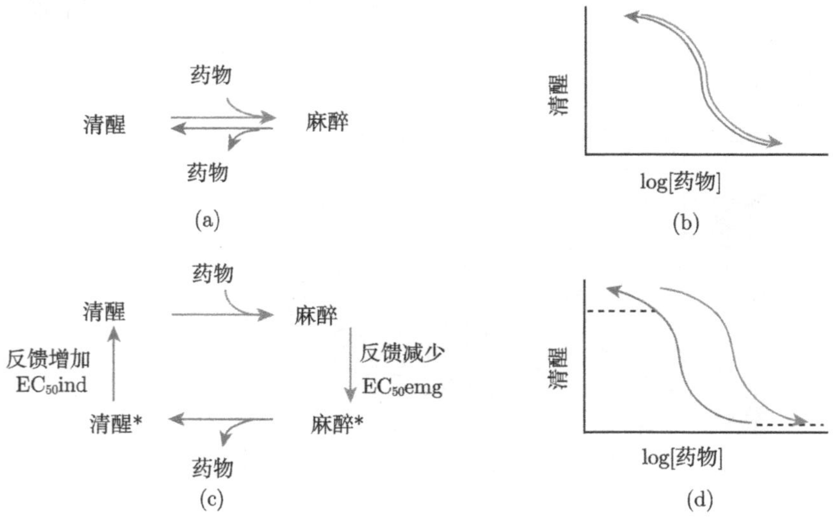

图 9.20 药物麻醉的迟滞模型 [247](彩图见封底二维码)

(a) 一个简单的动力学模型，描述在没有双稳性时剂量 —— 依赖行为的状态变化；(b) 在缺乏反馈与双稳性时，麻醉诱导的剂量 —— 响应曲线独立于先前行为态的历史，因此向前与向后的曲线重合；(c) 增加了反馈与药物绑定后导致的额外的、更稳定的麻醉与觉醒态；(d) 反馈与双稳性导致的麻醉剂量 —— 响应曲线的迟滞回线

Joiner 等为麻醉诱导的意识丧失给出了迟滞存在的进一步的实验证据 [247]。他们认为依赖于神经惯性的过程选择可能受损于病理生理学条件。在神经惯性下，一

些特征会被保留并用于麻醉剂对反馈双稳性的依赖的建模。图 9.20 是这种建模的示意图。其中图 9.20(a) 是描述两态间转变的一个简单的动力学模型，一个是被麻醉的，另一个是没有麻醉的；(b) 是导致的向前与向后反应的剂量 —— 响应曲线；(c) 是双稳情形，用不同的反馈机制来改变对麻醉剂的敏感性，从而达到稳态；(d) 为麻醉诱导的剂量 —— 响应曲线的迟滞回线。

与脑功能网迟滞现象的实验研究同时，人们也进行了一些理论研究来试图明白神经系统中爆炸性同步的内在机制。比如，Chen 等研究了 BA 无标度网中耦合的 FitzHugh-Nagumo 振子相同步的特征，并发现其存在爆炸性同步 [248]。其模型如下

$$
\begin{aligned}
\epsilon\dot{x}_i &= x_i - x_i^3 - y_i + C\sum_{j=1}^{N}\boldsymbol{A}_{ij}(x_j - x_i) + \xi_i^{(x)}(t),\\
\dot{y}_i &= x_i + a_i + \xi_i^{(y)}(t)
\end{aligned}
\tag{9.64}
$$

其中，$i = 1, 2, \cdots, N$, $\epsilon = 0.01$, x 与 y 分别为快变量与慢变量。参数 a_i 刻画第 i 个神经元的可激性。当 $|a_{ij}| > 1$ 时, 神经元为可激发的；而当 $|a_{ij}| < 1$ 时，神经元为振荡的。$\boldsymbol{A}_{ij}$ 为网络的邻接矩阵，C 为耦合常数，$\xi_i^{(\alpha)}(t)$ 为独立于节点的高斯白噪声且满足 $\langle\xi_i^{(\alpha)}(t)\rangle = 0$ 与 $\langle\xi_i^{(\alpha)}(t)\xi_j^{(\alpha)}(t')\rangle = 2D_\alpha\delta_{ij}\delta(t-t')$，$D_\alpha$ 为噪声强度，$\alpha \in \{x, y\}$。神经元的自然频率 ω_i 是通过按下列方式选取 a_i 而成为度 k_i 的正比函数：

$$
a_i = 0.99 - \delta\frac{k_i - k_{\min}}{k_{\max} - k_{\min}}
\tag{9.65}
$$

其中，$k_{\max}$ 与 $k_{\min}$ 分别为网络中的最大与最小的节点度。因子 δ 确定线性表达式的斜率，δ 越大则 a_i 的分布越宽，或者等价为频率分布越宽。

通过数值模拟其向前与向后的过程可得到同步化相图。Chen 等发现对于 BA 网，同步化会随 δ 发生突然的变化 [248]。当 δ 较小时，同步化是连续的二级相变。当 δ 增加到中等大小时，我们可以观察到序参量 r 随 C 的增加而有一个突然的变化，即在 $C = 0.044$ 时从 $r \approx 0$ 突然增加到 $r \approx 1$，表明在同步化建立时出现了突变。此外，向后的过程也在 $C = 0.021$ 处给出了一个从同步到非相干的突变。这两个突变点发生在不同的 C 处，给出了 r 对 C 依赖的迟滞回线。他们发现进一步增加 δ 到 $\delta = 0.9$，一级相变依然存在，但迟滞回线的面积会变小。图 9.21 显示了这个面积随 δ 的变化。从此图中可以看到，当 $\delta = 0.2$ 时，面积为 0，意味着相变是二级相变。当 δ 增加到 $\delta = 0.25$ 时，这个面积突然增加到非零值，表明同步化在 $\delta = 0.2$ 与 $\delta = 0.25$ 之间变成了一级相变。然后进一步增加 δ，这个面积表现出对 δ 的单调依赖性，其最大值发生在 $\delta = 0.35$。

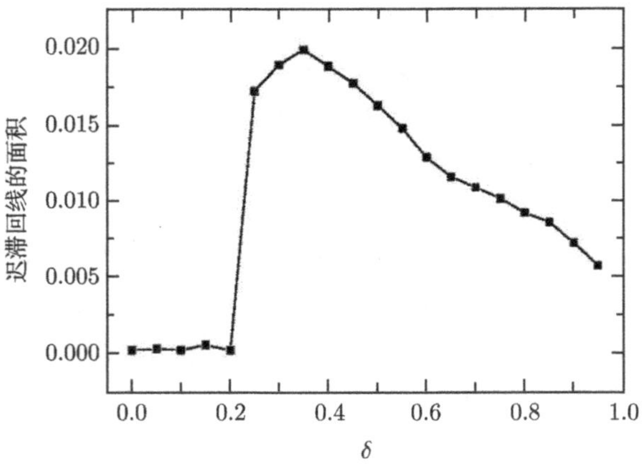

图 9.21　BA 无标度网络中同步化迟滞回线的面积对 δ 的依赖性 [247]

参数为 $N=200, \epsilon=0.01, D_x=0, D_y=0.005$，平均度为 $\langle k\rangle=6$

9.9　爆炸性同步增强听力选择

耳蜗中的声信号转导是一种包含非线性放大与自发耳声发射的主动过程。信号转导牵涉全局耦合的各个听毛细胞，可用靠近霍普夫分岔的振子来模拟。耦合可以诱导同步化，然后导致强的非线性响应。王朝清等最近提出了一个耳蜗模型，发现在缺乏外部刺激时，各振子间的同步化是爆炸性的。而存在外部刺激时，如果耦合强度稍微低于爆炸性同步的临界值，振子的响应表现出较好的频率选择性且信噪比增强，从而很好地解释了耳蜗对不同频率的检测 [249, 250]。

耳朵的听力主要由耳蜗完成。耳蜗是个蜗牛状器官，位于耳朵的最内部，盘绕两圈半。耳蜗最显著的特征是对机械刺激具有频率选择敏感性：人耳可以检测超过 6 个量级的声音强度，频率选择性高达 $\Delta\omega/\omega \approx 0.2\%$[251]。不同于被动的机械系统，耳蜗可以主动地产生广泛频率的弱声振荡，因此声信号检测是一个主动过程 [252, 253]。明白传导系统如何取得这样显著的性能是一个理论挑战。早期的模型表明，自发耳声发射的产生及耳蜗的自调谐特征可以用霍普夫分岔附近的非线性振子来理解 [254~256]。此外，一些生理学的模型也被精确地简化为霍普夫标准型。同时，一些空间扩展模型也被提出，要么考虑基膜形变波的耦合振子的相互作用 [257~260]，或者更精简地在相邻振子间引入黏弹性耦合 [261~264]。基于这些前期研究，王朝清等提出了如图 9.22 所示的层级耳蜗模型，毛细胞通过头盔耦合成单元或者耦合到基膜 [249]。以前的模型只是将毛束 [261] 或头盔 [262] 当作一个单一的非线性振子，这里考虑了双层描述，即振子 (毛细胞) 不但通过局部单元相耦合，而且通过基膜与顶膜相耦合。

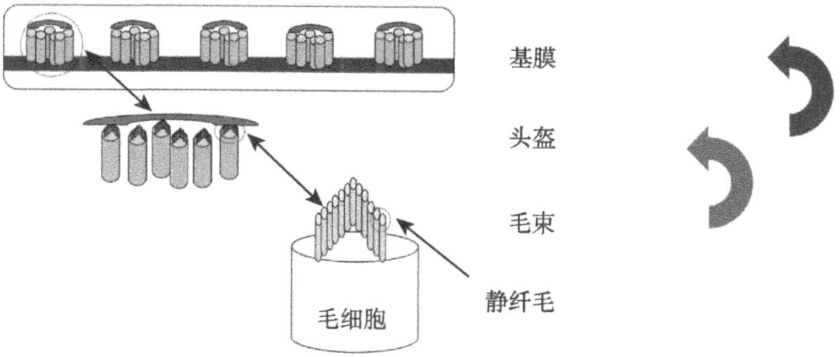

图 9.22 耳蜗的分层描述模型 [249](彩图见封底二维码)

在毛细胞的上方是箭头状毛束成组的静纤毛；相邻毛细胞的毛束耦合成一个头盔到顶盖膜，而毛细胞的底部与厚基膜相连

为了研究图 9.22 中模型的集团行为，我们将毛细胞或毛束当作单个振子，其与邻居振子发生耦合作用。这套耦合振子定义一个单元。让每个毛细胞与相邻单元发生作用，来表示基膜或顶膜的耦合。由于单元内的振子地位相同，我们假定它们之间的耦合为全局耦合，可通过一个平均场耦合来表示。下面的方程描述第 j 个毛束顶部的位移 z_j 的演化 [262]：

$$\dot{z}_j = (\mu_j + \mathrm{i}\omega_j)z_j - B_j|z_j|^2 z_j + k_j(d_\mathrm{R} + \mathrm{i}d_\mathrm{I})(\bar{z} - z_j) \tag{9.66}$$

其中，ω_j 为第 j 个振子的自然频率，μ_j 为霍普夫分岔参数，B_j 为振子的非线性，d_I 与 d_R 分别正比于弹性与黏性耦合 [262]，k_j 为耦合强度，$\bar{z} = \dfrac{1}{N}\sum_{j=1}^{N} z_j$ 为图心，代表 z_j 的平均。对于单个振子 $(k_j = 0)$，定态解 $z_j = 0$ 当 $\mu_j < 0$ 时稳定；当 $\mu_j > 0$ 时，z_j 为极限环，对应于自发的耳声发射 [252]。这里取 $N = 101$。

方程 (9.66) 的一个关键特点在于它的耦合是由实部 d_R 与虚部 d_I 共同组成的。引入序参量 $R = |\bar{z}|$，其相位 ψ 定义为 $R\mathrm{e}^{\mathrm{i}\psi} = \bar{z}$。当振子同步后，$R$ 就是其整幅。为简单起见，假定所有的振子有相同的参数 $\mu_j = \mu$，$B_j = B$ 及 $k_j = k$。同组中振子的区别由角频率表示 $\{\omega_j\}, 1 \leqslant j \leqslant N$，且为以 ω_0 为中心频率的对称分布。由于方程 (9.66) 对任意相移不变，包括 $z_j \mapsto z_j\mathrm{e}^{-\mathrm{i}\omega_0 t}$，因此我们可以选择 $\omega_0 = 0$。具体地，我们选择宽度为 $2\pi\Delta$ 的均匀分布，其 $\Delta = 0.1$ Hz，或者在区间 $-\pi\Delta$ 与 $+\pi\Delta$ 之间等距离的角频率 $2\pi\Delta/(N-1)$。在数值模拟中，我们按文献 [262],[264] 取 $\mu = 1, B = 1$ 及 $d_\mathrm{R} = 0.15$。初始相随机分布在区间 $\left[0, \dfrac{\pi}{2}\right]$。图 9.23 给出了几个典型的 d_I 情形下，R 随耦合强度 k 的变化。当 $|d_\mathrm{I}|$ 较小时，相变是连续的；当 $|d_\mathrm{I}|$ 较大时，相变是非连续的。注意，由于方程 (9.66) 为复共轭，d_I 的符号其实无所谓。在下面的研究中，我们取 $d_\mathrm{I} = -1.2$，图 9.23 的子图给出了其向前与向后的过程。我们看到，确实存在一个较大的迟滞回线，证实其为爆炸性同步。

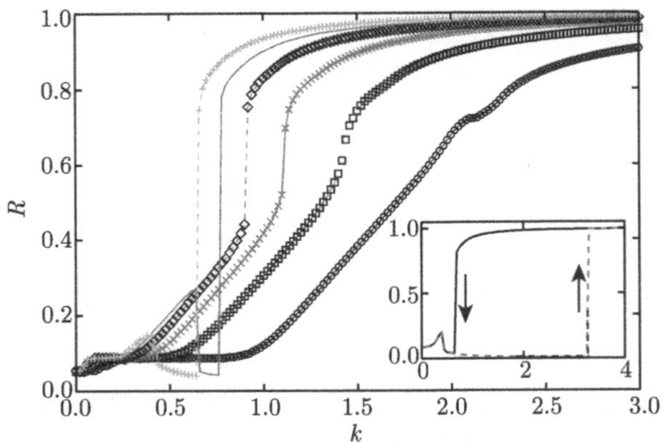

图 9.23　不同的 $|d_{\rm I}|$ 下序参量 R 随耦合强度 k 的变化关系 [249](彩图见封底二维码)

从左到右，各条曲线的 $|d_{\rm I}|$ 分别为 $-1.2, -1.0, -0.8, -0.6, -0.4$ 及 -0.2；子图：$d_{\rm I} = -1.2$ 时的迟滞回线，其中向前的相变点为 $k_{\rm c}' \approx 3.25$，向后的相变点为 $k_{\rm c} \approx 0.65$

我们现在讨论爆炸性同步对耳蜗的频率选择性的影响。为此，我们考虑耦合强度稍低于临界值的子临界区域 [259]：$k < k_{\rm c}$，并研究强度为 f，频率为 $\omega_{\rm f}$ 的单色的输入声波 $f{\rm e}^{{\rm i}\omega_{\rm f}t}$。方程 (9.66) 变为

$$\dot{z}_j = (\mu + {\rm i}\omega_j)z_j - B|z_j|^2 z_j + k(d_{\rm R} + {\rm i}d_{\rm I})(\bar{z} - z_j) + f{\rm e}^{{\rm i}\omega_{\rm f}t} \tag{9.67}$$

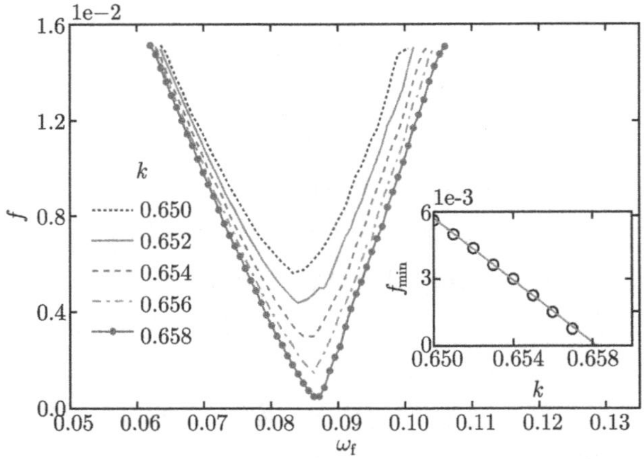

图 9.24　信号的敏感区域 – 阿诺德舌头 [249](彩图见封底二维码)

当幅值为 f、频率为 $\omega_{\rm f}$ 的外部刺激施加到振子数为 $N = 101$ 的单元时，在 $k < k_{\rm c} = 0.658$ 的范围内观察到了同步解；子图：最小振幅 $f_{\rm min}$ 对耦合强度 k 的依赖性

数值模拟发现在 $k < k_{\rm c}$ 时，当外部刺激的频率在一定范围内时，确实会出现同步化，且依赖于信号的幅值。对于一个给定的幅值 f 与给定的 k，改变角频率 $\omega_{\rm f}$ 可

观察到两个截然不同的解，即 R 要么较大，要么较小。图 9.24 给出了具有较大 R 解的 $(\omega_{\rm f}, f)$ 的边界，可见此区域随 k 逼近 $k_{\rm c}$ 而减小，表现为阿诺德舌头的形状。对给定的耦合 k，振子在舌头内是同步化的，而在舌头外非同步化。因此，在舌头顶部的最小的 $f_{\min}$ 就是对弱信号的灵敏度，其依赖于耦合 k 且 $f_{\min}$ 随 k 趋向 $k_{\rm c}$ 而减少。图 9.24 的子图给出了 $f_{\min}$ 对 k 的线性依赖性。

一个关键的问题是同步解是否与外部信号锁频？为了回答这个问题，我们检测 $\bar{z}$ 的傅里叶模在信号频率 $\omega_{\rm f}$ 处的幅值 Q：

$$Q = \left| \frac{1}{T} \int_t^{t+T} \bar{z}(t) {\rm e}^{-{\rm i}\omega_{\rm f} t} {\rm d}t \right| \tag{9.68}$$

图 9.25 显示了 Q 与 R 对外部信号频率的依赖性，可见它们很相似。此外，我们还检查了单个振子与外部信号的锁频比率 $\rho^{\rm lock} = N^{\rm lock}/N$，其中 $N^{\rm lock}$ 为与外部信号锁频的振子数。由图 9.25 可见，这个比率在非同步态接近于 0，而在同步态较大。因此，我们也可用 $\rho^{\rm lock}$ 来定义图 9.22 中的同步区域，发现它与用 R 或 Q 定出的边界相同。因此，图 9.24 的舌头中观察到的同步解确实是与外部刺激信号锁频的。

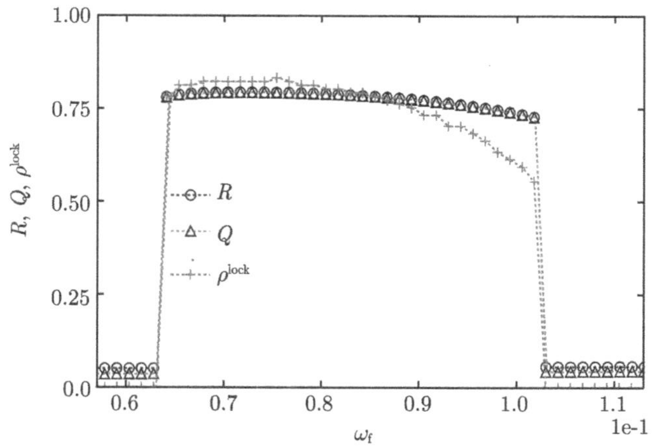

图 9.25 R，Q 与 $\rho^{\rm lock}$ 在与外部信号 $\omega_{\rm f}$ 锁频的范围内保持一致，而在锁频范围外则近似为0[249](彩图见封底二维码)

$N = 101$，耦合 $k = 0.655 < k_{\rm c}$ 及信号幅值 $f = 0.014$ 是固定的

上述讨论是基于图 9.22 中的一个单元，现在讨论各单元间耦合的影响，即图 9.22 中第一排的情形。假定有 M 个单元，单元之间的最近邻耦合通过平均场完成。

考虑线性分布的自然频率：

$$\omega_{lj} = \overline{\omega}_l + \frac{2j - N - 1}{N - 1}\pi\Delta, \qquad \bar{\omega}_l = l\delta\omega \tag{9.69}$$

其中，$j = 1, 2, \cdots, N$ 与 $l = 1, 2, \cdots, M$ 代表第 l 个单元中的第 j 个振子。$\delta\omega$ 为相邻单元间的平均自然频率之差。第 l 个单元中的第 j 个振子的动力学方程为

$$\begin{aligned}\dot{z}_{lj} \quad = \quad & (1 + \mathrm{i}\omega_{lj})z_{lj} - |z_{lj}|^2 z_{lj} + k_{\mathrm{in}}(d_{\mathrm{R}} + id_{\mathrm{I}})[(\bar{z}_l - z_{lj}) \\ & + k_{\mathrm{out}}(\bar{z}_{l+1} + \bar{z}_{l-1} - 2z_{lj})] + f\mathrm{e}^{\mathrm{i}\omega_{\mathrm{f}}t}\end{aligned} \tag{9.70}$$

单元 l 中的平均场 $\bar{z}_l$ 定义为 $\bar{z}_l \equiv \frac{1}{N}\sum_{j=1}^{N} z_{lj}$。单元内的耦合强度为 k_{in}，单元间的耦合强度为 k_{out}。这里取 $M = 10$，$\delta\omega = 0.5$，及应用 Dirichlet 边界条件到第一个 $(l = 0)$ 与最后一个 $(l = M)$ 单元。

我们首先研究没有外部信号的情况 $(f = 0)$ 并关注单元间的耦合如何影响同步化。我们发现 $k_{\mathrm{out}} > 0$ 并不会影响单个单元中相变的特征，但可以降低 k_{in} 的临界值。图 9.26 显示了单元 $l = 4$ 中发生爆炸性同步的分界线，其中右上方表示同步区域，右下方是非同步区域。相同的行为也在其他单元观察到了。

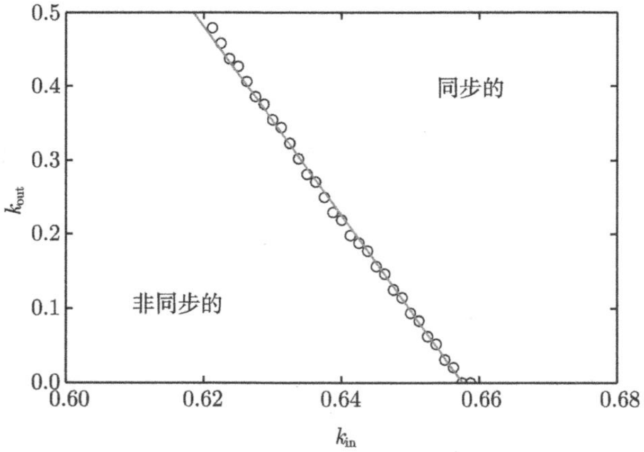

图 9.26　单元 $l = 4$ 的耦合参数空间 $(k_{\mathrm{in}}, k_{\mathrm{out}})$ 中的相图 [249]

现在讨论有输入信号的情形 $(f > 0)$ 并讨论单元中的振子数 N 如何影响信号检测。我们取 $k_{\mathrm{in}} = 0.6$ 与 $k_{\mathrm{out}} = 0.2$，即系统在 $f = 0$ 时处于图 9.26 的非同步区域。令 $R_l = |\bar{z}_l|$ 表示单元 l 中的局部序参量，其对信号频率的依赖性见图 9.27。图 9.27(a) 和 (b) 给出了 l=4，5，6 与 7 (对应于 $\bar{\omega}_l$ 从 2.0 到 3.5)，其中 (a) 图为 $N = 11$ 的情形，(b) 图为 $N = 101$ 的情形。与单个单元一样，共振发生在外部信

号频率接近单元中自然频率的平均处，有一点点上移。共振峰较尖，表明强的信号选择性。因此，当单元增多时，系统就可以检测更多不同的信号频率。非常重要的是，这种频率敏感性具有对噪声的鲁棒性，见图 9.27(c)(d)。

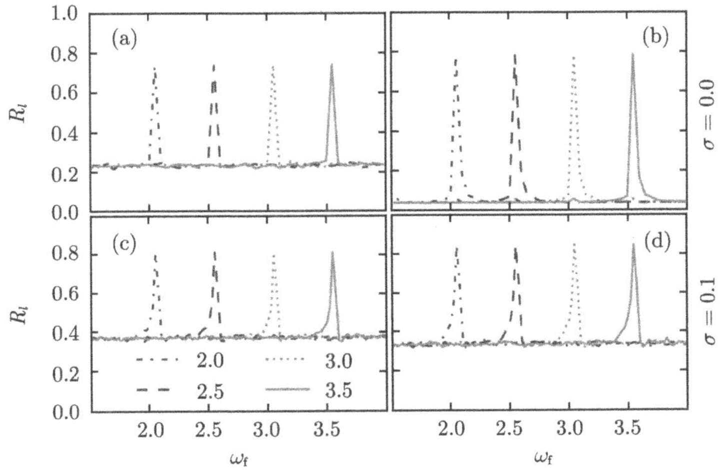

图 9.27 R_l 对外部信号频率的依赖性 [249](彩图见封底二维码)

其中单元为 l=4, 5, 6, 7；信号幅值 $f = 0.1$，耦合强度 $k_{\text{in}} = 0.6$ 与 $k_{\text{out}} = 0.2$；第一排与第二排分别代表无噪声 ($\sigma = 0$) 及有噪声 ($\sigma = 0.1$) 的情形，第一列与第二列分别表示 $N = 11$ 与 $N = 101$ 的情形

9.10 从爆炸性同步到 Bellerophon 态

现在，我们已经很好地明白了复杂网络上一级相变与二级相变出现的条件。还剩下的问题是，一级相变与二级相变之间是如何转变的以及在这个转变的过程中可有新的状态与新的行为出现？最近，我们对这些问题进行了初步探索，发现答案是肯定的。

实现一级相变与二级相变之间转变的一个有效途径是在系统中加少量的反对者 (contrarians)[265, 266]。根据爆炸性同步的禁止律 [221]：相对频率差较大的耦合振子对充当“警察”的角色来阻止小同步集团合并成大集团，从而破坏了相变的连续性而导致一级相变。那么，其反问题就是如何破坏禁止律，从而实现从爆炸性同步向二级相变的过渡。这个逆问题的一个应用背景就是一级相变如电力网的级联失效、金融市场雪崩效应 [192] 及癫痫病的突然发作等都是有害的。理论上，破坏禁止律是非常容易的，比如像文献 [221] 中所给出的建议那样，只需要随机地交换一些节点对之间的频率即可。然而，在实际系统中，振子的频率是不可改变的。这样，问题就变为在不改变振子的固有特征时如何控制爆炸性同步。

基于我们的大脑网络中本就有兴奋性神经元与抑制性神经元，文献 [265] 讨论了通过引入部分反对者所导致的效应。具体来说，就是在正耦合强度的神经振子中加入一部分负耦合强度的神经振子。相应地，我们将正耦合的振子叫做合作者，负耦合的振子叫做反对者。有两种方式引入反对者。在第一种方式中，反对者将收到来自最近邻的负耦合强度的作用，而合作者将收到正耦合强度的作用 [267]，其动力学方程为

$$\dot{\theta}_i = \omega_i + \frac{\lambda_i|\omega_i|}{k_i}\sum_{j=1}^{N} \boldsymbol{A}_{ij}\sin(\theta_j - \theta_i), \quad i = 1, \cdots, N \tag{9.71}$$

其中合作者有正的 λ_i，而反对者的 λ_i 为负。为简单起见，我们令所有的 λ_i 具有相同的幅值 $\lambda > 0$，即对合作者有 $\lambda_i = \lambda$，反对者有 $\lambda_i = -\lambda$。

在第二种方式中，反对者将给出负耦合到它所有的最近邻，而合作者将给出正耦合到它所有的最近邻 [268~270]，其动力学方程为

$$\dot{\theta}_i = \omega_i + \frac{|\omega_i|}{k_i}\sum_{j=1}^{N} \lambda_j \boldsymbol{A}_{ij}\sin(\theta_j - \theta_i), \quad i = 1, \cdots, N \tag{9.72}$$

对节点 i，它的合作者邻居将贡献一个正的 λ_j，而反对者邻居将贡献一个负的 λ_j。同第一种方式一样，我们令所有的 λ_j 具有相同的幅值 $\lambda > 0$，即对合作者有 $\lambda_j = \lambda$，反对者有 $\lambda_j = -\lambda$。

我们让 f 代表反对者的比例，即反对者占总振子数的百分比，从而在网络中我们有 fN 的反对者及 $(1-f)N$ 的合作者。考虑两种方式的反对者分布：在第一种方式中，让反对者随机均匀地分布在网络中，其优点是这种方式可以让每个节点有近似相同比例的反对者邻居或合作者邻居；在第二种方式中，我们让反对者被集中分布在网络的一个局部区域，这就导致了反对者分布的高度非均匀。选择这两种分布的目的是想知道反对者的分布如何影响控制效果，从而加深我们对抑制性神经元在神经网络的功能中所起的作用的理解。将这两种方式与方程 (9.71) 及方程 (9.72) 结合，我们就得到了四种组合：随机情形 1—— 按方程 (9.71) 随机分布的反对者；随机情形 2—— 按方程 (9.72) 随机分布的反对者；非均匀情形 1—— 按方程 (9.71) 非均匀分布的反对者；非均匀情形 2—— 按方程 (9.72) 非均匀分布的反对者。

数值模拟中，我们选择以大小为 $N = 500$、平均度为 $\langle k \rangle = 6$ 的随机ER 网为例，让节点的频率 ω_i 为对称的洛伦茨分布 $g(\omega) = \dfrac{1}{\pi}\left[\dfrac{\gamma}{\omega^2 + \gamma^2}\right]$，其 $\gamma = 0.5$。图 9.28(a)~(d) 分别给出了随机情形 1、随机情形 2、非均匀情形 1 及非均匀情形 2 的结果，其中“方块”与“圆圈”分别代表 $f = 0$ 条件下向前与向后的情形，“上三角”与“下三角”代表 $f = 0.04$ 的情形，“左三角”与“右三角”代表 $f = 0.08$ 的情

形。从这些结果我们看到，$f=0$ 与 $f=0.04$ 的情形有迟滞回线，而 $f=0.08$ 的情形没有，表明只需要 $f=0.08$ 的少量反对者就实现从一级相变到二级相变的转化。这个结果亦可理解如下：由于 ER 网是随机连接的，反对者的连接将通向不同的节点，包括反对者与合作者双方。随机分布的反对者与非均匀分布情形的差别就在于后者在反对者之间有更多的连接。由于反对者之间的连接只占反对者发出连接的一小部分，大多数反对者的连接都通向了合作者，致使这两种情形具有相同的控制爆炸性同步的能力。图 9.28 还告诉我们相变点 λ_c 随 f 的增加而增加，因此，诱导的二级相变点 λ_{c2} 就会远大于原来的一级相变点 λ_{c1}。这个结果很重要，因为它不仅仅抑制了一级相变，同时还使得相变点被后推，这对于防止系统发生级联失效非常重要。关于这个结果的理论解释见文献 [265]。

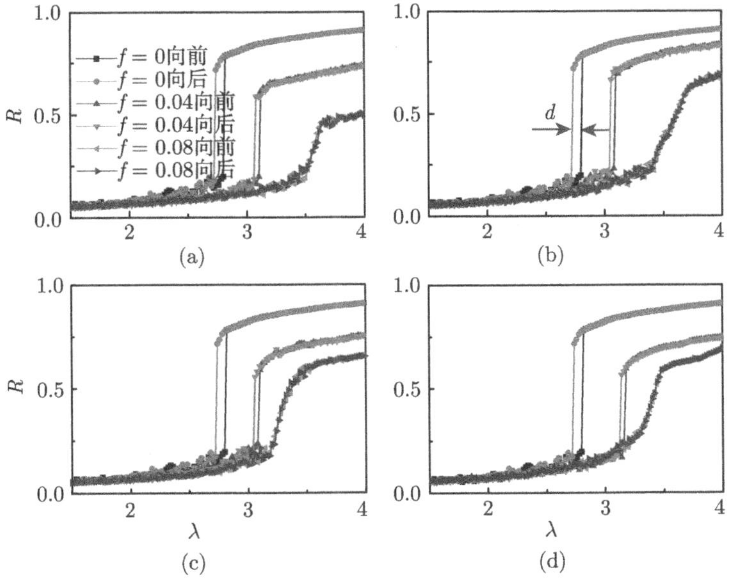

图 9.28 大小为 $N=500$、平均度为 $\langle k\rangle=6$ 的随机 ER 上的爆炸性同步的控制 [265](彩图见封底二维码)

其中“方块”与“圆圈”分别代表 $f=0$ 条件下向前与向后的情形，“上三角”与“下三角”代表 $f=0.04$ 的情形，“左三角”与“右三角”代表 $f=0.08$ 的情形；子图 (a)~(d) 分别对应于随机情形 1、随机情形 2、非均匀情形 1 及非均匀情形 2 的结果

除了爆炸性同步的控制外，近来毕宏杰等研究了一级相变转化为二级相变的过程中所出现的新行为，并揭示出一类新的状态称之为 Bellerophon 态 (B 态)[271~273]。B 态出现在系统从非相关态转变到相关态的参数附近。在 B 态，振子形成量子化的集团，其中无论是振子的相还是其瞬时频率都不同步。在同一个集团内，振子的瞬时速度不同，但振子的瞬时频率表现出随时间的周期性变化，因此其平均值相

同。与奇异态 (chimera state) 的命名类似，B 态的命名也来自于希纳神话中的英雄 Bellerophon。

考虑 N 个全连的 Kuramoto 状的相振子：

$$\dot{\theta}_i = \omega_i + \frac{k_i}{N}\sum_{j=1}^{N}\sin(\theta_j - \theta_i), \quad i = 1, \cdots, N \tag{9.73}$$

自然频率 ω_i 来自于给定的分布 (FD)$g(\omega)$。我们考虑两种能产生一级与二级相变的情形：① 令 $k_i = k\omega_i$，即让振子的自然频率与其耦合强度正相关；② 振子可分成合作者与反对者两组，即 k_i 只取两个值，要么 $k_1 < 0(k_2 > 0)$，要么 $k_1 > 0(k_2 < 0)$。

首先考虑情形①，并取双峰洛伦茨对称分布 $g(\omega) = \dfrac{\Delta}{2\pi}[(1/(\omega-\omega_0)^2+\Delta^2)+(1/(\omega+\omega_0)^2+\Delta^2)]$，其中 Δ 为最大峰值的一半处的半宽，$\pm\omega_0$ 为其中心频率。依赖于 ω_0/Δ，洛伦茨分布可以是单峰分布 ($\omega_0/\Delta \leqslant \sqrt{3}/3$) 或双峰分布 ($\omega_0/\Delta > \sqrt{3}/3$)。我们固定 $\Delta = 1$，让 ω_0 增加。图 9.29 给出了从爆炸性同步向连续相变的转变，其中 (a)~(f) 分别给出了 $\omega_0 = 0.5$，1.5，1.74，2.0，2.5 及 3.0 的情形。我们看到，当 ω_0 较小时，系统呈现爆炸性同步，见图 9.29(a)~(c)。然而，当 ω_0 较大时，系统表现出可逆的二级相变，见图 9.29(d)~(f)。

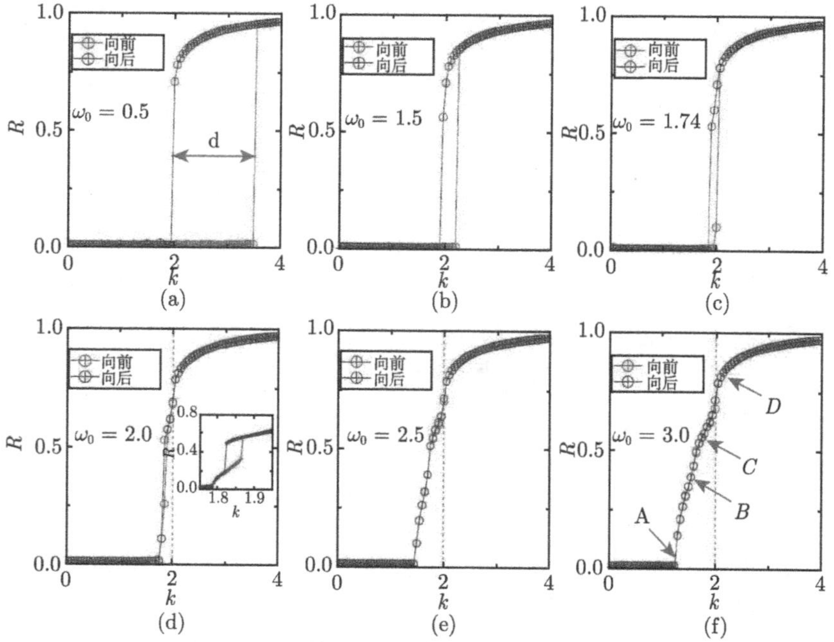

图 9.29　从爆炸性同步向连续相变的转变 [271](彩图见封底二维码)

其中 $\Delta = 1$，ω_0 分别为 0.5 (a)，1.5 (b)，1.74 (c)，2.0 (d)，2.5 (e)，3.0 (f)

理论分析给出，图 9.29(a)~(c) 中向前的相变点 k_f 大于向后的相变点，且向后的相变点为 $k_b = 2$[271]。然而有趣的是在图 9.29(d)~(f) 中，k_f 变得小于 2 了，这就引起了一系列奇怪的行为。比如在图 9.29(d) 的插图中，我们看到系统是先经历一个连续的相变，然后是一个稍小的爆炸性同步的迟滞回线，这是与图 9.29(a)~(c) 完全不同的行为。当 ω_0 进一步增加到图 9.29(e) 与 (f) 的情形时，这个稍小的迟滞回线也消失了，只剩下了连续相变。现在以图 9.29(f) 为例进行详细的研究。此时，系统分别在 $k_c^1 = 4/\sqrt{10} \approx 1.26$ 与 $k_c^2 = 2$ 处发生两个连续的相变，将参数区域分成三个区域：$k < k_c^1$(Ⅰ), $k_c^1 < k < k_c^2$(Ⅱ)，及 $k > k_c^2$(Ⅲ)。在区域Ⅰ中，耦合强度较小，系统处于平凡的非相关态；在区域Ⅲ中，耦合强度太大，系统处于同步态。在区域Ⅱ中，系统出现了奇异的行为，图 9.30 给出了图 9.29(f) 中四个特殊的点 A, B, C 与 D 处的频闪照相，由三个量刻画：瞬时相位 θ_i，瞬时角速度 $\dot{\theta}_i$ 及平均速度 $\langle\dot{\theta}_i\rangle$(振子的有效频率)。

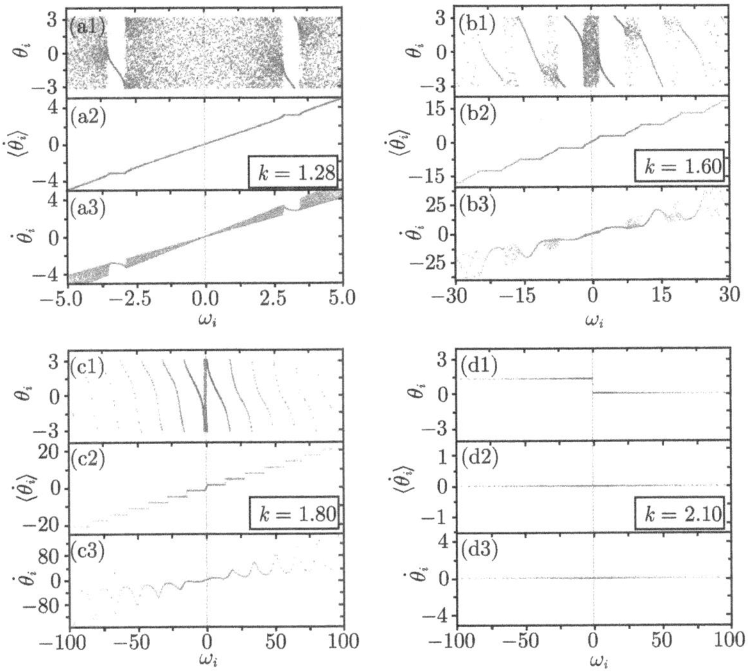

图 9.30 Bellerophon 态：瞬时相位 θ_i，平均速度 $\langle\dot{\theta}_i\rangle$ 及瞬时角速度 $\dot{\theta}_i$ 对自然频率 ω_i 的频闪照相 [271](彩图见封底二维码)

(a)~(d) 分别描述 $k = 1.28, 1.6, 1.8$ 及 $k = 2.1$ 的情形，其中 (a)~(c) 为 Bellerophon 态，(d) 为同步态

图 9.30(a) 表示耦合强度 $k = 1.28$ 的情形，正好超过 $k_c^1 = 1.26$。此时出现了两个小的对称集团，其平均速度幅值相等但符号相反。两个集团中的振子以相同的

平均速度旋转，但瞬时相及频率均不同。图 9.30(b) 给出的是 $k = 1.6$ 的情形，此时出现了多个集团，且集团数成对出现并随 k 的增加而增加。每一对集团包含着自然频率对称的振子，同一集团中的振子有相同的平均频率 [见图 9.30(b2) 中的台阶]，不同的瞬时频率 [图 9.30(b3)]。这些同步的集团与非同步的漂移振子共存。图 9.30(c) 给出的是 $k = 1.8$ 的情形，此时同步集团几乎占据了所有的自然频率范围。我们把这种新的状态叫做 B 态，以区别于因初值导致的奇异态 (chimera)。最后，图 9.30(d) 给出了 $k = 2.1$ 的情形，此时系统达到了同步化。

为了进一步给出 B 态的宏观与微观细节，图 9.31(a) 揭示了 $k = 1.6$ 时，同步集团的楼梯：它们是量子化的，且可表示为 $\pm(2n-1)\Omega_1, n = 1, 2, \cdots$，其中 Ω_1 为系统的基频或最低频率。相应地，依赖于 Ω_1 的倍数，集团可分别叫做 $C_1, C_3, C_5, \cdots$。值得指出的是，尽管每个集团中振子的平均速度相同，它们的瞬时速度通常是不同

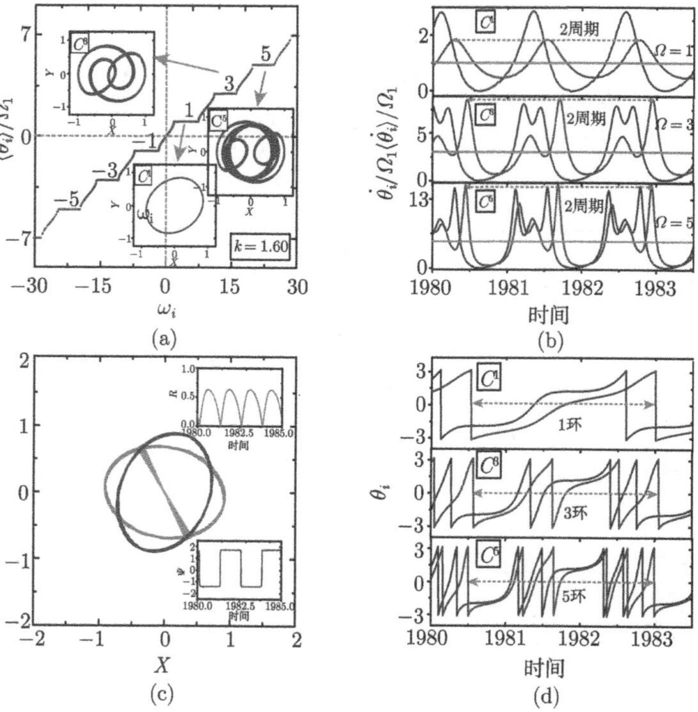

图 9.31　$k = 1.6$ 时的详细状态 [271](彩图见封底二维码)

(a) 同步集团中的平均速度，对应于主频率 Ω_1 的奇数倍；(b) 振子瞬时速度的时间序列，这两个样品振子是从集团 C_1, C_3, C_5 中随机选取的，直线代表平均速度；(c) 序参量分布：蓝色代表所有正频率振子的序参量，红色代表所有负频率振子的序参量，而绿色代表其他振子的序参量，插图为全局序参量 R 及 Ψ，具有振荡行为；(d) 对应于 (b) 的瞬时相的时间序列

的且相当非均匀。图 9.31(b) 告诉我们，同步集团中的瞬时速度周期性的变化，但不同的振子有不同的周期斑图。换句话说，每个振子的瞬时速度独特地变化。这使得 B 态本质上不同于 Kuramoto 类模型中其他的相关态如部分同步态、驻波态、旅行波态、奇异态。此外，尽管一个集团中的振子瞬时速度不同，但它们的平均速度一样，即同为 Ω_1 的奇数倍。由于瞬时速度刻画振子沿单位圆的旋转，图 9.31(d) 给出了一个有趣的集体行为：在一个周期 $T_1 = 1/\Omega_1$ 内，C_1 中的振子都完成单位圆中的一圈，同时，C_3 与 C_5 中的振子分别完成三圈与五圈。本质上，每个集团可以当作一个大振子，其特点由局部序参量描述。图 9.31(c) 给出了所有正的与负的频率的序参量。在相空间中，轨道为变形的椭圆，反映出总序参量的准周期运动，见图 9.31(c) 中的插图。

对于振子可分为合作者与反对者的情形 (2)，文献 [271] 给出了类似的 B 态。此外，B 态正在被越来越多的系统所证实 [272, 273]。

第 10 章　耦合系统中的奇异态

10.1　引言：半脑睡眠现象

除了基于主稳定函数方法的网络同步二级相变与具有迟滞效应的爆炸性同步一级相变外，近年来人们还发现了一种有趣的部分同步态——奇异态 (chimera)[274]。它与传统的部分同步态有着本质的区别：后者说的是两个系统中的部分子系统是相互同步的，而其他部分则不同步[275, 276]；而前者指的是同一个系统中，全同振子因初值或其他因素的不同而引起的部分振子表现为一个同步的集团，而剩余部分则依然处于非关联的状态。奇异态描绘的这种现象有些类似于希腊神话中的怪物，一个由狮子、山羊与蛇组成的凶猛地吐火焰的混合体，因而得名。现在，奇异态泛指任何由不协调部分组成的系统或任何看起来奇异的系统。

自然界中最显著的奇异态是哺乳动物的半脑睡眠，描述的是一只眼睁开而另一只闭着的非同步闭目现象，可在鸟类、一些水栖哺乳动物及爬行动物中观察到。控制睁开眼一侧的大脑实际没有入睡，仍处于觉醒状态。为减少因为睡眠导致的危险，动物进化过程中获得一些克服睡眠危险的能力，其中一种就是降低睡眠深度，一些动物进化出半睡半醒能力，就是只有一侧大脑半球处于睡眠状态，另一侧保持觉醒状态。脑电图的研究显示，处于睡眠状态的大脑半球符合典型的睡眠脑电波表现，而处于觉醒状态的另一侧大脑半球出现典型的觉醒脑电波特征。外在表现为清醒一侧大脑支配眼睛一直处于开放状态，就是睁一只眼闭一只眼的睡眠方案。在鸟类与水栖哺乳动物中，非同步闭目与半脑睡眠相关。来自于鸟类的证据表明，非同步闭目保持警觉性需要与睡眠需要之间的平衡，是非常重要的反捕行为。同样，来自爬行动物比如蜥蜴的实验也证实，非同步闭目也是它们用于减少被捕食危险性的响应[277]。一个有趣的证据是，池塘附近定居过夜的鸭群，其中分布在鸭群周边的个体利用半脑睡眠模式发挥岗哨作用，而处于鸭群中央区域的个体都自信地闭上双眼，这显然是一种聪明的安排。

海洋哺乳动物的半脑睡眠模式主要是为了防止溺水，半脑睡眠可以让这些水生哺乳动物在睡眠状态下游泳和浮出水面呼吸空气。睡眠不同于清醒可从行为与生理学的判据来进行区分。行为上，睡眠表现为一段持续的沉默周期，此时对外部的刺激响应大大减弱，只有在强刺激下才会迅速觉醒。对于哺乳动物与鸟类，行为睡眠通常与两种截然不同且交替变化的生理睡眠状态相联系：一种是慢波睡眠 (或称非快速眼动睡眠)，另一种是快速眼动睡眠。它们的 EEG 数据不一样[278]。我们知道，在清醒态时，大脑的 EEG 数据为低整幅的高频活动。相反，慢波睡眠的 EEG 由大整幅的低频数据构成，通常表现为 δ 波 (< 4Hz) 或 θ 波 ($4 \sim 8$Hz)。快速眼动睡眠的 EEG 与清醒情形类似，但没有肌张力。海豚是典型的半脑睡眠模式，图 10.1(a) 给出了来自于额部、头顶骨、枕叶皮质区的 EEG 数据采集的部位，其中左半脑为 1,2,3 位置，右半脑为 4,5,6 位置。图 10.1(b) 与 (c) 分别给出了不同时刻海豚的 EEG 数据。无论是 (b) 还是 (c) 中我们均看到其左半脑与右半脑的 EEG 数据完全不一样，即如果左半脑为低频大整幅，则右半脑就为高频小整幅的活动反之亦然。

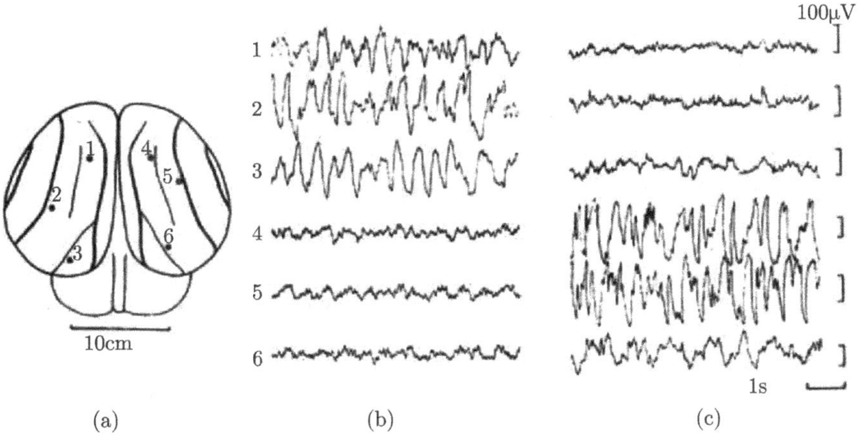

图 10.1 宽吻海豚在半脑睡眠时顶骨–枕叶皮质区的 EEG 数据 [278]

其中 (a) 为数据采集的位置，(b) 与 (c) 分别表示左半脑与右半脑上的 EEG 数据

我们知道人类的睡眠与清醒也是两个完全不同的状态，很少看到有人是睁一只眼闭一只眼进入梦乡的。那么，一个有趣的问题是，人类是否也存在类似鱼类和鸟类的情况，即可以一侧大脑睡眠而另一侧大脑休息吗？为了回答这个问题，应该让人类也处于相对危险的环境，看看此时人们是否会在处于警觉状态下出现类似半脑睡眠的特征。现已证实，人类确实存在着某种程度的半脑睡眠特征，这就是“首晚效应”，即在睡眠实验室第一个测试夜晚常出现失眠的现象。“首晚效应”是因为人类对陌生和潜在危险环境的默认警觉反应，不仅是睡眠受试者在睡眠实验室的现象，其实普通人外出旅游过程中，第一夜往往难以入睡，也是“首晚效应”作怪。Tamaki 和同事使用“首晚效应”作为潜在威胁模型，比较了不同睡眠情况下，人类受试者的睡眠深度和脑电与磁信号，结果发现人类睡眠在首夜也存在左右大脑半球的差异 [279]。对采集的脑磁图数据进行分析后发现，首夜和次夜非快速眼动睡眠的脑磁图数据存在明显差异。首夜受试者出现慢波活动两侧大脑不对称现象，次夜睡眠没有这种现象。因此，所谓“首晚效应”的本质是一种人类的半脑睡眠

现象。研究结果显示，左侧大脑在首晚不容易入睡，可能是“首晚效应”的内在基础 [279]。

10.2 对称破缺导致奇异态

奇异态是全同耦合振子网络中同步与非同步行为共存的混合态。这是一种令人惊奇的数学混合，因为全同振子通常被认为是要么相同步化的，要么永远不相干地各自漂移。然而 2002 年 11 月，Kuramoto 与其同事 Battogtokh 指出这种传统观点是错误的 [280]。当研究一个圆环上全同的、非局域耦合的相振子时，他们发现了某些非凡的东西：对特定的初值条件，与邻居耦合的全同振子可以表现出不同的行为。一些振子同步化，而其他的振子保持非相干 [280]。这不是暂态，而是同步与非同步态并存的稳定的持续现象。Strogatz 后来将这些斑图命名为奇异态 (chimera state)，因其与希腊神话中的由不协调部分构成的野兽有相似性 [281]。图 10.2 是几个典型的例子。

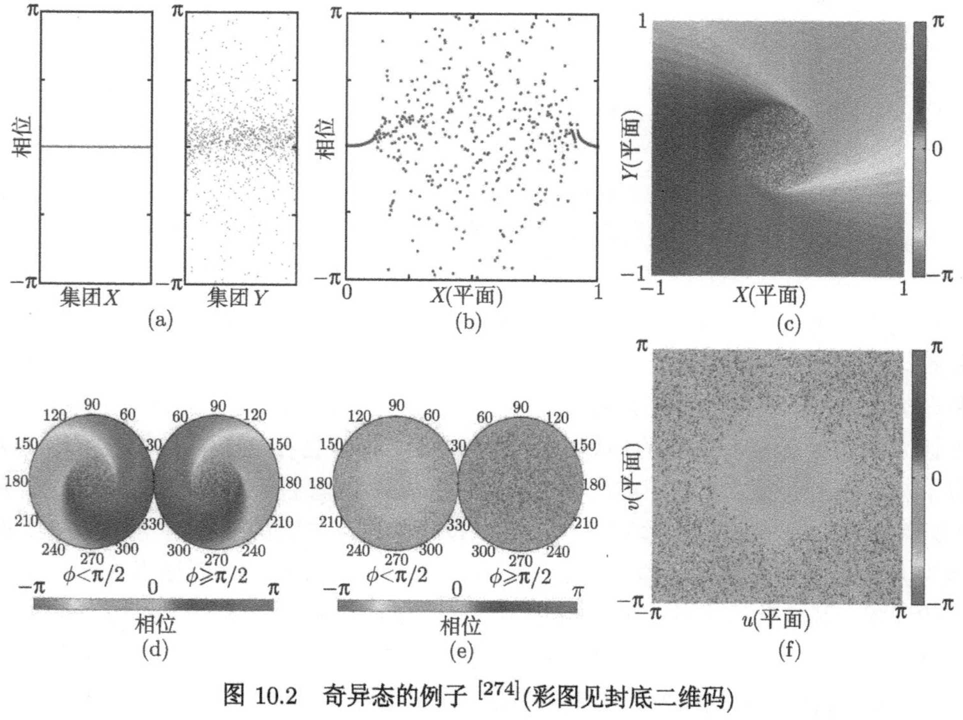

图 10.2 奇异态的例子 [274](彩图见封底二维码)

(a) 两个点状集团的系统中的奇异态；(b) 一维周期环上的奇异态；(c) 二维无穷平面上螺旋奇异态的非相干区域；(d) 二维周期球面上的螺旋奇异态；(e) 二维周期球面上的斑点奇异态；(f) 二维周期平环上的斑点奇异态

为了研究奇异态的成因，我们考虑一个支持奇异态的最简单的系统：一个圆环上的相振子 [281]：

$$\frac{\partial\phi}{\partial t}=\omega-\int_{-\pi}^{\pi}G(x-x')\sin[\phi(x,t)-\phi(x',t)+\alpha]\mathrm{d}x' \tag{10.1}$$

其中，$0\leqslant\alpha\leqslant\pi/2$ 是可调参数，核 $G(x-x')$ 表示振子间的非局部耦合，是偶的、非负的，且随 $|x-x'|$ 的增加而减小的归一函数。我们假定 $G(x-x')$ 取如下的形式：

$$G(x)=\frac{1}{2\pi}(1+A\cos x) \tag{10.2}$$

其中 $0\leqslant A\leqslant 1$。图 10.2(b) 显示了方程 (10.1) 奇异态的频闪照相，其中靠近 $x=\pm\pi$ 的振子是锁相的，它们都以相同的瞬时频率且近乎同相的运动。同时，图 10.2(b) 中部的分散振子无论是相互之间还是相对于锁频振子都是飘动的。它们在穿过锁相部分时会变得慢下来，导致那里更密集的点。

令 Ω 为旋转框架的角频率，$\theta=\phi-\Omega t$ 代表振子相对于这个框架的相。可引入复数序参量 $R\mathrm{e}^{\mathrm{i}\Theta}$，其满足：

$$R(x,t)\mathrm{e}^{\mathrm{i}\Theta(x,t)}=\int_{-\pi}^{\pi}G(x-x')\mathrm{e}^{\mathrm{i}\theta(x',t)}\mathrm{d}x' \tag{10.3}$$

则方程 (10.1) 变为

$$\frac{\partial\theta}{\partial t}=\omega-\Omega-R\sin[\theta-\Theta+\alpha] \tag{10.4}$$

其定态解为 [280]

$$R(x)\exp[\mathrm{i}\Theta(x)]=\mathrm{e}^{\mathrm{i}\beta}\int_{-\pi}^{\pi}G(x-x')\exp[\mathrm{i}\Theta(x')]\frac{\Delta-\sqrt{\Delta^2-R^2(x')}}{R(x')}\mathrm{d}x' \tag{10.5}$$

其中，$\beta=\pi/2-\alpha,\Delta=\omega-\Omega$。方程 (10.5) 的求解比较复杂，详细过程见文献 [281]。

为方便地刻画奇异态出现的机制，Abrams 等提出了一个精确可解的模型 [282]。其由两个相互作用的群体组成，一个代表同步态部分，而另一个则代表非相干部分。这个模型通常被当作奇异态的标准模型，其动力学方程如下：

$$\frac{\mathrm{d}\theta_i^\sigma}{\mathrm{d}t}=\omega+\sum_{\sigma'=1}^{2}\frac{K_{\sigma\sigma'}}{N_{\sigma'}}\sum_{j=1}^{N_{\sigma'}}\sin(\theta_j^{\sigma'}-\theta_i^\sigma-\alpha) \tag{10.6}$$

其中，$\sigma=1,2$，N_σ 为群体 σ 中的振子数。振子全同，因此频率 ω 与相位滞后 α 对每个振子都一样。σ' 中的振子对 σ 中的振子的耦合强度由 $K_{\sigma\sigma'}$ 表示。为简单起见，假定 $K_{11}=K_{22}=\mu>0$，$K_{12}=K_{21}=v>0$，且 $\mu>v$。因此组内的耦合强于组间的耦合，这实际上与文献 [280],[281] 中非局域耦合随距离衰减的假定相一致。重新标度，我们可令 $\mu+v=1$。为方便起见，引入参数 $A=\mu-v$ 与 $\beta=\pi/2-\alpha$，下面会看到只有这两个参数都比较小时才会出现奇异态。

方程 (10.6) 有一个稳定的同步态解，全体振子会随着耦合强度的增加而聚集到这个同步态上。事实上，对绝大部分随机选取的初始条件来说，系统确实会趋向这个同步解。然而对一些特殊的初值选取，比如组 1 内的振子初始条件都一样，而组 2 内的振子初始条件随机分布，奇异态就可以出现。图 10.2(a) 是此时的奇异态解，其中组 1 内的振子是同步的，而组 2 内的则没有。显然，出现奇异态的主要原因就是初值的对称性被破坏了。图 10.3 显示了非同步态组 2 的奇异态动力学，其中 (a)~(c) 分别代表 $A=0.2$，0.28 及 0.35 的情形。图 (a) 的序参量为常数，表明奇异态是稳定的。当稍微增加 μ 时 (v 就自动减少了)，这个定态会失稳。代之以序参量的规律性跳动，奇异态开始呼吸，见图 (b)。当我们进一步增加耦合间的不一致 A 时，呼吸的周期会变长，见图 (c)。在临界点处，呼吸周期变的无穷长。超过临界点后，奇异态消失，同步态成为全局吸引子。

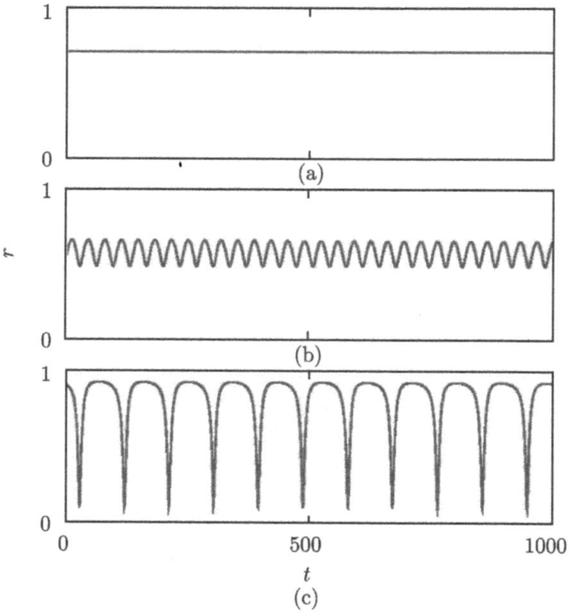

图 10.3　序参量随时间的演化 [282]

其参数为 $N_1=N_2=128, \beta=0.1$；(a) $A=0.2$：稳定的奇异态；(b) $A=0.28$：呼吸奇异态；(c) $A=0.35$：长周期呼吸子；数值模拟从一个靠近奇异态的初值条件开始，去掉 2000 个单位时间的暂态后开始记录

为讨论方程 (10.6) 的理论解，我们考虑 $N_\sigma \to \infty$ 的极限情形，其中 $\sigma = 1, 2$。此时有连续性方程：

$$\frac{\partial f^\sigma}{\partial t} + \frac{\partial}{\partial \theta}(f^\sigma v^\sigma) = 0 \tag{10.7}$$

其中，$f^\sigma(\theta, t)$ 是振子在组 σ 中的概率密度，$v^\sigma(\theta, t)$ 是它们的速度

$$v^\sigma(\theta, t) = \omega + \sum_{\sigma'=1}^{2} K_{\sigma\sigma'} \int \sin(\theta' - \theta - \alpha) f^{\sigma'}(\theta', t) \mathrm{d}\theta' \tag{10.8}$$

引入复数序参量：

$$z_\sigma(t) = \sum_{\sigma'=1}^{2} K_{\sigma\sigma'} \int \mathrm{e}^{\mathrm{i}\theta'} f^{\sigma'}(\theta', t) \mathrm{d}\theta' \tag{10.9}$$

方程 (10.8) 变为

$$v^\sigma(\theta, t) = \omega + \frac{1}{2\mathrm{i}}(z_\sigma \mathrm{e}^{-\mathrm{i}\alpha} \mathrm{e}^{-\mathrm{i}\theta} - z_\sigma^* \mathrm{e}^{\mathrm{i}\alpha} \mathrm{e}^{\mathrm{i}\theta}) \tag{10.10}$$

其中，$*$ 代表复共轭。按照 Ott 与 Antonsen 方法，我们现在考虑一类具有泊松核的密度函数 f^σ，其动力学可从无穷维截断为有限维。特别是，当我们令

$$f^\sigma(\theta, t) = \frac{1}{2\pi}\left\{1 + \left[\sum_{n=1}^{\infty} (a_\sigma(t) \mathrm{e}^{\mathrm{i}\theta})^n + \mathrm{c.c.}\right]\right\} \tag{10.11}$$

将 f^σ 代入支配方程可得

$$\dot{a}_\sigma + \mathrm{i}\omega a_\sigma + \frac{1}{2}[a_\sigma^2 z_\sigma \mathrm{e}^{-\mathrm{i}\alpha} - z_\sigma^* \mathrm{e}^{\mathrm{i}\alpha}] = 0 \tag{10.12}$$

这个方程对所有的 n 成立。因此，代替无穷多振幅方程，我们这里只需要求解这一个方程。

将泊松核 (式 (10.11)) 代入方程 (10.9) 并考虑正交性可得

$$z_\sigma(t) = \sum_{\sigma'=1}^{2} K_{\sigma\sigma'} a_{\sigma'}^*(t) \tag{10.13}$$

于是幅值方程化为

$$\dot{a}_1 + \mathrm{i}\omega a_1 + \frac{1}{2} a_1^2 (K_{11} a_1^* + K_{12} a_2^*) \mathrm{e}^{-\mathrm{i}\alpha} - \frac{1}{2}(K_{11} a_1 + K_{12} a_2) \mathrm{e}^{\mathrm{i}\alpha} = 0 \tag{10.14}$$

对 $\dot{a}_2$，有相同的方程形式。在极坐标 $a_\sigma = \rho_\sigma e^{-i\phi_\sigma}$ 下，方程 (10.14) 变为

$$\begin{aligned}0 &= \dot{\rho}_1 + \frac{\rho_1^2 - 1}{2}[\mu\rho_1\cos\alpha + v\rho_2\cos(\phi_2 - \phi_1 - \alpha)] \\ 0 &= -\rho_1\dot{\phi}_1 + \rho_1\omega - \frac{\rho_1^2 + 1}{2}[\mu\rho_1\sin\alpha + v\rho_2\sin(\phi_1 - \phi_2 + \alpha)]\end{aligned} \tag{10.15}$$

对 $\dot{\rho}_2$ 与 $\dot{\phi}_2$，也有相同的方程形式。现在考虑奇异态情形。假定组 1 为同步态，组 2 为非同步态。取 $\rho_1 = 1$，则有 $\dot{\rho}_1 = 0$。在 $\rho_1 = 1$ 的不变流形上，动力学方程变为

$$\begin{aligned}\dot{\phi}_1 &= \omega - \mu\sin\alpha - vr\sin(\Psi + \alpha) \\ \dot{r} &= \frac{1 - r^2}{2}[\mu r\cos\alpha + v\cos(\Psi - \alpha)] \\ \dot{\phi}_2 &= \omega - \frac{1 + r^2}{2r}[\mu r\sin\alpha + v\sin(\alpha - \Psi)]\end{aligned} \tag{10.16}$$

其中，$r = \rho_2, \Psi = \phi_1 - \phi_2$。当 r 与 Ψ 动力学方程解耦时，得到二维系统：

$$\begin{aligned}\dot{r} &= \frac{1 - r^2}{2}[\mu r\cos\alpha + v\cos(\Psi - \alpha)] \\ \dot{\Psi} &= \frac{1 + r^2}{2r}[\mu r\sin\alpha - v\sin(\Psi - \alpha)] - \mu\sin\alpha - vr\sin(\Psi + \alpha)\end{aligned} \tag{10.17}$$

这个系统有一个总是存在的平凡不动点 $r = 1, \Psi = 0$，对应于完全同步化。非平凡不动点对应于定态奇异态，其局部序参量 $\rho_1(t) = 1$，且 $\rho_2(t) = r(t)$ 保持为常数。图 10.4 给出了其相平面 $\beta \sim A$ 上奇异态的分岔与稳定区域。

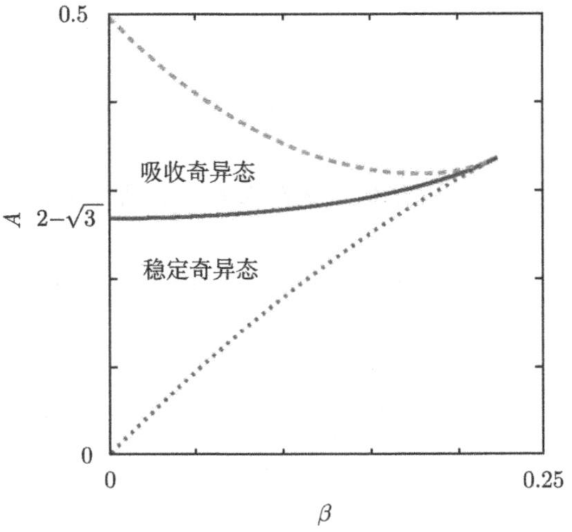

图 10.4　奇异态的稳定相图 [282]

分岔曲线：鞍–结 (点线) 与超临界界霍普夫 (实线) 分岔是理论发现的；同宿 (虚线) 分岔是数值发现的

这种耦合随距离的衰减导致的非对称性亦可由时间延迟来实现，从而在有延迟的情形下出现奇异态 [283, 284]。比如，Sethia 等考虑了一个圆环上具有延迟耦合的全同振子，发现了一种集团化的奇异态：空间分布的相关联由非关联态所隔离，且相邻的相干态反相 [283]。他们考虑的动力学方程如下：

$$\frac{\partial}{\partial t}\phi(x,t)=\omega-\int_{-L}^{L}G(x-x')\sin[\phi(x,t)-\phi(x',t-\tau_{x,x'})+\alpha]\mathrm{d}x' \tag{10.18}$$

其中，$2L$ 为系统长度。系统采取周期边界条件。核 $G(x-x')$ 取如下形式：

$$G(x-x')=\frac{k}{2(1-\mathrm{e}^{-kL})}\mathrm{e}^{-kd_{x,x'}} \tag{10.19}$$

其中，$d_{x,x'}=\min\{|x-x'|,2L-|x-x'|\},\tau_{x,x'}=d_{x,x'}/v$，$v$ 是信号传播的速度。有趣的是，因延迟的存在，奇异态对初值不再那么敏感。现取 0 到 2π 间随机均匀的初始相位，然后将它们安排成镜像对称的分布，就很容易出现奇异态。图 10.5(a) 给出了从一套随机初始条件出发振子相位 ϕ 的早期时空演化；(b) 为最终形成的集团化的奇异态；(c) 给出了定态时相位的空间分布的一个频闪照相，可见四个相干区域由不关联的态隔开，且相邻的相干态反相；(d) 给出了从 $x=-0.5$ 到 $x=-0.25$ 之间区域的放大，也是非相关区域的放大。

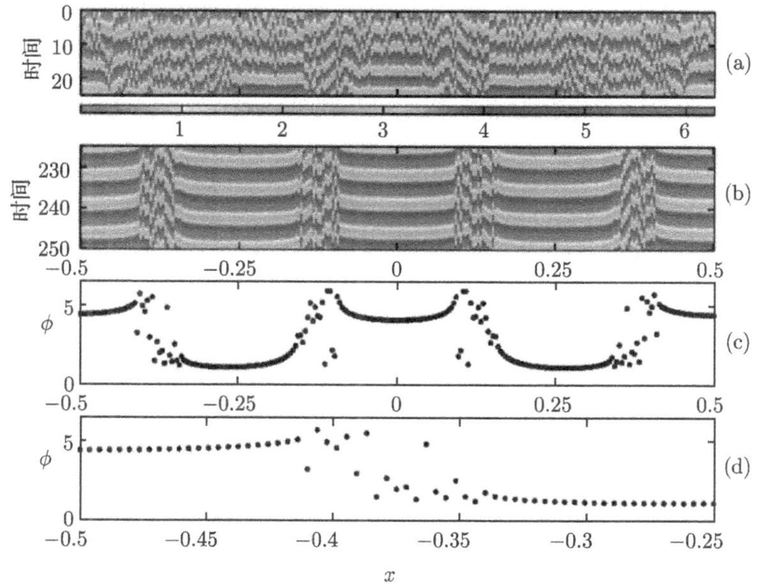

图 10.5　从一套随机初始条件出发，振子相位 ϕ 的早期时空演化 [283](彩图见封底二维码)

参数 $2L=1.0,k=4.0,1/v=10.24,\omega=1.1$ 及 $\alpha=0.9$；(b) 一段时间后的演化；(c) 最终定态的一个频闪照相；(d) $x=-0.5$ 与 $x=-0.25$ 之间区域的放大

除了耦合的非均匀破坏对称性而导致奇异态以外，Schmidt 等发现纯粹初值的非均匀性也能导致奇异态 [285]。他们考虑了均匀全局耦合的 Stuart-Landau 振子，发现如果令初值形成一些集团，则也可以出现奇异态且会继承这些初值的特征。因此，他们推断在全局耦合的系统中，集团化的初值是奇异态出现的先决条件。

10.3 奇异态的交替变化与鲁棒性

研究奇异态的目的是为了解释半脑睡眠的微观机制，上述模型已经很好地回答了这个问题。然而，半脑之间的交替变化，比如海豚的左右半脑是如何实现交替休息与觉醒的，尚不能由这些模型得到解答。马如宝等将环境的变化作为信号引入到 Abrams 的标准模型 (式 (10.6)) 中，从而实现了奇异态的两组之间的交替变化 [286]。他们考虑的模型为

$$\frac{\mathrm{d}\theta_i^\sigma}{\mathrm{d}t}=\omega_i+\sum_{\sigma'=1}^{2}\frac{K_{\sigma\sigma'}}{N_{\sigma'}}\sum_{j=1}^{N_{\sigma'}}\sin(\theta_j^{\sigma'}(t)-\theta_i^\sigma(t)-\alpha)+A\sin\Omega(t-\tau_\sigma) \tag{10.20}$$

其中，A 与 Ω 为环境信号的整幅与频率，τ_σ 为系统对环境的响应时间。耦合强度取为 $K_{11}=K_{22}=5$，$K_{12}=K_{21}=-4$，这就考虑到了视交叉上核中左右振子的反相现象 [287]。我们取 $\alpha=\pi/2-0.1$。考虑到睡眠大脑半球与清醒的大脑半球应该对环境信号有不同的响应，我们令 $\tau_1=0,\tau_2\neq 0$。

我们令 ω_i 随机均匀地分布在区间 $[1-\delta,1+\delta]$，其中 δ 描述振子的多样性。这里考虑非全同振子的原因是在全同振子的情形，同步化组的振子将达到完全同步化。一旦它们同步后，就很难将它们变成其他状态。而在非全同的情形，同步组中的振子并不是完全同步的，而只是近似同步。当受到外部信号 $A\sin\Omega(t-\tau_\sigma)$ 的影响后，就可能使振子间微小的差异被放大，从而导致去同步化。此时，如果非同步组的振子也变成了近似同步态，我们就实现了同步与非同步组间的交替变化。数值模拟证实了这个分析：我们发现对固定的 δ，存在一个阈值 A_0。当 $A\geqslant A_0$ 时，交替变化的奇异态出现。比如当 $\delta=0.1$ 时，我们有 $A_0=0.2$。A_0 将随着 δ 的增加而逐渐减少。图 10.6 给出了 $N_1=N_2=128,\delta=0.1$ 时的结果，其中 (a) 代表 $A=1,\Omega=1$ 及 $\tau_2=1.5$ 的情形；(b) 为 $A=1,\Omega=0.5$ 及 $\tau_2=1.5$ 的情形；(c) 为 $A=1.5,\Omega=1$ 及 $\tau_2=1.5$ 的情形；(d) 为 $A=1,\Omega=1$ 及 $\tau_2=3.0$ 的情形。从图 10.6 中我们看到所有的四种情形中都存在交替的奇异态，表明了交替奇异态对信号参数 A,Ω 及 τ_2 的鲁棒性。图 10.6 告诉我们的另一点是交替奇异态的周期是由外部信号的周期 Ω 决定的，因此子图 10.6(b) 中的周期为其他三种情形的两倍。

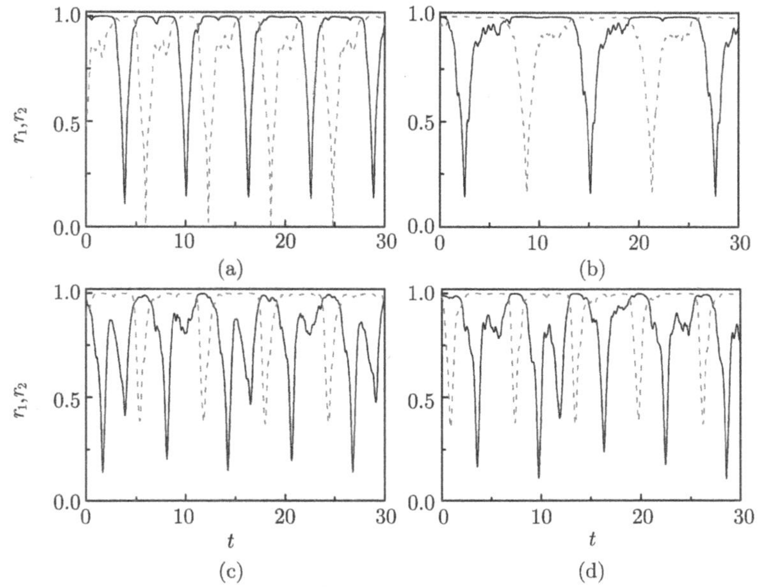

图 10.6 外部信号诱导的交替奇异态 [286]

其中 (a) 代表参数 $A = 1, \Omega = 1$ 及 $\tau_2 = 1.5$ 的情形; (b) 为 $A = 1, \Omega = 0.5$ 及 $\tau_2 = 1.5$ 的情形; (c) 为 $A = 1.5, \Omega = 1$ 及 $\tau_2 = 1.5$ 的情形; (d) 为 $A = 1, \Omega = 1$ 及 $\tau_2 = 3.0$ 的情形

方程 (10.20) 考虑的实际上不是全同振子，而是频率不完全相同的非全同振子。这种关于奇异态在非全同振子中的鲁棒性，在文献 [288] 中做了较详细的研究。Laing 考虑了振子的自然频率的非均匀性对奇异态的影响，他假定振子的自然频率服从洛伦茨分布，从而将 Abrams 等的结果 [281, 282] 进行了推广，得到了相似的支配方程，并讨论了一些参数如洛伦茨分布的宽度等的影响 [288]。这些结果表明奇异态对振子自然频率的非均匀性有鲁棒性，且这个非均匀性可诱导出一些有趣的分岔。

10.4 高维系统中的奇异态

一维圆环上的奇异态很容易地推广到高维比如二维 [289~292] 与三维 [293] 的情形，甚至可观察到多奇异态的情形 [294, 295]。图 10.2 中的子图 (c)~(f) 就是二维环面上奇异态的不同斑图。

对二维情形，我们以二维数组上非局域耦合的相振子为例做简单介绍 [289]。相对于一维情形，二维数组可以显示出大量的定态斑图，包括圆斑图、条纹斑图及多个螺旋斑图等。考虑 $N \times N$ 的二维全同振子，其动力学方程为

$$\dot{\Psi}_{jk} = \omega - \frac{1}{|B_R(j,k)|} \sum_{(m,n)\in B_R(j,k)} \sin(\Psi_{jk} - \Psi_{mn} + \alpha) \tag{10.21}$$

这两个脚标都按 N 取模，导致一个环面结构。由于每个振子的频率 ω 全同，不失一般性，可将其取为 0。耦合范围 R 可在区间 $0 < R < N/2$ 内取值，环面上每个点 (j,k) 的邻居为

$$B_R(j,k) := \{(m,n) : (m-j)^2 + (n-k)^2 \leqslant R^2\} \tag{10.22}$$

其中，$m-j$ 与 $n-k$ 必须在环面结构上计算。方程 (10.21) 中的非局域相互作用由 $B_R(j,k)$ 邻居的点数 $|B_R(j,k)|$ 进行归一化。这个设置主要是方便数值计算，但可用于其他的格子系统比如三角或甚至不规则的格子。热力学极限下，方程 (10.21) 可写为

$$\dot{\Psi}_{jk}(t) = \omega + \mathrm{Im}[Z_{jk}(t)\mathrm{e}^{-\mathrm{i}\Psi_{jk}(t)}] \tag{10.23}$$

其中：

$$Z_{jk}(t) = \frac{1}{|B_R(j,k)|} \sum_{(m,n)\in B_R(j,k)} \mathrm{e}^{\mathrm{i}\Psi_{mn}(t)}\mathrm{e}^{-\mathrm{i}\alpha} \tag{10.24}$$

为局域平均场。对每一个振子 Ψ_{jk}，引入归一化位置：

$$x_{jk} := (j/N, k/N) \in S = [0,1] \times [0,1] \tag{10.25}$$

按照 Pikovsky 与 Rosenblum 的方法 [296]，我们可以假定对任意 $x \in S$ 的点，这点附近小邻域内的振子表现为全局耦合的子群。它们的集团行为由局部复平均场 $z(x,t)$ 刻画，因此可定义为

$$z(x,t) := \lim_{N\to\infty} \frac{1}{|B_\delta^N(x)|} \sum_{(j,k)\in B_\delta^N(x)} \mathrm{e}^{\mathrm{i}\Psi_{jk}(t)} \tag{10.26}$$

其中，$B_\delta^N(x) = \{(j,k) : |x - (j/N, k/N)| < \delta\}$ 代表点 x 的一个邻域。将空间位置 x 当作子群的指针，可得平均场的方程：

$$\frac{\partial z}{\partial t} = \mathrm{i}\omega z(x,t) + \frac{1}{2}Z(x,t) - \frac{z(x,t)^2}{2}Z^*(x,t) \tag{10.27}$$

其中：

$$Z(x,t) = \frac{\mathrm{e}^{-\mathrm{i}\alpha}}{\pi r^2} \int_{|x-y|<r} z(y,t)\mathrm{d}y \tag{10.28}$$

符号 $*$ 代表复共轭。由方程 (10.26) 可知，$0 \leqslant |z(x,t)| \leqslant 1$。$|z(x,t)|=1$ 代表点 x 附近的振子是同步的，而 $|z(x,t)|=0$ 则不同步。对奇异态来说，$|z(x,t)|=1$ 等同于相关区域，而 $|z(x,t)|<1$ 代表非相关区域。在方程 (10.27) 与 (10.28) 的框架下，奇异态表现为驻波的形式：

$$z(x,t)=\hat{z}(x)\mathrm{e}^{\mathrm{i}\Omega t} \tag{10.29}$$

其中，Ω 为相关振子的公共频率，$\hat{z}(x)$ 为复值的定态轮廓。相关与非相关的共存区由 $|z(x,t)|=1$ 与 $|z(x,t)|<1$ 来反映其对应区域。相关区中振子的运动可渐近地表示为

$$\Psi_{jk}(t)=\Omega t+\arg\hat{z}(x_{jk}) \tag{10.30}$$

相反，非相关区中的振子则做无规运动。

在三维情形中，Maistrenko 等给出了第一个具有周期边界的网格相振子模型 [293]，并发现其存在两个主要类型的奇异态。第一类为振荡态，包括相关与非相关的球、管子、交叉 (cross) 及分层等斑图。第二类为螺旋旋转态，包括卷轴波与不同形态的非相关卷的共存。他们考虑的动力学方程为

$$\dot{\phi}_{ijk}=\omega+\frac{K}{p^3}\sum_{(i',j',k')\in B_p(i,j,k)}\sin(\phi_{i'j'k'}-\phi_{ijk}-\alpha) \tag{10.31}$$

其中，脚标 i,j,k 按周期 N 取模。耦合是长程且各向同性的：每个振子以强度 K 与范围 p 内的所有近邻发生耦合，即与那些落在球状邻居内的振子耦合：

$$B_p(i,j,k):=\left\{(i',j',k'):(i-i')^2+(j-j')^2+(k-k')^2\leqslant p^2\right\} \tag{10.32}$$

其中，$i-i',j-j'$ 及 $k-k'$ 按网络的周期边界条件进行计算。

不失一般性，我们令方程 (10.31) 中的 $\omega=0, K=1$。相延迟参数 $\alpha\in[0,\pi/2]$。耦合半径 $r=p/N$ 的变化范围从 $r=1/N$(局部耦合) 到 $r=0.5$(接近全局耦合)。这之间的范围是非局域耦合，奇异态发生在这里，文献 [293] 给出了其丰富的奇异态斑图。图 10.7 是其中的一个例子，没有二维中的对应斑图。图 10.7(a) 是六块不相关的交叉，(b) 是四片相关的交叉。图 10.7(a) 中六片奇异态的互补相关集描述同种交叉但显示在移动了的坐标 $x\to x+0.5, y\to y+0.5, z\to z+0.5$ 中。因此，相关与非相关的六片交叉同时存在，但在不同的坐标中，且完美地共存。不同于六片交叉，图 10.7(b) 中的是四片交叉，它在移动了的坐标中的互补非相关集只有两片。

考虑到大脑中神经元之间连接的典型斑图可以认为是由复杂网络刻画的，因此有必要研究复杂网络中是否也可以出现奇异态。最近的研究表明，奇异态也可以存在于复杂网络情形中 [297]。此时的动力学方程如下：

$$\frac{\mathrm{d}\theta_i}{\mathrm{d}t}=\omega-\frac{1}{N}\sum_{j=1}^{N}G_{ij}\sin(\theta_i-\theta_j+\alpha) \tag{10.33}$$

其中，$\omega = 0, 0 \leqslant \alpha \leqslant \dfrac{\pi}{2}$。假定网络结构取复杂网络，耦合核 G_{ij} 依赖于复杂网络上振子 i 与 j 之间的最短距离 d_{ij}。一般来说，$G_{ij}(d_{ij}) \geqslant 0$ 且随最短距离 d_{ij} 的增加而减少，因此可取为

$$G_{ij} = A\mathrm{e}^{-kd_{ij}} \tag{10.34}$$

其中，A 为全局耦合强度，k 为局部耦合强度。当 $k = 0$ 时，此模型将变成全局耦合的 Kuramoto 模型。而当 k 增加时，模型将趋近局域耦合的 Kuramoto 模型，其耦合函数 G 变成网络的邻接矩阵。具体地，这些参数取为 $N = 1024$、$\alpha = \pi/2 - 0.1$、$A = 1$、$k = 0.1$。

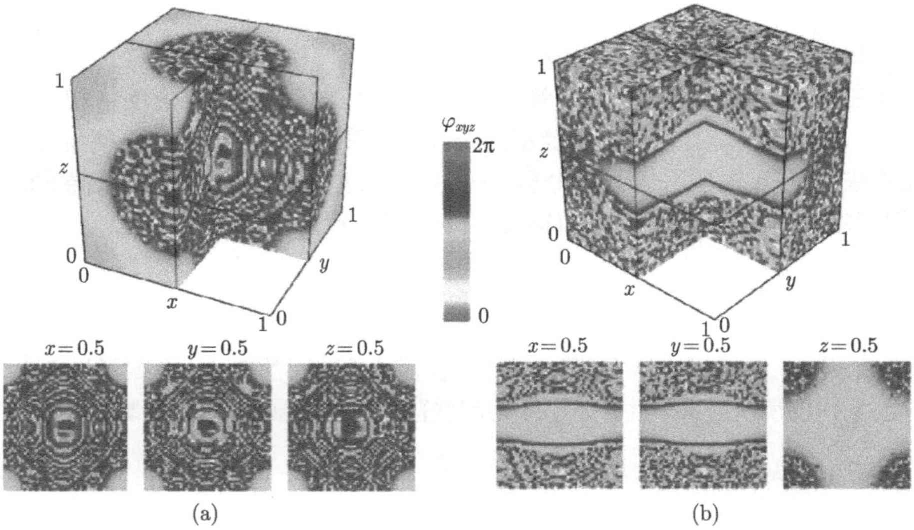

图 10.7 交叉奇异态 [293](彩图见封底二维码)

(a) 非相关的六片交叉 ($\alpha = 1.365, r = 0.342$)；(b) 相关的四片交叉 ($\alpha = 1.45, r = 0.35$)

复杂网络上的奇异态不像一维或二维格子系统上的奇异态那么容易辨认，因为后者会形成具有清晰边界的同步集团与非同步同步，而前者因其无穷维的特征很难在空间上划分那一部分是同步态还是非同步态。一个可行的办法是先计算其有效频率 $\langle\omega\rangle = \lim_{T\to\infty} \dfrac{1}{T}\displaystyle\int_{t_0}^{t_0+T} \dot{\theta}_i \mathrm{d}t$，然后将振子按下列方式排序：如果$|\langle\omega_i\rangle| \geqslant |\langle\omega_j\rangle|$，我们就令其编号为 $i \geqslant j$。如果出现 $|\langle\omega_i\rangle|$ 相等的平台，我们对这个平台上的振子进行重排：将平台上度最大的振子排为 1，其他的振子则按对第一个的距离来排序；如果距离相同，则当 $k_i > k_j$ 时我们令 $i < j$。图 10.8 给出了模型 (10.33) 取随机初始条件时的时间演化，其中 (a) 为 ER 随机网的情形，(b) 为 BA 无标度网的情形。很显然，两个网络上的暂态都很短，几个循环后就演化成了奇异态。从图 10.8 的演化亦可看出，非相关组中振子的动力学是由存在大量的相移来刻画的，这些相移

破坏了它们与相关组之间的同步化。

不同于规则网络，复杂网络上的奇异态对初始条件不具有敏感性[297]。在相同的网络结构与动力学参数下，组成相关态的振子总是相同的，与初值无关。而在具有周期边界条件的一维格子系统中，奇异态中的相关组可以出现在任何位置。这个差异的原因在于，对于一维情形，由于转移对称性，振子是不可区分的；而在复杂网络情形，由于它们不同的邻居，振子实际上是可区分的，从而奇异态中的相关组就总是吸引到复杂网络上相同的位置，尽管初始条件不同。

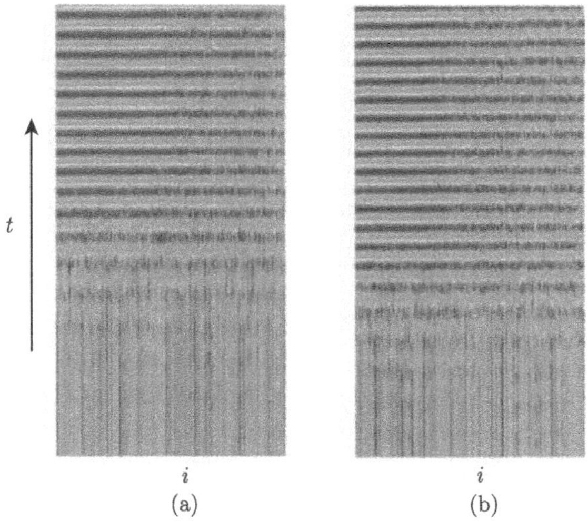

图 10.8　从随机初始条件出发的振子的时间演化[297](彩图见封底二维码)

参数为 $N = 1024$, $\alpha = \pi/2 - 0.1$, $A = 1$, $k = 0.1$; (a) 与 (b) 分别表示 ER 随机网与 BA 无标度网上奇异态的出现过程

10.5　神经元系统中的奇异态

除了 Kuramoto 模型中的奇异态外，人们发现在神经元网络上也可以观察到奇异态[298~301]，这就为进一步理解大脑的功能提供了新的视野。神经元网络与 Kuramoto 模型最大的区别在于前者既包含相又包含振幅的信息，而后者只包含相的信息。由于振幅信息的引入，不同于 Kuramoto 模型中的单个相关与非相关区，神经元网络中的奇异态往往表现为多个相关与非相关区域的共存。

Omelchenko 等首先讨论了神经元网络中出现奇异态的条件，考虑的耦合不仅包含变量 u-u 与 v-v 之间的直接耦合，也包含 u-v 与 v-u 之间的交叉耦合[298]。他们考虑的是一维环上 N 个非局域耦合的 FitzHugh-Nagumo(FHN) 神经元，其数学模型如下：

$$
\begin{aligned}
\epsilon\frac{\mathrm{d}u_k}{\mathrm{d}t} &= u_k - \frac{u_k^3}{3} - v_k + \frac{\sigma}{2R}\sum_{j=k-R}^{k+R}[b_{uu}(u_j - u_k) + b_{uv}(v_j - v_k)],\\
\frac{\mathrm{d}v_k}{\mathrm{d}t} &= u_k + a_k + \frac{\sigma}{2R}\sum_{j=k-R}^{k+R}[b_{vu}(u_j - u_k) + b_{vv}(v_j - v_k)]
\end{aligned} \tag{10.35}
$$

其中，u_k 与 v_k 分别为快变量与慢变量，$\epsilon > 0$ 为刻画时间尺度的小参量并固定为 $\epsilon = 0.05$。依赖于阈值参数 a_k 的不同，每个独立的 FHN 单元可以显示振荡行为 $(|a| < 1)$ 或者可激发行为 $(|a| > 1)$。所有的脚标按 N 取模，即取周期边界条件。这里假定所有的振子全同且取值在振荡区域，即 $a_k = a \in (-1, 1)$。神经元网通常在一定的范围 R 内具有较强的连接，但一旦超过这个范围后就只有很少的连接了。这个特征可通过令 R 范围内的耦合强度 $\sigma > 0$，而更远的距离处耦合为 0 来实现，这就给出了耦合半径 $r = R/N$。

为简单起见，我们将耦合取为旋转耦合矩阵的形式：

$$
\boldsymbol{B} = \begin{pmatrix} b_{uu} & b_{uv} \\ b_{vu} & b_{vv} \end{pmatrix} = \begin{pmatrix} \cos\phi & \sin\phi \\ -\sin\phi & \cos\phi \end{pmatrix} \tag{10.36}
$$

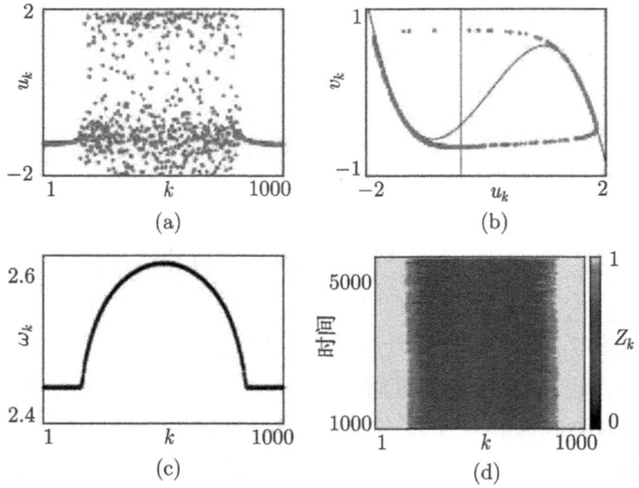

图 10.9　神经元网络的奇异态 [298](彩图见封底二维码)

(a) $t = 5000$ 时变量 u_k 的频闪照相；(b)$t = 5000$ 时 (u_k, v_k) 平面上的频闪照相 (黑线代表 FHN 系统的零线)；(c) 平均相速度 ω_k；(d) 局域序参量 Z_k；参数为 $N = 1000, r = 0.35$, $a = 0.5, \sigma = 0.1, \phi = \pi/2 - 0.1$

只有唯一的参数 $\phi \in [-\pi, \pi]$。因此，参数 a 决定振子的局域动力学方程，σ, R 与 ϕ 一起决定耦合。文献 [298] 通过理论分析发现奇异态可以在 $\phi = \pi/2$ 附近被观察到，但不能在 $\phi = 0$ 或者 $\phi = \pi$ 附近被观察到。数值模拟证实了这个理论预言，图 10.9 给出了 $a = 0.5$, $\phi = \pi/2 - 0.1$ 及小 σ 时的奇异态，其中初始条件随机地分布在圆环 $u^2 + v^2 = 4$ 上。图 10.9(a) 是变量 u_k 在 $t = 5000$ 时的频闪照相，显示了典型的相关与非相关态的共存。图 10.9(b) 清楚地显示，非相关部分分散在极限环上。这个区域的子系统做非均匀的旋转运动，但相邻振子并不锁相。图 10.9(c) 为每个振子的平均相速度 ω_k，其中常数 ω_k 对应于相关区域，而非相关区域的 ω_k 位于一条连续的曲线上，清楚地表明了奇异态。

序参量可定义为

$$Z_k = \left| \frac{1}{2\delta} \sum_{|j-k| \leqslant \delta} \mathrm{e}^{\mathrm{i}\Theta_j} \right| \tag{10.37}$$

其中，$\Theta = \arctan(v_j/u_j)$ 为第 j 个振子的几何相位。图 10.9(d) 为 $\delta = 25$ 时序参量随时间的演化，在相关区域有 $Z_k = 1$，而在非相关区域有 $Z_k < 1$。非常有趣的是，当我们改变耦合参数 r 与 σ 时，奇异态会发生变化，可以观察到多个奇异态共存。图 10.10 给出了从具有一个非相关区域的经典奇异态向多奇异态的转变，各子图分别对应于不同的参数对 (r, σ) 的情形。可见，随着 σ 的增加或 r 的减小，奇异态的个数将逐渐增加。

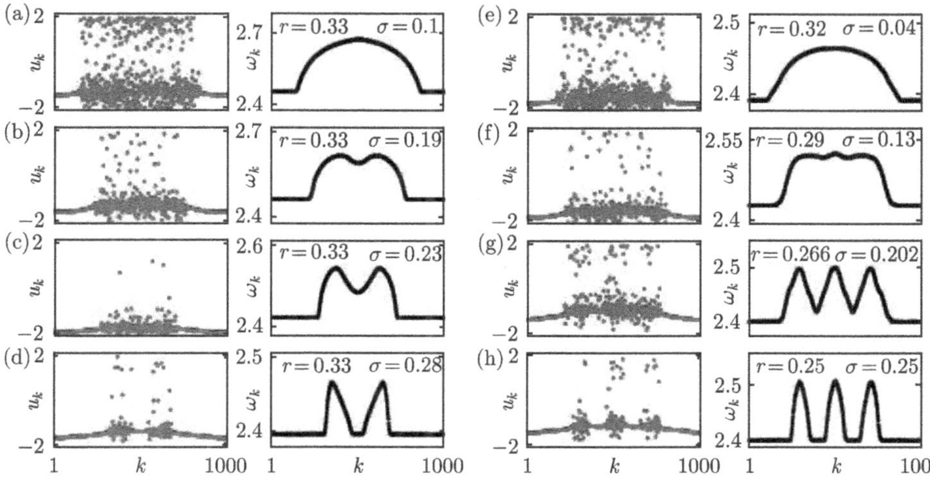

图 10.10　从具有一个非相关区域的经典奇异态向具有多个非相关区域的多奇异态的转变 [298]

各子图中，左列代表变量 u_k 的频闪照相，右列为相应的平均相速度

这种多奇异态甚至可以推广到具有规则耦合的非全同振子或者全同振子的非

规则耦合情形 [299]，即具有鲁棒性。首先考虑非全同振子的情形，令阈值参数 a_k 来自于高斯分布，其平均值为 $a_{\mathrm{mean}} = 0.5$，均方值为 δa。δa 控制振子的非均匀性大小。图 10.11 给出了一些典型的频闪照相，其初始条件为 $u_k^2(0) + v_k^2(0) = 4$，奇异态的平均相速度分别对应于系统具有一、二及三个非相关区域。我们看到，当系统的振子具有相近的频率且方差较小时，$\delta a = 0.0001$[图 10.11(a)(d)(g)]，具有一、二及三个非相关区域的奇异态都是鲁棒的。单个奇异态时的非相关区域的最大平均相速度与相关区域的 ω 之差 $\Delta\omega$ 比多个奇异态情形的要大。当非均匀性有个小的增加时，$\delta a = 0.001$[图 10.11(b)(e)(h)]，具有一个非相关区域的奇异态依然清晰可见，而具有二及三个非相关区域的奇异态变得有点模糊了。当进一步增加非均匀性时，$\delta a = 0.01$ [图 10.11(c)(f)(i)]，多个非相关区域合并成一个大区域。这是由于在多奇异态情形，频率分布的范围较小 (较小的 $\Delta\omega$)，因此引入非均匀性 δa 导致了 ω 的框架塌缩成噪声化的构型，致使非相关的振子接管了相关的部分。

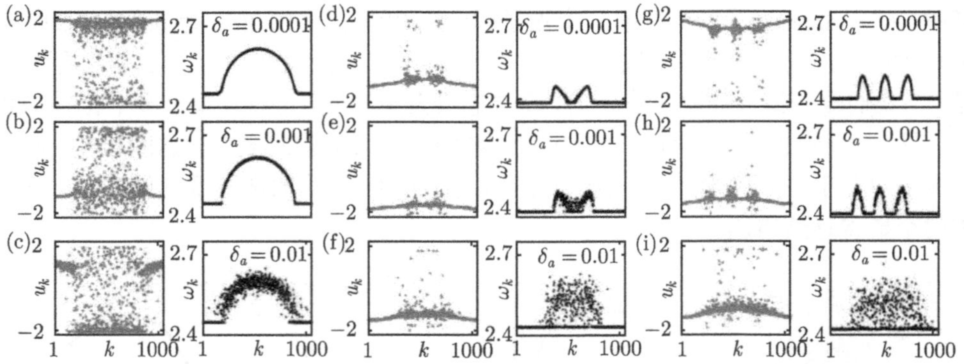

图 10.11 非均匀振子情形下，变量 u_k 与平均相速度 ω_k 的频闪照相 [299]

其中系统参数为 $N = 1000, a_{\mathrm{mean}} = 0.5, \phi = \pi/2 - 0.1$；(a)～(c) 中的参数为 $r = 0.35, \sigma = 0.1$；(d)～(f) 中的参数为 $r = 0.33, \sigma = 0.28$；(g)～(i) 中的参数为 $r = 0.25, \sigma = 0.25$

文献 [299] 还考虑了规则耦合的微扰情形，即保持原来的耦合半径但用概率 p 增加新的连接。发现此时依然可发现不同的奇异态，证实另一条途径下的奇异态鲁棒性。

最近，田昌海等考虑了二维神经元网络上的奇异态 [301]，发现此模型可以给出以前由不同的系统发现的大多数奇异态。另外，此模型还可以给出一些以前的模型不能产生的新奇异态。他们考虑的系统如下：

$$\begin{aligned}\epsilon\dot{u}_{ij} &= u_{ij} - \frac{u_{ij}^3}{3} - v_{ij} + \frac{c}{B_r(i,j)}\sum_{(k,l)\in B_r(i,j)}[b_{uu}(u_{kl} - u_{ij}) + b_{uv}(v_{kl} - v_{ij})],\\ \dot{v}_{ij} &= u_{ij} + a + \frac{c}{B_r(i,j)}\sum_{(k,l)\in B_r(i,j)}[b_{vu}(u_{kl} - u_{ij}) + b_{vv}(v_{kl} - v_{ij})]\end{aligned} \tag{10.38}$$

这是一个 $N \times N$ 的非局域耦合的二维格子系统。c 为耦合强度，$\epsilon = 0.05, a = 0.5$。每个振子与它的最近邻方块范围 r 内的振子发生耦合：

$$B_r(i,j) = \{(k,l) : k \in [i-r, i+r], l \in [j-r, j+r], \quad k \neq i, l \neq j\} \tag{10.39}$$

因此，有 $(2r+1)^2 - 1$ 条耦合连线从节点 ij 到其邻居，它们构成星形的子网，整个网络就由 N^2 个子网构成。耦合矩阵则按方程 (10.36) 组成。

为了计算局域序参量 R_{ij}，我们引入 $z_{ij} = u_{ij} + iv_{ij}$。考虑一个半径为 δ 的局域区间

$$Q_\delta(i,j) = \{(k,l) : k \in [i-\delta, i+\delta], l \in [j-\delta, j+\delta]\}, \tag{10.40}$$

其面积为 $(2\delta+1)^2$。当 $\delta = 0$ 时，$Q_\delta(i,j)$ 就仅包含点 (i,j)。比较方程 (10.39) 与方程 (10.40) 可见，$Q_\delta(i,j)$ 包含节点 (i,j)，而 $B_r(i,j)$ 并不包含此点。令

$$Z_{ij} = \frac{1}{(2\delta+1)^2} \sum_{(k,l)\in Q_\delta(i,j)} z_{kl} \tag{10.41}$$

则局域序参量可定义为

$$\langle Z_{ij} \rangle = \frac{1}{\delta t} \int_{t-\delta t}^{t} Z_{ij}(s) \mathrm{d}s \equiv R_{ij} \mathrm{e}^{\mathrm{i}\psi_{ij}} \tag{10.42}$$

其中，$\delta t = 50$。文献 [301] 显示，依赖于耦合参数 c 与 r 的不同取值，方程 (10.38) 可给出不同的奇异态斑图。图 10.12 是这样的一个典型奇异态，其中 (a)~(c) 为网格斑图，(d)~(f) 为多柱斑图。

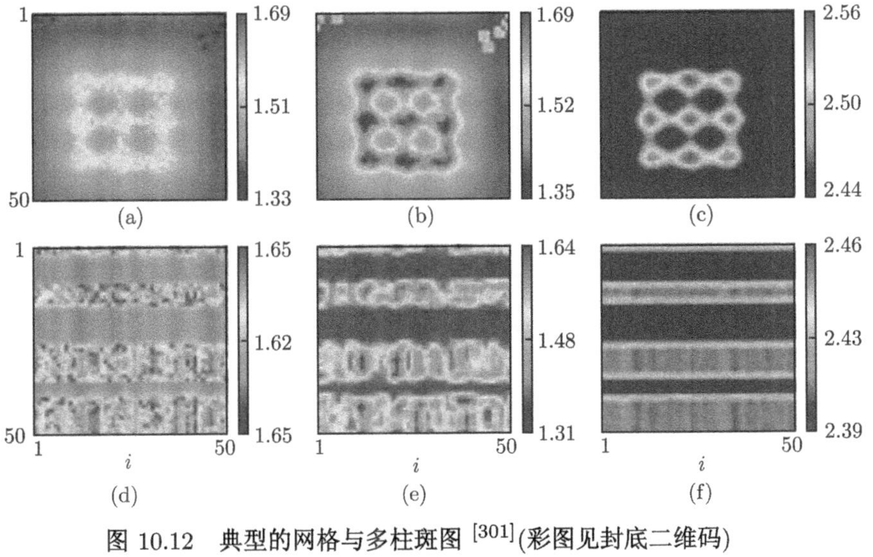

图 10.12 典型的网格与多柱斑图 [301](彩图见封底二维码)

(a)~(c) 代表 $c = 0.3, r = 12, t = 5000$ 时的网格斑图，其中 (a) 为 $\delta = 0$ 时的 R_{ij}，(b) 为 $\delta = 1$ 时的 R_{ij}，(c) 为 ω_{ij} 的分布；(d)~(f) 代表 $c = 0.15, r = 23, t = 5000$ 时的多柱斑图，其中 (d) 为 $\delta = 0$ 时的 R_{ij}，(e) 为 $\delta = 1$ 时的 R_{ij}，(f) 为 ω_{ij} 的分布

10.6　奇异态的实验证实

自从 2004 年奇异态的概念被提出以后 [281]，人们就试图在实验室中重现奇异态现象，直到 2012 年后才逐步在不同的系统中得以实现，比如耦合映射格子 [302]、化学振子 [303, 304]、调频延迟振子 [305]、光梳 [306] 及半导体激光器 [307] 等网络系统中。这些实验打开了奇异态可能的应用方面，同时也为我们提供了对奇异态的深层次的认识。这里仅以半导体激光器与耦合映射格子网络为例，进行简单的描述。

在半导体激光器的全局耦合网络中，文献 [307] 显示振幅–相耦合是全局耦合激光网络中出现奇异态的最基本的驱动机制，全面打破了前面的研究中给出的三个基本要求：① 大量的耦合振子；② 非局域的耦合；③ 特殊的初始条件。实验装置如下：考虑 Z 个全同的激光数组，其输出被全局耦合到一个单一的外腔中，见图 10.13。激光器从外腔末端的公共镜子处获得一个延迟时间为 τ(腔的往返时间) 的反馈，τ 来自于光的有限传播速度。由于装置的尺度较小，延迟时间远小于弛豫振荡周期。系统可由半经典的速率方程，Lang-Kobayashi 方程来描述：

$$\begin{aligned}\frac{\mathrm{d}E_n}{\mathrm{d}t} &= (1+\mathrm{i}\alpha)E_nN_n + \mathrm{e}^{\mathrm{i}C_p}k\sum_j^Z \mathrm{e}^{\mathrm{i}C_p}E_j(t-\tau)\\ \frac{\mathrm{d}N_n}{\mathrm{d}t} &= \frac{1}{T}[p-N_n-(1+2N_n)|E_n|^2]\end{aligned} \tag{10.43}$$

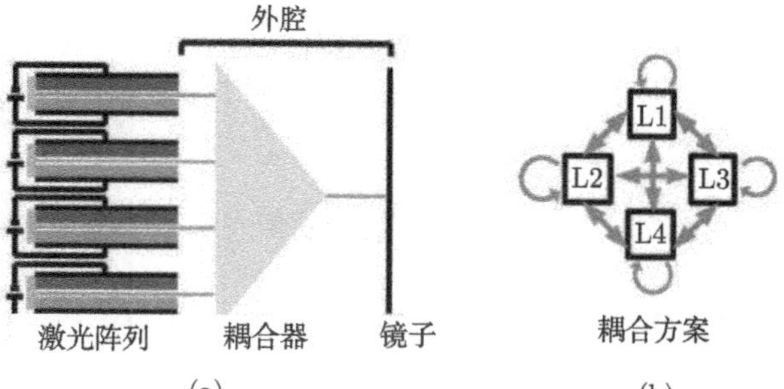

(a)　　(b)

图 10.13　激光器的全高耦合网络 [307]

(a) 由一个公共镜子经过外腔耦合的激光数组示意图；(b) 全局耦合示意图

方程 (10.43) 的第一个方程支配数组中第 n 个激光器的复电场 E_n，第二个方程描述载体反演 (carrier inversion)$N_n, n=1,\cdots,Z$。振幅–相耦合由线宽增强因子 α 模拟，对半导体 $\alpha=2.5$。T 为电子–空穴对的寿命，p 为激光的超额泵浦速率，k 与 C_p 分别为反馈强度与相位。令 $E_n=A_n(t)\mathrm{e}^{\mathrm{i}\phi_n(t)}$，定态下可写为 $E_n=A_n\mathrm{e}^{\mathrm{i}\omega_nt}\mathrm{e}^{\mathrm{i}\phi_n}$。

依赖于振子间的振幅与相差，有可能实现不同的同步化，如完全同步化与部分同步化等。

系统 (式 (10.43)) 从同步向非同步的转变在跨过分岔线时通常会突然出现，但在靠近低反馈强度的分岔点时存在一个小区域，其转变可以是逐渐发生的 [307]。在这个区域，非同步与同步的激光自组织形成相关与非相关的动力学，即奇异态。图 10.14(b) 给出了其振幅、相位及反演的时空图。由于全局耦合，没有任何激光的空间序被优先定义。为了较好的可视化效果，我们对激光重新进行了编号，以便相关与非相关区域可以分开。从图 10.14(a) 与 (b) 可见，相关与非相关区域可以清楚地被其振幅、相位及反演分开，这与经典的奇异态不同，那里相关–非相关斑图由振幅 [308] 或者相位 [280] 表示。这种相关与非相关共存的斑图表现出混沌的特征，发生在幅值与相位两方面，且出现在随机的初始条件下。

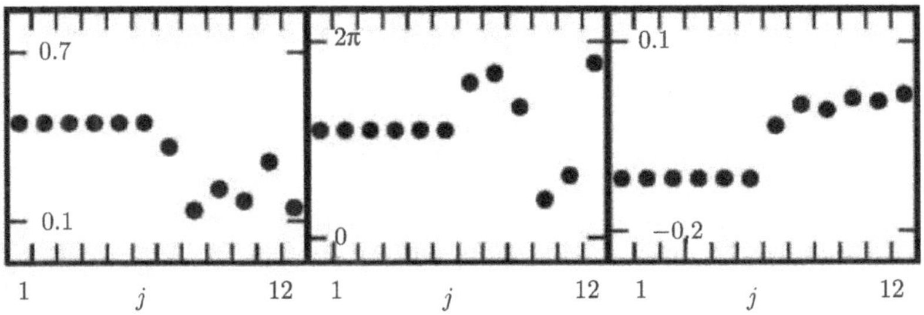

(a)

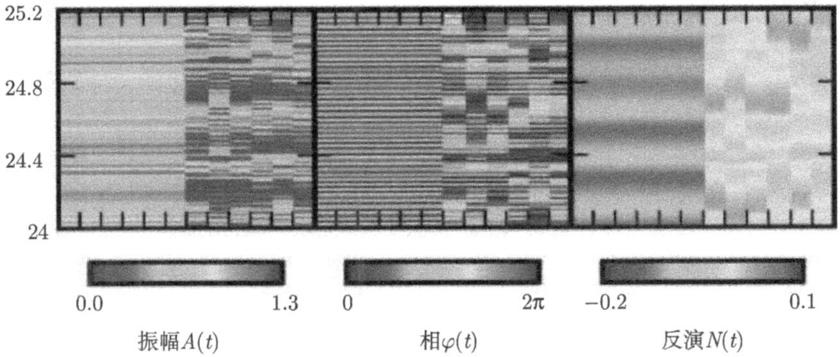

(b)

图 10.14 12 个耦合激光的网络中的奇异态 [307](彩图见封底二维码)

(a) 振幅 A_j、相 ϕ_j 及反演 $N(t)$ 的频闪照相；(b) A_j、ϕ_j 及 $N(t)$ 的时空图；参数：$k=0.017, C_p=0.55, T=392, \alpha=2.5, p=0.23, \tau=1$

对于耦合映射格子系统的实验，它通过使用液晶空间光调制器来获得了空间延伸的迭代映射系统中的光学非线性。其实验装置如图 10.15 所示，(a)~(c) 为光学耦合映射格子的建立。在耦合映射格子上，偏振光在每个像素点的相移 $\phi_{i,j}$ 与

照相机得到的光强 $I(\phi_{i,j})$ 之间产生了一个非线性关系：

$$I(\phi_{i,j}) = (1 - \cos(\phi_{i,j}))/2, \quad i,j = 0, \cdots, M-1 \tag{10.44}$$

光强被归一化到 (0,1) 之间。耦合映射格子与照相机两者都被划分成 $M \times M$ 的方块区域数组，它们对应于耦合映射网络上的节点。网络的时间演化是通过按照照相机上得到的光强来反复地更新耦合映射格子上每个区域的相位而得以实现。

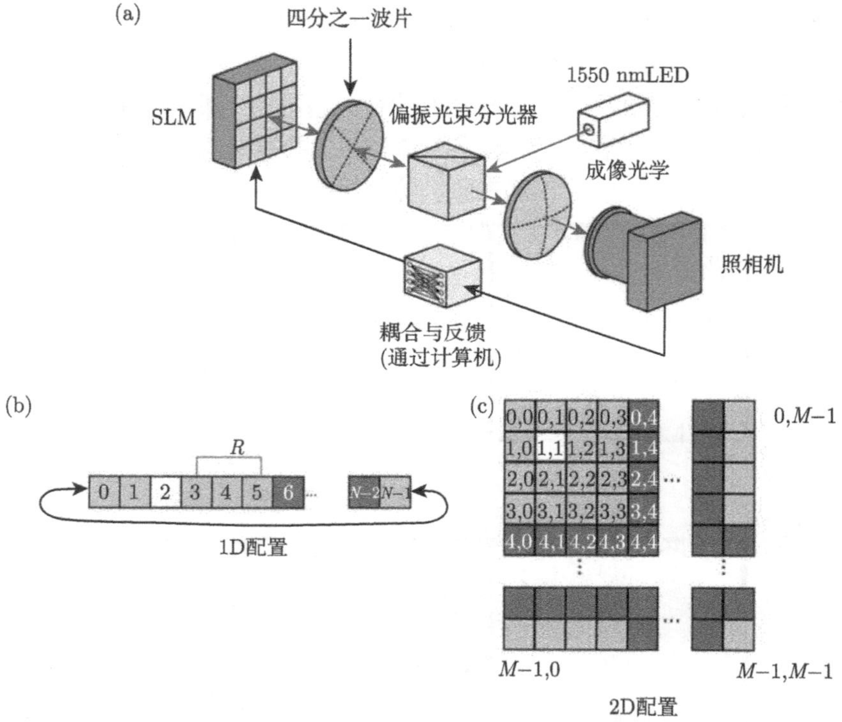

图 10.15　实验装置 [302](彩图见封底二维码)

(a) 为光学构造，偏振光在耦合映射格子的相移与照相机得到的光强之间产生了一个非线性关系，反馈与耦合是通过计算机实现的；(b) 和 (c) 分别为一维与二维格子的耦合构型，白色位置是按蓝色位置进行更新的，由于振子是通过扩散耦合与半径 R 内的近邻耦合的，周期边界条件保证了耦合对所有的振子全同

在一维情形中，数组元素按周期边界条件排成一个圆环。如果 ϕ_i^n 为圆环上第 i 个振子在第 n 次迭代的相，$I(\phi_i^n)$ 为照相机中对应区域测得的强度，则相按下列方式更新：

$$\phi_i^{n+1} = 2\pi a\{I(\phi_i^n) + \frac{\epsilon}{2R}\sum_{j=-R}^{R}[I(\phi_{i+1}^n) - I(\phi_i^n)]\} \tag{10.45}$$

其中，$i = 0, \cdots, N-1$，脚标 i 按周期 N 取模，ϵ 为耦合强度。参数 a 控制单个映射的含时动力学方程，取 $a = 0.85$ 以便局部映射 $\phi^{n+1} = f(\phi^n) = 2\pi a I(\phi^n)$ 为混沌

系统。在二维情形中，每个振子与其方块区域中的近邻发生耦合，且在两维上都取周期边界条件。

$$\phi_{i,j}^{n+1} = 2\pi a\{I(\phi_{i,j}^n) + \frac{\epsilon}{4R^2}\sum_{k,l=-R}^{R}[I(\phi_{i+k,j+l}^n) - I(\phi_{i,j}^n)]\} \tag{10.46}$$

文献 [302] 显示，无论是一维还是二维格子，实验上都观察到了奇异态。

10.7 爆炸性同步与奇异态之间的桥梁

上一章介绍的爆炸性同步与这一章的奇异态是近年来同步化研究领域的两大热点课题，但鲜有工作论及它们之间的关系。一般情况下，我们在爆炸性同步的系统中没有看到奇异态，反之亦然。因此，一个有趣的问题是，是否有可能在同一个系统中既观察到爆炸性同步又观察到奇异态？为了回答这个问题，张希昀等最近做了初步研究，提出了一个模型来连接这两个现象 [309]。此模型由两组耦合振子组成，其动力学方程如下：

$$\dot{\theta}_{i,j}=\omega_{i,j}+\frac{R_j^{\beta}\lambda}{N}\sum_{k=1}^{N}\sin(\theta_{k,j}-\theta_{i,j}+\alpha)+\frac{R_j^{\beta}\lambda'}{N}\sum_{k=1}^{N}\sin(\theta_{k,j'}-\theta_{i,j}+\alpha) \tag{10.47}$$

其中，下标 $j=1,2$ 代表组号，$i=1,\cdots,N$ 代表每组中的 N 个振子。$\omega_{i,j}$ 均匀分布在 $(-\delta,\delta)$。每个组内的耦合强度为 λ，组间的耦合强度为 λ'。j' 代表另一组，当 $j=1$ 时，令 $j'=2$；当 $j=2$ 时，令 $j'=1$。$\alpha=\frac{\pi}{2}-0.1$，β 位于 $[0,1]$。这个模型可以很容易地推广到更多组的情形。R_1 与 R_2 分别为组 1 与组 2 的序参量，定义为

$$R_1\mathrm{e}^{\mathrm{i}\Psi_1}=\frac{1}{N}\sum_{k=1}^{N}\mathrm{e}^{\mathrm{i}\theta_{k,1}},\quad R_2\mathrm{e}^{\mathrm{i}\Psi_2}=\frac{1}{N}\sum_{k=1}^{N}\mathrm{e}^{\mathrm{i}\theta_{k,2}} \tag{10.48}$$

在方程 (10.47) 的框架下，振子被分成两组。当 $\beta>0$ 时，耦合强度 $R_j^{\beta}\lambda$ 与 $R_j^{\beta}\lambda'$ 就与局部关联有密切的关系。方程 (10.47) 有两个极限行为：①当 $\lambda'=0$ 与 $\beta=1$ 时，方程 (10.47) 变成爆炸性同步的自适应模型 [223]；② 当所有振子全同 $[\omega_{i,j}\ (\delta=0)]$ 且 $\beta=0$ 时，方程 (10.47) 变成典型的奇异态模型 [282]。这里主要研究在这两个极限之间的行为。

我们首先令 $\beta=1$ 与 $\lambda'=2$ 来研究序参量 R_1 与 R_2 随耦合强度 λ 的变化。发现在绝热地增加 λ 时，两组的 R_1 与 R_2 变化完全一样但都依赖于频率分布参数 δ，且只能在 $\delta>0.31$ 时才存在迟滞回线。随着 δ 的减小，迟滞回线的大小也逐渐减小直到在 $\delta=0.31$ 时变为 0，同时 R_1 与 R_2 的临界点也趋于 0。图 10.16(a) 给出了 R_1 随 λ 的变化关系，其中“方块”与“圆圈”分别代表 $\delta=1$ 时 R_1 的向前与

向后的变化曲线；“上三角”与“下三角”代表 $\delta = 0.7$ 的情形；“菱形”与“左三角”代表 $\delta = 0.4$ 的情形。然后我们让 R_1 与 R_2 取两套不同的初始条件来研究奇异态。图 10.16(b)~(d) 分别给出了 $\lambda = 8.0$ 时，$\delta = 1, 0.7$ 与 0.4 情形下 R_1 与 R_2 的演化。我们看到它们很快地趋于稳定，且图 10.16(b) 为一般的奇异态，图 10.16(c) 与 (d) 为呼吸状的奇异态。因此，方程 (10.47) 在耦合强度 λ 变化时可出现爆炸性同步，而在迟滞回线区域内取不同初值时又能出现奇异态，这就将爆炸性同步与奇异态紧密地联系到了同一个框架中。如果将方程 (10.47) 看作是一座桥，则桥的两端分别为极限行为 —— 爆炸性同步与奇异态，而桥上面则是爆炸性同步与奇异态的共存区。

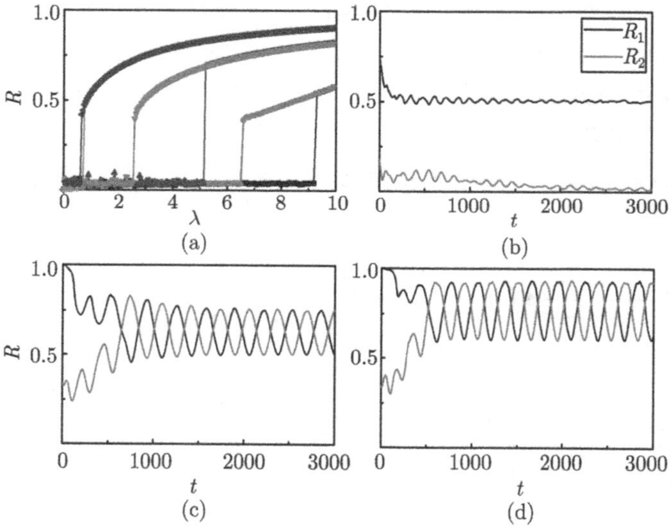

图 10.16　爆炸性同步与奇异态在模型方程 (10.47) 框架下的共存 [309](彩图见封底二维码)

系统参数为 $\alpha = \frac{\pi}{2} - 0.1, \beta = 1, \lambda' = 2$; (a) R_1 随 λ 的变化，其中“方块”与“圆圈”分别代表 $\delta = 1$ 时 R_1 的向前与向后的变化曲线；“上三角”与“下三角”代表 $\delta = 0.7$ 的情形；“菱形”与“左三角”代表 $\delta = 0.4$ 的情形；(b)~(d) 分别为 $\lambda = 8.0$ 时，$\delta = 1, 0.7$ 与 0.4 情形下 R_1 与 R_2 的演化

第 11 章　大脑网络上的认知与信号传递

11.1　引言：认知与记忆的实验进展

时至今日，大脑依旧是人类认知上的最大的黑洞，其复杂性远远超出了我们当前的认识能力，揭示大脑的奥秘是 21 世纪人类面临的最大挑战。人类大脑大约有 860 亿个神经元，它们如何连接以及连接方式与大脑功能的关系如何？连接错误是导致精神错乱或是出现严重的神经性疾病的罪魁祸首吗？"人活着"是怎么一回事？大脑如何思维？——这些常常浮现在我们脑海中的疑问，虽然目前依然没有明确的答案，但是人类对它的求知一刻也没有停止过。从古代的杞人忧天到近代的安慰剂效应，人类一直在试图从不同的层次阐述"我是谁"这个最本质的问题。尽管这个过程有点漫长，进展有些缓慢，但螺旋式的前行也已积累了相当的认识，见图 11.1。本节先对相关的实验研究作简单的概述，随后各节再具体讨论目前的一些认识与理论进展。

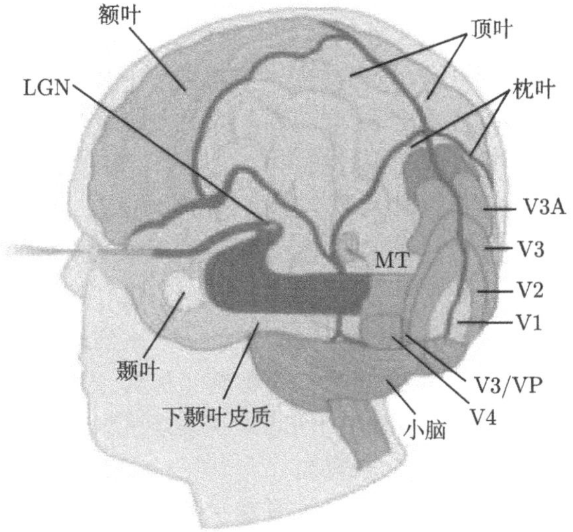

图 11.1　大脑的主要分区以及穿越其中的视路 [310]

LGN：外侧膝状体，MT：颞中区

现已知道，一个成人大脑重约 1.4kg，脑内有上千亿个神经细胞，还有超过 10^{14} 个神经突触。大脑是生物体内结构和功能最复杂的组织，是接收外界信号、产生感觉、形成意识、进行逻辑思维、发出指令产生行为的指挥部，它掌管着人类每天的语言、思维、感觉、情绪、运动等高级活动。人脑也是极为精巧和完善的信息处理系统，是人体内外环境信息获得、存储、处理、加工和整合的中枢。由于人脑的结构和功能极其复杂，涉及分子、细胞、系统、全脑和行为等不同层次，因此需要从多个层次进行研究和整合，从而揭示其奥秘。

由于实验技术不够高的原因，在过去几个世纪里，神经学家通过研究一些特殊的损伤病例了解到了大脑许多脑区的功能。例如 20 世纪中叶，对因为手术切除海马结构而无法形成记忆的亨利・莫莱森 (Henry Molaison,“病人 H.M.”) 的研究就揭开了学习记忆的形成机制。此外，对因被铁棒穿过前额叶导致性格大变的菲尼亚斯・盖奇 (Phineas Gage)、对因手术切断胼胝体而导致大脑两个半球无法协作的“裂脑人”等案例所进行的研究，为神经科学勾勒出了大脑运作的基本框架。加上生物电现象的发现，就构成了现代神经科学的基础。1791 年，Galvani 偶然发现，如果将蛙腿的肌肉置于铁板上再用铜钩钩住蛙的脊髓，当铜钩与铁板接触时肌肉就会发生收缩，他把这种现象归因于动物电。Galvani 的“动物电学说”引起了很大的争论，Volta 提出不同意见。为证明自己的观点，Galvani 于 1794 年设计了“无金属收缩实验”，将一个神经肌肉标本的神经的一部分搭在另一个肌肉标本的损伤处，另一部分神经与肌肉标本的完整部分接触，发现该神经所支配的肌肉发生收缩，从而证明了“动物电”的存在并开启了电生理学的研究。1820 年，由于电流计的发明，Reymond 在前人工作的基础上先后发现了肌肉动作电位和神经动作电位。1936 年，Young 找到了一个理想的试验材料——软体动物枪乌贼的神经。该神经具有直径可达 1mm 的轴突，这与一般脊椎动物轴突直径最大不超过 0.02 mm 比起来，无疑是研究跨膜电位的极好材料。1939 年，霍奇金 (Hodgkin) 和赫胥黎 (Huxley) 用他们发明的微电极技术和细胞内记录的方法，测得枪乌贼神经细胞轴突膜两侧的静息电位相差 60 mV，提出了关于生物电产生机理的离子学说。另一个代表例子是大脑生物钟的发现：我们每天起床、吃饭、工作、睡觉等都是遵循着一天 24 小时的节律周期活动，如果违反就会引发一系列的严重性疾病的发生 (如肥胖、肿瘤、心血管疾病、免疫力低下和炎症等)。那么，生物钟在大脑的什么部位呢？科学家通过对老鼠大脑不同部位的切除来观察老鼠的节律丧失，发现控制节律的是大脑中一个叫做视交叉上核的部位。

大脑最重要的功能是认知与记忆。人有感觉的状态被认为是有意识的状态，或者被叫做处于“清醒”状态，而没有感觉的状态就是意识丧失的状态，包括深度睡眠、昏迷、麻醉和死亡。把感觉存储下来，形成记忆，也是形成“自我”的过程。在动物实验中，刺激脑干中的脑桥和中脑能够使动物的大脑皮质活动全面增加，而损伤这些部分则使动物进入昏睡状态，即丧失意识。脑干中的一些神经细胞向大脑皮层的各个部分发出长距离的轴突联系，向这些区域发送启动的信息，使动物恢复全面的思维活动状态。

进入 21 世纪以后，大量更快、更好、对研究对象影响更小的研究技术被开发出来，比如核磁共振成像系统 (MRI) 可以像 X 光或是 CT 扫描一样"透视"大脑，神经科学研究也开始从特殊病例转向一般人群。短短数十年间，一个接一个脑区的功能被相继破解出来。以这些工作为基础，科学家得以将大脑某些特定区域和人的行为相关联起来。比如，人的前额叶 (prefrontal cortex) 和高级智力活动密切相关，前额叶损伤的病人会表现出痴呆以及道德感丧失等症状；相对而言，前额叶发达的人则往往具有较高的智商和自制力。分析脑电波数据可发现，脑电波的振荡频率和人的意识状态之间有对应关系。例如，人在深度睡眠、没有意识的状态下振荡频率约为 1~3Hz，叫 δ 波；困倦状态时振荡频率约为 4~8Hz，叫 θ 波；人在清醒但无外界刺激时振荡频率约为 8~13Hz，叫 α 波；人在思考时振荡频率为 14~30Hz，叫 β 波；高度专注和紧张时振荡频率高于 30Hz，叫 γ 波。在大脑皮层中，局部环路由数万个神经元组成，每个神经元有数千个突触，但我们不知道其相互连接的电路图。为了研究结构与功能间的关系，Bock 等借助大比例尺的电子显微镜观察一组老鼠初级视觉皮层的连续切片，来追踪其局域网 [311]。他们发现抑制性神经元从附近的择优取向可激发神经元接收信号，表明神经元网络的连接是有向网络，图 11.2 是他们得到的大脑神经元网络的局域连接图。

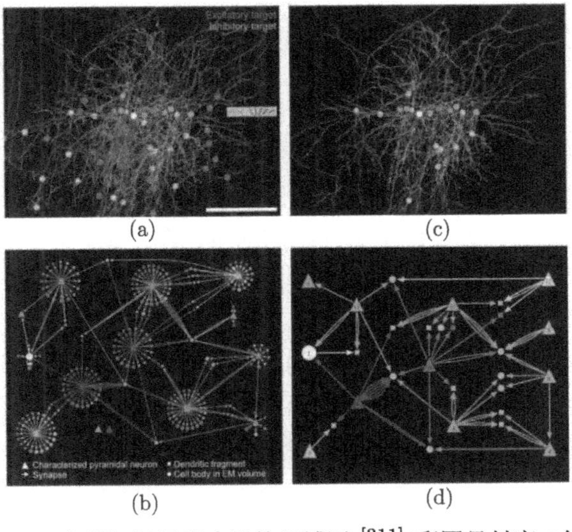

图 11.2 老鼠初级视觉皮层的局域网 [311](彩图见封底二维码)

(a) 14 个神经元的三维图示 (颜色对应它们的择优取向)；(b) 来自 (a) 的有向网络图；(c) 功能连接神经元的三维图示；(d) 是 (c) 中连接网络的一个子集

非常有趣的是，神经元网络结构对大脑功能的影响居然被一些意外的事故所佐证。据报道 [312]，2002 年 9 月 13 日夜间，对数学等学科毫无兴趣的 43 岁美国中年男子帕吉特走出一家酒吧时，两名男子从他背后偷袭，他头部挨了一闷棍。第二天醒来，帕吉特走进浴室，觉得眼前的世界完全变了样，“水流变成一条条垂直的线”。从此他不再上班，投入全部时间和精力研究数学和物理，专注于分形几何学。功能性磁共振成像技术 (fMRI) 扫描结果显示，帕吉特的左脑非常活跃，尤其是左侧顶叶，这一部位主要负责进行逻辑思维、理性思维和线性思维。那一记闷棍似乎改变了他的脑部结构，使他变成了数学天才。无独有偶，新西兰一名女子里德在 11 岁时因脑内肿瘤压迫到视觉神经而失明，原以为无法治愈，想不到竟然在 24 岁时因头部意外撞击到桌角，突然重见光明 [313]。

此外，越来越多探测网络结构与脑功能之间关系的实验也已被成功开展。据报道，美国军方为帮助许多因头部创伤导致长期记忆受损的士兵，资助了电刺激恢复长期记忆功能的研究。我们知道，海马体是与记忆相关的关键脑区。而精神疾病患者因脑区和海马体不能协同作用，所以记忆和认知功能受到影响。由于海马体在脑部很深的位置，磁场无法穿透，一般无法实现直接用颅磁刺激 (TMS) 海马体。此次研究，研究人员通过 MRI 扫描记录的脑部血流间接检测方法，确定一个距离颅骨表面仅 1cm 且与海马体紧密相连的浅脑区，发现直接刺激该区域能间接刺激海马体，从而改善记忆 [314]。Zeki 等邀请了 15 个数学家来做磁共振实验，检测他们在看到关于 π 的漂亮数学公式 $1+\mathrm{e}^{\mathrm{i}\pi}=0$ 及丑陋公式 $\dfrac{1}{\pi}=\dfrac{2\sqrt{2}}{9801}\displaystyle\sum_{k=0}^{\infty}\dfrac{(4k)!(1103+26390k)}{(k!)^4 396^{4k}}$ 时大脑的不同反应，发现情感与激活连接间有对应关系 [315]。更为有趣的是，Cacioppo 等研究了大脑接收性欲与爱情方面的刺激时的脑电图 [316]。为了得到爱情方面的脑电图，他们给应试者提供了与爱情有关图片或录像刺激；而为了得到性欲刺激信号下的脑电图，则给应试者提供了不同级别的黄色图片或录像刺激。发现这两种刺激在大脑中的反应部位是不一样的，图 11.3 是具体的结果。

一系列实验表明神经元是有具体分工的，这方面的初始工作是由获得 2014 年诺贝尔生理学或医学奖的三位学者完成的。一个是英国伦敦大学学院的 O’Keefe 教授，他在 20 世纪 70 年代发现海马体内存在位置细胞，这些神经元能在动物进入特定位置时被激活。另两位是他的学生，挪威科技大学的 Moser 夫妇，他们的贡献是发现栅栏细胞，这些分布在外嗅皮层的细胞能感受特定网格信息，类似 GPS 的工作原理。最近，Moser 夫妇进一步发现了导航神经元，如果大脑能读取地图信息，则必须具备采集速度信号的能力 [317]。当动物头部朝向某一个方向，大脑内某些神经细胞会发放，例如有的感受东方，有的感受南方。此外，他们设计了运动调整模式，动物可根据需要调整运动速度，其中一个实验让动物按照一定加速度改变运动速度，另外一个实验中则用更慢的加速度 (一半) 改变速度，最后一个实验让动物自由活动。结果发现，所有这些实验中，所有神经元中有 13% ~ 15% 的细胞发放模式和运动速度相关，这说明在这一大脑区域存在大约 13% ~ 15% 的神经元能感受运动速度信息 [318]。

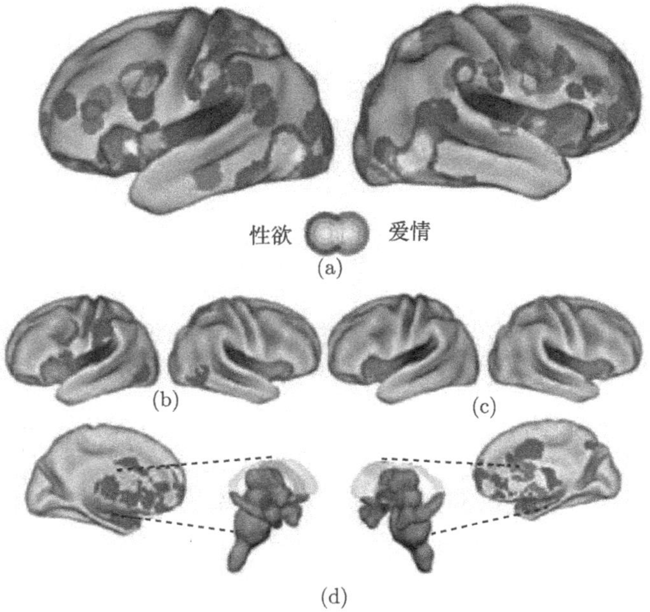

图 11.3 与性欲 (蓝色) 与爱情 (红色) 相关的大脑网 [316](彩图见封底二维码)

(a) 曲面模型：颜色代表激活的皮质部分；(b) 仅仅由性欲激发的侧面图；(c) 仅仅由爱情激发的区域；(d) 由性欲与爱情激发的内侧视图和脑干视图

逐渐地，也有些实验开始讨论大脑网络上的一部分对另一部分的影响，解释了“牵一发而动全身”的现象。比如 Ramirez 等发现通过刺激老鼠的幸福神经元区域，可以治疗其抑郁症 [319]。Pan 等发现情侣在合作期间，双方大脑 (额上回) 出现同步现象；这一同步与他们的合作行为有关；同时，脑连接强弱的性别差异，预示着男女在合作中不同的角色。非情侣男女在合作中会在大脑的另一个区域产生相同的血氧信号，如右侧额叶，完全不同于情侣合作时产生同步信号的大脑区域 [320]。更为有趣的是，格兰杰因果分析的结果发现，情侣合作期间“从女性到男性”的信号流大于“从男性到女性”的信号流。

11.2 神经元及其突触可塑性

生命体是一个异常复杂而精密的系统，生命现象则是生物体内发生的极其复杂的生物化学过程的综合结果。而脑正是高等动物体内最为神秘而精细的器官组织。将大脑与其他身体器官相比，可更容易观察到它的特殊性。例如脑占成人体重的比例仅约 2% ~ 4%，但能量消耗却高达 1/3 ~ 1/2。大脑由对称的左右两半球构成，两半球中间被一条前后走向的大脑纵裂分割，而在纵裂底部通过白质构成的胼胝体相连。因此左右半脑皮层间仅通过长程神经元的电生理信号交流，相互间较为独立。经过实验观察，人脑在处理特定任务时，大脑特定的一块或几块区域表现活跃。因此生理学家根据具体部位所负责的功能将大脑皮层分区，比如语言区、视觉区、听觉区、运动区、记忆区等。

大脑中主要有两类神经细胞，一类是通常说的神经元 (neuron)，另一类是胶质细胞 (glial cell)。信息处理主要是神经元的功能，胶质细胞目前被认为主要是为神经元提供营养和结构支撑。神经元作为神经活动的最基本独立单元，其动力学特征十分重要。为此，首先来看神经元的生理结构。由于具体神经元的功能各异，神经元的形态显得多种多样，但其基本结构主要由细胞体、轴突、树突构成，见图 11.4。神经元细胞体的大小差异很大，小的直径仅 5 ~ 6μm，大的可达 100μm 以上。突起的形态、数量和长短也很不相同。树突多呈树状分支，它可接收刺激并将冲动传向胞体；轴突呈细索状，末端常有分支，称轴突末梢 (axon terminal)，轴突将冲动从胞体传向末梢。通常一个神经元有一个至多个树突，但轴突只有一条。神经元的胞体越大，其轴突越长。图 11.5 是一些代表性神经元的形状及其膜电位 [321]，可见不同的神经元，其发放行为特征有很大的不同。

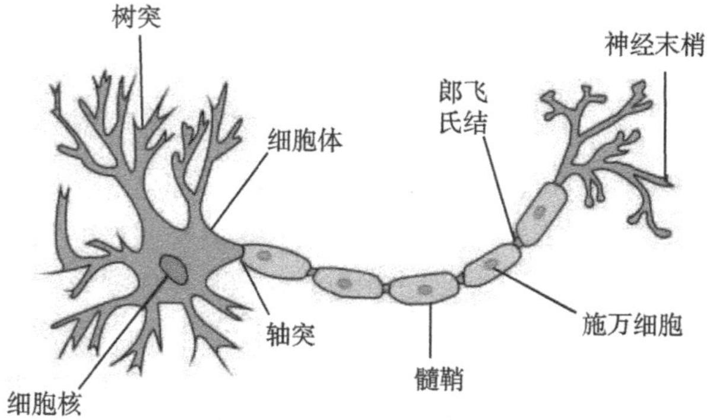

图 11.4　生物神经元的示意图 (引自网络)

解剖学中大脑的灰质主要就是神经元，处于大脑皮层，白质则主要由神经纤维构成，因此脑网络往往也称为脑皮层网 (cortex network)。神经元主要通过树突接收其他神经元传来的信号，而由轴突末梢传出信号。一个神经元的轴突末梢与另一个神经元的树突结合组成突触以传递信号。因此信号在神经网络中的传输是有向的。其中轴突往往很长，其直径均匀，离开细胞体若干距离后始获得髓鞘，成为

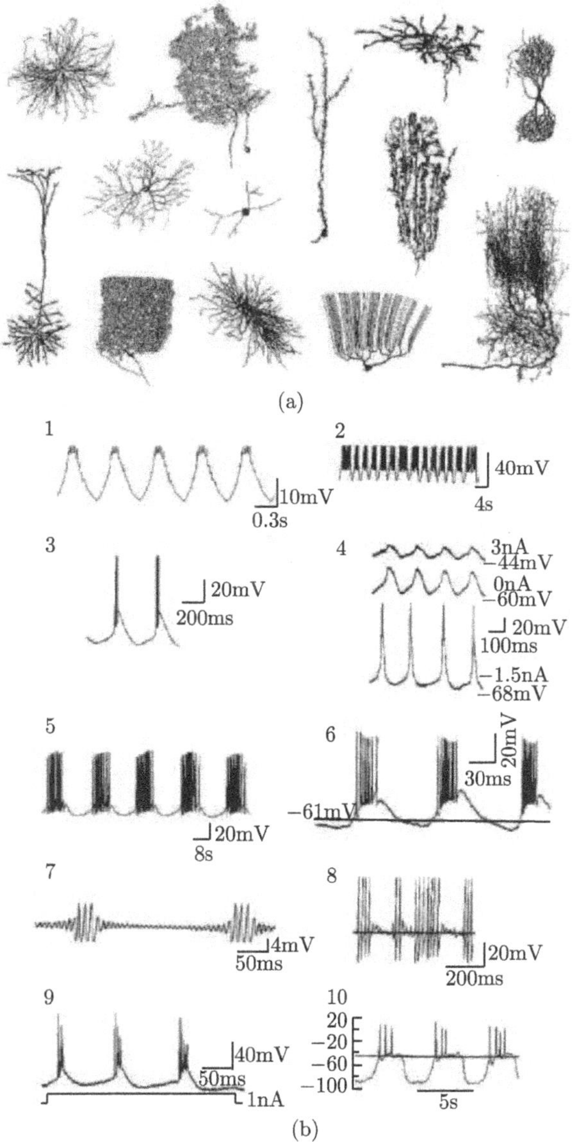

图 11.5 一些典型的神经元例子 [321]

(a) 神经元结构的多样性；(b) 为与 (a) 中单个神经元相联系的膜电位活动；1. 龙虾幽门神经元；2. 大鼠中脑中的神经元；3. 猫丘脑皮层的传递神经元；4. 豚鼠下橄榄神经元；5. 海兔 R15 神经元；6. 猫丘脑网状神经元；7. 乌贼巨大的轴突；8. 大鼠丘脑网状神经元；9. 小鼠皮层锥体神经元；10. 大鼠垂体促性腺细胞

神经纤维。习惯上把神经纤维分为有髓纤维与无髓纤维两种，实际上所谓无髓纤维也有一薄层髓鞘，并非完全无髓鞘。髓鞘除了起支撑、保护神经纤维、隔绝纤维与体液作用以降低损耗外，也能加强神经信号的传输速度。由具体结构可看出髓鞘是一小段一小段的，每段髓鞘两端的神经纤维膜与绝缘的髓鞘形成一个天然的电容，交流成分的电信号在这一个个电容间迅速传播，减小了信号的有效传播距离。根据轴突神经纤维的粗细大小，其电信号传输速度大约在 20 ~ 30m/s 间。大量的神经元通过突触连接成网络，这对感觉和思维的形成极为重要。所以，神经元之间的耦合作用主要靠突触来实现。

神经元的膜内外存在电势差，也就是膜电位。当神经元受到外界刺激电流 (或者突触耦合电流) 时，神经元会发生局部变化。若外界刺激电流强度超过神经元激发阈值时，神经元会以“全或无”的方式产生一种不衰减的电脉冲来沿着神经纤维传导，称为动作电位。也就是说受到刺激时，可能产生一个振幅不变的冲动，无论神经通路多长都不会衰减，加大刺激也不会增益，这叫做“全”；另一种可能就是根本不产生冲动，叫做“无”。神经传导的电位仅这两种情况而已，叫做“全或无”。

神经元细胞膜的离子通道和神经元细胞膜上的离子泵是产生神经元膜电位的两个主要因素。图 11.6 是动作电位产生的示意图。

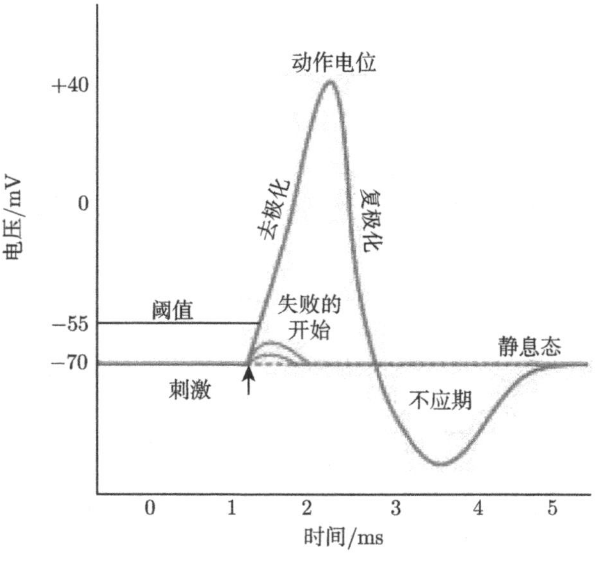

图 11.6 动作电位 (action potential) 的组成 [310]

(1) 静息态 (resting state)：由于细胞膜内外存在各种离子 (如 Na 离子、K 离子等) 的浓度差，而膜对这些离子的通透性不同 (此时的 Na 离子和 K 离子通道是关闭的)，神经元膜内外维持 −70mV 左右的静息电位。

(2) 去极化 (depolarization)：当轴突膜受到电流刺激时，膜产生去极化，使得 Na 离子通道激活，膜对 Na 离子的通透性大大增加，使得 Na 离子大量进入细胞内部，进一步加速了神经元的去极化。

(3) 动作电位上升相 (rising phase of action potential)：这种再生式的正反馈，产生很大的 I_{Na} 电流，使得细胞膜出现了爆发式的去极化，产生超射现象 (overshoot)，构成了动作电位的上升相。

(4) 动作电位的下降相 (falling phase of action potential)：紧接着 Na 离子通道失活，使得内向的 I_{Na} 下降；与此同时，K 离子通道活化，K 的导电性大大增强，K 离子外流形成很大外向 I_{K}，这样形成了动作电位的下降相。

(5) 负后电位 (undershoot)：由于 K 电导的变化没有失活现象，只是在膜电位逐步恢复的过程中下降，因此延时较长，产生了负后电位和正后电位。

(6) 恢复到原来的静息水平；依靠膜上的钠泵来完成排 Na 离子和摄 K 离子的任务，维持细胞膜内外离子的浓度差，恢复到静息水平。

突触是一个神经元与另外一个神经元之间的机能连接点，是神经元之间信息传递的特殊结构。突触具有可塑性，可以分为电突触和化学突触两种。电突触也称缝隙连接 (gap junction)，由六角形的离子通道 (称为连接子 (connexon)) 和连接蛋白 (connexin) 形成。允许一些小离子在细胞间流动，从而形成突触间的电偶联，使经缝隙连接传导的动作电位可以在细胞间快速传播而不发生传导失真。电突触在成人的突触中所占的比例很小，但是在发育过程中占大部分。电突触一般为双向性传递。电突触传递在中枢神经系统内和视网膜上广泛存在，主要发生在同类神经元之间，具有促进神经元同步化活动的功能。电突触作用的数学模型通常写为

$$I_{\mathrm{ele}} = g_{\mathrm{ele}}(V_{\mathrm{pre}} - V_{\mathrm{post}}) \tag{11.1}$$

其中，V_{pre} 代表突触前的膜电位，V_{post} 代表突触后的膜电位，g_{ele} 表示电突触耦合强度。图 11.7 是电突触结构的示意图。

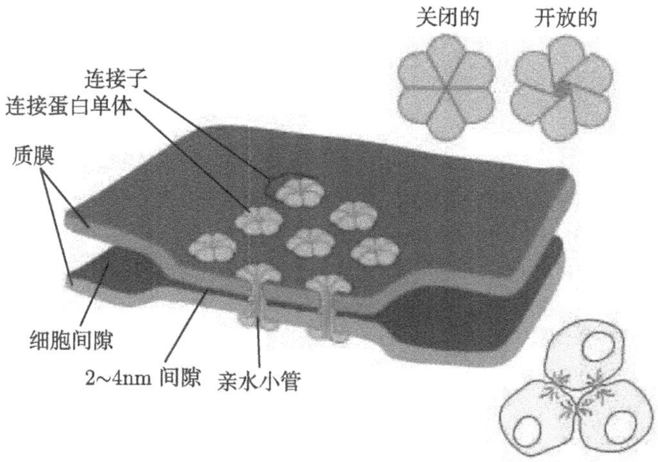

图 11.7 电突触结构示意图 (引自网络)

化学突触的工作方式是依赖一种称为神经递质的信号分子的释放和接收。它在神经系统的传递方式中起主导地位。化学突触结构上分为突触前膜 (presynaptic membrane)、突触后膜 (postsynaptic membrane) 和突触间隙。缝隙的存在使前级神经元的神经冲动不能直接通过，只能通过释放化学物质来引起后膜的兴奋。在突触前膜内有很多小泡 (上千个) 称为突触囊泡 (synaptic vesicles)，其内含物质称为神经递质 (neurontransmitter)。神经冲动导致递质释放, 递质扩散通过突触间隙，然后在突触后膜上与称为受体 (receptor) 的特异的蛋白质分子结合，使突触后膜产生电势波动，称为突触后电势 (postsynaptic potential，简称 PSP)。当冲动传导到轴突的末梢处时，会引发突触前膜释放递质，下一个神经元的树突前膜上的受体会接收释放出来的递质并作出相应的动作。递质有两类，兴奋型和抑制型递质。兴奋型递质如乙酸胆碱等会引起下一个神经元产生兴奋，如果是抑制性的递质如 v- 羟基丁酸 (俗称氨酪酸) 等则会引起神经元抑制，也就是说可以让一个处在兴奋期的神经元恢复到静息状态，或者让一个静息的神经元更加“静息”(超极化)，即使受到刺激也很难兴奋起来。不少安眠药、镇静剂都是这个原理。

化学突触的间隙较宽，达到 $20\sim40$nm。动作电位的传输要依靠扩散作用，因而化学耦合传递信号的速度相对电突触而言较慢。图 11.8 给出了化学突触的结构示意图。根据突触后神经元的位置进行分类：轴突和树突在树突表面形成轴–树突触 (axodendrite)。轴突和一个突触后细胞体形成轴–体突触 (axosomatic)，其传递效率最高。突触末端和突触后神经元的轴突之间形成轴–轴突触 (axon-axon)。

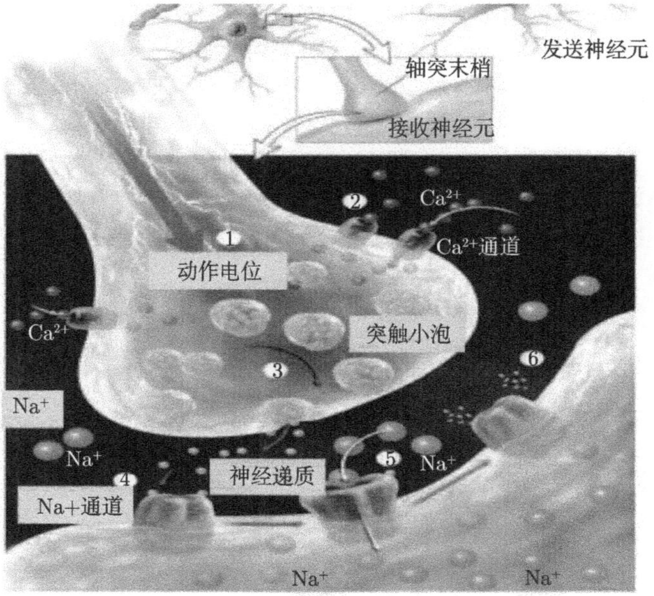

图 11.8　化学突触结构示意图 (引自网络)

化学突触作用的数学模型有很多种表示方式，较常见的一种是 [322]

$$I_{\text{syn}} = -g_{\text{syn}}(V - V_{\text{syn}})H(V_{\text{pre}} - V_{\text{threshold}}) \tag{11.2}$$

其中，V_{pre} 代表突触前的膜电位，g_{syn} 表示化学突触耦合强度，V_{syn} 是翻转电位，$V_{\text{threshold}}$ 是突触阈值，H 是某一函数，可以选择为 Heaviside 函数、Sigmodial 函数，也可以是其他函数形式。化学突触耦合还可以分为兴奋性和抑制性。例如当始终满足条件 $V_{\text{syn}} > V$，突触电流内流 (和静息态相比) 导致神经元细胞去极化，产生兴奋性突出后电位，此时的突触为兴奋性 [322]；反之，突触电流外流产生超极化，使得细胞电压远离激发阈值不易激发，产生抑制性突触后电位，突触为抑制性 [323]。突触的有效性不是静态的，而是以短时程 (short-term) 和长时程 (long-term) 两种作用的形式存在。

不同于两个神经元间的突触作用，还有一种突触是自突触 (autapse)，即一个神经元的轴突与自己的树突相连的特殊突触 [324, 325]。自突触这种特殊的反馈回路已经被发现存在于许多脑区，如皮质、小脑、海马、纹状体及黑质等，但每个神经元的自突触连接的数量很少 [326]。自突触有时在脑功能中起重要作用，如维持持续的神经元活动 [327]，增强峰电位定时以便保持时间编码的可靠性 [328]，以及调节癫痫状的神经活动等 [329]。我们这里不对自突触做详细介绍。

实验发现，突触具有可塑性，图 11.9 是海马区神经元可激发突触的变化 [321]。如果突触前发放在时间 t_{pre} 时刻到达，且在时刻 t_{post} 观察到突触后发放，则当 $\tau = t_{\text{post}} - t_{\text{pre}}$ 为正时，突触强度的增加百分比表现为

$$\frac{\Delta g}{g} \approx a_{\text{p}} e^{-\beta_{\text{p}}\tau} \tag{11.3}$$

其中，$\beta_p \approx 1/16.8$ ms。当 $\tau < 0$ 时，突触强度的降低百分比表现为

$$\frac{\Delta g}{g} \approx -a_{\text{D}} e^{\beta_{\text{D}}\tau} \tag{11.4}$$

其中，$\beta_{\text{D}} \approx 1/33.7\text{ms}$，$a_{\text{p}}$ 与 a_{D} 为常数。

突触电导率 g_{syn} 通常取以下三种形式。

(1) 单指数型突触电导率

这个模型呈现的是快速上升然后指数衰减的特性，如图 11.10(a) 所示，其数学形式为 [330]

$$g_{\text{syn}}(t) = \bar{g}_{\text{syn}} e^{-\frac{(t-t_0)}{\tau}} \tag{11.5}$$

当 $t < t_0$ 时，$g_{\text{syn}}(t) = 0$。这里时间 t_0 表示突触前激发的时刻。对这个数学模型进行解释：假设突触离子通道是两态模型，当神经递质释放，然后扩散到突触间隙中

和相应的受体结合，然后快速地打开离子通道。所以说这种情况下离子通道是阶跃式打开，但是指数式的衰减到关闭状态。该电导率相应的微分方程为

$$\tau\frac{\mathrm{d}g_{\mathrm{syn}}(t)}{\mathrm{d}t}=-g_{\mathrm{syn}}(t)+\overline{g}_{\mathrm{syn}}\delta(t_0-t) \tag{11.6}$$

$\delta(t)$ 是 Dirac (狄拉克) δ 函数。这里的衰减因子 τ 是离子通道对神经递质的约束时间所决定的。在抑制突触后电流的情况，单指数型突触和实验能够很好吻合。

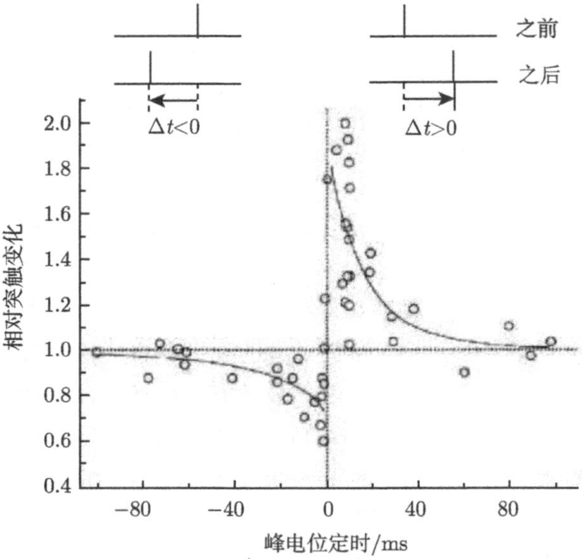

图 11.9　海马神经元中观察到的发放时序依赖可塑性 [321]

每个数据点描述诱发的突触后电流振幅的相对变化，这里重复使用了突触前与突触后之间的固定发放间隔 Δt；长时程增强 (LTP) 与长时程抑制 (LTD) 窗口用指数函数做了拟合

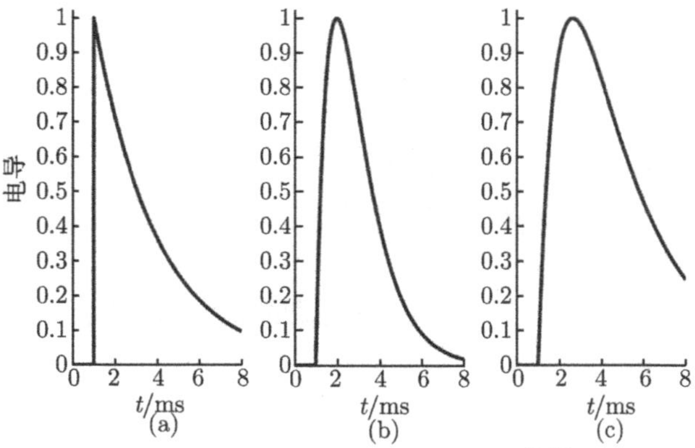

图 11.10　三种不同电导率波形 [331]

(a) 单指数型；(b) α 函数型；(c) 双指数型

(2) α 函数型突触电导率

对于大多数的突触而言，突触电导率是有上升相位的，并且这个相位对网络动力学起着很大的作用。α 函数型不仅体现了有限的上升相位，还有确定的上升时间 (图 11.10(b))[332]：

$$g_{\mathrm{syn}}(t)=\overline{g}_{\mathrm{syn}}\frac{t-t_0}{\tau}\mathrm{e}^{1-(t-t_0)/\tau} \tag{11.7}$$

从式 (11.7) 可以看出，这里只有时间常数 τ。模型中的上升时间和下降时间是互相关联的。某种意义上说是不符合生理实验的，但为一些实验提出了合理的近似。

(3) 双指数型突触电导率

更为广泛的突触电导率是双指数，一个决定上升相位另外一个决定下降相位，并且可以让上升的时间常数和下降的时间常数不相同 ($\tau_{\mathrm{rise}}\neq\tau_{\mathrm{decay}}$)。对于 $t>t_0$ 有 (图 11.10(c)) [333]

$$g_{\mathrm{syn}}(t)=\overline{g}_{\mathrm{syn}}f(\mathrm{e}^{-(t-t_0)/\tau_{\mathrm{decay}}}-\mathrm{e}^{-(t-t_0)/\tau_{\mathrm{rise}}}) \tag{11.8}$$

这里的 f 是重整化因子，突触电导率到达峰值的时间 t_{peak}：

$$t_{\mathrm{peak}}=t_0+\frac{\tau_{\mathrm{decay}}\tau_{\mathrm{rise}}}{\tau_{\mathrm{decay}}-\tau_{\mathrm{rise}}}\ln\left(\frac{\tau_{\mathrm{decay}}}{\tau_{\mathrm{rise}}}\right) \tag{11.9}$$

这样可以写出重整化因子的表达式：

$$f=\frac{1}{-\mathrm{e}^{-(t_{\mathrm{peak}}-t_0)/\tau_{\mathrm{rise}}}+\mathrm{e}^{-(t_{\mathrm{peak}}-t_0)/\tau_{\mathrm{decay}}}} \tag{11.10}$$

这个双指数突触电导率数学模型可以用两个耦合的线性微分方程组来解释：

$$\begin{aligned}g_{\mathrm{syn}}(t)&=\overline{g}_{\mathrm{syn}}fg(t)\\ \frac{\mathrm{d}g}{\mathrm{d}t}&=-\frac{g}{\tau_{\mathrm{decay}}}+h\\ \frac{\mathrm{d}h}{\mathrm{d}t}&=-\frac{h}{\tau_{\mathrm{rise}}}+h_0\delta(t_0-t)\end{aligned} \tag{11.11}$$

这里的 h_0 是尺度因子。当 $\tau_{\mathrm{decay}}=\tau_{\mathrm{rise}}$ 时，就会回到 α 函数型。

11.3 典型的神经元模型

从神经元的生理活动可知，其特征为可激性与不应期。前者指的是神经元可以在较小的刺激下产生较强的激发 (图 11.11)，后者则指的是神经元在激发后的一段时间内即使接受刺激也无法激发。基于这个特点，可以对神经元进行建模。当我们忽略不应期对信号传输的影响而将神经元对应为准周期振子，主要考虑振子的可激性质时模型就相对简单；若振子的两种特性都需要较好模拟，模型就稍许复杂；若进一步试图模拟神经元多样的激发模式，模型也就更加复杂一些。根据不同的需求，人们提出了功能各异的一系列模型。本节简要介绍几个常用的、典型的神经元模型。

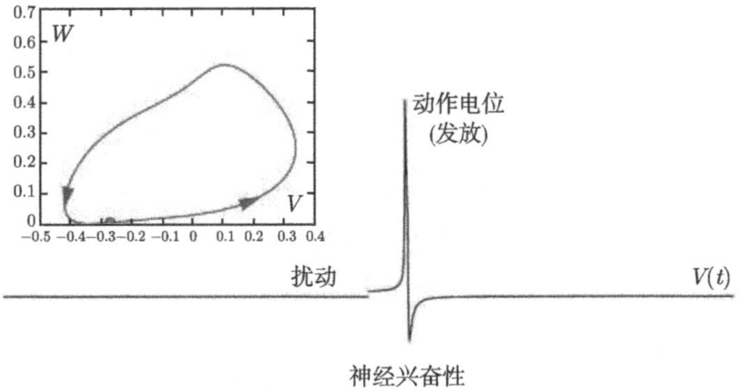

图 11.11 可激发神经元动作电位 (action potential) 产生示意图 [334]

(1) 累积发放模型(integrate-and-fire model)

累积发放模型 (IF) 基于这样的一个假设：当神经元的膜电压超过阈值 θ 时，就会产生一个动作电位或发放，然后归零。一般性的 IF 模型可以写成

$$C\frac{\mathrm{d}V}{\mathrm{d}t}=i(t),\quad \text{如果}\quad V\leqslant\theta;\quad \text{否则}\quad V=0 \tag{11.12}$$

其中，C 表示膜电容，$i(t)$ 表示任意的电流，可以是离子通道电流、突触电流或者外加电流。更为常用的是“leaky integrate-and-fire” (LIF) 模型，也就是带漏电导的 IF 模型。是把 IF 模型中的 $i(t)$ 抽取出被动的 (passive) 电阻导致的电流项 V/R [335]，其动力学方程如下：

$$C\frac{\mathrm{d}V}{\mathrm{d}t}=-\frac{V(t)}{R}+i_0(t) \tag{11.13}$$

这里 $i_0(t)$ 表示除“漏电流” $V(t)/R$ 之外的其他任意电流。适当归一化后，可得到最常见的标准的漏电导 IF 模型：

$$\frac{\mathrm{d}V}{\mathrm{d}t}=\begin{cases}-\dfrac{V(t)}{\tau}+I_{\mathrm{ext}}+I_{\mathrm{syn}}, & 0<V(t)<\theta\\ V(t_0^+)=0, & V(t_0^-)=\theta\end{cases} \tag{11.14}$$

其中，$I_{\mathrm{syn}}=g\sum_{\mathrm{spikes}}f(t-t_{\mathrm{spike}})$, $f(t)=A[\exp(-t/\tau_1)-\exp(-t/\tau_2)]$，$V(t)$ 表示神经元膜势，θ 表示激发阈值；I_{ext} 为外加刺激电流，I_{syn} 为突触电流之和；$f(t)$ 表示在任意一次激发后突触耦合电流的变化函数，表现为一陡峭上升支与缓慢下降支

组合成的窄峰；τ_2 与 τ_1 为突触电流的时间常数，分别表示耦合电流刚产生时上升支与短时间后衰减时的弛豫时间。当神经元被重置到静息态后，若膜势 $V(t)$ 受到外部电流影响达到阈值 θ，则神经元激发。

(2) McCulloch-Pitts 模型

此模型是 McCulloch 与 Pitts 于 1943 年提出的第一个人工神经元的计算模型，也称为线性阈值装置模型 [321]。此模型忽略了神经元发放之间的时间间隔，其方程如下：

$$x_i(n+1) = \Theta\left[\sum_j g_{ij}x_j(n) - \theta\right] \tag{11.15}$$

其中，$\Theta(x)$ 为阶跃函数：当 $x>0$，$\Theta(x)=1$；否则，$\Theta(x)=0$。θ 表示激发阈值；$x_j(n)$ 为分立时间 n 时的突触输入；$x_i(n+1)$ 是输出。突触连接 g_{ij} 取 $1, -1$ 或 0。

(3) Rulkov 模型

Rulkov 神经振子模型为二维映射模型 [336]，可有多种表述。非混沌的 Rulkov 神经元模型可写为

$$\begin{aligned} x(n+1) &= F[x(n), y(n) + I] \\ y(n+1) &= y(n) - \mu[x(n) - \sigma] \end{aligned} \tag{11.16}$$

这里 $F(x,y)$ 的具体形式为

$$F(x,y) = \begin{cases} \alpha(1-x)^{-1} + y & x \leqslant 0 \\ \alpha + y & 0 < x < \alpha + y \\ -1 & x \geqslant \alpha + y \end{cases} \tag{11.17}$$

其中，μ 是小量，α，σ 是系统参数，需要说明这个神经元模型是现象学模型。

与非混沌的 Rulkov 神经元模型相比，超临界型 Rulkov 神经元模型的 $F(x,y)$ 可写为 [337]

$$F(x,y) = \begin{cases} \dfrac{-\alpha^2}{4} - \alpha + y & x < -1 - \dfrac{\alpha}{2} \\ \alpha x + (x+1)^2 + y & -1 - \dfrac{\alpha}{2} \leqslant x < 0 \\ 1 + y & 0 < x < 1 + y \\ -1 & x \geqslant 1 + y \end{cases} \tag{11.18}$$

而混沌型的 Rulkov 神经元模型的 $F(x,y)$ 可写为 [337]

$$F(x,y) = \frac{\alpha}{1+x^2} + y \tag{11.19}$$

(4) FitzHugh-Nagumo 模型

不同于分立映射描述的累积发放模型与 Rulkov 模型，更接近实际的是一些由连续性方程描述的神经元模型。1961 年，FitzHugh 从弛豫的范德波尔方程 (van der Pol equation) 中获得启发，采用精简变量来降低神经元模型的维数得到二维 FitzHugh-Nagumo(FHN) 神经元模型 [338, 339]。它是从描述乌贼轴突产生动作电位的 Hodgkin-Huxley 模型改进而来 [340, 341]，刻画可激发系统的响应与外界刺激之间的关系。这类系统对于小的刺激，不引起系统本身行为的改变；但是对于大的刺激，比如刺激超过某个阈值时，系统就会做出较大的响应。FHN 模型由如下方程描述：

$$\begin{aligned}\varepsilon\dot{u} &= u - \frac{u^3}{3} - v + I \\ \dot{v} &= au + bv + d\end{aligned} \tag{11.20}$$

其中，$\varepsilon = 0.01$，$a = 0.08$，$b = -0.064$，$d = 0.056$ 为系统参数。当系统参量 $I = \alpha$(外界刺激电流或者突触耦合电流) 发生改变时会产生霍普夫分岔 [341]。当 $I < I_{\rm c} = 0.2917$ 时，系统的定态是稳定的节点；当 $I > I_{\rm c} = 0.2917$ 时，系统振荡，出现极限环。因此，FHN 神经元越过分岔点 $I = I_{\rm c}$ 时系统由节点变成极限环，发生霍普夫分岔。

在矢量场中水平方向变化的点的集合称为 u 零斜线 (u-nullcline)，可以用 $\dot{u} = f(u,v) = 0$ 来描述；相类似的我们可以用 $\dot{v} = g(u,v) = 0$ 来描述垂直方向的变化，称为 v 零斜线 (v-nullcline)。u 零斜线和 v 零斜线将相平面分成四个不同的区域：(a)u 和 v 都增加；(b)u 减少，v 增加；(c)u 和 v 都减少；(d)u 增加，v 减少。如图 11.12 所示。现在以 FHN 神经元系统为例来进行分析，由式 (11.20) 可以得到零斜线方程：

$$\begin{aligned}u - \frac{u^3}{3} - v + I &= 0 \qquad u\text{-零斜线} \\ au + bv + d &= 0 \qquad v\text{-零斜线}\end{aligned} \tag{11.21}$$

在图 11.12 中我们看到 u 的零斜线类似于倒 “N”，而 v 的零斜线是一条直线。两条零斜线将相平面空间分为四个动力学完全不同的区域，分别为激发上冲 (spike upstroke)；激发回落 (spike downstroke)；绝对不应期 (absolute refractory)；相对不应期 (relative refractory)。

(5) Hindmarsh-Rose 模型

Hindmarsh-Rose(HR) 模型提出于 1982 年 [343]，用来模拟蜗牛神经细胞的电生理行为，并在 1984 年得到进一步的修改 [344]。不同于上述的个峰发放 (spiking) 模型，它是可以描述神经元簇发放 (bursting) 的神经元模型。在试验中发现蜗牛的脑神经初始处于静息态而不发放，当输入电流脉冲时，会产生一簇比输入电流持续时间更长的动作电位。HR 神经元模型是一类可兴奋的神经元模型，包含了描述膜电压的变量 $x(t)$，另外刻画穿过细胞膜的钠或钾离子的快速电流 $y(t)$，也叫做 spiking

变量，以及表示其他离子的慢电流量 $z(t)$，也称作 bursting 变量。因此，HR 模型的数学形式就由这三个变量构成：

$$\begin{aligned}\dot{x}&=y+\phi(x)-z+I\\ \dot{y}&=\psi(x)-y\\ \dot{z}&=r[s(x-x_0)-z]\end{aligned} \tag{11.22}$$

其中，$\phi(x)=bx^2-ax^3$，$\psi(x)=c-dx^2$。该模型有 8 个参数：a，b，c，d，r，s，x_0 以及 I。通常我们将其中的 7 个固定，让剩下的一个参数作为控制参量。参数 I 代表外部进入细胞的电流，为该模型的控制变量。改变 I 的数值，HR 模型会展示不同的动力学行为。设置参数 $a=1.0$，$b=3.0$，$c=1.0$，$d=5.0$，$r=0.006$，$s=4.0$，$x_0=-1.60$，图 11.13 给出了不同参数 I 下的相图。如 $I=2.0$ 时神经元处于周期 2，$I=3.2$ 时神经元处于混沌态和 $I=3.7$ 时神经元变化到周期 1。HR 模型因其形式上比较简单，是用来研究真实神经元行为的理想模型 [344, 345]。

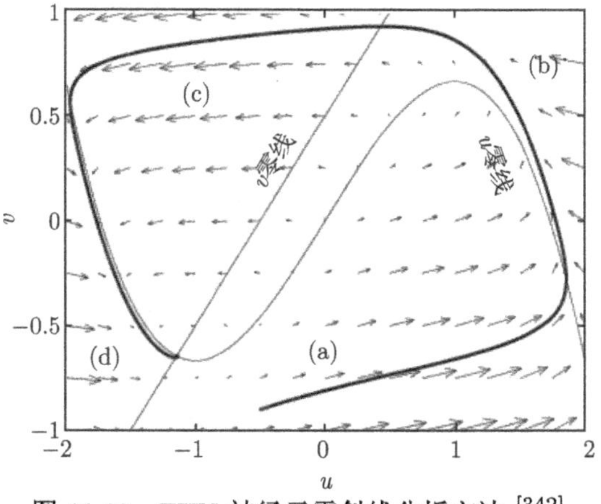

图 11.12 FHN 神经元零斜线分析方法 [342]

(a) 激发上冲 (spike upstroke)；(b) 激发回落 (spike downstroke)；(c) 绝对不应期 (absolute refractory)；(d) 相对不应期 (relative refractory)

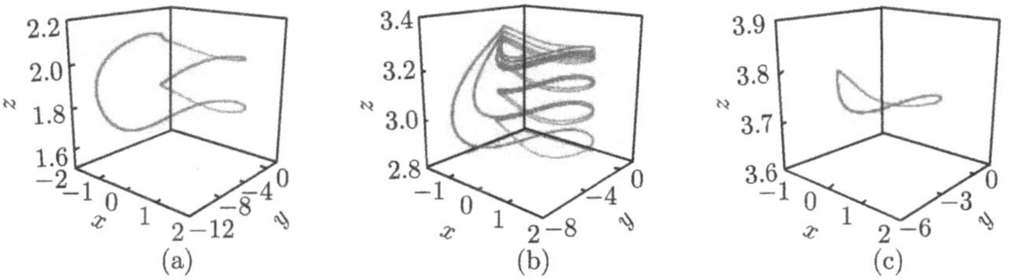

图 11.13 HR 模型在不同输入电流 I_{ext} 下的相图

(a) $I_{\text{ext}}=2.0$，周期 2；(b) $I_{\text{ext}}=3.2$，混沌；(c) $I_{\text{ext}}=3.7$，周期 1

(6) Hodgkin-Huxley 模型

Hodgkin 和 Huxley 两人基于 Na 离子 (Na^+)、K 离子 (K^+) 以及次要离子通过的通道假设和实验结果，建立了有四个变量的著名的 Hodgkin-Huxley(HH) 神经元模型 [346]：

$$
\begin{aligned}
C_m\dot{V} &= \overline{g}_{\mathrm{k}} n^4(E_{\mathrm{K}} - V) + \overline{g}_{\mathrm{Na}} m^3 h(E_{\mathrm{Na}} - V) + \overline{g}_{\mathrm{L}}(E_{\mathrm{L}} - V) + I \\
\dot{m} &= \alpha_m(V)(1-m) - \beta_m(V)m \\
\dot{h} &= \alpha_h(V)(1-h) - \beta_h(V)h \\
\dot{n} &= \alpha_n(V)(1-n) - \beta_n(V)n
\end{aligned} \tag{11.23}
$$

其中，方程中的 $\alpha_m, \alpha_h, \alpha_n, \beta_m, \beta_h, \beta_n$ 分别为

$$
\begin{aligned}
\alpha_m &= \frac{0.1(V+40)}{1-\exp[-(V+40)/10]} \\
\beta_m &= 4\exp[-(V+65)/18] \\
\alpha_h &= 0.07\exp[-(v+65)/20] \\
\beta_h &= \frac{1}{1+\exp[-(V+35)/10]} \\
\alpha_n &= \frac{0.01(V+55)}{1-\exp[-(V+55)/10]} \\
\beta_n &= 0.125\exp[-(V+65)/80]
\end{aligned} \tag{11.24}
$$

I 是细胞膜的各电流之和，包括外界刺激电流和突触耦合电流；V 和 C_m 分别是神经元的膜电位和膜电容；m 表示 Na^+ 通道每个门打开的概率；n 表示 K^+ 通道每个门打开的概率；h 表示 Na^+ 通道中另一个门打开的概率；$\overline{g}_{\mathrm{K}}$，$\overline{g}_{\mathrm{Na}}$，$\overline{g}_{\mathrm{L}}$ 分别表示 K^+, Na^+ 以及漏电流的最大点电导率，取值分别为 $120\mathrm{m}\cdot\Omega^{-1}\cdot\mathrm{cm}^{-2}$, $36\mathrm{m}\cdot\Omega^{-1}\cdot\mathrm{cm}^{-2}$ 和 $0.3\mathrm{m}\cdot\Omega^{-1}\cdot\mathrm{cm}^{-2}$；$E_{\mathrm{K}}$ 表示的是 K^+ 的反转电压 (大约是 $-72\mathrm{mV}$)；E_{Na} 表示的是 Na^+ 的反转电压 (大约是 55mV)；E_{L} 表示的是漏电流的反转电压 (大约是 $-50\mathrm{mV}$)。

(7) Morris-Lecar 模型

Morris 和 Lecar 建立了描述北极鹅肌肉纤维的神经元活动模型，称为 Morris-Lecar(ML) 神经元模型 [347]。ML 模型可看成是 HH 神经元模型降维而得到的简化模型，其对应的微分方程为

$$
\begin{aligned}
C_m\dot{V} &= g_{\mathrm{Ca}} m_\infty(E_{\mathrm{Ca}} - V) + g_{\mathrm{K}} W(E_{\mathrm{K}} - V) + g_{\mathrm{L}}(E_{\mathrm{L}} - V) + I \\
\dot{W} &= \varepsilon\frac{W_\infty(V) - W}{\tau_R(V)}
\end{aligned} \tag{11.25}
$$

其中，V 表示膜电位，W 是恢复变量，表示 K^+ 通道开放概率的演化过程，C_m 是膜电容，ε 表示的是神经元快慢尺度之间的变化。$g_{\rm Ca}$，$g_{\rm K}$，$g_{\rm L}$ 分别表示的是 Ca，K 和漏电流通道中的最大电导。$E_{\rm Ca}$，$E_{\rm K}$，$E_{\rm L}$ 分别对应前面通道中的反转电压，I 和前面的神经元模型一样表示的是来自环境总的突触输入电流 (包括前突触神经元输入的电流和外部的刺激电流以及背景电流)。m_∞，W_∞ 分别表示的是 Ca^{2+} 通道和 K^+ 通道打开概率的稳态值，满足下面方程：

$$
\begin{aligned}
m_\infty(V) &= 0.5\left[1+\tanh\left(\frac{V-V_1}{V_2}\right)\right]\\
W_\infty(V) &= 0.5\left[1+\tanh\left(\frac{V-V_3}{V_4}\right)\right]\\
\tau_R(V) &= 1/\cosh\left(\frac{V-V_3}{2V_4}\right)
\end{aligned}
\tag{11.26}
$$

这里 V_1, V_3 是系统参数，取决于 V_2, V_4 的取值 (V_2, V_4 分别依赖于电压的稳态值 m_∞ 和 W_∞ 的斜率的倒数)。此模型是二维的动力学系统，但能描述神经元活动的主要动力学行为。图 11.14 为 ML 神经元的分岔类型。在图 11.14(a) 中可以发现有三个不动点：左边分支是稳定的节点 (用黑色实心原点表示)，中间的分支是不稳定的鞍点 (空心圆点)，最右边是不稳定的节点 (空心圆点)。当我们增加外界刺激电流时，左边的节点和中间的鞍点逐渐靠近 (图 11.14(b))；之后，达到临界状态 (分岔点)，如图 11.14(c)，此时神经元可以激发；最后左边的节点和中间的鞍点消失，出现极限环，神经元产生持续的振荡 (图 11.14(d))。可见，ML 神经元是鞍节点分岔出极限环导致神经元振荡，而 FHN 是霍普夫分岔出极限环而产生振荡，两者有较大的不同。

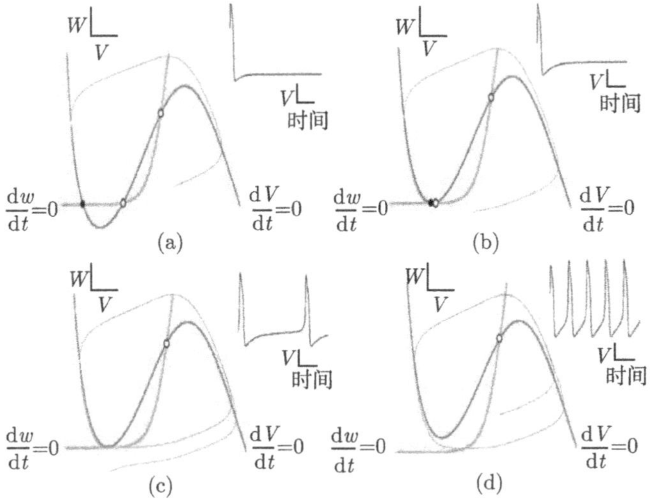

图 11.14 ML 神经元分岔图 [348](彩图见封底二维码)

这些神经元模型大多数可以看成是在 HH 模型的基础上发展起来的 [349]。例如, 在 HH 模型中忽略离子通道，只考虑膜电容的影响，便简化为 IF 模型；若利用变量 h 和 n 之间的线性关系，可得到 FHN 模型；将 HH 模型的思想表达为非线性多项式，可得到 HR 模型。若对不同的神经元具体分析离子通道类型和强调膜的电导性，可以得到 ML 模型。由于 HH 模型的重大理论及应用价值，Hodgkin 和 Huxley 于 1963 年荣获了诺贝尔生理学或医学奖。

11.4 记忆模型

大脑认知的核心不是计算而是记忆。记忆是关于信息的编码、储存与提取，但时至今日，我们关于记忆如何编码、如何储存及如何提取却知之甚少。人类记忆的研究，至少可以追溯到 2000 多年以前的亚里士多德，他在论文《灵魂》中试图理解人类的记忆。随后经历了漫长的研究过程，直到 1881 年里波特定律 (Ribot's law) 提出: 记忆的衰减是梯度变化的，最近的记忆要比以前的记忆更容易衰减。接着在 19 世纪 80 年代中期，德国科学家 Ebbinghaus 第一次用科学的方法来研究记忆。他从实验中发现了许多有意义的结果，如学习和遗忘曲线，并将记忆划分成三种不同的类型：感觉记忆、短时程记忆和长时程记忆。英国心理学家 Bartlett 在 20 世纪 30 年代提出了信息储存与提取的概念，对后来的脑记忆的储存与提取产生了深远影响。Lashley 用迷宫中老鼠的实验来研究记忆，在 1950 年指出：记忆不是局限于大脑中的某个部位而是广泛分布在整个大脑的神经元皮质层，如果大脑的某个部位受到损伤，其他的部位会代替损伤的部位。Hebb 于 1949 年基于神经元之间的连接提出了著名 Hebb 记忆理论。这个理论是从认知科学的角度出发，试图解释感知的累积以及感知到记忆之间的转变。Hebb 理论表述如下：当神经元 A 能够激发神经元 B 时，产生重复或者可持续的激发，导致神经元 A, B 或者二者都发生相应的变化 [350]。Bilss 和 Lømo 两人于 1973 年，首次在兔子的海马体中发现了突触的增益作用 [351]，见图 11.15。长时程增益作用 (long-term potentiation，LTP) 是研究脊椎动物记忆和学习中的重要实验，突触的增益作用被看做是 Hebb 理论的生物物理学基础。长时记忆一旦形成，特定基因就会开始表达，合成特定蛋白，极力维持长时记忆。1956 年，Miller 提出了短时程记忆 (short-term memory) [352]。1968 年，Atkinson 和 Shiffrin 第一次描述了三种不同阶段的记忆模型，包括感觉记忆 (sensory memory)、短时程记忆和长时程记忆 (long-term memory) 及其相互间的转换 [353]。Baddeley 和 Hitch 于 1974 年提出了工作记忆模型 (working memory)[354]。Raaijmaker 和 Shiffrin 于 1981 年提出了联想记忆模型 (search of associative memory)[355]，McClelland，Rumelhart 和 Hinton 于 1986 年提出了并行分布式模型 (parallel distributed processing)[356] 等。

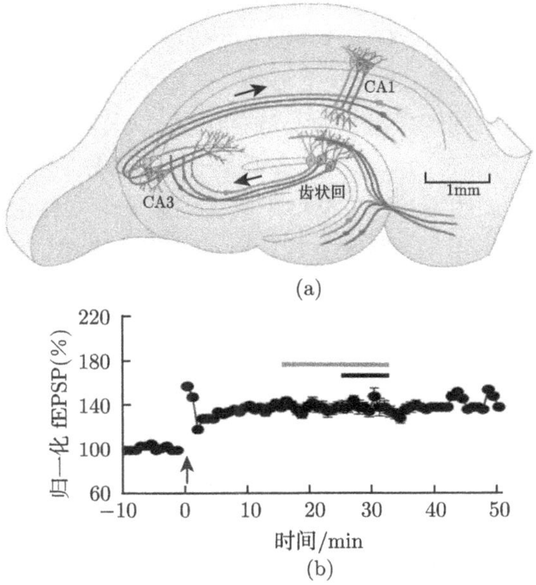

图 11.15 兔子海马体突触的增益作用 [342](彩图见封底二维码)

(a) 海马体区域 (hippocampus) 中神经元电路；(b) 兴奋性突触后电位 (EPSP) 随着时间的变化而产生的长时程增益作用 (LTP)，在时间为零时 (图中用黑色的箭头表示) 发生变化，时间大于零的兴奋性后电位要比小于零时高，产生长时程增益作用

阐述记忆机理的重要手段之一就是建立记忆模型。随着实验研究的进展，记忆模型也在不断地更新与完善之中，并反过来指导新记忆实验的设计。许多实验证据都表明大脑皮层的振荡节律，特别是 γ(40~100 Hz) 振荡与 θ(4~10Hz) 振荡，与认知操作有关的神经编码之间有着密切的关系 [357]。通过对这些实验进行分析，人们发现 θ 与 γ 振荡一起工作来形成神经编码，且这种编码方式可被用于海马区中的相移，从而形成长期记忆序列。相同的编码方式也可用于特定的大脑皮层来编码多事件的短期记忆。图 11.16 是来自那些既有 θ 振荡又有 γ 振荡的各个脑区域的实地录音，这些区域包括海马区、与海马相互作用的皮层区 (内嗅皮层) 及主要感觉皮质 (嗅皮质)。简单地检查一下可得两个重要结论：首先，两个振荡是同时发生的；其次，这两个振荡并不相互独立，而是显示清晰的相互作用，即 γ 振荡的振幅是由 θ 频率调制的。

这些双重振荡形成编码的一种可能途径可由图 11.17 给出的模型来说明。这个模型建立在神经元群体的基础上，即一组活跃的细胞，其空间斑图描述一个特定的认知、记忆或思想，因此记为“事件”(item)，例如，对一个地方、面孔或事件的描述。海马区的网络，比如配位基 CA3 或 CA1，依赖于其种类，有几十万到几百万的细胞，在特殊的条件下只有一小部分能发放。在给定的时间窗口内发放的部分被认为是描述一个事件的群体。据估计，CA3 的特征是，它可以用 300 个活跃神经元的部分重叠群体来存储大约 20 000 个事件。这些事件可以被选择性地激活 (回忆起)，因为它们被网络中的突触按权重分布的方式编码。但假如多个事件被记忆起会怎么样？这种情形可能是因为记忆其实就是一个事件序列。描述多个事件的假定编码方式是由下列方式的图 11.17 模型来取得的。每个事件由那些在给定的 γ 周期内发放的细胞描述，第一个事件由第一个 γ 周期内发放的细胞描述，序列中随后的事件存储在依次的 γ 周期内。

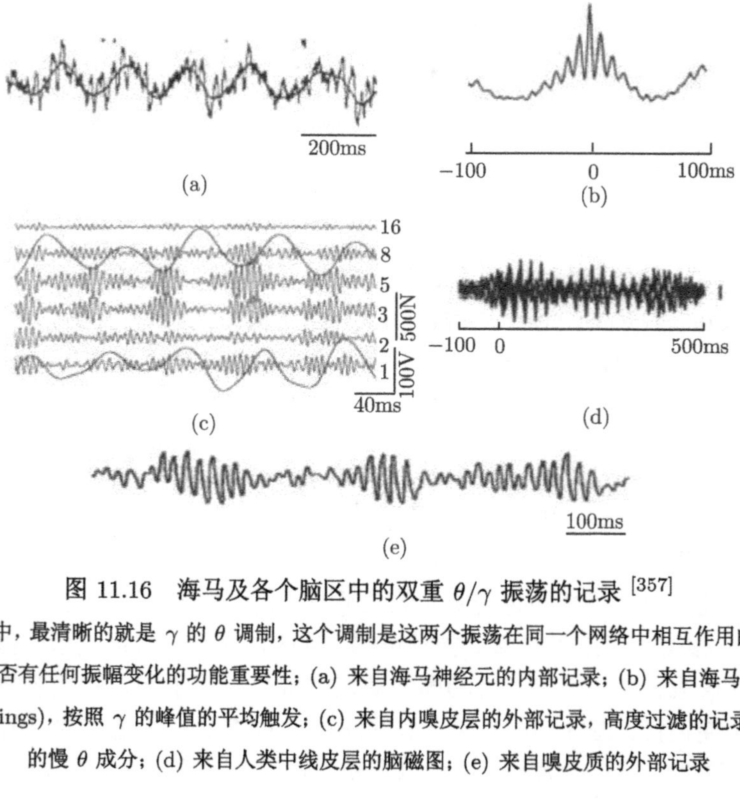

图 11.16　海马及各个脑区中的双重 θ/γ 振荡的记录 [357]

在一些情形中，最清晰的就是 γ 的 θ 调制，这个调制是这两个振荡在同一个网络中相互作用的一个象征，但不清楚是否有任何振幅变化的功能重要性；(a) 来自海马神经元的内部记录；(b) 来自海马的外部记录 (field recordings)，按照 γ 的峰值的平均触发；(c) 来自内嗅皮层的外部记录，高度过滤的记录显示了孤立的慢 θ 成分；(d) 来自人类中线皮层的脑磁图；(e) 来自嗅皮质的外部记录

根据这个模型，记忆按事件方式储存在端脑各区域，一个记忆事件对应着一个神经网络。大部分的记忆事件网络因为突触关联不牢固，一段时间之后慢慢松脱。这在心理学上被称为短期记忆。突触关联很稳固的神经网络成了长期记忆。当记忆事件被触发，记忆神经网络发送的信号驱动感知神经活动并形成意识感知后，才可以感知或回忆。比如你每天都会遇到许多不同的人，但是你绝不会有认识的感知。因为你看到的每张面孔，在你所有的信息储存中无法找到与之匹配的记忆事件。正因如此，某些得了阿尔茨海默病的患者，见到自己的亲人也会不认识。因为患者的

记忆神经系统老化或患有疾病，视网膜信息转换的电信号难以诱发记忆神经系统工作。神经元树突的可塑性和突触的可塑性为记忆事件的扩容和拓宽提供了无限的可能。

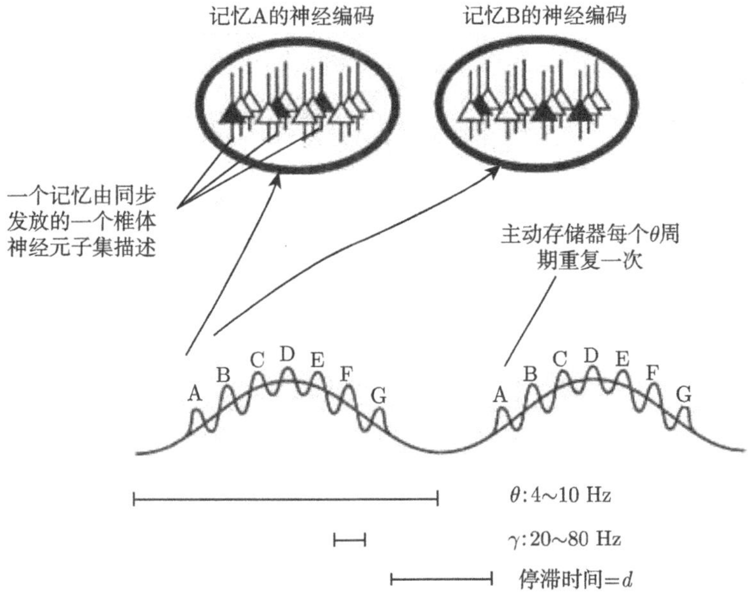

图 11.17 θ-γ 分立相编码方案 [357]

显示的是两个 θ 周期，它们每个含 7 个 γ 周期，不同的事件 (A～G) 由不同 γ 周期内的活动描述；上方的椭圆是用来描述在第一个 γ 周期内的记忆 A 的网络活动，其中一个活跃细胞组 (黑色) 的空间码被用来编码这个记忆；在下一个 γ 周期，在这同一个网络中的不同细胞组激活，从而编码记忆 B；这整个斑图可在下一个 θ 周期内重复；注意，在这个方案内，未给出 γ 振幅的 θ 调制

11.5 工 作 记 忆

按照海扁的框架，记忆最终等同于皮层网络的突触结构。记忆一旦形成，就表现为突触连接的一种物理结构，而与神经元的活动无关。这个理论因记忆可以被提取而不证自明：突触结构使得网络描述记忆的特定活动。按照这个观点，突触结构就等同于通常所说的长期记忆，而其对应的神经元活动则等价于短期记忆。这就意味着短期记忆与长期记忆在物理上并不是分开的，而是协同地作用在相同的皮层网络上。真实大脑中的皮层网络结构非常复杂，图 11.18 是这种网络中的一小部分。这是在显微镜下观察到的，它们的胞体有些是三角形的，有些是圆形的，且轴突较长。

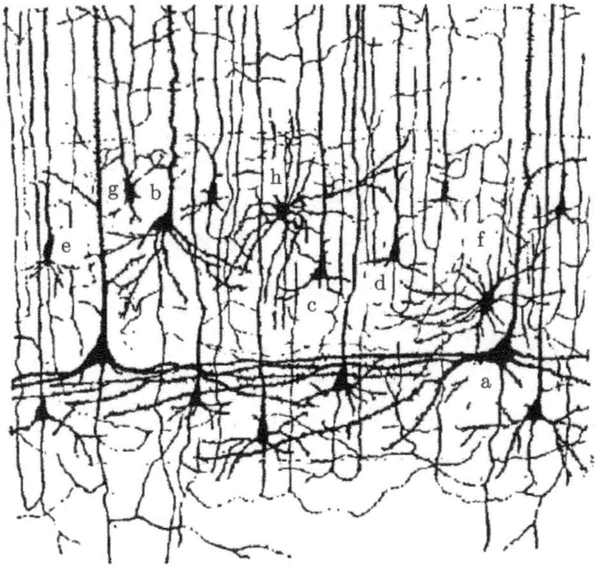

图 11.18 显微镜下，哺乳动物大脑皮质中的几个神经元构成的网络 [358]

工作记忆 (working memory) 是指人或动物在进行某种复杂的认知任务 (如思维、推理、行为的计划与组织等) 时，大脑能实时地短暂维持、整合和处理信息的神经过程，是大脑的重要认知功能之一。记在脑子里的信息可以具有分立的特性，比如一幅肖像或一串电话号码，也可以是连续的量，比如屏幕上一个点的位置。工作记忆因其非平凡的行为而被认为是极其重要的，像创造性地使用语言、猜谜、解方程等，工作记忆中起关键作用的皮层区域是前额皮质 (prefrontal cortex)。网络集体状态可用来解释持续活动，比较经典的是吸引子模型 (attractor model)。“吸引子”指动力学系统在相空间中最终收敛的部分。在这个思路中，记忆就是神经元活动空间中的吸引子。图 11.19 给出了这个原理的示意图。平面代表网络的相空间，每个点代表一个稳定的不动点，线则给出不同吸引域的边界。当一个传感输入使得神经元活动靠近某个不动点时，传感信号撤出后，系统就会自动演化到那个吸引子上 (见箭头所示)。网络将保留在这个状态，直到其他的输入使得系统运动到其他区域。吸引子观点优美地提供了记忆的另一个特征：自联想特性。当记忆被部分暗示时，也会最终走到吸引子上。

图 11.19 的示意图可以有不同的表现形式，图 11.20 给出了其典型的六种结构 [359]。(a) 代表非相互作用的单元。任意的态都会衰减到原点处的唯一不动点。底部的痕迹给出了三个单元的活动，是对暂态输入的响应。(b) 代表中等强度的正或负的微分反馈可产生长暂态。(c) 代表强结构的反复式反馈 (如 Hopfield 网络) 可产生多个分立的吸引子 (稳态，用白圈表示)。每个对应底部的一个活动斑图，所有

的黑色斑图代表 0。(d) 代表双稳开关可由两个相互兴奋的或抑制的群体 (与均匀兴奋性驱动结合) 来实现，可被当作 Hopfield 网络的特殊情形。相互兴奋性开关的不动点在主对角；相互抑制性不动点在十字对角。底部小图代表来自相互抑制性网络中不同群体的两个单元的活动 (下方的灰、黑色脉冲) 与对这些群体的输入 (上方短的灰、黑色脉冲)。(e) 代表具有对称性或权重微调的高度结构化的网络可以通过正或负的微分反馈产生连续吸引子。(f) 代表复杂的轨道与响应可在前馈网或非正常结构中产生，如这里描述的突触连接。底部小图的轨迹为不同点随时间的群体活动。

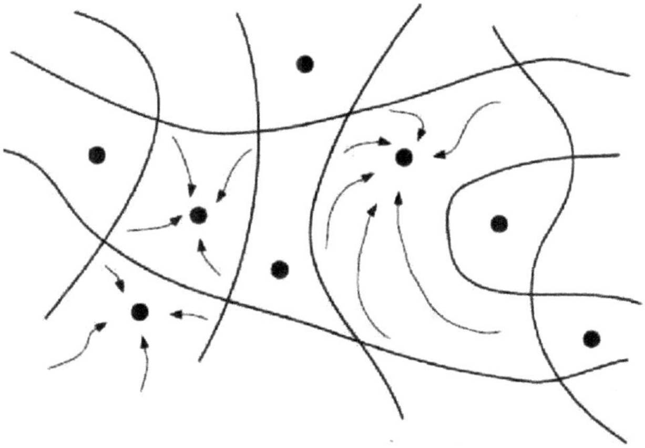

图 11.19 多吸引子的相空间示意图

点代表不动点，实线代表不同吸引域的边界

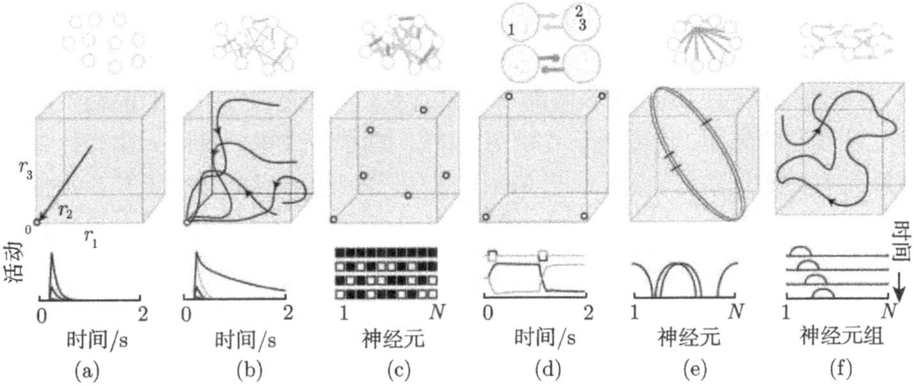

图 11.20 持续状态的电路机制 [359](彩图见封底二维码)

上排为各种结构的示意图 (线的权重正比于强度)；阴影立方体给出了网络神经元活动的态空间

基于图 11.20 的原理，提出了许多工作记忆模型，涉及神经元、突触、连接结构及发放统计。这些模型的一个共同特征是记忆由“持续”表征，即刺激将网络推到一个不同的发放状态，其在刺激撤销后依然不变。每个吸引子代表一个记忆状态，当网络处于一个特定的记忆态时，所有的神经元以常数速率发放。最有影响的吸引子模型是由 Hopfield 于 1982 年提出的 [360]，它是一个关于提取记忆的联想记忆模型。在 Hopfield 网络中，神经元被描写为二进制单位，$s_i \in \{-1,1\}$。网络满足分立时间动力学：第 i 个神经元在第 $n+1$ 时间步的状态依赖于网络在第 n 步的状态，其更新律为

$$s_i[n+1] = \mathrm{sign}\left(\sum_j W_{ij} s_j[n]\right) \tag{11.27}$$

假定我们想将 P 个斑图存储在网络中。对于给定的 P 个 N 维矢量 $\boldsymbol{\xi}_1, \cdots, \boldsymbol{\xi}_P$，我们希望当网络的状态设置为除了一小部分外，大多数与 $\boldsymbol{\xi}_i$ 一样时，则动力学将使得网络的状态最终收敛到 $\boldsymbol{\xi}_i$。Hopfield 告诉我们，这个任务可通过如下的方式设置权重 W_{ij} 来完成：

$$W_{ij} = \frac{1}{N}\sum_\mu \boldsymbol{\xi}_i^\mu \boldsymbol{\xi}_j^\mu \tag{11.28}$$

其中，$\boldsymbol{\xi}_i^\mu$ 为第 μ 个斑图的第 i 个分量。由于 $\boldsymbol{\xi}_i^\mu$ 要么取 1 或者 -1，当两个神经元在斑图的主体中有相同的值时，它们的连接强度为正；而当它们的值相反时，则连接强度为负。这样就会导致“团簇化”，神经元享有相同的斑图时就会互相激励，否则就互相抑制。这种权重矩阵的选择就将斑图 $\boldsymbol{\xi}_i$ 当作了满足更新规则的吸引子。这个网络可理解为联想记忆网，因为只需网络的状态与记忆的斑图足够相似，网络就会自己完成其他的斑图部分。另一个解释是，网络可用于工作记忆：网络可被切换到描述一个记忆斑图，并停留在这个斑图里以便以后读取。

除了网络中的持续发放外，其他的方案也可实现选择性。比如将网络分成“集团”，以便集团中的平均连接强度高于集团间的。神经元则按照它们的输入敏感性被分配给不同的集团，以便提示“A”出现时，集团“A”中的神经元比其他集团中的神经元有更强的刺激。Amit 与 Brunel 指出多吸引子可以共存于具有相似网络结构的累积发放神经元网络中 [361]。在这些吸引子中，一个集团中的神经元比其他的有较高的发放率；另一个吸引子是“基线”态，其中所有的神经元都是静止的。对多吸引子共存，集团化的水平必须足够高，即每个集团内的神经元连接必须远大于集团间的连接，可通过学习过程来实现。某种意义上，集团化网络具有 Hopfield 模型的精神：它们的连接结构使得网络持续描述一个事件。

然而，在空间选择上，记忆是存储于一个方向上，此时变成了一个连续变量而不再是分立事件。空间选择的吸引子模型使用一条线吸引子来代替有限数目的孤立吸引子。在线吸引子的情形下，刺激使得网络状态平移到线上一个特定点的吸引

域内，然后在刺激撤去后系统自动收敛到那个点。刺激的特点由线上网络状态的位置来编码，且只要网络处于这个状态就可以可靠地读出。使用线吸引子来编码一个标量是由 Ben-Yishai 等在一个初级视觉皮层 (V1) 的取向选择性模型中提出的 [362]。他们发现 V1 神经元视觉刺激定向的选择敏感性可被该神经元的复发性连接极大地影响。在他们的模型中，每个神经元都被赋予一个优先方向 θ，其为刺激最大响应的方向。假定大量神经元的优先方向是均匀分布在所有可能的方向，网络在时间 t 的活动框架就由函数 $m(\theta,t)$ 描述：

$$\frac{\mathrm{d}m(\theta,t)}{\mathrm{d}t}=-m(\theta,t)+g[I(\theta)+h(\theta,t)] \tag{11.29}$$

其中，$g(x)=\max(x,0)$，来自网络的复发性输入 $h(\theta,t)$ 为

$$h(\theta,t)=\frac{1}{\pi}\int_{-\pi/2}^{\pi/2}J(\theta-\xi)m(\xi,t)\mathrm{d}\xi \tag{11.30}$$

且连接具有“墨西哥草帽”形状，定义为 $J(\theta-\xi)=J_0+J_1\cos(2(\theta-\xi))$。当 $I(\theta)$ 为均匀兴奋的输入时，即 $I(\theta)=I_0>0$，网络的不动点满足：

$$m(\theta)=g\left[I_0+\frac{1}{\pi}\int_{-\pi/2}^{\pi/2}[J_0+J_1\cos(2(\theta-\xi))]m(\xi)\mathrm{d}\xi\right] \tag{11.31}$$

显然，$m(\theta)=m_0$ 总是方程 (11.31) 的解，且满足 $m_0=g(I_0+J_0m_0)$。通过稳定性分析，Ben-Yishai 发现，这个解当 $g(x)$ 的斜率大于 $2/J_1$ 时失稳，且将被一个“肿块”状的吸引子取代，见图 11.21。此外，如果某函数 $m(\theta)$ 满足上述条件，则其任意平移 $m(\theta-\theta_0)$ 也满足，即这些吸引子排在 θ_0 为参数的一条线上，θ_0 为活动的中心。实际中，究竟收敛到线上的哪一点由初值条件决定。然而，如果 $I(\theta)$ 是几乎均匀的但又沿 θ_0 的一个稍微的调制，则这个调制将在网络轮廓中被放大且一个活动“肿块”将在 θ_0 处形成，因此编码了刺激的位置。

在另一个模型中，Compte 等研究了非双稳的累积发放网络 [363]。选择连接为“墨西哥草帽”时，网络可显示均匀与“肿块”的双稳态，暂态输入可在它们间切换。此外，从“肿块态”到均匀态的切换可以用均匀兴奋性输入来完成。图 11.22 显示他们的结果，可见加强的局域神经元活动是由提示刺激激发的并在延迟周期内持续。通过这个模型，他们再现了眼球运动延迟响应实验中所观察到的现象 [364]。

吸引子模型具有计算的吸引力，但其明显的弱点来自生物学似真性。尽管电生理记录确实揭示了延迟响应任务中的持续性与选择性，但这些实验中记录的绝大多数神经元显示了本质上更复杂的发放斑图 [365]。过剩的发放率无法用吸引子模型解释，但可以用非定态发放斑图模型来解释。Jaeger 与 Haas 提出了这样的一个

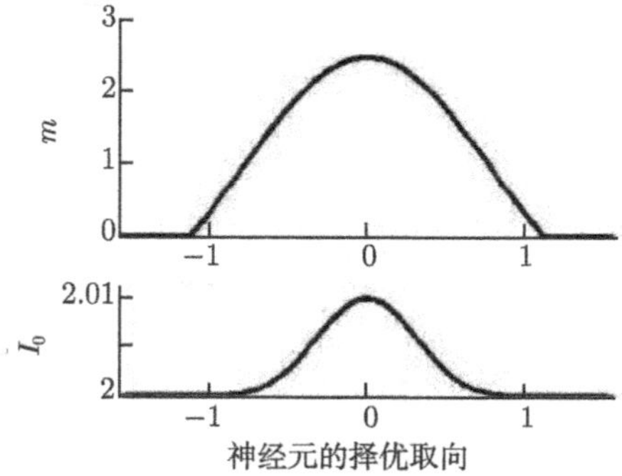

图 11.21 Ben-Yishai 模型中的网络活动轮廓

上方：网络活动轮廓；下方，输入到网络的轮廓；尽管输入只有一个微小的调整 (0.5%)，网络轮廓形成了沿输入中心的活动"肿块"

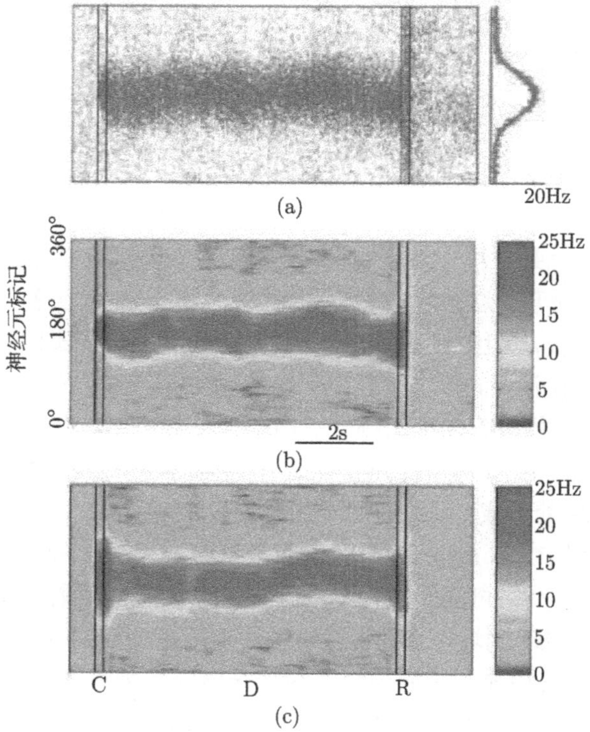

图 11.22 由一个调制的网络活动 ("肿块") 所维持的工作记忆 [363](彩图见封底二维码)

C：提示时间 (250 ms, 峰刺激 200pA)；D：延迟时间 (8.75s)；R：响应时间 (250ms, 外部电流增加 500pA)；(a) 锥体神经元光栅图，x 轴代表时间，y 轴代表按优先线索的神经元标签，光栅图中的一点表示神经元的一次发放，右边为神经元集团对延迟时间周期的平均；(b) 彩色编码的时空活动斑图；(c) 与 (b) 相同，但特定的提示刺激增加了 5 倍宽度，在延迟期间网络达到了与 (b) 相同宽度的"肿块"态模型，其由大的、随机的且稀疏连接的网络及双向连到网上的单个读出神经元所组成 [366]，见图 11.23。读出神经元在与网络的相互作用过程中，网络对它的权重将会不断调整以便由线性回归导致的读出与教师 (teacher) 信号间的误差最小。按照这个学习过程，网络可以在相当多的步数后产生教师信号的正确延续。

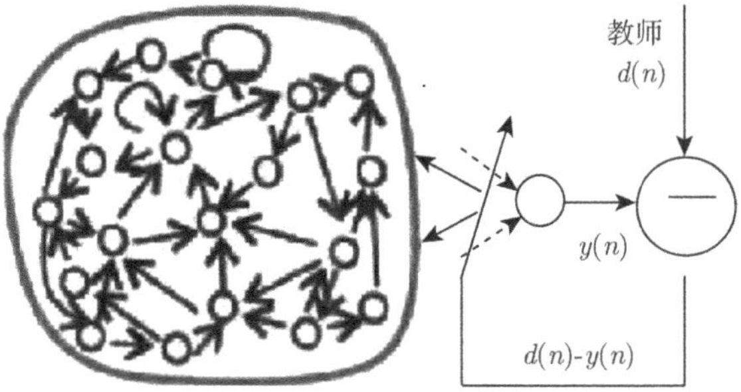

图 11.23 Jaeger 与 Haas 模型 [366]

网络与读出 y 之间的权重被调整以便读出与教师信号 d 间的误差最小；从 y 返回给网络的权重在学习过程中没有改变

这个模型是一个离线线性回归模型，Sussillo 与 Abbott 将其推广为在线学习算法 [367]。他们提出了两个学习方案：在第一个方案中，对网络的反馈是通过独立的模块来实现的 (代替直接从读出中得来) 且从网络到反馈模块的权重在学习过程中被修改；在第二个方案中，网络中的所有权重在学习过程中都得到了修改，见图 11.24。他们指出学习过程可以传输网络的动力学，以便可以在缺乏输入时可靠地产生一个目标输出信号。值得注意的是，一旦传输，网络的动力学便不再是混沌的，至少是在输出信号被精确再现时会这样。

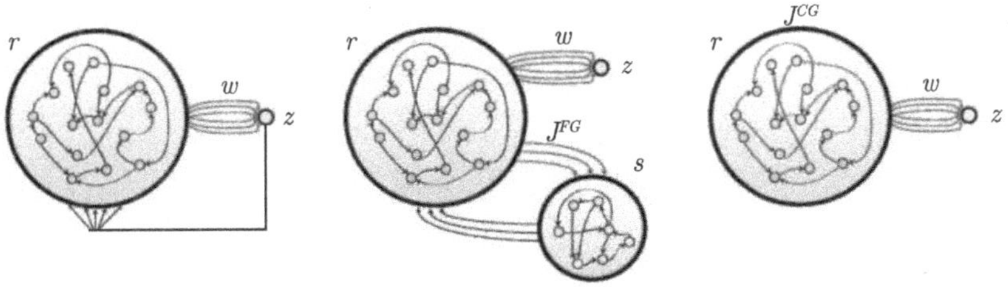

图 11.24 Sussillo 与 Abbott 模型 [367]

左边：输出 (z) 反馈回网络，从网络到 z 的权重只是在学习过程中被修改；中间：对网络的反馈不是来自 z，而是来自一个独立的模块 s，从网络到 z 及到 s 的权重在学习过程中被修改；右边：没有从 z 到网络的反馈，所有的权重都在学习过程中得到了修改

然而，只传递输出权重而不对网络反馈是可能的，这样就可以保持网络动力学的混沌特征。为了实现产生延迟输入信号的网络，Jaeger 使用了一个与 Jaeger-Hass

模型类似的网络结构与学习步骤，但没有从输出神经元到网络的反馈 [368]。因此网络没有被学习过程影响，网络中的混沌动力学将被维持。尽管这个模型体现了可用于工作记忆的短期记忆形式，但它依然缺乏生物学合理性。生物导向的一个模型是由 Barak 等提出的 [369]，其神经元为连续时间的速率单元。网络被训练来完成触觉振动辨别任务，与 Jaeger 模型一样，只有输出权重被修改，而没有反馈。网络中的神经元在训练后也能继续显示混沌行为。与吸引子模型不同，这些网络的行为受任务的持续时间限制：在 Jaeger 的模型中，当延迟大于 10 个时间步时，网络产生的输入延迟就会偏离正确的延迟；在 Barak 等的模型中，任务只是在延迟时间少于 30 个时间单位时才完成得较好。

11.6　海扁学习法

记忆形成过程中最重要的就是突触权重 W_{ij} 的变化方式。如果刺激导致突触强度的持续增加，这个效应就称为长时程增强 (LTP)；相反，如果导致减弱，则称为长时程抑制 (LTD)。这些持续变化与学习及记忆有关，以便保证完成一个给定任务的最优化。最简单的学习规则是假定突触的变化是由突触前与突触后神经元间的关联活动驱动的，而与其他的神经元无关，称为“海扁学习法” [350]。图 11.25 给出其示意图。

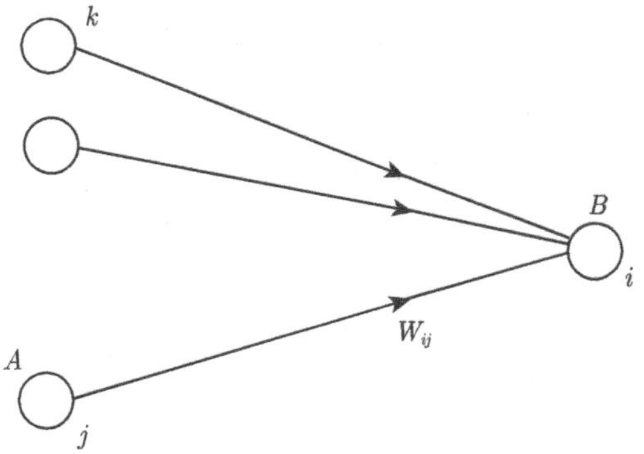

图 11.25　海扁学习法示意图 [358]

突触 W_{ij} 的变化与突触前神经元 j、突触后神经元 i 及目前的突触 W_{ij} 有关，而与其他的神经元 k 无关

图 11.26 是用来说明长时程增强的示意图。一个神经元通过细胞内的电极穿刺来记录膜电位，而突触前纤维被第二个细胞外电极刺激。为了测量突触后的响应，将一个小脉冲用于突触前纤维，见图 11.26(a)。选择这样的试验脉冲振幅，以便刺激足以引起一个突触后电位，但没有动作电位。第二步，用一系列高频脉冲来强烈刺激输入纤维，以便引起突触后发放，见图 11.26(b)。然后，再次检验突触后对小

脉冲的响应强度，发现了一个突触后电位振幅的显著地增加，见图 11.26(c)。这种突触强度的改变持续许多小时，因此称为长时程增强。

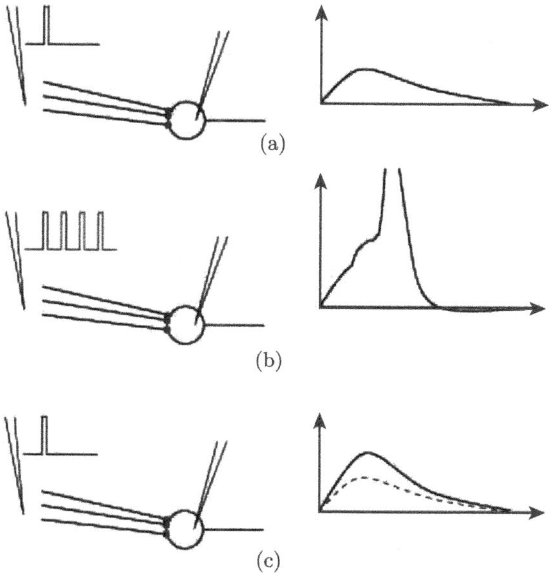

图 11.26 长时程增强的示意图 [358]

(a) 一个弱试验脉冲 (左图) 引起一个突触后响应 (右图)；(b) 一个强刺激序列 (左图) 引发突触后发放 (右图，动作电位的峰超过了尺度)；(c) 一个试验脉冲引发了一个比初始响应大的突触后响应 (右图的实线)，虚线为 (a) 中初始响应的复制

图 11.26 实验的一个基本方面——为了加强突触，突触前与突触后两个神经元都必须是活跃的。但这个条件不一定总是能够满足。当突触前与突触后两个神经元的发放时刻不一致时，突触强度的改变也会受到影响，具体的影响效果见图 11.9。

为了将海扁学习法数学公式化，我们引入发放率，其定义为时间 T 内的平均发放次数：

$$v = \frac{n_{\mathrm{sp}}(T)}{T} \tag{11.32}$$

其中，$n_{\mathrm{sp}}(T)$ 为时间 T 内的发放次数。对于时间依赖的刺激，通常使用发放密度：

$$\rho(t) = \frac{1}{\Delta t}\frac{1}{K}n_K(t, t+\Delta t) \tag{11.33}$$

其中，K 为实验重复次数，$n_K(t, t+\Delta t)$ 为 t 到 $t+\Delta t$ 之间 K 次重复实验的发放次数。

海扁学习法有两个重要的方面，局域性与合作性。局域性意味着突触的变化只依赖于局部变量，如突触前与突触后的发放率及突触本身的值。基于这个局域性特点，我们可假定突触的变化如下：

$$\frac{\mathrm{d}W_{ij}}{\mathrm{d}t}=F(W_{ij},v_i,v_j) \tag{11.34}$$

其中，v_j 代表突触前神经元的发放率，v_i 代表突触后神经元的发放率。基于合作性的特点，突触前与突触后的神经元必须同时活跃以便突触权重发生改变。我们可用这个特征来了解一些关于函数 F 的信息。如果 F 是一个好函数，我们将其展开成关于 $v_i=v_j=0$ 的泰勒级数：

$$\begin{aligned}\frac{\mathrm{d}W_{ij}}{\mathrm{d}t}=&c_0(W_{ij})+c_1^{\text{post}}(W_{ij})v_i+c_1^{\text{pre}}(W_{ij})v_j+c_2^{\text{post}}(W_{ij})v_i^2\\&+c_2^{\text{pre}}(W_{ij})v_j^2+c_2^{\text{corr}}(W_{ij})v_iv_j+O(v^3)\end{aligned} \tag{11.35}$$

其中，参数 $c_0=F(W_{ij};0,0), c_1^{\text{post}}=\mathrm{d}F/\mathrm{d}v_i,\cdots$。包含 c_2^{corr} 的项是突触前与突触后之间的关联，体现了海扁学习法的合作性。

最简单的函数 F 就是将 c_2^{corr} 固定为一个正的常数，而令泰勒展开中的其他项为 0。这就导致了海扁学习法的原型

$$\frac{\mathrm{d}W_{ij}}{\mathrm{d}t}=c_2^{\text{corr}}v_iv_j \tag{11.36}$$

如果 $c_2^{\text{corr}}<0$，则方程 (11.36) 减弱突触，称为是反海扁的。如果方程 (11.35) 中只有一阶项，则称为非海扁可塑性，因为突触前神经元或突触后神经元单独就可以引起突触的改变。更复杂的学习规则可通过在式 (11.35) 中保留高阶项来实现。

F 对突触强度 W_{ij} 的依赖性是 W_{ij} 有界的自然后果。如果 F 独立于 W_{ij}，则当刺激反复使用时就会导致突触强度的不断增加直至无穷。如果当 W_{ij} 趋于最大值时 c_2^{corr} 趋于 0，则突触权重就会趋于饱和，比如令 $W^{\max}=1$ 则有

$$c_2^{\text{corr}}(W_{ij})=\gamma_2(1-W_{ij}) \tag{11.37}$$

其中，γ_2 为一个正常数。

海扁的原始方案并不包含突触权重降低的规则。在一个突触只增强的系统里，所有的权重最终都会饱和在其最大值处。一个降低权重的选择权对有用的学习规则是必需的，其可由如下设置实现：

$$c_0(W_{ij})=-\gamma_0W_{ij} \tag{11.38}$$

其中，γ_0 是一个小的正常数，描述在缺乏刺激时 W_{ij} 衰减到 0 的速率。将式 (11.37) 与式 (11.38) 结合就可以得到学习规则：

$$\frac{\mathrm{d}W_{ij}}{\mathrm{d}t}=\gamma_2(1-W_{ij})v_iv_j-\gamma_0W_{ij} \tag{11.39}$$

此方程在连续刺激下达到饱和 $W_{ij}=1$，而在缺乏刺激时衰减到 $W_{ij}=0$。

当然，也可以取其他的形式，比如：

$$\frac{\mathrm{d}W_{ij}}{\mathrm{d}t}=\gamma v_i[v_j-v_\theta(W_{ij})] \tag{11.40}$$

其中，γ 为正常数，v_θ 为依赖于 W_{ij} 当前值的参考阈值。在这里，只有突触后神经元是活跃时，即 $v_i>0$，突触权重才可能发生改变，或者说是由突触后神经元“门控的”。方程 (11.40) 的特征：只有高度活跃的突触，即 $v_j>v_\theta$，才会被加强，否则将被抑制。一个特别有趣的形式是选择 $v_\theta(W_{ij})=W_{ij}$，则有

$$\frac{\mathrm{d}W_{ij}}{\mathrm{d}t}=v_i(v_j-W_{ij}) \tag{11.41}$$

这个突触权重在突触后神经元活跃时逐渐趋近不动点 $v_j=W_{ij}$。定态时，这套权重 W_{ij} 就反映了突触前发放斑图 $v_j, 1\leqslant j\leqslant N$。换句话说，突触前发放斑图存储于权重之中。这条学习规则对竞争性的无监督学习非常重要 [370]。

类似地，突触变化也可以由突触前神经元的活动 v_j 来“门控”，其方程为

$$\frac{\mathrm{d}W_{ij}}{\mathrm{d}t}=\gamma(v_i-v_\theta)v_j \tag{11.42}$$

此时，突触权重的变化只发生在突触前神经元活跃时 ($v_j>0$)。对于 $\gamma>0$，如果突触后神经元高度活跃 ($v_i>v_\theta$)，则突触加强；否则减弱。学习规则还可以设计成其他的方式 [358]，如协方差规则：

$$\frac{\mathrm{d}W_{ij}}{\mathrm{d}t}=\gamma(v_i-\langle v_i\rangle)(v_j-\langle v_j\rangle) \tag{11.43}$$

11.7 时序依赖可塑性

时序依赖可塑性 (spike-time-dependent plasticity，STDP) 则主要关注单个发放水平上的突触变化，反映突触前与突触后发放间的关联。对于每一个突触前发放，即使没有突触后动作电位，它都可以触发一个突触强度的变化。在非海扁突触前 LTP 的情形，突触的改变见图 11.27。数学方程可写为

$$\frac{\mathrm{d}W_{ij}}{\mathrm{d}t}=S_j(t)\left[a_1^{\mathrm{pre}}+\int_0^\infty a_2^{\mathrm{pre,post}}(s)S_i(t-s)\mathrm{d}s\right] \tag{11.44}$$

其中，$S_j(t)=\sum\limits_f\delta(t-t_j^{(f)})$ 与 $S_i(t)=\sum\limits_f\delta(t-t_i^{(f)})$ 分别代表突触前与突触后发放序列，积分核 $a_2^{\mathrm{pre,post}}(s)$ 代表当突触后动作电位是由突触前发放延迟 s 导致时

的突触强度变化。类似地，突触的变化也可由突触后的动作电位引起，此时有非海扁的项 a_1^{post} 及关联项 $a_2^{\text{post,pre}}$。加上与活动无关的项 a_0，总的突触变化为

$$\begin{aligned}\frac{\mathrm{d}W_{ij}}{\mathrm{d}t} =& a_0 + S_j(t)\left[a_1^{\text{pre}} + \int_0^{\infty} a_2^{\text{pre,post}}(s)S_i(t-s)\mathrm{d}s\right] \\ &+ S_i(t)\left[a_1^{\text{post}} + \int_0^{\infty} a_2^{\text{post,pre}}(s)S_j(t-s)\mathrm{d}s\right]\end{aligned} \tag{11.45}$$

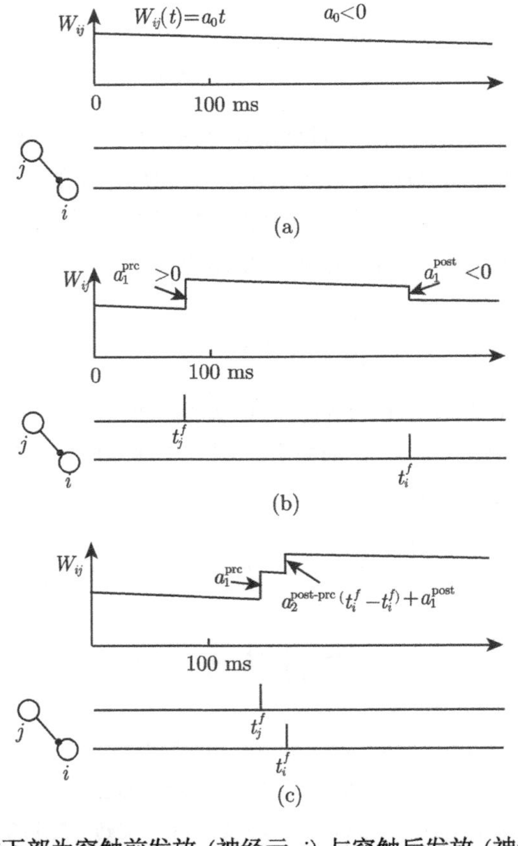

图 11.27　每个图的下部为突触前发放 (神经元 j) 与突触后发放 (神经元 i)，上部为权重 W_{ij} 的变化 [358]

(a) 零阶项 $a_0 < 0$ 导致突触权重的降低；(b) 当突触前发放到达或突触后发放时，线性阶项改变突触，对 $a_1^{\text{pre}} > 0$，在时间 $t_j^{(f)}$ 到达的突触前发放导致一个正的突触变化 $W_{ij} = a_1^{\text{pre}}$，对 $a_1^{\text{post}} < 0$，每一个突触后发放导致一个负的权重变化；(c) 假定对于 $t_j^{(f)} < t_i^{(f)}$，海扁可塑性为 $a_2^{\text{post,pre}}(t_i^{(f)} - t_j^{(f)}) = W(t_j^{(f)} - t_i^{(f)}) > 0$，因此，如果突触后发放 $t_i^{(f)}$ 正好在突触前发放 $t_j^{(f)}$ 之后，则突触改变 $W(t_j^{(f)} - t_i^{(f)}) + a_1^{\text{post}}$ 在突触后发放瞬间有可能为正，即使 $a_1^{\text{post}} < 0$

定义“学习窗口”W 为

$$W(s)=\begin{cases} a_2^{\text{post,pre}}(-s), & s<0 \\ a_2^{\text{pre,post}}(s), & s>0 \end{cases} \tag{11.46}$$

其中，$s=t_j^{(f)}-t_i^{(f)}$ 为突触前与突触后发放之间的延迟。一个简单的方式是将学习窗口选为指数形式，即将 $a_2^{\text{post,pre}}$ 与 $a_2^{\text{pre,post}}$ 选为指数形式：

$$W(s)=\begin{cases} A_+\exp[s/\tau_1], & s<0 \\ A_-\exp[-s/\tau_2], & s>0 \end{cases} \tag{11.47}$$

其中，$A_\pm$ 与 $\tau_{1,2}$ 为常数。如果 $A_+>0$ 与 $A_-<0$，则当突触前发放稍微早于突触后发放时 (对 $s<0$ 有 $W(s)>0$)，突触增加；反之，当突触前发放稍微晚于突触后发放时 ($W(s)<0$)，突触减弱。图 11.28 是其示意图。

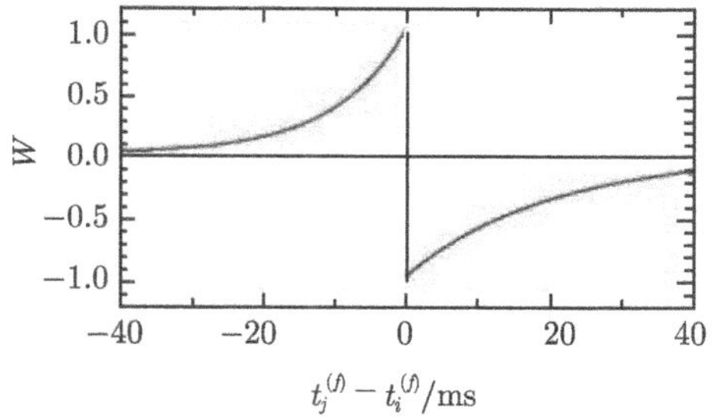

图 11.28 两相学习窗口 W 作为时间差 $s=t_j^{(f)}-t_i^{(f)}$ 的函数 [358]

其中参数取 $A_+=-A_-=1, \tau_1=10\text{ms}, \tau_2=20\text{ms}$

当学习窗口既包含 LTP 又包含 LTD 时，方程 (11.47) 可推广为 [358]

$$W(s)=\begin{cases} A_+\exp[s/\tau_a]-A_-\exp[s/\tau_c], & s<0 \\ A_+\exp[-s/\tau_b]-A_-\exp[-s/\tau_d], & s>0 \end{cases} \tag{11.48}$$

在极限 $\tau_c\to 0, \tau_b\to 0$ 情况下，对 $s<0$ 有

$$W(t_j^{(f)}-t_i^{(f)})=\gamma^{\text{LTP}}d_a\exp\left(-\frac{t_i^{(f)}-t_j^{(f)}}{\tau_a}\right), \quad t_j^{(f)}<t_i^{(f)} \tag{11.49}$$

对 $s>0$ 有

$$W(t_j^{(f)}-t_i^{(f)})=-\gamma^{\text{LTD}}d_d\exp\left(-\frac{t_j^{(f)}-t_i^{(f)}}{\tau_d}\right), \quad t_j^{(f)}>t_i^{(f)} \tag{11.50}$$

海扁学习法是神经元组织的主要原理，大多数这类模型都或多或少地使用了基于关联的无监督学习规则。

STDP 在实验中经常被观察到。比如来自啮齿动物大脑皮层与嗅球的数据表明，特定的连接模式与兴奋性突触的短时程动力学相关。具有短时程加强的突触绝大多数形成双向连接，而具有短时程抑制的突触绝大多数形成单向连接。Vasilaki 与 Giugliano 提出了一个神经元网络模型来再现了这种突触连接的出现 [371]，见图 11.29。

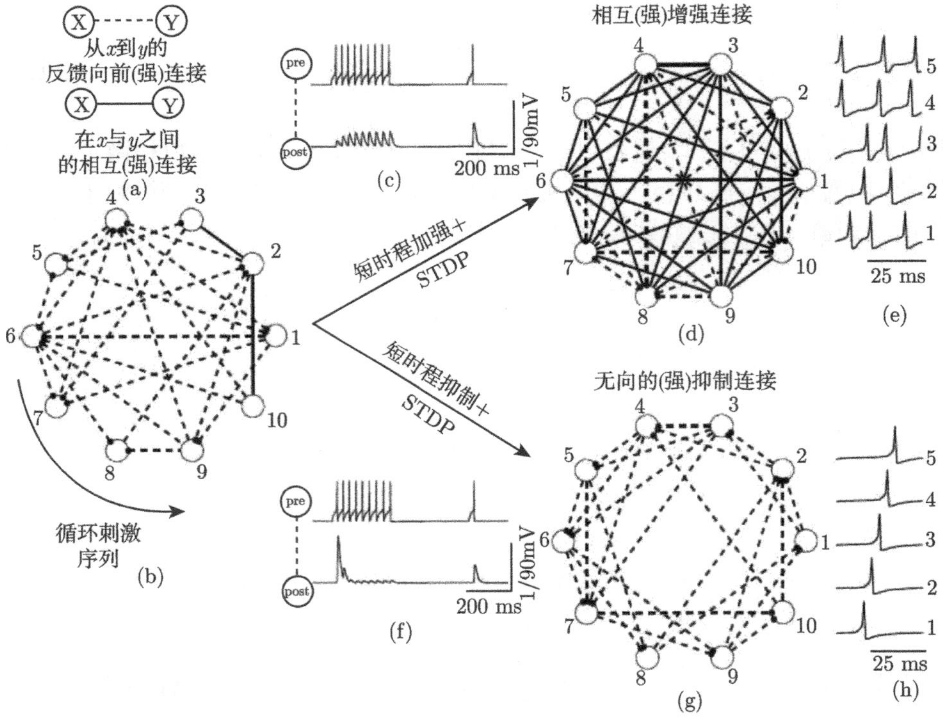

图 11.29　一个神经元模型中的连接模式的出现 [371]

单向 (双向) 强兴奋性连接在 (a) 由虚线 (实线) 表示，描述 (b) 中的网络拓扑结构，每个神经元收到空间交替的去极化电流脉冲，强度足以产生单个的动作电位；(c) 显示神经元连接间的突触使突触后电势的幅值短时程加强；(d) STDP 导致连接的加强并导致大的相互连接；将短时程可塑性修改成抑制时 (f) 导致大的由 STDP 控制的单向连接 (g)；在全同的外部刺激与初始连接条件下，由于不同的发放斑图 (比较 (e) 与 (h))，不同的强连接模式来自于短时程与长时程可塑性

11.8　Hopfield 联想记忆网络

幸福感是人脑最基本的特征之一，往往与记忆密切相关。当我们回想起一段美好的记忆，就会触发记忆形成时被编码的神经模式，从而能够在意识上感受到过去

事件的种种情形。按照神经科学的解释，记忆某事件的时候，脑细胞会被激活而迅速制造出大量蛋白质以生成记忆。蛋白质是按照特定路线分布到大量神经元上的，只有后来事件激活的神经元与最初事件发生时激活的神经元相同时，记忆才被保留、唤起。记忆可分为短时记忆 (工作记忆)、短期记忆与长期记忆等。短期记忆的实质是大脑的即时生理生化反应的重复，普通人每天只将其中的 1% 记忆保留下来，而大部分都会消失。中期和长期记忆则是大脑神经元形成网络结构，由较强的突触建立了神经元网路的固定连接关系。长期记忆一旦形成，特定基因就会开始表达，合成特定蛋白以维持长时记忆。大脑中与意识直接有关的部位是脑干和丘脑，特别是大脑海马区，是大脑中与记忆形成密切相关的区域。在记忆的过程中，海马区充当转换站的角色，当大脑皮质中的神经元接收到各种感官或知觉信息时，它们会把信息传递给海马区。假如海马区有所反应，神经元就会开始形成持久的神经元网络，但如果没有这种认可的模式，那么脑部接收到的信息就自动消逝。

将记忆的研究纳入可操作的数学模型框架是由 Hopfield 首先完成的。Hopfield 把前人的一些重要思想结合起来并进行了简明的数学分析，分别于 1982 年和 1984 年写了两篇非常有影响力的论文 [372, 373]，指出神经网络与统计物理学中磁性材料的 Ising 模型有相似之处，使得记忆存储与提取可在计算机上进行模拟。Hopfield 模型的框架如下：考虑一个物理系统，其状态矢量 $\boldsymbol{X}$ 由 $\boldsymbol{X}_1,\cdots,\boldsymbol{X}_N$ 组成。假定系统有局部稳定点 $\boldsymbol{X_a},\boldsymbol{X_b},\cdots$。则当系统的初始点充分靠近 $\boldsymbol{X_a}$ 如 $\boldsymbol{X}=\boldsymbol{X_a}+A$，它将会逐渐演化到 $\boldsymbol{X}\approx\boldsymbol{X_a}$。我们可以认为储存在系统中的信息就是矢量 $\boldsymbol{X_a},\boldsymbol{X_b},\cdots$。初始点 $\boldsymbol{X}=\boldsymbol{X_a}+A$ 代表事件 $\boldsymbol{X_a}$ 的部分信息，然后系统产生 $\boldsymbol{X_a}$ 的所有信息。

Hopfield 模型的具体编码如下 [374]：考虑 N 个 Ising 自旋组成的系统，其哈密顿量为

$$H=-\frac{1}{2}\sum_{i\neq j}J_{ij}S_iS_j \tag{11.51}$$

自旋 $S_i(=+1,-1)$ 代表神经元的两个状态，主动或被动。J_{ij} 为连接间的耦合权重。学习的效果是改变 J_{ij}，以便学习的斑图变成网络的动力学稳定配置。这个过程可概括为如下几个步骤。

(1) 设定记忆斑图

将欲存储的 p 个斑图进行编码，得到取值为 $+1$ 和 -1 的记忆斑图 $(p<N)$：

$$U_\mu=[\xi_1^\mu,\xi_2^\mu,\cdots,\xi_N^\mu],\quad \mu=1,2,\cdots,p \tag{11.52}$$

每个 ξ_i^μ 为独立的随机变量，用相等的概率取 $+1$ 或 -1。对每一个 μ，斑图 $\{\xi_i^\mu\}$ 描述了一个网络配置，其可以被学习。如果这 p 个斑图确实是动力学稳定的配置，或者如果 $2p$ 个配置 $\{S_i=\xi_i^\mu\}$ 或 $\{S_i=-\xi_i^\mu\}$ 是系统的稳定态，则系统可以提供联想记忆。

(2) 设定连接权重

海扁学习法建议网络的权重 J_{ij} 按如下方式选取：

$$J_{ij} = \frac{1}{N}\sum_{\mu=1}^{P}\xi_i^{\mu}\xi_j^{\mu}, \quad j \neq i \tag{11.53}$$

J_{ij} 一旦计算完毕，将保持不变。

(3) 初始化网络状态

将欲识别斑图 $U' = [\xi_1', \xi_2', \cdots, \xi_N']^{\mathrm{T}}$ 设为网络的初始状态，即 $v_i(0) = \xi_i'$，是网络中任意神经元 i 在 $t = 0$ 时刻的状态。此斑图 U' 应与某一记忆斑图 U_μ 相似。

(4) 迭代收敛

随机地更新某一神经元的状态：

$$v_i(t+1) = \mathrm{Sgn}\left[\sum_{j=1}^{N} J_{ij}\xi_j(n)\right] \tag{11.54}$$

反复迭代直至网络中所有神经元的状态不变为止。

(5) 网络输出

这时的网络状 (稳定状态)，即为网络的输出 $\boldsymbol{Y} = \boldsymbol{v}$。

这套过程在没有噪声时是行之有效的。有噪声时，突触传递的信号就有失败的可能性。神经元收到涨落的输入信号后，发放就带有随机性。即使对于持续态，噪声也能将系统驱动到非持续的区域或者错误的持续态。图 11.30 是这种现象的示意图。

Hopfield 联想记忆网络的另一个重要概念是存储容量，指可存储的最大数目的嵌入斑图 p 及其与网络大小 N 的关系。正如我们图 11.30 中所看到的，噪声可使得存储的态从一个跳向另一个。同时，对分离的记忆态来说，增加噪声也会降低记忆的容量，见图 11.31。此外，即使存在的记忆态可以稳定地持续且存储的态也对噪声有鲁棒性，但如果输入的记忆态超过了记忆的可能空间，新的记忆态就会覆盖以前的记忆态。

对于一个较小的 p/N，存储斑图的完美稳定性来自于作用在自旋上的局域场，其在态 $S_i = \xi_i^v$ 上为 [374]

$$h_i = \sum_{j\neq i} J_{ij}S_j = \frac{1}{N}\sum_{j\neq i}\sum_{\mu=1}^{P}\xi_i^{\mu}\xi_j^{\mu}\xi_j^{v} \approx \xi_i^{v}(1+\delta_i) \tag{11.55}$$

其中噪声：

$$\delta_i = \frac{1}{N}\sum_{j\neq i}\sum_{\mu\neq v}\xi_i^{\mu}\xi_j^{\mu}\xi_i^{v}\xi_j^{v} \tag{11.56}$$

为随机变量，其方差为

$$\langle\delta_i^2\rangle = (p-1)/N \tag{11.57}$$

当 p 增加时，斑图之间的随机重叠产生的噪声就变得极其重要。最终，它会完全毁坏存储斑图的重要性。

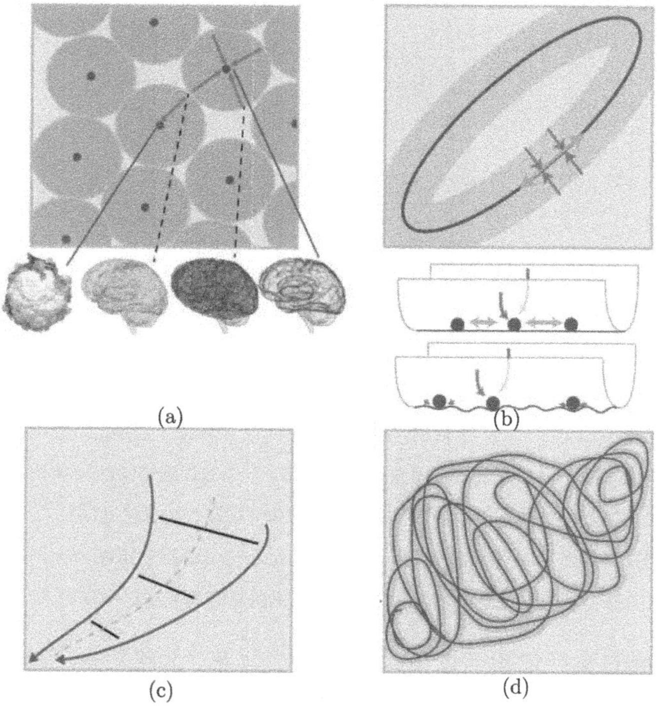

图 11.30 持续活动结构的鲁棒性 [359](彩图见封底二维码)

(a) 在分立的吸引子网络中，吸引子附近的状态会衰减到它们的吸引子，因此是自动校正的，这可以当作是从部分线索提取信息的过程，如果脑的影像 (下部最右边) 是一个吸引子，则一个噪声输入 (右边第二个影像) 导致网络恢复完整的影像，如果噪声太大 (左边第二个)，网络就不能恢复完整的影像，而是收敛到另一个记忆态 (第一个影像)；(b) 顶部，一个连续吸引子校正垂直于吸引子流形的噪声，但没有沿流形的噪声，因为这个噪声使得系统进入另一个允许的态，对应于变量的不同值，底部，对结构噪声的敏感性，对特殊的结构对称性或调制，状态变量是连续的 (胖能量山谷，上面的子图)，但对网络结构的小扰动破坏连续性而进入一套准连续的不动点 (下面的子图)；(c) 初始的分离随时间衰减；(d) 平衡网络中的复杂轨道可能被小区域包围，将状态拉回轨道

基于概率理论，可存储的斑图数为

$$p \leqslant \frac{N}{2\ln N} \tag{11.58}$$

Hopfield 基于模拟与高斯噪声分析得出 [372]：

$$p \leqslant \alpha_c N \tag{11.59}$$

其中，$\alpha_c \approx 0.1 - 0.2$。

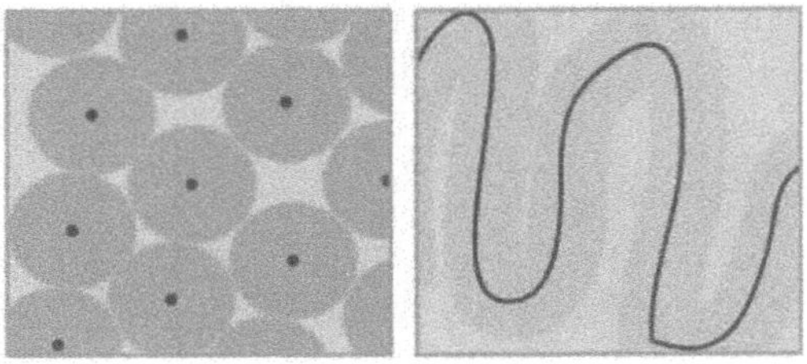
(a)

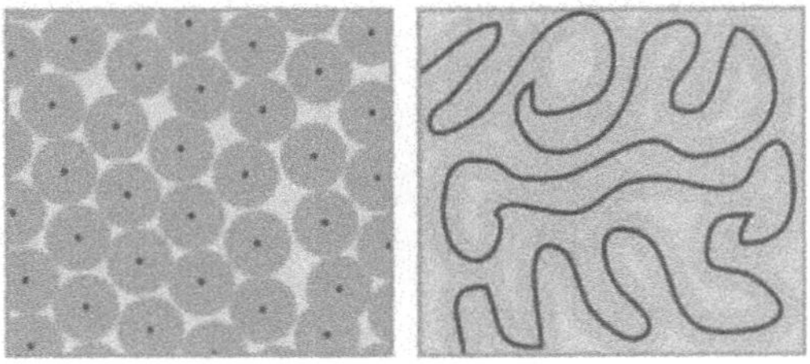
(b)

图 11.31　容量与鲁棒性间的平衡 [359](彩图见封底二维码)

(a) 如果记忆态是很好的分离的 (左边的深蓝色代表分立的、右边的代表连续的)，解码器可以从相对大的噪声中鲁棒性的恢复记忆态，因为每一个记忆态的邻域都很大 (阴影的浅蓝色区域)；(b) 如果将更多的记忆态放入给定神经元数目的固定体积的态空间中，则每个记忆态的邻域将被压缩。一个小噪声就可以将状态推入不同记忆态的邻域。因此，高容量就意味着较少的噪声容忍

可见，系统的执行依赖于以下几个因素：① 嵌入斑图的吸引域的大小；② 动力学稳定的伪状态的数目与特征；③ 存储容量，最大数目的嵌入斑图 p 而不毁坏它们自己的稳定性。

情景记忆往往涉及一连串的先后事件，具有联想性。当联想性不强时，回想这些信息就经常具有挑战性，特别是当我们没有什么精确的线索时更是如此。这个缺陷的一个极端例子可由经典的自由回想进行说明的：参与者被要求回想起一串迅速看了一眼的相互无关的单词，发现即便是只有 5~10 个单词的短序列，大多数参与者都无法毫无错误地复述出来，这就提出了有关记忆提取的模型研究 [375, 376]。

在 Recanatesi 等的模型中 [375]，回想是由带有记忆编码的神经元群体的连续激活来实现的。可以是单个编码记忆的激活，也可以是两个或多个编码记忆的激活。考虑 N 个神经元组成的 Hopfield 神经网，其单个神经元 i 满足 [375]：

$$
\begin{aligned}
\tau\dot{c}_i(t) &= -c_i(t) + \sum_{j=1}^{N} \boldsymbol{J}_{ij} r_j(t) + \xi_i(t) \\
r_i &= g(c_i)
\end{aligned}
\tag{11.60}
$$

其中，c, r 分别为突触电流与发放率，$\boldsymbol{J}$ 为连接矩阵，$\xi_i(t)$ 为方差为 ξ_0 的高斯白噪声，τ 为常数。增益函数 g 取为

$$g=\begin{cases}(x+\theta)^{\gamma}, & x+\theta>0\\ 0, & x+\theta\leqslant 0\end{cases} \tag{11.61}$$

其中，$\theta>0$ 为神经元激活的阈值，$\gamma<1$ 表明增益是亚线性的。

对于存储的 p 个记忆项目，每个项目 $\eta^{\mu\in\{1,p\}}$ 由 N 个 $(0,1)$ 构成的二进制序列组成，其中每个数取 1 的概率为 f，取 0 的概率为 $1-f$。根据海扁学习法，由这些矢量可定义出连接矩阵 $\boldsymbol{J}$：

$$\boldsymbol{J}_{ij}=\frac{k}{N}\left[\sum_{\mu=1}^{p}(\eta_i^{\mu}-f)(\eta_j^{\mu}-f)-\phi\right] \tag{11.62}$$

其中，k 为激发强度，ϕ 为网络中抑制的相对强度。当相应的斑图处于活跃状态时，我们就说其特定的记忆被忆起了。当对应记忆 μ 的神经元的平均发放率大于阈值 r_{thresh} 时，记忆 μ 被唤起。这个阈值的选择应保证两个记忆不会被同时唤起。如果在给定的时间间隔比如从 0 到 T 内，网络的状态在不同的时刻处于记忆 $\mu_1,\mu_2,\mu_3,\cdots$，我们就说在时间 T 内提取了这些记忆。

稍微修改一下这个模型就可以用来解释短期联想。比如，时间连续原则就是优先记起时间上靠近的项目。为了解释这个效应，我们对连接矩阵 $\boldsymbol{J}_{ij}$ 增加一个新的项 [375]：

$$\boldsymbol{J}_{ij}{}^{+-}=\boldsymbol{J}_{ij}+\delta\boldsymbol{J}_{ij}=\boldsymbol{J}_{ij}+\left(\boldsymbol{J}_{+}\sum_{\mu=1}^{p-1}\eta_i^{\mu}\eta_j^{\mu+1}\right)+\left(\boldsymbol{J}_{-}\sum_{\mu=2}^{p}\eta_i^{\mu}\eta_j^{\mu-1}\right) \tag{11.63}$$

新项 $\delta\boldsymbol{J}_{ij}$ 由两项组成，分别与记忆 μ 之前及之后的记忆 $(\mu-1$ 与 $\mu+1)$ 相连。按这种方式，记忆被串成链状，其非对称性由 $\boldsymbol{J}_{+}$ 与 $\boldsymbol{J}_{-}$ 的值确定。

Sollich 等最近讨论了在无标度网络上存储记忆斑图的可能性 [377]。他们考虑了在 N 个神经元组成的无标度网络上存储 p 个稀疏斑图的情形，发现网络表现为大规模并行处理机，可并行地提取所有的 p 个斑图而不会因为斑图串音而掉进伪状态。这种并行大规模提取在均匀度分布时具有鲁棒性，且不会被非对称斑图分布所破坏。对无标度斑图的度分布，海扁学习法在神经元网络中诱导了模块性。

Hopfield 的这两个工作导致了人工神经网研究的蓬勃发展。一般来说，包括记忆在内的所有生物神经功能，都存储在神经元和链接上，学习实际上是在神经元之间建立新的链接或对已有的链接进行修改的过程。如果基于这样的认识，用一些简单的人工“神经元“构造一个小系统，然后对其进行训练，使之具有一定的有用功能，这就是人工神经网络最初的想法 [378]。神经网络领域研究的背景始于 19 世纪末和 20 世纪初，源于物理学、心理学和神经生理学的跨学科研究。到 20 世纪 40 年代，人们从原理上证明了人工神经网络可以计算任何算术和逻辑函数，标志着神经网络领域研究工作的开始。人工神经网络的第一个实际应用出现在 20 世纪 50

年代后期，Rosenblatt 提出了感知机网络和联想学习规则，并公开演示了它模式识别的能力。到了 20 世纪 80 年代，Hopfield 提出了联想存储器的概念，用统计机理解释某些类型的递归网络的操作。随后，神经元的模型研究不断地发展，特别是在 21 世纪的近几年，得益于计算机硬件的发展，人们得以在通用计算机上做更大规模的计算。计算量的提升、算法的改进，使得像 Watson 这样的专家系统在知识型竞赛中可以打败人类，也使得人们可以模拟更大的神经网络，并能同时使网络的结构更加接近真实的神经元网络，这是现在所谓的“深度学习”比传统人工神经网络更进步的一个重要方面。“深度学习”使得像 AlphaGo 这样的人工神经网络能在原来认为很难的围棋领域战胜人类选手。由于人工神经网是另一个大的研究领域，这里不做详细的讨论。

11.9 无监督模式识别

生物系统的特点既在于它们认识新东西的能力，又在于它们在动态变化的环境中保持原有知识的能力。神经系统以无监督的方式解决这个挑战，称为稳定性–可塑性难题。Freeman 与 Schneider 做了一系列实验：将矩形电极阵列植入到兔子的嗅球中，检测一系列不同的气味刺激条件，如依次将锯屑、乙酸乙酰酯、丁酸，最后再将锯屑提供给兔子。发现电极中的神经活动随新的气味而变化，但当回到第一种气味时，即锯屑时，却发现神经活动非常不同于首次暴露时的记录。因而，兔子在这个实验中表现出了一些可重复的行为，如避免闻到一些不喜欢的气味而倾向于去闻喜欢的气味。那么，当大脑的神经活动如此变化时，动物是如何产生稳定且可重复的行为的呢？

通过将发放速率编码与海扁可塑性结合，一些基于自适应共振理论的模型试图回答这些问题 [379]。速率编码假定信息是粗略地编码在给定时间窗口内发放的数目上。给定时间的网络状态可由高维空间中的一个点表示，其中每一个维数对应一个神经元的活动，这些点的含时序列形成了一条神经轨道。神经轨道的计算优势在于含时信息隐含在它们之中，且可为下游的神经元所读取。大脑中有大量的含时编码证据，其中信息编码在各个神经元的精准发放时间上。

另一个发放神经元模型具有蓄水池型的结构，由源层、蓄水池及汇层构成。源层的神经元接收外界信号并变得活跃，蓄水池则类似一般的大脑皮层，是具有兴奋–抑制 (EI) 的网络，汇层的神经元为读出器。突触可塑性在所有的时间内都以 STDP 的形式施加到兴奋与抑制突触上。借助斑图辨别力指数 (DI)，发放网络可以辨别无监督方式的空间发放斑图 (即没有任何明确的监督信号)。DI 刻画系统训练过程中输出信号携带的输入斑图的信息量，与信息理论测度有密切的关系。Srinivasa 与 Cho 提出了一个这样的三层发放网络模型 [380]，见图 11.32(a)。其源层包含接收外部刺激的兴奋性神经元，然后将它们投射到蓄水池的神经元上。因为简单性的缘故，这些投射是随机的，且相对稀疏。蓄水池神经元要么是兴奋性的要么是抑制性的，接收从源层神经元与其他蓄水池神经元的投射，也同时投射到其他蓄水池神经元及第三层或汇层的神经元。汇层的神经元接收来自蓄水池的神经元的投射但并不投射回去。汇层神经元由兴奋性神经元与抑制性神经元共同组成。

考虑累积–发放的神经元模型，当收到来自兴奋性 Pre_{ex} 与抑制性 Pre_{inh} 神经元突触的电流后，神经元 i 的突触后膜电位 V 由下式确定：

$$\tau_m \frac{dV_i}{dt} = (V_{rest} - V_i) + (E_{ex} - V_i) \sum_{j\in Pre_{ex}} g_{ex,ij} + (E_{inh} - V_i) \sum_{j\in Pre_{inh}} g_{inh,ij} \quad (11.64)$$

当 V 达到阈值电位 V_T 时，神经元发放一次 (图 11.32(b))，然后 V 重置为 V_{reset}。输出信息被编码到这些发放的时间中。令 S_{ex} 与 S_{inh} 为一套兴奋与抑制突触前发放时刻，则电导动力学满足：

$$\begin{aligned} \frac{dg_{ex}}{dt} &= -\frac{g_{ex}}{\tau_{AMPA}} + w \sum_{s\in S_{ex}} \delta(t-s) \\ \frac{dg_{inh}}{dt} &= -\frac{g_{inh}}{\tau_{GABA}} + z \sum_{s\in S_{inh}} \delta(t-s) \end{aligned} \quad (11.65)$$

时间常数 τ_{AMPA} 与 τ_{GABA} 分别近似为 AMPA 与 GABA 电流的平均衰减 (图 11.32(b))。兴奋性与抑制性突触电导 w 与 z 的值由 STDP(图 11.32(c)) 控制。数值模拟中取 $\tau_m = 20$ms, $V_T = -54$mV, $V_{rest} = -74$mV, $V_{reset} = -60$mV, $E_{ex} = 0$mV, $E_{inh} = -80$mV, $\tau_{AMPA} = 40$ms 及 $\tau_{GABA} = 50$ms。

E-STDP 函数按照发放时差 $\Delta t = t_{pre} - t_{post}$ 调节兴奋性突触权重 w。控制参数 $\tau^+ = 20$ms 与 $\tau^- = 20$ms 决定 STDP 活跃的含时窗口大小。突触权重的改变按加法 STDP 进行计算：$w = w_{old} + \Delta w$，其中，当 $\Delta t < 0$ 时，$\Delta w = A^+ \exp\left(\frac{\Delta t}{\tau^+}\right)$；而当 $\Delta t \geqslant 0$ 时，$\Delta w = -A^- \exp\left(\frac{-\Delta t}{\tau^-}\right)$。如果 $w_{new} > g^E_{max}$，则 $w_{new} = g^E_{max}$。另外，如果 $w_{new} < 0$，则 $w_{new} = 0$。E-STDP 参数取值如下：$A^+ = 0.005$nS，$g^E_{max} = 0.3$nS。因子 $\beta = |A^-\tau^-|/|A^+\tau^+|$ 控制学习过程中抑制对加强的相对量，取为 1.05，即稍微偏向抑制。初始的兴奋性突触权重 w 对第一与第二层的突触取为 $(0, 0.1\text{nS})$ 间的随机数，而对第二与第三层间的突触则取为 $(0, 0.2\text{nS})$ 间的随机数。

I-STDP 函数调节抑制性突触权重 z (图 11.32(c))。突触权重的计算为$z = z_{old} + \Delta z$。Δz 的变化由下列方程决定：当 $\Delta t \leqslant \tau$ 时，$\Delta z = B^+ \exp\left(\frac{-|\Delta t|}{\tau}\right)$；而当 $\Delta t > \tau$ 时，$\Delta z = -B^- \exp\left(\frac{-|\Delta t|}{\tau}\right)$。如果 $z_{new} < 0$，则 $z_{new} = 0$。另

一方面，如果 $z_{\mathrm{new}} > g^{I}_{\max}$，则 $z_{\mathrm{new}} = g^{I}_{\max}$。I-STDP 参数取值如下：$B^{+} = 0.0015\mathrm{nS}$，$B^{-} = 0.0003\mathrm{nS}$，$g^{I}_{\max} = 0.2\mathrm{nS}$，$\tau = 10\mathrm{mS}$。所有初始的抑制性突触权重均随机地从 $(0, 0.1\mathrm{nS})$ 选取。

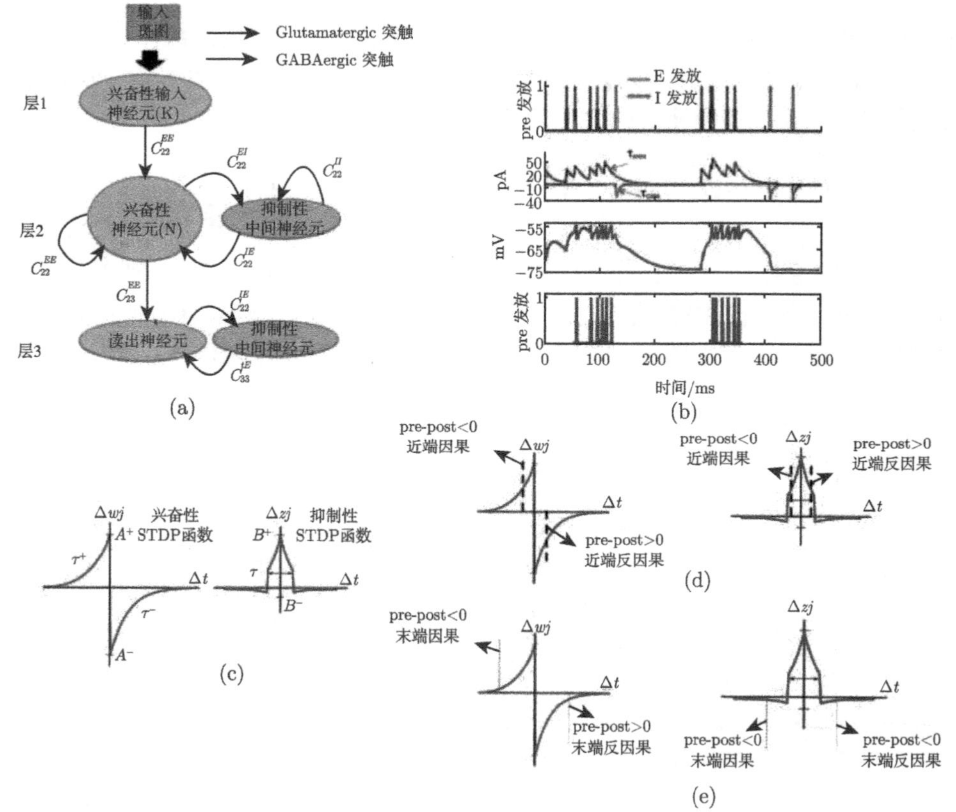

图 11.32　三层发放的网络模型 [380]

(a) 三层网络结构模型，其中第一层为源层，第二层为蓄水池层，第三层为汇层；(b) 模型中一个典型的神经元的累积与发放过程；第一个子图显示来自 E 与 I 突触前神经元的输入发放，第二个子图为这些发放的电流转换，包括 AMPA 与 GABA 动力学，第三个子图为基于电流求和的突触后神经元的累积膜电位，最后那个子图给出了当膜电位超过 V_{T} 时突触后神经元产生的发放；(c) E-STDP 为发放时差 $\Delta t = t_{\mathrm{pre}} - t_{\mathrm{post}}$ 的非对称函数，Δw_j 为对应的突触电导变化，I-STDP 为发放时差 Δt 的对称函数，Δz_j 为对应的突触电导变化；(d) 抑制性 STDP 与兴奋性 STDP 的作用有利于因果突触电流间的平衡。突触前与突触后发放可以是中部因果或反因果的；(e) 突触前与突触后发放可以是末端因果或反因果的，E-STDP 与 I-STDP 结合形成了四个不同作用区域：中部因果情形下的平衡区域，其中兴奋性与抑制性电导都增加；末端因果情形下的加速增强区域，其中兴奋性电导增加，虽然只是一个小量，而抑制性电导减少一个小量；末端反因果情形下的减速抑制区域，其中兴奋性与抑制性电导都降低一个小量；中部反因果情形下的静止区域，其中兴奋性电导强烈减少而制性电导强烈增加兴奋性与抑制性长时程可塑性都很重要，因为它们的相互作用导致了网络中蓄水池层的每个神经元的兴奋性与抑制性的平衡。具有这样的电流平衡的网络称为平衡网络，而没有抑制性 STDP 的网络则不能对大量可能的网络参数达到这个状态。图 11.32(d) 显示了这两个 STDP 函数是如何结合来产生平衡网络的。抑制性 STDP (I-STDP) 函数是对称的，支持突触电导的增加，即不管它们的发放顺序，相邻的突触前与突触后发放都是突触抑制性。相反，兴奋性 STDP (E-STDP) 函数是反对称的，偏向抑制作用。它们一起在时间轴 $\Delta t = t_{\text{pre}} - t_{\text{post}}$ 上分成了四个区域：对那些发生相对靠近的发放，为中部因果与反因果 (图 11.32(d))，而对那些发生较远的发放，为末端因果与反因果 (图 11.32(e))。

每一个输入的二维图像首先转换为一维矢量 (图 11.33(a))，然后一维矢量再转化为如下编码的发放序列。输入层的神经元由泊松过程模仿，每个神经元从图像的一个像素接收输入。如果输入图像的像素为黑色，神经元就被赋予一个 $f = 90\text{Hz}$ 的平均发放率；如果是白色的，则源层中 10% 的白色像素被赋予平均发放率 $f = 10\text{Hz}$，以便模拟图像中的噪声。基于泊松统计来产生发放编码过程。假定对一个给定的像素，每个 $1/\text{d}t$ 产生 f 个发放，则对按 $f\text{Hz}$ 发放的像素，每一时间步发放的概率为 $f\text{d}t$。发放序列由源层中神经元按照其发放概率对每个像素产生发放序列，图 11.33(b) 给出了图 11.33(a) 中的输入斑图的一个例子。在模拟中取 $\text{d}t = 1\text{ms}$。

训练过程由训练集 (图 11.33(c)) 的输入斑图组成，以随机的次序从平均 30ms (图 11.33(d)) 的指数分布中提取。网络用规则间隔 (每 10s) 检验了鉴别力，此时关闭了突触可塑性。检验过程中，每个斑图固定 d 秒，然后基于产生的发放率编码计算辨别力指数。读出神经元的发放率编码只在检验相中估值，此时来自训练集的每个输入斑图都会逗留 d 秒，P 个斑图总共逗留 dP 秒。输入斑图中的每个像素刺激源层中的一个神经元 (图 11.34(a))。源层神经元来自泊松发放源。对每一个检验斑图 p，第三层中的汇神经元的发放率 f_i^p(图 11.34(b)) 可由 d 秒内发射的总发放数来进行计算。然后，最大的发放率 $f_{\max}^p$ 可从检验斑图 p 的所有汇神经元的发放率中估算。斑图 p 的长度为 M 的发放率矢量 $\boldsymbol{S}^p$ 由每个汇层神经元 i 的分量 $\boldsymbol{S}_i^p$ 组成，可计算如下：

$$\boldsymbol{S}_i^p = \begin{cases} 2, & 0.9 \leqslant \dfrac{f_i^p}{f_{\max}^p} < 1.0 \\ 1, & 0.4 \leqslant \dfrac{f_i^p}{f_{\max}^p} < 0.9 \\ 0, & \dfrac{f_i^p}{f_{\max}^p} < 0.4 \end{cases} \tag{11.66}$$

矢量 $\boldsymbol{S}_i^p$ 称为发放率编码，在这个例子中它是三元的发放率编码 (即 $C = 3$)，因为每个汇层神经元对给定的输入斑图 p 有三个可能的状态。图 11.34(c) 为对两个不同的输入斑图这个三元编码的一个例子。也可能用其他的编码如二元的 ($C = 2$) 或四元的 ($C = 4$) 编码。这里用 $C = 3$ 可达到最高的分辨力。

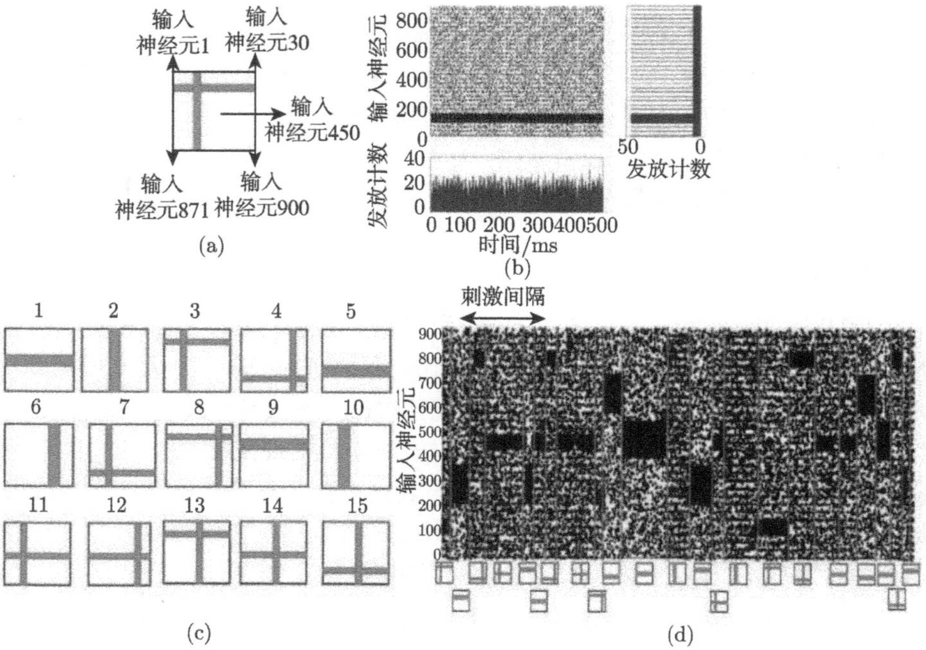

图 11.33　网络源层的输入发放编码 [380](彩图见封底二维码)

(a) 网络源层神经元的二维像素数组的输入斑图；(b) 描述 (a) 中斑图在 500ms 内产生的发放，在给定时间产生的发放率 (底部子图) 近似与源层神经元的发放相同，源层的线性排列导致了给定输入斑图在 500ms 内的发放频率 (右边显示)；(c) 由 $P = 15$ 个“旗子”斑图组成的训练集输入斑图，其中每个斑图为 30×30 像素的二元数组斑图；(d) 在源层进行发放编码后的输入斑图序列；每个斑图的持续不同，是从平均值为 30ms 的指数分布中选取的，红线区分从一个训练斑图向另一个的移动，训练斑图选自于 15 个随机集；总时间为 1800ms，其中 10% 的源层神经元含有噪声

发放率编码 $\boldsymbol{S}$ 与辨别力指数的估计依赖于每个测试斑图的持续 d。为了检查合适的持续 d，可通过评价发放计数可变性与持续 d 之间的关系来对产生的发放计算法诺因子 [381]。法诺因子 (FF) 被定义为时间窗口内观察到的发放计数的采样方差与采样平均的比值。FF 测量信噪比，因此刻画试验中的神经元可变性。比如，对一个泊松过程，对任意长度的时间窗口有方差等于平均发放数。如果 FF 在某个 d 值有极小值，这就是 d 的最优值，因为发放率编码在这个值有鲁棒性。

对各个持续 d 的 FF 计算如下。首先分别对 M 个读出神经元收集持续为 d 时的实验斑图的发放。重复 100 次试验来收集一套 $M \times 100$ 的发放计数值，然后计算其发放计数的平均与方差。方差与平均的比值就给出了对选定 d 与选定的测试斑图的 FF。对所有剩余的 $P-1$ 个测试斑图重复这个过程，导致的平均 FF 可用作给定持续 d 的 FF。汇层神经元的平均发放率稳定在 28~30Hz (图 11.34(c))。为了估计合适的持续 d，图 11.34(d) 给出了 $M=8$ 与 $P=15$ 时 FF 随持续 d 的函数关系。极小的 FF 约为 0.48，且在所有的模拟中均发生在 $d=1.4$s。

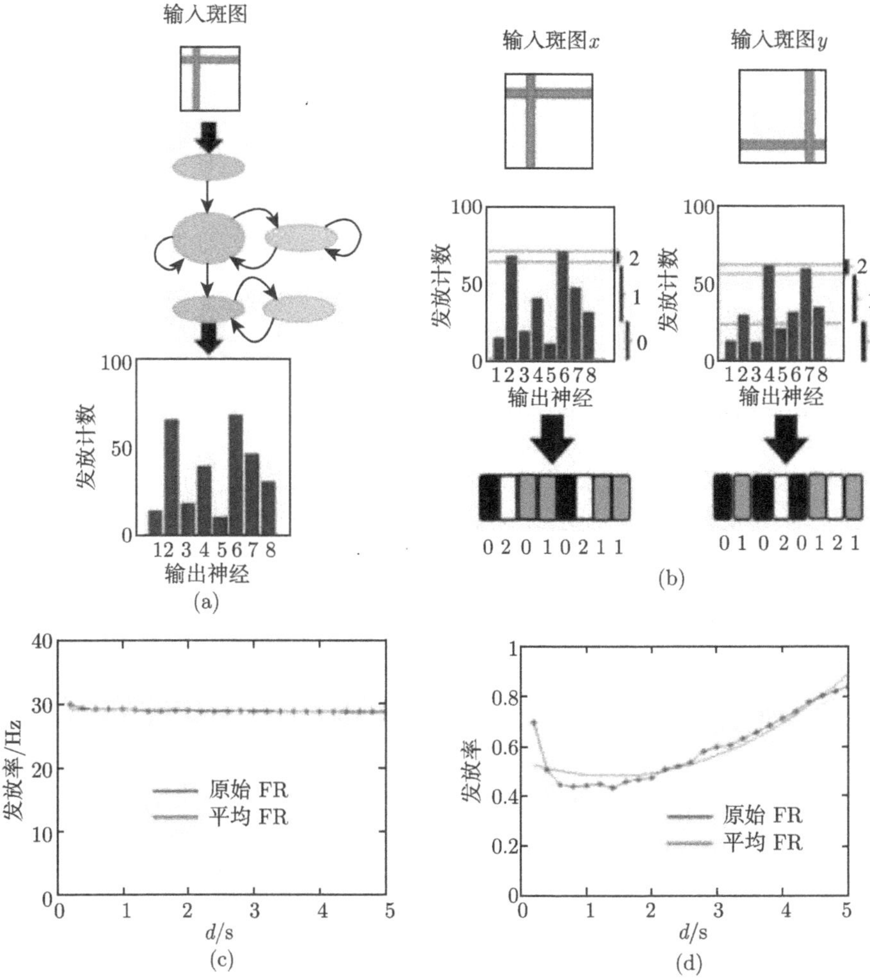

图 11.34 网络输出层的发放输出解码 [380]

(a) 对于源神经元处的一个给定的输入斑图 (本例中假定有 8 个神经元)，这里是汇层上输出发放直方图；(b) 将直方图转化为发放编码 $\boldsymbol{S}^p$，其中每个神经元有三种可能的状态 (黑色为 0，灰色为 1 与白色为 2)，这里给出的是对两个不同输入斑图的发放率编码；(c) 实验中用法诺因子来确定持续 d 时输出神经元的平均发放率；(d) 法诺因子随持续 d 的变化在学习过程中，当提供了输入斑图时，就可以计算汇层处的发放率编码 $\boldsymbol{S}^p$。当网络被提供更多的输入时，三元发放率编码会变化。这意味着三元编码不能可靠地将一个斑图与另一个斑图分开。然而，在提供几个斑图后，网络辨别斑图的能力就会变得稳定且可靠。为了证明这一点，我们引入如下的辨别力指数 (DI)。在每一个规则的间隔 (每隔 10s)，检测网络的状态。在这个过程中，突触权重被冻结，每个斑图进行 J 次，每次逗留 $d = 1.4\text{s}$。对给定的斑图 p，对它的 J 次中的每一次计算发放率编码 $\boldsymbol{S}^p$。对每一个斑图 p，选择 J 次中重复最多的一个作为标准的发放率编码。如果没有重复的，则随机地从 J 次中选择一个作为标准的编码。对每一个斑图重复这个过程，以便确定它的发放率编码，然后可以计算斑图间的距离 (D_{inter})。对一个给定的测试集，D_{inter} 定义为所有可能的成对组合间的平均距离。对每个汇层神经元 i，两个输入斑图 p 与 q 间的距离 d_i^{pq} 为

$$d_i^{pq} = \begin{cases} 0, & \boldsymbol{S}_i^p = \boldsymbol{S}_i^q \\ 1, & \boldsymbol{S}_i^p \neq \boldsymbol{S}_i^q \end{cases} \tag{11.67}$$

D_{inter} 定义为跨过所有试验斑图 P 的 d_i^{pq} 对 p, q 的平均值：

$$D_{\text{inter}} = \frac{\sum_{k=1}^{P-1} \sum_{j=k+1}^{P} \sum_{i=1}^{M} d_i^{kj}}{P(P-1)/2} \tag{11.68}$$

D_{inter} 的极大值依赖于编码位数 C。当 C 为偶数时，我们有 [380]

$$D_{\text{inter}}^{\max} = \begin{cases} \dfrac{MP(C-1)}{C(P-1)}, & P \text{ 为偶数} \\ \dfrac{M(P+1)(C-1)}{CP}, & P \text{ 为奇数} \end{cases} \tag{11.69}$$

当 C 为奇数时，我们有

$$D_{\text{inter}}^{\max} = \begin{cases} \dfrac{MP(C-1)}{C(P-1)}, & P \text{ 为奇数} \\ \dfrac{M(P+1)(C-1)}{CP}, & P \text{ 为偶数} \end{cases} \tag{11.70}$$

通过将相同的斑图进行 J 次且每一次 d 秒，则可计算模式内部的距离 (D_{intra})。D_{intra} 定义为读出编码的对间平均距离，也用方程 (11.68) 来计算同一输入斑图的所有可能的对。这个距离为同一输入斑图的读出神经元响应的平均变化提供了一个测度。这个变化来自于输入噪声。

辨别力指数 (DI) 定义为两种测度的乘积。第一种称为可分性 ϵ，测量一个给定试验集的读出编码的分离程度。这个测度可计算如下：

$$\epsilon = 1 - \frac{D_{\text{intra}}}{D_{\text{inter}}} \tag{11.71}$$

小的 D_{intra} 意味着网络将输入很好地分离。可分性独立于 M。

第二个测度称为独特性 γ，定义为独特的读出编码数。可表示为

$$\gamma = \frac{\#S}{P} \tag{11.72}$$

其中，$\#S$ 为一个给定的大小为 P 的试验集的独特读出编码的总数目。由于高维的读出编码产生更多的独特编码，独特性依赖于 M。辨别力指数 (DI) 可计算为

$$\text{DI} = \epsilon * \gamma \tag{11.73}$$

大的 DI 对应于读出编码具有低的 D_{intra} 与高的 D_{inter}，或者高的可分性与高的独特性。DI 的极大值为 1.0，极小值为 0。因为独特性依赖于 M，所以 DI 依赖于 M。

为了分析学习编码的稳定性，可以计算突触距离来追踪各层间兴奋性突触的变化。由于这里使用的 E-STDP 可塑性具有加法的特征，学习后的突触分布为双峰。这个双峰分布是由于各神经元间的竞争所造成的。那些能引起突触后神经元更频繁地发放的突触将加强到最大的突触权重，而其他无关联的突触将压抑到零。为了计算突触距离，突触权重 w_{ij} 被转化为二元权重 W_{ij}，其中当 $w_{ij} > 0.7g_{\max}^{E}$ 时，$W_{ij} = 1$；否则，$W_{ij} = 0$。从层 k 到层 l 的兴奋性突触间的距离 $\phi_{kl}(t_1, t_2)$ 可表示为

$$\phi_{kl}(t_1, t_2) = \frac{\displaystyle\sum_{j=1}^{\#l}\sum_{i=1}^{\#k} |W_{ij}(t_2) - W_{ij}(t_1)|}{\#k * \#l} \tag{11.74}$$

其中，$\#k$ 与 $\#l$ 分别为层 k 与 l 上的神经元数目，$W_{ij}(t)$ 表示 k 层中的第 i 个突触与 l 层中的第 j 个突触在时间 t 时相连。突触距离为两个不同的时间步 (t_1, t_2) 的权重间的总 Hamming 距离，其中 $t_2 > t_1$。

除了计算突触距离外，也可以计算洗牌后的突触距离来比较学习过程中的突触权重变化，以便同偶然产生的区别开来。这个距离 $\phi_{kl}^{\text{shuffled}}(t_1, t_2)$ 可表示为

$$\phi_{kl}^{\text{shuffled}}(t_1, t_2) = \frac{\displaystyle\sum_{k=1}^{\#\text{shuffles}}\sum_{j=1}^{\#l}\sum_{i=1}^{\#k} |W_{ij}^{\text{shuffled}}(t_2) - W_{ij}(t_1)|}{\#\text{shuffles} * \#k * \#l} \tag{11.75}$$

其中，#shuffles 为 $W_{ij}^{\text{shuffled}}(t_2)$ 在时间 t_2 经历的总洗牌次数。结合这两种测度，可得到相对突出距离 $\phi_{kl}^{\text{rel}}(t_1, t_2)$：

$$\phi_{kl}^{\text{rel}}(t_1, t_2) = \frac{|\phi_{kl}(t_1, t_2) - \phi_{kl}^{\text{shuffled}}(t_1, t_2)|}{\phi_{kl}^{\text{shuffled}}(t_1, t_2)} \tag{11.76}$$

如果 $\phi_{kl}^{\text{rel}}(t_1, t_2)$ 接近于 1.0，则 $\phi_{kl}(t_1, t_2) \ll \phi_{kl}^{\text{shuffled}}(t_1, t_2)$，意味着时间 t_1 与时间 t_2 间突触权重的距离相对于随机来说非常小，因此学习稳定在网络上。

有可能将这里提出的无监督学习辨别推广到使用监督标记，这里给出两种可能的机制。在第一种情形中，第三层的每个读出神经元可由外部发放序列刺激，这对应第一层的输入斑图的一个标记 (图 11.35(a))。这里每个读出神经元对每个标记进行唯一的编码，因此需要与标记一样多的读出神经元。这个外部输入可看成 top-down(TD) 输入，而从蓄水池神经元到读出神经元的发放可看成是 bottom-up(BU) 输入。

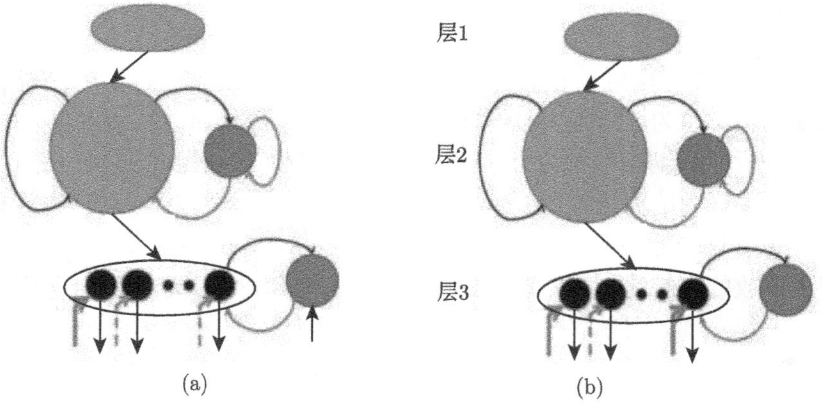

图 11.35　两个貌似合理的监督学习 [380](彩图见封底二维码)

(a) 第一个可能性是将原来网络中的汇层用这里的新层取代，这里的每个标记 (箭头) 对应一个待分类的斑图，黑色描述兴奋性突触，而红线对应抑制性输入，绿色线代表来自外部源的兴奋性输入；(b) 第二种可能性假定读出编码是更分散的 (多余一个箭头)

当外部标记可能时，即使没有 BU 输入，也可以引起合适的读出神经元的 TD 刺激，因为这些 TD 是通过强突触提供的 (由图 11.35(a)) 中的箭头反映)。TD 输入增加了对读出神经元的抑制，因此使得读出网络动力学类似于赢者通吃。值得注意的是第三层的抑制性神经元得到了持续的弱外部发放输入的刺激 (指向图 11.35(a) 中红圈的细箭头)。当读出神经元得到 BU 与 TD 输入的刺激时，从蓄水池神经元到读出神经元的突触将由于 E-STDP 而被加强。稍后，如果移去标记，读出神经元就能在对应正确标记的读出神经元中产生峰值活动。但正如以前观察到的，由于蓄水池的可塑性，读出编码缓慢且持续的改变。这会导致错误的分类。然而，这些错误可通过周期性地提供正确的标记而确定。

在第二种情形，读出神经元可以描述分散的编码 (图 11.35(b))。在这个情形，整个读出神经元集群的联合发放活动代表每个输入的一个标记。这个网络也可以在合适的读出神经元处通过标记而被训练，由于读出神经元的 BU 与 TD 刺激，即使移除教学标记，学习过程也能引起读出神经元来产生正确的答案。然而这个网络也易受到持续忘记的影响，因此需要外部监督源的周期刺激来校正读出神经元在划分输入斑图时造成的错误。

这个网络最有趣的方面在于它能区别旧斑图，既能适应新斑图又不失去区分旧斑图的能力。学习的连接特别是源层神经元与蓄水池的兴奋性神经元之间的连接对于控制实验的能力非常关键。相对于其他的编码，三元编码能产生最高的 DI，因为斑图间的距离对于三元编码是最低的。网络不会产生灾难性的忘记，且在学习新斑图的过程中对于偶尔暴露给旧斑图是鲁棒的。由于所有这些网络中抑制性与兴奋性 STDP 的相互作用导致的自我平衡能确保自组织的斑图辨别，从而展示必备的动力学来处理稳定性对可塑性困境。

11.10 脑功能网的构建

大脑中，各个单元之间通过电突触和化学突触紧密联系，形成一个具有高维数、多层次、多时间尺度、多功能的复杂信息网络结构，从而导致复杂的网络动力学行为。越来越多的证据表明，神经信息传导和整合过程是通过神经网络系统实现的，因此这个复杂而庞大的网络是大脑进行信息加工与处理和认知表达的生理基础。然而，这么巨大的神经元与突触数目给我们对大脑的认识带来了巨大的困难，更困难的是它们是通过构成网络来行使功能的，因此即便我们了解了所有单个的神经元，也还是无法解释网络的集体行为。基于此，一个简便且有效的办法也许是直接去认识神经元构成的网络，但这条路目前仍有技术困难。那么，可否跳出这个陷阱而另辟蹊径呢？答案是肯定的，那就是通过结构磁共振成像 (structural MRI)、扩散磁共振成像、脑电图、脑磁图或功能磁共振成像等技术直接从大脑测量时间序列，然后构造脑功能网 [241, 382]。

依赖于感兴趣的空间尺度，神经网络的节点可以是单个的神经元 (约 10^{11} 个)、给定结构内的神经元群体 (约 10^8 个) 或者脑区域 (约 $10^2 \sim 10^3$ 个) 等。各节点的观测值可分别来自微电极、宏电极 (比如脑电图或多个微电极阵列) 或功能磁共振成像 (fMRI)，因此研究的网络就可以跨度非常不同的空间与时间尺度。这样，通过人脑连接组可以从三个空间尺度，即微尺度 (microscale)、中尺度 (mesoscale) 和大尺度 (macroscale 或 large-scale)(分别代表神经元、神经元集群和大脑脑区三个水平) 上对大脑进行研究。从理论上分析，通过解剖进而分析影像数据可以构建大脑的结构网络 (structural network)，而通过实验产生的时间序列能够构建功能网络 (functional network)，除此之外通过各节点非线性动力学行为的相互影响或信息流向，可以构建效用性网络 (effective network)。这种多尺度的实用性使得节点间的连接依赖于网络的定义方式：结构性网络、功能性网络或效用性网络 [241]，见图 11.36。结构连接描述网络中节点间最根本的接线图。在神经科学中，结构连接代表连接神经单元的解剖连接，即各神经元之间或各脑区的纤维束之间的树突、突触与轴突。相对于神经动力学中观察到的快速变化，结构连接可认为是相对静止的。依赖于连接提取的方式，边可以是加权的或无权的 (即每条边可以有不同的强度)，也可以是有向的或无向的 (即描述节点间的因果关系)。功能连接被定义为节点间的动力学相互作用，描述空间分离的区域之间偏离统计独立的斑图。因此，它可以从时间序列中进行计算，通常高度依赖于时间。神经科学中使用的功能连接测量的例子非常广泛，既包括时域与频域空间中的线性测量，也包括非线性测量。这种纯粹的统计关系不能区分网络节点间的因果效应。相反，效用性连接描述节点间有向的、因果的相互作用。可通过时间序列分析、统计模型或扰动实验来进行推测。重要的是，为了推测因果性，除了时间序列外，我们还需要受扰动的网络知识。

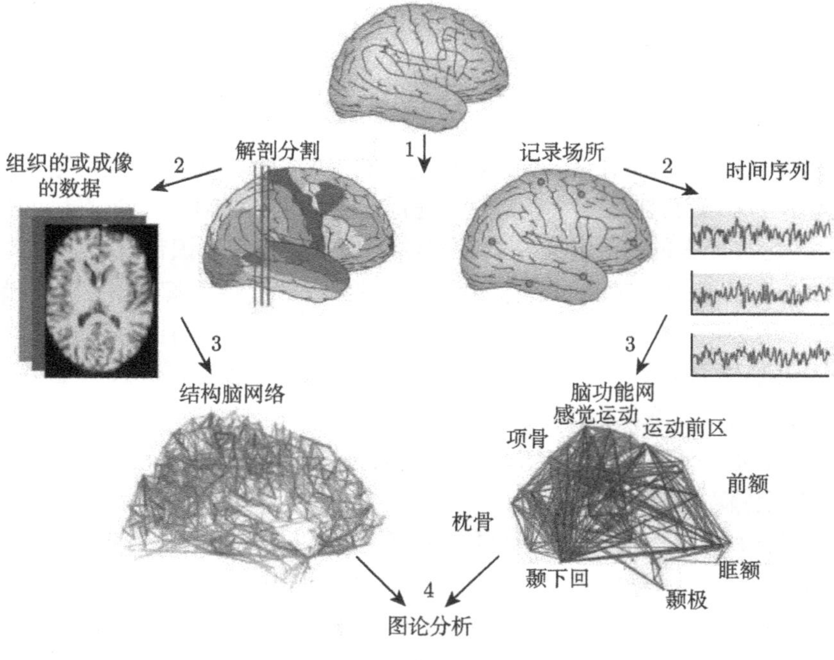

图 11.36 人脑结构网与人脑功能网的构建 [383](彩图见封底二维码)

文献 [158] 给出了一个用功能磁共振成像提取功能网的具体方法，见图 11.37。实验中，每个时间步 (典型地，2.5s 内测量 400 次) 都测量 $36\times64\times64$ 个脑节点中的磁共振脑活动。体元 x 在时间 t 的活动被表示为 $V(x,t)$。我们按如下方式定义功能连接：如果两个体元的时间关联超过了事先设定的一个正阈值 $r_{\rm c}$，则说它们之间有一条功能连接，而不管它们之间是否有解剖连接。特别地，我们计算任意一对体元 x_1 与 x_2 之间的线性关联系数：

$$r(x_1,x_2)=\frac{\langle V(x_1,t)V(x_2,t)\rangle-\langle V(x_1,t)\rangle\langle V(x_2,t)\rangle}{\sigma[V(x_1)]\sigma[V(x_2)]} \tag{11.77}$$

其中，$\sigma^2(V(x)) = \langle V(x,t)^2\rangle - \langle V(x,t)\rangle^2$，且 $\langle\cdot\rangle$ 代表时间平均。

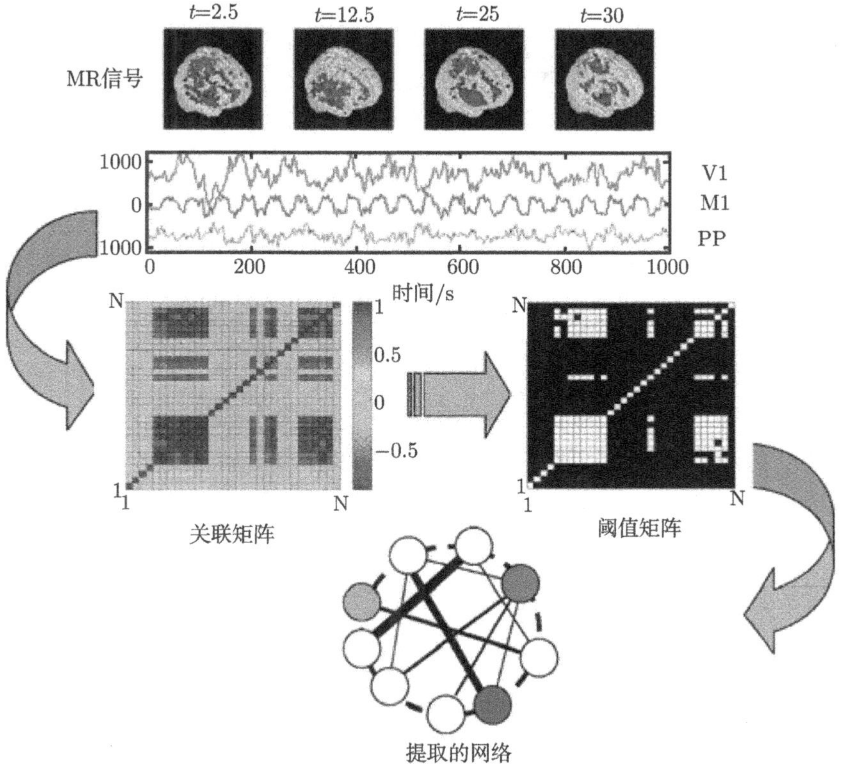

图 11.37 用于从信号中提取功能网的方法 [158](彩图见封底二维码)

先计算关联矩阵，然后定义最高相关节点间的网络；顶层的四个子图代表活动的快照，三条曲线对应于从视觉 (V1)，马达 (M1) 及后顶叶 (PP) 皮层选取的体元

非常有趣的是，Eguiluz 等发现，虽然这样测量的度分布依赖于阈值 r_c，但度分布的指数独立于阈值 r_c 的选取。图 11.38 给出了用这种方法得到的网络的度分布，其中，收集的数据代表手指 1 与 2 在 10s 内为相对的状态，而另一个 10s 为休息状态。很显然，对三个不同的阈值 r_c，连接分布都是幂率分布 $P(k) \sim k^{-\gamma}$ 且幂率指数 k 约为 2。为了对比，图 11.38 的插图给出了随机搅乱体元的信号后得出的网络的度分布。这个网络显示了高斯分布，其平均值与宽度依赖于 r_c。

在过去的十多年内，结构与功能网受到了广泛的研究，跨度从秀丽隐杆线虫到人类 [384]。现有的证据表明正常人脑是经济适用的小世界网络，其结合了强的局部连接与有效的长程连接。脑网络也是近似的无标度网络，具有占优势的高度连接的中心节点区域，即“rich club” [385]，见图 11.39。此外，脑网络还显示分级模块化，其模块对应于主要的功能系统比如运动、感觉 (听觉、视觉等) 和联想的网络 [386]。

这些脑网络斑图受到基因的强烈调制，对认知功能非常重要。

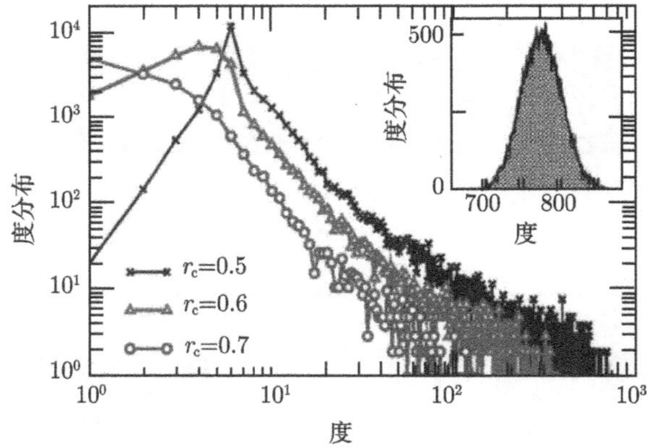

图 11.38 三个关联阈值的度分布 [158]

插图为等价的随机网络的度分布

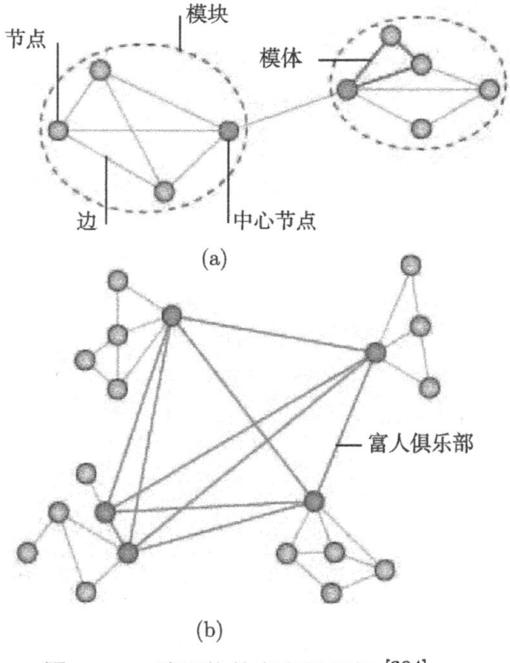

图 11.39 脑网络的富人俱乐部 [384]

(a) 小的子网被称为模体 (motif)，其中三角形是最简单的模体，网络由不同的模体组成，大的子网被称为模块，模块中的节点比模块外的节点有更密切的连接；(b) 中心性表示网络中一个节点相对于其他节点的重要性，具有高中心性的节点称为中心节点 (hub)，一套高度连接的中心节点被称为“富人俱乐部”

健康脑网络的优化组织不仅与遗传有关，也随年龄的老化而改变。令人有些惊奇的是，男性脑网络不同于女性的脑网络，可能是由于未知的性激素的影响。此外，脑网络组织与功能密切相关。例如，一个相对简单的网络特征如路径长度就与智力强烈相关 [387, 388]。网络的模块化结构也与认知功能高度相关 [389]。因此，健康大脑具有一个用较低的布线成本来获取最优的认知功能的特征组织，见图 11.40。一旦违背这个背景，就可能导致神经疾病 [241, 384]。

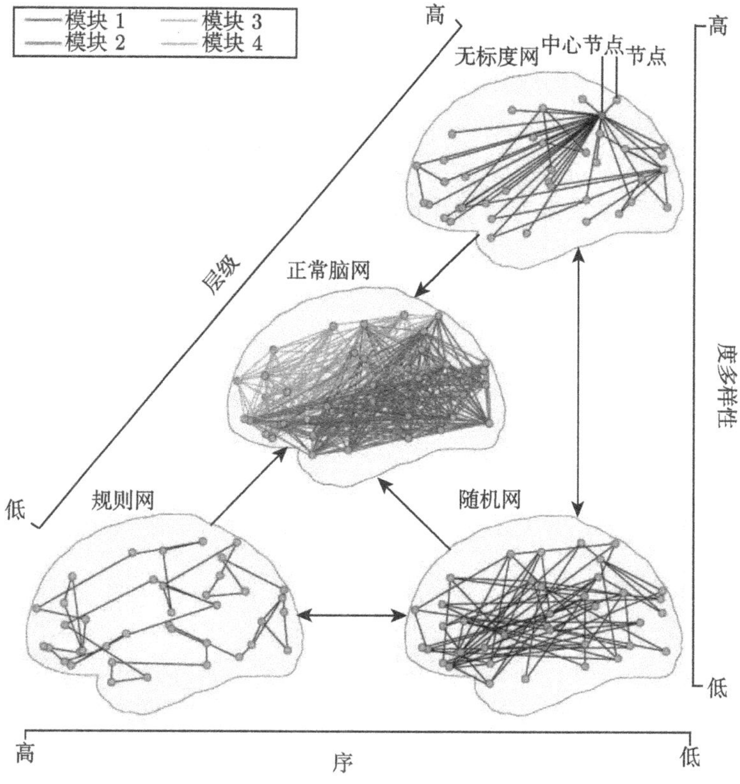

图 11.40 正常脑网络的组织结构是处于三个极端之间的中间结构：局部连接的、高度有序的（“规则的”）网络；随机网；以及无标度网 [384](彩图见封底二维码)

序分量被反映在规则脑网络的高簇团系数之中，随机性或低序被反映在短路径长度中；无标度分量（高的度多样性与高的层级）由高度连接的中心节点所表征；因此，一个正常的脑网络是分层的模块网络

此外，关于人脑的解剖结构表明其具有小世界特性 [390]。进一步研究发现，如果给定一个简单的同步——依赖重连规则，小世界网可以从初始的随机耦合网络中产生 [391]。若考虑连接概率的距离依赖性，则能量最小化 (轴突长度或布线成本) 与大脑皮层网中的生化 (突触或轴突) 代价间的竞争将导致小世界网 [392]。在二维可激发神经元网络中也发现了短路径与好性能间的关联 [393, 159]。这些研究表明，

小世界结构 (大的簇团系数 C 与小的平均最短路径长度 L) 在神经网中具有最优的信息处理能力 [394]。因此，小世界特性是大脑结构网与功能网所共有的。

11.11 基于网络的信号传递与检测

粗略地讲，我们对周围信号的直接探测可通过视觉、听觉、味觉、嗅觉及触觉等五种途径来实现。但不论哪种途径都是通过相应的细胞或神经元来完成信号检测任务的，这些神经元构成特定的网络结构。比如，生物组织里的细胞可通过受体、信使、蛋白激酶及其他信号分子构成相互连接网来对环境进行感知。以听力为例，听力系统最突出的特征是可以接收声刺激，范围可涵盖声压力的 6 个数量级。耳蜗中的发丝细胞通过声波刺激，诱导的运动在特定的位置得到放大，从而实现频率辨认。这种探测机制可用耦合振子的霍普夫分岔机制得到很好的解释 [259, 255, 395, 396]，将耳蜗考虑为一维的耦合振子链，每个振子具有特征频率 ω_j，并满足方程：

$$\dot{z}_j = (\mu + \mathrm{i}\omega_j)z_j - |z_j|^2 z_j + k(z_{j+1} + z_{j-1} - 2z_j) + f\mathrm{e}^{\mathrm{i}\Omega t} \tag{11.78}$$

其中，k 为耦合强度, $f\mathrm{e}^{\mathrm{i}\Omega t}$ 为外部声信号。在接收声信号前, 振子处于霍普夫分岔临界点附近的不动点。当接收到信号后, 与外界信号频率 Ω 相近的振子频率 ω_j 处发生共振, 从而探测到信号并将之送入中枢神经系统。式 (11.78) 模型也可用来解释老年人的听力损失现象 [396]。然而, 检测到的信号到达大脑后, 大脑如何辨认它或形成记忆则依然是开放课题。

视觉信号的检测也类似。以生物节律的形成为例，哺乳动物通过眼睛探测到光信号后将它送到视网膜后面的视交叉上核 (SCN)，在那里实现生物节律的形成。视交叉上核由大约 2 万个神经元组成，称为 SCN 振子，按其功能可分为两部分：腹内侧振子与背外侧振子。前者可直接得到光信号，然后传递给后者，后者同步化后输出节律。SCN 振子之间的相互作用可用耦合振子模型进行描述，并能较好地解释哺乳动物从 20 到 28 小时的自由节律周期现象 [397~400]。但更一般的信号检测问题，比如大脑如何判断我们看到的东西是熟悉的还是陌生的，依然处于争论之中。

刘宗华等尝试了用带有层状结构的复杂网络来模拟信号在大脑中的检测与传递 [401, 402]。其主要思想是假设神经元可利用锁频来实现对外部信号的检测，然后利用网络结构进行信息传递。锁频或锁相普遍存在于耦合神经振子系统中，比如心脏跳动与呼吸之间的锁频、来自偏头痛个体 EEG 数据中的相同步，以及认知过程中的大规模脑皮层同步等。近期的研究指出，锁频与神经调节下的生理网络结构有密切的关系，不同的生理状态如深度、浅层、快速眼球移动睡眠及平静的苏醒状态等对应于不同的网络拓扑结构 [403, 404]。对于单个振子，当弱信号的频率与振子的自然频率相近时，锁频容易发生，因此单个振子只能检测特定范围内的外部信号。要想实现一个较宽频率范围内的信号检测，就需要利用多个振子。当这些振子探测到不同的信号后，需要一个网络来实现信号的传递然后将它们送到中枢神经系统。为实现此目的，我们可设计如图 11.41 所示的层状网络。

最近的实验指出, 老鼠的视觉皮层网上的神经元可接收周围振子的信号传递, 是具有指向性的非对称耦合 [311]。神经生理学的实验也表明脑中的神经元具有可塑性与自适应性, 导致同步化的神经元之间耦合加强, 而非同步化之间的耦合减弱 [405]。据此, 图 11.41 中的层状网络应满足三个特征: ① 网络具有层状结构, 即众多的边缘节点与中间节点，而中央处理节点只有一个，用 $\omega_{1,i}$ 代表边缘节点，$\omega_{2,i}$ 与 $\omega_{3,i}$ 代表第二与第三层节点，$\omega_{\rm c}$ 代表中心处理节点；② 外部信号只能被边缘节点通过锁频来检测；③ 一旦锁频被检测到后，它就被通过最短路径单向传递到中央处理节点，为保证传递的成功，令沿最短路径的耦合需加强, 而其相伴路径的需减弱。

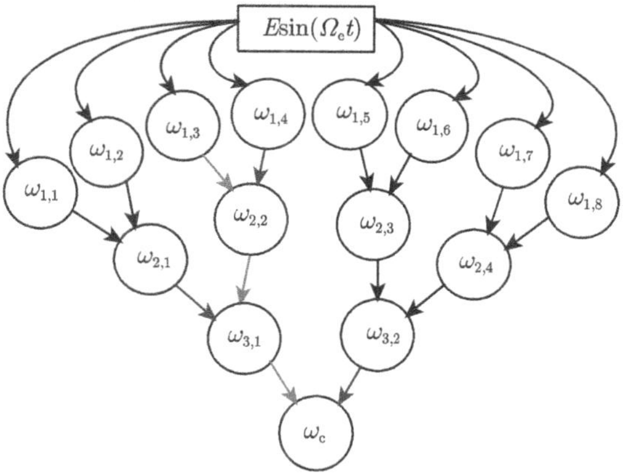

图 11.41 检测与传递信号的层状网络示意图 (彩图见封底二维码)

其中 $E\sin\Omega_e t$ 为外部信号, $\omega_{1,i}$ 为负责信号检测的边缘振子, 中间层的 $\omega_{2,i}$ 与 $\omega_{3,i}$ 负责信号传递, $\omega_{\rm c}$ 代表信号处理的中心节点; 假定振子 $\omega_{1,3}$ 与外部信号发生了锁频, 为了成功地将信号传递到中心处理器 $\omega_{\rm c}$, 则沿最短路径的耦合需加强, 而其相伴路径的需减弱

具体地，我们用 Hindmarsh-Rose(HR) 神经元模型为例来进行说明。其边缘节点的方程为

$$
\begin{aligned}
\dot{x}_{1,i} &= y_{1,i} - a x_{1,i}^3 + b x_{1,i}^2 - z_{1,i} + I_{1,i} + 0.09\sin(\Omega_e t) \\
\dot{y}_{1,i} &= c - d x_{1,i}^2 - y_{1,i} \\
\dot{z}_{1,i} &= r[s(x_{1,i} - x_0) - z_{1,i}]
\end{aligned} \tag{11.79}
$$

其中，$a = 1.0, b = 3.0, c = 1.0, d = 5.0, s = 4.0, r = 0.006$ 及 $x_0 = -1.6$。x, y 为快变

量，z 为慢变量。中间层节点的方程为

$$\begin{aligned}\dot{x}_{2,i} &= y_{2,i} - ax_{2,i}^3 + bx_{2,i}^2 - z_{2,i} + I_{2,i} + k_{2,i}(x_{1,2i-1} - x_{2,i}) + k'_{2,i}(x_{1,2i} - x_{2,i}) \\ \dot{y}_{2,i} &= c - dx_{2,i}^2 - y_{2,i} + k_{2,i}(y_{1,2i-1} - y_{2,i}) + k'_{2,i}(y_{1,2i} - y_{2,i}) \\ \dot{z}_{2,i} &= r[s(x_{2,i} - x_0) - z_{2,i}]\end{aligned} \tag{11.80}$$

其中，$I_{2,i} = (I_{1,2i-1} + I_{1,2i})/2$。其他层的方程与此类似。在数值模拟中, 分别取 $I_{1,i} = 3.5, 3.55, 3.6, 3.65, 3.7, 3.75, 3.8, 3.85$, $I_{2,i} = 3.525, 3.625, 3.735, 3.825, I3, i = 3.575, 3.775$ 及 $I_cc = 3.675$。取庞加莱截面 $x = 0$, 则各振子的相可定义为

$$\phi = 2\pi \frac{t - t_n}{t_{n+1} - t_n} + 2\pi n \tag{11.81}$$

其中，t_n 为第 n 次穿过截面的时间，$2\pi n$ 来自于转了 n 圈。振子的振荡频率可用 $\Omega = \phi/t$ 来估算。当 $\omega_{1,i}$ 接近信号频率 Ω_e 时, Ω 与 Ω_e 之间的锁频就会发生。对于不同的 $\omega_{1,i}$, 锁频的范围将会不同。如果选择合适的 $\omega_{1,i}$, 就有可能将这些锁频的小频带连起来, 从而达到对较大范围内的频率的检测。按这种方式, 图 11.41 的网络结构就可以极大地增加信号检测范围。图 11.42(a)~(d) 分别给出了第一级、第二级、第三级及中心节点上的锁频。容易看出, 随着信号从边缘向中心节点的过渡, 锁频的平台逐渐融合直到在中心节点处形成一个完整的平台, 表明中心节点可以探测到所有边缘节点获得的信号。

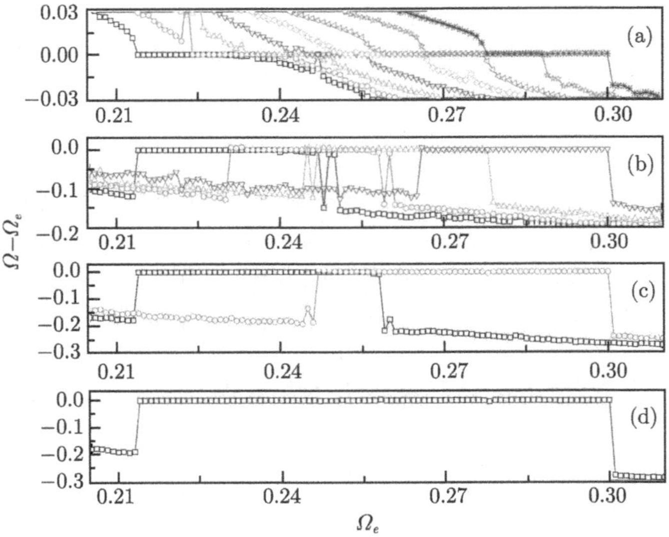

图 11.42 锁频信号的传递 (彩图见封底二维码)

(a) 在边缘节点处的信号检测, $I_{1,i} = 3.5, 3.55, 3.6, 3.65, 3.7, 3.75, 3.8, 3.85$; (b)~(d) 分别代表锁频在第二、第三级及中心节点处的传递, $k = 0.35$

11.12 基于节律环的自持振荡与记忆模型

神经网络的自维持振荡研究，可以追溯到 Hebb 关于在没有外界刺激的情况下神经网络中的兴奋性反馈环能够维持神经元振荡的假设 [350]。后来人们发现，皮质层记忆神经元中会产生这种持续的活动 (persistent acitivty)，这些记忆细胞是在前额叶皮质层 (prefrontal cortex) 中发现的 [406, 407]。现在这些皮质层中神经元的持续活动被称为工作记忆 [354]。然而神经元的持续活动在人的大脑中是广泛存在的，如后顶叶皮层 (the posterior parietal cortex) [408]、颞下皮质层 (inferotemporal cortex) [409, 410]。近 40 年以来，研究者们一直在思考和研究一些问题：什么神经元网络能够产生自发性持续活动以及外界刺激对它有什么影响？我们是否能从生物物理学中的神经元、突触以及神经元网络来理解呢？目前主要从实验上和神经元数学模型上来回答这些问题。从生理实验上研究者们相继发现了三种不同类型的工作记忆，都与神经元的持续活动有关。Fuster 和 Jerveyz 在颞下神经元中发现了离散型工作记忆 (discrete working memory) [409]。Funahashi 等在猴子的背外侧前额叶皮层 (dorsolateral prefrontal cortex) 神经元中发现了空间工作记忆 (spatial working memory)[411]。Romo 等在前额叶皮层下凸 (inferior convexity) 发现神经元持续活动，称为参数化工作记忆 (parametric working memory)[407]。以上这些关于神经元持续活动的研究主要侧重大脑皮层的方面，目前实验上主要是从反馈神经网络的神经元突触机制的角度来进行研究的。

自持振荡的理论研究兴起于 20 世纪 70 年代。Wilson 和 Cowan[412] 以及 Amari[413] 研究神经网络结构对记忆斑图的影响。Hopfield 从吸引子动力学的角度来研究记忆是如何存储与提取的 [372, 373]。Gutkin 等 [414] 研究了在工作记忆中的自维持振荡的切换现象。Coombes 和 Chow[415] 运用凸点吸引子网络来研究工作记忆。Wang[416] 强调了工作记忆也能在小网络中产生，如单个 NMAD 受体就能产生足够大的反馈电流形成短时程记忆。Bernacchia 在 2011 年研究了关于记忆的时间尺度问题 [417]。随着复杂网络兴起，许多研究者从网络动力学的角度来研究神经网络中波的传播。Roxin 等在小世界网络上研究自维持振荡 [394]。钱郁等的研究表明复杂网络中环路能够维持网络的自维持振荡 [418]。这些研究都需要外界的刺激 (外界刺激电流或者噪声) 产生第一个激发。

与信号检测与传递直接相关的是短时记忆与长时记忆。不论通过视觉、听觉、嗅觉、味觉及触觉中的那种方式来获取信号，我们的第一感觉都是“它是什么？”，大脑会自动地调出记忆斑图与之对比，从而尽可能地确定其属性或将之纳入新的记忆斑图。人们对可激神经系统中的斑图形成已做了长期研究，得到了关于信息加密、储存与获取、心脏起搏器、睡眠节律及其他方面的丰富物理知识。发现外部刺激与内部噪声是影响脑中神经活动的两个重要来源，并可导致大脑从正常态到无序态 (如癫痫病) 的转化。因此这里的一个重要问题是如何控制斑图。

大脑皮层的节律性发放是由皮层电路产生的。关于睡眠节律的一个假设是它们是由脑皮层与传感神经元的断开方式决定的: 当你醒着时, 丘脑允许传感信息进入皮层；而当你熟睡时，丘脑神经元进入一种自发的自持活动状态从而传感信息不能被送到皮层。现有证据表明，通过控制突触输入的断开与连接可产生自持振荡 [419]。自持振荡目前是一个活跃的研究领域, Roxin 等 [394] 率先研究了小世界网络上的自持振荡，发现网络结构可维持或破坏自持斑图。胡岗研究组 [420] 发现复杂网络的小闭环充当着起搏器的作用，是维持螺旋波的关键。最近徐克生等 [421] 和王建雄等 [422] 讨论了在没有外部刺激与内部噪声的条件下，仅通过网络结构的微小改变来达到自持振荡与控制斑图的可能。

考虑图 11.43 所示的神经网络，N 个可激神经元振子通过双向耦合连接成一个闭环。节点 1 为源节点，带有箭头的实线表示从源节点出发的一些单向连接。我们让每个节点由可激的 FitzHugh-Nagumo(FHN) 神经元描述，则节点 i 满足如下方程：

$$\begin{aligned}\epsilon\dot{u}_i &= u_i - \frac{u_i^3}{3} - v_i + I_1\Delta(i) + I_{i-1} + I_{i+1}\\ \dot{v}_i &= au_i + bv_i + d\end{aligned}\tag{11.82}$$

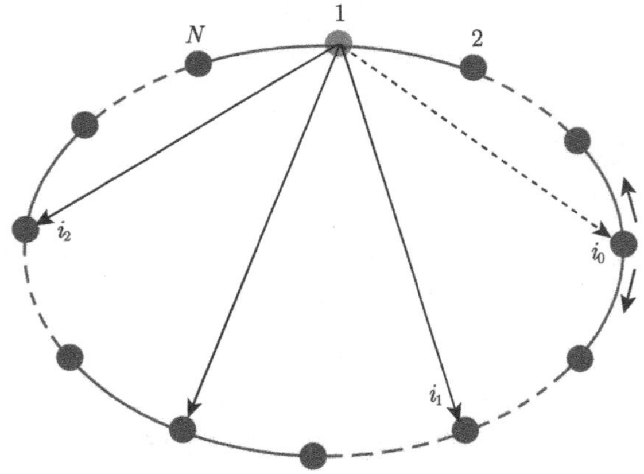

图 11.43　耦合神经网络示意图

节点 1 代表源节点，箭头代表耦合方向；实线 $1\to i_1$ 与 $1\to i_2$ 等是网络的一部分，不能删去；而虚线 $1\to i_0$ 初始时不在网络上，是后来加上去的；在 i_0 处的两个箭头代表沿环的 2 个耦合方向；环上的虚线部分表示省略的节点

其中，$i=1,2,\cdots,N$, $I_{N+1}=I_1, I_0=I_N$，u_i 与 v_i 分别代表快变量与慢变量。各参数值取为 $\epsilon=0.01$, $a=0.08$, $b=0.064$, $d=0.056$，以便孤立的神经元处于可激

状态。突触耦合电流取如下形式 [421]：

$$I_i = g_{\mathrm{syn}}(u_{\mathrm{syn}} - u_i) \tag{11.83}$$

其中，g_{syn} 可表示为

$$g_{\mathrm{syn}} = f + g_{\max}(\mathrm{e}^{-(t-t_j^{\mathrm{sp}}-\tau)/\tau_d} - \mathrm{e}^{-(t-t_j^{\mathrm{sp}}-\tau)/\tau_r}) \tag{11.84}$$

$g_{\max}$ 为最大突触电导，u_{syn} 为突触翻转电势，τ 为相邻神经元间的延迟，t_j^{sp} 为突触前发放，τ_d 与 τ_r 分别代表函数的衰减与上升时间。当有连线从源节点到节点 i 时，$\Delta(i) = 1$，否则为 0。参数值取为 $g_{\max} = 0.2\mathrm{ms/cm^2}$, $u_{\mathrm{syn}} = 0, \tau = 0.5\mathrm{ms}$, $\tau_d = 10\mathrm{ms}$, $\tau_r = 1\mathrm{ms}$。

首先，考虑初始时的网络为一个孤立环的情形，即图 11.43 中没有那些带箭头的从源节点 1 指向其他节点的实线。数值模拟发现，在既无外部刺激又无噪声时，网络处于静息态，无自发发放现象。然后我们稍微改变一点网络结构，在时间 $t = t_0 = 500$ 时加一根新连线，见图 11.43 中那根带箭头的从源节点 1 指向节点 i_0 的虚线。此时由于这根新连线的加入，网络中会产生一个发放脉冲并沿网络传播，图 11.44(a) 与 (b) 分别给出了 $i_0 = 3$ 与 5 的情形，其中网络大小为 $N = 100$。从图 11.44(a) 可见，在节点 3 处产生的脉冲沿环的两边传出 (2 个箭头方向)，然后在节点 53 处相遇并湮灭。而从图 11.44(b) 可见，在节点 5 处产生的脉冲则不会湮灭，而是形成持续的发放传输。从这个区别我们可以总结出发放斑图持续存在的条件 [421]：当节点 i_0 处产生第一个发放脉冲后，它沿环的两边同时传出。右边的脉冲到达源节点 1 后分成两支：一支继续沿环传播，另一支则沿新加的连线传回节点 i_0。沿环传播的那支将会与向左边传播的那支在节点 $i_0 + N/2$ 处相遇。由于神经元发放后会有一个不应期，相遇于节点 $i_0 + N/2$ 的两支脉冲波不能再继续传播，因此只能相互湮灭。现在就剩下了沿新加的连线传回节点 i_0 的脉冲波。当 i_0 与源节点 1 的距离太近时，i_0 还处于不应期，因而不能继续传播了，这就是图 11.44(a) 中观察到的情形。对于 i_0 与源节点 1 的距离较大的情形，当发放脉冲沿新加的连线传回节点 i_0 时，i_0 已过了不应期，于是可以继续传播，这就是图 11.44(b) 中观察到的情形。可见，由源节点 1 → 节点 i_0 → 节点 $i_0 - 1 \to \cdots \to$ 源节点 1 构成的小环实际上是一个心脏起搏器，正是由于它的存在才导致了持续的传播。

其次，考虑一个一般的网络结构情形，以初始时的网络有 9 根从源节点 1 分别到节点 10、20、$\cdots$、90 等的指向性连线为例，即图 11.43 中的 $i_1 = 10$、$i_2 = 90$。系统达到稳态时，无自发发放现象。与图 11.44 (a) 与 (b) 的情形类似，在时间 $t = t_0 = 500$ 时加一根新连线从源节点 1 指向节点 i_0。图 11.44(c) 与 (d) 分别给出了 $i_0 = 5$ 与 33 的情形，很显然，它们的斑图与图 11.44(a) 与 (b) 的不一样。这种选择不同的 i_0 来观察到不一样的斑图的途径就成为实现斑图多样性的方式之一。

另外，如果将新加的那根连线去掉，则斑图消失 [421]。这就给出了一个控制斑图的方法。这个结果对解释大脑中记忆斑图的多样性或许有启发意义。

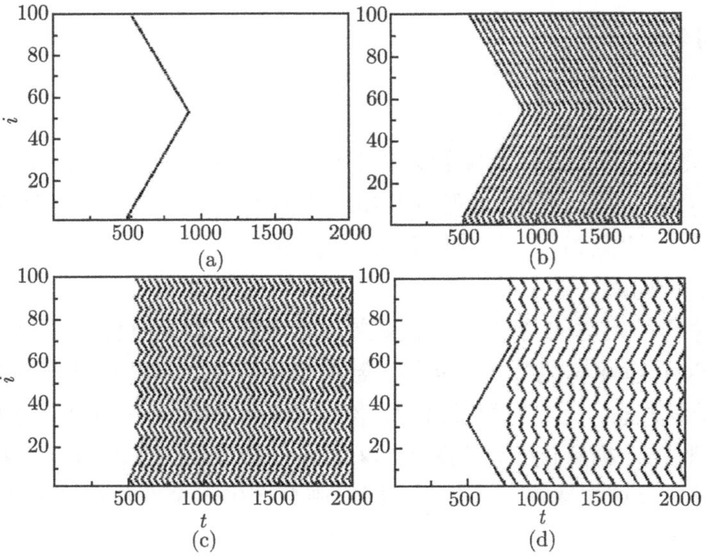

图 11.44　网络上的斑图形成

(a) 和 (b) 在 $t = 500$ 时在孤立环上分别加上从源节点 1 到节点 3 与 5 的指向性连线的情形; (c) 和 (d) 对于初始网络已有 9 根从源节点 1 到节点 $10, 20, \cdots, 90$ 的情形, 分别加上从源节点 1 到节点 5 与 33 的指向性连线的情形

胡岗等指出，当大脑需要记住某事件时，大脑中的神经元有可能通过海扁学习法有目的地对一些突触加强，从而自发形成起搏器来驱动网络进行持续性的节律振荡 [423]。以前的研究指出，具有短时程可塑性的随机连接的神经元网络可以利用时变的状态来保持外部信号的记忆痕迹 [424, 425]。受网络结构的限制，这种模型只能描述数百毫秒的时态信息。然而，Sumbre 等在实验中发现，斑马鱼视顶盖中的神经环路却可以记住时间尺度为秒级的视觉输入的时间间隔 [426]。在这个实验中，他们首先对斑马鱼进行 20 次周期性的视觉刺激。在这个条件刺激后，斑马鱼视顶盖的神经环路显示了与条件刺激斑图相同节律的自持同步发放。这个自持节律活动诱导了斑马鱼规则性的摆尾，说明它可以当作节律感知经历的感知记忆的基层。这个神经环路能够记忆的最长周期可达 20s。

这就提出了一个重要的问题: 神经环路的内在动力学能足以单独地产生这些节律同步发放吗? 困难在于单个神经元与神经突触的时间常数都太短 (在 $10 \sim 1000$ms 的量级)，不足以承担长时间的刺激信号来建立联想记忆。为了解决这个难题，胡岗等提出了一个特殊的网络拓扑方案。他们考虑一个无标度网络，其节点上的神经

元方程为

$$
\begin{aligned}
\frac{\mathrm{d}u_i}{\mathrm{d}t} &= -\frac{1}{\epsilon}u_i(u_i-1)(u_i-\frac{v_i+b}{a})+\sum_{j\neq i}^{N}F_{ij},\\
\tau\frac{\mathrm{d}v_i}{\mathrm{d}t} &= f(u_i)-v_i
\end{aligned}
\tag{11.85}
$$

其中，u_i 与 v_i 分别为快变量与慢变量，τ 为时间常数，N 为神经元的数目。F_{ij} 代表神经元相互作用。$f(u_i)$ 为分段函数，并在 $u_i < 1/3$ 时取为 $f(u_i) = 0$，在 $1/3 \leqslant u_i \leqslant 1$ 时取为 $f(u_i) = 1 - 6.75u_i(u_i-1)^2$，及在 $u_i > 1$ 时取为 $f(u_i) = 1$。其他参数取为 $\epsilon = 0.04$、$\tau = 1$、$a = 0.84$ 及 $b = 0.07$，以便单个神经元处于可激区域。图 11.45(a) 给出了 $u(t)$ 与 $v(t)$ 的演化。

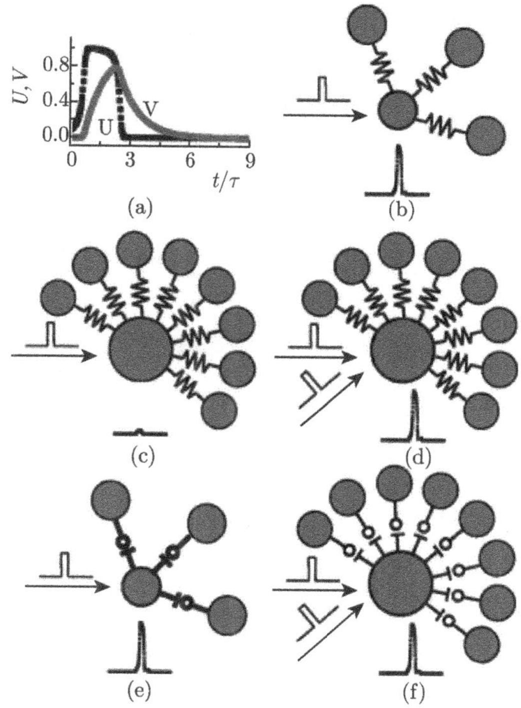

图 11.45 节点的连接对信号传递的影响 [423]

(a) 处于可激发区域的单个神经元的动力学，发放后，神经元进入不应期；(b) 一个电突触低连接度的神经元例子，$C_0 = 0.174$。一个单峰足以激发这个神经元，网络中，一个单峰通常能激发少于 6 个近邻的神经元；(c) 一个具有 8 个电突触近邻的中心节点神经元例子，此时一个单峰不足以激发这个神经元；(d) 与 (c) 相同的中心神经元，可以被两个或更多的同时到达的峰激发；(e) 一个化学突触低连接度的神经元例子，突触强度为 $0.22/\sqrt{3}$，发放阈值为 $\theta = 0.15$，一个单峰足以激发这个神经元；(f) 一个具有 8 个化学突触近邻的中心节点神经元，突触强度为 $0.22/\sqrt{8}$，需要两个或更多的同时到达的峰来激发这个神经元无标度中的一个重要特点是中心节点的度远大于其他节点的度，这个特点对于阻止癫痫发作非常重要 [423]。考虑电耦合 $F_{ij}=C_0\boldsymbol{J}_{ij}(u_j-u_i)$，其中，$\boldsymbol{J}_{ij}$ 为邻接矩阵。由于中心节点有较大的度，它收到的激发电流就会很容易地漏到近邻，因此它的激活要困难些。这里选择耦合强度 C_0，以便脉冲信号可以在低度神经元上激发一个发放 (图 11.45(b))，而激发一个中心节点则需要两个或多个同时到达的峰值信号 (图 11.45(c) 与 (d))。

当耦合为化学突触时，依然有中心节点难激发的特点。考虑 $F_{ij}=C_i\boldsymbol{J}_{ij}H(u_j-\theta)$，其中，当 $u_j>\theta$ 时，有 $H(u_j-\theta)=u_j$，否则 $H(u_j-\theta)=0$。参数 $C_i=C_0/\sqrt{k_i}$，即度大的节点有弱的耦合。我们选择一个合适的 C_0，以便一个单峰信号可以激发一个低度的神经元 (图 11.45(e))，而中心节点则需要两个或更多的峰信号来同时激发 (图 11.45(f))。

从图 11.45 可见，电耦合与化学突触的行为定性上相同，因此我们仅研究电耦合的结果。我们考虑一个无标度网络，其度分布指数 $\gamma=3$，神经元数目 $N=120$，平均连接度 $\langle k\rangle=4$，见图 11.46(a)。对 u_i,v_i 随机选择 0 到 1 间的初始条件，按方程 (11.85) 进行演化。发现网络有 10% 的概率演化到自持周期振荡定态，而其他情况下，网络的初始活动迅速衰退。通过测量网络的平均活动 $\langle u(t)\rangle=\sum\limits_{i=1}^{N}u_i(t)/N$，振荡吸引子由网络的同步发放爆发来刻画，期间被一个相当长间隔分开，见图 11.46(b)。因此，网络可以为此节律性的同步发放。

为了揭示网络行为的机制，我们研究各个神经元在节律性发放期间的活动，发现它们可以粗略地分为两组：那些在单个周期内只发放一次的，称为 T_1 神经元 (图 11.46(c))；那些发放两次的，称为 T_2 神经元 (图 11.46(d)) (还有少数神经元发放多于两次，为简单起见，也将它们归于 T_2 神经元)。T_1 与 T_2 神经元的行为差异揭开了网络动力学的秘密。为此，我们将图 11.46(a) 重新画在图 11.46(e)，其中所有的 T_2 神经元放到了图的中心。有趣的是，胡岗等发现所有的 T_2 神经元都具有低度且形成了一个环，称为低度环。

网络动力学的图像现在变得清楚了。为方便说明，我们看到环上的 91 号神经元 (图 11.46(e) 中的红色标记) 被首先激发，然后这个活动沿着环按反时针方向传播。初始时，环上低度神经元的发放不足以产生网络的同步发放，网络保持安静。当激发传播到 36 号神经元时，情形发生了变化，此时 4 号中心节点被激发了。这个中心节点因为收到了沿两条传播路线的同时到达的峰而发放 (见图 11.46(e) 中的红色边)。许多其他的中心节点也连到了环上，然而它们并不发放，因为它们并没有收到来自环上的两个或多个同步的峰发放。由于 4 号中心节点的巨大连接度，它的发放就随后引起了网络的发放。同步发放后，网络中的大多数神经元处于不应期，网络恢复到爆发间的周期。因此，在产生节律性同步发放中，中心节点的作用是迅速将刺激扩散到整个网络，而低度环的作用是保持发放活动，其环的长度确定了节律的周期。环上的神经元发放两次，一次在爆发之间，一次在中心节点诱导的同步发放之中。其他的节点只在同步发放中发放一次。

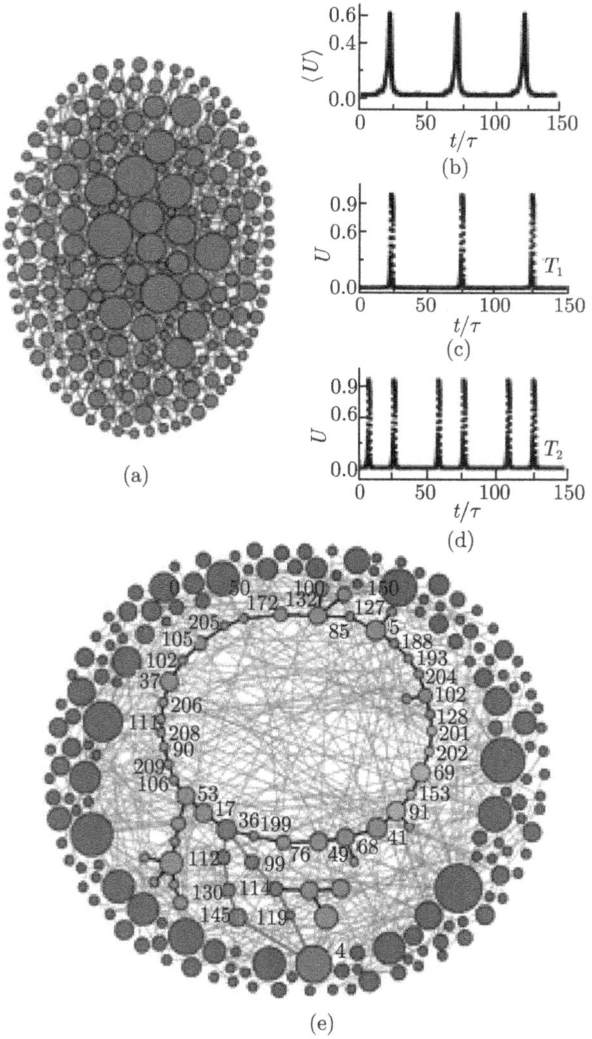

图 11.46　神经信号发放的节律环的形式 [423] (彩图见封底二维码)

(a) 一个具有参数 $\gamma=3, N=120, \langle k\rangle=4$ 的无标度网络，其中神经元的直径正比于其连接度；(b) 网络的群体活动表现出节律性的同步发放；(c) 与 (d) 各个神经元的活动可分为两类：那些只在单个周期内发放一次的 (T_1 型；(c)) 与发放两次或以上的 (T_2 型；(d))；(e) 与 (a) 相同但对神经元进行重新排序，让所有的 T_2 神经元 (绿色与橙色) 排在中间，所有的 T_1 神经元 (蓝色的) 排在外面；所有的 T_2 神经元具有低度连接且形成了一个环，两条红边给出了这个环连向中心神经元的路径同步发放后，尽管大多数节点都处于不应期而不能立即发放，然而也有例外。在图 11.46(e) 的例子中，环上那五个绿色的神经元 (它们的标号为 91, 153, 59, 202 与 201) 激发的时间与 4 号中心节点同时，因此它们没有卷入中心节点诱导的同步发放中。这个特点可以使它们比其他节点更早地恢复，其结果是 91 号节点被在同步爆发的尾声时刻被激发，从而使得激发沿着环开始下一轮的传播。因此，低度环在保持激发种子方面起着十分重要的作用，使得网络的节律活动得以维持。

那么，神经系统是如何获知输入信号的节律信息的或者如何与外部信号匹配的？胡岗等发现这可以通过学习来完成。一个传统的无标度网络只有拓扑而没有几何结构。为此，我们将无标度网络嵌入到二维平面中，令神经元有更多的局部连接，见图 11.47(a) 与 (b)。

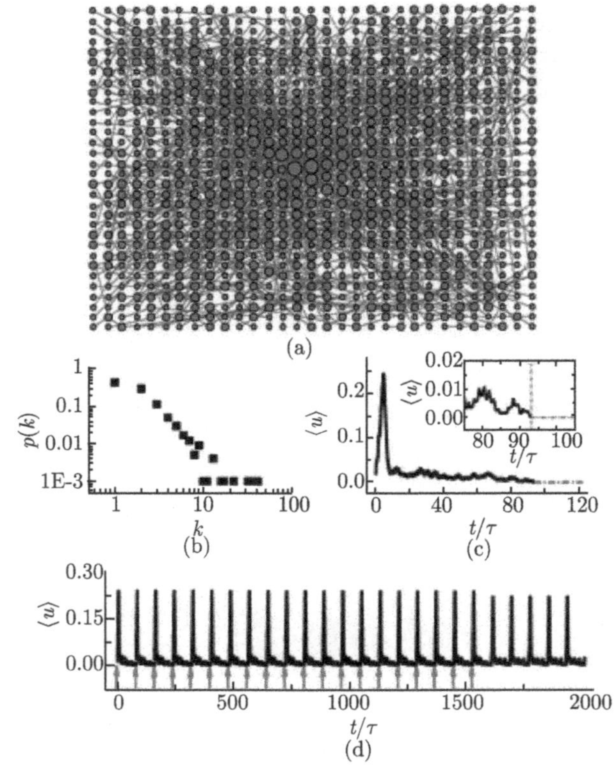

图 11.47　无标度网络上的神经元发放 [423](彩图见封底二维码)

(a) 二维平面中的 1,000 神经元的无标度网络，其神经元倾向于有高的局部连接；(b) 网络的连接分布，其满足 $\gamma = 1.95$ 的幂率；(c) 网络可以保持由暂态强刺激导致的痕迹超过 90τ，(子图) 在 90τ 附近的网络活动，这个剩余活动作为了刺激的记忆痕迹，使用的是电突触，参数与图 11.45(a) 与 (b) 相同；(d) 在刺激信号重复了 20 次后，网络学会了产生周期为 80τ 的节律性同步发放为了抽取周期刺激的节律，其关键是建立连续刺激间的联想，这就要求网络记住刺激信号的时间长于刺激间隔的时间。考虑 $t=0$ 时一个刺激被提供给了网络中一小部分神经元，比如 4% 的神经元，称为神经集团 A，其激活了网络中的一个强的暂态响应。随后，刺激诱导的活动沿网络的各条路径传播，其有效地保留了先前刺激的记忆痕迹，见图 11.47(c)，并为联想学习提供了一条线索。在大约节律输入的周期 T 时，剩余的活动到达神经元集团 B，同时，新一轮的刺激被加给了神经元集团 A。按照海扁学习规则，从神经集团 B 到 A 的突触被加强了。这个学习过程在每一个刺激周期内重复发生。最后，从神经集团 B 到 A 的连接被加强到那个程度，以至 B 的激发能激活 A，从而形成大小为 T 的闭环。注意到，由于刺激诱导了初始的同步发放，就意味着神经元集团 A 包含中心节点且这些中心神经元是挂钩在学习后形成的环上。此时的网络就能够保持与输入节律相同的同步发放。图 11.47(d) 显示了电突触的模拟结果。

基于这种持续振荡环与记忆间的关系，徐克生等提出了一个简单的记忆网络模型来讨论短期记忆与长期记忆间的转换关系 [427]。他们的模型考虑的是复杂网络上耦合的可激神经元，图 11.48(a) 是其示意图，描述的是大脑网络上一个刺激信号如何首先转换成短期记忆 (STM)，然后再转换成长期记忆 (LTM) 的过程。这个认知过程通常包含几个皮质区域，因此被相信是在大网络 (如脑网络) 上实现的。记忆的一个特征是短期记忆与长期记忆都可被当作斑图，其中短期记忆持续较短的时间，而长期记忆持续较长的时间，可达到数小时、数天，或甚至数年。从斑图的角度来说，也许更方便与重要的是找出大的脑功能网的小尺度的核心子网。为了这个目的，图 11.48(c) 给出了一个简单的记忆网络模型来实现从短期记忆到长期记忆的形成，这可以看作是来自于一个典型的模体或图 11.48(b) 中网络的核心部分，其中蓝色与红色节点代表核心部分而绿色节点代表外围部分。具体地，图 11.48(c) 由 N 个节点组成，其中节点 1 到 n 在小环上，节点 $n+1$ 到 N 在分支上，节点 N 与环上的节点 i_0 相连。图 11.48(c) 中的节点 1 负责接收外部信号。节点 i_0 在环上可以移动，以便拓扑结构变化来实现记忆斑图的多样性。这里的中心问题是可否在这个核心子网络上形成长期记忆斑图，以及发放的间隔如何影响斑图的多样性。

为了研究图 11.48(c) 上核心子网模型的动力学，我们令每个节点代表一个可激神经元，耦合为双向的。在这个网络中，所有的神经元的度为 2，而神经元 1 与 i_0 的度为 3。为简单起见，我们选择外部信号为正弦波 $I_{\text{ext}}=A\sin(\omega t)+B$，其由传感节点 1 检测。具体地，我们让图 11.48(c) 中的每个节点为可激 FHN 神经元，并令耦合为化学耦合。神经元的动力学满足：

$$\begin{aligned}\epsilon\dot{u}_i &= u_i-u_i^3/3-v_i+I_{\text{sum}}\\ \dot{v}_i &= au_i+bv_i+d\end{aligned}\tag{11.86}$$

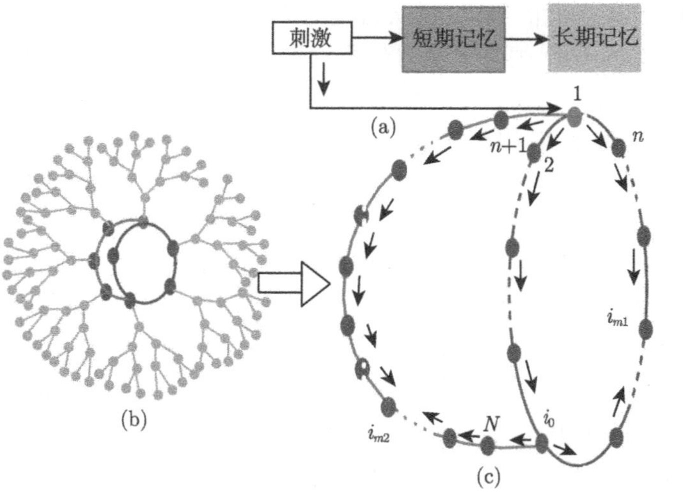

图 11.48　一个简单的记忆网络模型 [427](彩图见封底二维码)

(a) 大脑网络中刺激信号如何首先转换成短期记忆然后再转换成长期记忆的示意图；(b) 带有核心模体的 Cayley 树网络，其中蓝色与红色节点组成核心部分，绿色节点代表按 Cayley 树方式增长的外围节点；(c) 由 N 个节点组成的简单记忆模型，其中节点 1 到 n 在小环上，节点 $n+1$ 到 N 在分支上，节点 N 与环上的节点 i_0 相连，节点 1 负责接收外部信号，节点 i_0 在环上可以移动，以便拓扑结构变化来实现记忆斑图的多样性，对于环上的节点 1 到 n，其参数 f 取为 f_b，而对于分支上的 $n+1$ 到 N 节点，其参数 f 取为 f_r，且 $f_b < f_r$

其中，对传感节点 1 有 $I_{\rm sum} = I_n + I_2 + I_{n+1} + I_{\rm ext}$，对节点 i_0 有 $I_{\rm sum} = I_{i_0+1} + I_{i_0-1} + I_N$，对节点 $n+1$ 有 $I_{\rm sum} = I_1 + I_{n+2}$，对节点 n 有 $I_{\rm sum} = I_1 + I_{n-1}$，对节点 N 有 $I_{\rm sum} = I_{i_0} + I_{N-1}$，对其他的节点有 $I_{\rm sum} = I_{i+1} + I_{i-1}$。$u_i$ 与 v_i 分别为快变量与慢变量。参数取为为 $\epsilon = 0.01, a = 0.08, b = -0.064, d = 0.056$。$I_{\rm sum}$ 中的每个 I_i 定义为 $I_i = g_{\rm syn}(u_{\rm syn} - u_i)$，其中：

$$g_{\rm syn} = f + g_{\max}({\rm e}^{-(t-t_j^{\rm sp}-\tau)/\tau_d} - {\rm e}^{-(t-t_j^{\rm sp}-\tau)/\tau_r}) \tag{11.87}$$

其中，$g_{\max}$ 为神经元间的最大突触电导，$u_{\rm syn}$ 为突触逆转电位，τ 为时间延迟，$t_j^{\rm sp}$ 代表突触前发放，τ_d 与 τ_r 代表函数的衰减与上升时间，并决定响应的持续时间。f 为小量，描述稳态时开放通道的突触电导。具体地，我们取参数 $g_{\max} = 0.35{\rm mS/cm^2}, u_{\rm syn} = 0, \tau = 0.5{\rm ms}, \tau_d = 10{\rm ms}, \tau_r = 1{\rm ms}, N = 150, n = 30$。

对于全同的 f 情形，我们发现没有外部刺激时，系统中没有发放现象。当外部刺激 $I_{\rm ext}$ 被施加时，系统产生了一些发放斑图，可当作短期记忆斑图。然而，一旦外部刺激撤走后，这些发放斑图就会迅速消失，表明难以形成自持振荡的长期记忆斑图。为了使得图 11.48(c) 中的系统显示长期记忆的斑图，我们让参数 f 为非全同的。这个设置是基于真实皮层网络中神经元的非全同性这个事实。为方便讨论，我们令环上节点 1 到 n 的 f 为 f_b，而分支上节点 $n+1$ 到 N 的 f 为 f_r，且 $f_b < f_r$。

数值模拟中，我们固定 $f_b = 0.031$, $f_r = 0.05$, $A = 1$, $B = 1.2$。我们对源节点 1 施加外部刺激信号 $I_{\text{ext}} = A\sin(\omega t) + B$，并在 $t = T_0$ 时撤走这个信号。通过大量的数值模拟，我们发现撤走信号后会导致两种行为。一种是斑图的迅速衰减直至消失，另一种是自持斑图。图 11.49(a) 与 (b) 给出了 $T_0 = 1600$ 时的这样的两个例子，其中 (a) 代表衰减的情形，(b) 为自持振荡斑图的情形。注意到它们时间尺度的不同，我们将衰减斑图当作短期记忆，而自持斑图当作长期记忆。文献 [427] 显示斑图的形式依赖于参数 i_0, ω 与 T_0 且随着这些参数的变化而显示出多样性。

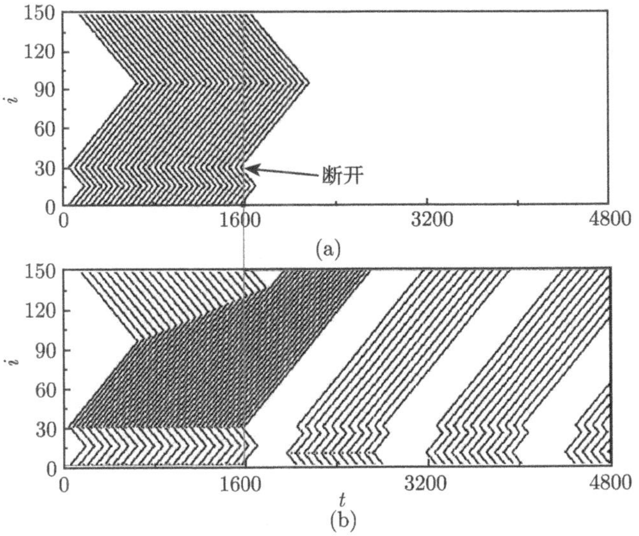

图 11.49　在 $t = T_0 = 1600$ 时撤走刺激信号导致的两种斑图 [427]

(a) $i_0 = 10, \omega = 0.75$ 时的短期记忆；(b)$i_0 = 10, \omega = 0.5$ 时的长期记忆

11.13　网络结构对神经元发放传输的影响

癫痫病的微观机制困扰了人们很长时间，至今仍未完全明白 [192, 243]。癫痫通常被当作是一种反常同步化，是神经元初始发放的一种爆炸式传播。从癫痫病的快速发作过程来看，与爆炸性同步非常相似。另一方面，爆炸性同步可以由耦合强度的绝热增加导致。然而，并没有证据表明在正常大脑转向癫痫发作时需要大的突触强度变化，这是癫痫发作与爆炸性同步不同之处。事实上，一次短暂的癫痫发作后，大脑会很快恢复正常，然后停留在正常态较长的时间直到下一次发作。为了更好地明白这些相同点与不同点，最近王振华等探讨了网络的结构对神经元发放传

输的影响 [428]，发现当网络处于簇团系数很大的临界状态时，发放传播很容易被限制在局部网络社区，否则很容易传播到全局。特别地，在临界结构附近，网络结构的微小改变可以引起发放的爆炸性传播及网络的持续振荡。

大量的证据表明，人脑及其功能可以从网络的角度进行理解。大脑由高度连接的神经元群体组成的子网络构成，产生局部小区域的协同功能与大尺度的思想与行动。结构连接描述一套神经元的白质，而功能连接通常是从时间序列导出的并描述神经元间的统计依赖性斑图。人脑倾向于形成具有模块结构的网络集团，来支持各种脑功能 [157, 429]。因此，有必要提出一个模型来研究网络簇团结构与功能突变之间的关系，比如从正常向癫痫的转变及其整个网络的发放传播。为此，我们先生成一个大小为 $N=1000$，平均度为 $\langle k\rangle=8$ 的随机 ER 网 [128]。然后，我们用断边重连方法来改变其簇团系数 C[430]。其做法如下：随机选择两条边，一条连接节点 A 与 B，另一条连接 C 与 D。每个节点改变其伙伴，这样原来的 A-B 与 D-C 就变成 A-D 与 B-C。如果这种改变使得网络的簇团系数增大，则本次改变成立；否则，放弃本次改变。这种方法的优点是它只改变簇团系数而不改变网络的度分布。图 11.50 为几个典型的情形，其中，(a) 图为随机生成的 ER 网，(b)~(d) 图为用断边重连法将簇团系数调整为 $C=0.5, 0.7$ 与 0.75 后的结构。

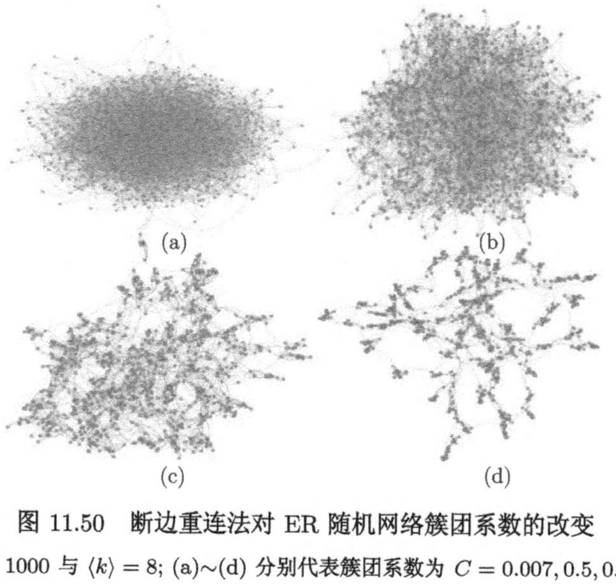

图 11.50　断边重连法对 ER 随机网络簇团系数的改变

其中 $N=1000$ 与 $\langle k\rangle=8$; (a)~(d) 分别代表簇团系数为 $C=0.007, 0.5, 0.7$ 与 0.75

为了讨论网络上的神经元发放传播，我们让每个节点代表一个可激发神经元且神经元之间的耦合为双向的。具体来说，我们令每个节点满足如下的分段线性 FHN 模型 [423, 431]:

$$\begin{aligned}\frac{\mathrm{d}u_i}{\mathrm{d}t}&=-\frac{1}{\varepsilon}u_i(u_i-1)\left(u_i-\frac{v_i+b}{a}\right)+c\sum_{j=1}^{N}\boldsymbol{A}_{ij}(u_j-u_i)\\\frac{\mathrm{d}v_i}{\mathrm{d}t}&=f(u_i)-v_i\end{aligned}\tag{11.88}$$

其中，$\boldsymbol{A}_{ij}$ 为邻接矩阵，即如果两个神经元 i 与 j 相连则 $\boldsymbol{A}_{ij}=1$，否则 $\boldsymbol{A}_{ij}=0$。函数 $f(u)$ 取如下形式：当 $u_i<1/3$ 时，$f(u_i)=0$；$1/3\leqslant u_i\leqslant 1$ 时，$f(u_i)=1-6.75u_i(u_i-1)^2$；$u_i>1$ 时，$f(u_i)=1$。u_i 与 v_i 分别代表快变量与慢变量。ε 为小参数，以便分开快慢尺度。为保证每个神经元处于可激发态，我们取参数为 $\varepsilon=0.04$、$a=0.84$、$b=0.07$ 及 $c=0.17$。

初值条件选择如下：对每一次实现，我们选择一个任意节点 i 的初值为 $u(i)=0.2$，$v(i)=0$，其他的节点则为 $u(j)=v(j)=0$ $(j\neq i)$，即只有节点 i 初始发放。按这种方式，我们让网络中的每个节点都轮流被选为初始发放节点一次。我们主要关注这个初始发放如何通过耦合传递到网络的其他节点，以及网络的结构如何影响传播。为此目的，我们让 f 代表每次实现中参与发放的神经元比例。因此，f 对各次实现将会不一样。令 p 代表 N 次实现中处于间隔 0.01 内的 f 的比例。图 11.51(a) 与 (b) 分别给出了 $C=0.5$ 与 0.75 时的结果。从图 11.51(a) 可见只有两部分，一部分的 $f\leqslant 0.01$，另一部分的 $f\approx 1$，表明初始发放要么传到全网，要么传不出去。从图 11.51(b) 可见有许多不同的 f 但每一个都不满足 $f\approx 1$，表明发放传播总是局限于网络的不同社区。比较图 11.51(a) 与 (b) 可见，只有 (b) 具有斑图多样性的特征而不会出现全局同步化，即非反常同步化。

为了更好地理解簇团系数 C 如何影响发放传播，图 11.51(c) 给出了 p 依赖于参数 f 与 C 的相图。注意到动力学行为可划分成三个区域。在 $C<0.13$ 的第一个区域内，p 被限制在 f 很小的范围内，表明在所有 N 次实现中发放都不能传出去。在 $0.13<C<0.73$ 的第二个区域中，p 只在 f 的两个极端情形下不为 0，即 f 要么靠近 0，要么靠近 1，表明发放与图 11.51(a) 类似。而在 $0.73<C<0.77$ 的第三个区域内，p 对所有的 f 范围非 0，表明发放与图 11.51(b) 类似。总结起来，只有 C 较大时才能观察到发放斑图的多样性，意味着只有具有大簇团系数 C 的网络才可成为模拟人脑动力学的候选者。

除了研究多大比例的网络可以被一个初始发放传播外，另一个重要问题是发放传播得有多快。图 11.52(a) 给出了活跃神经元比例 f 随时间的演化，其中四条线分别代表 $C=0.5,0.6,0.7$ 及 0.75 的情形。可见，$C=0.5,0.6$ 及 0.7 这三种情形可达到 $f=1$，而其中 $C=0.7$ 比另外两种要慢很多。为了看得更清楚，我们在插图中给出了其 lg-lg 图。可见，$C=0.5$ 与 0.6 这两条线在 linear-lg 图中近似为直线，而 $C=0.7$ 的情形在 lg-lg 图中近似为直线，表明前两种情形的 f 随 t 指数增长，而后一种情形按幂率增长。一般来说，指数增长意味着级联扩散，与爆炸性同

步密切相关 [221, 151, 223]。而幂率增长意味着可能在局部社区中快速增长，然后缓慢地传播到其他社区。对于 $C = 0.75$ 的情形，由图可见，f 最终变得稳定且小于 0.5，表明发放传播被限制在局域。

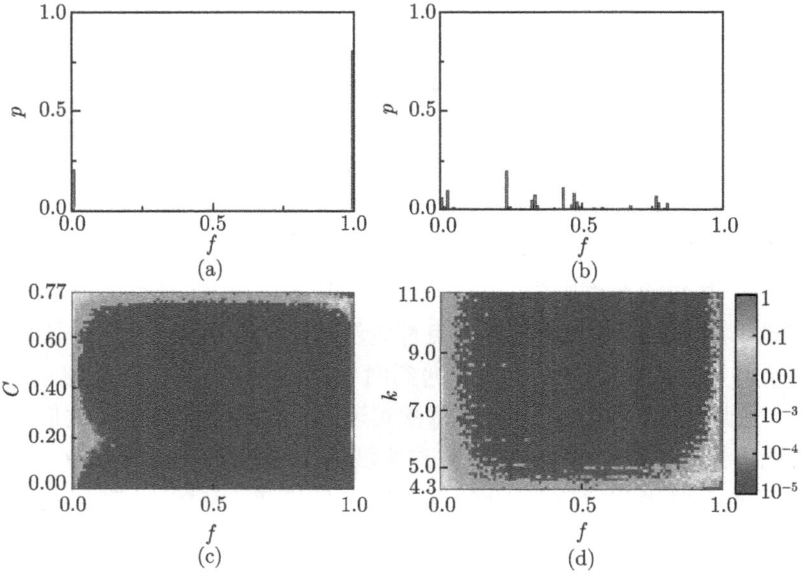

图 11.51　网络结构对发放传播的影响 (a)~(b): p 随 f 的变化 (彩图见封底二维码)

其中 f 代表一次实现中发放过的节点比例，p 代表 N 次实现中每个节点都被取为一次初始时 f 在间隔 0.01 内的直方图；(a) 与 (b) 分别代表 $C = 0.5$ 与 0.75 的情形；(c)~(d) 为 p 在 N 次实现中相平面上的分布；(c) 代表 $\langle k\rangle = 8$ 时，p 对参数 C 与 f 的依赖性；(d) 代表 $C = 0.7$ 时，p 对参数 k 与 f 的依赖性

为了更严格地定义图 11.52(a) 中的爆炸性同步，我们记起爆炸性同步实际上可看成是动力学相空间中的爆炸性渗流 [221]。一个有效的刻画渗流的方法是考察两个特殊的时间 [222, 432, 433]，即最大集团大小等于 $\sqrt{N}$ 的时间 t_0 与最大集团大小等于 $N/2$ 的时间 t_1。令 $\Delta = t_1 - t_0$。可发现 Δ 正比于 N^{β}，对二级相变，β 近似为 1；而对一级爆炸性渗流，β 小于 1。也就是说，一级爆炸性渗流的 β 值远小于二级相变的 β 值 [222, 432, 433]。我们现在借用这个方法来刻画图 11.52(a) 中的发放传播。我们保持 t_0 为 $f = \sqrt{N}/N$ 的时刻，但将 t_1 取代为 $f = 0.3N/N$ 的时刻。图 11.52(b) 分别给出了 $C = 0.5, 0.6, 0.7, 0.74$ 与 0.76 的结果。可以看出，曲线 $C = 0.74$ 上的值比曲线 $C = 0.76$ 上的对应值要大很多，证实它们对应的相变有本质的不同，即分别为一级与二级相变。

现在，我们来阐述 $C = 0.75$ 的情形具有正常脑功能网的特征。一个有趣的问题是我们如何使得这个网络表现出发放传播的爆炸性同步？为了找出这个答案，在不要求簇团系数增大的条件下，我们随机地断边重连一小部分连接。我们发现这种重连对社区结构的影响不大，但导致了更多的社区间的连接，因此使得初始发放很容易地传播到整个网络。图 11.52(c) 中的红线与蓝线分别给出了重连次数为 $r_t = 40$ 与 300 的结果。可见，它们两者都达到了 $f = 1$，即全局传播。从图 11.52(c) 我们也注意到只有重连 300 次的那条曲线近似为直线，即指数增加，表明它与图 11.52(a) 中的 $C = 0.5$ 与 0.6 等价。必须指出，对于 $r_t = 40$ 与 300 的情形，也有可能在其他的实现中出现 $f < 1$ 的结果。为了更好地明白全局传播与重连次数 r_t 之间的关系，让 p_1 代表 N 次实现中 $f = 1$ 的概率。图 11.52(d) 中的"圆圈"给出了 p_1 对 r_t 的依赖性。可见，p_1 在临界点 $r_t^c \approx 25$ 处有一个较大的跳跃，此时 $C \approx 0.72$，网络的稍微变化导致了发放传播的极大改变。

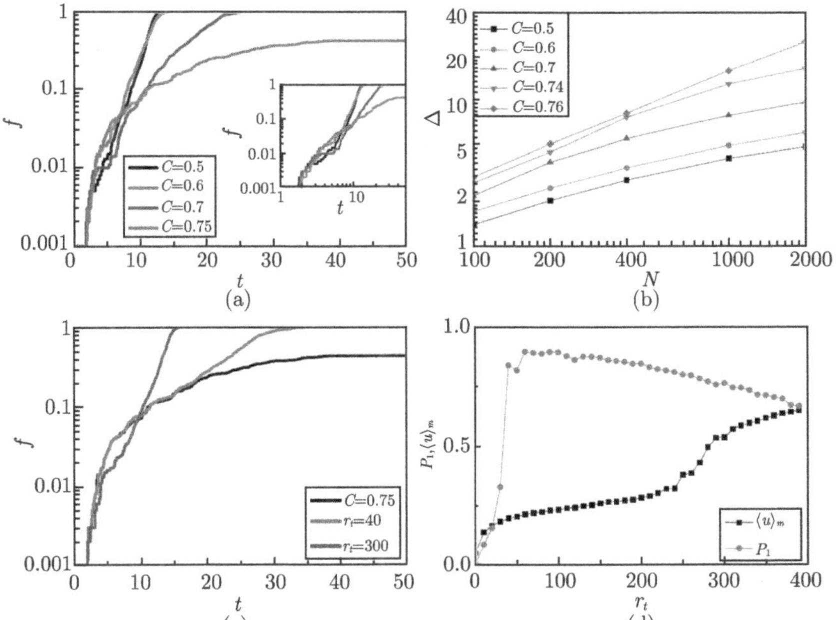

图 11.52　网络结构对传播速度的影响 (彩图见封底二维码)

(a) 描述从源节点传播到整个网络的几个典型情形，这里的四条线分别代 $C = 0.5, 0.6, 0.7$ 与 0.75 的情形，其中的插图为它的 lg-lg 图；(b) Δ 与 N 之间的关系，其中的曲线分别代表 $C = 0.5, 0.6, 0.7, 0.74$ 与 0.76 的情形；(c) 黑色曲线代表 $C = 0.75$ 的情形，此时源节点上的发放不能传播到整个网络，红线与蓝线分别描述重连次数为 $r_t = 40$ 与 300 的结果，此时源节点上的发放可以传播到整个网络，且重连网络分别具有 $C \approx 0.72$ 与 0.5；(d) $\langle u\rangle_m$ 与 p_1 对 r_t 的依赖性，其中，p_1 代表 N 次实现中 $f = 1$ 的概率

此外，我们计算平均值 $\langle u\rangle = \dfrac{1}{N}\sum_{i=1}^{N} u(i)$ 的演化。如果 $\langle u\rangle$ 较小，则在时间 t 时的发放节点的比例将不会很大，但如果 $\langle u\rangle$ 较大，则发放节点的比例也会较大。

特别地，如果 $\langle u\rangle$ 具有规则的行为，像单个神经元的发放一样，则有强的发放同步化。图 11.53(a)~(c) 分别代表 $r_t=0,40$ 与 300 时 $\langle u\rangle$ 的演化，其网络的结构为 $C=0.75$。从图 11.53(a) 可见，$\langle u\rangle$ 在 $t=150$ 以后变为 0，表明发放被限制在局域且最终死亡。从图 11.53(b) 可见，在图 11.53(a) 中的振荡死亡被自持振荡所取代。我们在图 11.53(c) 中看到了强同步，其中大部分神经元具有同步的发放行为。必须指出，神经元不可能全部都同步，否则一定导致死亡。

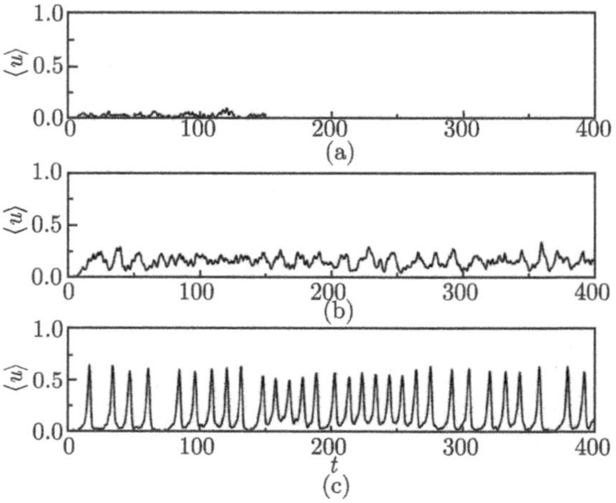

图 11.53　断边重连对集体行为的影响

(a) 显示 $C=0.75$ 的原始网络上的一个刺激发放如何传播到其他节点上，其中 $\langle u\rangle$ 代表队 N 个节点平均；(b) 与 (c) 分别代表对 $C=0.75$ 的原始网络进行断边重连 $r_t=40$ 与 300 次的情形，重连后的网络分别具有 $C\approx 0.72$ 与 0.5

从图 11.53(b) 与 (c) 可见，平均值 $\langle u\rangle$ 为多峰振荡且峰高与网络的发放同步有关。为此，我们令 $\langle u\rangle_m$ 代表发放同步的程度，即 $\langle u\rangle_m$ 为峰值的平均。一个大的 $\langle u\rangle_m$ 代表强发放同步与全局发放传播。图 11.52(d) 中的“方块”给出了 $\langle u\rangle_m$ 对 r_t 的依赖性。我们看到 $\langle u\rangle_m$ 可被分成两部分，即 $r_t<250$ 时的较小的 $\langle u\rangle_m$ 与 $r_t>290$ 后较大的 $\langle u\rangle_m$，表明 $r_t>290$ 既具有快速的指数传播 (见图 11.52(c))，又具有反常同步的特征 (见图 11.53(c))。

也许考察平均度对发放传播的影响是有意义的，因为网络的动力学在临界平均度可能经历相变 [434]。为了这个目的，我们将簇团系数固定在 $C=0.7$ (小于图 11.51(c) 中 $\langle k\rangle=8$ 时的临界 $C\approx 0.73$) 并改变平均度。我们发现，存在一个临界 $\langle k_c\rangle\approx 5.0$ 来隔开一级与二级相变。图 11.51(d) 给出了其结果，其中对 $k<\langle k_c\rangle$ 有发放斑图的多样性，而对 $k>\langle k_c\rangle$ 只有少数几个斑图。比较图 11.51(d) 与 (c) 可见，它们很相似，表明平均度与簇团系数具有相似的效应。

为了将这里的理论与癫痫病相变数据对比，图 11.54(a) 给出了 118 个频道的

IEEG 记录，其临床癫痫发生在 9.0 左右 [192]。我们看到，当 $t<9$ 时，时间序列的幅值较小；然后在 $9<t<9.5$ 内它们迅速增加到较大的值，标志着癫痫的建立。这种快速增长与爆炸性同步非常相似 [221, 151, 223]。为了刻画癫痫的建立，图 11.54(b) 给出了所有频道记录的整体相关联，图 11.54(c) 则给出了基于交叉关联与基于成对相差 ($\boldsymbol{R}_{ij}$) 的 $f_s(t)$ 比例的测量，可见其比基线或阈值 $R_0=0.4$ 要大很多。我们发现矩阵 $\boldsymbol{R}_{ij}$ 的大多数元素在癫痫建立前为小值，然后它们在癫痫建立时迅速增长到 1，表明反常同步化的出现。为了刻画反常同步从局部同步发展的有多快，我们设置一个阈值 $R_0=0.4$ 并计算在时间 t 有多少对 $\boldsymbol{R}_{ij}$ 大于 R_0。令 $f_s(t)$ 代表在可能的 $N(N-1)$ 对中 $\boldsymbol{R}_{ij}\geqslant R_0$ 的部分，图 11.54(b)~(c) 给出了相关联及 $f_s(t)$ 随时间 t 的演化。我们看到 $f_s(t)$ 在癫痫建立的 $t\approx 9.5$ 处有一个突然的变化，符合爆炸性同步的主要特征。图 11.54(b)~(c) 中的这种突然相变也与图 11.52(d) 相似。

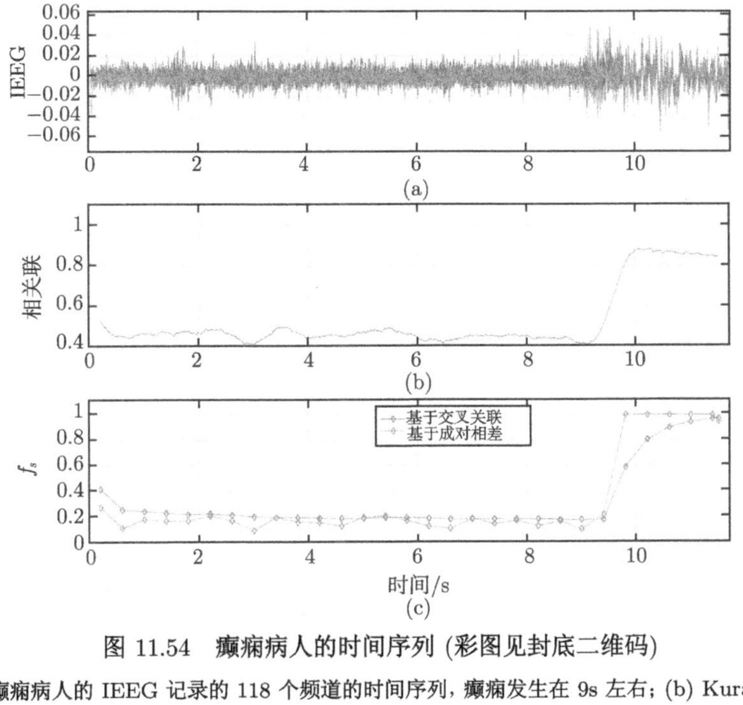

图 11.54 癫痫病人的时间序列 (彩图见封底二维码)

(a) 来自于癫痫病人的 IEEG 记录的 118 个频道的时间序列，癫痫发生在 9s 左右；(b) Kuramoto 相关联随时间的变化；(c) 基于交叉关联与基于成对相差 ($\boldsymbol{R}_{ij}$) 的 $f_s(t)$ 比例随时间的变化，其中阈值 $R_0=0.4$，$f_s(t)$ 代表在可能的 $N(N-1)$ 对中 $\boldsymbol{R}_{ij}\geqslant R_0$ 的比例

为了明白网络结构影响的微观机制，我们必须明白发放活动是如何传递到其邻居的。从这个目的出发，我们来考虑不同的连接斑图，然后找出成功传播的规律。图 11.55(a)~(c) 的插图给出了三种典型的连接斑图，其中“蓝色”代表来自初始条件 $u(0)=0.2$ 与 $v(0)=0$ 的发放源节点，“红色”代表具有初始条件 $u(0)=v(0)=0$

的目标或接收节点。我们想知道发放活动是否可以成功地从源节点传输到接收神经元。数值模拟显示发放活动在图 11.55(a) 成功地传递到了接收节点，而在图 11.55(b) 与 (c) 中却没有做到，其中蓝色与红色曲线分别代表 $u(t)$ 在源节点与接收节点处的演化。比较图 11.55(a) 与 (b) 可见，它们的源节点具有相同的度 $k_0=1$ 但它们的接收节点具有不同的度，即 (a) 中的 $k_1=6$ 而 (b) 中的 $k_1=12$，表明较小的 k_1 有利于发放活动的传递，而较大的 k_1 则相反。比较图 11.55(a) 与 (c) 可见，它们的接收节点具有相同的度 $k_1=6$ 但它们的源节点具有不同的度，即 (a) 中的 $k_0=1$ 与 (c) 中的 $k_0=7$，表明较小的 k_0 有利于发放活动的传递，而较大的 k_0 则不利。因此，k_0 与 k_1 两者都是发放传播活动的关键因素。此外，我们也注意到 k_0 与 k_1 在阻止发放传播活动中具有不同的功能。较大的 k_0 降低初始发放活动的阈值 (见图 11.55(c) 中的蓝色曲线)，从而使得发放传输变得困难；而较大的 k_1 使得接收神经元难于发放。

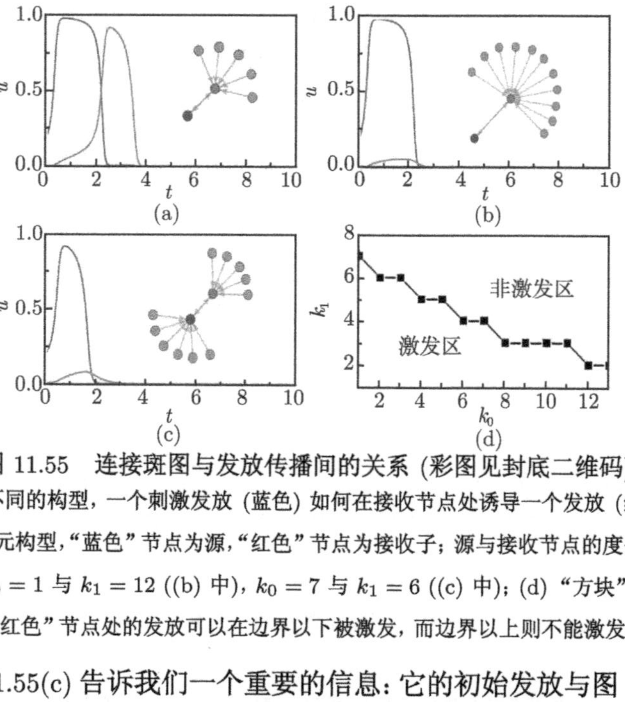

图 11.55　连接斑图与发放传播间的关系 (彩图见封底二维码)

(a)~(c) 显示对于不同的构型，一个刺激发放 (蓝色) 如何在接收节点处诱导一个发放 (红色)，其中插图代表两个连接的神经元构型，"蓝色" 节点为源，"红色" 节点为接收子；源与接收节点的度分别为 $k_0=1$ 与 $k_1=6$ ((a) 中)，$k_0=1$ 与 $k_1=12$ ((b) 中)，$k_0=7$ 与 $k_1=6$ ((c) 中)；(d) "方块" 线为边界，其中在 "红色" 节点处的发放可以在边界以下被激发，而边界以上则不能激发

此外，图 11.55(c) 告诉我们一个重要的信息：它的初始发放与图 11.55(a) 与 (b) 中的不一样，表明初始发放也受其邻居影响。这个区别给我们提出了一个关键问题：为了让网络中一个任意的节点被诱导出发放，什么是正确的初始条件？其答案不仅与初始发放有关，也与活动传播有关。为了找出这个答案，我们回到神经元动力学方程 (11.88)。为了刺激节点 i 发放，我们选择初始条件 $u(i)\geqslant u_0$ 与 $v(i)\geqslant v_0$，以便方程 (11.88) 中的 $\mathrm{d}u_i/\mathrm{d}t>0$ 与 $\mathrm{d}v_i/\mathrm{d}t>0$。为简单起见，我们以令 $v(i)=v_0=0$ 为例。对单个的神经元，方程 (11.88) 中的 $\mathrm{d}u_i/\mathrm{d}t>0$ 给出 $u_0\geqslant b/a\approx 0.083$。对于

度为 k_i 的节点 i，方程 (11.88) 中的 $\mathrm{d}u_i/\mathrm{d}t > 0$ 给出 $(u_i-1)(u_i-b/a)+c\varepsilon k_i<0$。取 $k_i=\langle k\rangle=8$ 为例，我们得到 $u_0\approx 0.147$。在数值模拟中，我们对源节点取初始条件 $u(i)=0.2>u_0$ 与 $v(i)=0$，以便可以成功地产生一个发放。

图 11.55(d) 给出了发放传播对 k_0 与 k_1 的依赖性，其中“方块”曲线为边界，即接收节点可以在边界线以下的区域被诱导出一个发放，而在边界线以上的区域则不能。稍微复杂些的连接斑图是两个源节点连到一个接收节点或一个源节点连到两个接收节点。对于前者，图 11.56(a) 为一个典型的例子，其中“蓝色”与“绿色”节点为发放的源节点，它们共同作用来驱动那个“红色”的接收节点发放。注意到接收节点的度 $k_1=12$ 远大于图 11.55(d) 中的边界 $k_1<7$，表明两个源节点可以将边界 k_1 推广到更大的值。图 11.56(b) 给出一个不同的情形，其中只有一个源节点 (“蓝色”的那个)，但它首先在“绿色”节点处产生一个发放，然后它们一起工作在“红色”节点诱导一个发放。从图 11.56(b) 中我们还注意到蓝色与绿色发放曲线有重叠的部分，等价于图 11.56(a) 中有两个源节点的功能，因此能够在“红色”节点处产生发放。对后者，图 11.56(c) 与 (d) 给出了两个例子，其中每个接收节点具有度 $k_1=7$，且图 11.56(c) 中的两个接收节点间有一根连线而图 11.56(d) 中则没有。注意到 $k_1=7$ 是图 11.55(d) 中 $k_0=1$ 的边界。因此，图 11.56 (c) 中的连线影响了边界条件，表明这个连线对发放传递产生了正面的效应。

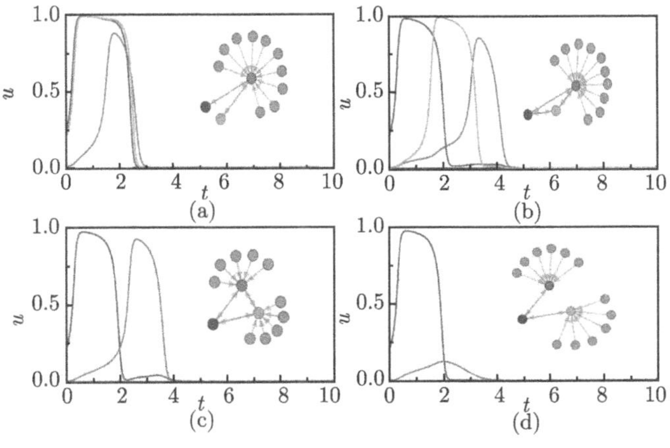

图 11.56 复杂的连接斑图情形 (彩图见封底二维码)

(a) 两个源节点 (“蓝色”与“绿色”节点) 驱动一个度为 $k_1=12$ 的公共接收节点 (“红色”节点)，蓝色与绿色曲线代表两个刺激发放而红色曲线代表诱导的发放，为了区别这两个刺激发放，让它们的初始条件分别为 $u(0)=0.2, v(0)=0$ (“蓝色”节点) 与 $u(0)=0.18, v(0)=0$ (“绿色”节点)；(b) 一个源节点 (“蓝色”节点) 首先驱动一个“绿色”，然后它们一起工作来驱动那个度为 $k_1=12$ 的公共接收节点 (“红色”节点)；(c) 与 (d) 一个源节点 (“蓝色”节点) 驱动两个接收节点 (“红色”与“绿色”节点)，其中每个接收节点的度为 $k_1=7$；(c) 中的两个接收节点之间是相连的，而 (d) 中不相连基于这些结果，我们现在解释图 11.51(c)。当 $C < 0.13$ 时，网络为随机均匀的，没有社区结构。它的 k_0 与 k_1 均在 8 附近，即落在图 11.55(d) 中不发放的区域，因此发放传不出去。当 $0.13 < C < 0.73$ 时，网络变成随机均匀但具有社区结构。在每个社区中，初始的发放显示与图 11.56(b) 与 (c) 相似的活动，导致全局发放。当 $0.73 < C < 0.77$ 时，网络高度模块化，不同的模块之间只有一根或几根连接。因此，社区内部的发放传播与 $0.13 < C < 0.73$ 的情形类似，而社区间的传播则类似于 $C < 0.13$ 的情形，这就导致了 $0.73 < C < 0.77$ 情形下斑图的多样性。这些结果告诉我们，在真实的神经元网络中，发放传播不仅与初始发放节点有关，而且与周围节点的活动也有关。

11.14　相无序增强信号检测

大多数动物都具有高度发达的传感器官来检测与处理它们周围的复杂信号，比如匙吻鲟 (polydon spathula) 用长嘴传感器来检测自然浮游动物产生的微弱电场 [435]，棕蝇 (ormia ochracea) 可以用中耳的特殊结构来定位 2° 范围内大声唱歌的蟋蟀 [436]。这实际上是一种随机共振效应，是由合适的噪声导致的信号增强。类似的例子还有很多，比如小龙虾的机械性刺激感受器在浑水中比在静水中具有更强的检测掠食性鱼类发出的微弱信号的能力 [437]，人类在噪声的帮助下可以更有效地分辨屏幕上的模糊图像 [438]。这些现象背后的机制很简单，因为神经元是可激发装置，只有当其膜电位超过阈值时才会放电，此时一个低于临界值的微弱信号在噪声的帮助下就可以达到或超过阈值，从而引起发放。

除了环境中的涨落或外噪声可以引起随机共振外，神经元个体的差异所导致的内噪声也能帮助信号检测。这样一来，神经元越多，这种内噪声就会越大，从而导致非全同神经元的集体活动可增强信号检测的能力 [439, 440]。考虑到不同的传感神经元离信号源的距离不同，它们收到的信号的到达时间也就不同，因此具有不同的初始信号相位。尽管这个相位差比较小，一些生物系统却可以分辨它们。比如表层 (surface-feeding) 鱼就有这种能力，其传感器由分布在身体表面的侧线构成 [441, 442]，如图 11.57 所示，这些侧线被称为动力学天线。当信号源发生移动时，这种初始相位也会随时间变化，比如谷仓猫头鹰 (barn owl)。为了确定黑暗中食物的位置，猫头鹰会不断地调整头的方向以便获得两耳间最佳的时间差 [443, 444]。埃氏电鳗 (eigenmannia) 的传感器官甚至能区分 10^{-8}～10^{-5}s 的时间差 [445, 446]。基于这些现象，我们有必要研究可激系统中外部信号的初始相位分布导致的效应，以及如何构建模型来研究它们的机制。

梁晓明等对此问题做了较详细的研究 [447～452]。他们考虑了 N 个全局耦合的

FHN 神经元模型：

$$\epsilon\dot{x}_i = x_i - \frac{x_i^3}{3} - y_i + \frac{g}{N}\sum_{j=1}^{N} h_{ij}(x_j - x_i)$$
$$\dot{y}_i = x_i + b + A\sin\left[\omega t + \varphi_i(t)\right], \quad i, j = 1, \cdots, N \tag{11.89}$$

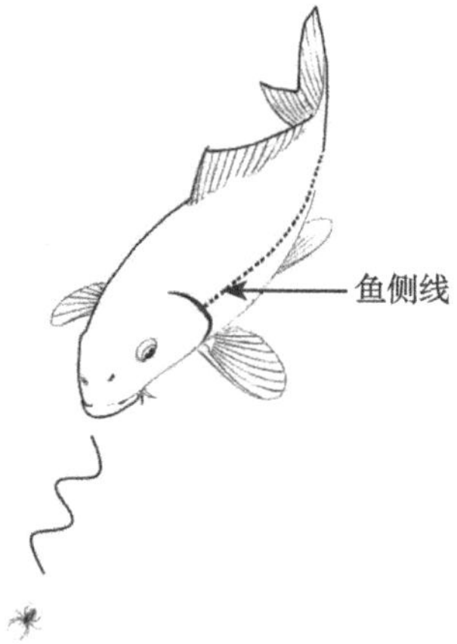

图 11.57 表层 (surface-feeding) 鱼侧线示意图

其中，参数 b 确定 FHN 神经元的可激性，$b > 1$ 时系统处于可激发态，$b < 1$ 时系统处于静息态。$A\sin\left[\omega t + \varphi_i(t)\right]$ 为外部信号，A 为其幅值，$\omega = \dfrac{2\pi}{T}$ 为频率，其周期为 T。$\varphi_i(t)$ 为初始相位，我们考虑 $\varphi_i \neq \varphi_j$ 或者 $\varphi_i(t) \neq \varphi_j(t)$。$g \geqslant 0$ 代表耦合强度，$\boldsymbol{H} = (h_{ij})$ 为耦合矩阵，$h_{ij} = 1$ 表示神经元 i 与 j 之间为吸引耦合，$h_{ij} = -1$ 表示排斥耦合。这里取参数 $b = 1.02$，$\epsilon = 0.01$，$A = 0.05$，$T = 5$ 及 $h_{ij} = 1$。

为了揭示刺激与响应间的关系，引入发放率来描述外部信号周期 T 内的平均发放次数:

$$f = \frac{1}{N}\lim_{n\to\infty}\frac{S}{n} \tag{11.90}$$

其中，n 为周期数，S 为所有神经元在 nT 内的发放次数。$f = 0$ 表示没有发放，而 $f \approx 1$ 表示所有的神经元在周期 T 内都发放。除了发放率外，我们也计算信号放大来测量系统在刺激频率 $\omega = \dfrac{2\pi}{T}$ 处的响应 [453~456]：

$$Q = \left|\frac{2}{nT}\int_0^{nT} X(t)\mathrm{e}^{\mathrm{i}\omega t}\mathrm{d}t\right| \tag{11.91}$$

其中，$X(t) = N^{-1}\sum\limits_{i=1}^{N} x_i$。如果神经元不发放或在不同的时间发放，$X$ 为小幅值及无规涨落，导致小的信号放大。相反，如果所有的神经元相关地发放，则 X 显示规则的动力学行为。当 X 的节律靠近周期值 T 时，Q 的值将会较大；反之，Q 的值将会较小。下面我们令 $N=100$，$n=50$，且 f 与 Q 为去掉暂态后的 20 次平均值。

为简单起见，我们假定 φ_i 均匀分布在间隔 $(-k\pi, k\pi)$ 内，其中 $k \in [0,1]$ 控制相无序的差异度。令耦合强度 $g=10^{-2}$，图 11.58(a) 给出对于 $k=0$ 的全同初始相位情形，可见方程 (11.89) 没有发放。当 k 增加到 0.42 时，我们惊奇地发现部分振子出现了相关发放，见图 11.58(b)。当 k 进一步增加到 $k=0.5$ 时，发放率增强且差不多所有的神经元都相关地发放，见图 11.58(c)。然而，再增加 k 则会导致发放相关性的降低，见图 11.58(d)。显然，这些发放斑图是纯粹由相无序导致的，因为外部信号的幅值是次临界的。其次，我们研究在存在相无序的情形下，发放活动对耦合强度的依赖性。我们固定 $k=0.5$ 来检查不同的耦合强度，图 11.58(e)~(h) 给出了弱、较小、中等及较大耦合的情形。可见，较小及中等 g 的两种情形显示发放斑图，且较小 g 情形的发放相关程度相对较低。然而，弱及较大 g 两种情形没有发放活动。

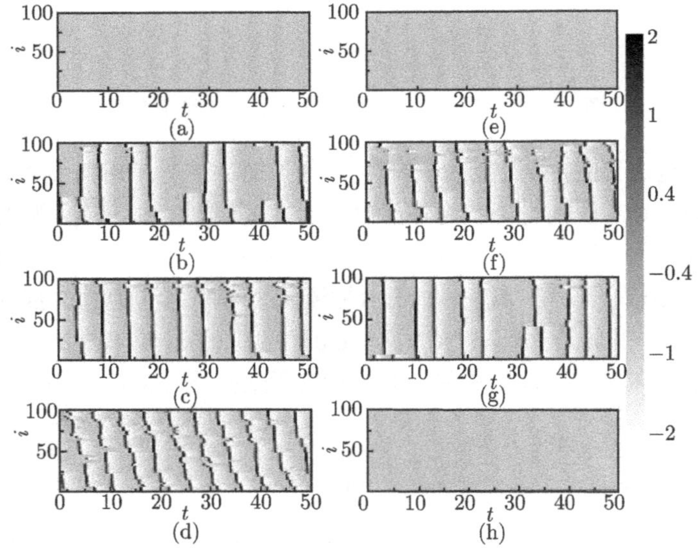

图 11.58　方程 (11.89) 的时空斑图

左边的子图为固定 $g=10^{-2}$: (a) $k=0$, (b) $k=0.42$, (c) $k=0.5$, 及 (d) $k=1$；右边的子图为固定 $k=0.5$: (e) $g=10^{-2.9}$, (f) $g=10^{-2.2}$, (g) $g=10^{-1.6}$, 及 (h) $g=10^{-1.0}$；神经元编号是按初始相位重新安排的，系统大小为 $N=100$

对于图 11.58 中的发放斑图，图 11.59 给出了其发放率与信号放大对相无序及耦合强度的依赖性。可见对于固定耦合强度的情形，f 在临界值 k_c 处变得大于 0，然后随着 k 的进一步增加逐渐变得饱和 (见图 11.59(a))。不同于 f，信号放大 Q 随 k 非单调地变化。它从 k_c 处开始增加，但在最优值 $k=k_L$ 处达到最大值后开始减小，导致一个共振状的现象 (图 11.59(b))。对于固定无序相位的情形，f 与 Q 都显示出对 g 的共振状依赖性 (图 11.59(c) 与 (d))，这就告诉我们合适的耦合强度允许较大的信号放大。

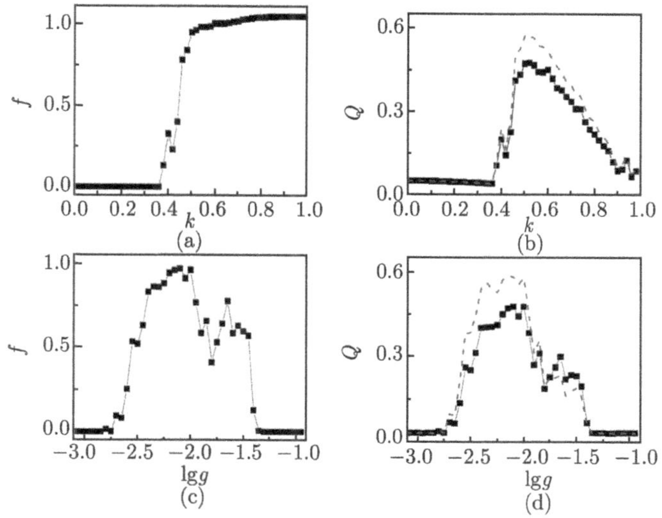

图 11.59 方程 (11.89) 的发放率 f 与信号放大 Q

(a) 与 (b) 为固定 $g=10^{-2}$ 时的 f 与 Q 随 k 的变化；(c) 与 (d) 为固定 $k=0.5$ 时的 f 与 Q 随 g 的变化；(b) 与 (d) 的虚线为方程 (11.92) 的分析结果

这些发放斑图与共振现象可由相无序与耦合间的竞争来解释。当 g 固定时，$k<k_c$ 时的一个弱无序将不会使神经元的轨道有大的不同，因此耦合强度不足以在方程 (11.89) 中诱导出发放活动。当 k 增加到 $k_c<k<k_L$ 时，相无序与耦合间的相互作用将足以启动发放，从而发放率随 k 增加。同时，耦合将神经元拉在一起使得发放同步化。然而，当 k 增加到 1 时，耦合强度 g 不足以继续维持这些无序导致的同步发放，催生了一个旅行波。只有在 $k=k_L$ 处，耦合的吸引力与相无序引起的轨道分离达到了它们之间的平衡，才产生出最大的 Q。当 k 固定时，我们可对变化的 g 做相似的分析。唯一的区别是当 g 太大时，强耦合将抑制相无序导致的轨道区别，导致发放现象的消失。

我们现在提出一个简化模型来解释相无序诱导的发放活动。令 $X(t)=N^{-1}\sum_{i=1}^{N}x_i(t), Y(t)=N^{-1}\sum_{i=1}^{N}y_i(t)$, 并假设 φ_i 是对称分布的，我们可将方程 (11.89) 改写为

$$\epsilon\dot{X}=X(1-M)-\frac{X^3}{3}-Y$$

$$\dot{Y} = X + b + A\sin(\omega t)\frac{\sin(k\pi)}{k\pi} \tag{11.92}$$

其中，$M = N^{-1}\sum_{i=1}^{N}(x_i - X)^2$。方程 (11.92) 可看作是在外部信号 $A\sin(\omega t)\frac{\sin(k\pi)}{k\pi}$ 与扰动 M 影响下的单个神经元。由于 $A\sin(\omega t)\frac{\sin(k\pi)}{k\pi}$ 较弱，来自于 M 对 X 的影响就变得极其重要。由于 M 是由 g 与 k 通过 x_i 来实现的，因此我们需要研究 g 与 k 是如何影响 M 的。图 11.60 左边的子图给出了固定 $g = 10^{-2}$ 时相无序的影响，其中图 11.60(a)~(d) 分别代表 $k = 0$，0.42，0.5 与 1 的情形。容易看出当 $k = 0$ 时有 $M \approx 0$，然后 M 随 k 逐渐增加直到 $k = 1$ 时成为近似的周期振荡。对于图 11.60(c) 描述的 $k = 0.5$ 的情形，我们可以近似地将 M 当作周期信号 $1 + \sin(\omega t)$。图 11.60 右边的子图给出了固定 $k = 0.5$ 时不同耦合强度的影响，其中图 11.60(e)~(h) 分别代表 $g = 10^{-2.9}$，$10^{-2.2}$，$10^{-1.6}$ 及 10^{-1} 的情形。可见对于 $g = 10^{-2.2}$ (图 11.60(f)) 的情形，M 看起来像信号 $1 + \sin(\omega t)$。可知 M 具有外部信号频率的原因如下：发放并非发生在精确相同的时间，见图 11.58(c) 或图 11.58(f)，这导致了非零的 M。在发放后，神经元恢复到静息态并等待下一次的发

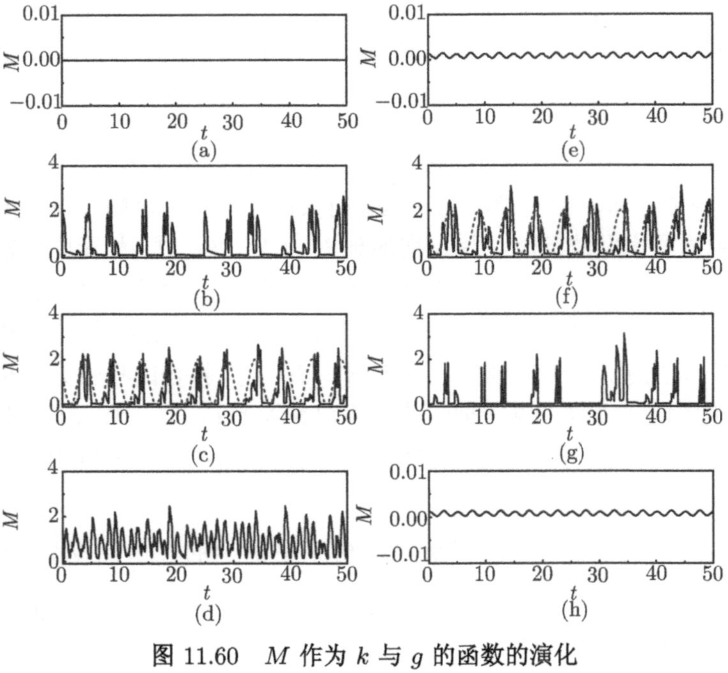

图 11.60　M 作为 k 与 g 的函数的演化

左边的子图为固定 $g = 10^{-2}$ 时的情形: (a) $k = 0$, (b) $k = 0.42$, (c) $k = 0.5$, (d) $k = 1$; 右边的子图为固定 $k = 0.5$ 时的情形: (e) $g = 10^{-2.9}$, (f) $g = 10^{-2.2}$, (g) $g = 10^{-1.6}$, (h) $g = 10^{-1}$；虚线为信号 $1 + \sin(\omega t)$

放。在静息态间隔，各神经元的行为几乎是相同的，导致了零 M，因此具有与信号相同的 T。当 M 较大时，方程 (11.92) 的可激发阈值较低，因此神经元变为可激发态，从而 M 诱导并增强了发放行为。

进一步，我们将从方程 (11.89) 获得的精确 M 代入方程 (11.92) 来得到 Q 的分析解，见图 11.59(b) 与 (d)。可见数值模拟结果与分析解符合得较好，表明方程 (11.92) 为模型 (11.89) 的较好近似。

11.15 哺乳动物听力的动力学机制

我们生活在声的世界里，我们对声音的听力与分辨能力是我们生活质量的基本保障之一。听力系统最突出的特征是可以接收声刺激，正常人的听力范围约在 16～24000Hz，而可用听力范围则为 500～3000Hz。通过长期的研究，我们现在认识到频率辨认与信号放大是在一个称作耳蜗的内耳完成的。耳蜗由两圈半构成，其形状有点像蜗牛。当听频范围内的一个声信号传入耳蜗时，会激发出沿基膜的一个旅行波，其幅值在与信号频率有关的特定位置达到一个峰值。这个峰值的位置随频率而变化，在耳蜗的底部为高频，而在耳蜗的顶点处为低频 [457, 458]。实现频率辨认与信号放大的关键部位是耳蜗中的柯蒂氏器官 (organ of Corti)，它由三排外向式的发丝细胞及一排内向式发丝细胞构成，前者负责增强基膜的振动，而后者将声致机械刺激转换为听神经的神经递质信号。内耳中的信号放大是一种主动过程，其中自发耳声发射 (SOAEs) 起关键作用。自发耳声发射是一种宽频范围内的弱声振荡，是某种由多次内反射产生的驻波 [459]。这种激励频率发射提供了一种检测耳蜗功能的非诊断性方法，对新生儿耳蜗的检查特别有用。

近年来的研究表明非线性动力学在哺乳动物听力的动力学机制方面起着重要的作用 [254, 255, 260, 461]。耳蜗这种主动放大器，可用动力学系统经历霍普夫分岔来理解，即在分岔点有对刺激频率的敏感性。现有模型通常考虑霍普夫分岔前的参数区域，用孤立的振子来研究信号放大。因而，这些工作忽略了与听力有关的两个重要方面：① 自发耳声发射；② 基膜上不同部分的相互作用。从动力学的立场来看，自发耳声发射等同于极限环振荡 [462, 463]。用霍普夫分岔前的参数区域与目前的认识相佐，因为极限环出现在霍普夫分岔点之后。此外，来自于自发耳声发射的耦合机制也必须考虑 [262, 464]。耦合的必要性还在于如下事实：人的一生中因遗传畸形、耳朵感染、太大声、耳毒性的药物及年龄衰老等因素，耳蜗中的发丝细胞的数量是逐渐衰减的。这就促使我们可以将听觉损耗当作耳蜗中振子耦合强度的减弱来处理。刘宗华等最近考虑了这两个因素，提出了一个耦合振子模型 [459]。他们将耳蜗考虑为一维的耦合振子链，每个振子具有各自的特征频率。为了考虑自发耳声发射，假定每个振子稍微在霍普夫分岔之后，并用耦合强度的减弱来模拟听力的衰退。其模型如下：假定耳蜗为由 N 个振子组成的一维链，每个振子具有特征频率 ω_j，且对 $i<j$ 有 $\omega_i<\omega_j$，见图 11.61(a)。则有耳蜗模型：

$$\dot{z}_j=(\mu+\mathrm{i}\omega_j)z_j-|z_j|^2z_j+k(z_{j+1}+z_{j-1}-2z_j)+f\mathrm{e}^{\mathrm{i}\Omega t} \tag{11.93}$$

其中，$j=1,\cdots,N$，$z(t)$ 为复数变量，μ 为分岔参数，k 为耦合强度，$f\mathrm{e}^{\mathrm{i}\Omega t}$ 代表幅值为 f 频率为 Ω 的声信号。当 $f=0$ 时，方程 (11.93) 与文献 [262] 一致。对于 $k=0$ 与 $f=0$ 的情形，方程 (11.93) 的解为 $z_j=\sqrt{\mu}\mathrm{e}^{\mathrm{i}\omega_j t}$。因此，$\mu=0$ 为临界点，$\mu>0$ 为极限环而 $\mu<0$ 为不动点。然而，对于 $k>0$ 与 $f>0$ 的情形，方程 (11.93) 的解则完全不同，可分为两种情形。

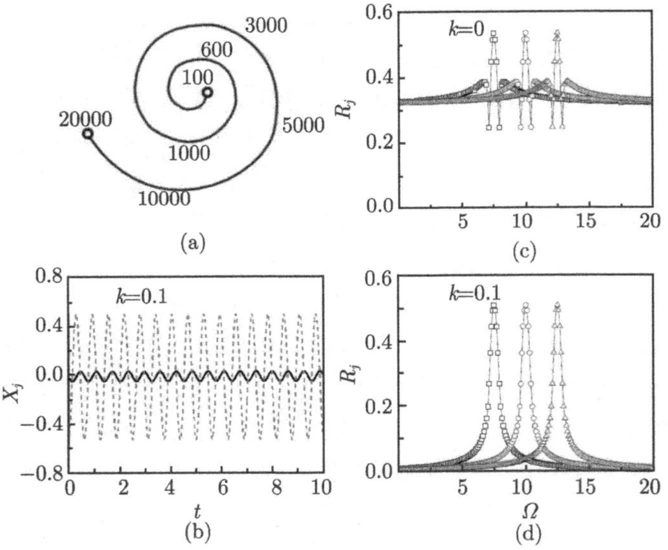

图 11.61　耳蜗中的信号探测

参数 μ 固定在 $\mu=0.1$ (a) 耳蜗中频率分布的示意图，其中数值描述沿基膜的不同地点的特征频率；(b) 刺激信号为 $f=0.1$ 与 $\Omega=10$ 的情形，其中实线与虚线分别表示基膜上 $\omega_j=7.5$ 处与 $\omega_j=10$ 处的时间序列 $x_j(t)$；(c) 与 (d) 分别表示在 $k=0$ 与 $k=0.1$ 时，R_j 在三个代表点 $\omega_j=7.5, 10$, 及 12.5 处随 Ω 的变化

情形 I　当振子的特征频率 ω_j 接近外部信号频率 Ω 时，我们可以假定一个 1 : 1 的锁频解 $z_j=R_j\mathrm{e}^{\mathrm{i}(\Omega t-\lambda x+\phi)}$, 其中 λ 为波数。将其代入方程 (11.93) 可得

$$f^2=R_j^2[(R_j^2+k\lambda^2-\mu)^2+(\Omega-\omega_j)^2] \tag{11.94}$$

这是一个关于 R_j^2 的立方方程。当耦合近似满足条件 $k\lambda^2-\mu\approx 0$ 时，我们可以将方程 (11.94) 简化为

$$f^2=R_j^2[R_j^4+(\Omega-\omega_j)^2] \tag{11.95}$$

其解为

$$3R_j^2 = \left(\frac{27f^2 + D}{2}\right)^{1/3} + \left(\frac{27f^2 - D}{2}\right)^{1/3} \tag{11.96}$$

其中，$D = \sqrt{(27f^2)^2 + 4(3(\Omega - \omega_j)^2)^3}$。当 $\omega_j = \Omega$ 时可得

$$R_j = f^{1/3} \tag{11.97}$$

从方程 (11.94) 可见，对固定的 f, k 与 μ, R_j 随 $(\Omega - \omega_j)^2$ 单调衰减。

依赖于耦合强度有三种情形：$k\lambda^2 - \mu < 0$，$k\lambda^2 - \mu = 0$ 及 $k\lambda^2 - \mu > 0$。令 $k_{\mathrm{c}} \equiv \mu/\lambda^2$ 为临界耦合强度，这三种情形分别对应于 $k < k_{\mathrm{c}}$，$k = k_{\mathrm{c}}$ 及 $k > k_{\mathrm{c}}$。对第一种情形 $k < k_{\mathrm{c}}$，我们讨论 $\omega_j = \Omega$ 的情形。对于 $f \ll 1$，方程 (11.94) 的解为 $R_j^2 - (\mu - k\lambda^2) \approx f$，从而有

$$R_j \approx \mu - k\lambda^2 + f \approx \mu - k\lambda^2 \tag{11.98}$$

即 R_j 与 f 无关。对第二种情形 $k = k_{\mathrm{c}}$，方程 (11.94) 变成与方程 (11.95) 全同，因此当 $\omega_j = \Omega$ 时 R_j 与 f 之间的关系由方程 (11.97) 给出。这个关系与以前的模型在分岔点 $\mu = 0$ 的结果一致 [254, 260]。对于第三种情形 $k > k_{\mathrm{c}}$，我们可将 R_j^2 近似当作小量，因此方程 (11.94) 的解为

$$R_j \approx f/\sqrt{(k\lambda^2 - \mu)^2 + (\Omega - \omega_j)^2} \sim f \tag{11.99}$$

即 R_j 线性正比于 f。比较方程 (11.94) 与方程 (11.99) 可见，R_j 在 $\Omega = \omega_j$ 处达到极大值，然后随频率差 $|\Omega - \omega_j|$ 的增加而单调降低。

情形 II 对于振子的特征频率 ω_j 远离外部频率 Ω 的情形，我们可假定如下形式的解:

$$z_j = z_1' + z_2' = r_1 \mathrm{e}^{\mathrm{i}(\Omega t - \lambda x + \phi_1)} + r_2 \mathrm{e}^{\mathrm{i}(\omega_j t + \phi_2)} \equiv R\mathrm{e}^{\mathrm{i}(\omega' t + \phi)}$$

其中，$R = r_1^2 + r_2^2 + 2r_1 r_2 \cos(\omega_j t + \phi_2 - \Omega t - \phi_1 + \lambda x)$。将其代入方程 (11.93) 可得

$$\mathrm{i}\Omega z_1' + \mathrm{i}\omega_j z_2' = (\mu + \mathrm{i}\omega_j)(z_1' + z_2') - (R^2 + k\lambda^2)(z_1' + z_2') + f\mathrm{e}^{\mathrm{i}\Omega t} \tag{11.100}$$

令

$$\begin{aligned} \mathrm{i}\omega_j z_2' &= (\mu + \mathrm{i}\omega_j) z_2' - (R^2 + k\lambda^2) z_2' \\ \mathrm{i}\Omega z_1' &= (\mu + \mathrm{i}\omega_j) z_1' - (R^2 + k\lambda^2) z_1' + f\mathrm{e}^{\mathrm{i}\Omega t} \end{aligned} \tag{11.101}$$

可得方程 (11.100) 的特解为

$$R = \sqrt{\mu - k\lambda^2} \tag{11.102}$$

即 $r_1^2 = f^2/(\Omega - \omega_j)^2 \to 0$ 及 $r_2 \to \sqrt{\mu - k\lambda^2}$。因此，解为

$$z_j = \sqrt{\mu - k\lambda^2}\mathrm{e}^{\mathrm{i}(\omega_j t + \phi_2)} \tag{11.103}$$

这个解在 $k > k_c$ 时消失，表明耦合效应可完全抑制自发耳声发射。

上述分析告诉我们，对于给定的信号，响应 R_j 将在基膜上 $\omega_j = \Omega$ 的地方达到最大值，然后在偏离此点的位置逐渐衰减。对于那些 ω_j 不同于 Ω 的地方，R_j 变得不那么重要。因此，对于给定的外部频率，只有基膜上很小的局部区域可以分辨这个频率。

我们现在为这些理论预言提供数值支持。为具体起见，我们令 $\mu = 0.1$，$N = 101$，并将听力范围调节到区间 $[5, 15]$。令 ω_i 在这个范围内均匀分布，且 $\omega_1 = 5$，$\omega_N = 15$，如图 11.61(a) 所示。然后，我们将外部声信号的频率投影到 $[0.1, 20]$，即 $\Omega \in [0.1, 20]$，因此 $[0.1, 5)$ 与 $(15, 20]$ 代表不可听范围。在方程 (11.93) 中令 $z_j = x_j + \mathrm{i}y_j$ 并计算 x_j 的演化。图 11.61(b) 给出了在两个典型的位置 $\omega_j = 7.5$ 处与 $\omega_j = 10$ 处的时间序列 $x_j(t)$ 的演化，其中 $k = 0.1$，刺激信号为 $f = 0.1$ 与 $\Omega = 10$。可见，这两条曲线的幅值差很大，表明它们对外部信号不同的敏感度。为刻画这个敏感度，我们让 R_j 为 x_j 最大值的时间平均，即 $R_j = \langle \max(x_j) \rangle$，并将外部信号的频率 Ω 逐渐地从 0.1 改变到 20，然后分别计算 R_j 在三个代表点 $\omega_j = 7.5, 10$ 及 12.5 处的值。图 11.61(c) 与 (d) 分别给出在 $k = 0$ 与 $k = 0.1$ 时 R_j 随 Ω 的变化。比较图 11.61(c) 与 (d) 可知，R_j 在图 11.61(c) 中的背景远大于在图 11.61(d) 中的，表明图 11.61(d) 中 R_j 在三个特征频率处都有较强的共振。这些结果说明，耳蜗中邻近部分的耦合在频率辨认中起关键作用。

为了看出空间耦合如何平衡正 μ 的效果，我们考虑一个频率 $\Omega = 10$ 的特定信号。令 $\mu = 0.1$ 并让 k 系统地从 0 增加到 0.1，我们发现对于那些 ω_j 偏离 Ω 不太远的点，其 R_j 随 $|\Omega - \omega_j|$ 单调减少，证实了方程 (11.94) 与 (11.99) 的理论预言，见图 11.62 中心部分的驼峰。对于那些不同于 Ω 的 ω_j，其 R_j 不依赖于 $|\Omega - \omega_j|$。但当 k 从 0 增加到 k_c 时，R_j 将减少到 0，见图 11.62。

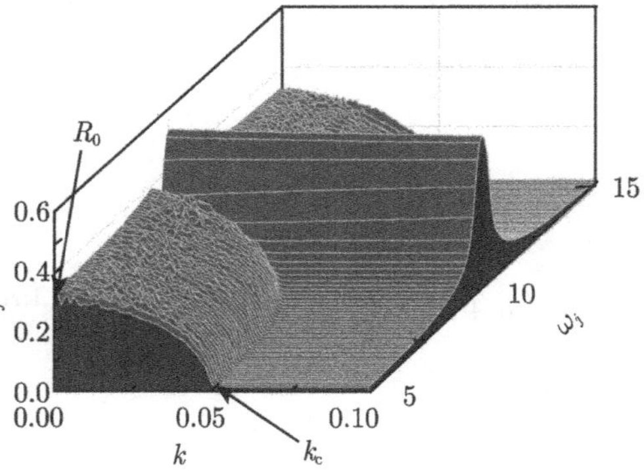

图 11.62 固定 $\mu = 0.1$ 与 $\Omega = 10$ 时，R_j 随 k 与 ω_j 的变化

其中 k_c 代表临界耦合强度，由 $\mu = k_c\lambda^2$ 确定；R_0 代表 R_j 在 $k = 0$ 时的值

R_j 对 k 的依赖关系可被推导如下。由于 ω_j 与 Ω 相差较大，R_j 的值就是无信号时的值，据此可得 R_j 对 k 的关系，见图 11.63 中的方块曲线。这种依赖性也可直接从公式 (11.102) 计算，见图 11.63 中的实线，可见它们是一致的。此外，按定义，k_c 正比于 μ，这点也被数值验证了，见图 11.63 中的子图。

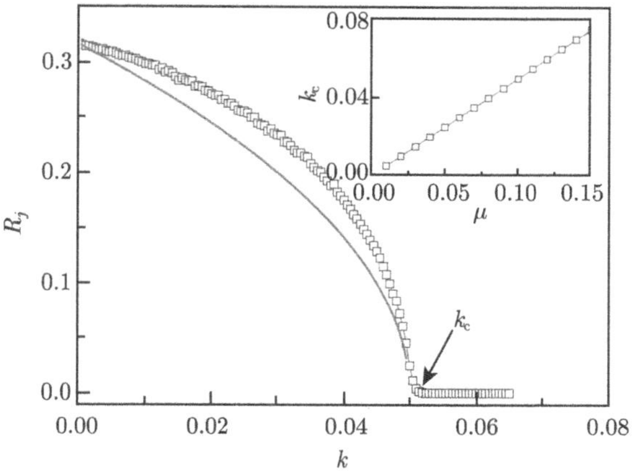

图 11.63 理论方程 (11.102) 的数值模拟验证

其中实线为理论值，方块为实验值，子图为临界强度 k_c 对 μ 的关系

为验证方程 (11.94) 与 (11.99)，我们提供进一步的数值支持。首先考虑 $\mu = 0$ 的情形。因为 $k_c = 0$，我们在 $k > k_c$ 范围内选几个 k 值。对每个选定的 k，我们让信号幅值 f 从 10^{-5} 增加到 10^{-1} 并计算响应 R_j，图 11.64(a) 给出了 $k = 0, 0.01$, 0.02 及 0.05 时的结果。所有这些情形都是幂率，当 $k = 0$ 时的标度指数为 1/3，而其他情形只在 $f > 10^{-2}$ 范围内是这个指数，但在 $f < 10^{-2}$ 范围内标度指数为 1。这与理论公式 (11.97) 与 (11.99) 符合得很好。

然后我们考虑 $\mu > 0$ 的情形，并取 $\mu = 0.1$ 为例。从图 11.63 的子图我们得到 $k_c = 0.05$。图 11.64(b) 给出了典型的结果，其中 $f > 10^{-2}$ 时所有的情形都有一个普适的标度，证实了方程 (11.97)。当 $f < 10^{-2}$ 时，有三种情形：① $k < k_c$ 情形，R_j 为近似常数；② $k = k_c$ 情形，为具有标度指数 1/3 的幂率；③ $k > k_c$ 情形，标度指数为 1。这些结果也分别与理论公式 (11.98) (11.97) 及 (11.99) 符合得很好。此外，图 11.64(a) 与 (b) 给出的临界点 k_c 处的标度指数 1/3 与实验结果 0.4 符合得也很好 [255, 465]。

图 11.64(b) 中的常数部分具有生理学的意义。由于年龄导致的发丝细胞损害可以有效地降低耦合强度到阈值 k_c 以下，其结果是自发耳声发射被完全抑制 (见图 11.62)，从而导致对弱信号的不敏感及失聪。对于 $k > k_c$，图 11.64(a) 与 (b) 中的标度指数 1 意味着比正常耳蜗 (具有标度指数 1/3 的情形) 对弱信号的敏感度更

为敏感。从动力学意义上，超强听力来自于基膜上邻近部分间的强耦合。因此，改善听力的一种新治疗方法可能是增强耳蜗内的耦合。

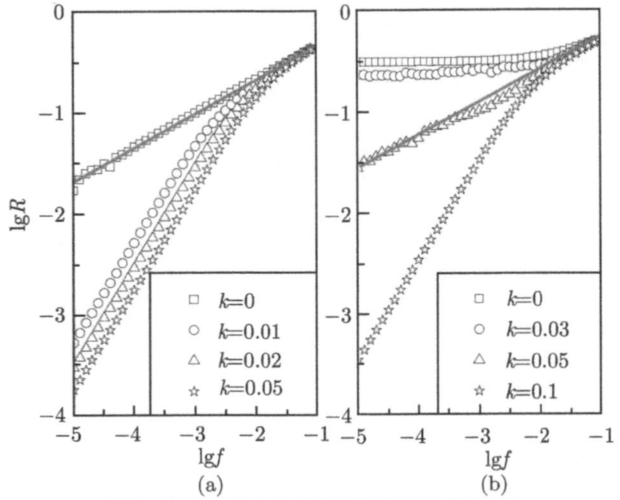

图 11.64　响应与刺激信号强度的关系

(a) $\mu = 0$ 情形，R_j 与 f 为幂率关系，其中 $k = 0$ (方块), $k = 0.01$ (圆圈), $k = 0.02$ (三角形) 及 $k = 0.05$ (星形)；(b) $\mu = 0.1$ 情形的标度关系，其中 $k = 0$ (方块), $k = 0.03$ (圆圈), $k = 0.05$ (三角形), 及 $k = 0.1$ (星形)

11.16　生物节律的动力学机制

与听力的动力学机制类似，生物节律的机制也可由非线性动力学得到理解。现已知道，哺乳动物通过眼睛探测到光信号后将它送到视网膜后面的视交叉上核 (SCN)，在那里实现生物节律的形成。视交叉上核由大约 2 万个神经元组成，称为 SCN 振子，按其功能可分为两部分：腹外侧振子与背内侧振子。前者可直接接收光信号，然后传递给后者，后者同步化后输出节律。SCN 振子之间的相互作用可用耦合振子模型进行描述，并能较好地解释哺乳动物从 20 到 28 小时的自由节律周期现象 [397~399,466]。

在太阳光照条件下，SCN 控制着哺乳动物的节律。而当缺乏光–暗循环时，SCN 依然具有接近 24 小时的自由运转周期。有趣的是，如果施加外部 T-周期光–暗循环 (T 不必为 24 小时)，发现 SCN 也能被传递到 T-周期 [467, 468]，即具有被传输到外部光–暗周期的能力。实验发现不同的物种可以有不同的自由周期与传输范围，比如草鼠的自由周期为 24.1 小时，传输范围为 22.9~25.3 小时，鼯鼠的自由周期为 23.8 小时，传输范围为 23.5~24.9 小时，鹿鼠的自由周期为 22.9 小时，传输范围为 22.5~25.1 小时，以及人类的自由周期为 24.2 小时，传输范围为 21.5~28.6 小时 [469]。

SCN 中各个神经元具有不同的固有周期，但它们的集体行为——SCN 的输出周期是一致的。这就说明这些神经元已耦合成一个网络，通过同步化产生了一个公共的周期。实验揭示，这些神经元是通过神经递质耦合在一起的，且左右两边 SCN 的神经元分别形成两组，称为腹外侧部分 (VL) 与背内侧部分 (DM)[470, 471]，前者包含 25% 的 SCN 神经元，而后者包含剩下的神经元。腹外侧部分负责接收光信息，并将其传输给背内侧部分。图 11.65 给出了 SCN 振子内相互作用及 SCN 的输入/输出示意图。

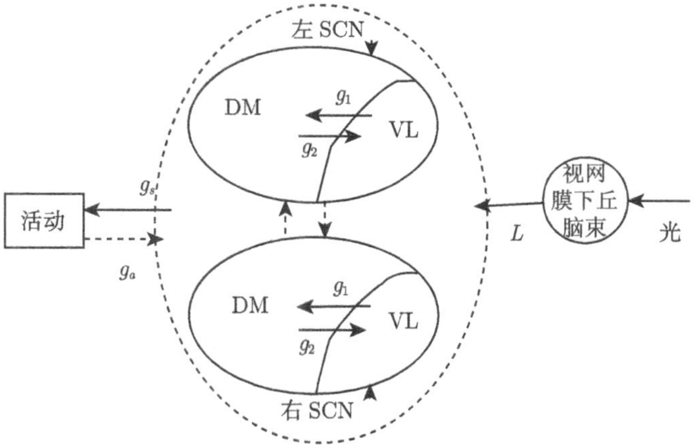

图 11.65 SCN 振子内相互作用及 SCN 的输入/输出示意图

其中 L 代表光强，g 代表耦合强度，箭头代表耦合方向，粗细代表耦合强度，且从腹外侧部分 (VL) 到背内侧部分 (DM) 的耦合强度 g_1 要比从 DM 到 VL 的耦合强度 g_2 大很多；从 SCN 到行为活动的耦合强度 g_s 要比反馈强度 g_a 大

我们先讨论缺乏光照循环的情形，并以持续光照 (constant light) 的情形为例 (比如北极地鼠)，此时发现各不同物种具有不同的自由运转周期。通过跑笼运动实验发现，置身于持续光照下的动物可以有三种不同的行为 [472~474]。第一种行为，动物以大于 24 小时的自由周期活动；第二种行为，24 小时的活动被分裂为两个 12 小时的活动且为反相，称为相分离 (phase-splitting)，因此活动展示 12 小时节律；第三种行为，动物失去其活动节律。图 11.66 给出了持续光照下动物从自由周期转化为相分离的过程。

在相分离情形，由于左右 SCN 部分之间的反相，动物的行为表现出 12 小时的节律。在每一边的 SCN 中，神经元是锁相的且高度同步化的，因此显示出大振幅的 24 小时周期。左边与右边 SCN 的相差为 12 小时，即反相。如果将一边切除，则反相消失，动物的活动恢复到 24 小时的节律 [475]。在维持 24 小时节律的情形，左右两边的 SCN 之间没有相差，在左边或右边 SCN 中均存在高度同步化，因此整个 SCN 输出 24 小时的节律。在失去其活动节律的情形，要么单个神经振子的节律消失，要么神经元间的同步化消失。

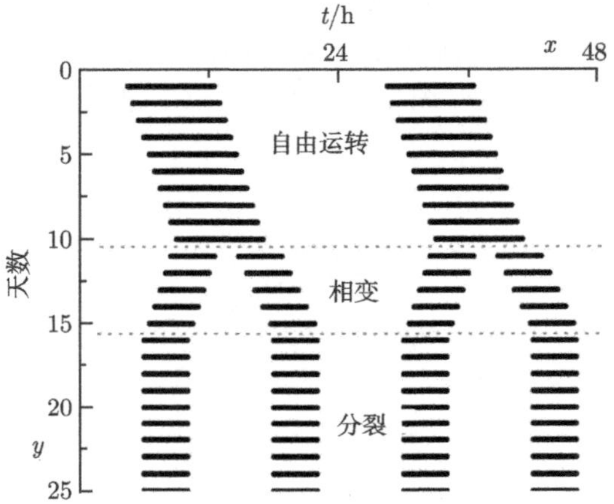

图 11.66　仓鼠在持续光照下的活动图

其中 x 轴代表时间，y 轴代表连续天数。在头 10 天，仓鼠表现出大于 24 小时的自由周期行为；在接下来的 5 天内，每天表现出两种行为并逐渐分离；在最后 10 天，这两种行为间的相差变得稳定且等于 12 小时

对于有 24 小时光照周期的情形，SCN 的关键功能是维持与外部信号的同步化，因此大多数动物都能显示稳定的锁相。比如，老鼠在夜间活动，人类在白天活动。那些自由周期小于 24 小时的动物倾向于在夜间活动 (称作夜行动物)，而那些自由周期大于 24 小时的动物则倾向于在白天活动 (称作昼出动物) [476]。人类的自由周期是在 24 小时左右，因此自由周期小于 24 小时的人倾向于醒得早且喜欢在早上工作，称为“早睡早起型”。相反，那些自由周期大于 24 小时的人倾向于睡得晚，且喜欢在深夜工作，称为“晚睡型”。不幸的是，有些人缺乏对 24 小时光照周期的稳定相差。

内部生物钟与 24 小时外部节律间的稳定相差可由穿过不同时区的时差综合征破坏，也可由倒班而破坏。当旅行到一个新的时区后，腹外侧部分可以迅速调节到 24 小时周期，而背内侧部分依然保持在以前的相，然后才慢慢调整到新的 24 小时周期。调节的量依赖于时区差的多少，粗略地讲，1 小时的时差需要 1 天来进行调整。

当外部信号的周期不是 24 小时，而是周期 T 时，SCN 也可被传输到周期 T。这个结论是有意义的，因为其他行星不一定是 24 小时节律，比如火星的周期就是

24.7 小时。大多数动物都可以传输到 24 小时，而对 T-周期，一个动物可以表现出两种行为。一种为传输到 T-周期，这种现象称为 T-周期传输 [467, 468]。另一种为动物的周期保持与 T-周期不同，因此动物失去对 T-周期的传输。可传输的 T-周期的范围称为传输范围。对于老鼠，SCN 的传输范围为 22~28 小时。当处在传输周期内时，SCN 将保持同步化。如果 T-周期超出传输范围，SCN 将失去同步化。例如，当 T-周期为 22 小时时，老鼠的行为将变成两种成分，见图 11.67。一种显示与 T-周期相同的 22 小时周期，另一种显示 24 小时周期，其与持续黑暗下的自由周期一致。最近的实验发现 22 小时成分是由腹外侧部分调制的，而 24 小时成分是由背内侧部分控制的 [477]。因此，对于外部 T-周期为 22 小时的情形，腹外侧部分与背内侧部分之间失去同步。

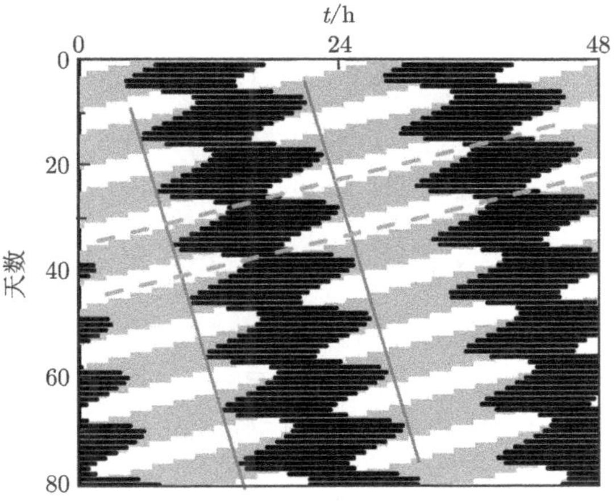

图 11.67 T- 周期为 22 小时的活动图

其中 x 轴代表时间，y 轴代表连续天数，灰色区域代表黑暗；两种活动成分分别由实线与虚线表示；实线的周期接近 24 小时，虚线的周期等于 22 小时

我们现在用耦合振子理论来对上述现象做出解释。一个 SCN 神经元可当作一个极限环振子，可由 Goodwin 模型来描述。此模型已被广泛用于哺乳动物节律的研究 [397~400,478~483]。此模型中，单个的 SCN 神经元由三个变量描述，即时钟基因 mRNA(x)、时钟蛋白 (y) 及转录抑制者 (z)。此模型通常用于均匀耦合的情形，对非均匀耦合需要考虑改进的 Goodwin 模型，其由 N 个耦合的神经元组成:

$$\dot{x}_i = \alpha_1 \frac{k_1^n}{k_1^n + z_i^n} - \alpha_2 \frac{x_i}{k_2 + x_i} + \alpha_{\mathrm{c}} \frac{g_i F}{k_{\mathrm{c}} + g_i F} + L_i$$

$$\dot{y}_i = k_3 x_i - \alpha_4 \frac{y_i}{k_4 + y_i}$$

$$\dot{z}_i = k_5 y_i - \alpha_6 \frac{z_i}{k_6 + z_i}$$
$$\dot{V}_i = k_7 x_i - \alpha_8 \frac{V_i}{k_8 + V_i}, \quad i = 1, 2, \cdots, N$$
$$F = \frac{1}{N} \sum_{i=1}^{N} V_i \tag{11.104}$$

其中，x_i, y_i 与 z_i 构成时钟细胞 i 的负反馈环路；F 代表平均场，L_i 代表光信号强度，g_i 为耦合强度并描述神经元对神经递质的敏感度。由实验得知，g_i 与 L_i 都是非均匀的。当我们令 $g_i = g_c$ 与 $L_i = L_c$ 时，模型 (11.104) 回到原始的 Goodwin 模型。图 11.68 给出了持续黑暗下，改进后的 Goodwin 模型的示意图。

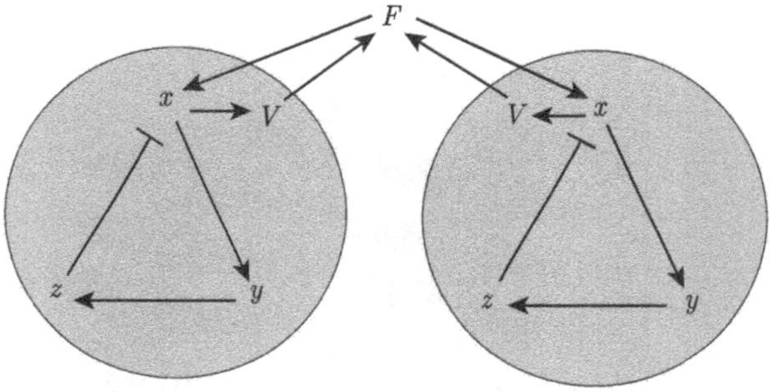

图 11.68 持续黑暗条件下两个神经元构成的 Goodwin 模型的示意图

其中 x, y 与 z 构成时钟细胞中负反馈环，x 代表时钟基因 mRNA，y 代表时钟蛋白，z 代表转录抑制者；振子间通过平均场 F 发生耦合；F 为神经递质的平均值，其由时钟基因 mRNA 诱导

在方程 (11.104) 中，非全同神经元之间的主要区别是由耦合强度 g_i 体现的，可由平均值 $\langle g \rangle$ 与均方差 δ 来具体表示。此外，也可考虑非均匀光照项 L_i。实验表明，只有腹外侧部分的神经元对光信号敏感，而背内侧部分的神经元对光不敏感。背内侧部分可通过耦合得到光信号。因此，光强 L_i 可被表示为

$$L_i = K_f, \quad \mathrm{mod}(t, T) < T/2, \quad i = 1, 2, \cdots, pN \tag{11.105}$$
$$L_i = 0, \quad \mathrm{mod}(t, T) \geqslant T/2, \quad i = 1, 2, \cdots, pN$$
$$L_i = 0, \quad i = pN + 1, pN + 2, \cdots, N \tag{11.106}$$

其中，p 代表对光敏感的神经元占总神经元的比例，因此 pN 就是腹外侧部分的神经元的数目；K_f 为光强，T 为光信号的周期。图 11.69(a) 给出当均方涨落 $\delta = 0$ 时，自由周期 τ 与耦合强度 $\langle g \rangle$ 之间的关系，可见其为单调递增关系。

除了耦合强度外，我们发现耦合强度的分布也能影响自由周期。图 11.69(b) 给出了自由周期对均方差的依赖关系 [397]。可见，自由周期 τ 随均方差 δ 单调递减。

注意到在持续黑暗下，方程 (11.105) 中的 $L_i = 0,\quad i = 1, 2, \cdots, N$，即腹外侧部分与背内侧部分没有任何区别，因此图 11.69(a) 与 (b) 既适用于腹外侧部分也适用于背内侧部分。

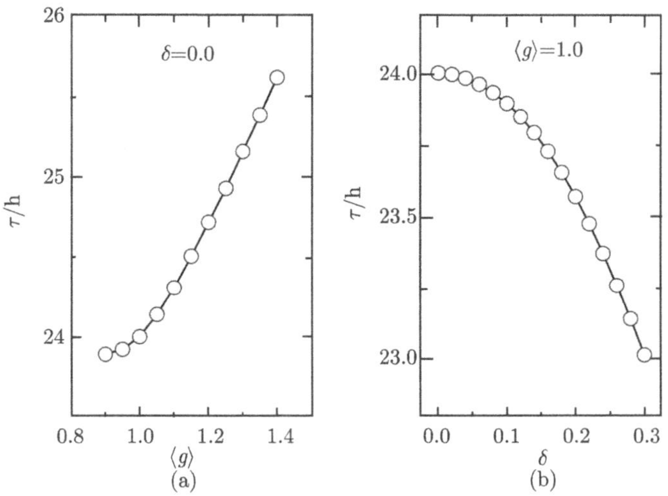

图 11.69 自由周期 τ 对耦合强度及其方差的依赖关系

(a) $\delta = 0$ 时，自由周期 τ 与耦合强度 $\langle g\rangle$ 之间的关系；(b) $\langle g\rangle = 1.0$ 时，自由周期 τ 与方差 δ 之间的关系

对于持续光照下的“相分离”，一个神经元振子将收到三个耦合作用项 [287]，即来自于 SCN 同侧的相互作用、SCN 另一侧的作用及行为活动的反馈。假定反馈有几小时的延迟。考虑这些因素后，平均场方程 (11.104) 可修改为

$$
\begin{aligned}
F_1 &= \frac{a}{N}\sum_{i=1}^{N_1} V_i + \frac{b}{N}\sum_{i=N_1+1}^{N} V_i + \frac{c}{N}\sum_{i=1}^{N} V_{i,-\tau} \\
F_2 &= \frac{b}{N}\sum_{i=1}^{N_1} V_i + \frac{a}{N}\sum_{i=N_1+1}^{N} V_i + \frac{c}{N}\sum_{i=1}^{N} V_{i,-\tau}
\end{aligned}
\tag{11.107}
$$

其中，下标“1”与“2”分别代表 SCN 的左边与右边部分。参数 a, b, c 分别代表来自于同组、不同组及时间延迟部分的耦合强度，并满足关系 $(a+b)/2+c=1$。τ 代表行为活动反馈的时间延迟。我们发现方程 (11.107) 可展示 SCN 神经元的三种集体行为，包括左右 SCN 振子的相分离 (反相)、左右 SCN 振子的相同步及 SCN 神经元的幅值死亡。图 11.70 给出了数值模拟结果，其中 (a) (b) 与 (c) 分别代表相同步、相分离及幅值死亡。事实上，这三种行为分别对应于动物的自由运转、相分离及节律消失。

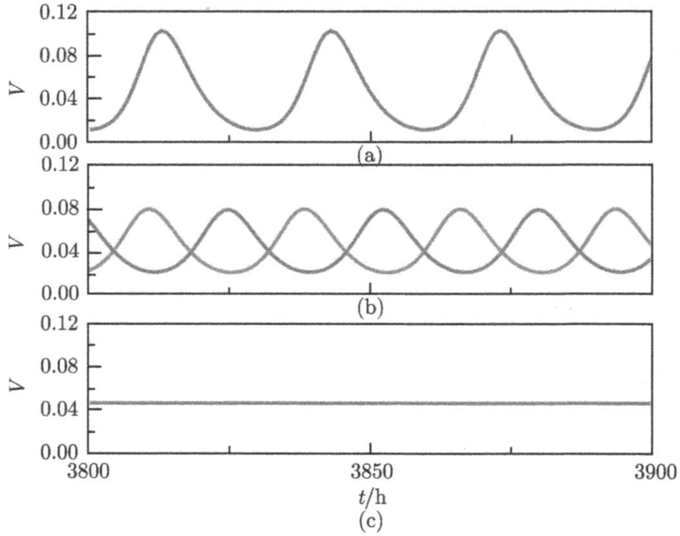

图 11.70　SCN 神经元的三种行为 (彩图见封底二维码)

(a) 左右两边 SCN 振子的全同步; (b) 左右两边 SCN 振子的相分离; (c) SCN 神经元的幅值死亡; 参数 a, b, c 取为 $a = 1.64$, $b = 0.32$ 及 $c = 0.02$ (a); $a = 1.64$, $b = 0.16$ 及 $c = 0.1$ (b); $a = 1.16$, $b = 0.28$ 及 $c = 0.28$ (c)

SCN 神经元对外部 T-周期的传输能力受一些关键参数的影响，如耦合强度 g、耦合分布的方差 δ、对光敏感的神经元占总神经元的比例 p 及振子内禀周期分布的方差 μ 等 [466]。为了检查这些参数是如何影响传输的，我们这里考虑 T- 周期为 $T = 22$ 小时的情形 (11 小时光照与 11 小时黑暗交替进行) 并讨论 p 的影响。我们发现腹外侧部分与背内侧部分都可以传输到外部信号的周期 $T = 22$ 小时。然后我们考虑 $T = 26$ 小时的情形 (13 小时光照与 13 小时黑暗交替进行)。奇怪的是我们发现随着 p 的增加，背内侧部分的周期并没有传输到 $T = 26$ 小时，而是远离 $T = 26$ 小时。图 11.71(a) 给出了数值模拟的结果，其中"菱形"与"圆圈"分别代表腹外侧部分与背内侧部分的周期，可见当 p 较小时，腹外侧部分的周期可以容易地和外部周期锁频，而背内侧部分的周期随 p 的增加线性降低直到临界点 p_c。在 $p = p_c$ 处发生跳跃，背内侧部分的周期从 20.8 小时跳跃到 26 小时。此后对 $p > p_c$，背内侧部分的周期将被传输到外部周期。为什么会发生这个跳跃？为了明白跳跃相变的机制，我们检查背内侧部分的振荡幅值是如何随 p 变化的。通过考察方程 (11.104) 中 x_i 的行为，我们发现背内侧部分的振子几乎是同步化的，因此我们令 $\langle X\rangle = \dfrac{1}{(1-p)N}\displaystyle\sum_{i=1+PN}^{N} x_i$ 代表背内侧部分的振荡。图 11.71(b)~(e) 分别给出了 $p = 0.02$，0.2，0.408 及 0.42 时的振荡，可见 $\langle X\rangle$ 的振幅随 p 的增加大幅度地衰减了，且在 $p_c \approx 0.408$ 处达到极小值。这种幅值的衰减使得背内侧部分的振子丧失了它们固有的特征，因此可被传输到外部信号的周期 26 小时。

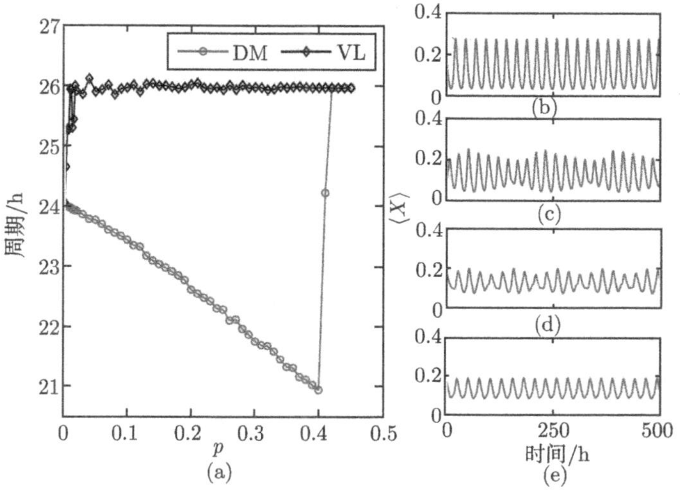

图 11.71 在外部信号周期为 26 小时的信号驱动下，腹外侧部分与背内侧部分的振子随参数 p 的演化

(a) 腹外侧部分与背内侧部分振子的周期与 p 的关系，其中“菱形”与“圆圈”分别代表腹外侧部分 (VL) 与背内侧部分 (DM) 的周期；(b) 到 (e) 分别描述 $p = 0.02, 0.2, 0.408$ 及 0.42 时的振荡

因此，$T = 22 < 24$ 与 $T = 26 > 24$ 的传输能力是不同的。对于固定的 p，一个有意义的量是传输的下线 ($T < 24$) 与传输上线 ($T > 24$) 之间的范围，称为传输范围。当外部光–暗周期超出这个范围时，SCN 振子将失去它们的同步化，因此无法成功地将 T-周期传输到背内侧部分。为简单起见，可以只用传输的下线值或上线值 (缩写: LLE, HLE) 来代表传输范围，只要下线值与上线值是对称分布在自由周期的两侧。比如，白足鼠的传输范围为 23.5 (LLE)~24.9(HLE) 小时，小家鼠为 22.8~26.5 小时，智人为 21.5~28.6 小时，花鼠为 14.9~32.4 小时。我们可以用 LLE23.5 小时来代表白足鼠的传输范围 23.5~24.9 小时，其他的动物类推。

11.17 认知与记忆的非线性动力学展望

综上所述，我们看到神经系统的解剖学和生理学的实验研究已经取得了丰硕的成果，并且迅速地推向细胞和分子水平，使得人们对神经系统的生理结构、神经信号发生和传导的电生理过程、运转方式和功能特性都有了全新的认识；同时，神经科学家将实验动物的认知行为与大脑皮层神经元的发放活动联系起来，开始探究认知过程的神经机制，也已取得了重要突破。这些进展为我们认识神经活动的微观机理提供了间接的证据，但并不能直接阐述认知与记忆等脑功能的微观机制。主要原因之一是神经元及其突触连接的数目太庞大，我们目前还很难在神经元层面上直接获取数据。我们现在所能探测的数据本质上都是神经元集群的集体行为，脑功能网与效用性网络就不用说了，就连脑结构网络中测量的白质与灰质也不例外。在这个前提下，对于神经活动的复杂机理的本质认识就需要深入进行多学科、多层次的综合性研究，这是神经科学发展的重要趋势，其中非线性科学与复杂网络已经介入并将发挥越来越重要的作用。

从统计物理的角度来研究人脑，目前主要借助的是计算机模拟实验与统计物理的理论解释。这种研究方法的主要优点是能把不同系列的实验结果结合起来，探究它们背后的公共基础，从而推断出各宏观功能对应的微观机制；然而也有缺点，就是提出的微观机制也许不是真实的，易被后来的实验所否定。一个典型的例子是人工神经网络的分层结构，直到现在也只能是“人工的”，而真实的神经元网络更倾向于社区化的结构。这种生物记忆与计算机记忆的不同之处主要体现在三个方面。首先，计算机硬件与其软件是分离的，并从计算中进行记忆。与此相反，在大脑中，结构与活动是不可分割地纠缠在一起。活动斑图通过活动依赖可塑性自然编码成长期记忆；相反，这些记忆更改了系统能完成的计算。与可重复进入而没有任何改变的计算机记忆不同，人脑中的检索可以改造存取的记忆。第二，计算机记忆通常可以通过与记忆内容无关的提示标记进行存取，而人脑被相信是按内容可寻址的长期记忆来工作的，其中储存的片段可以通过联想来引发整个记忆的回想。第三，计算机为不同的记忆指定不同的位置，而人脑中的记忆储存是平行的、分布式的且重叠的：一套突触被认为参与多个记忆，且一个给定的记忆是分布在一个网络上。这些区别可以导致大脑中带有干扰与鲁棒性的问题，但将记忆与计算放在相同的位置却允许以较低能量消耗为代价的迅速的、灵活的计算，且无需访问存储的等待时间，这是冯 • 诺伊曼计算机架构的严重限制。

虽然如此，生物与人工记忆共享一些关键的理论原理。短期记忆与长期记忆的区别可能对应于计算机中原始的随机存取记忆 (RAM) 与次级记忆的区别。概括地，短期记忆与随机存取记忆都需要一个电路来重复而迅速地插入与提取信息，且取得这个任务的机制都涉及一定的能量支出。计算机可以像在动态的 RAM 中一样反复更新电容器的衰减状态，或者像在静态的 RAM 中一样使用由衰减元素之间的正反馈稳定的开关。生物记忆中的平行状态是工作记忆的排练策略 (类比动态的 RAM)，其正反馈电路维持持续活动 (类比静态的 RAM)。在这两种方案中，为了抵消衰减，发放率必须超过神经元或突触的生物时间常数的倒数。有趣的是，对计算机记忆，存在着并不需要维护功率的快速 RAM 状的机制，比如闪存。然而，物理装置随时间衰减。

与记忆紧密相关的是意识，但我们目前对意识形成的微观机制的了解就更少了。即使我们可以准确地知道是哪些神经细胞的电活动与意识的形成有关，也了解了这些电活动的特点，也只能证明意识是由神经细胞的电活动产生的，但是还不能了解意识是如何由这些电活动产生的。我们大家都有直觉或第六感，它是大脑神经活动的主要表征方式之一，但却是我们极为熟悉却又难以清楚地解释的心理现象。所谓直觉就是外部信息与脑内记忆事件信息符合谐振原理引起的神经瞬时感知反应。由于外部信息持续时间太过短促，或信息强度太弱，以致不足以让记忆储存信息发送持续的、足够强度的信号。因此，这种短促的外部信息，只能让记忆储存事件和感知神经系统引起扰动。比如，当我们黑夜走路或置身于陌生环境之中时，一点点异动的响声或别人的注视，都会让我们表现出很不安的外在反应，这就是直觉感知。如果相同事件的短促信号不断地通过眼睛或耳朵输入，则直觉感知很快就会转变成警觉感知。警觉感知是感知神经被多次扰动、逐步积累感知状态后，转化为某种浅层状态的意识。多次受到扰动的运动神经也在不断地提升神经的兴奋度，从警觉感知到逃跑行为发生，这过程之中只是信号强度大小不同而已。

越来越多的证据表明，意识是依赖于物质的，是神经细胞的综合电活动产生了意识。朝着这个方向，近期人们进行了一系列实验。比如 Bajaj 等测量了自愿者在不同的表情下大脑的认知连接，发现网络结构随自愿者的心情发生变化 [460]。Semir 等挑选了 15 名数学家来观看 π 的两个不同的表达式，其中一个很简洁，另一个的表达式很复杂 [484]。结果发现数学家们有偏好，认为简洁的是“美”的，而复杂的表达式是“丑”的，因此他们的大脑中对美与丑的反应区域不一致。而对于普通人, Cacioppo 等通过让自愿者观看裸体女郎与着装女郎时发现了类似的现象，即大脑中对性欲与罗曼蒂克的反应区域不一致 [316]。这种情形在老鼠身上亦能观察到，Ramirez 等发现通过刺激老鼠大脑中的“幸福”神经元区域可以治疗老鼠的抑郁症 [319]。难怪美国名医特鲁多 1915 年在纽约去世时，他的墓志铭是“有时是治愈；常常是帮助；总是去安慰”。这种安慰剂效应 (placebo effect)，归根结底是神经反应。我们的所有感受，无论是喜、悲、爱、恨，还是痒、痛及各种不适，其实都只是神经信号而已。目前对于感觉和意识的研究途径是用物质活动 (神经细胞的综合电活动) 来解释精神活动，这是人类面临的最困难的任务之一，我们期待着非线性耦合振子动力学与复杂网络科学在这里发挥越来越重要的作用。

参 考 文 献

[1] Thompson J M T. Chaos, fractals and their applications. Int. J. Bif. and Chaos, 2016, 26: 1630035.

[2] Wisdom J, Peale S J. The chaotic rotation of hyperion. Icarus, 1984, 58: 137.

[3] Moller A. Texas Tornadoes. http://www.stormtrack.org/library/1995/jun8pix.htm.

[4] Li T Y, Yorke J A. Period three implies chaos. American Math. Monthly, 1875, 82:985-992.

[5] Elaydi S N. Discrete chaos. New York: Chapman & Hall/CRC, 2000.

[6] Shaw R. The dripping faucet as a model chaotic system. Santa Cruz, CA: Aerial Press, 1984.

[7] 王兴元. 复杂非线性系统中的混沌. 北京：电子工业出版社，2003.

[8] 黄润生. 混沌及其应用. 武汉：武汉大学出版社，1999.

[9] 陈式刚. 映射与混沌. 北京：国防工业出版社，1992.

[10] BMS. Chaotic orbits and spins in the solar system. Phys. Today, 1985, 38(9):17.

[11] 魏诺. 非线性科学基础与应用. 北京：科学出版社, 2004.

[12] 陈予恕. 非线性震动. 北京：高等教育出版社, 2002.

[13] 郝柏林. 从抛物线谈起——混沌动力学引论. 上海：上海科技教育出版社, 1993.

[14] Infeld E, Rowlands G. Nonlinear Waves, Solitons and Chaos. Cambridge: Cambridge University Press, 2000.

[15] Grebogi C, Ott E, York J A. Chaotic attractors in crisis. Phys. Rev. Lett., 1982, 48:1507; Crises, sudden changes in chaotic attractors, and transient chaos. Physica D, 1982, 7:181.

[16] Alligood K T, Sauer T D, York J A. Chaos: an introduction to dynamical systems. New York: Springer-Verlag, 1996.

[17] Guckenheimer J, Holmes P. Nonlinear oscillators, dynamical systems, and bifurcations of vector fields. New York: Springer-Verlag, 1983.

[18] Izhikevich E M. Dynamical Systems in Neuroscience: The Geometry of Excitability and Bursting. Cambridge, MA: The MIT Press, 2007.

[19] 李浙生. 倏忽之间——混沌与认识. 北京：冶金工业出版社, 2002.

[20] Lichtenberg A J, Lieberman M A. Regular and chaotic dynamics. New York: Springer-Verlag, 1983.

[21] Reichl L E. The transition to chaos in conservative classical systems: quantum menifestations. New York: Springer-Verlag, 1992.

[22] 何大韧，汪秉宏，汪颖梅，牛建军. 非线性动力学引论: 处处光滑与分段光滑系统的动力学特性. 西安：陕西科学出版社, 2001.

[23] 陈式刚. 圆映射. 上海: 上海科技教育出版社, 2001.

[24] Ott E. Chaos in dynamical systems. Cambridge: Cambridge University Press, 1993.

[25] Do Y, Lai Y C. Statistics of shadowing time in nonhyperbolic chaotic systems with unstable dimension variability. Phys. Rev. E, 2004, 69:016213.

[26] Grebogi C, Kostelich E, Ott E, Yorke J A. Multi-dimensioned intertwined basin boundaries: Basin structure of the kicked double rotor. Physica D, 1987, 25:347; Romeiras F J, Grebogi C, Ott E, Dayawansa W P. Controlling chaotic dynamical systems. Physica D, 1992, 58:165.

[27] 陈关荣，吕金虎. 洛伦兹系统族的动力学分析、控制与同步. 北京：科学出版社, 2003.

[28] Lam L. Introduction to nonlinear physics. New York: Springer-Verlag, 1997.

[29] Sprott J C. Some simple chaotic flows. Phys. Rev. E, 1994, 50:R647.

[30] 刘宗华，陈光旨，倪皖荪. Duffing 方程的混沌控制. 广西大学学报, 1995, 20:10.

[31] Moon F C, Li G. Fractal basin boundaries and homoclinic orbits for periodic motion in a two-well potential. Phys. Rev. Lett., 1985, 55:1439.

[32] Sprott J C. Simplest dissipative chaotic flow. Phys. Lett. A, 1997, 228:271.

[33] Slinz S J, Sprott J C. Elementary chaotic flow. Phys. Lett. A, 1999, 259:240.

[34] Sprott J C. Simplest chaotic flows with involutional symmetries. Inte. J. Bif. and Chaos, 2014, 24:1450009.

[35] Sprott J C. Symmetric time-reversible flows with a strange attractor. Inte. J. Bif. and Chaos, 2015, 25:1550078.

[36] Li C, Sprott J C. Chaotic flows with a single nonquadratic term. Phys. Lett. A, 2014, 378:178.

[37] Li C, Sprott J C. Multistability in the lorenz system: A Broken Butterfly. Inte. J. Bif. and Chaos, 2014, 24:1450131.

[38] Moore D W, Spiegel E A. A thermally excited non-linear oscillator. Astrophys. J. 1986, 143:871.

[39] Kantz H, Schreiber T. Nonlinear time series analysis. Cambridge: Cambridge University Press, 2000.

[40] Vicsek T. Fractal growth phenomena. Singapore: Springer-Verlag, 1989.

[41] Lacasa L., Gomez-Gardenes J. Correlation dimension of complex networks. Phys. Rev. Lett., 1986, 110:168703.

[42] Halsey T C, et al. Fractal measures and their singularities: The characterization of strange sets. Phys. Rev. A, 1986, 33:1141.

[43] Abarbanel H D I. Analysis of observed chaotic data. New York: Springer-Verlag, 1996.

[44] Fraser A M, Swinney H L. Independent coordinates for strange attractors from mutual information. Phys. Rev. A, 1986, 33:1134.

[45] Kugiumtzis D. State space reconstruction parameters in the analysis of chaotic time series — the role of the time window length. Physica D, 1996, 95:13.

[46] Schroer C G, Sauer T, Ott E, Yorke J A. Predicting chaos most of the time from

embeddings with self-Intersections. Phys. Rev. Lett., 1998, 80:1410.
[47] 吕金虎，陆君安，陈士华. 混沌时间序列分析及其应用. 武汉: 武汉大学出版社, 2002.
[48] Press W H, Teukolsky S A, Vitterling W T, Flannery B P. Numerical recipies in fortran 77: The art of scientific computing. Cambridge: Cambridge University Press, 1992.
[49] Kloeden P E, Platen E. Numerical solution of stochastic differential equations. Berlin: Springer-Verlag, 2001.
[50] Mannella R, Palleschi V. Fast and precise algorithm for computer simulation of stochastic differential equations. Phys. Rev. A, 1989, 40:3381.
[51] Hershkovitz E. A fourth-order numerical integrator for stochastic Langevin equations. J. Chem. Phys., 1998, 108:9253.
[52] Forbert H A, Chin S A, Fox R F. Fourth-order algorithms for solving the multivariable Langevin equation and the Kramers equation. Phys. Rev. E, 2000, 63:016703.
[53] Fox R F. Second-order algorithm for the numerical integration of colored-noise problems. Phys. Rev. A, 1991, 43:2649.
[54] Pikovsky A, Rosenblum M, Kurths J. Synchronization: a universal concept in nonlinear sciences. Cambridge: Cambridge University Press, 2001.
[55] Pecora L M, Carroll T L. Synchronization in chaotic systems. Phys. Rev. Lett., 1990, 64:821.
[56] Rosenblum M G, Pikovsky A S, Kurths J. From phase to lag synchronization in coupled chaotic oscillators. Phys. Rev. Lett., 1997, 78:4193.
[57] Osipov G V, Hu B, Zhou C, et al. Three types of transitions to phase synchronization in coupled chaotic oscillators. Phys. Rev. Lett., 2003, 91:024101.
[58] Liu Z. Measuring the degree of synchronization from time series data. Europhys. Lett., 2004, 68:19.
[59] Liu Z. Detection of phase locking from non-stationary time series. Europhys. Lett., 2004, 71:200.
[60] Pikovsky A, Rosenblum M, Osipov G, et al. Phase synchronization of chaotic oscillators by external driving. Physica D, 1997, 104:219.
[61] Pyragas K. Weak and strong synchronization of chaos. Phys. Rev. E, 1996, 54:R4508.
[62] Buck J, Buck E. Synchronous fireflies. Sci. American, 1976, 234:74.
[63] Liu Z, Lai Y C, Hoppensteadt F C. Phase clustering and transition to phase synchronization in a large number of coupled nonlinear oscillators. Phys. Rev. E, 2001, 63:R055201.
[64] Zheng Z, Hu G, Hu B. Phase slips and phase synchronization of coupled oscillators. Phys. Rev. Lett., 1998, 81:5318.
[65] 郑志刚. 耦合非线性系统的时空动力学与合作行为. 北京：高等教育出版社, 2004.
[66] Rosenblum M G, Pikovsky A S, Kurths J. Phase synchronization of chaotic oscilla-

tors. Phys. Rev. Lett., 1996, 76:1804.

[67] Lai Y C, Bollt E M, Liu Z. Low-dimensional chaos in high-dimensional phase space: how does it occur? Chaos, Solitons and Fractals, 2003, 15:219.

[68] Venkataramani S C, Hunt B R, Ott E. Bubbling transition. Phys. Rev. E, 1996, 54:1346.

[69] Venkataramani S C, Antonsen Jr T M, Ott E, et al. On-off intermittency: power spectrum and fractal properties of time series. physica D, 1996, 96:66.

[70] Heagy J F, Carroll T L, Pecora L M. Desynchronization by periodic orbits. Phys. Rev. E, 1995, 52:R1253.

[71] Heagy J F, Platt N, Hammel S M. Characterization of on-off intermittency. Phys. Rev. E, 1994, 49:1140.

[72] 杨维明. 时空混沌和耦合映射格子. 上海: 上海科技教育出版社, 1994.

[73] Hu B, Liu Z. Phase synchronization of two-dimensional lattices of coupled chaotic maps. Phys. Rev. E, 2000, 62:2114.

[74] Wang W, Liu Z, Hu B. Phase order in chaotic maps and in coupled map lattices. Phys. Rev. Lett., 2000, 84:2610.

[75] Crutchfield J P, Huberman B A. Fluctuations and the onset of chaos . Phys. Lett. A, 1980, 77:407; Crutchfield J P, Farmer J D, Huberman B A. Fluctuations and Chaotic Dynamics. Phys. Rep., 1982, 92:45.

[76] Pomeau Y, Manneville P. Intermittent transition to turbulence in dissipative dynamical systems. Commun. Math. Phys., 1980, 74:189; Manneville P. Dissipative Structure and Weak Turbulence. New York: Academic, 1990.

[77] Kim C M, Yim G S, Ryu J W, et al. Characteristic relations of type-III intermittency in an electronic circuit. Phys. Rev. Lett., 1998, 80:5317.

[78] Hirsch J E, Huberman B A, Scalapino D J. Theory of intermittency. Phys. Rev. A, 1982, 25:519.

[79] Kye W H, Kim C M. Characteristic relations of type-I intermittency in the presence of noise. Phys. Rev. E, 2000, 62:6304.

[80] Cho J H, Ko M S, Park Y J, et al. Experimental observation of the characteristic relations of type-I intermittency in the presence of noise. Phys. Rev. E, 2002, 65:036222.

[81] Eckmann J P, Thomast L, Wittwer P. Intermittency in the presence of noise. J. Phys. A: Math. Gen., 1981, 14:3153.

[82] Pikovsky A S. A new type of intermittent transition to chaos. J. Phys. A: Math. Gen., 1983, 16:L109.

[83] Kye W H, et al. Experimental observation of characteristic relations of type-III intermittency in the presence of noise in a simple electronic circuit. Phys. Rev. E, 2003, 68:036203.

[84] Gardiner C W. Handbook of stochastic methods. Berlin: Springer-Verlag, 1993.

[85] Hwang S K, Gao J B, Liu J M. Noise-induced chaos in an optically injected semiconductor laser model. Phys. Rev. E, 2000, 61:5162; Gao J B, Hwang S K, Liu J M. When Can Noise Induce Chaos? Phys. Rev. Lett., 1999, 82:1132.

[86] Liu Z, Lai Y C, Billings L, et al. Transition to chaos in continuous-time random dynamical systems. Phys. Rev. Lett., 2002, 88:124101; Lai Y C, Liu Z, Billings L, et al. Noise-induced unstable dimension variability and transition to chaos in random dynamical systems. Phys. Rev. E, 2003, 67:026210.

[87] Lai Y C, Liu Z, Wei G W, et al. Shadowability of statistical averages in chaotic systems. Phys. Rev. Lett., 2002, 89:184101.

[88] Liu Z, Lai Y C, Matias M A. Universal scaling of Lyapunov exponents in coupled chaotic oscillators. Phys. Rev. E, 2003, 67:R045203.

[89] Lai Y C, Liu Z. Effect of noise on the neutral direction of chaotic attractors. Chaos, 2004, 14:189.

[90] McNamara B, Wiesenfeld K. Theory of stochastic resonance. Phys. Rev. A, 1989, 39:4854.

[91] Gammaitoni L, Hanggi P, Jung P, et al. Stochastic resonance. Rev. Mod. Phys., 1998, 70:223.

[92] Hu G, Ditzinger T, Ning C Z, et al. Stochastic resonance without external periodic force. Phys. Rev. Lett., 1993, 71:807.

[93] Pikovsky A S, Kurths J. Coherence resonance in a noise-driven excitable system. Phys. Rev. Lett., 1997, 78:775.

[94] Liu Z, Lai Y C. Coherence resonance in coupled chaotic oscillators. Phys. Rev. Lett., 2001, 86:4737; Lai Y C, Liu Z. Noise-enhanced temporal regularity in coupled chaotic oscillators. Phys. Rev. E, 2001, 64:066202.

[95] Liu Z, Lai Y C, Nachman A. Enhancement of detectability of noisy signals by stochastic resonance. Inter. J. Bifur. Chaos, 2004, 14:1655.

[96] Lai Y C, Liu Z, Nachman A, et al. Suppression of jamming in excitable systems by aperiodic stochastic resonance. Inter. J. Bifur. Chaos, 2004, 14:3519.

[97] Liu Z, Lai Y C, Lopez J M. Noise-induced enhancement of chemical reactions in chaotic flows. Chaos, 2002, 12:417.

[98] Braiman Y, Ditto W L, Wiesenfeld K, et al. Disorder-enhanced synchronization. Phys. Lett. A, 1995, 206:54.

[99] Braiman Y, Lindner J F, Ditto W L. Taming spatiotemporal chaos with disorder. Nature, 1995, 378:465.

[100] Gavrielides A, Kottos T, Kovanis V, Tsironis G P. Spatiotemporal organization of coupled nonlinear pendula through impurities. Phys. Rev. E, 1998, 58:5529; *ibid* Self-organization of coupled nonlinear oscillators through impurities. Europhys. Lett.,

1998, 44:559.

[101] Hu B, Liu Z. Resonance of nonlinear oscillators in external electric field. Inter. J. Bif. Chaos, 2001, 11:1461; ibid Phase clusters in 2-D arrays of nonidentical oscillators. 2001, 11:3137.

[102] Lindner J F, Prusha B S, Clay K E. Optimal disorders for taming spatiotemporal chaos. Phys. Lett. A, 1997, 231:164.

[103] Brandt S F, Dellen B K, Wessel R. Synchronization from Disordered Driving Forces in Arrays of Coupled Oscillators. Phys. Rev. Lett., 2006, 96:034104.

[104] Ott E, Grebogi C, Yorke J A. Controlling chaos. Phys. Rev. Lett., 1990, 64:1196.

[105] 方锦清. 非线性系统中混沌的控制与同步及其应用前景. 物理学进展, 1996, 16:1; ibid, 1996, 16:137.

[106] Braiman Y, Goldhirsch I. Taming chaotic dynamics with weak periodic perturbations. Phys. Rev. Lett., 1991, 66:2545.

[107] Hunt E R. Stabilizing high-period orbits in a chaotic system: The diode resonator. Phys. Rev. Lett., 1991, 67:1953.

[108] Liu Z, Chen S. Directing nonlinear dynamic systems to any desired orbit. Phys. Rev. E, 1997, 55:199.

[109] Pyragas K. Continuous control of chaos by self-controlling feedback. Phys. Lett. A, 1992, 170:421.

[110] Matias M A, Guemez J. Stabilization of chaos by proportional pulses in the system variables. Phys. Rev. Lett., 1994, 72:1455.

[111] Liu Z, Chen S. Control of chaos in conservative flows. Phys. Rev. E, 1997, 56:168; Controlling the standard map. Phys. Lett. A, 1997, 232:55; Control of coupled standard map. Inter. J. of Bif. Chaos., 1998, 8:1355.

[112] Jackson E A, Hubler A. Periodic entrainment of chaotic logistic map dynamics. Physica D, 1992, 44:407.

[113] Jackson E A. The entrainment and migration controls of multiple-attractor systems. Phys. Lett. A, 1990, 151:478.

[114] Liu Z, Chen S. Directing nonlinear dynamic systems to any desired orbit. Phys. Rev. E, 1997, 55:199.

[115] Parlitz U, Kocarev L, Stojanovski T, et al. Encoding messages using chaotic synchronization. Phys. Rev. E, 1996, 53:4351.

[116] 胡岗，萧井华，郑志刚. 混沌控制. 上海: 上海科技教育出版社, 2002.

[117] Perez G, Cerdeira H A. Extracting messages masked by chaos. Phys. Rev. Lett., 1995, 74:1970.

[118] Short K M, Parker A T. Unmasking a hyperchaotic communication scheme. Phys. Rev. E, 1998, 58:1159.

[119] Hegger R, Bunner M J, Kantz H, et al. identifying and modeling delay feedback

systems. Phys. Rev. Lett., 1998, 81:558.

[120] Iasemidis L D, et al. Dynamical resetting of the human brain at epileptic seizures: application of nonlinear dynamics and global optimization techniques. IEEE Tran. Biom. Engin., 2003, 50:549.

[121] Rosenblum M G, Cimponeriu L, Bezerianos A, et al. Identification of coupling direction: Application to cardiorespiratory interaction. Phys. Rev. E, 2002, 65:041909.

[122] Schift S J, So P, Chanf T, et al. Detecting dynamical interdependence and generalized synchrony through mutual prediction in a neural ensemble. Phys. Rev. E, 1996, 54:6708.

[123] Arnhold J, Grassberger P, Lehnertz K, et al. A robust method for detecting interdependences: application to intracranially recorded EEG. Physica D, 1999, 134:419.

[124] Rosenblum M G, Pikovsky A S. Detecting direction of coupling in interacting oscillators. Phys. Rev. E, 2001, 64:R045202.

[125] Iasemidis L D, et al. Prediction of human epileptic seizures based on optimization and phase changes of brain electrical activity. Opti. Meth. Soft, 2003, 18:81.

[126] Casdagli M C, et al. Characterizing nonlinearity in invasive EEG recordings from temporal lobe epilepsy. Physica D, 1996, 99:381.

[127] Lai Y C, Harrison M A F, Frei M G, et al. Inability of Lyapunov exponents to predict epileptic seizures. Phys. Rev. Lett., 2003, 91:068102; ibid Controlled test for predictive power of Lyapunov exponents: their inability to predict epileptic seizures. Chaos, 2004, 14:630.

[128] Albert R, Barabasi A L. Statistical mechanics of complex networks. Rev. Mod. Phys., 2002, 74:47.

[129] Newman M E J. The structure and function of complex networks. SIAM Rev., 2003, 45:167.

[130] Boccaletti S, et al. Complex networks: Structure and dynamics. Phys. Rep., 2006, 424:175.

[131] West B J, Geneston E L, Grigolini P. Maximizing information exchange between complex networks. Phys. Rep., 2008, 468:1.

[132] Arenas A, et al. Synchronization in complex networks. Phys. Rep., 2008, 469:93.

[133] Castellano C, Fortunato S, Loreto V. Statistical physics of social dynamics. Rev. Mod. Phys., 2009, 81:591.

[134] 陆君安, 刘慧, 陈娟. 复杂动态网络的同步化. 北京: 高等教育出版社, 2016.

[135] 方锦清, 汪小帆, 郑志刚, 等. 一门崭新的交叉科学: 网络科学. 物理学进展, 2007, 27:239-343, 361-460.

[136] 汪秉宏, 周涛, 王文旭, 等. 当前复杂系统研究的几个方向. 复杂系统与复杂性科学, 2008, 5:21.

[137] 何大韧, 刘宗华, 汪秉宏. 复杂系统与复杂网络. 北京: 高等教育出版社, 2009.

[138] Zhao L, et al. Onset of traffic congestion in complex networks. Phys. Rev. E, 2005, 71:026125.

[139] Tang M, et al. Self-adjusting routing schemes for time-varying traffic in scale-free networks. Phys. Rev. E, 2009, 80:026114.

[140] Zhang H, et al. An adaptive routing strategy for packet delivery in complex networks. Phys. Lett. A, 2007, 364:177.

[141] Liu Z, et al. An efficient approach of controlling traffic congestion in scale-free networks. Physica A, 2006, 370:843.

[142] Pastor-Satorras R, Vespignani A. Epidemic spreading in scale-free netwoks. Phys. Rev. Lett., 2001, 86:3200.

[143] Serrano M A, Boguna M. Percolation and epidemic thresholds in clustered networks. Phys. Rev. Lett., 2006, 97:088701.

[144] Colizza V, Pastor-Satorras R, Vespignani A. Reaction-diffusion processes and metapopulation models in heterogeneous networks. Nat. Phys., 2007, 3:276.

[145] Schwarzkopf Y, Rakos A, Mukamel D. Epidemic spreading in evolving networks. Phys. Rev. Lett., 2010, 82:036112.

[146] Ruan Z, et al. Risks of an epidemic in a two-layered railway-local area traveling network. Eur. Phys. J. B, 2013, 86:13.

[147] Ruan Z, Tang M, Liu Z. How the contagion at links influences epidemic spreading. Eur. Phys. J. B, 2013, 86:149.

[148] Ruan Z, Tang M, Liu Z. Epidemic spreading with information-driven vaccination. Phys. Rev. E, 2012, 86:036117.

[149] Tang M, Liu Z H, Li B W. Epidemic spreading by objective traveling. Europhys. Lett., 2009, 87:18005.

[150] Liu Z, Hu B. Eidemic spreading in community networks. Europhys. Lett., 2005, 72:315.

[151] Gomez-Gardenes J, et al. Explosive synchronization transitions in scale-free networks. Phys. Rev. Lett., 2011, 106:128701.

[152] Leyva I, et al. Explosive first-order transition to synchrony in networked chaotic oscillators. Phys. Rev. Lett., 2012, 108:168702.

[153] Kurant M, Thiran P. Layered complex networks. Phys. Rev. Lett., 2006, 96:138701.

[154] Balcan D, et al. Multiscale mobility networks and the spatial spreading of infectious diseases. Proc. Natl. Acad. Sci. USA, 2009, 106:21484.

[155] Gao J, et al. Networks formed from interdependent networks. Nat. Phys., 2012, 8:40.

[156] Aguirre J, Papo D, Buldu J M. Successful strategies for competing networks. Nat. Phys., 2013, 9:230.

[157] Sporns O, et al. Organization, development and function of complex brain networks. Trends Cogn. Sci., 2004, 8:418.

[158] Eguiluz V M, et al. Scale-free brain functional networks. Phys. Rev. Lett., 2005, 94:018102.

[159] Zhou C, et al. Hierarchical organization unveiled by functional connectivity in complex brain networks. Phys. Rev. Lett., 2006, 97:238103.

[160] Thompson R H, Swanson L W. Hypothesis-driven structural connectivity analysis supports network over hierarchical model of brain architecture. Proc. Natl. Acad. Sci. USA, 2003, 107:15235.

[161] Anastassiou C A, et al. Ephaptic coupling of cortical neurons. Nat. Neurosci., 2011, 14:217.

[162] Salinas E, Sejnowski T J. Correlated neuronal activity and the flow of neural information. Nat. Rev. Neurosci., 2001, 2:539.

[163] Frohlich F, McCormick D A. Endogenous electric fields may guide neocortical network activity. Neuron, 2010, 67:129.

[164] Cavanagh J F, Cohen M X, Allen J J. Prelude to and resolution of an error, EEG phase synchrony reveals cognitive control dynamics during action monitoring. J. Neurosci., 2009, 29:98.

[165] Gray C M, Konig P, Engel A K, et al. Oscillatory responses in cat visual cortex exhibit inter-columnar synchronization which reflects global stimulus properties. Nature, 1989, 338:334.

[166] Rodriguez E, et al. Perception's shadow: longdistance synchronization of human brain activity. Nature, 1999, 397:430.

[167] Summerfield C, Mangels J A. Coherent theta-band EEG activity predicts item-context binding during encoding. Neuroimage, 2005, 24:692.

[168] Sato N, Yamaguchi Y. Theta synchronization networks emerge during human object-place memory encoding. Neuroreport, 2007, 18:419.

[169] Uhlhaas P J, Singer W. Neural synchrony in brain disorders: relevance for cognitive dysfunctions and pathophysiology. Neuron, 2006, 52:155.

[170] Motter A E. Nonlinear dynamics: Spontaneous synchrony breaking. Nat. Phys., 2010, 6:164.

[171] Scheff S W, Price D A. Synaptic pathology in Alzheimer' s disease: a review of ultrastructural studies. Neurobiol. Aging, 2003, 24:1029.

[172] Levy R, Hutchison W D, Lozano A M, et al. High-frequency synchronization of neuronal activity in the subthalamic nucleus of Parkinsonian patients with limb tremor. J. Neurosci., 2000, 20:7766.

[173] Fell J, Axmacher N. The role of phase synchronization in memory processes. Nat. Rev. Neurosci., 2011, 12:105.

[174] Erdos P, Renyi A. On the evolution of random graphs. Publications of the Mathematical Institute of the Hungarian Academy of Sciences, 1960, 5:17.

[175] Watts D J, Strogatz S H. Collective dynamics of 'small-world' networks. Nature, 1998, 393:440.

[176] Newman M E J, Watts D J. Renormalization group analysis of the smallworld network model. Phys. Lett. A, 1999, 263:341.

[177] Barabasi A L, Albert R. Emergence of scaling in random networks. Science, 1999, 286:509.

[178] Cohen R, Havlin S. Breakdown of the internet under intentional attack. Phys. Rev. Lett., 2003, 86:3682.

[179] Catanzaro M, Boguna M, Pastor-Satorras R. Generation of uncorrelated random scale-free networks. Phys. Rev. E, 2005, 71:027103.

[180] Newman M E J, Girvan M. Finding and evaluating community structure in networks. Phys. Rev. E, 2004, 69:0261113.

[181] Liu Z, Lai Y, Ye N, et al. Connectivity distribution and attack tolerance of general networks. Phys. Lett. A, 2002, 303:337.

[182] Holmea P, SaramGakid J. Temporal networks. Phys. Rep., 2012, 512:97.

[183] Gross T, Sayama H. Adaptive Networks: Theory, Models and Applications. [S.l.]: Springer, 2009.

[184] Boccaletti S, et al. The structure and dynamics of multilayer networks. Phys. Rep., 2014, 544:1.

[185] Buldyrev S V, Parshani R, Paul G, et al. Catastrophic cascade of failures in interdependent networks. Nature, 2010, 464:1025.

[186] Pecora L M, Carroll T L. Master stability functions for synchronized coupled systems. Phys. Rev. Lett., 1998, 80:2109.

[187] Stefanski A, Perlikowski P, Kapitaniak T. Ragged synchronizability of coupled oscillators. Phys. Rev. E, 2007, 75:016210.

[188] Barahona M, Pecora L M. Synchronization in small-world systems. Phys. Rev. Lett., 2002, 89:054101.

[189] Hong H, Kim B J, Choi M Y, et al. Factors that predict better synchronizability on complex networks. Phys. Rev. E, 2004, 69:067105.

[190] Radicchi F, Arenas A. Abrupt transition in the structural formation of interconnected networks. Nat. Phys., 2013, 9:717.

[191] Blundell S J, Blundell K M. Concepts in Thermal Physics. Oxford: Oxford Univ. Press, 2008.

[192] Adhikari B M, Epstein C M, Dhamala M. Localizing epileptic seizure onsets with Granger causality. Phys. Rev. E, 2013, 88:030701(R).

[193] Boccaletti S, et al. Explosive transitions in complex networks' structure and dynamics: Percolation and synchronization. Phys. Rep., 2016, 660:1.

[194] Rodrigues F A, Peron T K DM, Ji P, et al. The Kuramoto model in complex networks.

Phys. Rep., 2016, 610:1.

[195] Strogatz S H. From Kuramoto to Crawford: exploring the onset of synchronization in populations of coupled oscillators. Physica D, 2000, 143:1.

[196] Wiener N. Nonlinear Problems in Random Theory. Cambridge, MA: MIT Press, 1958.

[197] Winfree A T. Biological rhythms and the behavior of populations of coupled oscillators. J. Theor. Biol., 1967, 16:15.

[198] Winfree A. T. The Geometry of Biological Time. New York: Springer, 1980.

[199] Kuramoto Y. Chemical Oscillations, Waves, and Turbulence. Berlin: Springer, 1984.

[200] Restrepo J G, Ott E, Hunt B R. Onset of synchronization in large networks of coupled oscillators. Phys. Rev. E, 2005, 71:036151.

[201] Pazo D, et al. Thermodynamic limit of the first-order phase transition in the Kuramoto model. Phys. Rev. E, 2005, 72:046211.

[202] Maistrenko Y, Popovych O, Burylko O, et al. Mechanism of desynchronization in the finite-dimensional Kuramoto model. Phys. Rev. Lett., 2004, 93:084102.

[203] Daido H. Onset of cooperative entrainment in limit-cycle oscillators with uniform all-to-all interactions: bifurcation of the order function. Physica D, 1996, 91:24.

[204] Pluchino A, Rapisarda A. Metastability in the Hamiltonian mean field model and Kuramoto model. Physica A, 2006, 365:184.

[205] Basnarkov L, Urumov V. Phase transitions in the Kuramoto model. Phys. Rev. E, 2007, 76:057201.

[206] Basnarkov L, Urumov V. Kuramoto model with asymmetric distribution of natural frequencies. Phys. Rev. E, 2008, 78:011113.

[207] Gomez-Gardenes J, Gomez S, Arenas A, et al. Explosive synchronization transitions in scale-free networks. Phys. Rev. Lett., 2011, 106:128701.

[208] Gomez-Gardenes J, Moreno Y. From scale-free to Erdos-Renyi networks. Phys. Rev. E, 2006, 73:056124.

[209] Zou Y, Pereira T, Small M, et al. Basin of attraction determines hysteresis in explosive synchronization. Phys. Rev. Lett., 2014, 112:114102.

[210] Watanabe S, Strogatz S H. Integrability of a globally coupled oscillator array. Phys. Rev. Lett., 1993, 70:2391.

[211] Ott E, Antonsen T M. Low dimensional behavior of large systems of globally coupled oscillators. Chaos, 2008, 18:037113.

[212] Vlasov V, Zou Y, Pereira T. Explosive synchronization is discontinuous. Phys. Rev. E, 2015, 92:012904.

[213] Xu C, Gao J, Sun Y, et al. Explosive or continuous: Incoherent state determines the route to synchronization. Sci. Rep., 2015, 5:12039.

[214] Peron T K D, Rodrigues F A. Determination of the critical coupling of explosive syn-

chronization transitions in scale-free networks by mean-field approximations. Phys. Rev. E, 2012, 86:056108.

[215] Coutinho B C, Goltsev A V, Dorogovtsev S N, et al. Kuramoto model with frequency-degree correlations on complex networks. Phys. Rev. E, 2013, 87:032106.

[216] Kumar P, Verma D K, Parmananda P, et al. Experimental evidence of explosive synchronization in mercury beating-heart oscillators. Phys. Rev. E, 2015, 91:062909.

[217] Zhang X, Hu X, Kurths J, et al. Explosive synchronization in a general complex network. Phys. Rev. E, 2013, 88:010802.

[218] Dorfler F, Bullo F. //Proceedings of the American Control Conference. IEEE, Baltimore, 2010: p. 930.

[219] Wang H, Li X. Synchronization and chimera states of frequency-weighted Kuramoto-oscillator networks. Phys. Rev. E, 2011, 83:066214.

[220] Leyva I, et al. Explosive synchronization in weighted complex networks. Phys. Rev. E, 2013, 88:042808.

[221] Zhang X, Zou Y, Boccaletti S, et al. Explosive synchronization as a process of explosive percolation in dynamical phase space. Sci. Rep., 2014, 4:5200.

[222] Achlioptas D, DSouza R M, Spencer J. Explosive percolation in random networks. Science, 2009, 323:1453.

[223] Zhang X, Boccaletti S, Guan S, et al. Explosive synchronization in adaptive and multilayer networks. Phys. Rev. Lett., 2015, 114:038701.

[224] Boccaletti S, et al. The structure and dynamics of multilayer networks. Phys. Rep., 2014, 544:1.

[225] Parshani R, Buldyrev S V, Havlin S. Proc. Natl. Acad. Sci., 2011, 108:1007.

[226] Kim M, et al. Functional and topological conditions for explosive synchronization develop in human brain networks with the onset of anesthetic-induced unconsciousness. Front. Comput. Neurosci., 2016, 10:1.

[227] Parshania R, Buldyrev S V, Havlin S. Critical effect of dependency groups on the function of networks, Proc. Natl. Acad. Sci. U.S.A., 2011, 108:1007.

[228] Chiang H, Dobson I, Thomas R J, et al. On voltage collapse in electric power systems, IEEE Trans. Power Syst., 1990, 5:601.

[229] Rohden M, Sorge A, Timme M, et al. Self-organized synchronization in decentralized power grids. Phys. Rev. Lett., 2012, 109:064101.

[230] ohden M, Sorge A, Witthaut D, et al. Impact of network topology on synchrony of oscillatory power grids. Chaos, 2014, 24:013123.

[231] Dörfler F, Bullo F. Synchronization in complex networks of phase oscillators: A survey. Automatica, 2014, 50:1539.

[232] Lozano S, Buzna L, Diaz-Guilera A. Role of network topology in the synchronization of power systems. Eur. Phys. J. B, 2012, 85:231.

[233] Nardelli P H J, et al. Models for the modern power grid. Eur. Phys. J. Special Topics, 2014, 223:2423.

[234] Motter A E, Myers S A, Anghel M, et al. Spontaneous synchrony in power-grid networks. Nat.Phys., 2013, 9:191.

[235] Peron T K DM, Ji P, Rodrigues F A, et al. Effects of assortative mixing in the second-order Kuramoto model. Phys. Rev. E, 2015, 91:052805.

[236] Olmi S, Navas A, Boccaletti S, et al. Hysteretic transitions in the Kuramoto model with inertia. Phys. Rev. E, 2014, 90:042905.

[237] Ji P, Peron T K DM, Menck P J, et al. Cluster explosive synchronization in complex networks. Phys. Rev. Lett., 2013, 110:218701.

[238] Ji P, Peron T K DM, Rodrigues F A, et al. Analysis of cluster explosive synchronization in complex networks. Phys. Rev. E, 2014, 90:062810.

[239] Buzsaki G. Rhythms of the brain. Oxford: Oxford University Press, 2006.

[240] Kramer M A, Cash S S. Epilepsy as a disorder of cortical network organization. Neuroscientist, 2012, 18:360.

[241] Yaffe R B, et al. Physiology of functional and effective networks in epilepsy. Clin.Neurophysiol., 2015, 126:227.

[242] Ben-Jacob E, Boccaletti S, Pomyalov A, et al. Detecting and localizing the foci in human epileptic seizures, Chaos, 2007, 17:043113.

[243] Guye M, et al. The role of corticothalamic coupling in human temporal lobe epilepsy. Brain, 2006, 129:1917.

[244] Perucca P, Dubeau F, Gotman J. Intracranial electroencephalographic seizure-onset patterns: effect of underlying pathology. Brain, 2014, 137:183.

[245] Schindler K, Leung H, Elger C E, et al. Assessing seizure dynamics by analysing the correlation structure of multichannel intracranial eeg. Brain, 2007, 130:65.

[246] Friedman E B, et al. Aconserved behavioral state barrier impedes transitions between anesthetic-induced unconsciousness and wakefulness: Evidence for neural inertia. PLoS One, 2010, 5:e11903.

[247] Joiner W J, et al. Genetic and anatomical basis of the barrier separating wakefulness andanesthetic-induced unresponsiveness. PLoS Genetics, 2013, 9:e1003605.

[248] Chen H, He G, Huang F, et al. Explosive synchronization transitions in complex neural networks. Chaos, 2013, 23:033124.

[249] Wang C, Pumir A, Garnier N, et al. Explosive synchronization enhances selectivity: Example of the cochlea. Front. Phys., 2017, 12:128901.

[250] Wang C, Garnier N. Continuous and discontinuous transitions to synchronization. Chaos, 2016, 26:113119.

[251] Hudspeth A. Hearing. Principles of Neural Science, 4th edition. NewYork: McGraw-Hill, 2000.

[252] Kemp D T. Stimulated acoustic emissions from within the human auditory system. J Acoust. Soc. Am., 1978, 64:1386.

[253] Probst R, Lonsbury-Martin B L, Martin G K, et al. A review of otoacoustic emissions. J. Acoust. Soc. Am., 1991, 89:2027.

[254] Eguiluz V M, Ospeck M, Choe Y, et al. Essential nonlinearities in hearing. Phys. Rev. Lett., 2000, 84:5232.

[255] Camalet S, Duke T, Julicher F, et al. Auditory sensitivity provided by self-tuned critical oscillations of hair cells. Proc. Natl. Acad. Sci., 2000, 97:3183.

[256] Cartwright J, Gonzalez D, Piro O. Nonlinear dynamics of the perceived pitch of complex sounds. Phys. Rev. Lett., 1999, 82:5389.

[257] Magnasco M O. A wave traveling over a Hopf instability shapes the cochlear tuning curve. Phys. Rev. Lett., 2003, 90:058101.

[258] Duke T., Julicher F. Active traveling wave in the cochlea. Phys. Rev. Lett., 2003, 90:158101.

[259] Kern A, Stoop R. Essential role of couplings between hearing nonlinearities. Phys. Rev. Lett., 2003, 91:128101.

[260] Stoop R, Kern A. Two-tone suppression and combination tone generation as computations performed by the Hopf cochlea. Phys. Rev. Lett., 2004, 93:268103.

[261] Dierkes K, Lindner B, Julicher F. Enhancement of sensitivity gain and frequency tuning by coupling of active hair bundles. Proc. Natl. Acad. Sci., 2008, 105:18669.

[262] Vilfan A, Duke T. Frequency clustering in spontaneous otoacoustic emissions from a lizard's ear. Biophys J., 2008, 95:4622.

[263] Gelfand M, Piro O, Magnasco M O, et al. Interactions between hair cells shape spontaneous otoacoustic emissions in a model of the tokay gecko's cochlea. PLoS One, 2010, 5:e11116.

[264] Wit H P, Van Dijk P. Are human spontaneous otoacoustic emissions generated by a chain of coupled nonlinear oscillators? J. Acoust. Soc. Am., 2012, 132:918.

[265] Zhang X, Guan S, Zou Y, et al. Suppressing explosive synchronization by contrarians. Europhys. Lett., 2016, 113:28005.

[266] Qiu T, Zhang Y, Liu J, et al. Landau damping effects in the synchronization of conformist and contrarian oscillators. Sci. Rep., 2015, 5:18235.

[267] Hong H, Strogatz S H. Kuramoto model of coupled oscillators with positive and negative coupling parameters: an example of conformist and contrarian oscillators. Phys. Rev. Lett., 2011, 106:054102.

[268] Restrepo J G, Ott E, Hunt B R. Synchronization in large directed networks of coupled phase oscillators. Chaos, 2006, 16:015107.

[269] Zanette D H. Synchronization and frustration in oscillator networks with attractive and repulsive interactions. Europhys. Lett., 2005, 72:190.

[270] Borgers C, Kopell N. Synchronization in networks of excitatory and inhibitory neurons with sparse, random connectivity. Neural Comput., 2003, 15:509.

[271] Bi H, et al. Coexistence of quantized, time dependent, clusters in globally coupled oscillators. Phys. Rev. Lett., 2016, 117:204101.

[272] Qiu T, et al. Synchronization and Bellerophon states in conformist and contrarian oscillators. Sci. Rep., 2016, 6:36713.

[273] Zhou W, Zou Y, Zhou J, et al. Intermittent Bellerophon state in frequency-weighted Kuramoto model. Chaos, 2016, 26:123117.

[274] Panaggio M J, Abrams D M. Chimera states: coexistence of coherence and incoherence in networks of coupled oscillators. Nonlinearity, 2015, 28:R67.

[275] Hasler M, Maistrenko Y, Popovych O. Simple example of partial synchronization of chaotic systems. Phys. Rev. E, 1998, 58:6843.

[276] Zhang Y, Hu G, Cerdeira H A, et al. Partial synchronization and spontaneous spatial ordering in coupled chaotic systems. Phys. Rev. E, 2001, 63:026211.

[277] Mathews C G, Lesku J A, Lima S L, et al. Asynchronous eye closure as an antipredator behavior in the western fence lizard. Ethology, 2006, 112:286.

[278] Rattenborg N C, Amlaner C J, Lima S L. Behavioral, neurophysiological and evolutionary perspectives on unihemispheric sleep. Neurosci. Bio. Rev., 2000, 24:817.

[279] Tamaki M, Bang J W, Watanabe T, et al. Night watch in one brain hemisphere during sleep associated with the first-night effect in humans. Current Biology, 2016, 26:1.

[280] Kuramoto Y, Battogtokh D. Coexistence of coherence and incoherence in nonlocally coupled phase oscillators. Nonlinear Phenom. Complex Syst., 2002, 5:380.

[281] Abrams D M, Strogatz S H. Chimera states for coupled oscillators. Phys. Rev. Lett., 2004, 93:174102.

[282] Abrams D M, Mirollo R, Strogatz S H, et al. Solvable model for chimera states of coupled oscillators. Phys. Rev. Lett., 2008, 101:084103.

[283] Sethia G C, Sen A. Clustered chimera states in delay-coupled oscillator systems. Phys. Rev. Lett., 2008, 100:144102.

[284] Sheeba J H, Chandrasekar V K, Lakshmanan M. Chimera and globally clustered chimera: Impact of time delay. Phys. Rev. E, 2010, 81:046203.

[285] Schmidt L, Krischer K. Clustering as a prerequisite for chimera states in globally coupled systems. Phys. Rev. Lett., 2015, 114:034101.

[286] Ma R, Wang J, Liu Z. Robust features of chimera states and the implementation of alternating chimera states. Europhys. Lett., 2010, 91:40006.

[287] Indic P, Schwartz W J, Paydarfar D. Design principles for phase-splitting behaviour of coupled cellular oscillators: clues from hamsters with 'split' circadian rhythms. J. R. Soc. Interface, 2008, 5:873.

[288] Laing C R. Chimera states in heterogeneous networks. Chaos, 2009, 19:013113.

[289] Omelchenko O E, Wolfrum M, Yanchuk S, et al. Stationary patterns of coherence and incoherence in two-dimensional arrays of non-locally-coupled phase oscillators. Phys. Rev. E, 2012, 85:036210.

[290] Xie J, Knobloch E, Kao H. Twisted chimera states and multicore spiral chimera states on a two-dimensional torus. Phys. Rev. E, 2015, 92:042921.

[291] Panaggio M J, Abrams D M. Chimera states on a flat torus. Phys. Rev. Lett., 2013, 110:094102.

[292] Panaggio M J,A brams D M. Chimera states on the surface of a sphere. Phys. Rev. E, 2015, 91:022909.

[293] Maistrenko Y, Sudakov O, Osiv O, et al. Chimera states in three dimensions. New J. Phys., 2015, 17:073037.

[294] Xie J, Knobloch E. Multicluster and traveling chimera states in nonlocal phase-coupled oscillators. Phys. Rev. E, 2014, 90:022919.

[295] Yao N, Huang Z, Grebogi C, et al. Emergence of multicluster chimera states. Sci. Rep., 2015, 5:12988.

[296] Pikovsky A, Rosenblum M. Partially integrable dynamics of hierarchical populations of coupled oscillators. Phys. Rev. Lett., 2008, 101:264103.

[297] Zhu Y, Zheng Z, Yang J. Chimera states on complex networks. Phys. Rev. E, 2014, 89:022914.

[298] Omelchenko I, Omelchenko O E, Hovel P, et al. When nonlocal coupling between oscillators becomes stronger: patched synchrony or multichimera states. Phys. Rev. Lett., 2013, 110:224101.

[299] Omelchenko I, Provata A, Hizanidis J, et al. Robustness of chimera states for coupled FitzHugh-Nagumo oscillators. Phys. Rev. E, 2015, 91:022917.

[300] Hizanidis J, Kanas V G, Bezerianos A, et al. Chimera states in networks of nonlocally coupled hindmarsh - rose neuron models. Inter. J. Bif. Chaos, 2014, 24:1450030.

[301] Tian C, Zhang X, Wang Z, et al. Diversity of chimera-like patterns from a model of 2D arrays of neurons with nonlocal coupling. Front. Phys., 2017, 12:128904.

[302] Hagerstrom A M, et al. Experimental observation of chimeras in coupled-map lattices. Nat. Phys., 2012, 8:658.

[303] Tinsley M R, Nkomo S, Showalter K. Chimera and phase-cluster states in populations of coupled chemical oscillators. Nat. Phys., 2012, 8:662.

[304] Nkomo S, Tinsley M R, Showalter K. Chimera states in populations of nonlocally coupled chemical oscillators. Phys. Rev. Lett., 2013, 110:244102.

[305] Larger L, Penkovsky B, Maistrenko Y. Virtual Chimera states for delayed-feedback systems. Phys. Rev. Lett., 2013, 111:054103.

[306] Viktorov E A, Habruseva T, Hegarty S P, et al. Coherence and incoherence in an

optical comb. Phys. Rev. Lett., 2014, 112:224101.

[307] Bohm F, Zakharova A, Scholl E, et al. Amplitude-phase coupling drives chimera states in globally coupled laser networks. Phys. Rev. E, 2015, 91:040901.

[308] Zakharova A, Kapeller M, Scholl E. Chimera death: symmetry breaking in dynamical networks. Phys. Rev. Lett., 2014, 112:154101.

[309] Zhang X, Bi H, Guan S, et al. Model bridging chimera state and explosive synchronization. Phys. Rev. E, 2016, 94:012204.

[310] http://www.jamie-terry.com/notes/Learning/Psychology/Biological%20Psycology.html.

[311] Bock D D, et al. Network anatomy and in vivo physiology of visual cortical neurons. Nature, 2011, 471:177.

[312] http://sh.qq.com/a/20140422/003075.htm.

[313] http://news.sina.com.cn/s/2014-11-02/093731082316.shtml.

[314] Wang J X, et al. Targeted enhancement of cortical-hippocampal brain networks and associative memory. Science, 2014, 345:1054.

[315] Zeki S, Romaya J P, Benincasa D M, et al. The experience of mathematical beauty and its neural correlates. Front. Hum. Neurosci., 2014, 8:68.

[316] Cacioppo S, Bianchidemicheli F, Frum C, et al. The common neural bases between sexual desire and love: a multilevel kernel density fMRI analysis. J. Sex. Med., 2012, 9:1048.

[317] Ito H T, Zhang S J, Witter M P, et al. A prefrontal - thalamo - hippocampal circuit for goal-directed spatial navigation. Nature, 2015, 522:50.

[318] Kropff E, Carmichael J E, Moser M B, et al. Speed cells in the medial entorhinal cortex. Nature, 2015, 523:419.

[319] Ramirez S, et al. Activating positive memory engrams suppresses depression-like behaviour. Nature, 2015, 522:335.

[320] Pan Y, Cheng X, Zhang Z, et al. Cooperation in lovers: an fNIRS-based hyperscanning study. Human Brain Mapping, 2017, 38:831.

[321] Rabinovich M I, Varona P, Selverston A I, et al. Dynamical principles in neuroscience. Rev. Mod. Phys., 2006, 78:1213.

[322] Belykh I, de Lange E, Hasler M. Synchronization of bursting neurons: what matters in the network topology. Phys. Rev. Lett., 2005, 94:188101.

[323] Belykh I, Shilnikov A. When weak inhibition synchronizes strongly desynchronizing networks of bursting neurons. Phys. Rev. Lett., 2008, 101:078102.

[324] Wang H, Wang L, Chen Y, et al. Effect of autaptic activity on the response of a Hodgkin-Huxley neuron. Chaos, 2014, 24:033122.

[325] Bekkers J M, Stevens C F. Excitatory and inhibitory autaptic currents in isolated hippocampal neurons maintained in cell culture. Proc. Natl. Acad. Sci. U.S.A., 1991,

88:7834.

[326] Lubke J, Markram H, Frotscher M, et al. Frequency and dendritic distribution of autapses established by layer 5 pyramidal neurons in the developing rat neocortex: comparison with synaptic innervation of adjacent neurons of the same class. J. Neurosci., 1996, 16:3209.

[327] Saada R, Miller N, Hurwitz I, et al. Autaptic excitation elicits persistent activity and a plateau potential in a neuron of known behavioral function. Current Biology, 2009, 19:479.

[328] Manseau F, et al. Desynchronization of neocortical networks by asynchronous release of GABA at autaptic and synaptic contacts from fast-spiking interneurons. Plos Biology, 2010, 8:e1000492.

[329] Jiang M, et al. Enhancement of asynchronous release from fast-spiking interneuron in human and rat epileptic neocortex. Plos Biology, 2012, 10:e1001324.

[330] Kraushaar U, Jonas P. Efficacy and stability of quantal GABA release at a hippocampal interneuron——principal neuron synapse. J. Neurosci., 2000, 20:5594.

[331] Sterratt D, Graham B, Gillies A, et al. Principles of computational modelling in neuroscience. Cambridge: Cambridge University Press, 2011.

[332] Van V C, Abbott L F, Ermentrout G B. When inhibition not excitation synchronizes neural firing. J. compu. neurosci., 1994, 1:313.

[333] Schutter E D. Computational modeling methods for neuroscientists. Cambridge, MA: The MIT Press, 2009.

[334] Izhikevich E M. Neural excitability, spiking and bursting. Inter. J. Bif. Chaos, 2000, 10:1171.

[335] Burkitt A N. A review of the integrate-and-fire neuron model: I. Homogeneous synaptic input. Bio. cybernetics, 2006, 95:1.

[336] Rulkov N F. Modeling of spiking-bursting neural behavior using two-dimensional map. Phys. Rev. E, 2002, 65:041922.

[337] Shilnikov A L, Rulkov N F. Subthreshold oscillations in a map-based neuron model. Phys. Lett. A, 2004, 328:177.

[338] FitzHugh R. Impulses and physiological states in theoretical models of nerve membrane. Biophysical journal, 1961, 1:445.

[339] Nagumo J., Arimoto S., Yoshizawa S. An active pulse transmission line simulating nerve axon. Proceedings of the Ire, 1962, 50:2061.

[340] Izhikevich E M. Dynamical Systems in Neuroscience: The Geometry of Excitability and Bursting. Cambridge, MA: MIT Press, Cambridge, 2007.

[341] Rocsoreanu C, Georgescu A, Giurgiteanu N. The FitzHugh-Nagumo Model: Bifurcation and Dynamics. Boston: Kluwer Academic Publishers, 2000.

[342] Xu K. 博士论文：神经网络上的自维持振荡研究. 上海：华东师范大学, 2015.

[343] Hindmarsh J L, Rose R M. A model of the nerve impulse using two first-order differential equations. Nature, 1982, 296:163.

[344] Hindmarsh J L, Rose E M. A model of neuronal bursting using three coupled first order differential equations. Proc. R. Soc. London Ser. B, 1984, 221:87.

[345] Dhamala M, Jirsa V K, Ding M. Enhancement of neural synchrony by time delay. Phys. Rev. Lett., 2004, 92:074104.

[346] Hodgkin A L, Huxley A F. A quantitative description of membrane current and its application to conduction and excitation in nerve. J. physiology, 1952, 117:500.

[347] Morris C, Lecar H. Voltage oscillations in the barnacle giant muscle fiber. Biophysical journal, 1981, 35:193.

[348] Smeal R M, Ermentrout G B, White J A. Phase-response curves and synchronized neural networks. Phil. Trans. Royal Society B: Bio. Sci., 2010, 365:2407.

[349] 陆启韶, 刘深泉, 刘锋, 等. 生物神经网络系统动力学与功能研究. 力学进展, 2008, 38:766.

[350] Hebb D O. The Organization of Behavior. New York: Wiley, 1949.

[351] Bliss T V, Lømo T. Long-lasting potentiation of synaptic transmission in the dentate area of the anaesthetized rabbit following stimulation of the perforant path. J. physiology, 1973, 232:331.

[352] Miller G A. Information and memory. Scientific American, 1956, 195:42.

[353] Atkinson R C, Shiffrin R M. Human memory: A proposed system and its control processes. Psycho. learn. motiv., 1968, 2:89.

[354] Baddeley A D, Hitch G. Working memory. Psycho. learn. motiv., 1974, 8:47.

[355] Raaijmakers J G, Shiffrin R M. Search of associative memory. Psycho. rev., 1981, 88:93.

[356] McClelland J L, et al. Parallel distributed processing. Expl. micro. cognition., 1986, 2:216.

[357] Lisman J, Buzsaki G. A neural coding scheme formed by the combined function of gamma and theta oscillations. Schizophrenia Bulletin, 2008, 34:974.

[358] Gerstner W, Kistler W M. SPIKING NEURON MODELS: Single Neurons, Populations, Plasticity. Cambridge: Cambridge University Press, 2002.

[359] Chaudhuri R, Fiete I. Computational principles of memory. Nat. Neurosci., 2016, 19:394.

[360] Hopfield J J. Neural networks and physical systems with emergent collective computational abilities. Proc. Natl. Acad. Sci. U.S.A., 1982, 79:2554.

[361] Amit D J, Brunel N. Model of global spontaneous activity and local structured activity during delay periods in the cerebral cortex. Cereb. Cortex, 1997, 7:237.

[362] Ben-Yishai R, Bar-Or R L, Sompolinsky H. Theory of orientation tuning in visual cortex. Proc. Natl. Acad. Sci. U S A, 1995, 92:3844.

[363] Compte A, Brunel N, Goldman-Rakic P S, et al. Synaptic mechanisms and network dynamics underlying spatial working memory in a cortical network model. Cerebral Cortex, 2000, 10:910.

[364] Funahashi S, Bruce C J, Goldman-Rakic P S. Mnemonic coding of visual space in the monkey's dorsolateral prefrontal cortex. J Neurophysiol, 1989, 61:331.

[365] Romo R, Brody C D, Hernandez A, et al. Neuronal correlates of parametric working memory in the prefrontal cortex. Nature, 1999, 399:470.

[366] Jaeger H, Haas H. Harnessing nonlinearity: predicting chaotic systems and saving energy in wireless communication. Science, 2004, 304:78.

[367] Sussillo D, Abbott L F. Generating coherent patterns of activity from chaotic neural networks. Neuron, 2009, 63: 544.

[368] Jaeger H. Short term memory in echo state networks. Technical Report 152, GMD-Forschungszen trum Informationstechnik GmbH, May 2002.

[369] Barak O, Sussillo D, Romoc R, et al. From fixed points to chaos: Three models of delayed discrimination. J. Prog. Neurobiol., 2013, 103:214.

[370] Kohonen T. Self-organization and Associative Memory. Berlin: Springer-Verlag, 1984.

[371] Vasilaki E, Giugliano M. Emergence of connectivity motifs in networks of model neurons with short- and long-term plastic synapses. PLoS ONE, 2014, 9:e84626.

[372] Hopfield J. J. Neural networks and physical systems with emergent collective computational abilities. Proc. Natl. Acad. Sci., 1982, 79:2554.

[373] Hopfield J J. Neurons with graded response have collective computational properties like those of two-state neurons. Proc. Natl. Acad. Sci., 1984, 81:3088.

[374] Amit D J, Gutfreund H. Statistical mechanics of neural networks near saturation. Annals of Physics, 1987, 173:30.

[375] Recanatesi S, Katkov M, Romani S, et al. Neural network model of memory retrieval. Front. Comput. Neurosci., 2015, 9:149.

[376] Vogels T P, Sprekeler H, Zenke F, et al. Inhibitory plasticity balances excitation and inhibition in sensory pathways and memory networks. Science, 2011, 334:1569.

[377] Sollich P, Tantari D, Annibale A, et al. Extensive parallel processing on scale-free networks. Phys. Rev. Lett., 2014, 113:238106.

[378] Hagan M T, Demuth H B, Beale M H. Neural Network Design, 戴葵, 等译. 北京: 机械工业出版社，2002.

[379] Grossberg S. Adaptive resonance theory: how a brain learns to consciously attend,learn,and recognize a changing world. Neural Netw., 2012, 37:1.

[380] Srinivasa N, Cho Y. Unsupervised discrimination of patterns in spiking neural networks with excitatory and inhibitory synaptic plasticity. Fron. Comput. Neurosci., 2014, 8:159.

[381] Churchland M M, et al. Stimulus onset quenches neural variability: a widespread cortical phenomenon. Nat. Neurosci., 2010, 13:369.

[382] 梁夏, 王金辉, 贺永. 人脑连接组研究: 脑结构网络和脑功能网络. 科学通报, 2010, 55:1565.

[383] Bullmore E, Sporns O. Complex brain networks: graph theoretical analysis of structural and functional systems. Nat. Rev. Neurosci., 2009, 10:186.

[384] Stam C J. Modern network science of neurological disorders. Nat. Rev. Neurosci., 2014, 15:683.

[385] Sporns O. Structure and function of complex brain networks. Dialogues Clin. Neurosci., 2013, 15:247.

[386] Meunier D, Lambiotte R, Bullmore E T. Modular and hierarchically modular organization of brain networks. Front. Neurosci., 2010, 4:200.

[387] Li Y, et al. Brain anatomical network and intelligence. PLoS Comput. Biol., 2009, 5:e1000395.

[388] Van Den Heuvel M P, Stam C J, Kahn R S, et al. Efficiency of functional brain networks and intellectual performance. J. Neurosci., 2009, 29:7619.

[389] Crossley N A, et al. Cognitive relevance of the community structure of the human brain functional coactivation network. Proc. Natl Acad. Sci. USA, 2013, 110:11583.

[390] He Y, Chen Z J, Evans A C. Small world anatomical networks in the human brain revealed by cortical thickness from MRI. Cereb. Cortex., 2007, 17:2407.

[391] Gong P, Van Leeuwen C. Evolution to a small world network with chaotic units. Europhys. Lett., 2004, 67:328.

[392] Karbowski J. Optimal wiring principle and plateaus in the degree of separation for cortical neurons. Phys. Rev. Lett., 2001, 86:3674.

[393] Zhou H, Lipowsky R. Dynamic pattern evolution on scale-free networks. Proc. Natl. Acad. Sci. USA, 2005, 102:10052.

[394] Roxin A, Riecke H, Solla S A. Self-sustained activity in a small world network of excitable neurons. Phys. Rev. Lett., 2004, 92:198101.

[395] Risler T, Prost J, Julicher F. Universal critical behavior of noisy coupled oscillators. Phys. Rev. Lett., 2004, 93:175702.

[396] Liu Z, Li B, Lai Y C. Enhancing mammalian hearing by a balancing between spontaneous otoacoustic emissions and spatial coupling. Europhys. Lett., 2012, 98:20005.

[397] Gu C, Wang J, Liu Z. Free-running period of neurons in the suprachiasmatic nucleus: Its dependence on the distribution of neuronal coupling strengths. Phys. Rev. E, 2009, 80:030904(R).

[398] Gu C, et al. Mechanism of phase splitting in two coupled groups of suprachiasmatic-nucleus neurons. Phys. Rev. E, 2011, 83:046224.

[399] Gu C, et al. Photic desynchronization of two subgroups of circadian oscillators in

a network model of the suprachiasmatic nucleus with dispersed coupling strengths. Plos One, 2012, 7:e36900.

[400] Xu J, et al. Entrainment of the suprachiasmatic nucleus network by a light-dark cycle. Phys. Rev. E, 2012, 86:041903.

[401] Liu Z. Organization network enhanced detection and transmission of phase-locking. Europhys. Lett., 2012, 100:60002.

[402] Wang J, Liu Z. A chain model for signal detection and transmission. Europhys. Lett., 2013, 102:10003.

[403] Bashan A, et al. Network physiology reveals relations between network topology and physiological function. Nat. Commun., 2012, 3:702.

[404] Bartsch R P, et al. Phase transitions in physiologic coupling. Proc. Natl. Acad. Sci. USA, 2012, 109:10181.

[405] Seliger P, Young S C, Tsimring L S. Plasticity and learning in a network of coupled phase oscillators. Phys. Rev. E, 2002, 65:041906.

[406] Fuster J M, et al. Neuron activity related to short-term memory. Science, 1971, 173:652.

[407] Romo R, Brody C D, Hernández A, et al. Neuronal correlates of parametric working memory in the prefrontal cortex. Nature, 1999, 399:470.

[408] Gnadt J W, Andersen R A. Memory related motor planning activity in posterior parietal cortex of macaque. Experimental brain research, 1988, 70:216.

[409] Fuster J M, Jervey J P. Inferotemporal neurons distinguish and retain behaviorally relevant features of visual stimuli. Science, 1981, 212:952.

[410] Miyashita Y, Chang H S. Neuronal correlate of pictorial short-term memory in the primate temporal cortex. Nature, 1988, 331:68.

[411] Funahashi S, Bruce C J, Goldman-Rakic P S. Mnemonic coding of visual space in the monkey's dorsolateral prefrontal cortex. J. neurophysi., 1989, 61:331.

[412] Wilson H R, Cowan J D. A mathematical theory of the functional dynamics of cortical and thalamic nervous tissue. Kybernetik, 1973, 13:55.

[413] Amari S. Dynamics of pattern formation in lateral-inhibition type neural fields. Biol. cyber., 1977, 27:77.

[414] Gutkin B S, et al. Turning on and off with excitation: the role of spike-timing asynchrony and synchrony in sustained neural activity. J. comput. neurosci., 2001, 11:121.

[415] Chow C C, Coombes S. Existence and wandering of bumps in a spiking neural network model. SIAM J. Appl. Dyna. Syst., 2006, 5:552.

[416] Wang X J. Synaptic reverberation underlying mnemonic persistent activity. Trends in neurosci., 24:455.

[417] Bernacchia A, Seo H, Lee D, et al. A reservoir of time constants for memory traces

in cortical neurons. Nat. neurosci., 14:366.

[418] Qian Y, Huang X, Hu G, et al. Structure and control of self-sustained target waves in excitable small-world networks. Phys. Rev. E, 2010, 81:036101.

[419] Shu Y, Hasenstaub A, McCormick D A. Turning on and off recurrent balanced cortical activity. Nature, 2003, 423:288.

[420] Qian Y, et al. Structure and control of self-sustained target waves in excitable small-world networks. Phys. Rev. E, 2010, 81:036101.

[421] Xu K, et al. Controlling self-sustained spiking activity by adding or removing one network link. Europhys. Lett., 2013, 102:50002.

[422] Wang J, Liu Z. Exciting threshold dependence of self-sustained spikes in excitable neurons. Europhys. Lett., 2011, 95:10001.

[423] Mi Y, et al. Long-period rhythmic synchronous firing in a scale-free network. Proc. Natl. Acad. Sci USA, 2013, 110:4931.

[424] Karmarkar U R, Buonomano D V. Timing in the absence of clocks: Encoding time in neural network states. Neuron, 2007, 53:427.

[425] Buonomano D V, Maass W. State-dependent computations: Spatiotemporal processing in cortical networks. Nat. Rev. Neurosci., 2009, 10:113.

[426] Sumbre G, Muto A, Baier H, et al. Entrained rhythmic activities of neuronal ensembles as perceptual memory of time interval. Nature, 2008, 456:102.

[427] Xu K, Zhang X, Wang C, et al. A simplified memory network model based on pattern formations. Sci. Rep., 2014, 4:7568.

[428] Wang Z, Tian C, Dhamala M, et al. A small change in neuronal network topology can induce explosive synchronization transition and activity propagation in the entire network. Sci. Rep., 2017, 7:561.

[429] Johnson S, Marro J, Torres J. Evolving networks and the development of neural systems. J. Stat. Mech., 2010, 2010:03003.

[430] Kim B. J. Performance of networks of artificial neurons: The role of clustering. Phys. Rev. E, 2004, 69:045101(R).

[431] Bar M, Eiswirth M. Turbulence due to spiral breakup in a continuous excitable medium. Phys. Rev. E, 1993, 48:R1635.

[432] Ziff R M. Explosive growthin biased dynamic percolationon two-dimensional regular lattice networks. Phys. Rev. Lett., 2009, 103:045701.

[433] Friedman E J, Landsberg A S. Construction and analysis of random networks with explosive percolation. Phys. Rev. Lett., 2009, 103:255701.

[434] Bornholdt S, Rohlf T. Topological evolution of dynamical networks: global criticality from local dynamics. Phys. Rev. Lett., 2000, 84:6114.

[435] Greenwood P E, et al. Stochastic resonance enhances the electrosensory information available to paddlefish for prey capture. Phys. Rev. Lett., 2000, 84:4773.

[436] Mason A C, Oshinsky M L, Hoy R R. Hyperacute directional hearing in a microscale auditory system. Nature, 2001, 410:686.

[437] Douglass J K, et al. Noise enhancement of information transfer in crayfish mechanoreceptors by stochastic resonance. Nature, 1993, 365:337.

[438] Simonotto E, et al. Visual perception of stochastic resonance. Phys. Rev. Lett., 1997, 78:1186.

[439] Tessone C J, et al. Diversity-induced resonance. Phys. Rev. Lett., 2006, 97:194101.

[440] Komin N, Toral R. Order parameter expansion and finite-size scaling study of coherent dynamics induced by quenched noise in the active rotator model. Phys. Rev. Lett., 2010, 82: 051127.

[441] Pitcher T J, Parrish J K. Role of the lateral line in fish behaviour. In: Behaviour of telost fishes, edited by T. J. Pitcher, London: Chapman and Hall, 1993, Chap.7: 201-246.

[442] Ristroph L, Liao J C, Zhang J. Lateral line layout correlates with the differential hydrodynamic pressure on swimming fish. Phys. Rev. Lett., 2015, 114: 018102.

[443] Carr C E, Friedman M A. Evolution of time coding systems. Neural Comput, 1999, 11:1.

[444] Konishi M. Listening with two ears. Sci Am, 2006, 16:28.

[445] Lytton W W. Simulations of a phase comparing neuron of the electric fish Eigenmannia. J Comp Physiol A, 1991, 169:117.

[446] Matsushita A, Kawasaki M. Neuronal sensitivity to microsecond time disparities in the electrosensory system of gymnarchus niloticus. J Neurosci, 2005, 25:11424.

[447] Liang X, et al. Phase-disorder-induced double resonance of neuronal activity. Phys. Rev. E, 2010, 82:010902(R).

[448] Liang X, Zhao L, Liu Z. Phase-noise-induced resonance in a single neuronal system. Phys. Rev. E, 2011, 84:031916.

[449] Liang X, Zhao L. Phase-disorder-induced firing activity in excitable neuronal networks with attractive and repulsive coupling. Neural Networks, 2012, 35:40.

[450] Kang X, Liang X, Lü H. Enhanced response to subthreshold signals by phase noise in a Hodgkin-Huxley neuron. Chin. Phys. Lett., 2013, 30:018701.

[451] Liang X, Zhao L. Phase-noise-induced resonance in arrays of coupled excitable neurons. IEEE Trans Neural Netw, 2013, 24:1339.

[452] Liang X, Zhao L. Effect of nonidentical signal phases on signal amplification of two coupled excitable neurons. Neurocomputing, 2014, 127:21.

[453] Zhang Y, Hu G, Gammaitoni L. Signal transmission in one-way coupled bistable systems: noise effect. Phys. Rev. E, 1998, 58:2952.

[454] Zaikin A A, et al. Noise induced propagation in monostable media. Phys. Rev. Lett., 2002, 88:010601.

[455] Volkov E I, et al. Oscillatory amplification of stochastic resonance in excitable systems. Phys. Rev. E, 2003, 68:061112.

[456] Liang X, Liu Z, Li B. Weak signal transmission in complex networks and its application in detecting connectivity. Phys. Rev. E, 2009, 80:046102.

[457] Olson E S. Harmonic distortion in intracochlear pressure and its analysis to explore the cochlear amplifier. J. Acoust. Soc. Am.,2004, 115:1230.

[458] Dallos P. The active cochlea. J. Neurosci., 1992, 12:4575.

[459] Liu Z, Li B, Lai Y. Enhancing mammalian hearing by a balancing between spontaneous otoacoustic emissions and spatial coupling. Europhys. Lett., 2012, 98:20005.

[460] Bajaj S, Lamichhane B, Adhikari B M, et al. Amygdala mediated connectivity in perceptual decision-making of emotional facial expressions. Brain Connectivity, 2013, 3:386.

[461] Lamb J S, Chadwick R S. Dual traveling waves in an inner ear model with two degrees of freedom. Phys. Rev. Lett., 2011, 107:088101.

[462] Murphy W J, Tubis A, Talmadge C L, et al. Relaxation dynamics of spontaneous otoacoustic emissions perturbed by external tones: Response to a single tone at multiple suppression levels. Proc. Natl. Acad. Sci., 1996, 100:3979.

[463] Yates G K, Kirk D L. Cochlear electrically evoked emissions modulated by mechanical transduction channels. J. Neurosci., 1998, 18:1996.

[464] Barral J, Dierkes K, Lindner B, et al. Correction: Applied physical sciences, biophysics and computational biology. Proc. Natl. Acad. Sci., 2010, 107:8079.

[465] Ruggero M A, Rich N C, Narayan S S, et al. Basilar-membrane responses to tones at the base of the chinchilla cochlea. J. Acoust. Soc. Am., 1997, 101:2151.

[466] Gu C, Xu J, Liu Z, et al. Entrainment range of nonidentical circadian oscillators by a light-dark cycle. Phys. Rev. E, 2013, 88:022702.

[467] Campuzano A, Vilaplana J, Cambras T, et al. Dissociation of the rat motor activity rhythm under T cycles shorter than 24 hours. Physiol. Behav., 1998, 63:171.

[468] Abraham U, et al. Coupling governs entrainment range of circadian clocks. Mol. Syst. Biol., 2010, 6:438.

[469] Refinetti R. Circadian physiology 2nd ed. Florida: CRC Press, 2006.

[470] Meijer J H, Schwartz W J. In search of the pathways for light-induced pacemaker resetting in the suprachiasmatic nucleus. J. Biol. Rhythms., 2003, 18:235.

[471] VanderLeest H T, Rohling J H, Michel S, et al. Phase shifting capacity of the circadian pacemaker determined by the SCN neuronal network organization. PLoS ONE, 2009, 4:e4976.

[472] Pittendrigh C S, Daan S. A functional analysis of circadian pacemakers in nocturnal rodents. J. Comp. Physiol. A, 1976, 106:333.

[473] De La Iglesia H O, Meyer J, Jr. A C, Schwartz W J. Antiphase oscillation of the left

and right suprachiasmatic nuclei. Science, 2000, 290:799.

[474] Ohta H, Yamazaki S, McMahon D G. Constant light desynchronizes mammalian clock neurons. Nat. Neurosci., 2005, 8:267.

[475] Pickard G E, Turek F W. Splitting of the circadian rhythm of activity is abolished by unilateral lesions of the suprachiasmatic nuclei. Science, 1982, 215:1119.

[476] http://en.wikipedia.org/wiki/Circadian_rhythm.

[477] Schwartz M D, et al. Dissociation of circadian and light inhibition of melatonin release through forced desynchronization in the rat. Proc. Natl. Acad. Sci. U.S.A., 2009, 106:17540.

[478] Ruoff P, Rensing L. The temperature-compensated goodwin model simulates many circadian clock properties. J. Theor. Biol., 1996, 179:275.

[479] Leloup J C, Gonze D, Goldbeter A. Limit cycle models for circadian rhythms based on transcriptional regulation in drosophila and neurospora. J. Biol. Rhythms, 1999, 14:433.

[480] Gonze D, Bernard S, Waltermann C, et al. Spontaneous synchronization of coupled circadian oscillators. Biophys. J., 2005, 89:120.

[481] Li Y, Zhang J, Liu Z. Circadian oscillators and phase synchronization under a light-dark cycle. Int. J. Nonlin. Sci., 2006, 1:131.

[482] Locke J C W, Westermark P O, Kramer A, et al. Global parameter search reveals design principles of the mammalian circadian clock. BMC Syst. Biol., 2008, 2:22.

[483] Ullner E, Buceta J, Diez-Noguera A, et al. Noise-induced coherence in multicellular circadian clocks. Biophys. J., 2009, 96:3573.

[484] Semir Z, Paul R J, Benincasa D M T, et al. The experience of mathematical beauty and its neural correlates. Front. Human Neurosci., 2014, 8: 68.

索　引